전자기학

전자기학

초판 발행 2007년 3월 1일
2판 4쇄 발행 2019년 2월 8일

지은이 허창수
펴낸이 최국주
펴낸곳 동명사
출판등록 1950년 11월 1일(제1-76호)
주소 (우 10881) 경기도 파주시 회동길 50(문발동)
전화 031-955-7200(대표)~2, 7203(편집부), 7204(물류)
팩스 031-955-7205
전자우편 webmaster@dmsbook.com
홈페이지 www.dmsbook.com

ISBN 978-89-411-1366-9 93560
값 23,000원

Preface

머리말

전자기학은 현대 전기전자산업의 핵심 기초 학문으로써 최근에 눈부신 발전을 이루고 있으며 앞으로도 장기간 그 중요성이 부각되고 있는 학문이다. 그러나 전자기학은 나침판과 같은 응용에서 볼 수 있듯이 학문으로써 정립되기 이전부터 실제로 사용되어온 분야로 우리는 오래된 학문으로 인식하고 있으나 19세기와 20세기에 걸쳐 전기자기의 통합이론이 정립되고 여러 현상을 설명할 수 있게 됨으로서 근래에 그 응용범위가 눈부실 정도로 발전되고 있는 학문이다. 그러나 전자기 현상은 우리가 눈으로 감지할 수 있는 현상이 아니며 그 상호작용이 매우 복잡하여 이론의 이해가 매우 어렵게 인식되고 있는 것도 사실이다. 정립된 이론은 그 형태가 매우 간략하고 많은 분량을 이루고 있지는 않으나 그 적용이 매우 난해할 뿐만 아니라 응용시의 경계조건 등을 이해하기 위해서는 그 이론의 성립원리와 기초에 대해 이해할 필요가 있다.

따라서 본서에서는 전기전자공학 학습자들의 이론적 이해를 돕기 위하여 전계와 자계를 구분하여 전반에서는 전자의 거동을 포함한 전계를 중심으로 설명하고, 후반에서는 자계의 근원인 물질부터 설명하여 전류의 자기작용까지 설명하였다.

가능하면 수학적 표현 방법에 물리적 의미를 부여하는데 설명을 치중함으로써 독자들이 보다 전자기적 현상을 이해하는데 도움이 되도록 하였다.

이 책의 출판에 원고 작성부터 감수까지 애써주신 전춘생 박사님에게 감사드리며 편집에 수고하신 출판사 여러분에게도 감사를 드린다.

2007.

저 자 씀

Contents

차 례

Contents

Contents

Contents

Contents

Contents

제11장 전자유도와 자계 내의 전류에 작용하는 힘

Contents

부록

제1장

서 론

현재 우리가 누리고 있는 현대 문명의 이기는 대부분이 전기전자 에너지의 변화에 의하여 이루어지고 있으나 이의 근원인 전자기학은 워낙 오래전부터 연구되어온 학문으로서 현재에는 진부한 느낌마저 들 정도로 고전으로 취급되고 있다. 그러나 경험하고 있는 모든 현재의 전자, 전기, 통신의 근간은 전자기학에 그 근원을 두고 있으며 이론이 정립되어 실용화 되는 경우 그 파급효과가 매우 크다 하겠다.

이렇게 현대 문명의 총아로서 각광받고 있는 것은 선배 연구자들의 끊임없는 연구의 결과라 할 수 있다. 이러한 전자기학의 역사적 전환점이 되는 연구의 흐름을 되돌아보는 것이 후학들의 연구방향에 도움이 되리라 생각된다.

본서에서는 전자기학 중 전기학을 먼저 입문하도록 하였으나 역사적으로는 자기학이 학문으로서 또한 응용분야에서도 먼저 시작되었다 할 수 있다.

고대 그리스 시대부터 자철광의 철편에 대한 인력을 발견하고 호박의 마찰전기로 인한 인력을 경험하였으나 초기에는 서로 비슷한 현상이라 생각하였으며 이것이 전혀 다른 원인에 의해 서로 인력을 작용한다는 것을 발견한 것은 훨씬 후의 일이며 16C 후반 W.Gilbert(1540~1603, 영국) 등의 연구자들에 의해 실험에 의해 정립이 되어 최초의 전자기학에 대한 연구총서를 발간하게 되었다. 이때를 우리는 근대 전자기학의 시초로 생각할 수 있겠다.

그러나 이때 자기학 분야에서는 나침반등이 응용되는 등 많은 연구가 진전이 되었으나 전기학 분야는 하나의 현상정도로 인식되어 있었다.

그 후 17C 중반에 많은 연구자들에 의해 마찰전기의 정(양전하), 부(음전하)의 성질이 구별되었으며 또한 낙뇌의 성질이 규명되어 피뢰침 등이 발명되었다.

18C 말에는 Coulomb에 의하여 정량적인 전기량에 대한 실험이 이루어졌으며 전지가 발명됨으로서 연속전류를 흘리게 되어 본격적인 전자기학의 연구가 실행될 수 있었다.

전기와 자기의 연결고리를 가능케 한 전지의 발명은 생체전기에서 시작된 전기화학분야의 연구결과이며 A.Volta에 의해 연구되어졌다.

19C에 들어와서 본격적으로 전기와 자기에 관한 상호 연계연구가 이루어졌으며 전류에 의한 자기작용 등이 H.C.Oersted(1771~1851)와 A.M.Ampere(1775~1836) 등에 의해 이루어졌다. 이 시대에 Ohm의 법칙, 자기유도작용, Joule열, 전기분해의 법칙 등 약 수십년 사이에 많은 연구가 이루어졌으며 이러한 결과들을 종합적으로 Faraday의 전자유도 법칙의 발견과 같은 결과를 도출하였다. 이러한 결과들을 총망라하고 변위전류 등을 포함시켜 수학적으로 전자기학을 Maxwell(1831~1879)이 정리하였다.

우리는 이 Faraday와 Maxwell 시대를 경계로 고전전자기학과 전파, 통신 등으로 대비되는 근대 전자기학을 구분 지을 수 있다.

이 시대에 와서야 빛도 전자파의 일종으로 취급하게 되었으며 19C부터 근대까지 전파에 대한 이론과 응용이 혁신적으로 연구되었다.

Maxwell에 의하여 예견되었던 전파는 H.R.Hertz(1888, 1857~1894, 독일)에 의하여 실험적으로 그 존재가 검증되었으며 G.Marconi(1896, 1874~1937, 이탈리아)는 대서양 횡단 전파통신을 구현하였고 그 후 전자관의 발명 및 반도체의 발명 등으로 오늘에 눈부신 결과를 이룩하였다.

그 후 이론면에 있어서는 A.Einstein(1879~1955, 독일)에 의하여 상대성 이론이 발표되며 그 후에도 수학, 물리 분야에서 시공간에 대한 새로운 이론들이 발표되고 있다.

이상 본서에서 취급하고자 하는 내용을 중심으로 현대까지의 연구결과를 정리하여보았다. 이러한 이론을 숙지하고 이를 바탕으로 새로운 이론과 응용의 연구에 독자들의 지침서가 되기를 바란다.

제2장

진공중의 정전계

2.1 대전현상과 전하

먼저 전기를 논할 때 두 가지로 크게 구분하는데, 전기의 근원인 전하가 움직이는 동적인 전기 현상과 정지하고 있는 정적인 전기 현상으로 구분한다. 정전기 현상은 전기의 근원인 전하가 움직이지 않는 상태를 말한다. 우리가 촉감할 수 있는 모든 물질을 이루고 있는 기본적 구성원을 원소라고 하는데 원소의 구조는 밝혀진 바와 같이 양(+) 전기를 띤 원자핵 주위를 같은 양의 음(−)전기를 띤 전자가 일정 궤도들을 돌고 있는 것으로 생각하고 있다. 원자핵은 몇 개의 양자(proton)와 중성자(neutron)로 되어 있으며 양자는 전자와 등량의 정전하를 가진 물질이며, 중성자는 전기적으로 중성이다. 질량은 전자는 9.1066×10^{-31}kg이고, 양자는 그의 약 1840배인 1.6725×10^{-27}kg이다. 그러므로 평상시는 원자핵의 정전하와 전자의 부전하의 총량은 같고 거시적(macroscopic)으로 중화되어 있지만, 어떠한 원인에서 전자가 이동하여 정전하가 과잉이 되는 부분이 생기면 거시적으로는 정으로 대전하였다고 볼 수 있고, 역으로 전자가 많아지면 부로 대전되었다고 볼 수 있다.

이와 같이 양(+)과 음(−) 전기량은 같은 양으로 존재하기 때문에 기본적으로 모든 물질의 원자는 전기적 성질을 띠지 않은 중성이라 할 수 있다. 그러므로 이러한 원자로 구성된 보통 우리가 촉감으로 만질 수 있는 물질도 중성이다. 그러나 이러한 물질 내에는 원자핵으로부터 멀리 떨어져 있는 궤도로부터 이탈해 자유로이 이동할 수 있는 소수의 전자가 존재하는데 이러한 경우에서 물질을 붙였다 띈다거나 서로 마찰 혹은 접촉을 시킨다든지, 혹은 충돌을 시키게 되면 이러한 자유로운 전자가 전자를 더 끌어당겨 한쪽에 모이게 된다. 이것을 **대전**이라고 하며 모든 물질에서 발생한다. 서로 다른 물질끼리도 이러한 현상은 발생하게 되는데 전자를 더 끌어당기는 물질은 음, 다른 상대 물질은 중성에서 음의 전자를 잃어서 양으로 성질을 띠게 되는 것이다. 무엇을 어떤 것으로 마찰하면 어떠한 종류의 전기를 띠게 되는가는 다음의 마찰전기 계열(triboelectric series)에 의하여 결정할 수가 있다.

모피, 유리, 운모, 명주, 면포, 목재, 호박, 수지, 금속, 황, 셀룰로이드 등. 이 중의 임의의 두 개를 마찰할 때는 상위(좌측)에 있는 것이 정, 하위(우측)에 있는 것이 부로 대전하게 된다. 그러나 이 계열의 순서는 온도나 습도에 의하여 영향을 받게 된다. 이들 대전된 전기를 그대로 유지시키려면 전기의 이동을 허용하지 않는 물질[이것을 부도체(non- conductor)라고 한다]로 둘러싸 주어야 한다. 고무나 플라스틱, 혹은 우리가 생활에서 가장 많이 접하고 있는 옷감은 이러한 전하를 잘 흐르게 하지 않는 부도체라 하는데 이것은 전하를 저장하게 된다. 이와 같이 전하가 흐르지 못하게 하는 조작을 절연(insulate)한다고 한다.

모든 물체는 저장한 전하량에 따라서 전압을 띠게 되며 전하가 많이 모이게 되면 전압이 높아져 더 이상 저장하지 못하고 외부로 급격히 흘려보내게 된다.

이에 반해 전기가 자유로 이동할 수 있는 물질을 **도체**(conductor)라고 하며 금, 은, 동 등 일반적으로 금속, 염류의 수용액 등은 도체로서 이러한 물질은 전자를 잘 흘리기 때문에 금방 외부로 이 불균형된 전하를 방출하게 되며 원상태로 돌아오게 된다. 이것을 완화라고 한다.

일정한 대전 상태에 있는 물질은 일정한 전기량을 띠고 있다고 생각할 수 있는데, 이 의미에서 전기량을 **전하**(electric charge)라고도 한다. 전하의 대소는 금속 필름 검전기(leaf electroscope)를 사용하면 알 수가 있다. 이것은 그림 2·1과 같이 도체의 끝에 금속 필름 두 장을 아래에 매어 단 것을 유리병 속에 넣은 구조로 되어 있다. 상부에 전하를 주면 두 장의 금속 필름은 동종의 전하로 대전되어 서로 반발하므로 금속 필름은 벌어진다. 전하의 대소에 의하여 금속 필름이 벌어지는 각도도 대소가 되므로 벌어지는 각의 크기로 전하의 양을 비교할 수가 있다. 또 일단 어떤 종류의 전하를 주어 놓고 또 여기에 전하를 주었을 때 이것이 처음의 것과 동종이면 금속 필름의 전하는 증가하여 크게 벌어지지만 이종이면 전하는 상쇄되어 금속 필름이 벌어지는 각도가 작아진다.

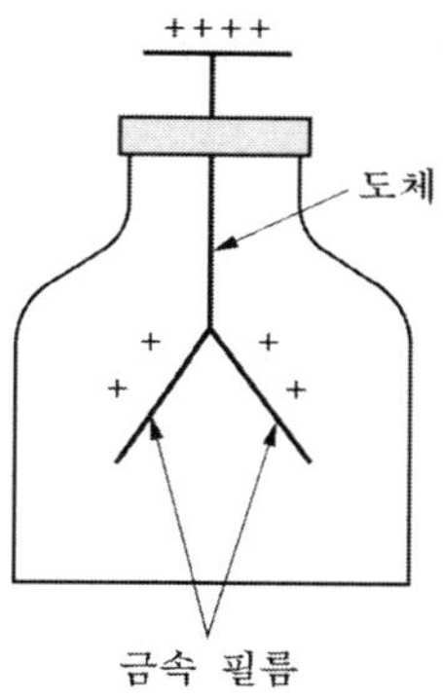

|그림 2·1| 금속 film electroscope

이와 같은 조작으로 전하의 정, 부를 알 수가 있다. 어느 종류의 전하를 정으로 해도 좋지만 예로부터의 습관에 의하여 전기의 마찰전기 계열에 의하여 유리봉을 견포로 비볐을 때 유리봉에 대전한 전하를 정, 견포쪽의 것을 부라고 정하였다. 미시적으로 보면 최초 음극면 입자로 생각했던 전기적 입자가 부전하의 원천이 된다는 것이 알려졌으며, 이것을 **전자**(electron)라고 명명하였다.

2.2 정전계와 쿨롱의 법칙

2.2.1 전 계

그림 2·1의 장치에서 알 수 있는 바와 같이 두 전하 사이에는 서로 밀거나 당기는 힘이 작용하게 되는데 이러한 현상은 위의 실험과 같이 같은 종류의 전하이면 서로 반발력으로 다른 종류의 전하 사이는 흡인력으로 작용하게 된다.

이것은 대전체의 근처에는 대전체의 전기적 영향이 미치는 공간이 형성되며, 다른 대전체가 오면 여기에 힘이 미친다고 생각할 수 있다.

이와 같이 전기적 힘이 작용하는 공간을 **전계**(전장 ; electric field)라고 한다. 특히 전하가 정지하고 있는 경우의 전계를 **정전계**(electrostatic field)라고 한다.

대전된 물체간에 작용하는 힘을 생각할 때 거리를 정확히 하기 위하여 미소한 대전체를 가정하고 이것을 **점전하**(point charge)라 한다. 실제에 있어 대전체의 크기에 비하여 거리가 매우 클 때에는 대전체를 점이라고 생각해도 계산에 있어 큰 오차가 없다.

2.2.2 쿨롱의 법칙(Coulomb's law)

거리 r로 떨어져 있는 두 개의 정지된 점전하 Q_1, Q_2간에 작용하는 힘 F는 다음 식으로 표시된다.

$$F = C\frac{Q_1 Q_2}{r^2} \qquad (2 \cdot 1)$$

즉, 2점전하간에 작용하는 힘은 Q_1과 Q_2의 곱에 비례하고 거리의 자승에 역비례하며 방향은 Q_1과 Q_2를 연결하는 직선상에 있으며, Q_1과 Q_2가 같은 부호이면 반발력, 다른 부호이면 흡인력이 되는 것이다. C는 비례상수이다. 식 (2·1)로 표시되는 관계를 **쿨롱의 법칙**(Coulomb's law)이라고 한다.

식 (2·1)의 힘은 크기와 방향을 갖고 있으므로 벡터(vector)이다. 힘은 r의 방향으로 작용하므로 r를 벡터로 나타내면 다음 식과 같이 쓸 수 있다.

$$\boldsymbol{F} = C\frac{Q_1 Q_2}{r^2}\frac{\mathbf{r}}{r} \qquad (2 \cdot 2)$$

쿨롱의 법칙은 상당히 넓게 이용되는 법칙이지만, 이것은 쿨롱이 정밀한 실험을 통하여 확인한 것이다. 이 법칙은 상당히 작은 거리에까지 적용할 수 있는데 원자 내의 전자간 및 원자핵과 전자간의 힘의 계산에도 이용할 수 있지만 핵 내에서는 적용할 수 없으며, 대체로 10^{-12}[cm] 이하에는 적용할 수 없다. 식 (2·1)에서 C의 값은 단위를 취하는 방법에 의하여 달라지게 된다.

전기공학에서는 여러 가지 단위계가 고안되고 있으나 본서에서는 이 중의 MKS단위계를 사용한다.

이 단위계에서 길이를 [m], 질량을 [kg], 시간은 [sec]를 취한다. 그리고 힘의 단위로는 [kg·m/sec^2]으로 표시되는 newton을 사용한다.

이 단위계에서는 식 (2·1)에서 비례상수 C를 $1/4\pi\epsilon_0$로 취하였을 때 전하 Q_1, Q_2를 coulomb 단위로 나타내면 newton이 된다. 여기서 ϵ_0을 진공의 **유전율**이라고 하는데 다음과 같은 값을 갖는다.

$$\epsilon_0 = 8.855 \times 10^{-12} \qquad (2 \cdot 3)$$

$$\frac{1}{4\pi\epsilon_0} \fallingdotseq 9 \times 10^9 \qquad (2 \cdot 4)$$

ϵ_0의 의미는 제4장에서 논하기로 한다. 따라서 식 (2·2)는

$$F = \frac{1}{4\pi\epsilon_0} \cdot \frac{Q_1 Q_2}{r^2} \cdot \frac{\mathbf{r}}{r} \qquad (2 \cdot 5)$$

가 된다.

이상과 같은 힘은 점전하에 대해서만 설명한 것이지만, 이 힘에 의하여 도체상의 전하와 같이 광범위하게 존재하는 전하에 작용하는 힘도 어느 정도 이해할 수 있다.

2.3 정전유도(electrostatic induction)

2.1에서 설명한 바와 같이 대전되어 있지 않은 절연된 도체에 전하를 근접시킨 경우 도체는 거시적으로 보면 전기적 중성을 유지한다 하더라도 내부에는 이동할 수 있는 전하(전자나 이온 등)를 갖고 있어 접근된 전하의 종류에 따라서 국부적 전하 편중을 유발하게 된다. 전하를 외부에서 가까이하면 이 전하와 도체 내부의 전하가 동부호이면 반발하고 다른 부호이면 흡입되는 결과로, 도체 표면은 가까이한 전하에 가까운 쪽의 표면에는 다른 부호, 먼 쪽의 표면에는 같은 부호의 전하가 나타난다. 이 현상을 **정전유도**(electrostatic induction)라고 한다. 정전유도에 의하여 나타난 전하는 도체가 완전히 절연되어 있는 한 외부와의 전하의 주고받음이 없고 정, 부 같은 양이 되는 것이다.

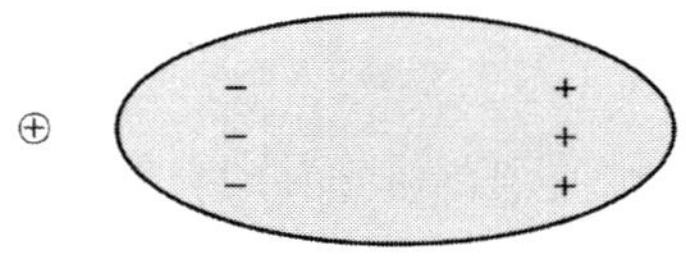

|그림 2·2| 정전유도

예제 2-1

그림 2·3과 같이 한변의 길이가 10[cm]인 정삼각형의 두 정점 A, B에 각각 $+10^{-5}$, -10^{-5}[C]의 전하가 있고 다른 정점 C에 $+10^{-8}$[C]의 전하를 놓았을 때 이 전하에 작용하는 힘을 구하여라.

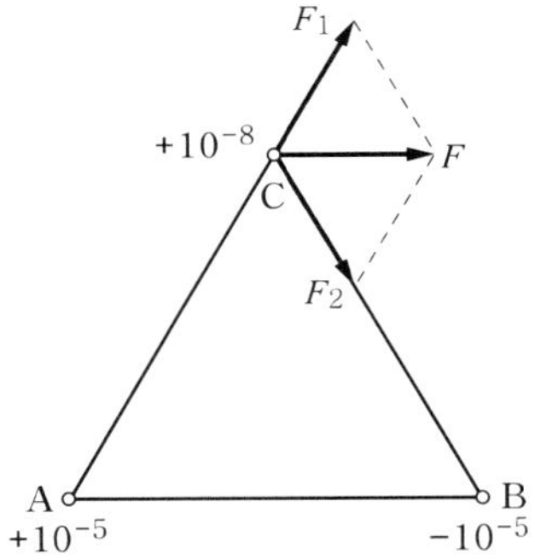

|그림 2·3|

해 A의 전하에 의한 힘

$$F_1 = \frac{10^{-5} \times 10^{-8} \times 9 \times 10^9}{(0.1)^2} = 9 \times 10^{-2}\,\mathrm{N}$$

B의 전하에 의한 힘 $F_2 = F_1$(방향은 그림과 같다)

F_1, F_2의 합성력 $F = F_1 = 9 \times 10^{-2}\,\mathrm{N}$ (방향은 밑면에 평행, 우측 방향)

예제 2-2

2개의 소구 a, b가 같은 양의 전하 $+Q$[C]를 가지고 r[m]의 거리에 있다. 지금 $+3Q, -3Q$[C]의 전하를 갖는 제3소구 c를 어떤 곳에 놓으면 b구에 작용하는 힘이 평형을 이루겠는가?

해 c가 $+3Q$를 가질 때는 b의 외측에 놓을 필요가 있다. b구에서의 거리를 x라고 하면 a, c 양구에서 b구에 작용하는 합성력은

$$F = \frac{Q^2}{4\pi\epsilon_0 r^2} - \frac{3Q^2}{4\pi\epsilon_0 x^2} = 0 \qquad \therefore x = \sqrt{3}\,r\,[\mathrm{m}]$$

|그림 2·3·1|

c가 $-3Q$를 가질 때에는 a의 외측에 놓을 필요가 있다. a구에서의 거리를 x'라고 하면

$$F = \frac{Q^2}{4\pi\epsilon_0 r^2} - \frac{3Q^2}{4\pi\epsilon_0 (r+x')^2} = 0 \qquad \therefore x' = (\sqrt{3}-1)r[\mathrm{m}]$$

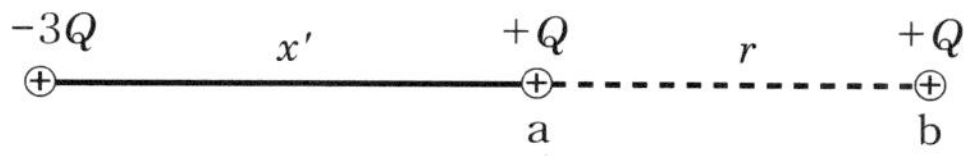

|그림 2·3·2|

일반적인 벡터의 합성과 같이 진공 중에 다수의 점전하가 있을 때 각 전하가 받는 힘은 각각의 전하에서 받는 힘을 벡터적으로 합성한 것이다. 그림 2·4와 같이 점전하 Q_1, Q_2, Q_3가 존재하는 경우에 관한 예를 들어 본다. Q_1에 의하여 Q_3가 받는 힘$\boldsymbol{F}_{13}$, Q_2에 의해 Q_3가 받는 힘$\boldsymbol{F}_{23}$은 식 (2·5)에 의하여

$$\boldsymbol{F}_{13} = \frac{1}{4\pi\epsilon_0}\frac{Q_1 Q_3}{r_{13}^2}\frac{\boldsymbol{r}_{13}}{r_{13}}, \quad \boldsymbol{F}_{23} = \frac{1}{4\pi\epsilon_0}\frac{Q_2 Q_3}{r_{23}^2}\frac{\boldsymbol{r}_{23}}{r_{23}} \tag{2·6}$$

따라서 Q_1, Q_2에 의하여 Q_3가 받는 힘$\boldsymbol{F}$는 $\boldsymbol{F}_{13}, \boldsymbol{F}_{23}$을 그림 2·4와 같은 힘의 합성은 평행사변형의 법칙에 의하여 구할 수 있다.

$$\boldsymbol{F} = \boldsymbol{F}_{13} + \boldsymbol{F}_{23} \tag{2·7}$$

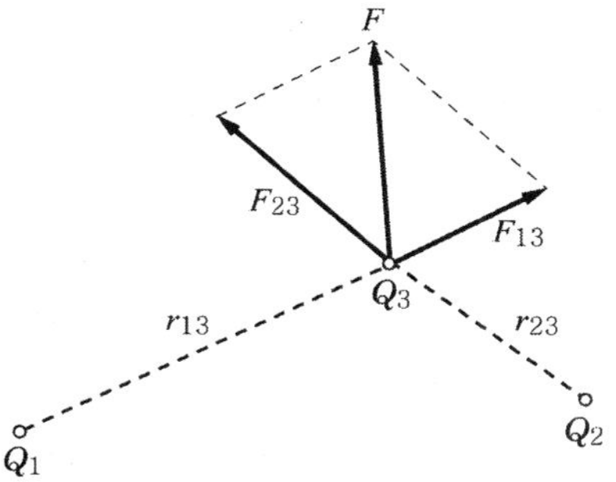

|그림 2·4| Q_1, Q_2의 두 점전하에 의하여 Q_3에 작용하는 힘의 합성

2.4 전계의 세기와 전기력선

전하를 갖는 물체가 공간에 있는 경우 그 주위의 전계의 모양을 조사하려면 점전하로 된 검전하를 이용하면 된다. 쿨롱의 법칙에 의하면 두 점전하간에 작용하는 힘은 Q_1과 Q_2의 곱에 비례하고 거리의 자승에 역비례하며 방향은 Q_1과 Q_2를 연결하는 직선상에 있으며, Q_1과 Q_2가 같은 부호이면 반발력, 다른 부호이면 흡인력이 되는 것이다. 한 전하가 존재하는 영역에 제2의 검전하를 위치하고 검전하에 작용하는 힘을 단위 점전하에 작용하는 힘으로 환산하여 그 점의 **전계의 세기**(intensity of eletric field, electric field intensity)라고 한다. 단, 검전하가 크면 이로 인하여 원래의 대전체의 전하 분포가 변하여 전계가 바꾸어질 염려가 있으므로 충분히 적은 양의 전하를 검전하로 사용해야 한다. 즉 δQ를 검전하, $\delta \boldsymbol{F}$를 δQ에 작용하는 힘이라고 하면 전계의 세기$\boldsymbol{E}$는 다음과 같이 정의된다.

$$\boldsymbol{E} = \lim_{\delta Q \to 0} \frac{\delta \boldsymbol{F}}{\delta Q} \tag{2·8}$$

$\boldsymbol{E}$는 벡터이다. 따라서 전계 내의 한 점에 처음의 전계에 영향을 주지 않는 정도의 전하를 가져오면 여기에 작용하는 힘은 다음과 같이 된다.

$$\boldsymbol{F} = Q\boldsymbol{E} \tag{2·9}$$

그러나 일반적으로 처음의 전계에 영향을 주지 않는 전하에 대하여만 전계의 개념을 생각하지 않고 보다 큰 전하량에까지 이 개념을 도입하여 전계내에 존재하는 전하에 작용하는 힘을 구한다.

전계의 세기$\boldsymbol{E}$의 단위는 식 (2·9)에서 MKS단위로는 $\frac{\text{newton}}{\text{coulomb}}$이 되지만, 이 단위는 많이 사용하지 않는다. 이에 대하여는 다음의 전위경도의 항에서 설명될 것이다.

Maxwell은 이 검전하에 작용하는 힘의 원인은 검전하가 존재하는 장소에 있어서의 전계에 있다고 하였다. 검전하로 전계 내의 각 점을 조사하면 각 점의 전계의 세기, 방향을 알 수 있는데 전계의 세기는 벡터량으로서 각 점에서는 그 위치에 따라서 고유한 값을 갖게 되며 각 점에서의 전계를 그림으로 나타내면 전계의 모양은 더욱 명료하게 된다. 이와 같이 전계의 벡터량에 의하여 연속으로 그려져 다음과 같은 성질은 갖는 것을 **전기력선**(electric line of force)의 개념을 도입하여 전계를 고찰하면 편리하다.

전기력선은 다음과 같은 성질을 갖는다.

① 전기력선은 전계에 그린 공간곡선이며 선상의 임의점에서의 접선이 전계의 세기의 방향을 나타낸다. 그 방향은 전위가 높은 곳에서 낮은쪽으로 향한다.

② 전기력선은 정전하에서 부전하로 들어가든가 무한원까지 퍼진다.

③ 2개의 전기력선은 교차하지 않는다.

④ 정전계에서는 전기력선은 폐곡선이 되지 않는다.

⑤ 전기력선은 등전위면과 직교한다.

이렇게 되면 한눈으로, 전기력선의 방향으로 전계의 방향을, 밀도로 세기를 알 수가 있다.

[전계의 예]

① 1개의 점전하에 의한 전계

그림 2·5는 1개의 점전하 Q에 의한 전계의 모양을 나타내고 있다. 전계는 전하 Q에 관하여 대칭이므로 전기력선은 방사성으로 나가고 높은 전위 쪽에서 낮은 전위 쪽으로 향하기 때문에 전하가 정일때는 외측, 부일때는 내측으로 향한다.

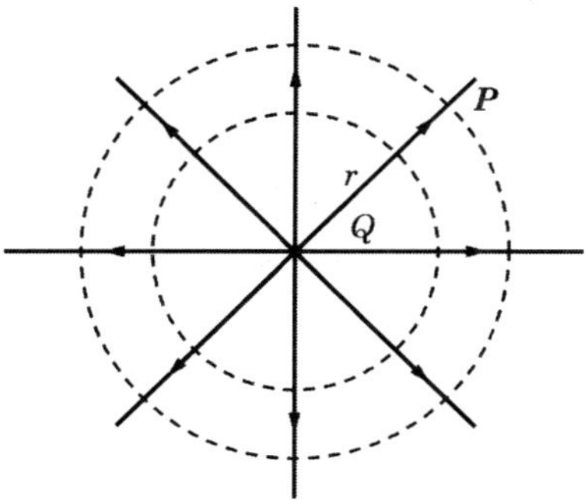

|그림 2·5| 한 개의 점전하에 의한 전계

전하 Q에서 거리 r 만큼 떨어진 점의 전계의 세기E는 식 (2·5)에서 다음과 같이 된다.

$$\boldsymbol{E}=\frac{Q}{4\pi\epsilon_0 r^2}\frac{\mathrm{r}}{\mathrm{r}}, \quad E=\frac{Q}{4\pi\epsilon_0 r^2} \qquad (2 \cdot 10)$$

이것이 1개의 점전하에 의한 전계의 세기를 구하는 식이다.

그림 2·5에서 고찰할 수 있는 바와 같이 전계는 거리의 자승에 반비례하기 때문에 전하 Q의 가까이에 전기력선이 많이 표시되어 조밀한 전기력선은 전계가 센 것을 표시하게 되고 멀어짐에 따라 전기력선의 밀도가 적어지는 것은 전계가 약하게 된다는 것을 나타낸다.

② 2개의 점전하에 의한 전계

그림 2·6은 2개의 같은 양, 같은 부호의 전하에 의한 전계, 그림 2·7은 2개의 같은 양, 다른 부호의 전하에 의한 전계의 모양이다.

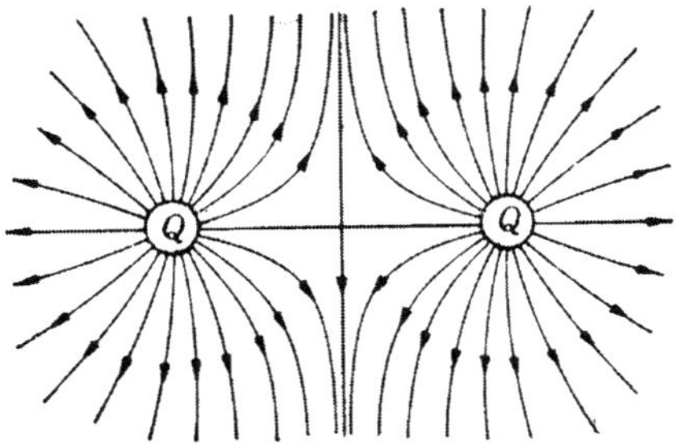

|그림 2·6| 등량, 동부호의 전하에 의한 전계

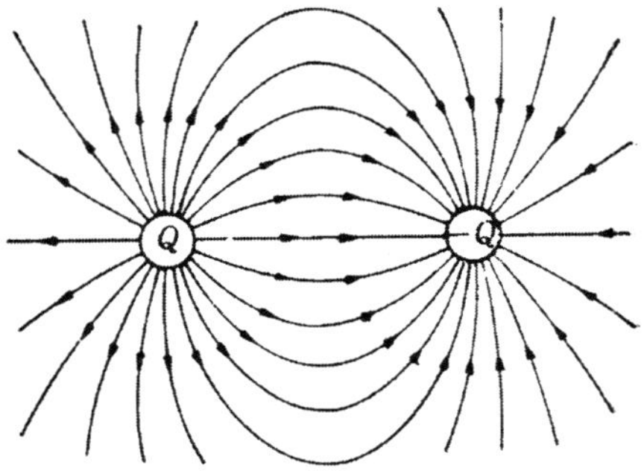

|그림 2·7| 등량, 이부호의 전하에 의한 전계

전하가 다수 있는 경우에는 개개의 전하에 의한 전계를 식 (2·10)에 의하여 구하고 $\boldsymbol{E}_1, \boldsymbol{E}_2, \ldots$라고 하면 전전하에 의한 전계$\boldsymbol{E}$는

$$\boldsymbol{E} = \boldsymbol{E}_1 + \boldsymbol{E}_2 + \ldots \qquad (2 \cdot 11)$$

와 같이 구한다.

이와 같이 표시되는 전기력선은 전계의 방향과 크기가 각 점에서 다르게 나타나므로 교차하는 일은 없다, 이들의 전기력선을 수식적으로 구하는 것은 일반적으로 간단하지 않지만, 여기서 만족하는 미분 방정식을 구해 보자.

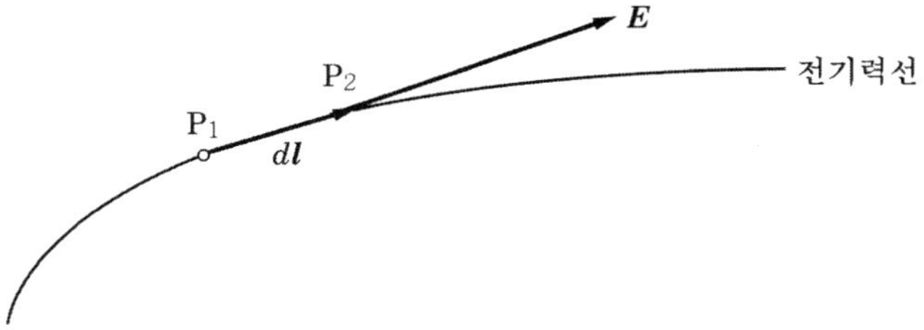

|그림 2·8|

그림 2·8에서 전기력선상의 가까운 두 점$\mathrm{P}_1, \mathrm{P}_2$간의 미소거리를 dl이라고 하면

$$dl = idx + jdy + kdz \qquad (2 \cdot 12)$$

이 점에 있어서의 전계$\boldsymbol{E}$는

$$\boldsymbol{E} = \boldsymbol{i}E_x + \boldsymbol{j}E_y + \boldsymbol{k}E_z \qquad (2 \cdot 13)$$

$\boldsymbol{E}$와 dl은 서로 평행하고 E_x , E_y , E_z는 dx, dy, dz에 비례하게 되므로

$$\frac{dx}{Ex}=\frac{dy}{Ey}=\frac{dz}{Ez} \tag{2 · 14}$$

이 식이 전기력선이 만족하는 미분방정식이다.

2.5 연속 전하 분포에 의한 전계

지금까지는 취급한 것이 부피를 생각하지 않는 점전하에 관한 전계에 대하여 고찰하였지만 실제 자연계에 존재하는 대 전체는 어떤 형태를 갖고 있으므로 전하분포의 형태도 대전체의 모양에 따라 선이라든지 면, 체적의 형태를 **그림 2·9**와 같이 다양하게 가질 수가 있다. 즉 어떤 형상을 이루고 있는 대전체에 전하가 대전하게 되면 전하는 동종의 전하로 서로 반발력에 의해 고유한 분포를 하게 된다.

자연계에 존재하는 여러 경우를 형상 그대로 해석 하기는 어렵고 대칭성 등을 고려하여 **그림 2·9**에서와 같이 간략화하여 해석하는 경우에 큰 오차 없이 해석할 수 있다.

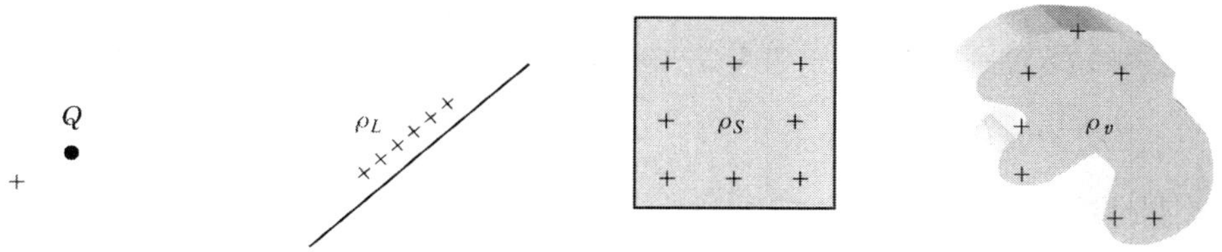

(a) 점전하(독립전하) (b) 선전하(electron beam) (c) 면전하(콘덴서 전극) (d) 체적전하(공간전하)

|그림 2·9| 연속전하의 분포

2.5.1 선전하

일반적으로 도형에서 선은 점의 연속으로 표시하게 되며 전하 분포에서도 같은 개념으로 단면적을 갖지 않는 점전하의 선형적 연속을 표시한다. 따라서 실질적으로 선전하를 고려하는 경우 단면적을 고려하지 않는 선에 균일하게 전하가 분포된 상황을 표시하며 통상 선전하밀도 ρ_L [C/m]로 표시한다.

그림 2·10과 같이 균일한 전하가 선전하밀도 ρ_L로 A에서 B까지 대전되어 있는 경우를

고찰한다. 이 경우 선으로부터 일정거리 떨어진 한 점의 전계는 선에 분포되어 있는 개개의 전하에 의하여 만들어지는 전계의 합으로 구할 수 있다. 그러나 실질적으로 전하를 무한히 세분화 할 수 없으므로 먼저 선분 AB 사이의 미소길이에 대전되고 있는 미소전하 dQ를 생각하고 길이가 아주 짧은 경우는 이 길이에 의한 전하를 점전하로 생각하고 전계를 구한 다음 전선분 AB에 대해 선적분한다.

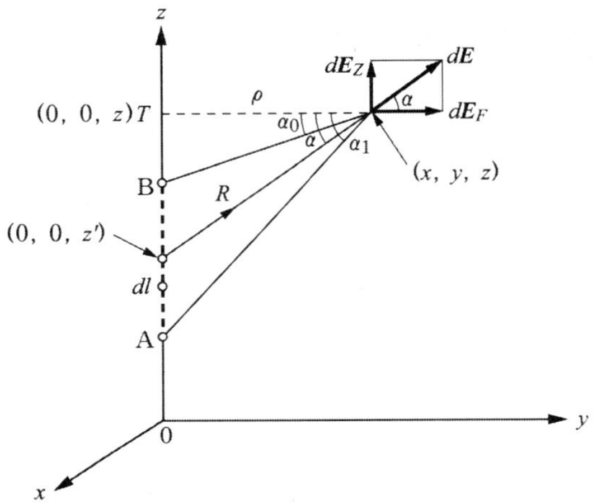

|그림 2·10|

미소길이에 포함된 전하량은 미소길이에 선전하 밀도를 곱한 값이 되므로

$$dQ = \rho_L dl = \rho_L dz \tag{2 · 15}$$

dl 은 z 성분만 있으므로 $dl = dz'$ 로 한다.

이 때 전전하량은 위 식을 선적분하여 얻을 수 있다.

$$Q = \int_{Z_A}^{Z_B} \rho_L dz' \tag{2 · 16}$$

전계는 각 미소길이에 포함된 전하에 의한 전계를 구하고 전체길이에 관하여 적분하면 된다. 먼저 z'에서 점 P까지의 거리 R은

$$R = (x, y, z) - (0, 0, z') = x\boldsymbol{a}_x + y\boldsymbol{a}_y + (z - z')\boldsymbol{a}_z$$

직선의 경우는 원통좌표계로 표시하는 것이 간략하게 정리될 수 있으므로 x, y 를 ρ로 바꾸면

$$\rho^2 = x^2 + y^2$$
$$R^2 = |R|^2 = x^2 + y^2 + (z - z')^2 = \rho^2 + (z - z')^2$$

$$R = \rho \boldsymbol{a}_\rho + (z - z')\boldsymbol{a}_z$$

$$\frac{\boldsymbol{a}_R}{R^2} = \frac{\boldsymbol{R}}{|R|^3} = \frac{\rho \boldsymbol{a}_\rho + (z - z')\boldsymbol{a}_z}{[\rho^2 + (z - z')^2]^{\frac{3}{2}}}$$

$$d\boldsymbol{E} = \frac{dQ\boldsymbol{a}_R}{4\pi\epsilon_0 R^2}$$

로 표시되므로

$$\boldsymbol{E} = \int_{Z_A}^{Z_B} \frac{dQ\boldsymbol{a}_R}{4\pi\epsilon_0 R^2} = \int_{Z_A}^{Z_B} \frac{\rho_L dz' \boldsymbol{a}_R}{4\pi\epsilon_0 R^2} \tag{2 · 17}$$

선전하의 전계를 일반적으로 표시하면

$$\boldsymbol{E} = \int \frac{\rho_L dl}{4\pi\epsilon_0 R^2} \boldsymbol{a}_R \ \text{(line charge)}$$

로 표시될 수 있다.

예제 2-3

반지름 a 인 원형의 가는 선에 전하 $\boldsymbol{Q}$ 가 균일하게 분포되어 있을 때, 원의 중심에서 중심축상의 x 거리의 점 P에 있어서의 전계를 구하여라.

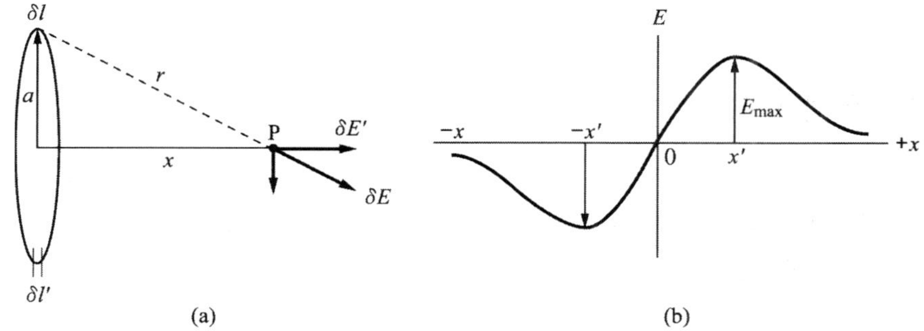

|그림 2·11|

해 그림 2·11과 같이 원의 미소선분 δl을 취하면 그것이 갖는 전하는

$$\delta q = \frac{Q}{2\pi a}\delta l$$

이 δq를 점전하라고 보면, 이것에서 r 인 거리의 점 P에 생기는 전계는

$$\delta E = \frac{\delta q}{4\pi\epsilon_0 r^2} = \frac{Q\delta l}{4\pi\epsilon_0 2\pi a(a^2+x^2)}$$

이 전계의 x에 수직한 분력은 원의 지름의 반대쪽에 있는 $\delta l'$의 전하에 의한 전계의 수직분력에 의하여 상쇄된다. 이와 같이 수직분력은 원 전체의 전하에 대해서는 0이다.

x축상의 분력

$$\delta E' = \delta E\frac{x}{r} = \frac{Q}{2\pi a}\frac{x\delta l}{4\pi\epsilon_0(a^2+x^2)^{3/2}}$$

원 전체에 의한 점 P의 전계는

$$E = \oint dE' = \frac{Qx}{2\pi a \cdot 4\pi\epsilon_0(a^2+x^2)^{3/2}}\int_0^{2\pi a} dl$$

$$= \frac{Qx}{4\pi\epsilon_0(a^2+x^2)^{3/2}}\,[\mathrm{V/m}] \qquad (2 \cdot 18)$$

Q가 정이면 전계의 방향은 x선상, x의 +방향에 있고, 부의 경우는 역방향, x에 대하여 그림을 그리면 **그림 2·11 (b)**와 같이 된다. $dE/dx = 0$에서 E의 최대값의 위치는 $x' = \pm a/\sqrt{2}$ 의 점에 있으며, 최대전계의 크기는

$$E_{\max} = \frac{Q}{6\sqrt{3}\,\pi\epsilon_0 a^2}\,[\mathrm{V/m}]$$

2.5.2 면전하

도형에서 면은 선의 연속으로서 표시 할 수 있으므로 면전하 또한 선전하의 연속으로 표시할 수 있다. 이것은 두께를 갖지 않는 표면에 균일하게 전하가 분포된 상황을 표시하며 통상 표면전하밀도 $\rho_S[\mathrm{C/m^2}]$로 표시한다.

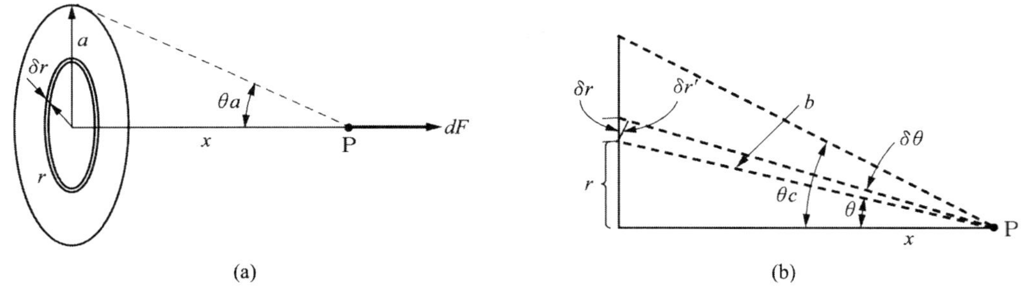

(a) (b)

|그림 2·12|

그림 2·12와 같이 두께를 생각하지 않는 평면상에 표면전하밀도 ρ_s로 균일하게 대전된 경우 표면으로부터 일정거리 떨어진 한 점의 전계를 고려하면 먼저 선전류의 경우 미소길이를 포함한 전하를 점전하로 생각하였듯이 마찬가지로 미소면적 dS를 고찰하고 소길이를 포함한 전하를 점전하로 생각하였듯이 마찬가지로 미소면적 dS를 고찰하고 여기에 대전된 전하량은 $dQ = \rho_s\, dS$로 표시할 수 있어 이를 점전하로 생각하고 전계를 구한다.

전 표면의 전하는

$$Q = \int \rho_s\, dS \tag{2 · 19}$$

로 표시할 수 있다.

그림 2·12 (a)와 같이 반지름 a[m]의 원판에 표면밀도 δ[C/m^2]인 전하가 분포되어 있을 경우, 원판의 중심 O에서 중심축상 x인 거리의 점 P의 전계를 구하는 경우에 원판상의 반지름 r이고 폭 δr 인 가는 환을 가상하고, 이것에서 점 P에 생기는 전계 δE를 구하면 $Q = \sigma 2\pi r\, \delta r$ 이므로 이는 **그림 2·11**과 같은 형태로서 같은 결과를 이용할 수 있다.

$$\delta E = \frac{\sigma 2\pi r\, x\, \delta r}{4\pi\epsilon_0 (r^2 + x^2)^{3/2}} \text{ (방향은 } x \text{ 선의 연장 방향)}$$

따라서 원판 전체의 전하에 의한 점 P의 전계 E는

$$E = \int_0^a dE = \frac{\sigma}{2\epsilon_0}\int \frac{x r dr}{(r^2 + x^2)^{3/2}} \tag{2 · 20}$$

그림 (b)에서 $\delta r \cos\theta = \delta r' = b\delta\theta$

$$\therefore\ \delta r = \frac{b}{\cos\theta}\delta\theta = \frac{\sqrt{r^2 + x^2}}{\cos\theta}\delta\theta$$

$$\frac{x}{\sqrt{r^2 + x^2}} = \cos\theta, \quad \frac{r}{\sqrt{r^2 + x^2}} = \sin\theta$$

이것을 윗식에 대입하면

$$E = \frac{\sigma}{2\epsilon_0}\int_0^{\theta a} \sin\theta\, d\theta = \frac{\sigma}{2\epsilon_0}(1 - \cos\theta_a)$$

$$= \frac{\sigma}{2\epsilon_0}\left(1 - \frac{x}{\sqrt{a^2 + x^2}}\right) \text{[V/m]}$$

2.5.3 체적전하

체적전하는 체적을 갖는 대전체에 균일한 형태로 분포된 상황을 표시하며 통상체적전하밀도 ρ_v [C/m^3]로 표시한다.

체적 V에 체적전하밀도 ρ_v로 일정하게 대전된 대전체를 고찰하는 경우 임의의 미소체적 dv에 대전된 전하량 dQ는

$$dQ = \rho_v dv$$

로 표시할 수 있으며 전전하는 Q는 dQ를 체적적분하면 얻을 수 있어

$$Q = \int_{\rho_v} dv = \rho_v \int dv \tag{2 · 21}$$

[ρ_v가 체적에 대해 일정한 경우]

이러한 체적전하에 의한 전계도 한 부분의 미소체적에 포함된 전하를 점전하로 고려하여 미소체적 dv에 대전된 미소전하 dQ로부터 R만큼 떨어진 점 P의 전계 dE를 구한다.

$$dE = \frac{\rho_v dv}{4\pi\varepsilon_o R^2} a_R$$

이 전계는 미소체적에 의한 전계이므로 전 체적에 대해서 점 P의 전계를 구하면

$$E = \int \frac{\rho_v \, dv}{4\pi\epsilon_o R^2} a_R$$

의 일반식으로 표시할 수 있다.

2.6 전 위

서로 접근한 전계 중의 두 점 P_1에서 P_2로 전하 Q를 이동하는데 요하는 일을 계산한다.

쿨롱의 법칙에 의하여 전하 Q를 전계 E에서 움직일 때 $F = QE$의 힘을 받고 있으므로 $P_1 P_2$간의 거리 δl을 움직일 때 일 δW는 그림 2·13에서

$$\delta W = -QE\delta l \cos\theta \text{[joule] ([J]이라고 쓴다)} \tag{2 · 22}$$

여기서 −의 표시는 외부에서 일이 행해지는 것을 표시한다.

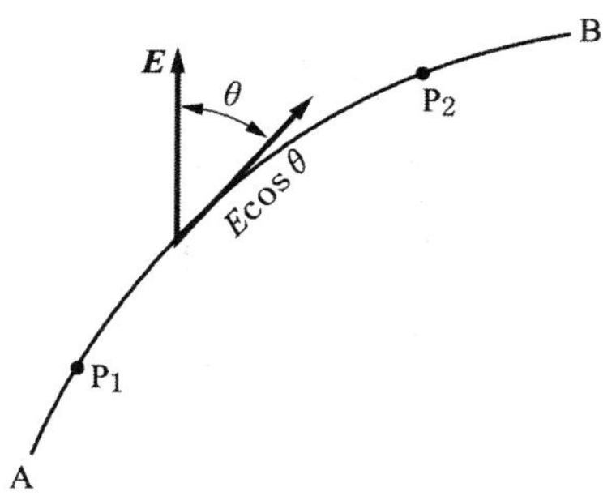

|그림 2·13|

이상의 관계를 벡터로 표시하면 식 (2·22)는

$$\delta W = -QE\cdot\delta l \qquad (2\cdot23)$$

따라서 전계 중의 임의의 점 A에서 B까지 전하 Q를 이동시키는 데 요하는 일 W_{AB}는

$$W_{AB} = -\int_A^B QE\cdot dl = -Q\int_A^B (E_x dx + E_y dy + E_z dz) \qquad (2\cdot24)$$

즉 이만큼의 에너지를 Q가 있는 전계에 가하지 않으면 전하를 A에서 B로 이동시킬 수가 없으며 따라서 W_{AB}를 두 점 사이의 에너지차라고 할 수 있다.

특히 위의 식을 전전하 Q로 나누어 주면 단위전하를 A에서 B까지 이동시키는 데 필요로 하는 일의 양을 구할 수 있으며 이를 AB간의 **전위차**(electric potential difference)라고 한다. 이것을 V_{AB}로 나타내면

$$V_{AB} = -\int_A^B E\cdot dl \qquad (2\cdot25)$$

이 전위차를 구하는데 있어 A를 시작점으로 하고 B를 끝점으로 한다. 식 (2·25)에서 전위차가 음으로 나오는 경우는 전하를 A점에서 B점으로 움직이는데 퍼텐셜 에너지를 잃는 것이며 이것은 필드에 의하여 일이 행해지는 것을 의미한다. 만일 전위차가 양의 값을 갖으면 A에서 B로 움직임에 의하여 에너지를 얻는 것을 의미한다. 즉 외부에서 일을 행하는 것이다.

여기서 상기 적분은 일반적으로 도중의 경로에 의하여 변한다. 그림 2·14에서는 A에서 B까지 적분하는 경우에 C_1과 C_2의 어느 것을 통하느냐에 의하여 달라질 수 있다.

그러나 전계가 보전적(conservative)인 경우에는 도중의 경로에는 관계하지 않고 식 (2·24)의 적분이 일정하다는 것이 증명된다.

두 점간의 전위차는 두 점에 의해서만 정해지고, 폐곡선에 따라서 E를 일주적분하면 반드시 다음식이 성립된다.

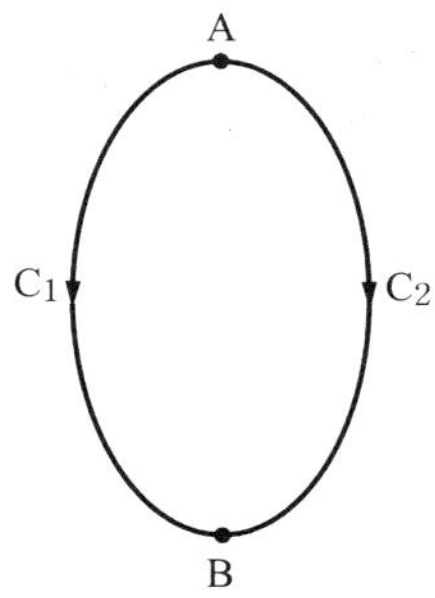

|그림 2·14|

$$\oint \boldsymbol{E} \cdot dl = 0 \qquad (2 \cdot 25')$$

$$\int_{A,c1}^{B} \boldsymbol{E} \cdot dl = \int_{A,c2}^{B} \boldsymbol{E} \cdot dl \qquad (2 \cdot 25'')$$

기준점 무한원점으로 하였을 때, 이 점과 B점간의 전위차를 B점의 **전위**(electric potential)라고 한다.

즉 B점의 전위는

$$V_B = -\int_{\infty}^{B} \boldsymbol{E} \cdot dl \qquad (2 \cdot 26)$$

$$V_B = \frac{Q}{4\pi\epsilon_0 r_2} \qquad (2 \cdot 27)$$

같은 전계에서 r_1만큼 떨어진 점의 전위는 $\frac{Q}{4\pi\epsilon_0 r_1}$가 되므로 이 점과 B점 사이의 전위차는 $\frac{Q}{4\pi\epsilon_0}\left(\frac{1}{r_2} - \frac{1}{r_1}\right)$이 된다.

전위, 혹은 전위차의 MKS 단위는 **볼트**(volt)라고 한다. 1쿨롬[C]의 전하를 운반하는데 필요한 일은 1줄[J]일 때의 전위 또는 전위차가 1V이다.

실제로는 정전현상이 거의 미치지 않는 장소를 기준으로 한다는 의미에서 대지(earth)를 **영전위**라하고, 이것을 기준으로 하여 **전위**라고 한다.

예제 2-4

진공 중에 전하 $Q_1, Q_2, \ldots, Q_n$이 있다. 이 전계 중의 한 점 P의 전위를 구하여라. 단, P와 $Q_1, Q_2, \ldots, Q_n$과의 거리를 각각 $r_1, r_2, \ldots, r_n$이라고 한다.

해 $Q_1, Q_2, \ldots$에 의한 점 P의 전계를 각각 $\boldsymbol{E}_1, \boldsymbol{E}_2, \ldots$라고 하면 점 P의 전계 $\boldsymbol{E}_p$는 식 (2·11)에 의하여

$$\boldsymbol{E}_p = \boldsymbol{E}_1 + \boldsymbol{E}_2 \ldots + \boldsymbol{E}_n$$

따라서 점 P의 전위 V_p는

$$V_p = -\int_{\infty}^{p} \boldsymbol{E} \cdot dl = -\int_{\infty}^{p} \boldsymbol{E}_1 \cdot dl - \int_{\infty}^{p} \boldsymbol{E}_2 \cdot dl \ \ldots\ldots$$

따라서 윗식의 우변 각 항은 식 (2·27)에서

$$-\int_{\infty}^{p} \boldsymbol{E}_1 \cdot dl = \frac{Q_1}{4\pi\epsilon_0 r_1}, \quad -\int_{\infty}^{p} \boldsymbol{E}_2 \cdot dl = \frac{Q_2}{4\pi\epsilon_0 r_2}, \ldots\ldots$$

그러므로

$$V_p = \frac{1}{4\pi\epsilon_0}\left(\frac{Q_1}{r_1} + \frac{Q_2}{r_2} + \ \ldots\ldots\right)$$

이 식의 우변

$$\frac{1}{4\pi\epsilon_0}\frac{Q_1}{r_1}, \quad \frac{1}{4\pi\epsilon_0}\frac{Q_2}{r_2} \ \ldots\ldots$$

는 각각 $Q_1, Q_2 \ldots$에 의한 점 P의 전위이다. 그러므로 다수의 점전하에 의한 전계의 한 점의 전위는 각 전하에 의한 전위의 합과 같다고 말할 수 있다.

예제 2-5

그림 2·15와 같이 진공 중에 점전하, 선상전하, 면전하 및 공간전하가 있는 경우에 전계 중의 한 점의 전위를 구하여라.

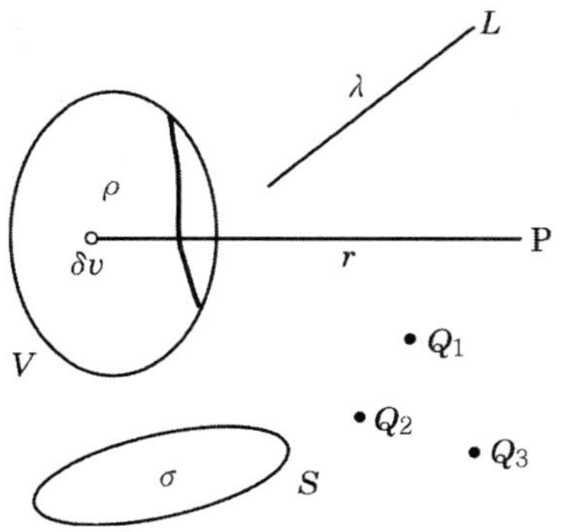

|그림 2·15|

해 그림에서 공간전하 밀도를 ρ라고 한다. 미소체적 δv의 전하 $\rho\delta v$는 δv가 충분히 작으면 점전하라고 볼 수 있다. 따라서 이 δv와 P와의 거리를 r라고 하면 전하에 의한 전위는 식 (2·27)에서 $\frac{1}{4\pi\epsilon_0}\cdot\frac{\rho\delta v}{r}$이다. 따라서 공간전하에 의한 전위 V_{PV}는 전하가 있는 장소와 체적을 V라고 하면

$$V_{PV}=\frac{1}{4\pi\epsilon_0}\int_V\frac{\rho dv}{r} \tag{2·28}$$

마찬가지로 면전하의 밀도를 σ라 하고, 미소면적을 δS, 면전하의 면적을 S라고 하면 면전하에 의한 전위 V_{PS}는

$$V_{PS}=\frac{1}{4\pi\epsilon_0}\int_S\frac{\sigma dS}{r} \tag{2·29}$$

선밀도의 단위길이당의 전하를 λ, 선전하의 길이를 L, 이로 인한 전위를 V_{PL}이라고 하면

$$V_{PL}=\frac{1}{4\pi\epsilon_0}\int_L\frac{\lambda dl}{r} \tag{2·30}$$

따라서 P점의 전위는 예제 2-4를 생각하면

$$V_P=\frac{1}{4\pi\epsilon_0}\int_V\frac{\rho dv}{r}+\frac{1}{4\pi\epsilon_0}\int_S\frac{\sigma dS}{r}\frac{1}{4\pi\epsilon_0}\int_L\frac{\lambda dl}{r}+\frac{1}{4\pi\epsilon_0}\sum_i\frac{Q_i}{r_i}$$

2.7 등전위면과 전위

전계중의 면이며 그 위의 각 점의 전위가 서로 같은 면을 **등전위면**(equipotential surface)이라고 한다. 가령 **그림** 2·5와 같이 한 개의 점전하에 의한 전계에서는 식 (2·27)에서 전하로부터의 거리가 일정하면 전위도 일정하므로 등전위면의 전하를 중심으로 하는 동심구면이면 그림과 같은 점선으로 표시된다.

등전위면에는 다음과 같은 성질이 있다.

① 등전위면은 폐곡면이다.

② 서로 다른 전위를 나타내는 등전위면은 교차하지 않는다. 왜냐하면 전계 내의 각 점의 전위는 그 위치에 따라 결정되는 유일한 값만 가지므로 그 점은 반드시 하나의 등전위면에만 속하기 때문이다.

③ 등전위면의 내부에 전위가 높은 등전위면이 있으면 내부에 정전하가 존재하고, 반대로 전위가 낮은 등전위면이 있으면 부전하가 존재한다.

④ 전기력선과 등전위면은 직교한다.

만일 직교하지 않으면 **그림 2·16**과 같이 전계의 등전위면 AB 위의 성분이 0이 아니다. 그러므로 같은 면위의 두 점 AB 사이에서는 $-\int_A^B \boldsymbol{E} \cdot dl$ 이 반드시 0이 아니다. 즉 등전위면 위의 임의의 두 점간에는 전위차가 있는 경우도 있다. 그런데 등전위면상에서는 전위가 같으므로 임의의 두 점간의 전위차는 반드시 0이 되어야 하기 때문이다. $E=0$일 때는 반드시 직교한다고 할 수 없다.

즉 $E=0$이라 함은 전기력선이 작용하지 않는 점, 다시 말하면 여러 개의 전하에 의한 쿨롱력의 합성이 0이 되는, 즉 평형을 유지하고 있는 점이며 이 점을 **평형점**(point of equilibrium)이라 한다.

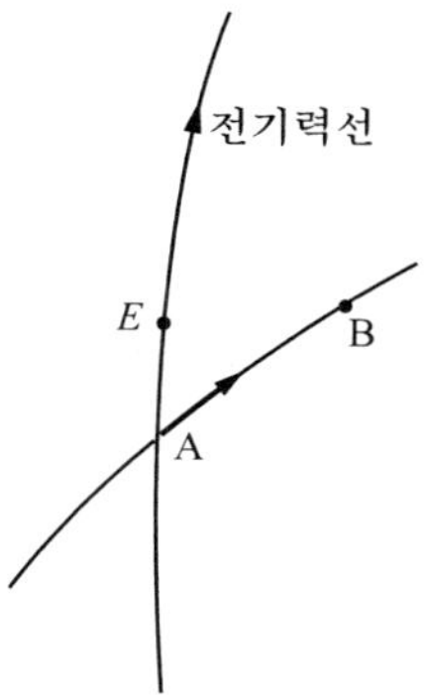

|그림 2·16| 전기력선과 등전위면

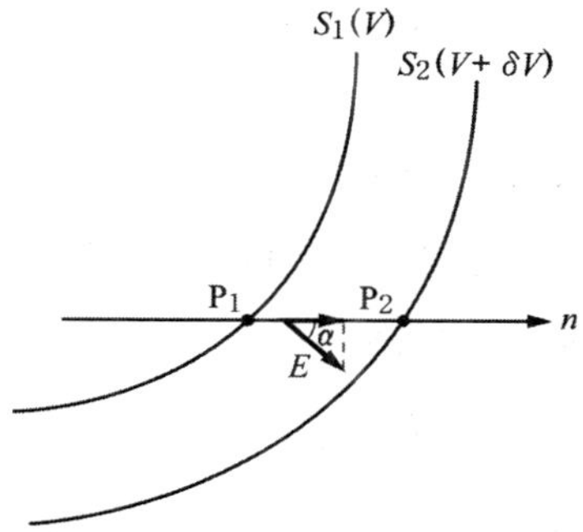

|그림 2·17| 전위경도

지금 **그림 2·17**과 같이 전위 V의 등전위면 S_1과 이것보다 약간 전위가 다른 $V+\delta V$의 등전위면 S_2를 그린다. 임의의 방향$\boldsymbol{n}$을 향한 직선과 S_1, S_2와의 교점 P_1, P_2 사이의 전위차는 δV이다. P_1, P_2간의 거리를 δn이라 하고 $\boldsymbol{E}$의 $\boldsymbol{n}$방향의 성분을 E_n이라고 하면

$$\delta V = -E_n \delta \boldsymbol{n} = -E \delta n \cos\alpha \qquad (2 \cdot 31)$$

α는 전계 E와 $\boldsymbol{n}$ 사이의 각이다.

윗식에서

$$E_n = -\frac{\partial V}{\partial n} \qquad (2 \cdot 32)$$

이 식에서 임의의 방향의 전계는 그 방향의 전위의 부의 경도(gradient)라고 할 수 있

다. 마찬가지 방법으로 전계의 직각좌표축 방향의 성분은

$$E_x = -\frac{\partial V}{\partial x},\ \ E_y = -\frac{\partial V}{\partial y},\ \ E_z = -\frac{\partial V}{\partial z} \tag{2·33}$$

따라서 식 (2·13)에서

$$\boldsymbol{E} = \boldsymbol{i}E_x + \boldsymbol{j}E_y + \boldsymbol{k}E_z = -\boldsymbol{i}\frac{\partial V}{\partial x} - \boldsymbol{j}\frac{\partial V}{\partial y} - \boldsymbol{k}\frac{\partial V}{\partial z} \tag{2·34}$$

$\frac{\partial V}{\partial x}, \frac{\partial V}{\partial y}, \frac{\partial V}{\partial z}$를 좌표축 방향의 성분으로 하는 벡터$\left(\boldsymbol{i}\frac{\partial V}{\partial x} + \boldsymbol{j}\frac{\partial V}{\partial y} + \boldsymbol{k}\frac{\partial V}{\partial z}\right)$를 **전위 V의 경도**(potential gradient)라고 한다. 이것을 grad$V$로 나타내면

$$\mathrm{grad}\ V = \boldsymbol{i}\frac{\partial V}{\partial x} + \boldsymbol{j}\frac{\partial V}{\partial y} + \boldsymbol{k}\frac{\partial V}{\partial z} \tag{2·35}$$

$$E = -\mathrm{grad}V \tag{2·36}$$

또 벡터연산자∇(nabla)를 정의하면

$$\nabla = \boldsymbol{i}\frac{\partial}{\partial x} + \boldsymbol{j}\frac{\partial}{\partial y} + \boldsymbol{k}\frac{\partial}{\partial z} \tag{2·37}$$

$$\nabla V = \mathrm{grad}V \tag{2·38}$$

식 (2·36)은 전계의 세기$\boldsymbol{E}$가 전위V의 부의 경도라는 것을 나타내고 있다.

또한 전위의 정의로부터

$$V = -\int E{\cdot}dl$$

이고 좌표계로 표시된V가 한 지점에서 다른 지점으로 미소거리 이동하였을 경우는

$$dV = -\boldsymbol{E}{\cdot}dl = -E_x dx - E_y dy - E_z dz \tag{2·39}$$

직각좌표계에서V의 증가는 전미분소에 의해 전미분으로 표시되므로

$$dV = \frac{\partial V}{\partial x}dx + \frac{\partial V}{\partial y}dy + \frac{\partial V}{\partial z}dz \tag{2·40}$$

으로 표시된다.

따라서 식 (2·39)와 식 (2·40)를 비교해 보면

$$E_x = -\frac{\partial V}{\partial x},\ \ E_y = -\frac{\partial V}{\partial y},\ \ E_z = -\frac{\partial V}{\partial z}$$

$$\therefore\ \boldsymbol{E} = -\nabla V = -\left(\boldsymbol{i}\frac{\partial V}{\partial x} + \boldsymbol{j}\frac{\partial V}{\partial y} + \boldsymbol{k}\frac{\partial V}{\partial z}\right) \tag{2·41}$$

가 된다. 마찬가지로 원통좌표계에서의 V의 전미분은

$$dV = \frac{\partial V}{\partial r}dr + \frac{\partial V}{\partial \phi}d\phi + \frac{\partial V}{\partial z}dz$$

구좌표에서의 V의 전미분은

$$dV = \frac{\partial V}{\partial r}dr + \frac{\partial V}{\partial \theta}d\theta + \frac{\partial V}{\partial \phi}d\phi$$

즉, V가 미소거리 만큼 변화할 때 x축 방향의 변분$\left(\frac{\partial V}{\partial x}\right)$가 dx 거리에서 $\frac{\partial V}{\partial x}dx$ 만큼 변화하는 것을 의미한다.

일반적 좌표계에서 미소거리 dl 에서 전위차가 dV이면

$$E \cdot dl = -dV$$

$$E = -\nabla V$$

이므로

$$\nabla V \cdot dl = dV$$

의 관계가 좌표에 관계없이 성립한다.

직각좌표에서

$$dl = \boldsymbol{i}dx + \boldsymbol{j}dy + \boldsymbol{k}dz$$

$$dV = \frac{\partial V}{\partial x}dx + \frac{\partial V}{\partial y}dy + \frac{\partial V}{\partial z}dz$$

$$\nabla V \cdot dl = dV$$

가 되기 위해서

$$\boldsymbol{i} \cdot \boldsymbol{i} = \boldsymbol{j} \cdot \boldsymbol{j} = \boldsymbol{k} \cdot \boldsymbol{k} = 1$$

$$\boldsymbol{i} \cdot \boldsymbol{j} = \boldsymbol{j} \cdot \boldsymbol{k} = \boldsymbol{k} \cdot \boldsymbol{i} = 0$$

식을 이용하면

$$\nabla V = \boldsymbol{i}\frac{\partial V}{\partial x} + \boldsymbol{j}\frac{\partial V}{\partial y} + \boldsymbol{k}\frac{\partial V}{\partial z}$$

가 되어야 함을 알 수 있다.

원통좌표계

$$dl = \boldsymbol{a}_r dr + \boldsymbol{a}_\phi r d\phi + \boldsymbol{k} dz$$

$$dV = \frac{\partial V}{\partial r}dr + \frac{\partial V}{\partial \phi}d\phi + \frac{\partial V}{\partial z}dz$$

따라서

$$\nabla V = \boldsymbol{a}_r \frac{\partial V}{\partial r} + \boldsymbol{a}_\phi \frac{1}{r}\frac{\partial V}{\partial \phi} + \boldsymbol{k}\frac{\partial V}{\partial z}$$

이것을 좌표별로 표시하면

$$\nabla V = \frac{\partial V}{\partial x}\boldsymbol{a}_x + \frac{\partial V}{\partial y}\boldsymbol{a}_y + \frac{\partial V}{\partial z}\boldsymbol{a}_z \text{ (직각좌표)} \quad (2 \cdot 42)$$

$$\nabla V = \frac{\partial V}{\partial r}\boldsymbol{a}_r + \frac{1}{r}\frac{\partial V}{\partial \phi}\boldsymbol{a}_\theta + \frac{\partial V}{\partial z}\boldsymbol{a}_z \text{ (원통좌표)} \quad (2 \cdot 43)$$

$$\nabla V = \frac{\partial V}{\partial r}\boldsymbol{a}_r + \frac{1}{r}\frac{\partial V}{\partial \theta}\boldsymbol{a}_\theta + \frac{1}{r\sin\theta}\frac{\partial V}{\partial \phi}\boldsymbol{a}_\phi \text{ (구좌표계)} \quad (2 \cdot 44)$$

이와 같이 전미분과 각 좌표의 미분소 dl 을 알면 쉽게 ∇V을 알 수 있다.

예제 2-6

진공 중의 한 점전하 Q에 의한 전계를 식 (2·36)에서 구하여라.

해 점전하를 원점으로 취하고 임의의 한 점 P의 좌표를 (x, y, z)로 하고 전하와 점 P와의 거리를 r라고 하면 식 (2·27)에서

$$V = \frac{1}{4\pi\epsilon_0}\frac{Q}{r} = \frac{Q}{4\pi\epsilon_0}\frac{1}{\sqrt{x^2+y^2+z^2}}$$

따라서

$$\frac{\partial V}{\partial x} = -\frac{Q}{4\pi\epsilon_0}x(x^2+y^2+z^2)^{-3/2}$$

$$\frac{\partial V}{\partial y} = -\frac{Q}{4\pi\epsilon_0}y(x^2+y^2+z^2)^{-3/2}$$

$$\frac{\partial V}{\partial z} = -\frac{Q}{4\pi\epsilon_0}z(x^2+y^2+z^2)^{-3/2}$$

$$\boldsymbol{E} = -\left(\boldsymbol{i}\frac{\partial V}{\partial x} + \boldsymbol{j}\frac{\partial V}{\partial y} + \boldsymbol{k}\frac{\partial V}{\partial z}\right)$$

$$= \frac{Q}{4\pi\epsilon_0}(\boldsymbol{i}x + \boldsymbol{j}y + \boldsymbol{k}z)(x^2+y^2+z^2)^{-3/2} = \frac{Q}{4\pi\epsilon_0}\frac{\mathrm{r}}{r^3}$$

2.8 가우스의 정리

전기력선의 밀도는 전계의 세기와 일치하므로 하나의 면 S에 대하여 $\int_S E_n dS$를 구하면(E_n은 $\boldsymbol{E}$의 dS에 수직한 방향의 성분) 이것이 그 면을 통과하는 전기력선의 수이다. $\boldsymbol{E}\delta S$는 $\boldsymbol{E}$의 δS방향의 성분, 즉 $\boldsymbol{E}$의 면적에 수직한 방향 성분과 δS와의 곱이므로 $E_n S$를 나타내고 있으며

$$\oint_s \boldsymbol{E}_n dS = \oint_s \boldsymbol{E} dS \qquad (2 \cdot 45)$$

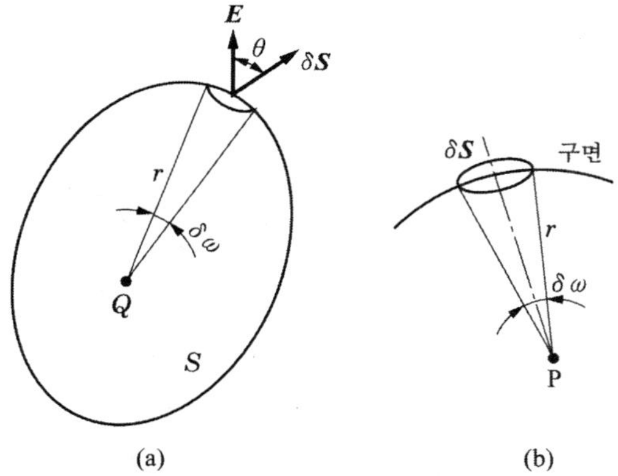

|그림 2·18| (a) 면 S에서 나가는 전기력선, (b) 입체각

그림 2·18 (a)와 같이 점전하 Q를 포위하는 폐곡면S를 생각한다. S에서 나오는 전기력선의 총수

$$\phi = \oint_s \boldsymbol{E} \cdot d\boldsymbol{S} = \frac{Q}{4\pi\epsilon_0} \oint_s \frac{1}{r^2} \frac{\mathrm{r} \cdot d\boldsymbol{S}}{r} \qquad (2 \cdot 46)$$

그런데 $\frac{\mathrm{r} \cdot d\boldsymbol{S}}{r}$는 Q에서 $\delta \boldsymbol{S}$방향에서의 단위벡터$\boldsymbol{r}_0$와 $\delta \boldsymbol{S}$의 벡터스칼라 적이므로 면적 $\delta \boldsymbol{S}$의$\boldsymbol{r}$에 수직한 성분의 극한값을 나타내고 있다. 여기서 **그림** (b)와 같이 δS는 P를 중심, 반지름 r인 구면의 일부라고 하면 $\delta \boldsymbol{S}$는$\boldsymbol{r}$에 수직이다. 이 때 $\delta \boldsymbol{S}/r^2$을 점 P이 $\delta \boldsymbol{S}$를 보는 **입체각**(solid angle)이라고 한다. 입체각의 단위는 입체라디안이다.

따라서 $\frac{1}{r^2} \frac{\mathrm{r} \cdot d\boldsymbol{S}}{r}$는 전하가 $\delta \boldsymbol{S}$를 보는 입체각이다. 이것을 $\delta\omega$라고 하면

$$\delta w = \frac{1}{r^2}\frac{\mathrm{r}\cdot d\boldsymbol{S}}{r} \qquad (2\cdot 47)$$

따라서 식 (2·46)은

$$\psi = \frac{Q}{4\pi\epsilon_0}\oint_s d\omega \qquad (2\cdot 48)$$

윗식의 적분은 Q를 포위하는 폐곡면에 대한 것이다. 일반적으로 폐곡면 내의 한 점이 폐곡면을 보는 입체각은 그 점을 중심으로 하는 구면을 보는 입체각과 같은데, 구의 반지름을 R라고 하면 구의 표면적은 $4\pi R^2$이 되므로 그 입체각은 $\frac{4\pi R^2}{R^2} = 4\pi$이다. 따라서 식 (2·48)에서 그 입체각은 4π가 되어

$$\psi = \frac{Q}{4\pi\epsilon_0}4\pi = \frac{Q}{\epsilon_0} \qquad (2\cdot 49)$$

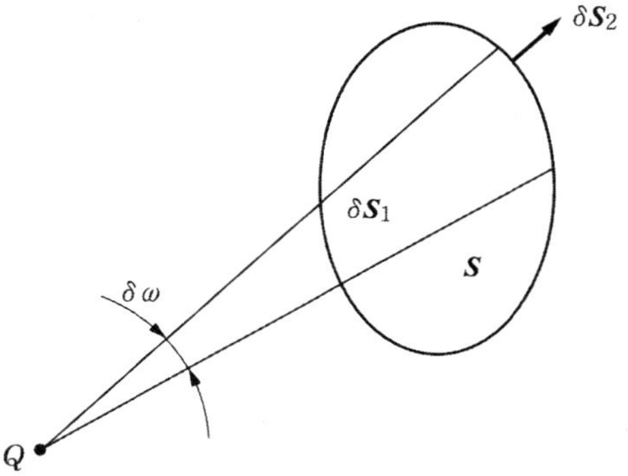

|그림 2·19|

폐곡면의 내부에 $Q_1, Q_2, \ldots, Q_n$의 전하가 있을 때에는 각각의 전하에 의한 전계를 $\boldsymbol{E}_1$, $\boldsymbol{E}_2$, ⋯, $\boldsymbol{E}_n$이라 하면 식 (2·11)의 관계가 있다. 이 때 식 (2·45)는

$$\oint \boldsymbol{E}\cdot d\boldsymbol{S} = \oint_S \boldsymbol{E}_1 \cdot d\boldsymbol{S} + \oint_S \boldsymbol{E}_2 \cdot d\boldsymbol{S} + \ldots + \oint_S \boldsymbol{E}_n \cdot d\boldsymbol{S} \ldots \qquad (2\cdot 50)$$

이 식의 우변 각 항에 대하여 식 (2·50)을 구한 것과 같이 하면

$$\psi = \oint \boldsymbol{E}\cdot d\boldsymbol{S} = \frac{1}{\epsilon_0}\Sigma Q_i \qquad (2\cdot 51)$$

만일 전하 Q가 그림 2·19와 같이 폐곡면의 외측에 있을 때는 그림과 같이 Q를 정점으로 하는 원추형을 생각하고 이것이 폐곡면을 절단하는 면적을 $\delta\boldsymbol{S}_1, \delta\boldsymbol{S}_2$라고 하면 $\delta\boldsymbol{S}_1, \delta\boldsymbol{S}_2$의

면적 벡터의 방향은 $\boldsymbol{Q}$에 대하여 같은 방향이 되어야 된다. 따라서 식 (2·46)은 식 (2·48)을 구한 것과 마찬가지로 하면 $\delta\boldsymbol{S}_1$을 통하여 폐곡면에서 나오는 전기력선의 수 $\delta\Psi_1$은

$$\delta\psi_1 = -\frac{Q}{4\pi\epsilon_0}\frac{1}{r^2}\frac{\boldsymbol{r}\cdot\delta\boldsymbol{S}_1}{r} = -\frac{Q}{4\pi\epsilon_0}\delta\omega \qquad (2\cdot52)$$

마찬가지로 $\delta\boldsymbol{S}_2$를 통해서는

$$\delta\psi_2 = \frac{Q}{4\pi\epsilon_0}\frac{1}{r^2}\frac{\boldsymbol{r}\cdot\delta\boldsymbol{S}_2}{r} = \frac{Q}{4\pi\epsilon_0}\delta\omega \qquad (2\cdot53)$$

따라서 $\delta\boldsymbol{S}_1, \delta\boldsymbol{S}_2$를 통하여 폐곡면에서 나오는 전기력선의 수 $\delta\psi_1 + \delta\psi_2$는

$$\delta\psi_1 + \delta\psi_2 = \frac{Q}{4\pi\epsilon_0}(-\delta\omega + \delta\omega) = 0 \qquad (2\cdot54)$$

이 된다. 따라서 이것을 폐곡면 전체에 대하여 구해도 0이 됨을 알 수 있다. 식 (2·51)과 식 (2·54)의 결과에서 다음과 같이 말할 수 있다.

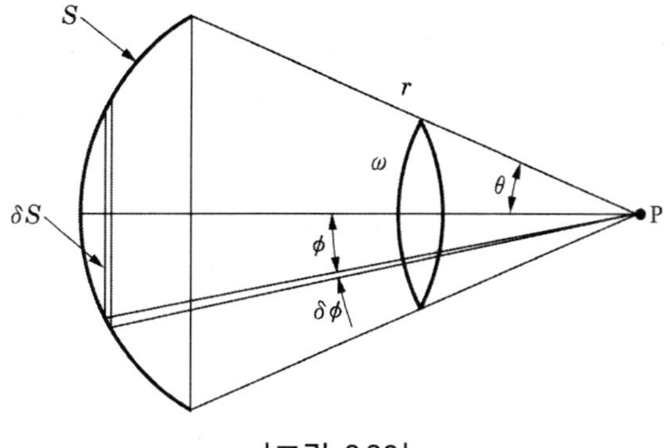

|그림 2·20|

전계 내의 임의의 폐곡면에서 나가는 전기력석의 총수는 내부에 있는 전하의 총량의 $\frac{1}{\epsilon_0}$배와 같다. 외부에 있는 전하는 관계하지 않는다. 이것을 **가우스의 정리**(Gauss's theorem)라고 한다.

수식으로 정리하면 다음과 같다.

$$\psi = \oint E\cdot dS = \frac{1}{\epsilon_0}\Sigma Q_i$$

예제 2-7

원추체의 입체각 ω는 원추의 중심축과 **원추주면**과 이루는 각 θ에 대하여 $\omega = 2\pi(1-\cos\theta)$의 관계가 있다는 것을 설명하여라.

해 그림 2·20에서 구면을 S라고 하면 입체각은 $\omega = S/r^2$, 구면 중에 가는 환δS를 생각하면

면적 $\delta S = 2\pi \times r\sin\phi \times (r\delta\phi) = 2\pi r^2 \sin\phi\,\delta\phi$

구면 $S = \int_0^\theta \delta S = 2\pi r^2 \int_0^\theta \sin\phi\,\delta\phi = 2\pi r^2(1-\cos\theta)$

$$\therefore\ \omega = 2\pi(1-\cos\theta) \tag{2·55}$$

2.8.1 균일하게 대전된 구

그림 2·21과 같이 반지름 a[m]의 구가 균일한 전하밀도 ρ[C/m^3]로 대전되어 있을 때, 구내외의 전계와 전위를 구해 본다. 문제의 대칭성에서 전계$\boldsymbol{E}$는 구의 반지름에 따라 외측방향이다. 임의의 동심구면상에서 그 크기는 같다.

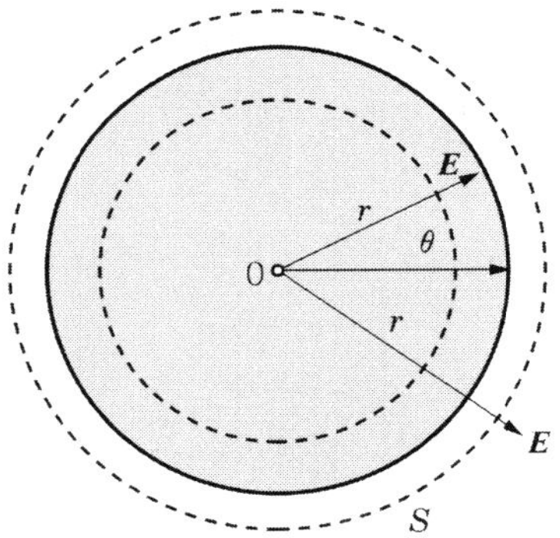

|그림 2·21|

(1) $r \geq a$인 경우

반지름 r의 경우 동심구면 S를 만들고 그 체적을 V라고 하면 가우스의 정리에서

$$\text{좌변} = \int_S \boldsymbol{E}\cdot d\boldsymbol{S} = \int_S E\,dS = E\int_S dS = 4\pi r^2 E$$

가 되고, 마찬가지로

$$우변= \frac{1}{\epsilon_0}\int_V \rho dv = \frac{1}{\epsilon_0}Q$$

여기서, Q는 구면(반지름 a) 내의 총전하이다. 위의 양변은 같으므로 전계의 세기 E는

$$4\pi r^2 E= \frac{Q}{\epsilon_0}$$

$$E= \frac{1}{4\pi\epsilon_0}\frac{Q}{r_2}[\mathrm{V/m}] \tag{2 · 56}$$

가 된다. 이 값은 중심 O에 점전하가 있을 때의 전계와 같다. 따라서 중심에 대하여 대칭으로 분포되어 있는 전하에 대한 전계는 전 전하가 중심에 집중되어 있는 점전하의 경우와 같다. 또 전위의 정의에서

$$V= -\int_\infty^r \boldsymbol{E}\cdot d\mathrm{r}= \int_\mathrm{r}^\infty \frac{Q}{4\pi\epsilon_0 r}dr = \frac{Q}{4\pi\epsilon_0}\int_r^\infty \frac{dr}{r^2}$$

$$= \frac{Q}{4\pi\epsilon_0}\left[\frac{-1}{r}\right]_r^\infty = \frac{Q}{4\pi\epsilon_0 r}[\mathrm{V}] \tag{2 · 57}$$

가 된다. 이 식은 내부 전하분포에는 관계없으므로 구형도체에 전하를 주었을 때는 구도체의 전위도 이 값으로 계산할 수 있다.

(2) $r \le a$ 인 경우

반지름 r의 경우 동심구면 Q를 만들고 그 체적을 V라고 한다. 이 속에 있는 전하를 Q', 반지름 r, 구면상의 전계의 세기를 E'라고 하면 이 구면에 가우스의 정리를 적용하견

$$좌변= \int_S \boldsymbol{E}'\cdot d\boldsymbol{S}= \int_S E'\cdot dS= E'\int_S dS= 4\pi r^2 E'$$

마찬가지로

$$우변= \frac{1}{\epsilon_0}\int_V \rho dV= \frac{1}{\epsilon_0}\rho\int_V dV= \frac{1}{\epsilon_0}\frac{4\pi r^3\rho}{3}= \frac{1}{\epsilon_0}Q' = \frac{1}{\epsilon_0}\frac{r^3}{a^3}Q$$

가 된다. 양변은 서로 같으므로 전계의 세기는

$$4\pi r^2 E' = \frac{1}{\epsilon_0}\left(\frac{r}{a}\right)^3 Q$$

$$E' = \frac{1}{\epsilon_0}\frac{\left(\frac{r}{a}\right)^3}{4\pi r^2}Q= \frac{1}{\epsilon_0}\frac{r}{4\pi a^3}Q \tag{2 · 58}$$

이 식에서 보는 바와 같이 중심에서 $r\,(\leq a)$인 점의 전계는 반지름 r인 구내의 전하가 만든다는 물리적인 의미가 중요한 것이다. 전위 V'는 구면의 전위에다 구면에서 내부의 한 점 P(중심에서의 거리 $r < a$)까지 단위정전하를 운반하는데 필요한 일을 합하면 된다.

$$V' = \int_r^a \boldsymbol{E}' \cdot d\boldsymbol{r} + \int_a^\infty \boldsymbol{E} d\boldsymbol{r} = \frac{Q}{4\pi\epsilon_0 a^3}\int_r^a r dr + \frac{Q}{4\pi\epsilon_0 a}$$

$$= \frac{Q}{4\pi\epsilon_0 a^3}\left[\frac{r^2}{2}\right]_r^a + \frac{Q}{4\pi\epsilon_0 a} = \frac{Q}{4\pi\epsilon_0 a}\left(1.5 - 0.5\frac{r^2}{a^2}\right)[\mathrm{V}] \tag{2·59}$$

가 된다. 따라서 구내부의 전하가 균일한 전하 분포 $\rho\,[\mathrm{C/cm^3}]$일 때는

$$V' = \frac{\rho}{6\epsilon_0}(3a^2 - r^2)[\mathrm{V}] \tag{2·60}$$

가 되며, 구심에서의 전위는 구면상 전위의 3/2배가 된다. 이상의 전계의 관계를 나타내면 그림 2·22와 같다.

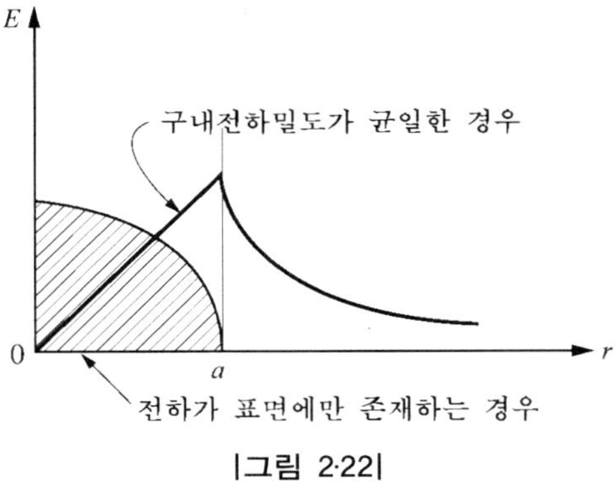

|그림 2·22|

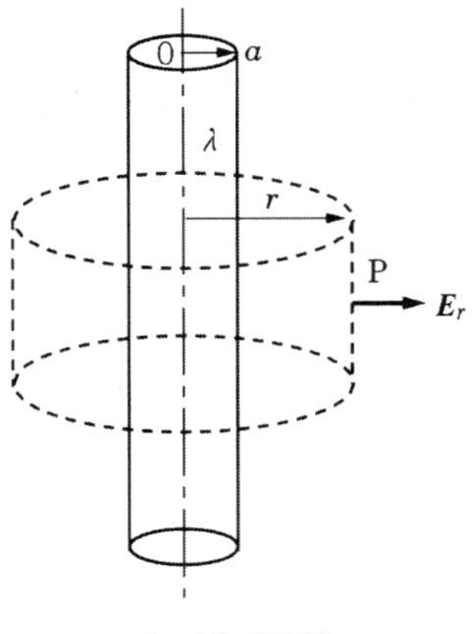

|그림 2·23|

2.8.2 균일하게 대전된 무한길이 원주에 의한 전계

(1) $r \geq a$인 경우

그림 2·23에 나타낸 바와 같이 반지름 a의 원형 단면의 원주에 균일하게 전하가 분포되었다고 하고, 단위 길이당의 전하를 $\lambda\,[\mathrm{C/m}]$라고 한다. 축에서 r만큼 떨어진 점 P의 전계 E_r를 구한다.

전하는 축대칭이므로 전계도 축대칭이고 방향은 반지름 방향으로 향한다. 지금 원통축을 축으로하고 단면이 반지름 r, 단위길이의 원주를 생각하고 이 원통의 표면에서 나가는 전기력선의 총수를 구하면 전계는 반지름 방향이므로 측면으로만 통과하게 되어 상하의 양면에는 없다. 따라서

$$\int \boldsymbol{E} \cdot d\boldsymbol{S} = E_r 2\pi r = \frac{\lambda}{\epsilon_0} \tag{2 · 61}$$

그러므로

$$E_r = \frac{\lambda}{2\pi\epsilon_0 r} \text{[V/m]} \tag{2 · 62}$$

원주 바깥의 축에서 r_1, r_2 만큼 떨어진 두 점 사이의 전위차 V_{12}는

$$V_{12} = -\int_{r_2}^{r_1} E_r \, dr = \frac{\lambda}{2\pi\epsilon_0} \log \frac{r_2}{r_1} \tag{2 · 63}$$

따라서 전하분포가 축대칭인 경우의 전계는 이 전하분포가 축에 집중된 직선전하인 경우와 같다.

(2) $r \leqq a$ 인 경우

원주 내부에서 반지름 $r'(<a)$인 원주면상의 전계를 E_r', 단위길이당의 전하를 λ'[C/m]라 하고, 이 원주에 가우스의 정리를 적용하면

$$\int \boldsymbol{E}_r' \cdot d\boldsymbol{s} = E_r' 2\pi r' = \frac{\lambda'}{\epsilon_0}$$

$$\boldsymbol{E}_r' = \frac{1}{2\pi\epsilon_0} \cdot \frac{\lambda'}{r'} \text{[V/m]} \tag{2 · 64}$$

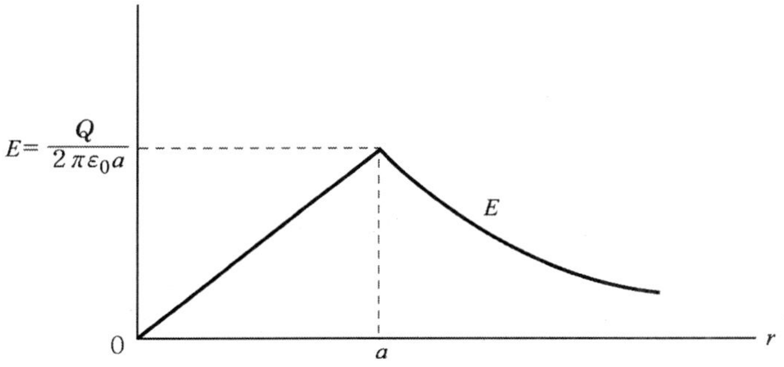

|그림 2·24|

가 된다. 그런데 전하가 원주 내부에 균일하게 분포되어 있으므로

$$\lambda' = \frac{r'^2}{a^2}\lambda$$

가 되므로 식 (2·64)는

$$E_r' = \frac{1}{2\pi\epsilon_0} \cdot \frac{\lambda}{a^2}r' \qquad (2 \cdot 65)$$

와 같이 된다. 또 전위는

$$V = -\int_M^{r'} \boldsymbol{E} dr = -\int_M^a \boldsymbol{E}_r \cdot dr - \int_a^{r'} \boldsymbol{E}_r' \cdot dr'$$

$$= \frac{\lambda}{2\pi\epsilon_0} log \frac{M}{a} + \frac{\lambda}{4\pi\epsilon_0}\left(1 - \frac{r'^2}{a^2}\right)[\mathrm{V}] \qquad (2 \cdot 66)$$

가 된다. 윗식 중에서 M은 동축원주의 전위기준이다.

그림 2·24는 반지름 a의 무한길이 직선 원주가 균일하게 대전되어 있을 때의 원통 내외의 전계를 나타낸 것이다.

예제 2-8

무한길이의 직선도체에 단위길이당 λ [C/m]의 전하가 분포하고 있을 때의 전계의 세기와 전위차를 구하여라.

해 이 경우의 전계는 직선을 축으로 하는 방사상의 분포가 되고 직선도체를 축으로 하는 반지름 r의 원통상의 전계는 대칭의 이유로 반지름 방향이고 면상에는 같은 크기를 가질 것이다.

단위길이의 원통면을 만들고 이 원통면에 가우스 정리를 적용하면

$$\oint \boldsymbol{E} \cdot d\boldsymbol{S} = \oint E dS = E \cdot 2\pi r \cdot 1 = \frac{1}{\epsilon_0}\lambda \cdot 1$$

$$\therefore\ E = \frac{1}{2\pi\epsilon_0} \cdot \frac{\lambda}{r}[\mathrm{V/m}] \qquad (2 \cdot 67)$$

가 된다.

직선에서 r_1, r_2의 거리에 있는 두 점간의 전위차는 $r_2 > r_1$일 때 식 (2·67)에서

$$V_{12} = -\int_{r_2}^{r_1} \boldsymbol{E} dr = -\int_{r_2}^{r_1} \frac{\lambda}{2\pi\epsilon_0 r} dr = \frac{\lambda}{2\pi\epsilon_0} log \frac{r_2}{r_1}[\mathrm{V}] \qquad (2 \cdot 68)$$

가 된다. 이 때 만일 $r_2 \to \infty$ 라고 하면 $V_{12} \to \infty$ 로 되어 무한원점과의 사이의 전위차가 무한대가 된다. 그러므로 이 경우에는 무한원점이 아닌 다른 점의 전위를 기준으로 취해야 한다.

2.8.3 균일하게 대전된 무한평면에 의한 전계

균일하게 면전하밀도 σ의 무한평면 양측의 전계의 세기는 면에서 거리가 같으면 서로 같으며 방향은 반대이고 평면에 수직이 된다는 것은 전계의 대칭성에서 알 수 있다.

지금 그림 2·25와 같이 단위면적에서 길이의 원통을 생각하여 가우스의 정리를 적용한다. 원통 측면은 식 (2·45)의 적분에는 기여하지 않으므로 양측의 단위면적을 통해서 나오는 전기력선은 $2E \times 1$, 한편 내부의 전하가 $\sigma \times 1$이므로

$$\oint_s \boldsymbol{E}_n\, dS = \oint_s \boldsymbol{E} dS \tag{2 · 69}$$

$$\oint \boldsymbol{E} \cdot d\boldsymbol{S} = 2E \times 1 = \frac{\sigma \times 1}{\epsilon_0}$$

즉

$$E = \frac{\sigma}{2\epsilon_0}$$

가 되어 전계는 어느 곳에서나 같다. 이것을 **평등전계**라고 한다.

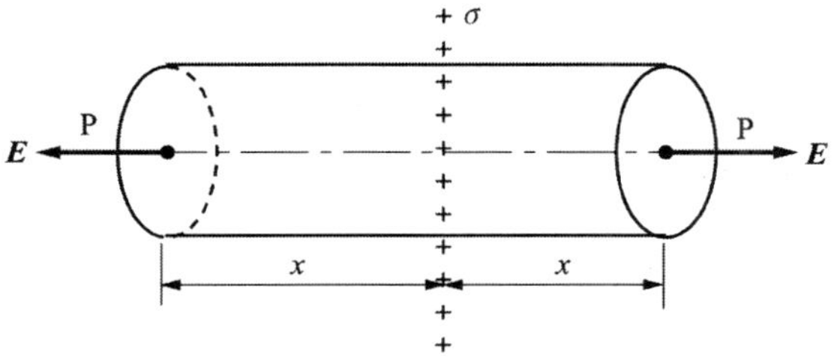

|그림 2·25| 무한평면 전하의 전계

예제 2-9

그림 2·26 (a)와 같이 면전하밀도 σ [C/m^2]의 두 개의 무한 평면을 평행하게 배치하였을 때의 전계의 세기를 구하여라.

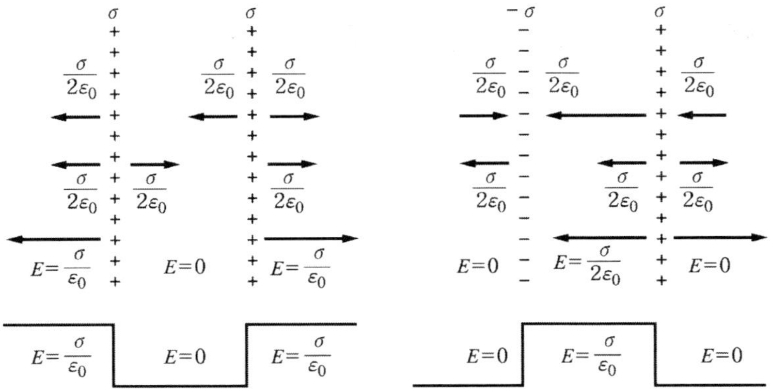

(a) 평행한 면전하가 만드는 전계 (b) 평행한 면전하가 만드는 전계

|그림 2·26|

해 각 평면에 의하여 생긴 전계가 중첩됨으로 양 평면 사이의 전계의 세기는 0이 된다. 양 평면의 외측에서는 두배가 되어, $E=\dfrac{\sigma}{\epsilon_0}$가 된다. 이것은 무한히 넓은 두장의 평행 도체판에 각각 σ [C/m^2]의 전하가 있을 때 만드는 전계와 같다. 즉 두장의 도체판의 외측에는 $E=\sigma/\epsilon_0$의 평등전계가 되고 도체판의 내측에는 전계가 존재하지 않는다.

예제 2-10

그림 2·26 (b)와 같이 면전하밀도가 σ, $-\sigma$ [C/m^2]인 두 장의 무한 평면을 간격 l [m]로 평행하게 배치하였을 때 전계의 세기를 구하여라.

해 그림과 같이 각각의 전계가 중첩하므로 양 평면 사이에서는 합해져 $E=\dfrac{\sigma}{\epsilon_0}$가 되고 외측에서는 $E=0$이 된다. 또 면적이 S [m^2]인 두 장의 평행도체 전극판의 한 쪽에 Q [C], 다른 쪽에 $-Q$ [C]의 전하가 주어졌을 때 이것이 만드는 전계는 양극판의 간격이 판의 크기에 비하여 충분히 적으면 본 예와 같다고 생각해도 된다. 즉, 양극판상의 전하밀도는 각각 $\sigma=Q/S$와 $-\sigma=-Q/S$이므로 극판간의 전계의 세기 $\mathbf{E}$의 크기 E는

$$E = \frac{\sigma}{\epsilon_0} = \frac{Q}{\epsilon_0 S} [\text{V/m}] \qquad (2 \cdot 70)$$

가 된다. 또 극판간의 전위차 V는 이것을 적분하여 다음과 같이 된다.

$$V = \int_0^l E dx = \frac{Ql}{\epsilon_0 S} [\text{V}] \qquad (2 \cdot 71)$$

2.9 도체상의 전하

도체 위에서는 전하가 자유로이 이동할 수 있다. 따라서 만일 도체 내에 전계가 있으면 전하는 이동한다. 이것은 정전상태가 아니다. 전하가 정지하고 있으면 도체 내에는 전계가 없으므로 "정전 상태에서는 도체 내에는 전계가 없고 도체는 등전위이고, 그 표면은 등전위면이 된다"라고 말할 수 있다.

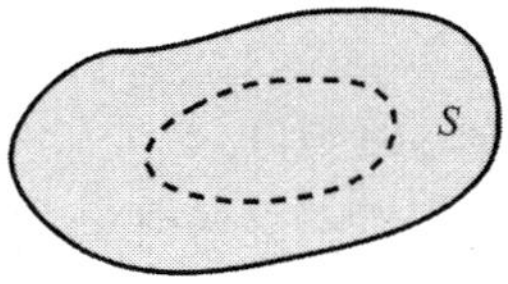

|그림 2·27|

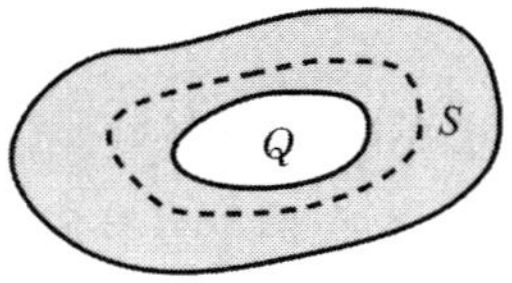

|그림 2·28|

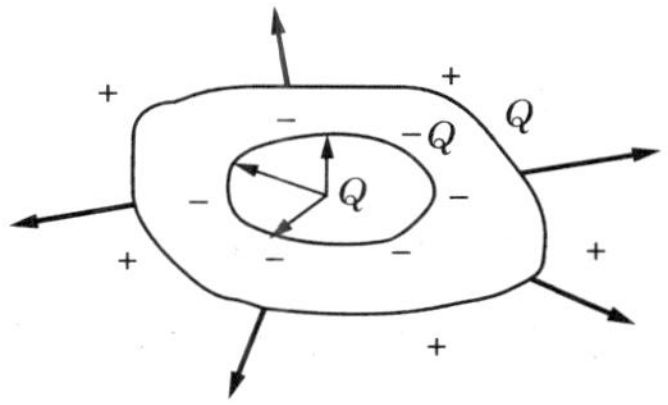

|그림 2·29|

다음에 가우스의 정리를 도체 내에 적용하여 본다. 그림 2·27과 같이 도체 내의 폐곡면 S에 이것을 적용하면 내부에 전계가 존재하지 않으므로 이 폐곡면을 통과해서 나가는 전기력선의 총수는 0이다. 따라서 도체의 내부에는 전하는 없는 것이 된다. 이것으로 "도체의 내부에는 전하는 존재하지 않으며, 도체의 준 전하 및 정전유도에 의하여 도체에 나타난 전하는 모두 그 표면에 분포한다"라고 말할 수 있다.

다음에 그림 2·28과 같은 중공도체의 경우를 생각한다. 공동 내에 전하가 없으면 도체 중에 폐곡면S를 가상하고 여기에 가우스의 정리를 적용하면S에서 나오는 전기력선의 총수는 0이 되어S의 내부에는 전하는 존재하지 않는다. 그러므로 "공동 내에 전하가 없으면 도체내면 및 도체 내에는 전하가 존재하지 않으며 전하는 모두 도체의 외면상에 분포한다"는 것을 알 수 있다.

공동 내에 전하 Q가 존재하고 있으면 S에 가우스의 정리를 적용하면 도체 내에는 전하

가 없으므로

$$\int_S \boldsymbol{E} \cdot d\boldsymbol{S} = 0$$

공동 내에는 Q인 전하가 있고 도체내부에는 전하가 없으므로 도체내면에 $-Q$인 전하가 유도되어야 한다. 그런데 도체상의 전전하가 0이므로 도체의 외면에는 $+Q$인 전하가 있게 된다. 이 모양을 **그림** 2·29에 나타내었다. 공동 내의 전하에서 나온 전기력선은 도체내면에서 끝나고 외면의 전하에서 또 전기력선의 나가고 있다.

다음에 도체 표면에 전하가 있는 때의 전계를 생각해 본다. 전하밀도가 σ이고 **그림** 2·30과 같이 도체 표면을 사이에 두고 여기에 평행한 면적 S의 상, 하면을 가지고 측면이 이에 수직한 원통형의 폐곡선을 생각해 보자.

전기력선은 도체 표면에 수직이고 도체 내에서는 전계가 없으므로 가우스의 정리에서

$$\oint \boldsymbol{E} \cdot d\boldsymbol{S} = ES = \frac{S\sigma}{\epsilon_0} \tag{2 · 72}$$

따라서

$$E = \frac{\sigma}{\epsilon_0} \tag{2 · 73}$$

도체 표면에서는 전계는 거리에 무관하며 일정하다는 것을 알 수 있다.

만일 도체의 전위 V가 주어졌을 때 표면의 외향법선을 n이라고 하면 표면에 수직한 전계의 크기는 식 (2·32)에서

$$E = -\frac{\partial V}{\partial n} [\text{V/m}] \tag{2 · 74}$$

가 되므로, 식 (2·73)은

$$\frac{\partial V}{\partial n} = -\frac{\sigma}{\epsilon_0} [\text{V/m}] \tag{2 · 75}$$

가 된다. 식 (2·73), (2·75)는 도체의 표면밀도와 전위 및 전계의 관계를 표시하는 중요한 식이며, **쿨롱의 등식**이라고 한다.

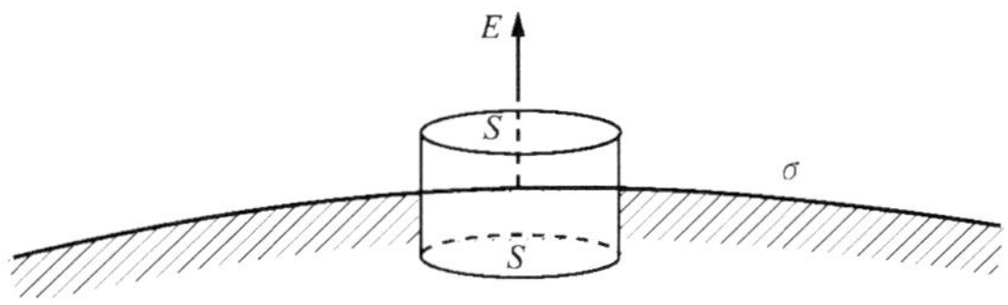

|그림 2·30|

2.10 대전도체의 표면에 작용하는 힘

식 (2·73)과 같은 전계 때문에 도체 표면은 힘을 받는다. 이것을 다음에서 구해 보기로 하자.

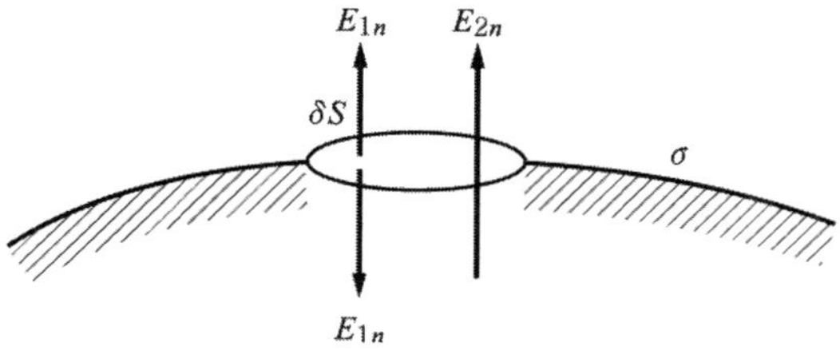

|그림 2·31|

그림 2·31과 같이 도체 표면의 미소면적 부분 σS를 생각해 보자. 이 부분의 전계는 식 (2·73)으로 표시되어 있지만, 이것은 σS부분의 전하에 의한 E_{1n}과 σS 이외의 부분에 의한 전계 E_{2n}의 합성값이라 생각할 수 있다. 따라서

$$E = E_{1n} + E_{2n} = \frac{\sigma}{\epsilon_0} \tag{2 · 76}$$

또 도체 내부에서만 δS의 부분에 의한 전계는 식 (2·76)의 것과 같은 크기, 반대방향이고, δS 이외의 부분에 의한 것은 식 (2·76)과 같은 크기, 같은 방향이고 도체 내부의 전계가 0이므로

$$E_{1n} - E_{2n} = 0 \tag{2 · 77}$$

식 (2·76), (2·77)에서

$$E_{1n} = E_{2n} = \frac{\sigma}{2\epsilon_0} \tag{2 · 78}$$

따라서 δS부분의 전계 중에서 δS 이외의 전하에 의한 전계는 $\frac{\sigma}{2\epsilon_0}$이고 이 전계에 의하여 δS부분의 전하 $\sigma\delta S$가 힘을 받게 된다. 이 힘 F는

$$F = E_{2n}\sigma\delta S = \frac{1}{2}\frac{\sigma^2}{\epsilon_0}\delta S \tag{2 · 79}$$

따라서 도체 표면의 단위면적에 작용하는 힘 f는

$$f = \frac{F}{\delta S} = \frac{1}{2}\frac{\sigma^2}{\epsilon_0} = \frac{1}{2}\epsilon_0 E^2 \tag{2·80}$$

가 된다. 이것을 **정전응력** 또는 **정전압력**이라고 한다. 이 힘은 σ^2 또는 E^2에 비례하므로 대전전하의 종류에 관계없이 항상 정이고 외향이며 이로 인하여 도체 표면은 외부로부터 장력을 받으며 $\boldsymbol{E}$의 값이 주위 공기의 절연내력 3×10^6[V/m] 보다 커지면 코로나 방전이 발생할 때도 있다.

예제 2-11

반지름 5[cm]의 절연된 도체구를 대전시켜서 전위 1.2×10^3[V]로 하였을 때의 정전응력을 구하여라.

해 구 표면의 전계의 세기 E는

$$E = \frac{1.2\times10^3}{5\times10^{-2}} = 2.4\times10^4 \text{[V/m]}$$

그러므로 단위 면적당의 정전응력 P는 식 (2·80)에서

$$P = \frac{\epsilon_0 E^2}{2} = \frac{1}{2}\times 8.855\times10^{-12}\times(2.4\times10^4)^2 = 2.55\times10^{-3} \text{[N/m}^2\text{]}$$

예제 2-12

두 장의 도체판을 평행하게 놓았을 때 판간격 t, 면적 S, 전하 $\pm Q$, 전위차 V라고 할 때 도체판간에 작용하는 흡인력을 구하여라.

해 평행도체판 내면에만 전하가 모이고 외측에는 없으므로 내면의 표면전하 밀도를 σ, 도체판간의 전계의 세기를 E라고 하면

$$\sigma = \frac{Q}{S}, \quad E = \frac{V}{t}$$

따라서 단위면적당의 정전응력 f, 전체에 작용하는 힘 F는

$$f = \frac{\epsilon_0 E^2}{2} = \frac{\epsilon_0 V^2}{2t^2} \text{[N/m}^2\text{]} \tag{2·81}$$

또는

$$F = fS = \frac{\epsilon_0 V^2 S}{2t^2} \text{[N]} \tag{2·82}$$

2.11 전기 쌍극자

2.11.1 전기 쌍극자 능률

그림 2·32와 같이 정의 점전하 Q[C]과 부의 점전하 $-Q$[C]이 미소간격 δl로 떨어져 결합하여 배치되어 있을 때 이 정, 부의 전하쌍을 전기 쌍극자 또는 전기 2중극(electric dipole or electric doublet)이라고 한다. $-Q$에서 Q로 향하는 단위 벡터를 a_0라고 하면

$$\boldsymbol{P} = \boldsymbol{a}_0 Q\delta l \ [\mathrm{C \cdot m}] = Q\delta l \qquad (2 \cdot 83)$$

을 전기 쌍극자 능률(electric dipole monent), 두 전하를 연결하는 선을 **쌍극자축**이라고 한다.

또 식 (2·83)에서 $P = Q\delta l$ [C · m]를 전기 쌍극자 능률의 크기라고 한다.

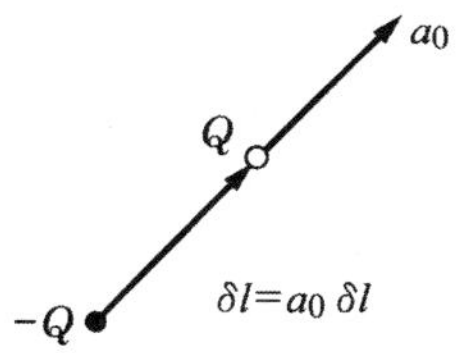

|그림 2·32| 전기 쌍극자

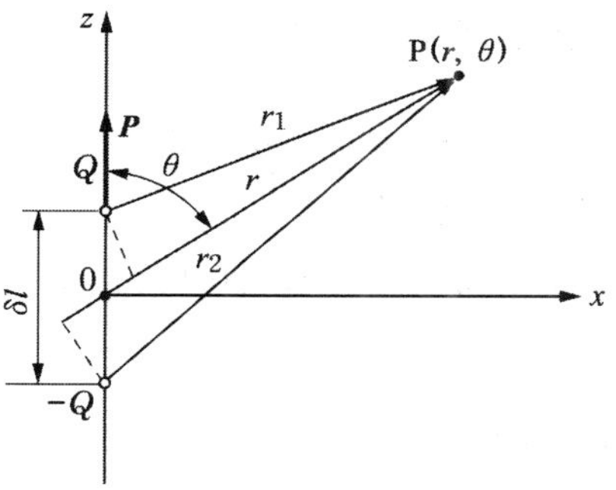

|그림 2·33|

2.11.2 전기 쌍극자에 의한 전위와 전계

그림 2·33에서와 같이 쌍극자의 두 극에서 각각 r_1, r_2의 거리에 있는 점 P의 전위 V를 구한다. 이 때 z축에 대칭인 전계가 형성되므로 전위 V는 극좌표 (r, θ, ϕ)의 ϕ에 무관하게 된다. 근사적으로 r_1은 r보다 $1/2 \cdot \delta l \cos\theta$ 만큼 짧고, r_2는 r보다 이만큼 길므로 $\delta l \ll r$이면 점 P의 전위 V는

$$V = \frac{Q}{4\pi\epsilon_0 r_1} - \frac{Q}{4\pi\epsilon_0 r_2} \fallingdotseq \frac{Q}{4\pi\epsilon_0}\left(\frac{1}{r - \frac{1}{2}\delta l\cos\theta} - \frac{1}{r + \frac{1}{2}\delta l\cos\theta}\right)$$

$$\fallingdotseq \frac{Q\delta l}{4\pi\epsilon_0}\frac{\cos\theta}{r^2} = \frac{P}{4\pi\epsilon_0}\frac{\cos\theta}{r^2}\,[\mathrm{V}] \qquad (2 \cdot 84)$$

V를 벡터로 표시하면 $\delta \boldsymbol{l} \cdot \boldsymbol{a}_r = \delta l \cos\theta$가 되어

$$V = \frac{\boldsymbol{P} \cdot \boldsymbol{a}_r}{4\pi\epsilon_0 r^2} \tag{2 · 85}$$

이다.

지금 구좌표계의 전위경도의 식을 사용하면 전계의 세기는

$$\boldsymbol{E} = -\nabla V = -\left(\frac{\partial V}{\partial r}\boldsymbol{a}_r + \frac{1}{r}\frac{\partial V}{\partial \theta}\boldsymbol{a}_\theta + \frac{1}{r\sin\theta}\frac{\partial V}{\partial \phi}\boldsymbol{a}_\phi\right)$$

이다. 이 식에 식 (2·85)의 V값을 대입하면

$$\boldsymbol{E} = -\left(-\frac{Q\delta l cos\theta}{2\pi\epsilon_o r^3}\boldsymbol{a}_r - \frac{Q\delta l sin\theta}{4\pi\epsilon_o r^3}\boldsymbol{a}_\theta\right)$$

$$= \frac{Q\delta l}{4\pi\epsilon_o r^3}(2\cos\theta\boldsymbol{a}_r + \sin\theta\boldsymbol{a}_\theta) \tag{2 · 86}$$

쌍극자에 의한 전위계를 그림으로 나타내기 위해서는 $\dfrac{Q\delta l}{4\pi\epsilon_o} = 1$로 하는 것이 편리하다. 이 때 $\cos\theta = Vr^2$이 되며, $V = 0, \pm 0.2, \pm 0.4, \pm 0.6, \pm 0.8, \pm 1$인 등전위면을 표시하면 **그림 2·34**의 굵은 선이 된다.

여기서 쌍극자의 축은 수직방향이며 정전하는 위쪽에 놓여 있다. 이 때 전계를 나타내는 전기력선은

$$\frac{E_\theta}{E_r} = \frac{rd\theta}{dr} = \frac{\sin\theta}{2\cos\theta}$$

또는 $\dfrac{dr}{r} = 2\cos\theta d\theta$에서 전기력선의 방정식을 구하면

$$r = C_1 \sin^2\theta$$

을 얻는다. **그림 2·34**에 C_1이 1, 1.5, 2, 2.5인 역선들을 가는 선으로 나타내었다.

앞에서 구한 식들을 살펴보면 전위는 쌍극자로부터의 거리의 자승에 반비례하고 전계의 세기는 거리의 3승에 비례하여 감소한다는 사실을 알 수 있다. 즉 쌍극자에 의한 전위나 전계의 세기는 모두 단일 점전하에 의한 것보다 급격히 감소하고 있다는 것을 알 수 있다.

이것은 서로 부호가 반대인 두 점전하가 가까워질수록 멀리 떨어진 점에서 볼 때는 전하량이 0인 단일 점전하가 있는 것과 같아지므로 충분히 예측할 수 있는 결과라고 생각된다.

어떤 한 점에서 대칭적으로 배치되는 정, 부의 점전하, 즉 쌍극자의 수가 많을수록 전

위나 전계가 거리에 대하여 감소하는 것이 더욱 심해진다. 이러한 전하분포를 **다극자**(multipoles)라고 한다.

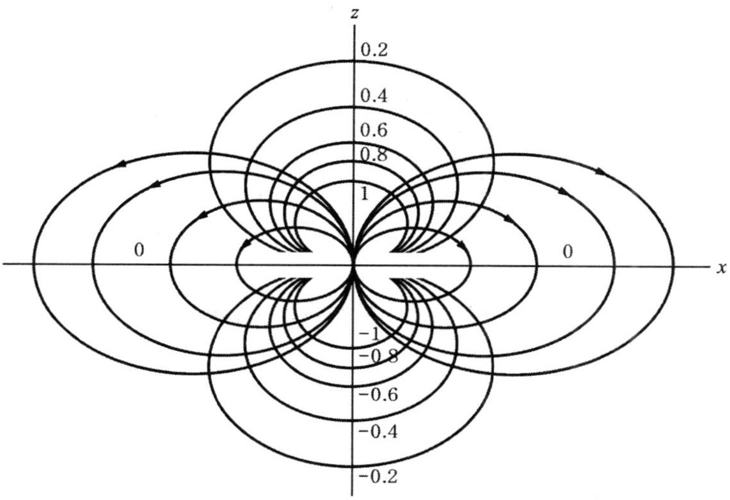

|그림 2·34| 모멘트가 az 방향인 쌍극자에 의한 정전계, 상대적인 V의 값을 갖는 6개의 등전위면

2.11.3 전계중의 전기 쌍극자

그림 2·35와 같이 전계의 방향에 대하여 각θ의 경사로 전기 쌍극자를 놓으면 $F = QE$의 전기력이 작용하여 쌍극자는 전계에서 우력을 받는다. 그 회전력 T는 F와 작용선의 길이 $\delta l \sin\theta$ 와의 곱이며

$$T = QE \times \delta l \sin\theta = PE\sin\theta \qquad (2 \cdot 87)$$

이다. 또 회전력의 방향은 쌍극자가 그림과 같이 배치되어 있을 때는θ가 감소하는 방향이 된다. 만일 쌍극자가 자유로 회전할 수 있으면 전계$\boldsymbol{E}$의 방향과 쌍극자 능률$\boldsymbol{P}$의 방향이 일치하는 곳에서 정지한다.

회전력의 크기 T를 크기로 하고, 회전방향에 오른쪽나사를 회전시켰을 때 나사가 진행하는 방향을 그 방향으로 하는 벡터 $\boldsymbol{T}$를 회전력의 벡터라고 하면 식 (2·87)는

$$\boldsymbol{T} = \boldsymbol{P} \times \boldsymbol{E} \qquad (2 \cdot 88)$$

로 쓸 수 있다.

$\boldsymbol{E} = \boldsymbol{i}E$, $\boldsymbol{P} = P(\boldsymbol{i}\cos\theta + \mathbf{j}\sin\theta)$라고 하면 $\boldsymbol{T} = -\boldsymbol{k}PE\sin\theta$ 가 된다. 회전력의 단위는 [N · m]이다.

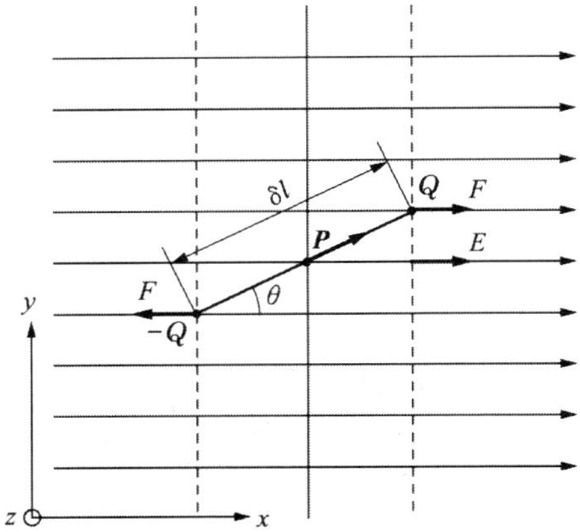

|그림 2·35| 전계중의 쌍극자

예제 2-13

전기 쌍극자의 보유 에너지를 구하고 이것으로 이에 작용하는 회전력을 구하여라.

해 이미 존재하는 전계에 쌍극자를 운반할 때 전계 에너지의 증분을 쌍극자의 **보유 에너지**라고 부른다. 쌍극자를 운반할 때 원래의 전계를 변치 않는다고 한다면 쌍극자의 보유 에너지 W는 **그림** 2·35에서 쌍극자의 중심을 통하는 등전위면의 전위를 V_0라고 하면 Q의 위치에서의 전위는 $V_0 - 1/2 \cdot E\delta l\cos\theta$, $-Q$의 위치의 전위는 $V_0 + 1/2 \cdot E\delta l\cos\theta$ 이므로

$$W = Q\left(V_0 - \frac{1}{2}E\delta l\cos\theta\right) - Q\left(V_0 + \frac{1}{2}E\delta l\cos\theta\right)$$
$$= -Q\delta l E\cos\theta = -PE\cos\theta\,[\mathrm{J}] \qquad (2 \cdot 89)$$

가 되고, $\theta = 0$에서 부의 극대값 $-PE$가 된다. 이것을 벡터로 나타내면

$$W = -\boldsymbol{P}\cdot\boldsymbol{E}\,[\mathrm{J}] \qquad (2 \cdot 90)$$

가 된다.

$$\boldsymbol{E} = iE,\ \boldsymbol{P} = P(icos\theta + j\sin\theta)$$

라고 하면

$$W = -PE\cos\theta\,[\mathrm{J}]$$

가 된다.

이 보유 에너지 W에서 가상변위의 원리로 회전력 T를 구해 보자. 전계 때문에 θ

방향의 회전력 T가 작용하였다고 하자. 여기서 $\delta\theta$만큼 각도를 증가시키면 $\Delta W = -\tau\delta\theta$만큼 일을 하게 된다. 이것으로 회전력 T는

$$T = -\frac{\partial W}{\partial \theta} [\mathrm{N \cdot m}] \tag{2 · 91}$$

가 된다. 그러므로 식 (2·74)의 W를 θ에 대하여 미분하면

$$T = -\frac{\partial}{\partial \theta}(-PE\cos\theta) = -PE\sin\theta [\mathrm{N \cdot m}] \tag{2 · 92}$$

가 된다. 이것은 식 (2·87)과 같다. 부호가 붙어 있는 것은 실제로는 θ가 감소하는 방향으로 회전력이 작용하는 것을 의미한다.

2.12 전기 2중층

그림 2·36과 같이 균일한 면전하밀도 σ 및 $-\sigma$를 가진 두 개의 곡면 S, S'가 미소의 간격 δl로 대항하여 배치된 것을 **전기 2중층**이라고 한다. 이것이 만드는 전계를 구하려면 S, S' 면상에 미소면적 δS를 취하고, 그 미소전하 $\sigma\delta S$와 $-\sigma\delta S$가 간격 δl로 상대하는 미소 전기 쌍극자가 전기 2중층의 S전면에 분포되어 있다고 생각하고 계산하면 된다.

δl의 방향을 부전하에서 정전하의 방향으로 취하면

$$\boldsymbol{P} = \sigma\delta\boldsymbol{l}, \quad P = \sigma\delta l \tag{2 · 93}$$

인 $\boldsymbol{P}$는 단위 면적당의 쌍극자능률이며 P는 **전기 2중층의 세기**(intensity of electric double layer)라고 한다.

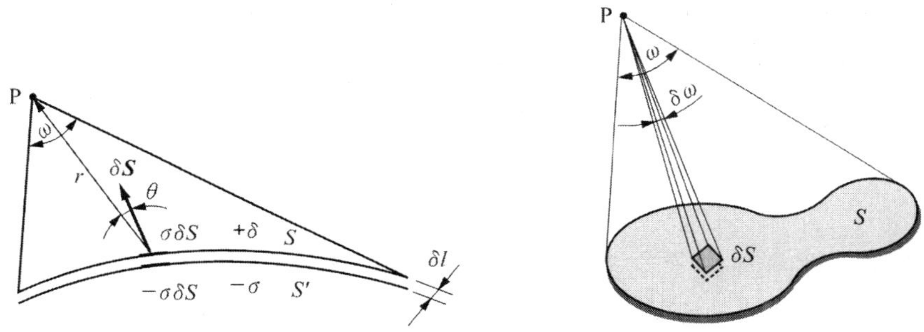

|그림 2·36| 전기 2중층

δS의 부분의 임의의 점 P의 전위 δV_p는 P가 면에 수직하다고 하면 P의 방향과 $\delta \boldsymbol{S}$의 방향은 같은 방향이 되므로

$$\delta V_P = \frac{\boldsymbol{P} \cdot \boldsymbol{r}}{4\pi\epsilon_0 r^3}\delta S = \frac{P}{4\pi\epsilon_0} \cdot \frac{\boldsymbol{r} \cdot \delta \boldsymbol{S}}{r^3} \tag{2 · 94}$$

가 된다. 점 P에서 바라본 입체각을 $\delta\omega$라고 하면 입체각의 정의에서 $\delta\omega = \dfrac{\boldsymbol{r} \cdot \delta \boldsymbol{S}}{r^3}$이므로 식 (2·94)는

$$\delta V_P = \frac{P}{4\pi\epsilon_0}\delta\omega \tag{2 · 95}$$

그러므로 2중층 전체에 의한 점 P의 전위 V_P는

$$V_P = \int_s d V_p = \frac{P}{4\pi\epsilon_0}\int_s d\omega = \frac{P\omega}{4\pi\epsilon_0} \tag{2 · 96}$$

가 되며 전기 2중층에 의한 전위는 이것을 보는 입체각에 의해서만 결정된다. 그런데 입체각은 주변이 정해지면 면의 모양에 관계없이 정해지므로 주변이 동일하면 면이 어떠한 모양이라도 전위는 동일하다. 이 때 주의 할 것은 ω에 정, 부의 구별이 있다는 것이다.

즉 전기 2중층의 정전하면을 볼 때 정으로, 부전하면을 볼 때 부로 취해야 한다. 예를 들면 **그림** 2·37에서 점 P의 전위는 정전하측에 있으므로

$$V_P = \frac{P}{4\pi\epsilon_0}\omega_1 \tag{2 · 97}$$

이며, 점 Q는 부의 면을 보고 있으므로

$$V_Q = \frac{P}{4\pi\epsilon_0}(-\omega_2)$$

가 된다. 그런데 점 P, Q가 2중층 양면에 무한히 접근하면 입체각의 크기는 각각 $\omega_1 = 2\pi$, $\omega_2 = 2\pi$가 된다. 그러므로 P, Q 두 점간의 전위차는

$$V_P - V_Q = \frac{P}{4\pi\epsilon_0}(\omega_1 + \omega_2) = \frac{P}{\epsilon_0}[\mathrm{V}] \tag{2 · 98}$$

가 된다.

전위 V의 분포만 알면 이것을 미분하여 전계의 세기를 구할 수 있다. 다음에 전기 2중층을 다른 전계 E 중에 놓았을 경우의 보유 에너지를 구해 보자.

그림 2·38에서 전계 중에 놓은 2중층 S상의 미소면 δS의 미소전하 $\sigma\delta S$, $-\sigma\delta S$는 미소길이 δl의 전기 쌍극자이므로 보유하는 전기 에너지 δW는 식 (2·92)에서 $P = \sigma\,\delta l\,\delta S$이므로

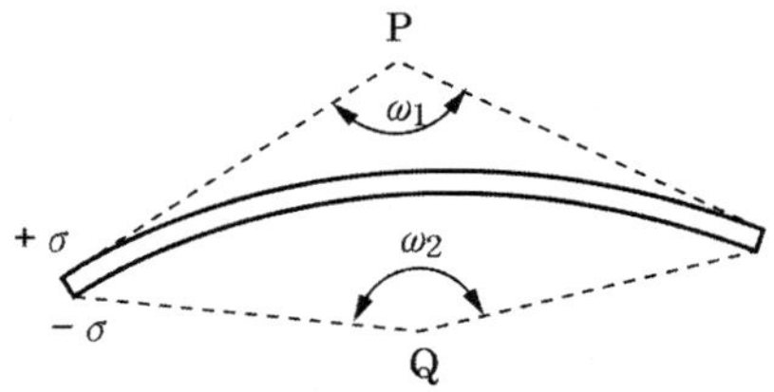

|그림 2·37| 동일주변 전기 2중층

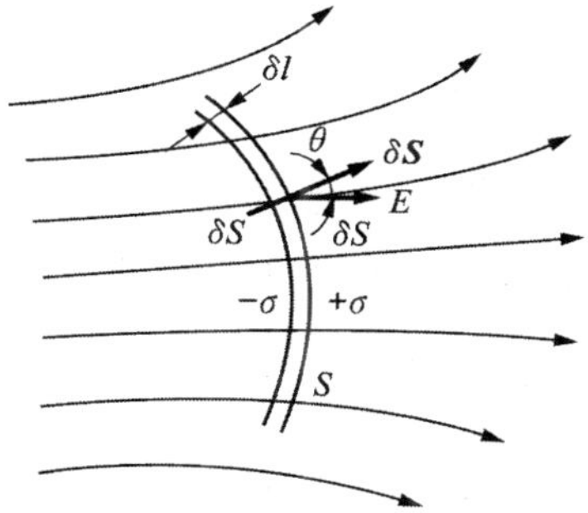

|그림 2·38| 전계 중에 놓은 2중층

$$\delta W = -\sigma\delta l \boldsymbol{E}\cdot\delta\boldsymbol{S}$$

가 되므로 면 S 전체에 걸쳐 적분하면

$$W = -\sigma\delta l \int_s \boldsymbol{E}\cdot\delta\boldsymbol{S} \tag{2 · 99}$$

가 된다. $\sigma\delta l$은 2중층의 세기이므로 이것을 식 (2·98)을 이용하여 $\epsilon_0 V_{\delta l}$로 놓고 적분항은 2중층을 통하는 전기력선 ψ이므로 윗식은

$$W = -\epsilon_0 V_{\delta l}\psi \tag{2 · 100}$$

로 표시된다. 여기서 $V_{\delta l}$은 2중층의 전하 자신이 만드는 전위차와 같다. 즉 2중층의 전위차 $V_{\delta l}$과 2중층의 방향으로 관통하는 외부전계에 의한 전전속수 $\epsilon_0\Psi$의 곱에다 부호를 바꾼 것이 그 전계에 놓은 2중층의 보전 에너지이다. 2중층에 작용하는 전기력이나 회전력은 이 보유 에너지를 이용하여 가상변위의 원리에서 구할 수 있다.

2.13 전기력선의 발산

전계 중에 미소체적 δv를 취하고 이 표면 δS에 대하여 가우스의 정리를 적용하면 전하의 체적밀도를 ρ라고 하면

$$\int_{\delta s} \boldsymbol{E} d\boldsymbol{S} = \frac{\rho}{\epsilon_0}\delta v \tag{2 · 101}$$

이것을 단위체적에 대하여 생각하면

$$\lim_{\delta v \to 0} \frac{1}{\delta v} \int_{\delta s} \boldsymbol{E} \cdot d\boldsymbol{S} = \frac{\rho}{\epsilon_0} \qquad (2 \cdot 102)$$

윗식의 좌변은 전계 내의 점으로 볼 수 있는 정도로 미소한 체적에서 발산하는 전기력선의 수를 단위체적당에 대하여 나타낸 것이며, 식 (2·102)는 이것이 그 단위체적 내에 포함되는 전하의 $\frac{1}{\epsilon_0}$과 같다는 것을 표시하고 있다. 윗식의 좌변을 일반적으로 divergence $\boldsymbol{E}$, 줄여서 div$\boldsymbol{E}$라는 기호로 쓰고 **$\boldsymbol{E}$의 발산**이라고 한다. 즉

$$\text{div } \boldsymbol{E} = \frac{\rho}{\epsilon_0} \qquad (2 \cdot 103)$$

식 (2·103)에서 체적 δv에서는 div $\boldsymbol{E}\delta v$만큼의 전기력선이 발산하고 있음을 나타내고 있다. 즉 δv 내에 정전하가 있으면 여기에서 전기력선이 나가고 부전하가 있으면 들어오게 된다. 따라서 정전상태에서는 전기력선은 정전하에서 나와 부전하에서 끝나게 된다. 만일 우리가 생각하고 있는 점에 전하가 존재하지 않을 경우에는 식 (2·103)에서 $\rho = 0$이므로 다음 관계식이 성립한다.

$$\text{div}\boldsymbol{E} = 0 \qquad (2 \cdot 104)$$

즉, div$\boldsymbol{E}=0$이라 함은 전기력선이 발생하지 않는 즉, 그 수가 변하지 않는다는 것을 의미한다. 따라서 전하가 존재하지 않을 곳에는 전기력선이 연속이라는 뜻이다. 다음에 div$\boldsymbol{E}$를 구해 보자.

그림 2·39와 같이 좌표축에 평행한 변을 가지고 원점을 중심으로 하는 변의 길이를 각각 δx, δy, δz인 미소직육면체를 생각한다.

div$\boldsymbol{E}$를 계산하려면 x축에 수직인 두 면 ABCD 및 EFGH에서 나오는 전기력선을 구한다. 마찬가지로 y, z축에 수직한 면에서 나오는 전기력선의 수를 구하면 이 체적에서 나오는 전기력선의 수가 된다. 이것을 체적 $\delta x \delta y \delta z$로 나누면div$\boldsymbol{E}$를 구할 수 있게 된다.

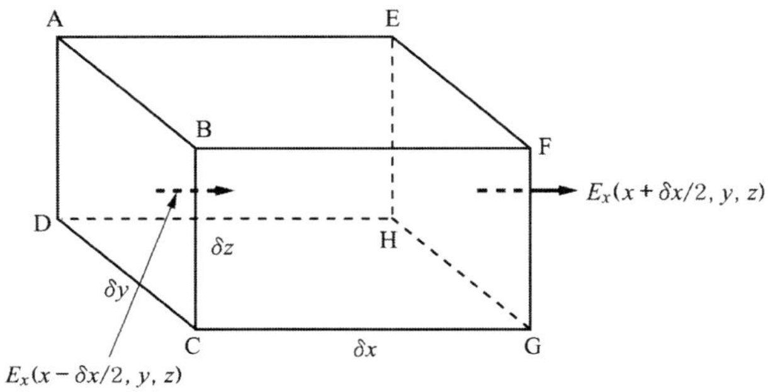

|그림 2·39|

x축에 수직한 면에 대하여 우선 구해 본다. ABCD면에 수직한 전계는

$$\boldsymbol{E}_x\left(x-\frac{\delta x}{2},\ y,\ z\right)$$

이므로 이 면으로 들어가는 전기력선의 수는

$$E_x\left(x-\frac{\delta x}{2},\ y,\ z\right)\delta y\delta z$$

EFGH면에서는 여기에 수직한 전계는

$$E_x\left(x+\frac{\delta x}{2},\ y,\ z\right)=E_x\left(x-\frac{\delta x}{2},\ y,\ z\right)+\frac{\partial E_x}{\partial x}\delta x$$

이 면에서 나가는 전기력선의 총수는

$$\left\{E_x\left(x-\frac{\delta x}{2},\ y,\ z\right)+\frac{\partial E_x}{\partial x}\delta x\right\}\delta y\delta z$$

따라서 ABCD, EFGH의 두 면에서 차로 나가는 전기력선의 총수 $\delta\psi_x$는

$$\delta\psi_x=\left\{E_x\left(x-\frac{\delta x}{2},\ y,\ z\right)+\frac{\partial E_x}{\partial x}\delta x\right\}\delta y\delta z$$

$$-E_x\left(x-\frac{\delta x}{2},\ y,\ z\right)\delta y\delta z=\frac{\partial E_x}{\partial x}\delta x\delta y\delta z \qquad (2\cdot 105)$$

마찬가지로 y, z축에 수직한 면에서 나오는 전기력선의 수 $\delta\psi_y$, $\delta\psi_x$는

$$\delta\psi_y=\frac{\partial E_y}{\partial y}\delta x\delta y\delta z \qquad (2\cdot 106)$$

$$\delta\psi_z=\frac{\partial E_z}{\partial z}\delta x\delta y\delta z \qquad (2\cdot 107)$$

따라서 이 직육면체에서 나오는 전기력선의 수 $\delta\psi$는

$$\delta\psi=\delta\psi_x+\delta\psi_y+\delta\psi_z=\left(\frac{\partial E_x}{\partial x}+\frac{\partial E_y}{\partial y}+\frac{\partial E_z}{\partial z}\right)\delta x\delta y\delta z \qquad (2\cdot 108)$$

$$\mathrm{div}\,\boldsymbol{E}=\lim_{\psi\upsilon\to 0}\frac{1}{\delta\upsilon}\delta\psi=\lim_{\delta\upsilon\to 0}\frac{\delta\psi}{\delta x\delta y\delta z}$$

$$=\frac{\partial E_x}{\partial x}+\frac{\partial E_y}{\partial y}+\frac{\partial E_z}{\partial z} \qquad (2\cdot 109)$$

기타 주요 좌표계에 대한 벡터의 발산의 식은 부록에 정리 하였다. 연산자 기호를 사용하면

$$\left(\frac{\partial E_x}{\partial x} + \frac{\partial E_y}{\partial y} + \frac{\partial E_z}{\partial z}\right) = \nabla \cdot \boldsymbol{E} \tag{2 · 110}$$

로 쓸 수가 있으므로

$$\text{div } \boldsymbol{E} = \nabla \cdot \boldsymbol{E} \tag{2 · 111}$$

가 되어 div $\boldsymbol{E}$는 벡터 ∇와 $\boldsymbol{E}$의 스칼라적이라고 생각할 수 있다.

식 (2·101)과 (2·103)에서 다음의 관계식을 얻을 수 있다.

$$\int_{\delta_s} \boldsymbol{E} \cdot d\boldsymbol{S} = \text{div}\boldsymbol{E}\delta v \tag{2 · 112}$$

이 식에서 δS는 δv의 전표면적이므로 δv의 미소체적에서 발산하는 총 전기력선은 그 표면적 δS를 통하여 외부로 나가는 전기력선과 같다는 것을 의미한다.

지금 전하가 분포되어 있는 공간 내의 임의의 폐곡면으로 둘러싸인 체적을 취하고 이것을 여러 미소체적으로 분할하면, 그 각각에 대하여 위의 식 (2·111)의 관계가 성립할 것이다. 양변을 전 체적에 대하여 합하면 우변은

$$\Sigma \lim_{\delta v \to 0} \text{div}\boldsymbol{E}\delta v = \int_V \text{div}\boldsymbol{E}\, dv$$

가 되고 좌변을 각 미소체적 표면에서 외부로 발산하는 전기력선의 각 체적에 대한 합이 된다. 그런데 두 미소체적이 서로 접하고 있는 경계면에서는 양쪽에서 발산하는 전기력선의 방향에 서로 반대가 되므로 그 대수합은 0이 된다. 따라서 폐곡면 내부에 있는 각 미소체적 표면에 대한 전기력선 상호간의 합은 모두 0이 되고 외측 폐곡면상의 표면적 S에서 발산하는 전기력선만이 계산에 남게 된다. 즉

$$\Sigma \int_{\delta_S} \boldsymbol{E} d\boldsymbol{S} = \int_s \text{div}\boldsymbol{E} dv$$

따라서 전체적에 대해서는

$$\int_S \boldsymbol{E} \cdot d\boldsymbol{S} = \int_V \text{div}\boldsymbol{E}\, dv \tag{2 · 113}$$

가 성립한다. 즉 임의의 폐곡면 내의 단위체적에서 발산하는 전기력선의 체적에 대한 총합은 체적 표면의 폐곡면을 통하여 유출하는 양과 같다.

이와 같은 단계를 전계 발산의 정리(divergence theorem) 또는 **가우스의 선속정리**라고 하며, 전기력선의 체적에 대한 적분을 면에 관한 적분(혹은 역으로)으로 환산하는데 사용된다.

이러한 관계식은 전계의 벡터에 좌표의 함수로 주어지는 벡터에 대하여 일반적으로 성

립하는 식이다.

즉 A를 좌표 x, y, z에 따라 변하는 일반 벡터라고 하면

$$\int_S \boldsymbol{A}\cdot d\boldsymbol{S} = \int_V \mathrm{div}\boldsymbol{A}dv \tag{2·114}$$

가 성립된다. 여기서 v는 S 내의 전공간의 체적을 의미하며

$$\mathrm{div}\,\boldsymbol{A} = \frac{\partial A_x}{\partial x} + \frac{\partial A_y}{\partial y} + \frac{\partial A_z}{\partial z}$$

가 된다.

위의 가우스 선속정리를 변형하면 마찬가지로 체적적분과 면적적분과의 관계를 나타내는 **그린의 정리**(Green's theorem)를 얻을 수 있다.

지금 φ와 ψ를 스칼라함수라고 하고

$$\boldsymbol{A} = \varphi\mathrm{grad}\ \psi \tag{2·115}$$

을 식 (2·113)에 대입한다. 이 때

$$\begin{aligned}\mathrm{div}\,\boldsymbol{A} &= \mathrm{div}(\varphi\mathrm{grad}\psi)\\ &= \varphi\mathrm{div}\ \mathrm{grad}\psi + \mathrm{grad}\varphi \cdot \mathrm{grag}\psi\\ &= \varphi\nabla^2\psi + \mathrm{grad}\varphi \cdot \mathrm{grad}\psi\end{aligned}$$

이므로 식 (2·114)는

$$\int_V (\varphi\nabla^2\psi + \mathrm{grad}\varphi \cdot \mathrm{grad}\nabla\psi)\,dV = \int_S \varphi\mathrm{grad}\psi\cdot d\boldsymbol{S} \tag{2·116}$$

또 φ와 ψ를 교환하여 같은 식을 만들고 이것에서 식 (2·116)을 빼면

$$\int_V (\varphi\nabla^2\psi - \psi\nabla^2\varphi)\,dV = \int_S (\varphi\mathrm{grad}\psi - \psi\mathrm{grad}\varphi)\cdot d\boldsymbol{S} \tag{2·117}$$

위의 식 (2·116) 또는 (2·117)을 그린의 정리라고 한다.

2.14 푸와송 및 라플라스의 방정식

앞에서는 전계의 여러 성질을 알 수가 있었는데, 그 여러 관계에서 전계를 만족하는 방정식을 유도할 수 있다. 전계와 전위는 식 (2·36)에서

$$\boldsymbol{E} = -\text{grad}\,V = -\nabla V$$

의 관계가 있고, 또 전계는 식 (2·103)에서

$$\text{div}\ (-\nabla V) = \nabla \cdot \boldsymbol{E} = \frac{\rho}{\epsilon_0}$$

의 관계가 있다. 이 두 식에서 다음 식을 얻을 수 있다.

$$\text{div grad}\,V = -\frac{\rho}{\epsilon_0}$$

즉

$$\nabla \cdot \nabla V = \nabla^2 V = -\frac{\rho}{\epsilon_0} \qquad (2 \cdot 118)$$

가 된다. 식 (2·118)은 전하밀도 ρ가 공간적으로 분포되어 있을 때 그 내부 임의의 점의 전위를 결정하는 식이다. 그런데 만일 전하분포 영역 외의 한 점의 전위 V를 생각할 때는 그 점에 전하 ρ가 없으므로 전위의 관계식은

$$\nabla^2 V = 0 \qquad (2 \cdot 119)$$

식 (2·118)은 푸와송(Poisson)의 방정식, 식 (2·119)를 **라플라스**(Laplace)**의 방정식**이라 한다. 그리고∇^2을 V Laplacian 이라고 한다. 식 (2·118)의 좌변은 직각좌표계에서는

$$\nabla \cdot \text{E} = \frac{\partial E_x}{\partial x} + \frac{\partial E_y}{\partial y} + \frac{\partial E_z}{\partial z}$$

$$\nabla V = \boldsymbol{i}\frac{\partial v}{\partial x} + \boldsymbol{j}\frac{\partial v}{\partial y +}\boldsymbol{k}\frac{\partial v}{\partial z}$$

가 되므로

$$\begin{aligned}\nabla^2 V &= \frac{\partial}{\partial x}\left(\frac{\partial V}{\partial x}\right) + \frac{\partial}{\partial y}\left(\frac{\partial V}{\partial y}\right) + \frac{\partial}{\partial z}\left(\frac{\partial V}{\partial z}\right) \\ &= \frac{\partial^2 V}{\partial x^2} + \frac{\partial^2 V}{\partial y^2} + \frac{\partial^2 V}{\partial z^2} \qquad (2 \cdot 120)\end{aligned}$$

가 된다.

그러므로 푸와송 및 라플라스 방정식은 직각좌표로는 다음과 같이 표시된다.

$$\frac{\partial^2 V}{\partial x^2} + \frac{\partial^2 V}{\partial y^2} + \frac{\partial^2 V}{\partial z^2} = -\frac{\rho}{\epsilon_0} \qquad (2 \cdot 121)$$

$$\frac{\partial^2 V}{\partial x^2}+\frac{\partial^2 V}{\partial y^2}+\frac{\partial^2 V}{\partial z^2}=0 \qquad (2\cdot 122)$$

또 원통좌표계 및 구좌표계에 대한 $\nabla^2 V$의 식은 각각 좌표계에 대한 벡터계의 발산 및 스칼라계의 경도식을 이용하면 구할 수가 있다.

원통좌표계와 구좌표계에서는 $\nabla^2 V$는 각각 다음과 같다.

$$\nabla^2 V=\frac{1}{r}\frac{\partial}{\partial r}\left(r\frac{\partial V}{\partial r}\right)+\frac{1}{r^2}\left(\frac{\partial^2 V}{\partial \varphi}\right)+\frac{\partial^2 V}{\partial z^2} \quad \text{(원통좌표계)}$$

$$\nabla^2 V=\frac{1}{r^2}\frac{\partial}{\partial r}\left(r^2\frac{\partial V}{\partial r}\right)+\frac{1}{r^2\sin\theta}\frac{\partial}{\partial \theta}\left(\sin\theta\frac{\partial V}{\partial \theta}\right)+\frac{1}{r^2\sin^2\theta}\frac{\partial^2 V}{\partial \varphi^2} \quad \text{(구좌표계)}$$

$$(2\cdot 123)$$

정전계에 있어서의 전위는 라플라스 및 푸와송의 방정식 중 어느 한 방정식을 만족하는 분포를 취한다. 따라서 전하분포에 대한 전계를 구한다는 것은 이 방정식들의 해를 구함으로써 결정된다.

2.14.1 푸와송 방정식의 직접해의 예

가령 ρ가 $\rho(x)$이고 y, z에는 무관계한 경우에는 푸와송의 방정식은 상미분방정식

$$\frac{d^2 V}{dx^2}=-\frac{\rho(x)}{\epsilon_0}$$

가 된다. 지금 ρ가 x에는 관계없이 일정값을 취하는 경우를 생각하면 윗식을 x에 대하여 2회 적분하면

$$V=V_0-E_0 x-\frac{1}{2}\frac{\rho}{\epsilon_0}x^2 \qquad (2\cdot 124)$$

가 된다. 이와 같은 해는 진공관의 음극에서 방사되는 전자가 공간전하의 영향을 받는 경우에 전자에 작용하는 전위를 구하는 경우에 사용한다.

2.14.2 전위 V_1, V_2의 무한대 평면 사이의 전위분포

그림 2·40에서 $x_1<x<x_2$의 공간에서는 라플라스의 방정식이 성립하고 x방향만 생각하면 되므로

$$\frac{d^2V}{dx^2} = 0, \qquad \therefore \frac{dV}{dx} = A$$

따라서 A, B를 적분상수라고 하면

$$V = Ax + B$$

여기서 $x = x_1$에서는 $V = V_1$, $x = x_2$에서는 $V = V_2$이므로

$$Ax_1 + B = V_1 \quad Ax_2 + B = V_2$$

$$\therefore A = \frac{V_1 - V_2}{x_1 - x_2}, \quad B = \frac{V_2 x_1 - V_1 x_2}{x_1 - x_2}$$

$$\therefore E = -\frac{\partial V}{\partial x} = -A = \frac{V_1 - V_2}{x_1 - x_2} \tag{2 · 125}$$

또 전위

$$V = V_1 + (V_2 - V_1)\frac{x - x_1}{x_2 - x_1} \tag{2 · 126}$$

이 결과는 이와 같은 해석을 하지 않아도 얻을 수 있지만, 경계값 문제의 한 예를 나타낸 것이다.

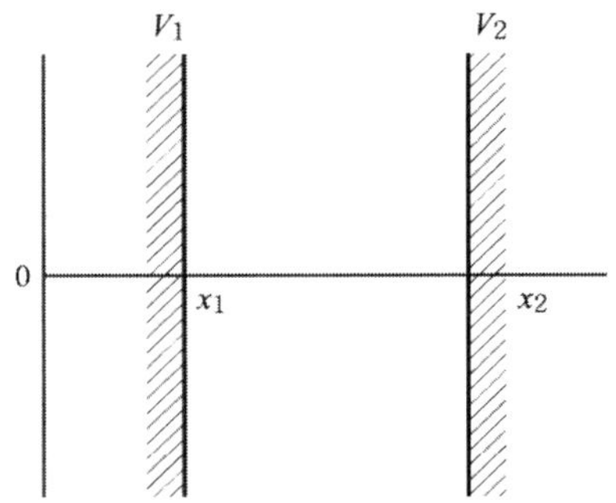

|그림 2·40| 전위 V1, V2의 무한대 평면 사이의 전위

예제 2-14

2극 진공관 내의 전위분포는 V_a[V]를 양극전압, l 을 양극과 음극의 간격, x[m]를 음극에서의 거리라고 하면 두 점의 전위 V는 Langmuir 분포라고 하는 4/3승칙 $V = V_a(x/l)^{4/3}$ [V]로 주어진다. 이경우의 전하밀도 $\rho(x)$를 구하여라.

해 식 (2·121)에서

$$\rho(x) = -\epsilon_0 \frac{d^2 V}{dx^2} = -\frac{4\epsilon_0 V_a}{3l} \frac{d}{dx}\left(\frac{x}{l}\right)^{1/3} = -\frac{4\epsilon_0 V_a}{9l^2}\left(\frac{x}{l}\right)^{-2/3} [\text{C/m}^3]$$

예제 2-15

내부까지 균일한 체적밀도 ρ[C/m^3]로 분포되어 있는 반지름 a[m]의 대전구의 내부에 있어서의 전위분포를 구하고 이것이 푸와송의 방정식을 만족하는가를 조사하여라.

해 반지름 $r\,(r < a)$인 곳에서 작은 구를 생각하고 이 구면상의 점의 전계의 세기를 $\boldsymbol{E}$ 라고 하면 $\boldsymbol{E}$의 방향으로 향하고 그 크기 E_r는 가우스의 법칙을 이용하여 $E_r \times 4\pi r^2 = \dfrac{\rho}{\epsilon_0}\left(\dfrac{4\pi r^3}{3}\right)$에서 $E_r = \rho r / 3\epsilon_0$[V/m]인 것을 알 수 있다. 따라서

$$\boldsymbol{E} = \frac{\rho}{3\epsilon_0}(\boldsymbol{i}x + \boldsymbol{j}y + \boldsymbol{k}z)[\text{V/m}]$$

그러므로 전위분포는 구의 중심의 전위를 V_0라고 하면

$$V = -\frac{\rho}{6\epsilon_0}r^2 + V_0 = V_0 - \frac{\rho}{6\epsilon_0}(x^2 + y^2 + z^2)[\text{V}]$$

가 되고, 또 푸와송의 방정식

$$\frac{\partial^2 V}{\partial x^2} + \frac{\partial^2 V}{\partial y^2} + \frac{\partial^2 V}{\partial z^2} = -\frac{\rho}{3\epsilon_0} - \frac{\rho}{3\epsilon_0} - \frac{\rho}{3\epsilon_0} = -\frac{\rho}{\epsilon_0}[\text{V/m}^2]$$

가 성립한다.

제2장 진공중의 정전계

연 / 습 / 문 / 제

2-1. 그림 2·41과 같이 일직선상에 1[m]의 간격으로 3개의 점전하 1[C], 2[C], 3[C]이 있을 때 각 전하 사이의 중점 M, N에 있어서의 전계의 세기와 전위를 구하여라. 단, 매질은 공기이다.

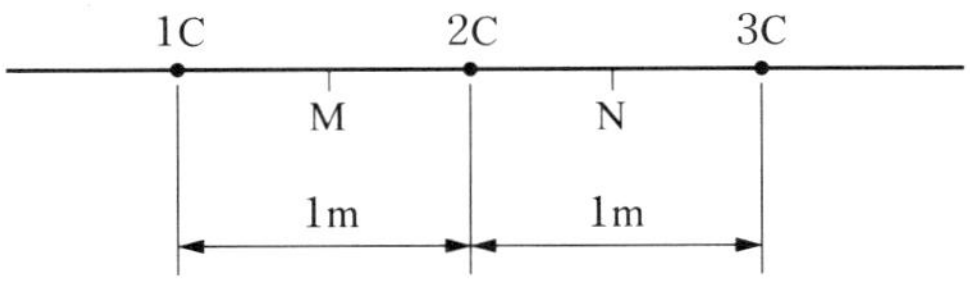

|그림 2·41|

답 $E_M = 4.8 \times 10^{10}$[V/m], $E_N = 3.2 \times 10^{10}$[V/m]
$V_M = 7.2 \times 10^{10}$[V] $V_N = 9.6 \times 10^{10}$[V]

2-2. 한 변의 길이가 10[cm]인 정삼각형의 정점 A와 B에 +2[μC]의 전하가 있고 C에 −2[μC]의 전하가 있을 때 각각의 전하에 작용하는 힘은 몇 g인가?

답 $F_A = F_B = 367$[g], $F_C = 636$[g]

2-3. 일직선 위에 1[m] 떨어진 두 점 a, b가 있다. 각각에는 같은 정전하가 놓여 있다. 지금 2배의 전하를 어떤 위치에 놓으면 b에 작용하는 힘이 평행을 이루겠는가?

답 선분 a, b의 연장선 위에 b에서 1.414[m]의 점

2-4. 한 변의 길이가 30[cm]의 정 3각형의 정점에 각각 3×10^{-8}[C], -3×10^{-8}[C], 5×10^{-8}[C]의 점전하가 있다. 삼각형의 중심에 있어서의 전계를 세기 및 전위를 구하여라.

답 2.16×10^4[V/m], 2.6[kV]

2-5. 한 변의 길이가 2[cm]의 정 6각형의 각 정점에 10^{-8}[C], 2×10^{-8}[C], 3×10^{-8}[C], -4×10^{-8}[C], -5×10^{-8}[C], 8×10^{-8}[C]의 점전하가 차례로 놓여 있다. 육각형의 중심에 있어서의 전계의 세기와 전위를 구하여라.

답 2.51×10^{6}[V/m], 2.25×10^{4}[V]

2-6. Bohr의 원자모형에 의하면 수소원자는 $+1.6\times10^{-19}$[C]의 전하를 가진 원자핵의 주위를 반지름 5.3×10^{-11}[m]로 전자가 회전하고 있다. 전자의 전하를 -1.6×10^{-19}[C], 질량을 9.11×10^{-13}[kg]이라 하고 전자의 회전속도를 구하여라.

답 4.12×10^{16}[rad/sec], 6.56×10^{15}[rev/sec]

2-7. 1.414×10^{-8}[C]의 점전하 4개가 한변의 길이 1[m]의 정방형의 정점에 놓여 있다. 7×10^{-11}[C]의 전하를 무한원점에서 정방형의 중심까지 운반하는데 필요한 일을 구하여라.

답 5.04×10^{-8}[J]

2-8. 전계 E=i2y+j3x+k4[V/m]속에서 점전하 5[C]을 한 점 B(1, 0, 2)[m]에서 다른 점 A(0.8, 0.6, 2)[m]에서 z=2[m]의 평면상에 있는 원 x2+y2=1[m^2]에 따라 움직일 때 필요한 일을 구하여라. 또 이때 전하를 직선 BA에 따라서 움직일 때의 일은 얼마인가?

답 어느 것이나 −7.5[J]

2-9. 반지름 a인 구 내에 +Q인 전하가 균일하게 분포되어 있다. 이 전하군 속에 부의 점전하 −q를 넣었을때 이 점전하에 미치는 힘을 구의 중심에서 거리의 함수로 나타내어라.

답 $F=-\dfrac{rqQ}{4\pi\epsilon_o a^3}$

2-10. 대지의 표면에 지표면으로 향하여 320[V/m]의 전계가 작용하고 있을 때 대지의 표면전하밀도는 얼마인가? 또 전자의 전하량와 같게 대전된 물방울이 지표면 가까이에서 부동하려면 물방울의 반지름은 얼마이면 되겠는가? 단, 전자의 전하량 e는 1.602×10^{-19}[C]이다.

답 $\sigma=-2.83\times10^{-9}$[C/$m^2$], $r\fallingdotseq1.08\times10^{-7}$[m]

2-11. 간격 1[cm]인 두 개의 평행한 도체판을 수평으로 놓았을 때 이 사이에 전자를 넣어 정지시키려면 두 도체판 사이에 가해야 할 전위차는 얼마나 되겠는가? 단, 전자의

질량 m 및 전하량 e는 각각 9.11×10^{-31}[kg], 1.602×10^{-9}[C]이다.

답 $V=5.57\times10^{-13}$[V]

2-12. 같은 양의 전하를 가진 두 개의 같은 크기의 물방울이 그 전하를 잃어버리지 않고 합쳐져 하나의 물방울이 될 때, 합쳐진 전후에 있어서의 표면전하밀도의 비를 구하여라.

답 0.79

2-13. 반지름이 각각 2, 3, 4[cm]인 3개의 절연도체구를 전위가 각각 5, 6, 7[V]되게 충전하고 이 세 구를 가는 철사로 접속하였다. 공통의 전위는 몇 [V]인가?

답 $V=6.22$[V]

2-14. 4.8×10^{-8}[C]을 대전한 반지름 5[cm]의 도체구가 있다. 외부를 두께 0.3[cm], 내 반지름 6[cm]의 동심도체구로 포위하면 내구의 전위는 얼마가 되고, 또 외구를 접지했을 때는 어떤가?

답 $V=8291$[V], $V=1440$[V]

2-15. 두 개의 동심구로 되어 있는 콘덴서의 외구의 반지름 및 양구간의 전위차를 일정하게 하였을 때 내구의 표면에 있어서의 전계의 세기를 최소로 하려면 내구의 반지름은 얼마가 되겠는가?

답 $r_1=\dfrac{r_2}{2}$, 단 r_1, r_2는 내외내구의 반지름

2-16. 원점에서 r인 거리에 있는 점의 전계의 세기 $\boldsymbol{E}$는

i) $\boldsymbol{E}=k_1r$, $r < a$

ii) $\boldsymbol{E}=k_2/r_2$, $r > a$이다. 각 공간의 각 점에 있어서의 체적 전하밀도 ρ를 구하여라. 단 k_1, k_2는 상수이다.

답 i) $\rho=3\varepsilon_0k_1$[C/m^3], ii) $\rho=0$

2-17. 반지름 5[m]의 절연된 도체구로 대전하여 전위 1.2×10^{-3}[V]로 하였을 때의 정전압력을 구하여라.

답 $P=2.55\times10^{-3}$[N/m^2]

제3장

진공중의 대전도체계에 의한 전계

3.1 전하 및 전위분포의 유일성과 중첩의 원리

제2장에서는 특정의 전하분포에 대하여 고찰하여 왔지만, 이 장에서는 더욱 이것을 전진시켜 다수의 도체가 있는 경우의 정전계의 일반적 성질을 고찰하여 보기로 하자.

(1) 전위분포가 주어지면 전하분포는 한 가지밖에 없다

몇 개의 도체가 있어 각각에 일정한 전위를 주면 도체상의 전하분포는 한 가지 경으밖에 없다. 이것은 다음과 같이 증명할 수 있다.

지금 두 경우의 전하분포 σ_1', σ_2'가 가능하다고 하자. σ_1'분포나 σ_2'분포에 있어서도 도체의 전위분포는 V라고 하자. 별도로 $\sigma_1' - \sigma_2'$인 분포를 생각하면 이로 인한 전위 V'는 식 (2·29)에서

$$V' = \frac{1}{4\pi\epsilon_0}\int \frac{(\sigma_1' - \sigma_2')}{r} dv$$

$$= \frac{1}{4\pi\epsilon_0}\int \frac{\sigma_1}{r} dv - \frac{1}{4\pi\epsilon_0}\int \frac{\sigma_2}{r} dv = V - V = 0 \qquad (3 \cdot 1)$$

따라서 각각의 도체가 지니고 있는 전위는 모두 0이 되고 도체에서는 전기력선은 출입하지 않는다. 따라서 도체 표면에는 전하가 없는 것이 된다. 즉

$$\sigma_1' - \sigma_2' = 0, \ \sigma_1' = \sigma_2' \qquad (3 \cdot 2)$$

가 되고, σ_1'와σ_2'가 같다는 것을 알 수가 있다.

(2) 도체계의 각 도체의 전 전하가 주어지면 도체상의 전하분포는 한 가지 경우밖에 없다

지금 각 도체상의 전 전하가 일정하고, 도체상의 전하분포는 σ_1', σ_2'의 두 가지 분포방법이 있다고 하자. $\sigma_2' - \sigma_1'$인 분포에 대해서는 각 도체의 전 전하는 0이 될 것이고, 각 도체는 전기력선의 출입이 없든가, 들어간 만큼 나가게 되어 출입의 합계는 0이 된다.

따라서 각 도체는 서로 타도체의 중간의 전위가 되는데 이것은 불가능하므로 각 도체의 전하분포 0이 되어야 한다. 즉

$$\sigma_1' = \sigma_2'$$

(3) 도체계에서 각 도체의 전하가 $Q_1, Q_2 \ldots$ 일 때의 전위를 $V_1, V_2 \ldots$ 라 하고 또 전하가 $Q_1', Q_2' \ldots$ 일 때의 전위를 $V_1', V_2' \ldots$ 라고 하면 전하가 $Q_1 + Q_1', Q_2 + Q_2' \ldots$ 일 때의 전위는 $V_1 + V_1', V_2 + V_2' \ldots$ 이다

i째 도체의 전위 V_i에 대해서 σ_i인 분포라 하고, 또 V_i'에 대해서 σ_i'의 분포라고 하자. 이와 같은 관계는 식 (2·29)로 주어진다.

$$V_i = \frac{1}{4\pi\epsilon_0}\int_{s_i}\frac{\sigma_i dS_i}{r}, \quad V_i' = \frac{1}{4\pi\epsilon_0}\int_{s_i}\frac{\sigma_i' dS_i}{r} \qquad (3 \cdot 3)$$

여기서 S_i는 i째 도체의 표면적이다. 도체표면은 이 식을 보면 등전위로 되어 있는 것이다.

이 때, $\sigma_i + \sigma_i'$인 분포에 대해서는 이 도체는

$$\frac{1}{4\pi\epsilon_0}\int_{s_i}\frac{(\sigma_i + \sigma_i')}{r}dS_i = \frac{1}{4\pi\epsilon_0}\int_{s_i}\frac{\sigma_i dS_i}{r} + \frac{1}{4\pi\epsilon_0}\int_{s_i}\frac{\sigma_i' dS_i}{r}$$

$$= V_i + V_i' \qquad (3 \cdot 4)$$

가 되어 등전위가 되고 정전상태가 되어 있는 것이다. 이것으로 위의 정리가 증명되었다. 이 정리를 도체계의 전위, 전하분포에 관한 **중첩의 원리**(principle of superposition)라고 한다.

3.2 전 위 계 수

3.2.1 정 의

그림 3·1과 같이 n개의 도체가 있다고 하자. 1의 도체에 단위전하를 주고 다른 도체에는 전하를 주지 않았을 때 도체 1, 2, …의 전위를 각각 $P_{11}, P_{21}, \ldots$ 라고 한다.

도체 1의 전하가 Q_1, 다른 도체는 0전하일 때의 각 도체의 전위는 중첩의 원리에 의하여 $P_{11}Q_1, P_{21}Q_1, \ldots$ 가 된다.

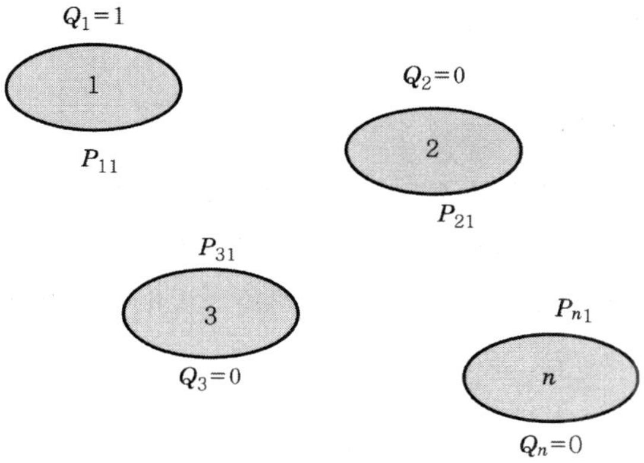

|그림 3·1| 전위계수

마찬가지로 도체 2에 단위전하를 주었을 때 도체 1, 2, 3, …의 전위를 $P_{12}, P_{22}, P_{32}, \ldots$ 라고 하면 중첩의 원리에 의하여 도체 1, 2, …에 $Q_1, Q_2, \ldots$ 의 전하를 주었을 때의 각 도체의 전위 $V_1, V_2, \ldots$ 는

$$V_1 = P_{11}Q_1 + P_{12}Q_2 + \ \ldots\ + P_{1n}Q_n$$

$$V_2 = P_{21}Q_1 + P_{22}Q_2 + \ \ldots\ + P_{2n}Q_n$$

$$\vdots$$

$$V_n = P_{n1}Q_1 + P_{n2}Q_2 + \ \ldots\ + P_{nn}Q_n \tag{3-5}$$

윗식을 행렬을 사용하여 표시하면

$$\begin{bmatrix} V_1 \\ V_2 \\ \vdots \\ V_n \end{bmatrix} = \begin{bmatrix} P_{11}P_{12} \cdots P_{1n} \\ P_{21}P_{22} \cdots P_{2n} \\ \vdots \\ P_{n1}P_{n2} \cdots P_{nn} \end{bmatrix} \begin{bmatrix} Q_1 \\ Q_2 \\ \vdots \\ Q_n \end{bmatrix} \tag{3·6}$$

이 되어 상당히 편리하다. 또는 식 (3·5)는 다음과 같이 나타낼 수도 있다.

$$V_i = \sum_{j=1}^{n} P_{ij} Q_j \tag{3·7}$$

P_{ij}를 **전위계수**(coefficient of potential, potential coefficient)라 한다. 전위계수는 도체의 크기, 모양, 상호간의 배치 상태 및 주위공간의 매질에 따라 정해지며 전위, 전하에 무관계한 상수이다.

3.2.2 성질 및 단위

지금 도체 1에만 단위 정전하를 주고 다른 도체에는 전하를 주지 않았다면 도체 1에서 나온 전력선은 다른 도체를 지나든지 혹은 직접 무한원점으로 갈 것이다. 따라서 도체 1의 전위가 다른 도체들보다 높은 정의 값을 갖는다. 그러므로 전위계수에는 다음과 같은 성질이 있다.

$$\begin{aligned} &P_{11} > 0 \quad \text{일반적으로 } P_{ii} > 0 \\ &P_{11} > P_{21} \quad \text{일반적으로 } P_{ii} > P_{ij} \\ &P_{21} > 0 \quad \text{일반적으로 } P_{ij} > 0 \end{aligned} \tag{3·8}$$

이 밖에

$$P_{12} = P_{21} \quad \text{일반적으로 } P_{ij} = P_{ji}$$

즉 도체 i에 단위전하를 주었을 때의 도체 j에 생기는 전위는 도체 j에 단위전하를 주었을 때에 도체 i에 생기는 전위와 같다라고 할 수 있다.

이 증명은 제4장에서 할 것이다.

전위계수의 단위는 이것과 전하의 곱이 전위가 되므로

$$[\text{전위계수}] = \frac{[\text{V}]}{[\text{C}]} \tag{3·9}$$

그런데 다음과 같이 $\frac{[\mathrm{C}]}{[\mathrm{V}]}$의 단위는 farad [F]가 되므로

$$[\text{전위계수}] = \frac{1}{[F]} \tag{3 · 10}$$

이다.

예제 3-1

반지름 a의 구형의 내부도체 1과 이와 동심이고 안쪽반지름 b, 바깥반지름 c인 구각도체 2와의 전위계수를 구하여라.

해 내구 1 및 외구 2의 전하를 각각 Q_1, Q_2, 전위를 각각 V_1, V_2라고 하면 식 (3·5)에 의하여

$$V_1 = P_{11}Q_1 + P_{12}Q_2, \quad V_2 = P_{21}Q_1 + P_{22}Q_2$$

전위계수 P_{11}은 $Q_2 = 0$, $Q_1 = 1[\mathrm{C}]$일 때의 V_1이지만 이 때 내구의 전위는

$$V_1 = \frac{Q_1}{4\pi\epsilon_0}\left(\frac{1}{a} - \frac{1}{b} + \frac{1}{c}\right)$$

이므로

$$P_{11} = \frac{1}{4\pi\epsilon_0}\left(\frac{1}{a} - \frac{1}{b} + \frac{1}{c}\right)$$

또 이 때의 외구의 전위는

$$V_2 = \frac{Q_1}{4\pi\epsilon_0 c}$$

이므로

$$P_{21} = \frac{V_2}{Q_1} = \frac{1}{4\pi\epsilon_0 c} \tag{3 · 11}$$

다음에 $Q_1 = 0$으로 하고, $Q_2 = 1[\mathrm{C}]$로 하였을 때의 내구의 전위는

$$V_1 = \frac{Q_2}{4\pi\epsilon_0 c}$$

외구의 전위는

$$V_2 = \frac{Q_2}{4\pi\epsilon_0 c}$$

이므로

$$P_{12}=\frac{V_1}{Q_1}=\frac{1}{4\pi\epsilon_0 c}=P_{21} \tag{3·12}$$

$$P_{22}=\frac{V^2}{Q_2}=\frac{1}{4\pi\epsilon_0 c} \tag{3·13}$$

예제 3-2

도체 1, 2를 $+Q, -Q$로 대전하였을 때의 도체간의 전위차를 전위계수로 나타내어라.

해 $V_1=P_{11}Q-P_{12}Q,\ V_2=P_{12}Q-P_{22}Q$

$\therefore$ 전위차 $V=V_1-V_2=(P_{11}-2P_{12}+P_{22})Q$ (3·14)

예제 3-3

반지름 a의 접지된 구도체의 외부에 구중심에서 r의 거리에 점전하 Q_2를 놓았을 경우 구에 유도된 전하를 구하여라.

해 a 구를 도체 1, 점전하를 도체 2라고 하면 a 구를 절연하고 여기에 전하 $Q_1=1[\mathrm{C}]$을 주고, $Q_2=0$이라고 하였을 때

$$V_1=P_{11}\times1+P_{12}\times0,\quad V_2=P_{21}\times1+P_{22}\times0$$

의 관계가 있다. 그런데 구도체에 관한 식에서 구의 전위

$$V_1=\frac{1}{4\pi\epsilon_0 a}$$

구에서 반지름 r인 위치의 전위

$$V_2=\frac{1}{4\pi\epsilon_0 r}$$

이므로, 윗식에서

$$P_{11}=\frac{1}{4\pi\epsilon_0 a},\quad P_{12}=\frac{1}{4\pi\epsilon_0 r}$$

다음에 도체 2에 Q를 놓았을 때 접지도체에 유도된 전하를 q라고 하면, 도체 1의 전위는 접지되어 있기 때문에 0이므로

$$V_1=0=P_{11}q+P_{12}Q_2$$

$$\therefore\ q = -\frac{P_{12}Q_2}{P_{11}} = -\frac{a}{r}Q_2 \tag{3·15}$$

예제 3-4

도체 1을 Q로 대전하고 여기에 도체 2를 접촉하였을 때 도체 2가 얻는 전하 Q_2를 전위계수로 나타내어라.

해 $V_1 = P_{11}Q_1 + P_{12}Q_2$, $V_2 = P_{21}Q_1 + P_{22}Q_2$에 있어서 $V_1 = V_2$, Q_1은 $Q_1 = Q - Q_2$로 감소하므로

$$P_{11}(Q-Q_2) + P_{12}Q_2 = P_{21}(Q-Q_2) + P_{22}Q_2$$

$$\therefore\ Q_2 = \frac{P_{11}-P_{12}}{P_{11}+P_{22}-2P_{12}}Q \tag{3·16}$$

3.3 용량계수와 유도계수

3.3.1 정 의

식 (3·5)를 $Q_1, Q_2, \ldots$에 대하여 풀면 다음과 같은 식을 얻을 수 있다.

$$\begin{aligned} Q_1 &= q_{11}V_1 + q_{12}V_2 + \ldots\ldots + q_{1n}V_n \\ Q_2 &= q_{21}V_1 + q_{22}V_2 + \ldots\ldots + q_{2n}V_n \\ &\vdots \qquad\qquad\qquad \vdots \\ Q_n &= q_{n1}V_1 + q_{n2}V_2 + \ldots\ldots + q_{nn}V_n \end{aligned} \tag{3·17}$$

이 식을 행렬로 표시하면

$$\begin{bmatrix} Q_1 \\ Q_2 \\ \vdots \\ Q_n \end{bmatrix} = \begin{bmatrix} q_{11}\ q_{12} \cdots\cdots q_{1n} \\ q_{21}\ q_{22} \cdots\cdots q_{2n} \\ \vdots \quad \vdots \\ q_{n1}\ q_{n2} \cdots\cdots q_{nn} \end{bmatrix} \begin{bmatrix} V_1 \\ V_2 \\ \vdots \\ V_n \end{bmatrix} \tag{3·18}$$

이 된다. 또는 식 (3·17)은 다음과 같이 나타낼 수 있다.

$$Q_i = \sum_{j=0}^{n} P_{ij}Q_j \tag{3·19}$$

식 (3·17)에서

$$q_{11} = \frac{\Delta_{11}}{\Delta}, \quad q_{12} = \frac{\Delta_{12}}{\Delta} \tag{3·20}$$

$$\Delta = \begin{bmatrix} P_{11} & P_{12} & \cdots\cdots & P_{1n} \\ P_{21} & P_{22} & \cdots\cdots & P_{2n} \\ \vdots & \vdots & \cdots\cdots & \vdots \\ P_{n1} & P_{n2} & \cdots\cdots & P_{nn} \end{bmatrix} \tag{3·21}$$

Δ_{12}는Δ의 1행 2열에 대한 여인수이다. 식 (3·17)에서

$$V_1 = 1, \ V_2 = V_3 = \ldots\ldots = 0$$

이라고 하면

$$q_{11} = Q_1, q_{21} = Q_2, \ldots\ldots, q_{n1} = Q_n$$

이 되고, q_{11}은 도체 1에 단위전위를 주고 다른 것은 0 전위(접지)로 하였을 때의 도체 1의 전하, q_{21}은 도체 1에 단위전위를 주고 다른 것은 0 전위로 하였을 때의 도체 2의 전하, ……가 된다. 일반적으로 q_{rs}는 도체 s에 단위전위를 주고 다른 도체의 전위를 0으로 하였을 때의 도체r의 전하이다.

$q_{11}, \ q_{22}, \ q_{33}, \ldots$ 등을 **용량계수**

$q_{12}, \ q_{23}, \ \ldots$ 등을 **유도계수**

라고 한다.

3.3.2 용량계수와 유도계수의 성질

도체 1은 단위전위로 나머지 도체를 0전위로 하면 1 이외의 각 도체표면에는 부전하만 나타난다. 즉

$$q_{21}, q_{23}, \ldots \leq \ 0, \text{ 일반적으로 유도계수} \leq 0 \tag{3·22}$$

이다. 유도계수가 0이면 전력선이 없을 것이므로, 예를 들어 $q_{r1} = 0$이면 도체 r는 매우 먼 거리에 있던지 아니면 다른 도체에 의하여 포위되어 있다. 또 도체 1은 최고 전위에 있으므로 나오는 전력선뿐이다. 따라서

$$q_{11} > 0, \text{ 일반적으로 용량계수} > 0 \tag{3·23}$$

이 된다. 그런데 도체 1에서 전력선은 다른 도체에서 끝나던지 무한원으로 가므로

$$\left.\begin{aligned} & q_{11} \geq -(q_{21}+q_{31}+ \ldots\ldots + q_{n1}) \\ \text{또는} & \\ & q_{11}+q_{21}+q_{31}+ \ldots\ldots + q_{n1} \geq 0 \end{aligned}\right\} \qquad (3 \cdot 24)$$

의 관계가 있다. 또 $P_{rs} = P_{sr}$ 인 성질이 있으므로 다음 관계가 성립한다.

$$q_{rs} = q_{sr} \qquad (3 \cdot 25)$$

3.3.3 용량계수와 유도계수의 단위

q_{rs} 의 단위는 전하를 전위로 나눈 모양이므로

$$\text{용량계수} = \frac{[C]}{[V]}, \ \text{유도계수} = \frac{[C]}{[V]} \qquad (3 \cdot 26)$$

가 된다. 이 단위는 이미 식 (3·10)에서 기술한 farad [F]이다. 따라서

$$q_{rr} = [\mathrm{F}], \ q_{rs} = [\mathrm{F}] \qquad (3 \cdot 27)$$

가 된다.

예제 3-5

두 개의 도체 1, 2가 꽤 큰 거리 d로 떨어져 있을 경우의 유도계수 q를 구하여라. 단, 각 도체가 단독으로 존재할 때의 용량을 C_1, C_2라고 한다.

해 각 도체가 단독으로 존재할 때 도체 1에 대하여 $Q_1 = q_{11} V_1$, 도체 2에 대하여 $Q_2 = q_{22} V_2$의 관계가 있으며 용량의 정의에 의하면, 도체 1의 용량 $C_1 = Q_1 / V_1 = q_{11}$, 도체 2의 용량 $C_2 = Q_2 / V_2 = q_{22}$ 이다. 지금 도체 1에만 V_1, Q_1을 주면 도체 2에는 Q_1에 의한 전위 $V_2 = Q_1 / 4\pi\epsilon_0 d$ 가 발생하고 전하가 도체 2의 양측에 $\pm Q$와 같이 생기지만, 거리 d가 크므로 도체 1에 대한 $\pm Q$의 작용은 상쇄된다고 생각할 수 있다.

따라서

$$Q_1 = C_1 V_1, \ Q_2 = 0 = q_{21} V_1 + q_{22} V_2$$

의 관계가 있으며,

$$q_{21} = -q_{22} \frac{V_2}{V_1} = -C_2 \frac{Q_1}{4\pi\epsilon_0 d} \frac{C_1}{Q_1} = -\frac{C_1 C_2}{4\pi\epsilon_0 d} \qquad (3 \cdot 28)$$

마찬가지로 도체 2에만 V_2, Q_2를 줄 때는

$$Q_1 = 0 = q_{11}V_1 + q_{12}V_2,\ V_1 = \frac{Q_2}{4\pi\epsilon_0 d} \text{에서}$$

$$q_{12} = -\frac{C_1 C_2}{4\pi\epsilon_0 d} = q_{21} \tag{3 · 29}$$

예제 3-6

두 개의 도체 1, 2의 정전용량을 C_1, C_2, 유도계수를 $q_{12} = q_{21} = B$라고 한다. 이 두 도체를 가는 도선으로 접속할 때 합성도체의 정전용량은 얼마나 되는가?

해 $Q_1 = q_{11}V_1 + q_{12}V_2$, $Q_2 = q_{21}V_1 + q_{22}V_2$의 식에 있어서 용량의 정의에서 $q_{11} = C_1$, $q_{22} = C_2$ 이다. 1, 2를 가는 선으로 연결하면(가는 선으로 연결한다는 것은 선의 영향을 무시하고 다만 전위를 같게 하기 위해서이다) $V_1 = V_2 = V$가 된다.

$$\therefore\ Q_1 = (q_{11} + q_{12})V,\ Q_2 = (q_{21} + q_{22})V$$

도체 1, 2의 합성전하 $Q = Q_1 + Q_2$이다. 따라서 양도체를 같게 하였을 때의 합성용량 C는 정의에서

$$C = \frac{Q}{V} = q_{11} + q_{12} + q_{21} + q_{22} = C_1 + C_2 + 2B \tag{3 · 30}$$

이다.

예제 3-7

그림 3·2와 같은 동심구의 용량계수과 유도계수를 구하여라.

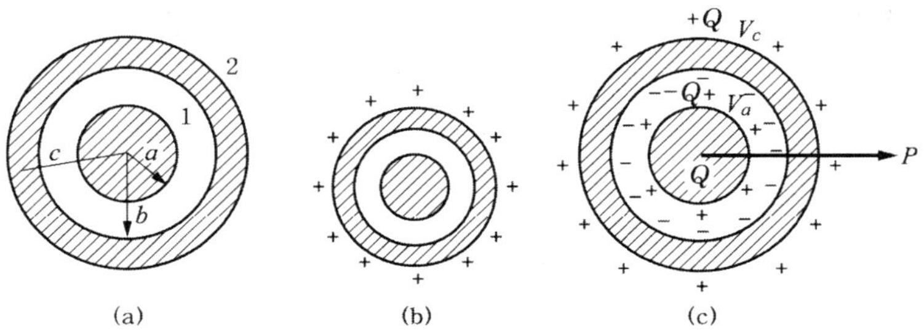

|그림 3·2|

해 식 (3·17)에서

$$Q_1 = q_{11}V_1 + q_{12}V_2, \quad Q_2 = q_{21}V_1 + q_{22}V_2$$

q_{11}, q_{21}을 구하기 위하여 외구를 접지하여 $V_2 = 0$으로 하고, 내구에 V_1을 주었을 때 내구의 전하가 Q_1이면

$$V_2 = \frac{Q_2}{4\pi\epsilon_0}\frac{1}{\dfrac{ab}{b-a}+c}$$

$$\therefore\ q_{22} = \frac{Q_2}{V_2} = 4\pi\epsilon_0\left(\frac{ab}{b-a}+c\right) \qquad (3 \cdot 31)$$

$$Q_1 = \frac{Q_2}{\dfrac{c(b-a)}{ab}+1} = 4\pi\epsilon_0\frac{ab}{b-a}V_2$$

$$\therefore\ q_{12} = -4\pi\epsilon_0\frac{ab}{b-a} = q_{21} \qquad (3 \cdot 32)$$

3.4 정 전 용 량

식 (3·17)의 q_{rr}를 도체 r의 **정전용량**(electrostatic capacity 또는 단지 capacity)이라고 한다. 즉 한 도체의 정전용량이란 다른 도체의 전위를 0으로 하고 그 도체에 단위전위를 주었을 때 그 도체에 생긴 전하이다.

3.4.1 고립도체의 정전용량

진공 내에 고립도체가 존재한다고 하고 이 도체에 어떤 전하를 주었을 때의 표면밀도를 σ라고 하면, 도체 외에 한 점 P에 있어서의 전위는 다음 적분에 의하여 정해진다. 즉

$$V = \frac{1}{4\pi\epsilon_0}\int_s \frac{\sigma dS}{r}$$

단, $r \neq 0$이다.

여기서 S는 도체의 표면이다. 점 P가 도체의 표면에 접근하는 극한에 있어서의 윗식의 V를 이 도체의 전위라고 정의한다.

즉 도체의 전위

$$V=\lim_{p\to 도체}\left(\frac{1}{4\pi\epsilon_0}\int_s\frac{\delta dS}{r}\right) \tag{3 · 33}$$

주어진 전하를 k배로 하면 밀도의 δ도 또 k배가 되므로 윗식에서 정의한 도체의 전위는 주어진 전하에 비례하게 된다. 즉 도체에 준 전하를 Q라고 하면 그 전위 V는

$$V=\frac{Q}{C} \tag{3 · 34}$$

로 표시된다. 그런데 $Q=\int_s \delta dS$이므로 윗식의 C의 값은

$$C=\int_s \sigma dS/\lim_{p\to 도체}\int_s\frac{\sigma dS}{4\pi\epsilon_0 r}[\text{farad}] \tag{3 · 35}$$

로 정의한다. 이 C를 진공 내에 있는 고립도체의 정전용량이라고 하며, 이것은 도체의 모양, 크기에 따라서 정해지는 정의 상수이다.

다음에 다른 도체가 부근에 존재하는 경우에는 고립도체의 전위는 식 (3·33)만으로는 정해지지 않으며 다른 도체의 전위에 따라서 달라진다.

이와 같은 경우의 고립도체의 정전용량이란 부근에 존재하는 다른 전부의 도체를 접지하여 그 전위를 0으로 하고 그 도체의 전위를 1[volt]만큼 높이기 위하여 여기에 줄 전하로 정해진다. 가령 진공 중에 고립된 반지름의 구상도체의 정전용량을 구해 보자. 여기에 전하 Q를 줄 때 그 전위 V는 식 (2·57)에서

$$V=\frac{Q}{4\pi\epsilon_0 r},\quad r>a$$

이므로, 구의 전위는

$$V=\lim_{r\to a}\left(\frac{Q}{4\pi\epsilon_0 r}\right)=\frac{Q}{4\pi\epsilon_0 a} \tag{3 · 36}$$

따라서

$$C=\frac{Q}{V}=4\pi\epsilon_0 a \tag{3 · 37}$$

3.4.2 두 도체간의 정전용량

그림 3·3과 같이 두 도체 A, B가 접근하여 대립하여 있고 각각 등량이고 반대 부호의 전하 $+Q$, $-Q$를 가지고 있을 때에는 A에서 나오는 전기력선은 전부 B로 들어가고 있다.

그러므로 A, B 사이의 전위차는 B가 접지여부에 불구하고 항상 일정하며, 부근에 다른 도체가 존재하여 있어도 이들에게 아무런 영향을 받지 않는다. 특별한 경우로서 B가 접지되어 있을 때에는 A의 전위가 Q에 비례하고, 또 B가 접지되어 있지 않을 때에는 A, B의 사이에 전위차가 Q에 비례하게 된다.

그러므로 두 도체간의 정전용량은 각각 같은 양이고 반대부호의 전하를 주었을 때 두 도체 사이의 전위차를 1[V]만큼 높이기 위하여 한쪽에 주는 정전하량으로 표시한다. A와 B의 단독 정전용량은 각각 C_1 및 C_2라 하고 A, B 사이의 정전용량을 C라고 하면,

$$V_1 = \frac{Q}{C_1},\ V_2 = -\frac{Q}{C_2},\ Q = C(V_1 - V_2)$$

그러므로

$$\frac{1}{C} = \frac{1}{C_1} + \frac{1}{C_2}$$

이 되므로, 두 도체간의 정전용량은 각각의 정전용량이 직렬로 연결이 되어 있다고 생각했을 때의 정전용량과 같다.

정전용량은 **캐패시턴스**(capacitance) 라고도 하며, 특히 정전이라고 하지 않아도 알 수 있을 때는 단지 **용량**(capacity) 이라고 한다.

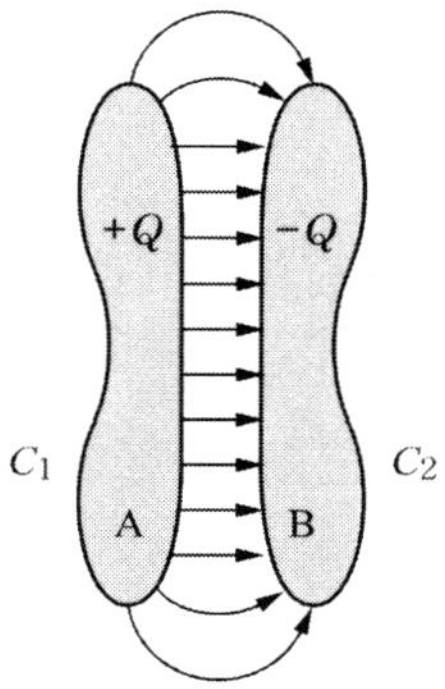

|그림 3·3| 두 도체간의 정전용량

또 정전용량의 역수를 **엘라스턴스**(elastance) 또는 **역용량**(reciprocal capacity)이라고 한다.

정전용량의 단위는 도체의 전위 또는 전위차를 1[V] 상승시키는 데 필요한 전하로 표시되며 이것을 farad [F]라고 한다. farad는 실용 단위로서는 너무 크므로 10^{-6} farad를 microfarad [μF], 10^{-12} farad를 micro-microfarad [$\mu\mu$F] 또는 picofarad [pF] 라고 사용한다.

3.4.3 정전용량과 전위계수, 용량계수 및 유도계수와의 관계

정전용량 C를 전위계수로 나타내는 경우는 식 (3·5)에서 두 도체의 전위를 V_1, V_2, 전하를 $Q_1 = Q$, $Q_2 = -Q$라 하고 다른 모든 도체의 전하를 0으로 하면

$$V_1 = P_{11}Q - P_{12}Q$$

$$V_2 = P_{21}Q - P_{22}Q$$

이므로, 전위차 V는

$$V = V_1 - V_2 = (P_{11} - P_{12})Q - (P_{21} - P_{22})Q = (P_{11} - 2P_{12} + P_{22})Q$$

이다. 따라서 두 도체간의 정전용량 C는

$$C = \frac{Q}{V} = \frac{1}{P_{11} - 2P_{12} + P_{22}} \qquad (3 \cdot 38)$$

이 된다. 또 용량계수 q_{11}, q_{22}와 유도계수 q_{12}로 구하려면 식 (3·17)에서

$$V_1 = \frac{q_{22}Q_1 - q_{12}Q_2}{q_{11}q_{22} - q_{12}^2} = \frac{(q_{22} + q_{12})Q}{q_{11}q_{22} - q_{12}^2}$$

$$V_2 = \frac{-q_{12}Q_1 + q_{11}Q_2}{q_{11}q_{22} - q_{12}^2} = \frac{-(q_{12} + q_{11})Q}{q_{11}q_{22} - q_{12}^2}$$

이므로, 정전용량 C는

$$C = \frac{Q}{V_1 - V_2} = \frac{q_{11}q_{22} - q_{12}^2}{q_{11} + q_{22} + 2q_{12}} [\mathrm{F}] \qquad (3 \cdot 39)$$

을 얻을 수 있다.

3.5 정전용량의 예

정전용량의 값은 식 (3·38), (3·39)에서 보는 바와 같이 전위계수, 용량계수 및 유도계수의 여러 양에 의하여 결정되며, 이와 같은 양들은 도체의 모양과 배치 및 주위 매질에 따라 정해지는 상수이므로, 정전용량의 값도 도체의 모양과 배치상태 및 주위 매질에 의하여 정해지는 상수이다.

3.5.1 두 개의 동심구간의 정전용량

그림 3·4와 같은 동심구의 내외도체간의 정전용량을 계산해본다. 반지름 a, b인 두 개의 동심도체구에 각각 Q_1, Q_2인 전하를 줄 때는 내구에서 나가는 Q_1/ϵ_0의 전기력선은 전부 외구의 내면에 들어가고 있으므로 거기에는 $-Q_1$의 전하가 분포하고, 따라서 그 외면에는 (Q_1+Q_2)의 전하가 분포되어 있다. 그런데 일반적으로 도체상의 전하에 의한 두 도체 내의 전계는 0이므로 두 구간에 있는 점 P에 있어서의 전계는 내구상의 전하에 의한 전계뿐이다.

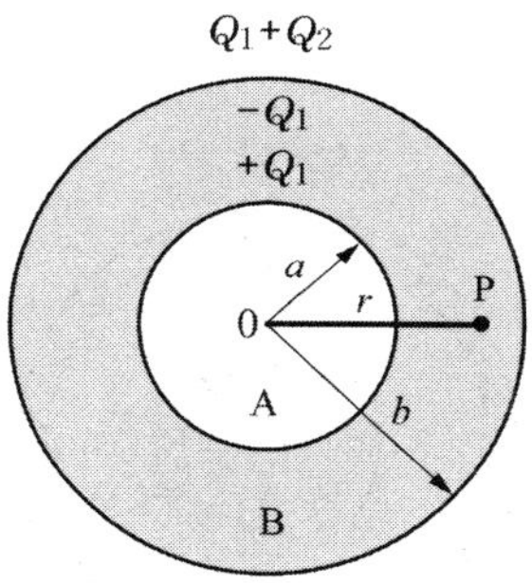

|그림 3·4| 동심구간의 정전용량

즉

$$E_r = -\frac{dV}{dr} = \frac{1}{4\pi\epsilon_0}\cdot\frac{Q_1}{r^2} \quad a \le r \le b \tag{3·40}$$

따라서 내·외부 도체간의 전위차 V는1

$$V = \int_a^b E_r\, dr = \frac{Q_1}{4\pi\epsilon_0}\left(\frac{1}{a} - \frac{1}{b}\right) \tag{3·41}$$

지금 외구를 접지하면 그 외면의 전하는 제거되고 $Q_2 = -Q_1$이 되므로 A와 B구에는 같은 양, 반대 부호의 전하를 준 것이 된다. 이 경우의 두 도체 내의 정전용량 C는 식 (3·41)에서

$$C = \frac{Q_1}{V} = \frac{1}{\frac{1}{4\pi\epsilon_0}\left(\frac{1}{a} - \frac{1}{b}\right)} = \frac{4\pi\epsilon_0}{\frac{1}{a} - \frac{1}{b}} \tag{3·42}$$

가 된다. 그리고 두 반지름의 차 $d = b - a$가 특히 $d \ll a$일 때는 다음과 같이 된다.

$$C \fallingdotseq \frac{4\pi\epsilon_0 a^2}{d} = \frac{\epsilon_0 S}{d} \tag{3 · 43}$$

여기서 S는 내구의 표면적이다.

3.5.2 내구를 접지한 두 개의 동심구

그림 3·5와 같이 내구를 접지하여 외구에 Q인 전하를 줄 때는 내구에 전하가 유도되어서 외구에서 나가는 전기력선의 일부분은 그 외면에서 바깥쪽으로 향하지만 일부분은 그 내면에서 나와 내구에 도달한다.

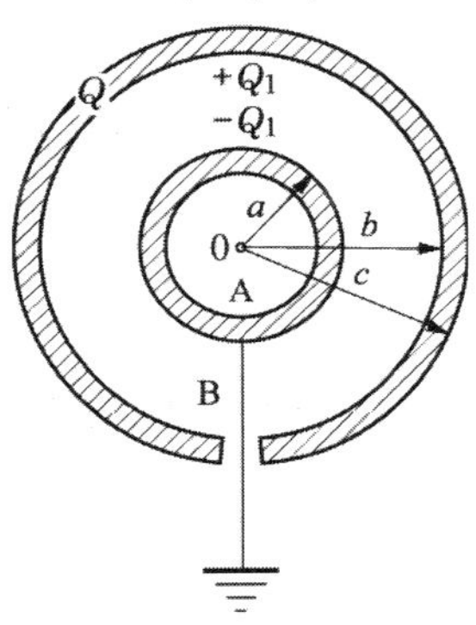

|그림 3·5| 내구를 접지한 동심구간의 정전용량

지금 내구상의 유도전하를 $-Q_1$이라고 하면 외구의 내면에는 $+Q_1$, 그 외면에는 $Q_2 = Q - Q_1$인 전하가 분포하게 된다. 즉 두 구의 전하는 등량, 이종이 아니므로 내구를 접지할 때는 외구만의 정전용량을 구할 수가 있다. 지금 외구에는 두께가 있으므로 그 바깥반지름은 c라고 한다. 내구의 전하와 외구의 내면의 전계는 등량, 이종이므로 두 구간의 전위차는 A, B구의 전위를 각각 V_A, V_B라고 하면 식 (3·41)에서

$$V = V_A - V_B = \frac{-Q_1}{C} = \frac{Q_1}{4\pi\epsilon_0}\left(\frac{1}{a} - \frac{1}{b}\right)$$

로 나타낼 수 있다. 그런데 $V_A = 0$이므로 Q_1의 값은

$$Q_1 = \frac{4\pi\epsilon_0 ab}{b-a} V_B$$

이다. 그리고 외구가 외부에 대한 작용은 두 개의 구상의 전 전하량인 $Q - Q_1 =$

$Q_1 + Q_2 - Q_1 = Q_2$가 그 중심에 집중하고 있는 경우와 같으므로 $Q_2 = 4\pi\epsilon_0 c V_B$이다. 따라서

$$Q = Q_1 + Q_2 = 4\pi\epsilon_0\left(\frac{ab}{b-a} + c\right)V_B$$

그러므로 외구의 정전용량은 다음 식과 같이 표시된다. 즉

$$C = \frac{Q}{V_B} = 4\pi\epsilon_0\left(\frac{ab}{b-a} + c\right) \tag{3·44}$$

만일 두 개의 구 사이에 비유전율 ϵ_r인 절연물로 충만되어 있을 때에는 다음과 같이 된다. 즉

$$C = 4\pi\epsilon_0\left(\frac{\epsilon_r ab}{b-a} + c\right) \tag{3·45}$$

3.5.3 동심원통

그림 3·6(a)와 같이 반지름 a, b인 무한히 긴 동심원통 도체의 단위길이당의 정전용량을 구해 본다. 내부도체의 단위길이당 λ인 전하를 주었다고 하면 외부도체의 내면에는 $-\lambda$인 전하가 나타나고 도체간의 전계는 **그림 3·6**(b)의 화살표와 같은 반지름 방향이 된다. 내부도체의 축에서 반지름 r인 점의 전계는 $r_2 = b$, $r_1 = a$라 놓으면

$$V = \frac{\lambda}{2\pi\epsilon_0} log\frac{b}{a} \tag{3·46}$$

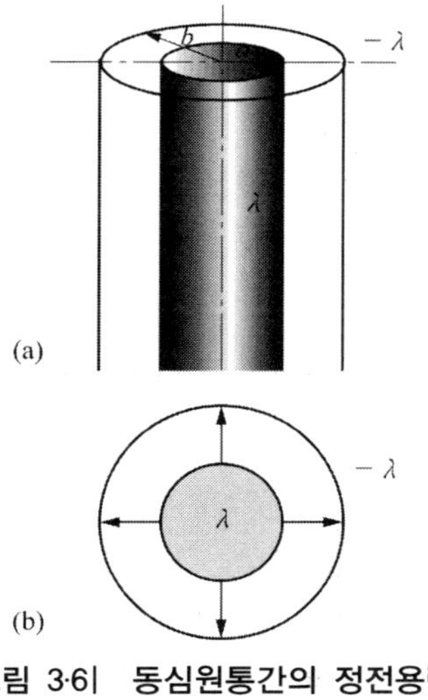

|그림 3·6| 동심원통간의 정전용량

따라서 양도체간의 단위길이당의 정전용량 C는

$$C= \frac{\lambda}{V}= \frac{2\pi\epsilon_0}{\log\dfrac{b}{a}} \qquad (3\cdot 47)$$

가 된다.

3.5.4 두 개의 평행평면 도체간의 정전용량

그림 3·7과 같이 전하면밀도 σ인 무한평면 도체와 이것과 거리 d만큼 떨어진 전하면밀도 $-\sigma$인 무한평면 도체가 평행하게 상대하고 있을 때 두 도체간의 정전용량을 구해 본다.

이 때 전계는 그림 3·7과 같이 도체판의 사이에 이것과 수직으로 존재하고 외측에는 존재하지 않는다. 이것은 한 개의 무한평면 도체의 경우 도체의 양측에서 거리에 관계없이 식 (2·69)에 나타낸 전계를 발생하므로 그림 3·7의 경우에는 양도체판의 외측에는 양자에 의한 전계는 서로 상쇄하고, 판간에서는 서로 합쳐짐을 알 수 있다. 판간에는 전계 E는 식 (2·69)로 나타낸 값의 2배가 되어

$$E= \frac{\sigma}{\epsilon_0} \qquad (3\cdot 48)$$

가 된다. 따라서 양도체판간의 전위차 V는

$$V= Ed= \frac{\sigma d}{\epsilon_0} \qquad (3\cdot 49)$$

이것에서 단위면적당의 정전용량 C_0는

$$C_0= \frac{\sigma}{V}= \frac{\epsilon_0}{d} \qquad (3\cdot 50)$$

가 되고, 면적 S일 때의 정전용량 C는

$$C= C_0S= \frac{\epsilon_0 S}{d} \qquad (3\cdot 51)$$

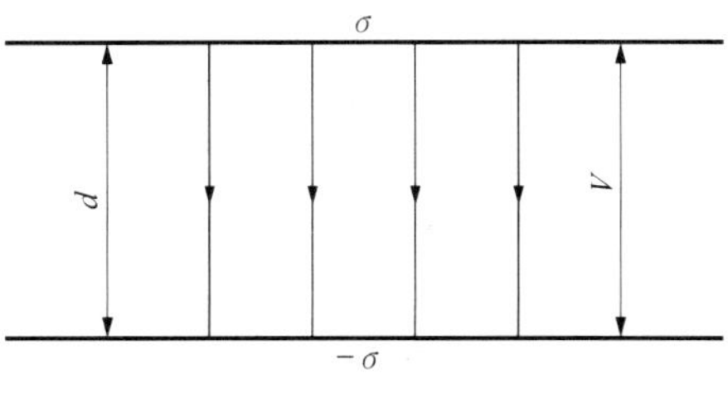

|그림 3·7| 무한평행 평면판간의 전계와 정전용량

가 된다. 이 식은 도체판이 무한히 넓다고 하여 유도한 것이며 S에 비하여 d가 충분히 적을 때에 성립한다고 생각할 수 있다. 그러나 S에 비하여 d가 큰 유한의 면적의 도체판의 경우에는 끝에서는 전계가 그림 3·7과 같이 되지 않고 식 (3·51)의 값은 정확하지 않다. 이에 대해서는 다음 장에서 설명될 것이다.

3.5.5 두 개의 무한길이 평행원통 도체간의 정전용량

그림 3·8과 같이 반지름 a의 무한길이 원통도체가 거리 d를 두고 평행하게 있을 때 양 도체간의 단위길이당의 정전용량을 구해 본다.

단위길이당의 전하를 λ, $-\lambda$라고 하고, 전하는 각각의 축에 대하여 대칭으로 분포되어 있다고 하자.

이와 같은 전하분포에서는 도체 표면은 등전위면이 되지 않지만, $a \ll d$가 될 때는 근사적으로 이렇게 해도 지장이 없다. 그림과 같이 단면의 중심OO′를 연결하는 직선상의 임의의 점을 P라 하고 OP의 거리를 x라고 하면 원통O의 전하에 의한 전계 E_1은

$$E_1 = \frac{\lambda}{2\pi\epsilon_0 x} \tag{3·52}$$

원통 O′에 의한 전계 E_2는 E_1과 같은 방향으로

$$E_2 = \frac{\lambda}{2\pi\epsilon_0 (d-x)} \tag{3·53}$$

따라서 점P의 전계 E_P는

$$E_P = E_1 + E_2 = \frac{\lambda}{2\pi\epsilon_0}\left(\frac{1}{x} + \frac{1}{d-x}\right) \tag{3·54}$$

양도체간의 전위차 V는 E_P를 양도체간에 대하여 적분하면 얻을 수 있다. 적분로를 취하는 방법은 임의이므로OO′와 도체 표면과의 교접 A, B 간을OO′에 따라서 적분하면

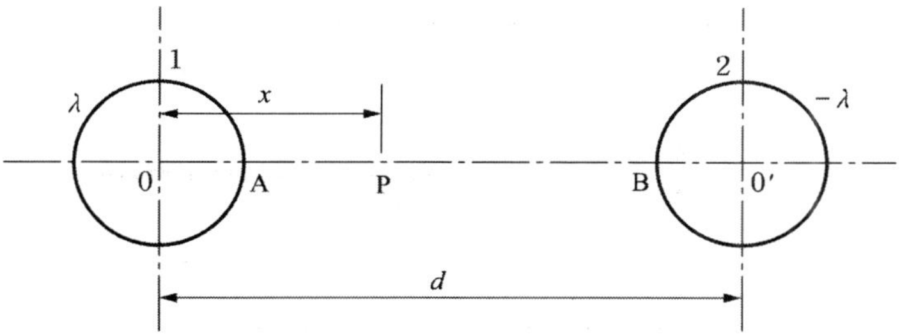

|그림 3·8| 무한길이의 평행원통 도체간의 정전용량

$$V = \int_a^{d-a} E_P dx = \int_a^{d-a} \frac{\lambda}{2\pi\epsilon_0}\left(\frac{1}{x} + \frac{1}{d-x}\right)dx$$

$$= \frac{\lambda}{\pi\epsilon_0} log \frac{d-a}{a} \qquad (3 \cdot 55)$$

따라서 단위길이당의 정전용량 C는

$$C = \frac{\lambda}{V} = \frac{\pi\epsilon_0}{\log\frac{d-a}{a}} \qquad (3 \cdot 56)$$

만일 $a \ll d$이면

$$C \fallingdotseq \frac{\pi\epsilon_0}{\log\frac{d}{a}} [\mathrm{F}] \qquad (3 \cdot 57)$$

자연대수 대신 상용대수를 취하면 식 (3·57)은 다음과 같이 된다.

$$C = \frac{1}{3.6 \times 2.303 \times \log_{10}\frac{d}{r}} \times 10^{-10} = \frac{1}{\log_{10}\frac{d}{r}} \times 1.207 \times 10^{-11} [\mathrm{F/m}]$$

$$= \frac{1}{\log_{10}\frac{d}{r}} \times 1.207 \times 10^{-8} [\mathrm{F/km}] \qquad (3 \cdot 58)$$

이 식은 송전선로의 전선간 정전용량을 구할 때 흔히 사용된다.

예제 3-8

간격 d [m]의 평행판 콘덴서 사이에 두께 t [m]의 금속판을 삽입하였을 때 단위면적당의 용량은 어느 정도 증가하는가?

해 그림 3·9와 같이 한쪽의 전극판에서 x 의 위치에 금속판 t 를 삽입하고 양 전극판에 단위면적당 $+\sigma$, $-\sigma$ 의 전하를 주었을 때 금속판 t 에는 그림과 같은 전하가 유도된다.

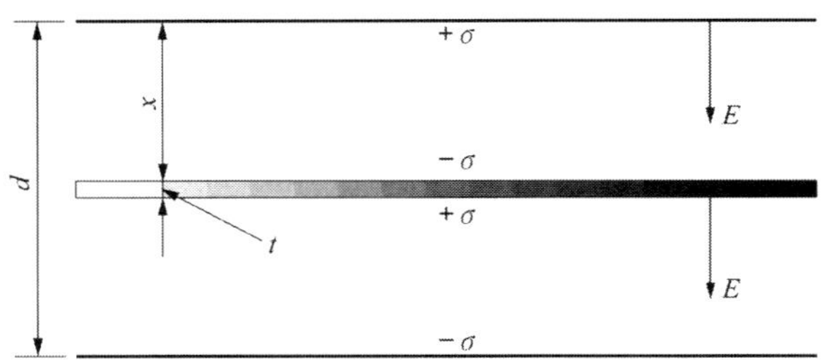

|그림 3·9|

평행판이므로 전계 E는 어느 위치에서도 $E=\sigma/\epsilon_0$, 따라서 양 전극판간의 전우차는

$$V=Ex+E(d-x-t)=E(d-t)=\frac{\sigma}{\epsilon_0}(d-t)$$

∴ 금속판 t를 가질 때의 정전용량 $C=\dfrac{\sigma}{V}=\dfrac{\epsilon_0}{d-t}$ (3 · 59)

금속판을 갖지 않을 때의 용량 $C_0=\dfrac{\epsilon_0}{d}$ (3 · 60)

단위면적당의 증가용량$=C-C_0=\dfrac{\epsilon_0 t}{d(d-t)}\,[\mathrm{F/m^2}]$ (3 · 61)

예제 3-9

평행판 콘덴서의 판 간격이 약간 평행에서 경사를 이루어 한쪽 끝에서는$d+a$, 다른 끝에서 $d-a$(단, $d \gg a$)가 되어 있을 때의 정전용량을 구하여라.

해 그림 3·10과 같이 판의 면적을S, 길이를 b라고 하면 폭은S/b, 한쪽 끝에서 x의 위치에 δx의 부분을 생각하면 δx의 부분의 면적은 $\delta S=S/b\cdot dx$, 또 그 곳의 간격을 y라고 하면 그 부분의 용량 δc는

$$\delta c=\frac{\epsilon_0}{y}\delta S=\frac{\epsilon_0}{y}\frac{S}{b}\delta x \tag{3 · 62}$$

그런데 그림 속의 삼각형의 부분에서

$$\frac{x}{b}=\frac{y-(d-a)}{(d+a)-(d-a)} \tag{3 · 63}$$

의 관계가 있으므로

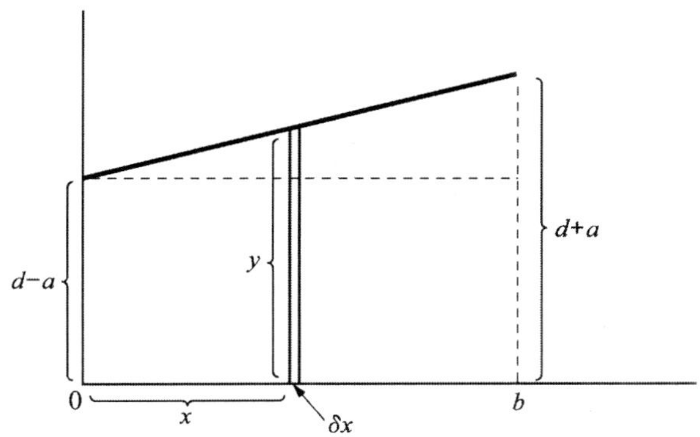

|그림 3·10|

$$y = \frac{x}{b}2a + (d-a) \qquad (3\cdot64)$$

$$\therefore\ \delta c = \frac{\epsilon_0 S\delta x}{2ax + b(d-a)} \qquad (3\cdot65)$$

전용량은

$$C = \int_0^b dc = \frac{\epsilon_0 S}{2a} \mid \log(2ax + b(d-a)) rightvert_0^b$$

$$= \frac{\epsilon_0 S}{2a} log\frac{d+a}{d-a} \qquad (3\cdot66)$$

공식

$$\log\frac{1+x}{1-x} \fallingdotseq 2\left(x + \frac{x^3}{3}\right)$$

을 사용하면

$$C = \frac{\epsilon_0 S}{2a} log\frac{\frac{1+a}{d}}{1-\frac{a}{d}} \fallingdotseq \frac{\epsilon_0 S}{d}\left(1 + \frac{a^2}{3d^2}\right) \qquad (3\cdot67)$$

예제 3-10

단위길이에 대하여 C=500[pF]의 정전용량을 갖는 동축원통 콘덴서에 V =10[kV]의 전압을 인가하였을 때 전계의 세기가 3[kV/mm]를 넘지 않게 하기 위한 원통의 굵기를 정하여라.

해 단위길이당의 용량

$$C = 2\pi\epsilon_0 / \log\frac{b}{a} \qquad (3\cdot68)$$

내외원통간의 중심축으로부터의 위치의 관계

$$E_r = \frac{\rho}{2\pi\epsilon_0 r} \qquad (3\cdot69)$$

내외원통간의 전위차

$$V = -\int_a^b E_r\, dr = \frac{\rho}{2\pi\epsilon_0} log\frac{b}{a} \qquad (3\cdot70)$$

위의 두 식에서

$$E_r = \frac{V}{a\log\frac{b}{a}} \qquad (3 \cdot 72)$$

여기에 C를 대입하면 내부원통의 반지름은

$$a = \frac{C}{E_a}\frac{V}{2\pi\epsilon_0} = \frac{500\times10^{-12}}{3\times10^3\times10^3}\times10\times10^3\times9\times10^9\times2 = 30\text{mm}$$

$$\therefore\ \log\frac{b}{a} = \frac{2\pi\epsilon_0}{c} = 0.111,\ \ \frac{b}{a} = 1.12$$

외부원통 반지름 $b = 30\times1.12 = 33.6[\text{mm}]$

3.6 정전콘덴서

두 개의 도체간의 정전용량을 이용하는 장치를 콘덴서[상세하게 말하면 정전콘덴서, 약하여 콘덴서(condnser)]라고 하며, 이것은 양도체를 접근시켜서 각각의 도체에 $+Q$, $-Q$의 전하를 축전하는 것이다. 콘덴서로 사용하였을 때 양 도체를 **전극**(electrode)이라고 한다. 콘덴서의 기호는 **그림 3·11**과 같이 나타낸다.

콘덴서는 일반적으로 양 전극간에 절연물을 넣고 절연물의 종류에 따라서 공기 콘덴서(air condenser), 오일 콘덴서(oil condenser), 종이 콘덴서(paper condenser), 운모 콘덴서(mica condenser)라고 한다.

이들 절연물은 단지 전극간에 절연을 유지하고 또 기계적 지지를 하는 이외에 종류에 따라서 정전용량을 현저하게 증가시킬 수가 있다. 정전용량이 가변적인 콘덴서를 **가변 콘덴서**(variable condenser)라고 하며 **그림 3·12**와 같은 기호로 나타낸다.

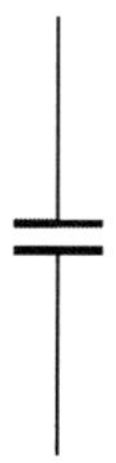

|그림 3·11| 콘덴서의 기호

|그림 3·12| 가변콘덴서의 기호

3.7 콘덴서의 접속법

3.7.1 병렬접속

그림 3·13과 같이 다수의 콘덴서의 한쪽의 전극 및 다른 쪽의 전극을 각각 하나로 묶은 접속법을 **병렬접속**(parallel connection)이라고 한다. 이 때의 합성 정전용량을 구해 본다. 지금 두 개의 콘덴서 C_1, C_2에 대하여 생각해 보자. 전극간의 전압을 V라고 하면 이것은 어느 콘덴서에 대해서도 같다. C_1의 전하를 Q_1, C_2의 것을 Q_2라고 하면

$$Q_1 = C_1 V,\ \ Q_2 = C_2 V \tag{3 · 72}$$

단자 1측의 전하는 $Q_1 + Q_2$이고, 2측은 $-(Q_1 + Q_2)$이므로 합성 정전용량 C는

$$C = \frac{Q_1 + Q_2}{V} = C_1 + C_2 \tag{3 · 73}$$

일반적으로 n개의 콘덴서 $C_1, C_2, \dots C_n$을 병렬접속하면 합성 정전용량 C는

$$C = \sum_{i=1}^{n} C_i \tag{3 · 74}$$

즉 콘덴서를 병렬접속하면 합성 정전용량은 각각의 정전용량의 합이 된다. 그리고 각 콘덴서의 충전전하는

$$\left.\begin{aligned} Q_1 &= \frac{C_1}{C_1 + C_2 + C_3} Q \\ Q_2 &= \frac{C_2}{C_1 + C_2 + C_3} Q \\ Q_3 &= \frac{C_3}{C_1 + C_2 + C_3} Q \end{aligned}\right\} \tag{3 · 75}$$

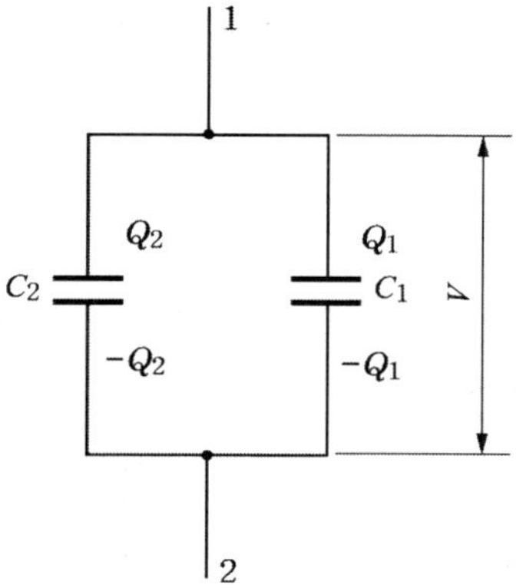

|그림 3·13| 콘덴서의 병렬접속

가 되므로, 전하는 콘덴서의 용량에 비례하여 배치된다.

3.7.2 직렬접속

그림 3·14와 같이 하나의 콘덴서 단자를 다른 콘덴서 단자에 순차적으로 접속하는 방법을 **직렬접속**(series connection)이라고 한다. 두 개의 콘덴서 C_1, C_2를 직렬접속한 경우의 합성 정전용량을 구해 본다. C_1, C_2의 단자전압을 V_1, V_2라고 하면 직렬접속한 경우의 양단자 1, 2 사이의 전압은

$$V = V_1 + V_2 \tag{3·76}$$

각 콘덴서의 전극의 전하는 그림 2·2의 정전유도의 현상에 의하여 도시한 것같이 서로 같으므로

$$Q = C_1 V_1, \quad Q = C_2 V_2 \tag{3·77}$$

식 (3·77)을 (3·76)에 대입하면

$$V = \frac{Q}{C_1} + \frac{Q}{C_2} \tag{3·78}$$

$$C = \frac{Q}{V} = \frac{1}{\dfrac{1}{C_1} + \dfrac{1}{C_2}} \tag{3·79}$$

즉

$$\frac{1}{C} = \frac{1}{C_1} + \frac{1}{C_2} \tag{3·80}$$

일반적으로 $C_1, C_2, ..., C_n$인 n개의 콘덴서를 직렬접속하면 그 합성 정전용량 C는

$$\frac{1}{C} = \sum_{i=1}^{n} \frac{1}{C_i} \tag{3·81}$$

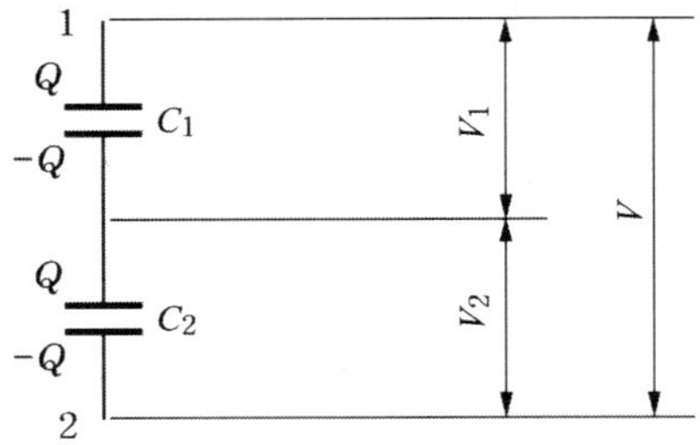

|그림 3·14| 콘덴서의 직렬접속

이 되고, 콘덴서를 직렬접속하면 합성 정전용량의 역수는 각 콘덴서의 정전용량의 역수의 합과 같게 된다고 말할 수 있다. 따라서 n개의 같은 정전용량의 콘덴서는 직렬접속하면 합성 정전용량은 $1/n$이 된다. 그리고 각 콘덴서의 양극에 걸리는 전위차는

$$V_1 = \frac{C}{C_1} V, \quad V_2 = \frac{C}{C_2} V, \quad V_3 = \frac{C}{C_3} V$$

$$C = \frac{C_1 C_2 C_3}{C_1 C_2 + C_2 C_3 + C_3 C_1} \tag{3·82}$$

로 각 용량에 반비례하여 전위차가 분배된다. 그러므로 콘덴서를 적당히 접속함으로써 임의의 전위차를 얻을 수 있다.

3.8 정전차폐

n개의 도체가 있을 때 이들의 전압, 전하사이에 성립하는 관계는 식 (3·17)에 나타내었다.

이 때 그림 3·16과 같이 도체 1이 도체 2에 의하여 완전히 포위되어 있을 때를 생각해 본다. 지금 도체 2의 전위를 0으로 하고 도체 1의 전하를 0으로 하면 도체 2의 내부의 공간에는 전계가 존재하지 않으므로, 식 (3·17)의 제1식에서 $V_1 = V_2 = 0$이라 놓고

$$0 = Q_1 = 0 + 0 + q_{13} V_3 + q_{14} V_4 + \cdots + q_{1n} V_n$$

이 식은 외부도체의 전위 $V_3, V_4, \ldots, V_n$이 어떤 값을 취해도 성립해야 하므로

$$q_{13} = q_{14} = \ldots\ldots = q_{1n} = 0 \qquad (3 \cdot 83)$$

즉 내부도체와 외부도체와의 사이의 유도계수는 모두 0이 된다. 다음에 내부도체의 전위를 V_1으로 하고 다른 모든 도체의 전위를 0이라고 하면 식 (3·17)과 (3·83)에서

$$Q_1 = q_{11} V_1, \quad Q_2 = q_{21} V_1$$

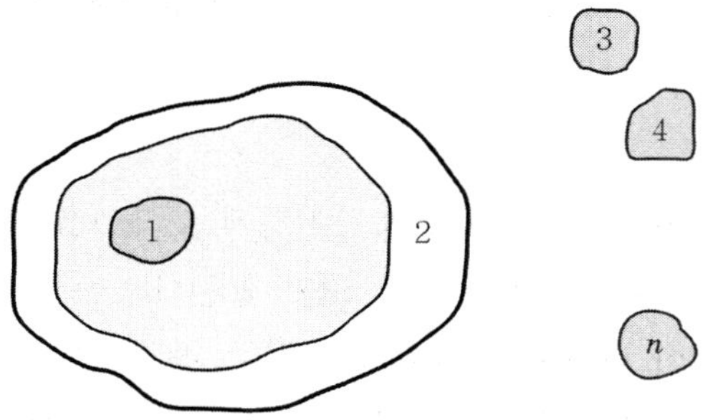

|그림 3·16| 정전차폐

도체 2의 외부에는 전계가 존재하지 않으므로 위의 Q_2는 전부 도체 2의 내면에 분포하고 따라서

$$Q_1 + Q_2 = q_{11} V_1 + q_{21} V_1 = 0$$

즉

$$q_{11} + q_{21} = 0 \text{ 또는 } q_{11} = -q_{12} = -q_{21} \qquad (3 \cdot 84)$$

식 (3·17)에 식 (3·83)과 (3·84)를 대입하면

$$\left.\begin{aligned} Q_1 &= q_{11} V_1 - q_{11} V_2 + 0 + \ldots\ldots + 0 \\ Q_2 &= -q_{21} V_1 - q_{22} V_2 + q_{23} V_3 + \ldots\ldots + q_{2n} V_n \\ Q_3 &= 0 + q_{32} V_2 + q_{33} V_3 + \ldots\ldots + q_{3n} V_n \\ Q_n &= 0 + q_{n2} V_2 + q_{n3} V_3 + \ldots\ldots + q_{nn} V_n \end{aligned}\right\} \qquad (3 \cdot 85)$$

이 식에서

$$V_2 = \text{일정} \qquad (3 \cdot 86)$$

이면 내부도체의 Q_1은 V_1만에 의하여 결정되고 외부도체의 $Q_3 \ldots$ 등은 외부도체의 전위에 의해서만 결정된다. 즉 내부도체는 외부도체와 전기적으로 무관계하게 된다.

이와 같이 어떤 도체를 다른 일정 전위의 도체로 포위하여 다른 도체와 전기적으로 관계를 단절하는 것을 **정전차폐**(electrostatic shielding)라고 한다. 위의 설명에서 알 수 있듯이 정전차폐의 조건은 식 (3·83)과 (3·86)이다. 등가 정전용량을 사용하여 같은 것을 설명하면 도체 i를 포위된 도체라고 하면 식 (3·83), (3·84)에서

$$C_{ii} = \sum_{j=1}^{n} q_{ij} = 0 \qquad (3 \cdot 87)$$

또 포위된 도체 i와 외부에 있는 도체 j와의 사이의 등가정전용량에 대해서는 식 (3·83)에 의하여

$$C_{ij} = -q_{ij} = 0 \qquad (3 \cdot 88)$$

즉 그림 3·15의 도체 2가 쇠망과 같이 불완전하게 도체 1을 포위하고 있을 때에는 식 (3·88)과 같이 C_{11}이나 $C_{13}, C_{14}, \ldots$ 등은 0이 되지 않는다.

또 비행기 내에서와 같이 접지할 수 없는 경우에는 식 (3·86)을 만족시킬 수가 없다. 이때에는 V_2를 가능한 한 일정하게 하기 위해서는 C_{22}를 될 수 있는 대로 크게 하고, C_{13}, C_{14} 등을 작게 하는 것이 좋은 차폐를 얻기 위한 조건이다.

제3장 진공중의 대전도체계에 의한 전계

연 / 습 / 문 / 제

3-1. 반지름 10[cm] 도체구의 외측에 이것과 동심으로 그 외측에 안지름 10.2[cm], 바깥지름 10.5[cm]인 도체구가 있다. 양자의 정전용량계수 및 양자간의 정전유도 계수를 구하여라. 내, 외 각 도체의 전위를 −300, +700[V]로 하였을 때 두 도체의 전하는 각각 얼마인가?

답 $q_{11} = -q_{12} = -q_{21} = 5.67 \times 10^{-10}$[F], $q_{22} = 5.78 \times 10^{-10}$[F]
$Q_1 = -5.67 \times 10^{-7}$[C], $Q_2 = 2.35 \times 10^{-7}$[C]

3-2. 반지름 r_1, r_2의 내, 외 원통이 모두 접지된 긴 동축원통 도체 사이에 중심축에서의 거리 r ($r_1 < r < r_2$)의 점 P에 점전하 q를 놓았을 때 내외양원통에 유도되는 전하를 구하여라.

답 내 원통 : $q_1 = \dfrac{\log(r_1/r)}{\log(r_1/r_2)}q$, 외 원통 : $q_2 = \dfrac{\log(r/r_1)}{\log(r_1/r_2)}q$

3-3. 반지름 a, b인 두 개의 도체구가 반지름에 비하여 상당히 큰 중심거리 d로 놓여져 있을 때의 용량, 유도계수를 구하여라.

답 $q_{11} = \dfrac{4\pi\epsilon_0 a}{1-ab/d^2}$, $q_{22} = \dfrac{4\pi\epsilon_0 b}{1-ab/d^2}$, $q_{12} = \dfrac{4\pi\epsilon_0 ab}{1-ab/d^2}$

3-4. 반지름 r_1, r_2, r_3의 도체구를 상호간의 거리가 r_{12}, r_{23}, r_{31}이 되도록 놓았을 때 이들 사이의 전위계수를 구하여라. 단, 구의 반지름에 비하여 거리가 충분히 크다고 하자.

답 $P_{12} = P_{21} = \dfrac{1}{4\pi\epsilon_0 r_{12}}$, $P_{23} = P_{32} = \dfrac{1}{4\pi\epsilon_0 r_{23}}$, $P_{31} = P_{13} = \dfrac{1}{4\pi\epsilon_0 r_{13}}$

3-5. 한 변의 길이가 r인 정삼각형의 정점에 반지름 $a(\ll r)$의 도체구가 있으며 모두 Q의 전하를 가졌다. 이 도체구를 순서적으로 갑자기 접지할 때 각 구에 남는 전기량을 구하여라.

답 $Q_1 = -\dfrac{2a}{r}Q,\ \ Q_2 = -\dfrac{a(r-2a)}{r^2}Q,\ \ Q_3 = -\dfrac{a^2(3r-2a)}{r^3}Q$

3-6. 전위 V_1으로 충전한 도체 A를 반지름 r인 도체구 B에 접속하였을 때 전위가 V가 되었다. A의 정전용량과 접속에 의한 에너지 손실을 구하여라.

답 $C = \dfrac{4\pi\epsilon_0 r V}{V_1 - V}$, 에너지 손실 $= 2\pi\epsilon_0 r V_1 V$

3-7. 반지름 r_1, r_2, r_3의 3개의 격리된 도체구를 전위가 각각 V_1, V_2, V_3가 되도록 충전하고 이것들을 정전용량이 무시되는 도선으로 접속할 때 전전하량, 전정전용량, 공통전위를 각각 구하여라.

답 $Q = 4\pi\epsilon_0(r_1 + r_2 + r_3)V,\ \ C = 4\pi\epsilon_0(r_1 + r_2 + r_3)$

$$V = \frac{r_1 V_1 + r_2 V_2 + r_3 V_3}{r_1 + r_2 + r_3}$$

3-8. 정전용량 C_1, C_2의 두 개의 콘덴서를 전위 V_1, V_2로 충전하였다. 이것을 병렬로 접속하면 정전에너지가 손실되는 것은 얼마인가?

답 $\dfrac{C_1 C_2 (V_1 - V_2)^2}{2(C_1 + C_2)}$

3-9. 반지름이 a인 두 개의 긴 평행한 직선형도체가 간격 d로 떨어져 있다. 여기에 전위차 V를 주었을 때 단위길이당의 흡인력을 구하여라.

답 $\dfrac{\pi\epsilon_0 V^2}{2d\{\log(d/a)\}^2}$

3-10. 대전된 도체구 A를 그 2배의 반지름을 가진 대전하지 않은 도체구 B에 접속하면 처음의 정전에너지의 어느 정도가 손실되겠는가?

답 에너지 손실의 비율 $\dfrac{2}{3}$

3-11. 면적 S의 두 개의 평행금속판이 질량 m의 추를 윗판에 놓고 간격 d로 떨어져 있다. 추를 없애면 윗판은 위로 올라가야하지만 전위차 V를 가하면 처음의 간격으로 유지할 수가 있다. 이 때의 V를 구하여라.

답 $V = d\sqrt{\dfrac{2mg}{\epsilon_0 S}}$

3-12. 면적 S의 금속판 n매를 간격 d로 평행하게 배열하고 하나 건너씩 연결하여 두 조의 극으로 하였을 때의 정전용량 C, 여기에 전위차 V를 주었을 때의 전하량 Q, 저축되는 에너지 U, 전계의 세기 E를 각각 구하여라.

답 $C = (n-1)\dfrac{\epsilon_0 S}{d}$

$$Q = (n-1)\frac{\epsilon_0 SV}{d}$$

$$U = \frac{1}{2}CV^2 = (n-1)\frac{\epsilon_0 SV^2}{2d},\ E = \frac{V}{d}$$

3-13. 내구의 반지름 $a=6$[cm], 외구의 반지름 $b=8$[cm]의 동심구의 외구에 작은 구멍을 뚫고 내구와 다른 반지름 $c=2$[cm]의 구를 가는 도선으로 연결하였을 때의 양극의 정전용량은 얼마인가?

답 $C=2.9\times10^{-11}$[F]

3-14. 그림 3·17과 같이 누설컨덕턴스(conductance) g_1, g_2를 가진 용량 C_1, C_2에 전압 E를 가했을 때 전극판 b에 있어서의 전하는 얼마인가?

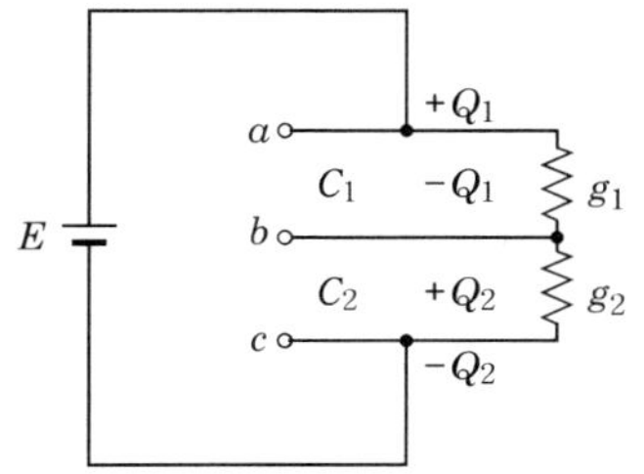

|그림 3·17|

답 $\dfrac{E}{g_1+g_2}(g_1C_2 - g_2C_1)$

3-15. 전위 $V=60$[kV]로 대전한 도체구 1에 반지름 $b=20$[cm]의 도체구 2에 연결시켜 줄 때 도체 1의 전위는 $V=30$[kV]로 내려갔다. 도체 1의 용량 C_1, 잃어버린 에너지 W를 구하여라.

답 $C_1 = \frac{2}{9}\times 10^{-10}$[F], 잃어버린 에너지$=3\times 10^2$[J]

제4장

유전체

4.1 유전체의 성질

유전체의 전하는 자유전자가 아니며 따라서 도전 작용에 기여할 수 없다. 오히려 이 전하들은 원자력이나 분자력에 의해서 속박되어 있으며 전계에 따라서 위치가 약간 변위될 뿐이다. 유전체는 고체이거나 기체이거나 액체이거나에 관계없이 또한 결정체이든 아니든 공통적으로 갖는 특성은 유전체 내에 전기적 에너지가 저축될 수 있다는 것이다. 이것은 음과 양을 떼어놓는 과정에서 발생한다. 이러한 구속력에 대항해서 이루어진 전하의 변위는 한 물체를 높은 곳으로 옮겨놓거나 스프링을 신장시킬 때와 마찬가지로 퍼텐셜 에너지를 일으킨다.

양과 음전하의 중심 사이에 영구적 변위가 존재하며 이들 한 쌍의 전하들이 각각 쌍극자를 이루고 있다. 정상에서는 이 쌍극자들은 불규칙 방향을 가지나 외부전계를 가하면 어느 일정한 방향으로 배열한다.

전계가 가해지기 전까지 쌍극자를 형성하지 않으며 전계를 가할 때에만 양과 음의 전하들이 흡인력에 대항하여 서로 반대방향으로 이동하여 쌍극자를 형성한다.

4.2 유 전 율

그림 4·1 (a)와 같이 진공의 정전용량 C_0의 평행판 콘덴서(condenser) 중에 **그림 4·1** (b)와 같이 유전체를 전극과 밀접하도록 삽입하였을 때의 정전용량을 C_1이라고 하면

$$\epsilon_r = \frac{C_1}{C_0} \tag{4·1}$$

로 표시되는 ϵ_r 를 이 유전체의 **비유전율**(relative dielectric constant)이라고 정의한다.

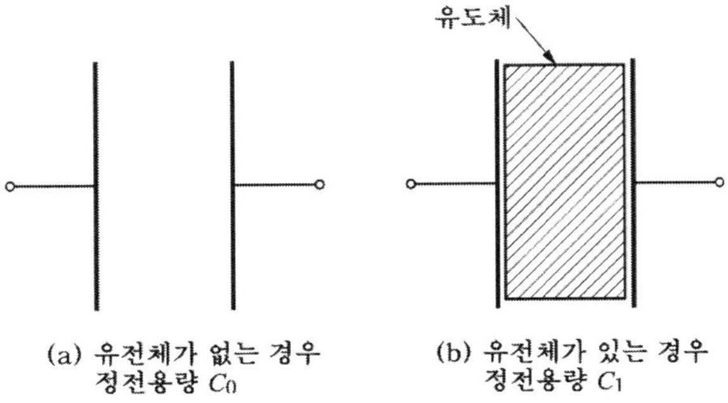

|그림 4·1|

비유전율 ϵ_r 은 또 **그림 4·1** (a)의 콘덴서를 전압 V_0 로 충전하고, 일단 전원을 끊고 다음에 **그림 4·1** (b)와 같이 유전체를 삽입하였을 때의 단자전압을 V 라고 할 때

$$\epsilon_r = \frac{V_0}{V} = \frac{E_0}{E} = \frac{C}{C_0} \tag{4 · 2}$$

로 생각할 수도 있다. 여기서 E_0, E 는 각각 유전체 삽입 전후에 있어서의 극판간의 전계의 세기이다.

일반적으로 유전체를 삽입하면 $C > C_0$, $V_0 > V$, 따라서 $E_0 > E$ 이며 항상 $\epsilon_r > 1$ 이고, 이 이유는 유전체의 **분극**(polarization)으로도 설명할 수가 있다.

도체를 전계 중에 놓았을 때, 양단에 전하가 나타나는 것은 정전유도의 현상으로 잘 알려져 있지만, 자유전자가 없는 유전체에 있어서도 이와 유사한 현상이 일어난다. 유전체에 전계가 작용하지 않은 경우에는 유전체 중의 정, 부의 전하가 **그림 4·2** (a)와 같이 분포되어 있다고 하자. 전계가 작용하면 **그림 4·2** (b)와 같이 전하는 미소거리만큼 변위하게 된다.

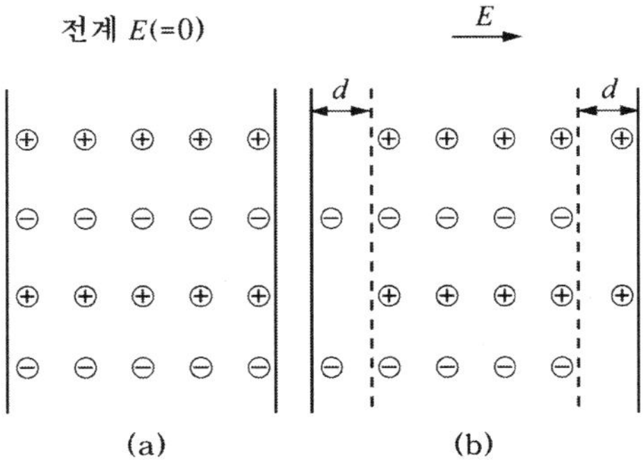

|그림 4·2| 유전분극

이 때 유전체 내부의 전하분포는 전계가 없는 경우와 변하지 않지만 단면에서는 정, 부의 전하가 생긴다. 이 현상을 **분극**이라고 한다.

분극에 의하면 양단면에 생긴 전하 때문에 유전체 내부에는 유전체가 없을 때의 전계 E_0와 역방향으로 전계 E'가 생겨, 결국 유전체 내부의 전계는

$$E = E_0 - E' \qquad (4 \cdot 3)$$

가 된다. 따라서 $\epsilon_r (= E_0 / E_0 - E')$은 항상 1보다 크게 된다.

각종 유전체의 ϵ_r의 값은 표 4·1과 같다.

|표 4·1| 각종 유전체의 비유전율

유 전 체	비 유 전 율
종 이	2.0~2.6
고 무	2.0~3.5
파 이 버	2.5~5
운 모	2.5~6.6
유 리	5.4~10
천 연 광 유	2.2~2.4
염소화합성유	3.5~8
실 리 콘 유	2.6~2.8
장 석 자 기	5.0~6.5
산화티탄자기	60~80
티탄산바륨	1000~3000(상온)
물	80
알 코 올	25~33(메틸)(에틸)
글 리 세 린	43

이와 같이 ϵ_r은 분극의 여하에 따라 여러 가지 값을 갖지만 절연재료를 사용하는 입장에서 보면 어떠한 ϵ_r의 값이 적당한지는 사용목적에 따라 전혀 다르며 간단하게 결정할 수 없다.

가령 콘덴서의 유전체로서 사용하는 경우에는 ϵ_r이 크면 같은 형상에서 정전용량을 증가시킬 수가 있으므로 다른 성질, 가령 절연내력, 유전체 손실 등을 무시하면 ϵ_r이 큰 것이 유리하다. TiO_2나 $BaTiO_3$ 등을 유전체로 하는 콘덴서는 이 예이다. 그러나 일반적인 절연물에서는 ϵ_r의 값이 작을수록 편리한 경우가 많다.

이것은 ϵ_r이 작으면 유전체손실이 적고, 또 절연물 속에 기포나 공극이 있을 때는 이 부

분의 전계가 강해지고 부분적인 절연파괴를 일으켜 이것이 전체의 절연파괴의 원인이 되는 것이 보통이지만, 절연 재료의 ϵ_r이 작으면 기포부분의 전계가 강해지는 것을 방지하게 되고 전압의 절연에는 ϵ_r이 작은 재료 쪽이 좋다. 또 케이블의 절연에 사용할 때는 케이블의 단위길이당 정전용량이 적어도 되므로 ϵ_r이 작은 쪽이 좋다.

또 이종의 절연 재료를 조합하여 사용할 때는 각 재료에 걸리는 전계의 크기를 같게 하는 것이 바람직하므로, 이 때는 사용재료의 ϵ_r이 절연층의 두께에 따라 적당한 값이 되어야 한다. 가령 기름을 함침한 종이를 고전압절연에 사용할 때는 각 절연층의 두께는 같다고 볼 수 있으므로 사용하는 종이와 기름의 ϵ_r 의 값이 비슷한 것이 좋다. 이와 같이 절연재료의 사용에 있어 그 목적에 따라 적당한 ϵ_r의 값을 선정하는 것이 필요하다.

4.3 분 극

전술한 바와 같이 유전체를 전계 중에 넣으면 그 양단면에 전하가 나타나는 현상이 유전분극인데 그 원인을 생각해 보자. 가령 간단한 예로서 단원자 기체를 생각하면 이 원자는 전계가 인가되지 않는 상태에서는 **그림** 4·3 (a)와 같이 원자핵은 이것을 구상으로 포위하고 있는 전자운의 중심에 있어 전기쌍극자를 형성하지 않는다. 그런데 여기에 전계를 가하면 원자핵과 전자운의 중심과의 상대위치는 변화하여 **그림** 4·3 (b)와 같이 되고, 쌍극자능률을 갖는 전기쌍극자가 된다.

이와 같이 물질이 전계에 의하여 전기쌍극자가 되는 것을 **분극**이라고 한다.

이것은 일반적인 분자에 대해서는 같으며 전계에 의하여 분자를 형성하고 있는 정전하의 중심과 부전하의 중심이 일치하지 않는 한 각 분자는 전기쌍극자가 된다. 전계에 의하여 각 분자가 쌍극자가 되고 이것들이 전계방향으로 배열한 상태를 **그림** 4·4에 나타내었다. 이와 같이 유전체의 구성단위는 균일하게 분극이 발생하게 되지만 유전체 내부에서는 정, 부의 전하가 서로 상쇄하므로 평균하면 전기적으로 중성이다. 그러나 양단에서는 상쇄할 수 없으므로 단면에 전하가 나타나게 된다. 이 현상은 도체를 전계 중에 놓았을 때 생기는 정전유도의 현상과는 전하의 이동 방법이라는 점에서 다른 것이다.

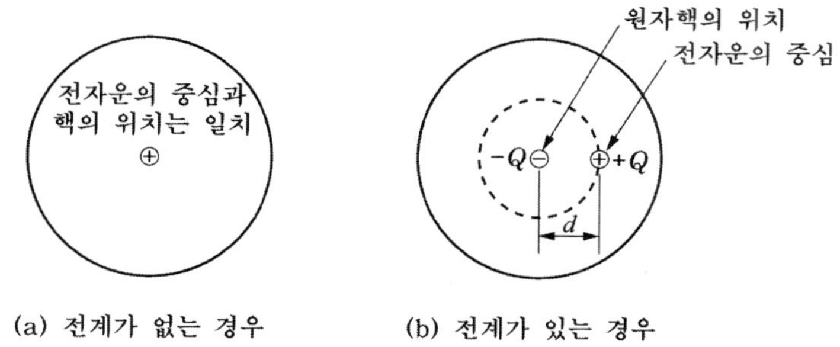

|그림 4·3| 단원자기체의 분극

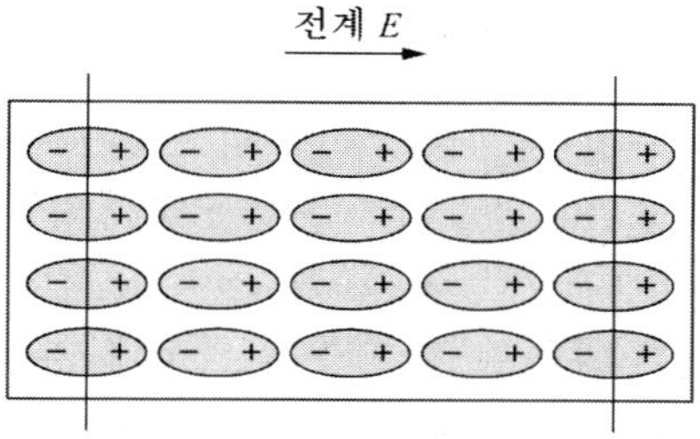

|그림 4·4|

4.3.1 분극도

극판면적 S, 극판간 거리 t 의 평행판 진공 콘덴서의 극판에 $+-\sigma$[C/m^2]의 전하가 있을 때, 이 속에 유전체를 삽입하여 그 단면에 P[C/m^2]의 분극전하가 발생하였다고 하자. 이 P의 크기로 분극도를 나타낸다. 이 때 유전체 삽입 전의 극판의 전하 σ와 분극 전하 P와는 각각 반대 부호가 되고, 또 분극전하는 유전체 표면에만 있으므로 극판상의 겉보기의 전하는 $\sigma-P$가 되었다고 볼 수 있다. 따라서 유전체 중의 전계 E는 극판에 각각 $\pm(\sigma-P)$의 전하를 갖는 진공콘덴서의 전계를 생각해도 좋으므로

$$E=\frac{\sigma-P}{\epsilon_0} \tag{4 · 4}$$

또 한편 유전체 중의 전계의 세기는 유전율의 정의에서 진공의 경우의 전계의 세기 $\frac{\sigma}{\epsilon_0}$의 $\frac{1}{\epsilon_r}$배가 된다고 생각하여

$$E = \frac{\sigma}{\epsilon_0 \epsilon_r} \tag{4·5}$$

라고 생각할 수는 있다.

위의 두 식에서 σ를 소거하면

$$\left.\begin{array}{l} P = \epsilon_0(\epsilon_r - 1)E \\ \text{혹은} \\ \boldsymbol{P} = \epsilon_0(\epsilon_r - 1)\boldsymbol{E} \end{array}\right\} \tag{4·6}$$

의 관계를 얻을 수 있다.

분극도P는 또 유전체의 단위체적에 대한 각 분자의 쌍극자능률의 벡터합이라고 생각할 수 있다.

분극도$\boldsymbol{P}$가 유전체의 단위체적당의 각 분자의 쌍극자능률이 벡터합이면서 [C/m^2]의 단위로 표시되는 것은 다음과 같다.

한 개의 분자 또는 원자에 작용하는 전계가 E'라고 하자. 이 때 E'방향의 분자 또는 원자의 쌍극자능률 p는 일반적으로 E'에 비례하므로 다음 식으로 표시된다.

$$\boldsymbol{p} = \alpha \boldsymbol{E}' \tag{4·7}$$

여기서 α는 분극의 발생 용이성을 나타내는 것이며 **분극률**(polarizability)이라고 한다. 지금 유전체의 단위체적당 N개의 분자 또는 원자가 있다고 하면 그 단위체적당의 쌍극자능률의 합$\boldsymbol{M}_0$는

$$\boldsymbol{M}_0 = N\boldsymbol{p} = N\alpha\boldsymbol{E}' \tag{4·8}$$

가 된다.

따라서 앞에 설명한 바와 같이 극판 면적 S, 극판간의 거리 t의 평행판 콘덴서에 삽입한 유전체의 전쌍극자능률$\boldsymbol{M}$은

$$\boldsymbol{M} = \boldsymbol{M}_0 St = N\boldsymbol{p}St = Qt \tag{4·9}$$

가 되고 $Q = NpS$가 유전체 단면의 전하에 상당한다.

따라서 Np는 유전체 단면의 전하밀도가 되고 앞에 설명한 분극도와 일치한다. 따라서 $\boldsymbol{P}$는 다음과 같이 쓸 수도 있다.

$$\boldsymbol{P} = N\boldsymbol{p} \tag{4·10}$$

식 (4·6)은 거시적으로 본 분포도$\boldsymbol{P}$의 식이고, 식 (4·10)은 미시적으로 본 식이다. 식 (4·6), 식 (4·8), 식 (4·10)에서

$$\boldsymbol{P} = \epsilon_0(\epsilon_r - 1)\boldsymbol{E} = N\boldsymbol{P} = N\alpha\boldsymbol{E}' \quad (4 \cdot 11)$$

를 얻는다. 여기서 E'는 분자 또는 원자에 작용하는 전계이며 **내부 전계**라고 한다.

내부 전계에 대해서는 뒤에 설명하겠지만 기체와 같이 분자간 거리가 크고 분자 상호간의 작용을 생각하지 않아도 될 때는 인가전압 E와 같다고 보아도 좋지만 일반적으로 E와는 다르다.

4.3.2 분극의 구성

유전체가 분극을 발생하는 주된 원인을 생각해 보면 다음의 3가지 종류가 있다. 즉 유전체의 구성단위인 원자에 있어서 핵에 대한 전자운의 변위에 의하여 생기는 **전자분극**(electronic polarization), 분자를 구성하는 이온 또는 원자의 상호 변위에 기인하는 **이온분극**(ionic polarization) 및 영구쌍극자 능률을 갖는 분자에 있어서 쌍극자의 배향에 기인하는 **쌍극자 배향분극**(orientational polarization)이다.

(1) 전자분극

그림 4·5와 같이 원자번호 Z의 원자에 대하여 정전하 Ze를 갖는 원자핵을 중심으로 하고 반지름 r의 구내에 균일한 부전하를 갖는 전자운이 분포되어 있다고 하자[그림 4·5 (a)]. 이 원자가 균일한 전계 중에 놓았으므로 핵이 전자운의 중심 O에서 d만큼 변위하여 O′로 이동하였다고 하면[그림 4·5 (b)], 이 때 핵에 작용하는 전계방향의 힘 f_1은

$$f_1 = ZeE \quad (4 \cdot 12)$$

가 된다(전자운을 고정시켰다고 생각하면).

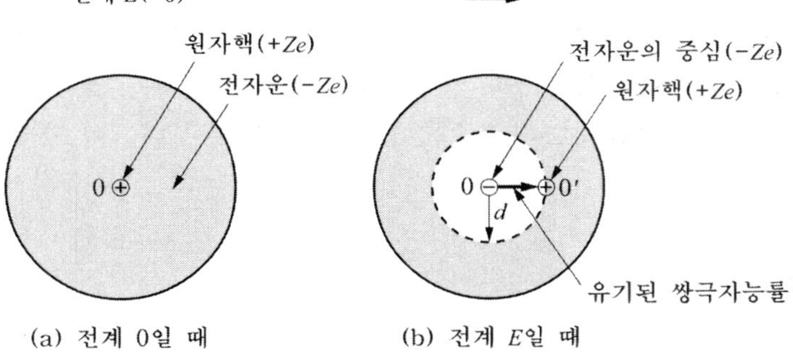

|그림 4·5| 전자분극

다음에 반지름 d의 구내의 부전하$\left(\frac{d^3}{r^3}Ze\right)$는 가우스의 정리에 의하여 전부 O에 집중되었다고 생각하므로 쿨롱힘에 의하여 전계와 역방향으로 핵이 받는 힘을 f_2라고 하면

$$f_2 = \frac{Z^2e^2}{4\pi\epsilon_0 r^3}d \tag{4·13}$$

가 된다.

$f_1 = f_2$에서 평형하므로 다음 식을 얻을 수 있다.

$$ZeE = \frac{Z^2e^2}{4\pi\epsilon_0 r^3}d \tag{4·14}$$

이 경우 원자의 쌍극자능률 p는

$$p = Zed \tag{4·15}$$

로 표시되므로 식 (4·14), (4·15)에서

$$\left.\begin{aligned} &p = 4\pi\epsilon_0\, r^3 E \\ \text{또는}\quad & \\ &\boldsymbol{P} = 4\pi\epsilon_0 r^3 \boldsymbol{E} \end{aligned}\right\} \tag{4·16}$$

로 얻는다.

식 (4·16)과 (4·7)를 대응시키면 이 경우 $E = E'$로 볼 수 있으므로 분극률을 α_ϵ라고 하면

$$\alpha_\epsilon = 4\pi\epsilon_0 r^3 \tag{4·17}$$

을 얻을 수 있다. α_ϵ을 **전자분극률**(electronic polarization)이라고 한다.

전자분극률 α_ϵ은 원자 반지름의 3승에 비례하므로 일반적으로 많은 전자를 갖는 원자는 소수의 전자를 갖는 원자보다 큰 분극률을 갖는 경향이 있다. 이것은 전자가 핵에서 먼 거리에 있으면 어느 정도 핵에서의 속박력이 약해져 분극되기 쉽다는 것을 의미한다.

따라서 정이온은 그 중성원자보다 분극률이 작고, 역으로 부이온이 크다는 것을 이해할 수 있다.

(2) 이온분극

원자에 대해서는 외부에서의 인가전압에 의하여 부전하의 중심이 정전하를 갖는 원자핵에 대하여 상대적으로 변위하여 전자분극을 생기게 하는 것은 앞에서 설명한 경우와 갖다. 분자의 경우도 분자를 구성하는 원자에 대해서는 물론 전자분극이 생기지만 분자의

경우는 이외에 그 구성 원자 또는 이온변위가 생긴다. 가령 이온결합을 갖는 NaCl 분자에 대하여 생각하면 정전하를 갖는 나트륨이온과 부전하를 갖는 염소이온이 쿨롱힘에 의한 흡인력을 받으면 이온 사이 거리의 8~9승에 반비례하는 반발력을 받아서 그 양자가 평형된 거리를 유지하고 있는 것은 이온결합에서 기술한 것과 같지만, 이 상태는 **그림 4·6** (a)와 같이 용수철로 연결된 질점과 같이 생각하면 된다.

이 분자에 전계 E가 작용하면 **그림 4·6** (b)와 같이 이온간의 거리가 어느 정도 넓어지고 이에 따라 그 쌍극자능률이 변화한다.

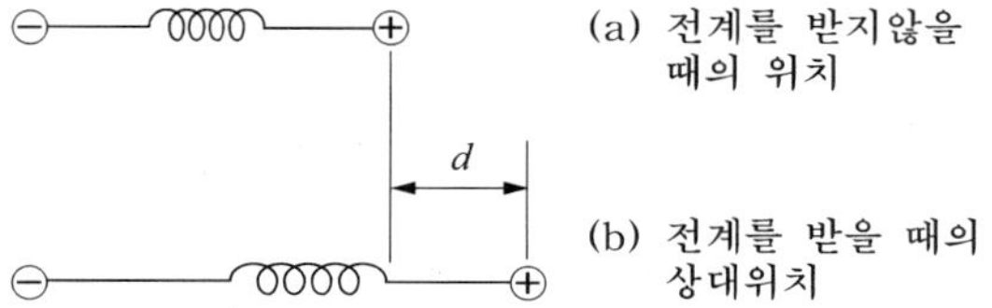

|그림 4·6| 이온분극

이와 같이 분자의 경우의 분극은 구성 원자 또는 이온의 변위에 의하여 일어나므로 이 종류의 분극을 **이온분극**(ionic polarization) 또는 **원자분극**이라고 한다. 이온분극에 의한 유기쌍극자 능률 p_i도 전계 E에 비례한다고 생각할 수 있으며

$$p_i = \alpha_i E \tag{4 · 18}$$

에서 이온분극률 α_i로 정의할 수가 있다.

이온은 일반적으로 가시광선과 같은 높은 진동수의 변화에는 추종하지 않으며 이 영역에서는 $\alpha_i \fallingdotseq 0$로 볼 수 있으므로 이온분극률은 낮은 주파수로 측정한 분극률에서 광학유전율로부터 구한 분극률을 빼면 구할 수가 있다. 자기 콘덴서의 유전체로서 사용되는 산화티타늄(TiO_2)이 큰 비유전율을 갖는 것은 이 이온분극에 기인한다.

(3) 쌍극자 배향 분극

앞 절에서는 원자 또는 분자를 구성하고 있는 정전하의 중심과 부전하의 중심이 일치하고 있으며 전계의 작용에 의하여 처음으로 쌍극자능률이 생긴다고 하였는데, 분자 중에는 처음부터 정전하의 중심과 부전하의 중심이 일치하지 않고 이른바 **영구쌍극자 능률**(permanent dipole moment)을 갖는 것이 있다. 이와 같은 분자를 전술한 것과 같이 유극분자라고 하며 분자의 구조가 비대칭이며 이것은 유극성이다. 예컨데 메탄은 1개의 탄소원자를 중심으로 하여 여기에 4개의 수소원자가 대칭적으로 결합되어 있으며 쌍극자 능률을 갖지 않고 무극성이지만, 메탄의 1개의 수소원자를 염소원자로 치환한 메틸클로라이드(methychloride)는 쌍극자능률을 갖게 된다.

이와 같은 영구쌍극자 능률 p를 갖는 유극성분자로 되어 있는 기체를 생각해 보면, 외부에서의 전계가 0일 때는 각각의 쌍극자는 임의의 방향을 향하고 있어 전체로서는 쌍극자능률을 갖지 않는 것과 같다. 여기에 외부에서 전계 E를 가하면 각각의 쌍극자는 전계에 의하여

$$T = pE\sin\theta \tag{4·19}$$

인 회전력을 받아서 전계 방향으로 배열하려고 한다.

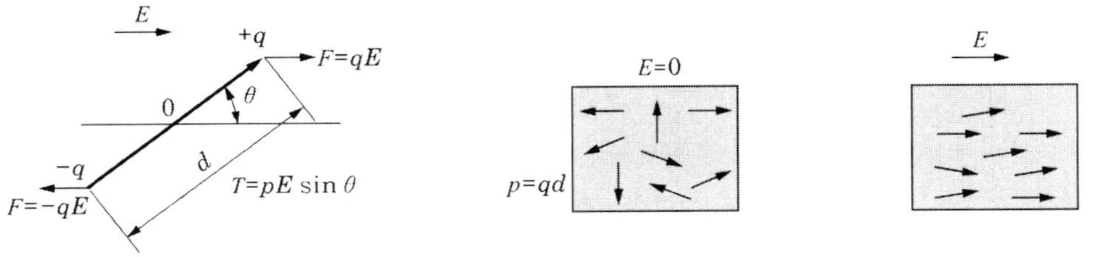

(a) 쌍극자가 전계로 인하여 받는 회전력 (b) 전계가 0일 때의 쌍극자 위치 (c) 전계가 가해졌을 때의 쌍극자 위치

|그림 4·7| 쌍극자 배향 분극

4.4 내부전계와 클라우시우스-모소티의 관계식

식 (4·4)에 나타낸 바와 같이 유전체 중의 전계 E는 전극에 존재하는 전하 σ에 의하여 생기는 $E_1 = \sigma/\epsilon_0$와 유전체의 양단면에 생기는 분극전하 P에 의하여 E_1과 역방향에 생기는 전계 $E_2 = -\dfrac{P}{\epsilon_0}$ 와의 합으로서

$$E = E_1 + E_2 = \frac{\sigma}{\epsilon_0} - \frac{P}{\epsilon_0} = \frac{\sigma - P}{\epsilon_0} \tag{4·20}$$

로 구할 수가 있지만, 이 E는 유전체 내부의 쌍극자능률에 의한 전계를 포함하고 있지 않으므로 실제로는 유전체 중의 어떤 분자 또는 원자에 작용하는 전계는 이 E이외에 그 분자 또는 원자 이외의 다른 분자 또는 원자의 쌍극자능률에 의한 전계를 고려하지 않으면 안 된다. 이 전계를 구하려면 **그림 4·8**과 같이 생각하는 분자 또는 원자의 위치를 중심으

로 하여 유전체 내부에 1개의 분자보다는 크지만, 이 부분을 제거하여도 유전체 내부의 전계를 변형시키지 않는 정도로 작은 구상의 영역을 생각하고 이 구의 중심 O에 단위정전하를 놓았다고 가정하였을 때 이 단위정전하가 받는 힘을 구하면 된다.

이 때문에

① 구외의 분자 또는 원자의 분극에 의한 전계 E_3

② 구내의 분자 또는 원자의 분극에 의한 전계 E_4를 각각 구해서 합한다.

E_3를 구하려면 **그림 4·9**에 나타낸 사선의 환상대의 표면에 있는 분극전하 에 의하여 중심점 O에 생기는 전계를 구하여 구의 전표면에 걸쳐 적분하면 된다.

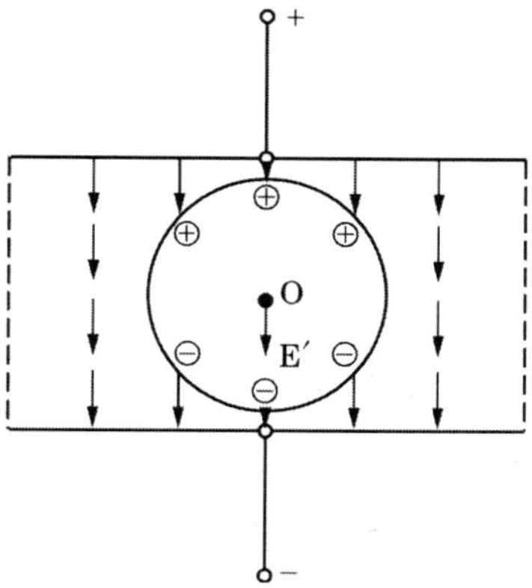

|그림 4·8| 내부 전계

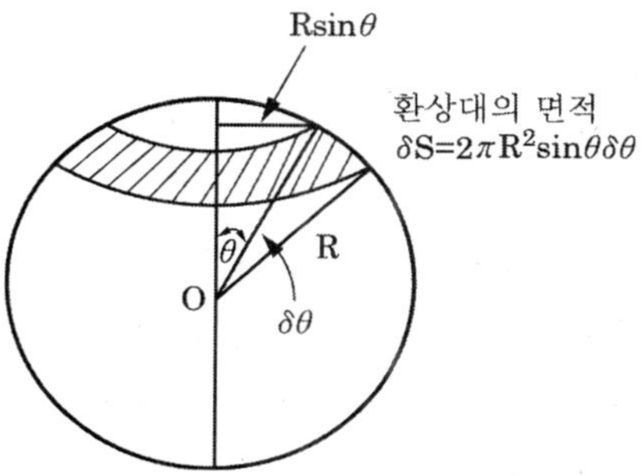

|그림 4·9| E_3의 계산

환상대의 면적 δS는

$$\delta S = 2\pi R\sin\theta \times R\delta\theta = 2\pi R^2 \sin\theta\delta\theta$$

표면전하밀도는 $P\cos\theta$와 같고(식 (2·117)과 비교하여보면) 점 O에 있어서의 전계는 외부 전계방향의 성분만 생각하면 되므로(외부전계에 직각부분은 서로 상쇄된다) δS부분의 전하에 의하여 중심 O에 생기는 전계 δE_3는 쿨롱법칙에 의하여

$$\delta E_3 = \frac{P\cos\theta\delta S}{4\pi\epsilon_0 R^2} cos\theta = \frac{Pcos^2\theta\, 2\pi R^2 \sin\theta\delta\theta}{4\pi\epsilon_0 R^2}$$

따라서

$$E_3 = \int_0^{\pi} dE_3 = \int_0^{\pi} \frac{P2\pi R^2 \cos^2\theta \sin\theta}{4\pi\epsilon_0 R^2} d\theta = \frac{P}{3\epsilon_0} \qquad (4 \cdot 21)$$

를 얻는다.

$$\text{“}x=\cos\theta,\quad dx=-\sin\theta d\theta$$
$$d\theta=-dx/\sin\theta\quad \theta\rightarrow 0,\quad x=1\quad ,\theta\rightarrow\pi\quad x=-1\text{”}$$

N_4의 계산은 일반적으로 곤란하지만 이것은 원자배열에 의존하며 단순입방, 체심입방, 면심입방, NaCl형 등에서는 0이 된다.

결국 주목하는 분자 또는 원자에 유효하게 작용하는 전계 E'는 외부 전계 E 외에 이들 E_3, E_4 들이 합치게 되어 다음 식으로 나타낼 수 있다.

$$E'=E+E_3+E_4=E+\frac{P}{3\epsilon_0}+E_4 \tag{4·22}$$

이 E'를 내부전계(internal field)라고 한다.

$E_4=0$의 경우를 생각하면 E'는

$$E'=E+\frac{P}{3\epsilon_0}=\frac{\epsilon_r+2}{3}E \tag{4·23}$$

를 얻는다. 이때의 E'를 로렌쯔전계(Lorents field)라고 한다.

이와 같이 주목하는 분자 또는 원자에 실제로 작용하는 전계는 주위에 있는 분극된 분자 또는 원자가 만드는 전계가 합치게 되어 외부에서 인가한 전계보다 크게 된다.

지금 식 (4·11)의 E'에 로렌쯔전계를 적용하면

$$P=N\alpha E'=N\alpha\frac{\epsilon_r+2}{3}E \tag{4·24}$$

가 되고, 식 (4·24)와 (4·11)을 같게 놓으면

$$\frac{\epsilon_r-1}{\epsilon_r+2}=\frac{N\alpha}{3\epsilon_0} \tag{4·25}$$

를 얻는다. 유전체 밀도의 분극에 대한 영향을 없애기 위하여 몰[mol]당의 분극을 생각하면 된다. 즉 아보가드로(Avogadro)수(1[mol] 중의 분자수)를 N_0, 분자량을 M, 밀도를 ρ라고 하면

$$N_0=\frac{NM}{\rho} \tag{4·26}$$

이 되므로, 식 (4·25)의 N을 N_0로 치환하면

$$\frac{\epsilon_r - 1}{\epsilon_r + 2}\frac{M}{\rho} = \frac{N_0\alpha}{3\epsilon_0} = P_m$$

가 된다.

윗식을 클라우시우스-모소티(Clausius-Mosotti)의 식이라고 하며 무극성 분자 1[mol] 당의 분극을 나타내는 것이며 이 P_m을 분자분극(molecular polarization)이라고 한다.

4.5 불균일유전체

지금까지는 분극율은 모든 방향에서 일정하다고 하였지만 물질에 따라서는 방향에 의하여 다른 것이 있다. 가령 로셸(Rochelle)염($C_4H_4O_6NaK \cdot 4H_2O$)에 대해 이것을 관찰해 보겠다. 로셀염의 결정은 **그림 4·10 (a)**와 같으며 그 단면은 **그림 4·10 (b)**와 같이 된다. 여기서 a 축 방향에 전계 를 가하고a 축 방향의 양단의 전극에 나타나는 분극도P 및 ε을 측정하면 그 값은 상당히 크며 ϵ_r는 때로는 수천에 달하는 것도 있다. 이것은 온도나 가해 준 전계등에 따라서 다르다. 한편 b축, c축 방향의ϵ_r는 과히 크지 않으며 온도 등에 따라서 다르지만, 한 예를 들면 b축 방향에서$\epsilon_r = 8.8$, c축 방향에서는 9.3이며 조건에 의하여 약간의 차이는 있지만 과히 큰 차는 없다. 이것으로 로셀염에 가하는 전계의 방향에 따라서 ϵ_r, 즉 분극이 달라짐을 알 수 있다. 이와 같은 성질을 갖는 유전체를 이방성유전체(anisotropic dielectrics) 라고 한다.

a축 방향에서ϵ_r가 상당히 커지는 원인은 로셀염 결정 중의 물분자에 부속하는 수소이온에 있다고 한다. 즉 이 이온은 물분자와 인접 분자와의 결합선상, 중앙에서 약간 처진 위치에 있으며 가능한 위치 두 개가 있다.

외부에서 전계를 가했을 때 수소이온은 하나의 위치에서 다른 위치로 이동하여 분극을 발생한다. 인접한 부분에서도 같은 일이 생기며, 결정전체로서 외면에 분극전하를 발생하게 된다. 이 때 수소이온이 이동하는 길은 a축 방향으로 향하고 있으므로 축 방향에는 약간의 전계를 가하여도 큰 분극이 발생하고 큰ϵ_r를 나타낸다.

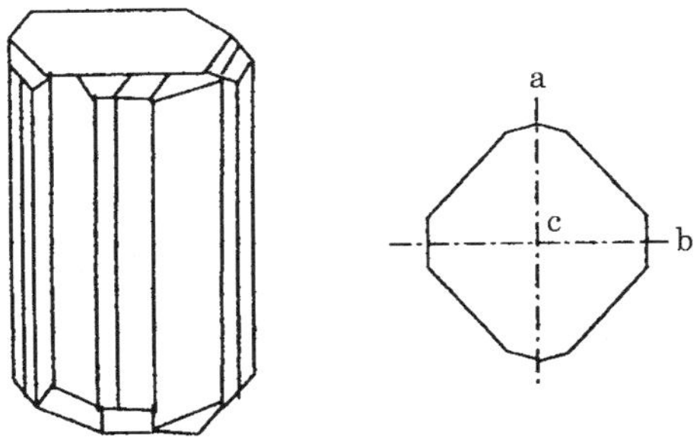

(a) 결정 (b) c축에 수직인 단면

|그림 4·10| 로셸염의 결정

이방성유전체의 유전율은 이와 같이 방향에 따라서 다르므로 D와E 및 P와 E의 관계는 다음과 같다.

$$D_x = \epsilon_{11}E_x + \epsilon_{12}E_y + \epsilon_{13}E_z$$
$$D_y = \epsilon_{21}E_x + \epsilon_{22}E_y + \epsilon_{23}E_z \qquad (4 \cdot 27)$$
$$D_z = \epsilon_{31}E_x + \epsilon_{32}E_y + \epsilon_{33}E_z$$

$$P_x = \chi_{11}E_x + \chi_{12}E_y + \chi_{13}E_z$$
$$P_y = \chi_{21}E_x + \chi_{22}E_y + \chi_{23}E_z \qquad (4 \cdot 28)$$
$$P_z = \chi_{31}E_x + \chi_{32}E_y + \chi_{33}E_z$$

이방성유전체는 이 외에 많은 결정체에서 볼 수 있다.

로셸염은 다음 강유전체에서 기술하는 것같이 히스테리시스(hysterisis), 또 압전기현상도 있어 널리 응용되고 있다.

4.6 유전체의 특수현상

4.6.1 압전기(piezoelectricity)

어떤 종류의 결정에서는 결정축에 대하여 특정한 방향으로 절단한 판에 기계적 응력을 가하면 표면에 분극전하가 나타난다.

그림 4·11는 압전기에서 가장 많이 이용되는 수정의 결정이며 이것에서 도려낸 그림 4·12와 같은 판에서 그림 4·12 (a)와 같이 방향에 장력을 가하면 그림의 극성전하를 발생한다. 역으로 압력을 주면 반대부호의 전하가 생긴다. 또 축방향에 수직한 면에 장력을 가하면 그림 4·12 (b)와 같이 된다. 이와 같은 현상을 압전기현상(piezoelectric phenomena)이라고 한다. 역으로 만일 이 방향에 전압을 가하면 외형이 생긴다. 전자를 압전기직접효과, 후자를 압전기역효과라고 한다. 이와 같은 현상은 응력으로 결정중의 정, 부전하의 중심이 처졌기 때문이라고 설명할 수 있다.

수정은 보통 그림 4·11의 X, R 등과 같이 특정방향으로 일정한 모양을 절취하면 이것의 그 기계적 진동이 극히 안전하게 된다. 그러므로 이것을 발진기의 주파수의 안정화를 위한 목적등에 잘 이용되고 있다.

수정편을 절취하는 방법은 여러가지로 고찰되고 있다. 전하가 나타나는 면과 응력의 방향은 반드시 수직하지 않아도 되고, 그림 4·12 (c)와 같이 전단력에 의한 경우도 분극전하가 나타난다.

일반적으로 압전기를 이용하면 전기에너지와 기계적 에너지의 상호변환을 할 수 있다. 이것은 여러 방면에 응용할 수 있으며 수정 이외에 로셀염, 전기석, 제 1인산칼륨, 제1인산안티몬, 티탄산바륨 등의 많은 압전재료가 연구되고 있다.

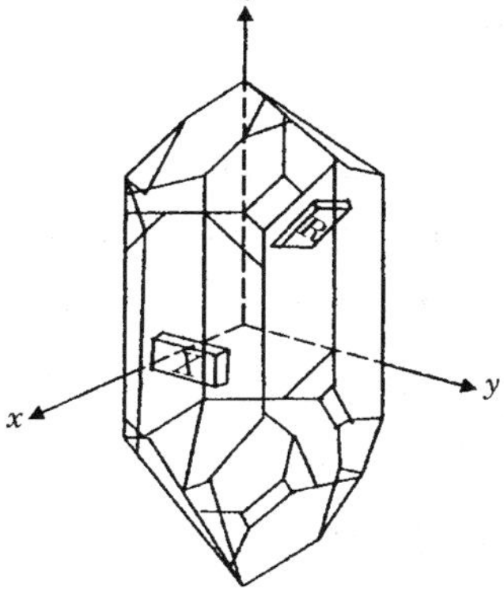

|그림 4·11| 수정의 결정

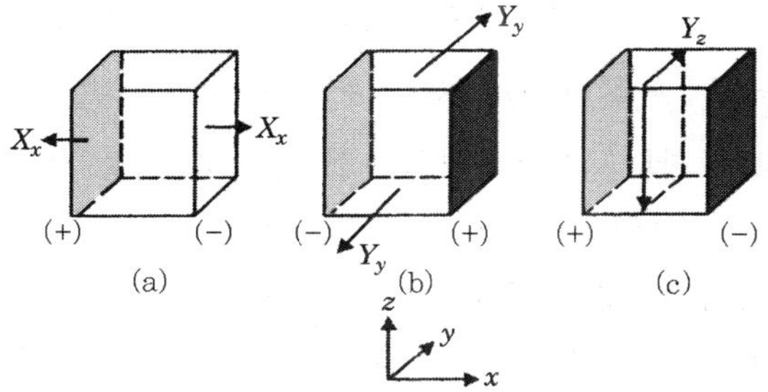

|그림 4·12| 수정의 압전기

4.6.2 파이로전기(pyroelectricity)

어떤 종류의 결정은 가열하면 표면에 분극전하가 나타나며, 냉각하면 역의 전하가 나타난다. 이 현상은 처음 전기석에서 발견된 것이며 전기석이 가장 강하다. 이것은 분극이 온도에 따라서 변화하는 것이라고 설명하고 있다.

4.6.3 강유전체(ferroelectrics)

(1)강유전체

지금까지 기술한 유전체는 분극 P와 전계 E와의 사이에 직선관계가 성립하는 것이 있었지만, 물질에 따라서는 강자성체의 $B-H$ 특성과 같이 $P-E$ 특성에 히스테리시스현상이 있다.

이와 같은 특성을 갖는 물질을 강자성체에 대하여 강유전체라고 한다.

그림 4·13 (a)는 강유전체의 히스테리시스곡선을, **그림 4·13 (b)**는 비교하기 위하여 강자성체의 히스테리시스곡선을 나타낸 것이다.

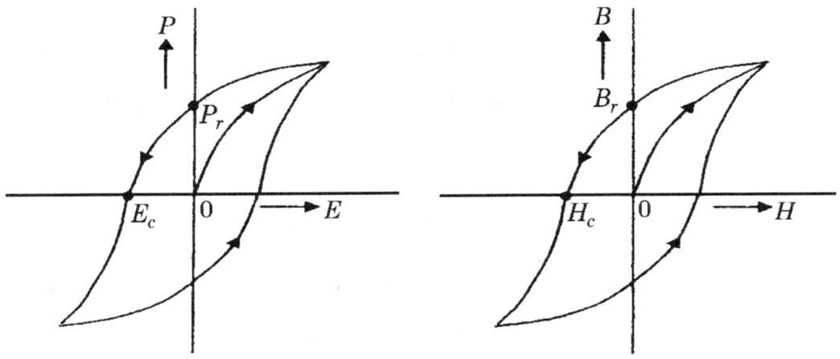

(a) 강유전체 (b) 강자성체

|그림 4·13| 강유전체의 P-E 특성

P_r는 강자성체의 잔류자기에 상당하는 것이며 이것을 잔류분극(remanent polarization), E_e는 마찬가지로 보자력에 해당하는 것이며 이것을 보전력(coercive force)이라고 말한다. 히스테리시스를 나타내는 것이므로 강자성체의 경우와 마찬가지로 강유전체로 또 분역구조(domain structure)를 가짐을 추정할 수 있다. 즉 강유전체에 있어서도 강자성체의 경우와 같이 전계를 인가하지 않는 상태에서 이미 각 분자가 갖는 쌍극자가 전부 같은 방향으로 배열한 분역(domain)이었는데 이것을 자발분극(spontaneous polarization)이라고 한다.

전계가 없을 때에는 각 분역이 임의의 방향으로 향하고 있으므로 결정 전체로서는 평균하면 분극은 0이 되는 것이다. 따라서 전계를 가하면 전계방향의 분극을 갖는 분역이 확대하고(다른 방향을 갖는 분역은 감소한다.), 분극의 값은 점차로 커져가고 나중에는 결정 전체가 단일분극이 되어 포화된다. 이 상태를 **그림 4·14**에 나타낸다.

분극의 경계 이동에는 에너지가 소요되므로 전계를 제거하여도 분역은 원상태로 돌아가지 않고 여기에 잔류분극이 생기게 된다.

(2) 자발분극의 발생

유전체가 분극되어 있을 때 유전체 중의 각 분자에 작용하는 전계 E'는 외부에서의 인가전계 E 이외에 각 분자의 분극에 의한 전계가 작용하여 다음 식으로 표시된다는 것은 이미 설명하였다.

$$E' = E + \frac{1}{3\epsilon_0} P$$

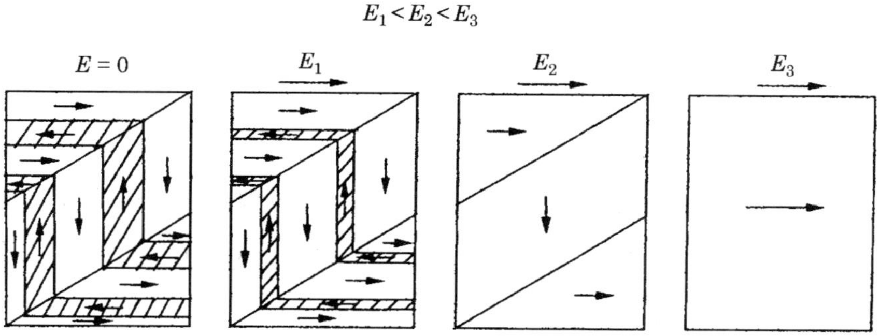

|그림 4·14| 강유전체의 분극구조의 전계에 의한 변화

단 이 식은 단순입방, 체심입방 등 3차원적인 대칭물질에 대해서만 성립하는 것이며, 일반적으로 다음과 같이 고쳐 쓸 수 있다.

$$E' = E + \frac{\gamma}{\epsilon_0} P \tag{4·29}$$

γ는 내부전계상수(internal electric constant)라고 하며, 전술의 로렌쯔전계에서는 $\gamma = \frac{1}{3}$이다.

지금 E'에 의하여 각 원자가 분극하여 쌍극자 능률 p를 갖는다고 하면 식 (4·7), 식 (4·10)에서

$$P = Np = N\alpha E' \tag{4·30}$$

식 (4·29), 식 (4·30)에서

$$\frac{P}{N\alpha} = E + \frac{\gamma}{\epsilon_0} P$$

따라서 다음 식을 얻을 수 있다.

$$P = \frac{N\alpha}{1 - \frac{\gamma}{\epsilon_0}N\alpha} \cdot E \qquad (4 \cdot 31)$$

윗식에서 전계 $E=0$에서 분극도 P가 유한값을 가지려면 $1-\left(\frac{\gamma}{\epsilon_0}\right)N\alpha = 0$인 것이 필요하다.

즉,

$$\frac{\gamma\alpha}{\epsilon_0}N = 1 \qquad (4 \cdot 32)$$

가 자발분극의 발생조건이다.

보통의 유전체에서는 $(\gamma\alpha/\epsilon_0)N < 1$이지만 소위 강유전체에서는 N이나 α가 크고 또 γ도 크므로 위의 조건이 만족된다고 생각할 수 있다. 가령 $BaTiO_3$에서는 의 γ값이 로렌쯔전계의 경우 $\frac{1}{3}$의 약 8배가 된다.

자발분극의 온도가 높아지면 열진동 에너지가 크게 되어 쌍극자능률을 갖는 각 분자가 한 방향으로 배열되려는 것을 방해하게 되어 그 값은 점차로 감소하여 나중에는 0이 된다. 자발분극이 0이 되는 온도를 퀴리온도(Curie temperature)라고 하며 이 온도 이상에서는 P와 E의 관계가 직선성을 나타내며 상유전체가 된다.

$BaTiO_3$의 퀴리온도는 120[℃]이다.

로셀염, 인산칼륨 등도 이 부류에 속하며 근래에 와서 강유전체는 통신 및 전기 분야에서 많이 이용되고 있다.

유전체밀도의 분극에 대한 영향을 없애기 위하여 몰[mol]당의 분극을 생각하면 된다. 즉 아보가드로(Avogadro)수(1[mol] 중의 분자수)를 N_0, 분자량을 M, 밀도를 ρ라고 하면

$$N_0 = \frac{NM}{\rho} \qquad (4 \cdot 33)$$

이 되므로, 식 (4·33)의 N을 N_0로 치환하면

$$\frac{\epsilon_r - 1}{\epsilon_r + 2}\frac{M}{\rho} = \frac{N_0\alpha}{3\epsilon_0} = P_m \qquad (4 \cdot 34)$$

가 된다.

윗식을 클라우시우스-모소티(Clausius-Mosotti)의 식이라고 하며 무극성 분자 1[mol] 당의 분극을 나타내는 것이며 이P_m을 분자분극(molecular polarization)이라고 한다.

4.7 분 극 전 하

그림 4·15과 같이 임의의 모양을 한 유전체가 분극하였을 때 나타나는 전하를 구해 본다. 그림의 체적 중에 쌍극자가 입체적으로 분포하여 2중 공간전하를 이루고 있다고 하고 임의의 1점 $X(x_x, y_x, z_x)$의 전위를 구해 본다.

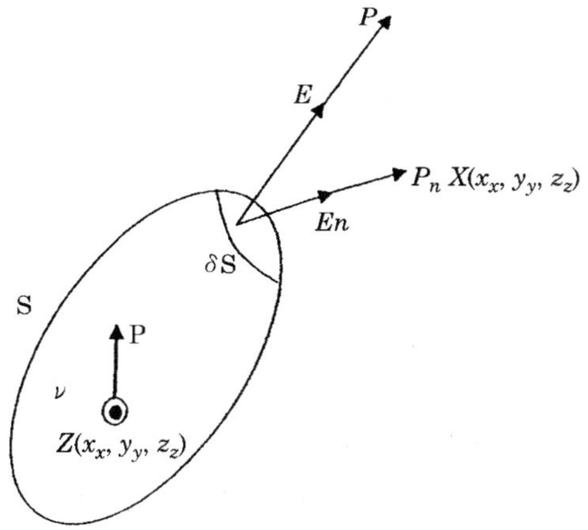

|그림 4·15|

유전체 중의 1점 $Z(x_z, y_z, z_z)$ 주위의 미소체적 δv를 쌍극자라고 생각하면 그 능률은 Pδv 이므로 식 (2·85), (2·94)에 의하여 점 X의 전위 V_x는

$$V_x = \frac{1}{4\pi\epsilon_0}\int_V \frac{\mathrm{P}\cdot\mathrm{r}}{r^3}dv = \frac{-1}{4\pi\epsilon_0}\int_V \mathrm{P}\cdot \mathrm{grad}_x(\frac{1}{r})dv \qquad (4\cdot 35)$$

여기서 $\mathrm{grad_x}\left(\frac{1}{r}\right)$은 $\frac{1}{r}$의 점 X에서 점 Z를 보았을 때의 grad 이다. 점 Z에서 X를 보았을 때의 $\mathrm{grad}\left(\frac{1}{r}\right)$을 $\mathrm{grad_z}\left(\frac{1}{r}\right)$이라고 하면

$$\mathrm{grad}_z\left(\frac{1}{r}\right) = -\,\mathrm{grad}_x\left(\frac{1}{r}\right) \tag{4·36}$$

따라서 식 (4·35)은

$$V_x = \frac{1}{4\pi\epsilon_0}\int_V \mathrm{P}\cdot\mathrm{grad}_z\left(\frac{1}{r}\right)dv \tag{4·37}$$

그런데

$$\nabla\left(\frac{\mathrm{P}}{r}\right) = \frac{1}{r}\nabla\cdot\mathrm{P} + \mathrm{P}\cdot\nabla\left(\frac{1}{r}\right) \tag{4·38}$$

이므로[이것은 ∇를 벡터의 의미가 있는 미분기호라고 해석하면 용이하게 유도된다], 식 (4·37)은

$$V_x = \frac{1}{4\pi\epsilon_0}\int_V\left\{\nabla_z\left(\frac{1}{r}\right)\mathrm{P} - \frac{1}{r}\nabla_z\cdot\mathrm{P}\right\}dv$$

$$= \frac{1}{4\pi\epsilon_0}\int_V\left(\mathrm{div}_z\left(\frac{\mathrm{P}}{\mathrm{r}}\right) - \frac{\mathrm{div}_z\mathrm{P}}{r}\right)dv$$

$$= \frac{1}{4\pi\epsilon_0}\int_S\frac{P_n}{r}dS - \frac{1}{4\pi\epsilon_0}\int_V\frac{\mathrm{div}_z\mathrm{P}}{r}dv \tag{4·39}$$

여기서 S는 ∇를 포위하는 폐곡면이다.

식 (4·39)의 우변 제 1항은 유전체의 분극때문에 그 경계면에는 면밀도 P_n의 분극전하가 있고 제2항은 분극에 의하여 유전체 중의 체적밀도 $-\mathrm{div}_z\mathrm{P}$의 분극전하가 발생한다고 생각할 수 있다.

즉 분극P는 단위체적당의 능률이라고 생각해도 좋고 P에 수직인 단위면적을 통과하는 전하라고 생각해도 된다.

분극에 의한 영향은 이 2종의 전하로 나타낼 수 있으며 유전체가 존재할 때는 그 유전체를 제거하고 상기 2종의 전하가 분포하고 있다고 생각한 경우와 같은 전위분포를 주게 된다.

제4장 유전체

연 / 습 / 문 / 제

4-1. $\epsilon_s=2$의 유전체 속에 $10[\mu C]$과 $-5[\mu C]$의 점전하가 1[m] 떨어져 놓여 있다. 이 두 점전하 사이에 작용하는 힘과 두 개의 점전하를 연결하는 선상의 중점의 전계를 구하여라.

답 $F=0.225[N]$, $E=2.7\times10^5[V/m]$

4-2. 면적 $1[cm^2]$의 금속박과 이것과 같은 면적이고 두께 0.09[mm]의 마이카를 교대로 겹쳐놓고 금속박을 1매 건너 접속하여 각각의 전극으로 한 마이카 콘덴서가 있다. 대략 1000[pF]의 용량을 얻는데 필요한 금속박과 마이카의 장수를 구하여라. 단, 마이카의 ε_r는 5이다.

답 금속박 21장, 마이카 20장

4-3. 평행판 전극에 $10[\mu C/m^2]$의 진전하를 주었을 때 $6[\mu C/m^2]$의 분극전하가 유전체 표면에 나타났다. 이 유전체의 비유전율, 유전율 및 분극률을 구하여라.

답 $\varepsilon_r=2.5$, $\varepsilon=2.21\times10^{-11}[F/m]$, $\chi=1.33\times10^{-11}[F/m]$

4-4. 두께 a인 유전체를 같은 면적의 전극으로 끼운 구조의 평행판 콘덴서가 있다. 전극판의 한 장을 유전체에서 떼어서 전극판 간격을 b로 증가시킨 결과 용량이 반으로 줄었다. 유전체의 비유전율을 구하여라.

답 $\epsilon_r=\dfrac{a}{b-a}$

4-5. 그림 4·8과 같이 면적 $S[m^2]$, 전극판 간격 d[m]인 두 장의 평행 평판전극이 있다. 이 전극판 사이에는 전극판의 절반의 부분에는 유전율 ε_1, ε_2의 유전체가 들어 있다. 이 콘덴서의 정전용량을 구하여라. 단 단부효과는 없다고 한다.

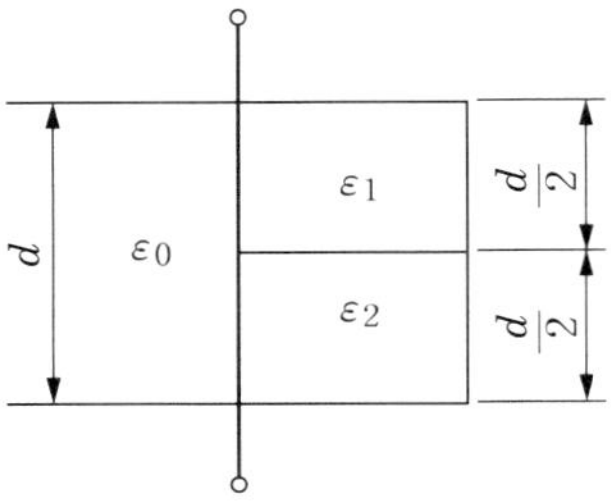

|그림 4·16|

답 $C = \dfrac{\epsilon_0 S}{2d} + \dfrac{\epsilon_1 \epsilon_2 S}{(\epsilon_1 + \epsilon_2)d}$ [F]

4-6. 유전율이 ε_1, ε_2인 두 개인 유전체가 평면으로 접해 있다. 그 경계면에 점전하 Q가 있을 때 거리 r인 점의 전계의 세기를 구하여라.

답 $E_1 = E_2 = \dfrac{Q}{2\pi(\epsilon_1 - \epsilon_2)r^2}$

제5장

유전체 내의 전계

5.1 전속밀도

그림 5·1과 같이 유전체 중의 1점 Z와 근방을 생각한다. 여기에는 밀도 ρ의 진전하가 분포되어 있다고 하자. 분극에 의하여 생긴 밀도 $-\text{divz}\,\boldsymbol{P}$의 분극전하를 생각하면 전하밀도는$\rho-\text{div}_z\boldsymbol{P}$[$\text{divz}\boldsymbol{P}$를$\text{div}\boldsymbol{P}$라고 쓴다]가 되고 식 (2·103)의 관계에서

$$\text{div}\boldsymbol{E}=\frac{\rho-\text{div}_z\boldsymbol{P}}{\epsilon_0} \tag{5·1}$$

따라서

$$\text{div}(\epsilon_0\boldsymbol{E}+\boldsymbol{P})=\rho \tag{5·2}$$

가 되고, 지금

$$\boldsymbol{D}=\epsilon_0\boldsymbol{E}+\boldsymbol{P} \tag{5·3}$$

라고 놓으면

$$\text{div}\boldsymbol{D}=\rho \tag{5·4}$$

가 된다.

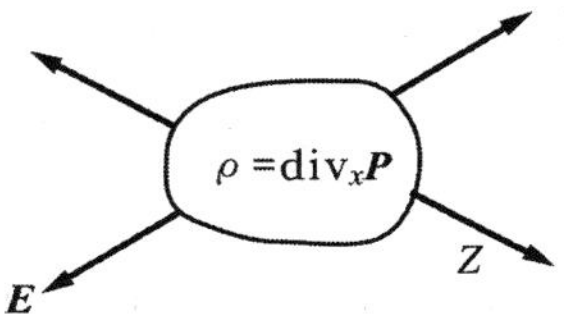

|그림 5·1| 유전체 내부의 전하

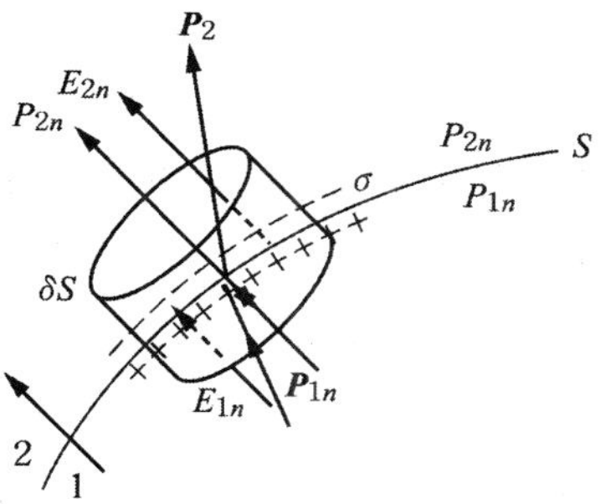

|그림 5·2|

즉, $\boldsymbol{D}$를 하나의 지력선이라고 생각하면 진전하에서만 나오고 분극전하에서는 나오지 않는다고 말할 수 있다. 다음에 **그림 5·2**와 같이 2종의 서로 다른 유전체 1, 2의 경계면을 생각한다. 원통의 밑면적은 δS이고 한쪽의 밑면은 1, 다른 쪽은 2의 유전체 중에 있다. 경계면에 평행한 평평한 원통이라고 하고 여기에 가우스의 정리를 적용한다. 경계면의 법선방향은 1에서 2로 향하는 것으로 정하고 1, 2 중의 분극도를 $\boldsymbol{P}_1$, $\boldsymbol{P}_2$, 이의 경계면에 수직한 성분 $P_{1n}P_{2n}$이라 하고, 경계면에서는 면밀도 σ의 진전하가 분포되어 있다고 한다.

$P_{1n}\ P_{2n}$은 각각 분극 때문에 1, 2의 경계면에 나타난 면전하밀도라고 생각할 수 있으므로 경계면의 분극 전하밀도는 $P_{1n}-P_{2n}$이다.

그러므로

$$(E_{2n}-E_{1n})\delta S=\frac{\sigma+(P_{1n}-P_{2n})}{\epsilon_0}\delta S \tag{5·5}$$

$$\epsilon_0(E_{2n}-E_{1n})+(P_{1n}-P_{2n})=\sigma \tag{5·6}$$

이 식의 좌변 제1항은 경계면에 있어서의 $\mathrm{div}\,\epsilon_0\boldsymbol{E}$가 되고, 제2항은 $\mathrm{div}\boldsymbol{P}$이다. 이 책에서는 이 경우에도 편의상 다음과 같이 쓰기로 한다.

$$\mathrm{div}(\epsilon_0\boldsymbol{E}+\boldsymbol{P})=\sigma \tag{5·7}$$

식 (5·4)의 관계를 사용하면

$$\mathrm{div}\boldsymbol{D}=\sigma \tag{5·8}$$

가 되고 경계면에서도 $\boldsymbol{D}$는 진전하 σ에서만 나오고 분극전하에서는 출입하지 않는다는 것을 알 수 있다. **그림 5·2**에서 유전체 1, 2 중의 어느 한쪽이 진공 또는 도체라도 상기의 설명은 하등 변하지 않는다는 것을 쉽게 알 수 있다. 1 도체의 경우에는 $E_{1n}=0$, $P_{1n}=0$가 되고 식 (5·6)은

$$\epsilon_0E_{2n}+P_{2n}=\sigma \tag{5·9}$$

가 된다.

식 (5·4), (5·8)의 두 식을 합치면 $\boldsymbol{D}$는 진전하에서 출입하고 분극전하에서는 출입하지 않는다는 것을 알 수 있다. 이에 반하여 $\boldsymbol{E}$는 진전하와 분극전하(진전하와 분극전하를 합하여 자유전하라고 한다)의 양쪽에서 출입하므로 $\boldsymbol{E}$는 자유전하에서 출입한다고 할 수 있다.

$\boldsymbol{D}$를 **전속밀도**(electric flux density 또는 dielectric flux density) 또는 **전기변위**(electric displacement)라고 한다.

그림 5·3과 같이 유전체 중의 폐곡면 S를 취하고 이상의 현상을 적용하여 보자. 이 중에는 도체가 있어도 무관하다. 그림의 도체표면을 S'라고 하자. S의 내부의 진전하체 밀

도를 ρ라고 한다. S의 내부에는 분극 전하밀도 $\rho' = -\mathrm{div}\boldsymbol{P}, S, S'$ 표면에 분극전하면 밀도, $\sigma = P_n, \sigma' = P_n{}'$인 전하도 있지만 이것에서 $\boldsymbol{D}$는 나가지 않고 ρ에서만 나간다. 따라서 S에서 나가는 $\boldsymbol{D}$의 총수 $\int_S \boldsymbol{D} \cdot dS$를 생각할 때는 분극에 의한 전하는 생각지 않아도 된다. 밀도 ρ의 진전하가 S 내에 분포되어 있으므로 식 (5·4)와 $\int_S \boldsymbol{D} \cdot d\boldsymbol{S} = \int_V \mathrm{div}\boldsymbol{D}dv$인 관계를 사용하면 다음과 같은 중요한 관계를 얻을 수 있다.

$$\int_S \boldsymbol{D} \cdot d\boldsymbol{S} = \int_V \rho dv = \text{폐곡면 내의 진전하의 총량} \tag{5 · 10}$$

즉 폐곡면 S에서 나오는 $\boldsymbol{D}$의 총수는 그 내부에 있는 진전하의 총량과 같다는 것을 알 수 있다. 이것이 유전체 내에서의 가우스의 정리이다. 그리고 식 (5·4), (5·8)은 미분형이다.

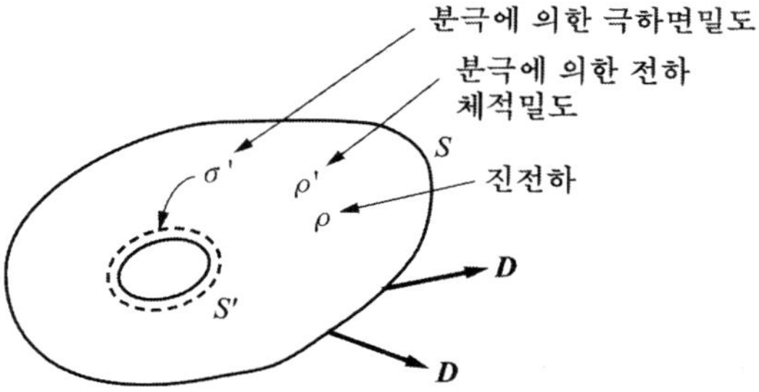

|그림 5·3|

5.2 유전체 내의 전계의 세기와 전속밀도와의 관계

유전체 내의 전계$\boldsymbol{E}$에 대한 전기력선은 자유전하에서 나가므로 $\rho, \rho', P_n, P_n{}'$에 의하여 $\boldsymbol{E}$가 결정된다.

분극전하에 의한 것과, 진전하에 의한 전위 $\frac{1}{4\pi\epsilon_0}\int \frac{\rho dv}{r}$를 합하면 전위$V$가 결정되고, 또 이것으로 $\boldsymbol{E} = -\mathrm{grad}V$에서 전계가 구해진다.

유전체 내의 $\boldsymbol{E}$, $\boldsymbol{D}$의 관계는 다음 예에서 확실하게 된다. 그림 5·4와 같이 유전체 중에 $\boldsymbol{E}$(따라서 $\boldsymbol{D}$에도)에 수직한 가는 홈 $\boldsymbol{X}$를 만든다. 홈의 벽 중에서 $\boldsymbol{E}$에 평행한 부분에는 분극전하는 나타나지 않지만 수직한 벽에는 나타난다. 따라서 홈 속의 1점 P의 전계는 홈, 따라서 분극전하가 없을 때의 전계 $\boldsymbol{E}$에 분극에 의한 전계 $\dfrac{\boldsymbol{P}}{\epsilon_0}$를 가하여 $\boldsymbol{E}+\dfrac{\boldsymbol{P}}{\epsilon_0}=\dfrac{\boldsymbol{D}}{\epsilon_0}$가 되고, $\boldsymbol{D}$에 비례하고 있다. 다음에 전계에 평행하게 되도록 가늘고 긴 홈 Y를 만들고 이 속의 1점P ′에서 전계를 측정하면 분극전하가 나타나는 벽면은 적고 이 영향을 무시할 수가 있으므로 E를 구할 수가 있다. 즉

$$\left.\begin{array}{l}\text{전계에 수직한 홈에서는 } \dfrac{\boldsymbol{D}}{\epsilon_0} \\ \\ \text{전계에 평행한 홈에서는 } \boldsymbol{E}\end{array}\right\}$$

가 된다. 식 (4·11)을 이용하여 식 (5·3)을 고쳐 쓰면

$$\boldsymbol{D}=\epsilon_0\boldsymbol{E}+\boldsymbol{P}=\epsilon_0\boldsymbol{E}+\epsilon_0(\epsilon_r-1)\boldsymbol{E}=\epsilon_0\epsilon_r\boldsymbol{E}$$

가 되며,

$$\epsilon_0\epsilon_r=\epsilon \tag{5 · 11}$$

라고 놓으면

$$\boldsymbol{D}=\epsilon\boldsymbol{E} \tag{5 · 12}$$

또

$$\boldsymbol{D}=\epsilon_0\boldsymbol{E}+\chi\boldsymbol{E}=(\epsilon_0+\chi)\boldsymbol{E}$$

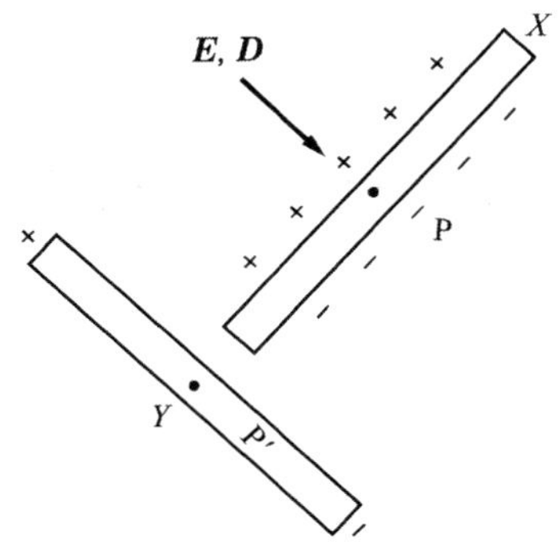

|그림 5·4|

이 새로운 개념들을 실제 문제에 이용하기 위해서는 전계의 세기$\boldsymbol{E}$와 이에 따르는 분극 $\boldsymbol{P}$ 사이의 관계를 알아야 한다.

강유전체(ferroelectric material)에서는$\boldsymbol{P}$와$\boldsymbol{E}$ 사이에 선형관계가 성립하지 않을 뿐만 아니라, 이력효과(hysteresis effect)를 갖는다. 즉, 전계에 의해서 나타나는 분극상

태는 과거의 상태에 따라서 달라진다. 이러한 유전체의 대표적인 예로는 티탄산바륨(barium titanium), 로셀염(Rochelle salt) 등을 들 수 있다.

$\boldsymbol{P}$와 $\boldsymbol{E}$ 사이의 선형관계는

$$\boldsymbol{P}=\chi_e \varepsilon_o \boldsymbol{E} \tag{5·13}$$

와 같이 표시되며, 여기에서 χ_e(chi)는 물질의 전화율(electric susceptibility)이다. 식 $D=\epsilon_0 E+P$에 윗식을 사용하면

$$\boldsymbol{D}=\epsilon_0\boldsymbol{E}+\chi_e\epsilon_o\boldsymbol{E}=(\chi_e+1)\epsilon_o\boldsymbol{E}$$

으로 되고, 괄호 안의 식은

$$\epsilon_r=\chi_e+1 \tag{5·14}$$

로 정의되며, 이는 물질의 **유전상수** 혹은 **비유전율**이라 한다. 결국

$$\boldsymbol{D}=\epsilon_o\epsilon_r\boldsymbol{E}=\epsilon\boldsymbol{E} \tag{5·15}$$

으로 되며, 여기서

$$\varepsilon=\varepsilon_r\varepsilon_o \tag{5·16}$$

이며, ϵ은 유전율(permittivity)이다. 식 (5·11)과 윗식에서

$$\chi=\epsilon_0(\epsilon_r-1)$$

$$P=\epsilon_0(\epsilon_r-1)E$$

유전체에 대하여 요약하면

$$\boldsymbol{D}=\varepsilon_o\varepsilon_r\boldsymbol{E}=\varepsilon\boldsymbol{E}$$

$$\varepsilon=\varepsilon_r\varepsilon_o$$

$$\nabla\cdot\boldsymbol{D}=\rho_v$$

$$\oint_s \boldsymbol{D}\cdot d\boldsymbol{S}=Q$$

이와 같이 비유전율를 생각하면 분극, 쌍극자모멘트 및 속박전하에 대하여 고찰할 필요가 없다.

전계 $\boldsymbol{E}$에 대한 전기력선을 생각한 것과 같이, $\boldsymbol{D}$의 벡터계를 생각한 후 벡터 $\boldsymbol{D}$의 방향으로 그려지는 지력선을 **전속선**이라고 한다. 따라서 균질성의 유전체 중에는 전속선은 전기력선과 같은 방향이며 단위의 진전하에서 한 개의 전속선이 발산한다.

그림 5·5와 같이 미소면적의 주변을 통하는 D의 전속선으로 하나의 관이 생긴다. 이와 같이 역선으로 생긴 관을 **역관**(tube of force)이라고 한다. 역관에서는 역선이 출입하지 않는다.

따라서 타단의 단면적을 $\delta \boldsymbol{S}'$라 하고 전속밀도를 $\boldsymbol{D}'$라고 하면

$$\boldsymbol{D} \cdot \delta \boldsymbol{S} = \boldsymbol{D}' \cdot \delta \boldsymbol{S}' \qquad (5 \cdot 17)$$

가 된다. 이 역선은 식 (5·4)에 의하여 정전하에서 나와 부전하에 끝나게 된다. 특히 단위 전하에서 나오는 전속선의 관을 **패러데이의 관**(Faraday tube)이라고 한다. 패러데이관은 단위 부전하에서 끝나게 된다.

역관은 공간적인 크기를 갖고 있어 패러데이관은 이것으로 전전계를 메우고 있다고 할 수 있다. 이것은 전계의 성질을 아는 데 중요한 사항이므로 뒷장에서 그 의미가 명백해질 것이다.

$\int_S \boldsymbol{D} d\boldsymbol{S}$는 면적$S$를 통하는 전속선으로 생긴 다발을 나타내는 것이며 이 다발을 **전속**(electric flux) 또는 **유전속**(dielectric flux)라고 한다.

다음에 유전체가 있을 때와 없을 때의 전계를 비교해 본다.

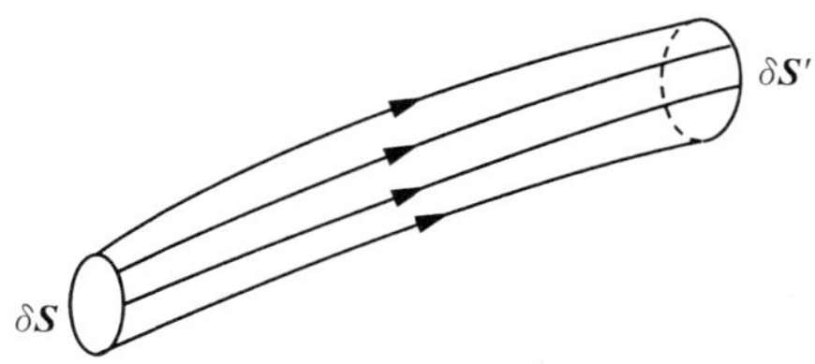

|그림 5·5|

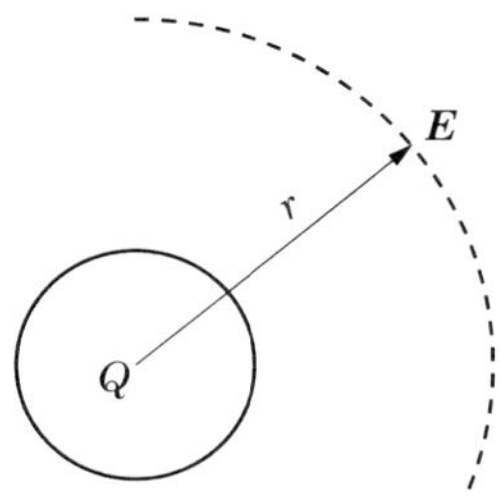

|그림 5·6| 유전체 중의 도체구상의 전하 Q에 의한 E, D

그림 5·6와 같이 유전체 중에 소도체구가 있는데 여기에 전하 Q를 준다. 구의 중심에서 r만큼 떨어진 점 P에 있어서의 전계E를 구해 본다.

도체구의 중심을 중심으로 하고 반지름 r의 구면에 대하여 식 (5·10)을 적용하면

$$D = \frac{Q}{4\pi r^2} \tag{5 · 18}$$

식 (5·12)의 관계에서

$$E = \frac{Q}{4\pi\epsilon r^2} = \frac{Q}{4\pi\epsilon_0\epsilon_r r^2} \tag{5 · 19}$$

가 되고, 이것은 유전체가 없는 경우의 $\frac{1}{\epsilon_r}$이 되어 있다.

그러므로 일반적으로 쿨롱의 법칙 등도 진공의 경우와 다르며 다음과 같이 2전하 Q_1, Q_2의 힘은 진공일 때의 $\frac{1}{\epsilon_r}$이 된다.

$$F = \frac{Q_1 Q_2}{4\pi\epsilon_0\epsilon_r r^2} = \frac{Q_1 Q_2}{4\pi\epsilon r^2} \tag{5 · 20}$$

예제 5-1

균일하게 대전된 반지름 a인 유전체구 내외의 전계의 세기와 전위를 구하여라.

해 유전체 구내의 체적밀도를 ρ라고 하면 그 전전하량은 $Q = \frac{4}{3}\pi a^3 \rho$ 이다. 구의 중심에서 구외의 한 점까지의 거리를 $r(r > a)$라 하고 이 P_e를 통하는 동심구면에 가우스의 정리를 사용하면 $4\pi r^2 D_e = Q$이므로

$$E_e = \frac{D_e}{\epsilon_0} = \frac{1}{4\pi\epsilon_0} \cdot \frac{Q}{r^2}, \quad r > a \tag{5 · 21}$$

$$V_e = \int_r^\infty E_e \, dr = \frac{1}{4\pi\epsilon_0} \frac{Q}{r}, \quad r > a \tag{5 · 22}$$

를 얻는다. 즉 구외의 점에 대해서는 전전하량이 구의 중심에 집중하고 있는 경우와 등가이다.

다음에 구내의 점을 P_i라 하고 중심으로부터의 거리를 $r\,(r < a)$라고 하면

$$4\pi r^2 D_i = \frac{4}{\pi} r^3 \rho = Q \frac{r^3}{a^3}$$

그러므로

$$E_i = \frac{D_i}{\epsilon_0 \epsilon_r} = \frac{1}{4\pi\epsilon_0} \cdot \frac{Qr}{\epsilon_r a^3},\ r < a \tag{5·23}$$

$$V_i = \int_r^a E_i dr + \int_a^\infty E_e dr$$
$$= \frac{1}{4\pi\epsilon_0}\left\{\frac{(a^2 - r^2)Q}{2\epsilon_r a^3} + \frac{Q}{a}\right\},\ r < a \tag{5·24}$$

이다.

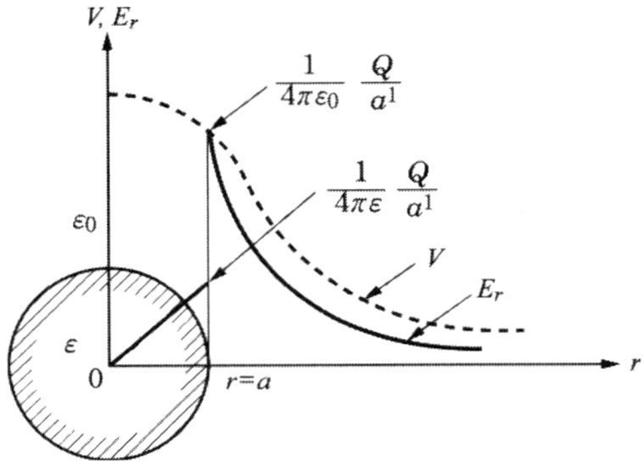

|그림 5·7|

즉, 전계의 세기는 그림 5·7과 같이 구내에서 중심으로부터의 거리에 비례하고 구외에서는 제곱에 반비례하고 있다. 따라서 전계의 세기는 구면에서 불연속이 되어 있다. 그러나 전위 V는 구면에서 불연속이 되어 있지 않으므로 구면은 1중층이라고 볼 수 있다.

5.3 균질유전체 중에 있어서의 푸와송 및 라플라스 방정식

기술한 바와 같이 $\boldsymbol{E}, \boldsymbol{D}$ 사이에는 다음 관계가 존재한다.

$$\boldsymbol{E} = -\,\mathrm{grad}\,\boldsymbol{V}$$

$$\mathrm{div}\boldsymbol{D} = \rho$$

위의 두 식에서

$$-\epsilon\,\mathrm{div}\,\mathrm{grad}\,V = \rho \tag{5·25}$$

즉

$$\nabla^2 V = -\frac{\rho}{\epsilon} \tag{5 · 26}$$

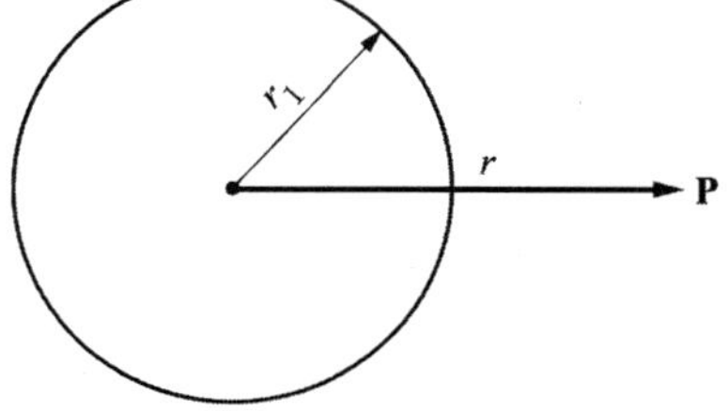

|그림 5·8|

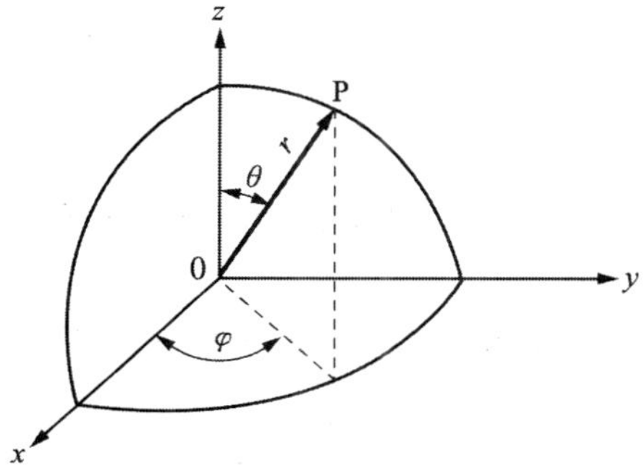

|그림 5·9| 극좌표

이것이 유전체 중에 있어서의 **푸와송**(Poisson)**의 방정식**이다. 특히 진전하가 없는 곳에서는

$$\nabla^2 V = -\frac{\rho}{\epsilon} \tag{5 · 27}$$

이것이 유전체 중에 있어서의 라플라스 방정식이다. 라플라스(Laplace) 또는 푸와송의 방정식을 풀어 V를 구하면 $\boldsymbol{E} = -\operatorname{grad} V$에서 $\boldsymbol{E}$, 따라서 식 (5·12)에서 $\boldsymbol{D}$를 구할 수 있게 된다.

5.4 상이한 유전체의 경계면에 있어서의 조건

그림 5·10과 같이 유전율이 ϵ_1, ϵ_2인 두 개의 유전체의 경계조건을 생각해 본다. 경계면의 양측에 평행한 밑면을 가지고, 높이가 충분히 적은 원통면을 가상하고, 그 밑면적을 δS라고 한다. 여기에 식 (5·10)의 가우스의 정리를 적용한다. 측면은 극히 작으므로 여기에 출입하는 전속은 무시할 수 있다. ϵ_1측으로 들어가는 전속을 $\boldsymbol{D}_1$의 경계면에 수직한 성분을 D_{1n}이라고 하면 $D_{1n}\delta S$이고, ϵ_2측에서 나간다.

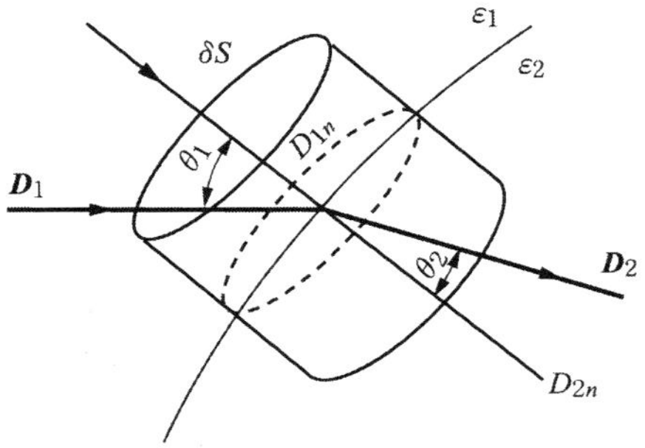

|그림 5·10| 서로 다른 유전체의 경계에서 $D_{1n} = D_{2n}$

이것은 $D_{2n}\delta S$이다. 따라서 경계면에 있는 면전하밀도를 σ라고 하면 식 (5·10)은

$$D_{2n}\delta S - D_{1n}\delta S = \sigma\delta S \tag{5·28}$$

즉

$$D_{2n} - D_{1n} = \sigma \tag{5·29}$$

만일 경계면에 전하가 없으면

$$D_{1n} = D_{2n} \tag{5·30}$$

이 되고, 경계면에 전하가 없으면 경계면의 양측에 있어서 전속밀도의 법선 성분은 서로 같다고 할 수 있다.

$$D_{1n} = D_1\cos\theta_1, \quad D_{2n} = D_2\cos\theta_2$$

가 되므로, 식 (5·30)은

$$D_1\cos\theta_1 = D_2\cos\theta_2 \tag{5·31}$$

다음에 전계의 경계 조건을 생각해 보자. ϵ_1, ϵ_2 측의 전계를 각각 $\boldsymbol{E}_1, \boldsymbol{E}_2$라 하고 그림 5·11와 같이 평평한 단형 ABCD에 연하여 $\boldsymbol{E}$의 일주적분을 생각한다. 여기서 AB 및 CD는 대단히 짧아서 이 적분은 무시할 수 있으며 E_1, E_2의 경계면에 평행한 성분을 E_{1t}, E_{2t}, BC=AD=δl라고 하면

$$\oint_{ABCDA}\boldsymbol{E}\cdot dl = \int_{BC}\boldsymbol{E}\cdot dl + \int_{DA}\boldsymbol{E}\cdot dl = (E_{2t} - E_{1t})\delta l$$

그런데 정전계에서 $\boldsymbol{E}$의 일주적분은 0이므로 다음 관계를 얻을 수 있다.

$$E_{1t} = E_{2t} \tag{5·32}$$

즉 경계면의 양단에 있어서 전계의 접선성분은 서로 같다고 말할 수 있다.

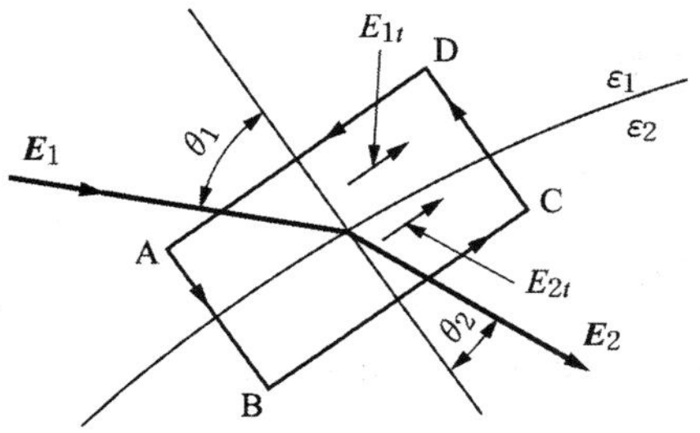

|그림 5·11| 서로 다른 유전체의 경계 $E_{1t} = E_{2t}$

식 (5·30)은 또 ϵ_1, ϵ_2측의 경계면의 전위를 V_1, V_2라 하고 경계면의 법선 방향을 n이라고 하면 다음과 같이 쓸 수 있다.

$$\epsilon_1 \frac{\partial V_1}{\partial n} = \epsilon_2 \frac{\partial V_2}{\partial n} \tag{5·33}$$

또 식 (5·33)은 접선 방향을 t로 나타내면 식 (5·33)에서

$$\frac{\partial V_1}{\partial t} = \frac{\partial V_2}{\partial t}$$

가 되므로

$$V_1 = V_2 + C$$

여기서 C는 적분상수이다. 만일 경계면의 어느 곳에서 $V_1 = V_2$가 되면 $C = 0$이 되고, 경계면의 모든 점의 양측에서 다음 식이 성립한다.

$$V_1 = V_2 \tag{5·34}$$

즉 경계면의 양측에서는 전위가 서로 같다고 말할 수 있다.

식 (5·33), (5·34)의 양식도 경계 조건으로 잘 이용된다.

식 (5·34)는 그림 5·11에서 다음과 같이 쓸 수 있다.

$$E_1 \sin\theta_1 = E_2 \sin\theta_2 \tag{5·35}$$

식 (5·31), (5·35)에서

$$\frac{\epsilon_1}{\epsilon_2} = \frac{\tan\theta_1}{\tan\theta_2} \tag{5·33}$$

이 된다. 이것이 경계면에 있어서의 전속선 또는 전기력선 굴절의 법칙을 나타내는 공식이다.

5.5 유전체 복합층

5.5.1 직렬 3층 유전체

그림 5·12 (a)와 같이 평행판 전극간에 면적 S, 두께 d_1, d_2, d_3, 유전율 ϵ_1, ϵ_2, ϵ_3를 갖는 3종의 유전체 I, II, III이 직렬층상으로 충만되었다고 하자. 극판에 수직한 방향을 x 축으로 취하면 I, II, III 중의 각각의 전계 E_1, E_2, E_3 는 x 축 방향과 일치하고 극판간의 전위차 V는

$$V = \int E dx = E_1 \int_0^{d_1} dx + E_2 \int_0^{d_2} dx + E_3 \int_0^{d_3} dx$$

그러므로

$$V = E_1 d_1 + E_2 d_2 + E_3 d_3 \qquad (5 \cdot 37)$$

또 각 유전체 중의 전속밀도 D_1, D_2, D_3도 x 축 방향에 일치하고 극판상의 전하밀도를 σ라고 하면 $D_1 = D_2 = D_3 = \sigma$ 이다.

그러므로

$$E_1 = \frac{D_1}{\epsilon_1} = \frac{\sigma}{\epsilon_1},\ E_2 = \frac{D_2}{\epsilon_2} = \frac{\sigma}{\epsilon_2},\ E_3 = \frac{D_3}{\epsilon_3} = \frac{\sigma}{\epsilon_3} \qquad (5 \cdot 38)$$

가 되어 각 유전체 중의 전기력선은 다르고 전속밀도선은 같다. 식 (5·38)을 식 (5·37)에 대입하면

$$V = \sigma \left(\frac{d_1}{\epsilon_1} + \frac{d_2}{\epsilon_2} + \frac{d_3}{\epsilon_3} \right) \qquad (5 \cdot 39)$$

가 되지만, 극판상의 전하 Q는 $Q = \sigma S$이므로 이것을 윗식에 대입하고 정전용량 $C = \frac{Q}{V}$를 계산하면

$$\frac{1}{C} = \frac{1}{S} \left(\frac{d_1}{\epsilon_1} + \frac{d_2}{\epsilon_2} + \frac{d_3}{\epsilon_3} \right) = \frac{1}{C_1} + \frac{1}{C_2} + \frac{1}{C_3} \qquad (5 \cdot 40)$$

을 얻는다. 여기서 C_1, C_2, C_3 는 I, II, III의 정전용량이며

$$C_1 = \frac{\epsilon_1 S}{d_1}, \quad C_2 = \frac{\epsilon_2 S}{d_2}, \quad C_3 = \frac{\epsilon_3 S}{d_3}$$

로 표시된다. 식 (5·40)에서 C는 C_1, C_2, C_3의 직렬접속이 되고 그림 5·13 (a)는 그림 5·13

(b)와 같은 등가회로로 치환할 수 있음을 알 수 있다.

$$\sigma = \frac{Q}{S} = \frac{CV}{S}$$

를 식 (5·38)에 대입하여 식 (5·40)을 사용하면

$$E_1 = \frac{V}{d_1 + (d_2/\epsilon_2 + d_3/\epsilon_3)\epsilon_1} \qquad E_2 = \frac{V}{d_2 + (d_3/\epsilon_3 + d_1/\epsilon_1)\epsilon_2}$$

$$E_3 = \frac{V}{d_3 + (d_1/\epsilon_1 + d_2/\epsilon_2)\epsilon_3} \qquad (5 \cdot 41)$$

가 되어 각 유전체 중의 전계를 구할 수가 있다.

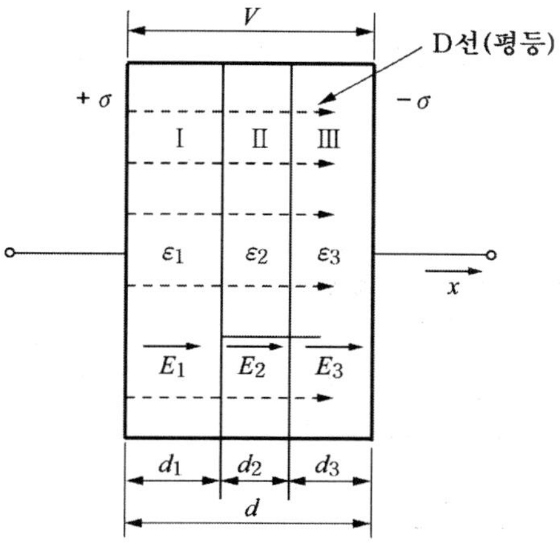

(a) 직렬 3층

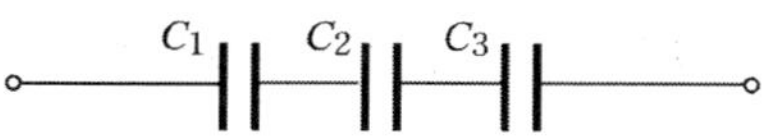

(b) 등가회로

|그림 5·12| 직렬 3층 유전체

5.5.2 병렬 3층 유전체

그림 5·13 (a)와 같이 두께 d의 판상유전체 I, II, III이 병렬층으로서 극판간에 채워져 있다. 이들 중의 전속밀도를 D_1, D_2, D_3, 면적을 S_1, S_2, S_3, 유전율을 ϵ_1, ϵ_2, ϵ_3이라고 하면 양전극간의 전위차는 V이므로 전계는 어느 유전체 중에서도 같으며

$$E_1 = E_2 = E_3 = E = \frac{V}{d} = D_1/\epsilon_1 = D_2/\epsilon_2 = D_3/\epsilon_3 \qquad (5 \cdot 42)$$

와 같이 표시되며 전기력선수는 같게 되지만 전속밀도선은 달라진다. 전극상의 전전하를 Q라고 하면 가우스의 정리에 의하여

$$Q = \int DdS = D_1S_1 + D_2S_2 + D_3S_3 = \frac{V}{d}(\epsilon_1S_1 + \epsilon_2S_2 + \epsilon_3S_3)$$

그러므로 정전용량 $C = Q/V$는

$$C = \frac{1}{d}(\epsilon_1S_1 + \epsilon_2S_2 + \epsilon_3S_3) = C_1 + C_2 + C_3 \tag{5·43}$$

여기서 C_1, C_2, C_3는 I, II, III의 정전용량이며

$$C_1 = \epsilon_1S_1/d, \quad C_2 = \epsilon_2S_2/d, \quad C_3 = \epsilon_3S_3/d$$

가 된다.

식 (5·43)에서 C는 C_1, C_2, C_3의 병렬접속이 되며 그림 5·13 (a)는 그림 5·13 (b)와 같은 등가회로로 치환할 수 있다.

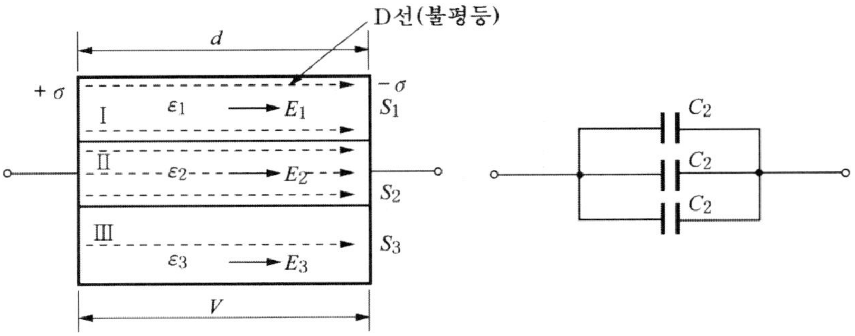

(a) 병렬 3층 (b) 등가회로

|그림 5·13| 병렬 3층 유전체

5.5.3 2층 동심원통상 유전체

그림 5·14와 같이 내부도체의 반지름 a, 외부도체의 반지름 c의 동심원통 도체간에 ϵ_1, ϵ_2의 유전체가 동심상으로 채워져 있다고 하자. 내외도체의 전하밀도를 $\pm\lambda$라고 하면 가우스의 정리에서 $D = \dfrac{\lambda}{2\pi r}$가 되고 ϵ_1, ϵ_2 중에서는 전계 E_1, E_2는

$$E_1 = \frac{\lambda}{2\pi\epsilon_1 r}, \quad E_2 = \frac{\lambda}{2\pi\epsilon_2 r} \tag{5·44}$$

따라서 내외도체간의 전위차 V는

$$V=\int_a^b \frac{\lambda}{2\pi\epsilon_1 r}dr+\int_b^c \frac{\lambda}{2\pi\epsilon_2 r}dr=\frac{\lambda}{2\pi\epsilon_1}log\frac{b}{a}+\frac{\lambda}{2\pi\epsilon_2}log\frac{c}{b} \tag{5·45}$$

단위길이당의 정전용량 C는

$$C=\frac{\lambda}{V}=\frac{1}{\frac{1}{2\pi}\left(\frac{1}{\epsilon_1}log\frac{b}{a}+\frac{1}{\epsilon_2}log\frac{c}{b}\right)} \tag{5·46}$$

또 식 (5·45)에서

$$\lambda=\frac{V}{\frac{1}{2\pi}\left(\frac{1}{\epsilon_1}log\frac{b}{a}+\frac{1}{\epsilon_2}log\frac{c}{b}\right)} \tag{5·47}$$

이므로

$$\left.\begin{aligned} E_1&=\frac{V}{\epsilon_1 r}\frac{1}{\left(\frac{1}{\epsilon_1}log\frac{b}{a}+\frac{1}{\epsilon_2}log\frac{c}{b}\right)} \\ E_2&=\frac{V}{\epsilon_2 r}\frac{1}{\left(\frac{1}{\epsilon_1}log\frac{b}{a}+\frac{1}{\epsilon_2}log\frac{c}{b}\right)} \end{aligned}\right\} \tag{5·48}$$

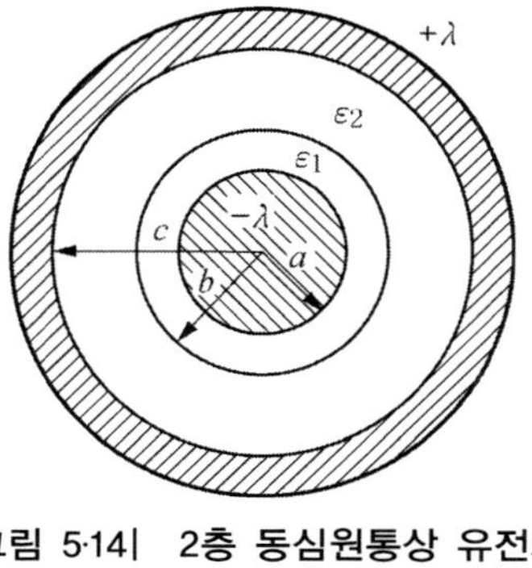

|그림 5·14| 2층 동심원통상 유전체

식 (5·48)를 보면 $\epsilon_1=\epsilon_2$이면 내부도체의 표면에 있어서 가장 전계가 강하다. 이 상태를 나타내면 그림 5·15의 점선과 같이 된다.

따라서 절연파괴는 내부도체의 표면에 있어서 가장 일어나기 쉽다. $\epsilon_1>\epsilon_2$인 경우의 한 예는 2점의 실선과 같으며, 이것으로 미루어보아 수종의 ϵ이 다른 유전체를 조합시켜서 내부전계의 평균화를 도모할 수가 있다.

이와 같이 내부전계를 평균화하여 놓는 것은 절연파괴라는 점에서 바람직한 것이며 고

압케이블 등에서 잘 이용되는 것이다. 이와 같이 ε이 다른 유전체를 조합하여 전계의 균일화를 이루게 하는 것을 **단절연**(graded insulation)이라고 한다.

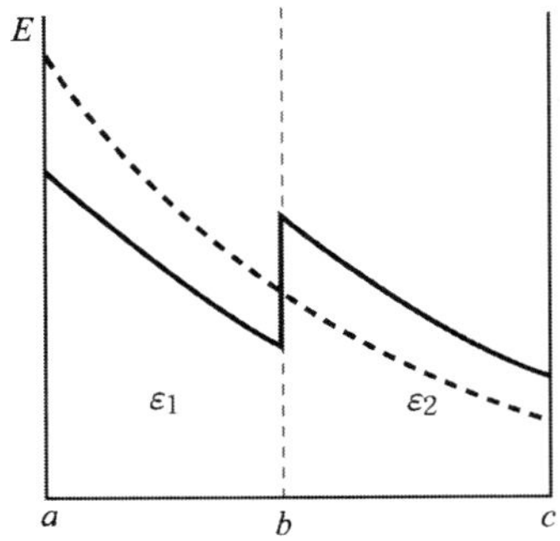

|그림 5·15| 원통 내의 전계와 단절연의 원리

제5장 유전체 내의 전계

연 / 습 / 문 / 제

5-1. 동축케이블의 절연재료로서 유전율 ε 을 임의로 바꿀 수 있다면 양도체간의 전계가 어떻게 바뀌겠는가?

답 $\dfrac{E_2}{E_1}=$ 일정

5-2. 내외 반지름이 각각 a, c인 동축원통간을 유전율이 각각 ε_1, ε_2인 유전체로 단절연할 때, 양 도체간의 절연내력을 최대로 하려면, 유전체의 두께(중심에서의 반지름 b)를 어떻게 하면 되겠는가? 단, 유전체의 절연내력은 같다고 한다.

답 $b=\sqrt{ac}$ [m]

5-3. 그림 5·16은 콘덴서형 부싱(bushing)의 단면이다. 지금 각 원통형대의 두께는 1.5[mm], 각 유전체의 두께는 7[mm], $l_1=10$[cm]로 하였을 때 각 부분의 유전체의 최대전계가 같게 되도록 l2, l3, l4를 정하여라. 단 단부에서의 전계효과는 무시한다.

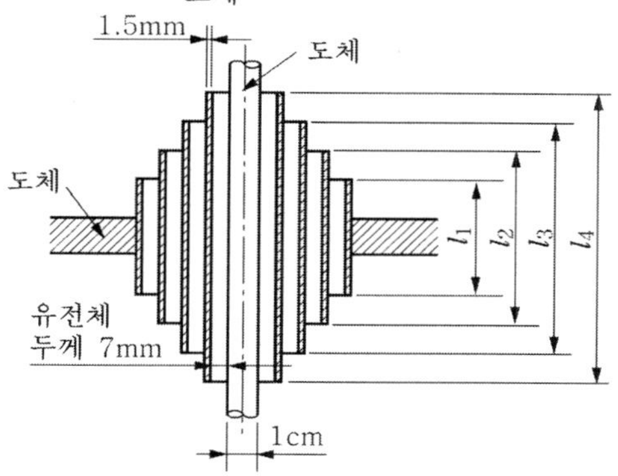

|그림 5·16|

답 $l_2=13.1$[cm], $l_3=19.2$[cm], $l_4=35.5$[cm]

5-4. 간격 d인 평행판 콘덴서의 극판간에 평행으로 비유전율 εr 의 물질을 두께 t만큼 넣으면 용량은 몇 배가 되는가?

답 $\frac{C'}{C} = \frac{1}{\left\{1 - \frac{t}{d}\left(1 - \frac{1}{\epsilon_r}\right)\right\}}$

5-5. 금속박과 종이를 겹쳐서 만든 종이 콘덴서에서 종이의 폭 b=30[mm], 두께 t=0.02[mm](단, 0.01의 것을 두 개 겹친 것), 절연물질을 포함한 종이의 비유전율 εr=2.5라고 한다. 용량 C=2[μF]의 콘덴서를 만드는 데 필요한 종이의 길이를 구하여라.

답 120[m]

5-6. 두께 d_1, d_2, 유전체 ε_1, ε_2의 두개의 유전체판을 채운 평행판 콘덴서의 극간에 전압 V를 가했을 때 극판에 생기는 전하면밀도는 얼마인가?

답 $\sigma = \frac{V}{\frac{d_1}{\epsilon_1} + \frac{d_2}{\epsilon_2}}$

제6장

정전계에서의 에너지와 힘의 작용

6.1 대전도체계의 에너지

공간의 도전계가 어떤 전하분포를 하고 있을 때의 도전계에는 어떠한 에너지가 축적되는지 생각해 보자.

지금 n개의 도체에 $Q_i(i=1,\ 2,\ 3 \ldots n)$인 전하가 있고, 각각의 전위를 $V_i(i=1,\ 2,\ 3 \ldots n)$라고 한다. 이와 같은 전하는 처음부터 그 위치에 있었던 것이 아니라 무한 원점에 있던 것을 현재 위치까지 운반해 온 것이라고 생각한다. 운반할 때는 처음 각 도체의 전하는 모두 0이었다고 하고, 하나의 도체에 근소한 전하 δQ_i를 운반한다.

다음에 또 δQ_i를 운반할 때는 처음의 전하에 의한 반발력을 받으면서 운반하게 되므로 일이 필요하다. 차례로 이와 같은 조작을 반복하여 각 도체의 전하가 현상과 같이 되었다고 생각하면, 전하배열에 필요했던 일은 계에 축적되었다고 생각할 수가 있다. 이 에너지를 이 정전계의 퍼텐셜 에너지(potential energy)라고 생각한다. 이 에너지가 전계의 어느 부분에 축적되는지는 나중에 논의하기로 한다.

도체 1에 이미 전하 q_1이 충전되어 있고 다른 도체의 것은 0이라고 한다. 도체 1의 전위는 v_1이라 하고, 여기에 또 δq_1의 전하를 운반할 때의 일 δW_1을 구해 보자. 전위의 정의에서

$$\delta W_1 = v_1 \delta q_1 \tag{6·1}$$

그런데 $v_1 = P_{11} q_1$이므로 식 (6·1)에서 도체 1이 Q_1까지 충전할 때의 일 W_1은

$$W_1 = \int \delta W_1 = \int v_1 d q_1 = \int_0^{Q_1} P_{11} q_1 d q_1 = \frac{1}{2} P_{11} Q_1^2 \tag{6·2}$$

다음에 도체 2에 마찬가지로 전하를 운반해 올 때 이것을 Q_2까지 충전하는 데 필요한 일 W_2는

$$W_2 = \int_0^{Q_2} (P_{21} Q_1 + P_{22} q_2)\, dq_2 = P_{21} Q_1 Q_2 + \frac{1}{2} P_{22} Q_2^2 \qquad (6 \cdot 3)$$

$$W_3 = \int_0^{Q_3} (P_{31} Q_1 + P_{32} Q_2 + P_{33} q_3)\, dq_3 = P_{31} Q_1 Q_3 + P_{32} Q_2 Q_3 + \frac{1}{2} P_{33} {Q_3}^2$$

같은 방법으로 순차적으로 도체를 충전시켜 간다고 하면 도체 n을 Q_n까지 충전하는 데 필요한 일 W_n은

$$V_1 = P_{11} Q_1 + P_{12} Q_2 + \ldots + P_{1n} Q_n$$

$$V_2 = P_{21} Q_1 + P_{22} Q_2 + \ldots + P_{2n} Q_n$$

$$\vdots$$

$$V_n = P_{n1} Q_1 + P_{n2} Q_2 + \ldots + P_{nn} Q_n$$

을 이용하면

$$W_n = P_{n1} Q_1 Q_n + P_{n2} Q_2 Q_n + \ldots + \frac{1}{2} P_{nn} Q_n^2 \qquad (6 \cdot 4)$$

따라서 전부의 도체를 충전하는 데 필요한 일 W는

$$\begin{aligned} W = \sum W_i = & \frac{1}{2} P_{11} Q_1^2 \\ & + P_{21} Q_1 Q_2 + \frac{1}{2} P_{22} Q_2^2 \\ & + P_{31} Q_1 Q_3 + P_{32} Q_2 Q_3 + \frac{1}{2} P_{33} Q_3^2 \\ & + \\ & \vdots \\ & + P_{n1} Q_1 Q_n + P_{n2} Q_2 Q_n + \ldots + \frac{1}{2} P_{nn} Q_n^2 \end{aligned} \qquad (6 \cdot 5)$$

여기서 두 개의 도체로 되어 있는 도전계를 생각하면 처음에 도체 1을 충전하고, 다음에 도체 2를 충전하는 경우와 그 순서를 역으로 하였을 때와 에너지는 같으므로

$$\frac{1}{2} P_{11} Q_1^2 + P_{21} Q_1 Q_2 + \frac{1}{2} P_{22} Q_2^2 = \frac{1}{2} P_{11} Q_1^2 + P_{12} Q_1 Q_2 + \frac{1}{2} P_{22} Q_2^2 \qquad (6 \cdot 6)$$

따라서

$$P_{12} = P_{21} \qquad (6 \cdot 7)$$

일반적으로

$$P_{rs} = P_{sr} \tag{6·8}$$

을 얻는다. 식 (6·8)을 고려하면 식 (6·5)는

$$\begin{aligned} W &= \frac{1}{2}P_{11}Q_1^2 + \frac{1}{2}P_{12}Q_1Q_2 + \cdots\cdots + \frac{1}{2}P_{1n}Q_1Q_n \\ &\quad + \frac{1}{2}P_{21}Q_1Q_2 + \frac{1}{2}P_{22}Q_2^2 + \cdots\cdots + \frac{1}{2}P_{2n}Q_2Q_n + \cdots\cdots \\ &\quad + \frac{1}{2}P_{31}Q_1Q_3 + \frac{1}{2}P_{32}Q_2Q_3 + \cdots\cdots + \frac{1}{2}P_{3n}Q_3Q_n + \cdots\cdots \\ &\quad + \frac{1}{2}P_{n1}Q_1Q_n + \frac{1}{2}P_{n2}Q_2Q_n + \cdots\cdots + \frac{1}{2}P_{nn}Q_n^2 \\ &= \frac{1}{2}(P_{11}Q_1 + P_{12}Q_2 + \cdots\cdots + P_{1n}Q_n)Q_1 \\ &\quad + \frac{1}{2}(P_{21}Q_1 + P_{22}Q_2 + \cdots\cdots + P_{2n}Q_n)Q_2 \\ &\qquad\qquad + \\ &\qquad\qquad \vdots \\ &\quad + \frac{1}{2}(P_{n1}Q_1 + P_{n2}Q_2 + \cdots\cdots + P_{nn}Q_n)Q_n \\ &= \frac{1}{2}Q_1V_1 + \frac{1}{2}Q_2V_2 + \cdots\cdots + \frac{1}{2}Q_nV_n \\ &= \frac{1}{2}\sum Q_iV_i \end{aligned} \tag{6·9}$$

식 (6·9)를 보면 이 에너지(퍼텐셜 에너지)는 각각의 전하에 관계되므로 각 도체의 전위는 식 (6·9)의 에너지에 $\frac{1}{2}Q_iV_i$ 식을 기여하고 있다고 생각할 수 있다. 식 (6·9)로 주어진 일은 퍼텐셜 에너지로서 도체계에 축적되어 있는 것이다. Faraday, Maxwell에 따르면 이 에너지는 전하가 갖고 있는 것이 아니고 전계가 갖고 있는 것이다. 이에 관해서는 후술하겠다.

식 (6·9)의 특별한 경우로서 두 도체로 되어 있는 콘덴서의 에너지를 생각해 보자. 도체 1, 2의 전위를 V_1, V_2라하고, 전하를 Q, $-Q$라고 하면

$$\begin{aligned} W &= \frac{1}{2}(QV_1 - QV_2) = \frac{1}{2}(V_1 - V_2)Q \\ &= \frac{1}{2}QV = \frac{1}{2}CV^2 = \frac{1}{2}\frac{Q^2}{C} \end{aligned} \tag{6·10}$$

여기서, V는 두 도체간의 전위차이다. W의 단위는 Q를 coulomb, V를 volt로 측정하면 joule이 된다.

예제 6-1

반지름 a [m], 전하 Q [C]의 빗방울 두 개를 합하서 한 개의 빗방울로 되었다. ① 처음의 전위 및 나중의 전위, ② 처음에 갖고 있던 에너지 및 나중의 에너지는 얼마인가?

해 ① 처음의 전위는 $V_1 = \dfrac{Q}{4\pi\epsilon_0 a}$ [V]

합한 후의 반지름을 a'라고 하면 $2 \times \dfrac{4}{3}\pi a^3 = \dfrac{4}{3}\pi a'^3$이므로, 나중의 전위는

$$V_2 = \frac{2Q}{4\pi\epsilon_0 a'} = \frac{Q}{2(2)^{1/3}\epsilon_0 a\pi} \text{ [V]}$$

② 처음의 에너지는

$$W_1 = \frac{QV_1}{2} \times 2 = \frac{Q^2}{4\pi\epsilon_0 a} \text{ [J]}$$

나중의 에너지는

$$W_2 = \frac{2QV_2}{2} = \frac{Q^2}{2(2)^{1/3}\epsilon_0 a\pi} \text{ [J]}$$

$W_1 - W_2$인 에너지의 감소는 합쳐질 때의 기계적 에너지로서 소모된다.

6.2 전계에너지

6·1절에서는 식 (6·9)를 참조하여 전계의 퍼텐셜 에너지는 전하에 부수된다고 생각하였다. 따라서 이 에너지는 다음과 같이 해석할 수 있다.

지금 매질은 결정과 같은 성질이 없고, 등방성이며, 또 ϵ은 전계에 관계없이 일정하다고 하자. 공간의 전하밀도를 ρ라고 하면 식 (6·9)의 전계에너지는 다음과 같이 고쳐 쓸 수 있다. 공간 중의 미소체적을 δv라고 하면 이 체적 중의 전하는 $\rho\delta v$이다. 이 체적 부분의 전위를 V라고 하면 이 체적 중의 전하가 갖고 있는 에너지는

$$\delta W = \frac{1}{2}\rho V \delta v \qquad (6 \cdot 11)$$

따라서 공간 전체의 전하의 에너지는 이것을 전공간적분하여

$$W=\int_v dW=\frac{1}{2}\int_v \rho V dv \tag{6·12}$$

그런데 $\rho=\mathrm{div}\ \boldsymbol{D}$인 관계가 있으므로, 윗식은

$$W=\frac{1}{2}\int_V V\mathrm{div}\boldsymbol{D}dv \tag{6·13}$$

여기서,

$$V\mathrm{div}\boldsymbol{D}=\mathrm{div}(V\boldsymbol{D})-\mathrm{grad}\,V\cdot\boldsymbol{D} \tag{6·14}$$

인 벡터공식을 사용하면

$$W=\frac{1}{2}\int_V \mathrm{div}(V\boldsymbol{D})dv-\frac{1}{2}\int_V \boldsymbol{D}\cdot\mathrm{grad}\,V dv \tag{6·15}$$

이 우변 제1항은

$$\int_V \mathrm{div}(V\boldsymbol{D})dv=\int_S (V\boldsymbol{D})d\boldsymbol{S} \tag{6·16}$$

가 되지만, 이 면적은 V가 전공간을 점한다고 하면 무한 원점까지 확장할 수가 있다. 그런데 전위는 $\frac{1}{4\pi\epsilon r}$에 비례하고, $\boldsymbol{D}$는 $\frac{1}{4\pi r^2}$에 비례하므로 $V\boldsymbol{D}$는 $\frac{1}{r^3}$에 비례한다. 한편 면적은 구면의 면적이 $4\pi r^2$이므로 r^2에 비례한다. 따라서 S가 무한원까지 퍼지면 식 (6·16)은 $\frac{1}{r}$에 비례하여 0이 되어 버린다. 그러므로 식 (6·15)의 우변은 제2항만 남게 되고, $\boldsymbol{E}=-\mathrm{grad}\,V$의 관계를 사용하면

$$W=-\frac{1}{2}\int_V \boldsymbol{D}\cdot\mathrm{grad}\,V dv=\int_V \frac{\boldsymbol{D}\cdot\boldsymbol{E}}{2}dv \tag{6·17}$$

이 식을 보면 에너지는 전하 그 자체가 갖고 있는 것이 아니고 단위체적당 $\frac{\boldsymbol{D}\cdot\boldsymbol{E}}{2}$씩 대질에 분포되어 있다고 생각할 수 있다. 따라서 매질 중의 전계에너지 밀도 w는

$$w=\frac{1}{2}\boldsymbol{D}\cdot\boldsymbol{E}=\frac{1}{2}\epsilon\boldsymbol{E}^2=\frac{1}{2}\frac{\boldsymbol{D}^2}{\epsilon}[\mathrm{J/m3}] \tag{6·18}$$

강유전체와 같이 유전율이 $\boldsymbol{E}$에 의하여 변화할 때는 식 (6·18) 대신에

$$w=\int_0^D \boldsymbol{E}\cdot d\boldsymbol{D} \tag{6·19}$$

를 사용해야 한다.

예제 6-2

면적 S, 거리 d의 평행판 콘덴서의 극판간은 유전율 ϵ의 유전체로 채워져 있다. 극판간의 에너지 밀도를 구하여라.

해 식 (6·10)에서 콘덴서의 전체 에너지는 극판의 전하를 Q, 정전용량을 C라 하면

$$W = \frac{1}{2}QV = \frac{1}{2}CV^2$$

$$V = Ed, \qquad C = \frac{\epsilon S}{d}$$

이므로

$$W = \frac{1}{2}\frac{\epsilon S}{d}(Ed)^2 = \frac{1}{2}\epsilon E^2 dS$$

dS는 콘덴서의 체적이므로 에너지 밀도는

$$w = \frac{W}{dS} = \frac{1}{2}\epsilon E^2 = \frac{1}{2}DE[\mathrm{J/m^3}]$$

예제 6-3

그림 6·1에 나타낸 동심원통 콘덴서의 양 전극판에 삽입된 유전율이 ϵ인 유전체 중에 보유된 에너지를 구하여라.

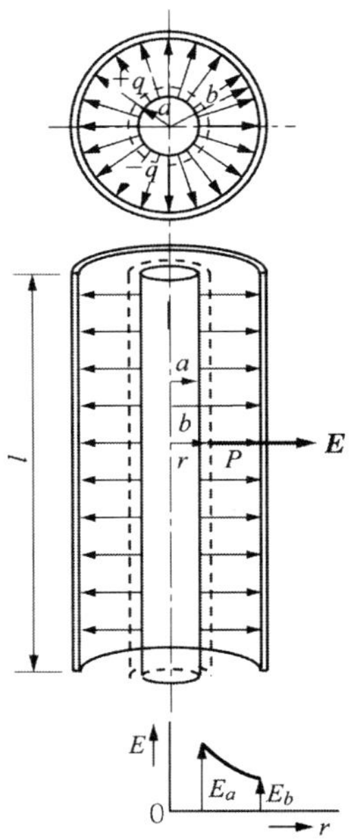

|그림 6·1| 동심원통상 도체

해 식 (2·91)에서 ϵ_0를 ϵ으로 바꾼 것이 전계의 세기이므로 중심에서 반지름 r[m]이 점의 에너지밀도 w는

$$w = \frac{1}{2}\epsilon E^2 = \frac{1}{2}\epsilon\left(\frac{Q}{2\pi\epsilon rl}\right)^2 = \frac{Q^2}{8\pi^2\epsilon l^2 r^2}\,[\mathrm{J/m^3}]$$

이다. r와 $r+\delta r$ 사이의 얇은 유전체의 원통에 주목하면 이 원통 중의 전기에너지 δW는

$$\delta W = w \times 2\pi r l\,\delta r = \frac{Q^2\delta r}{4\pi\epsilon l r}\,[\mathrm{J}]$$

가 된다. 이것을 $r=a$에서 b까지 적분하면 유전체 내에 충만된 전에너지 W는

$$W = \frac{Q^2}{4\pi\epsilon l}\int_a^b \frac{dr}{r} = \frac{Q^2}{4\pi\epsilon l}\log\frac{b}{a}$$

가 된다.

6.3 도체에 작용하는 힘

6.3.1 전하가 일정한 경우

처음 그림 6·2와 같이 절연된, 즉 다른 곳에서 에너지 보급이 없는 무한평행 두 평면도체판 1, 2로 되어 있는 도체계에 작용하는 힘을 구해 본다. 도체 2가 힘 F_x를 받아서 δx만큼 이동하였다고 하면 전계가 한 일은 $F_x\delta x$이다. 이 때 전계의 에너지는 감소하고 있으므로 그 양을 δW라고 하면 보존법칙에서

$$\delta W + F_x\,\delta x = 0 \tag{6·20}$$

$$F_x = -\frac{\partial W}{\partial x} \tag{6·21}$$

가 된다.

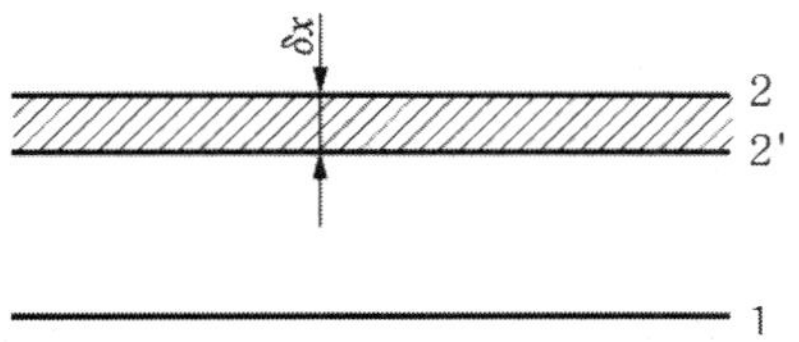

|그림 6·2|

이 예의 경우에는 전계가 양도체간에 한정되어 있으므로 W는 양 도체간의 에너지를 취하면 된다. 이것은 D, E가 도체간에서 균일하므로 단위면적당의 에너지 W_0는 에너지 밀도 w에 도체간의 거리 x를 곱한 wx와 같다.

전 체적에 대한 에너지는 $\frac{1}{2}DESx$, 이것을 단위체적당 다시 쓰면 $w=\frac{1}{2}\frac{DESx}{Sx}$ 따라서 단위면적당 W_0는

$$W_o = \frac{1}{2}\frac{DESx}{S} = wx = \frac{1}{2}DEx$$

식 (6·20)에서

$$W_0 = \frac{1}{2}DEx \tag{6·22}$$

도체 1, 2의 전하밀도를 각각 $\sigma, -\sigma$라고 하면 $D=\sigma$, $E=\frac{\sigma}{\epsilon}$이므로 윗식은

$$W_0 = \frac{1}{2}\frac{\sigma^2}{\epsilon}x \tag{6·23}$$

따라서 단위면적당의 힘 f_x는

$$f_x = -\frac{\partial W_0}{\partial x} = -\frac{1}{2}\frac{\sigma^2}{\epsilon}$$

또는 양 도체간의 전위차를 V라고 하면 $V=xE=x\frac{\sigma}{\epsilon}$이므로

$$f_x = -\frac{1}{2}\epsilon\left(\frac{V}{x}\right)^2 \tag{6·24}$$

가 되고, $-$의 부호는 에너지의 감소하는 방향, 즉 전극간극이 작아지는 방향으로 힘이 작용하고 있음을 나타내고 있다.

이상의 관계는 각 도체를 절연하고 따라서 각 도체의 전하가 일정한 경우이다.

6.3.2 전위가 일정한 경우

그림 6·3에서 전극간의 전지에 의하여 일정한 전압을 인가한 경우의 양전극에 작용하는 힘을 생각해 보자. 식 (6·21)에서 식 (6·23)을 유도할 때는 σ를 일정하게 하였지만, 지금은 전압 V가 일정하다고 한다.

이 때는 전지에서 전극에 들어가는 에너지를 고려해 넣어야 한다. 전극이 힘에 의하여

움직여 정전용량이 δC만큼 증가하였다고 하면 전하는 $V\delta C$만큼 커진다. 따라서 전지가 이 전하를 전극에 보내려면 $V(V\delta C)=V^2\delta C$만큼의 에너지가 필요하게 된다. 이 때 전극간에 축적된 에너지는 식 (6·10)에서 $\frac{1}{2}CV^2$이므로

$$\delta\left(\frac{1}{2}CV^2\right)_{V=\text{일정}}=\frac{1}{2}V^2\delta C \tag{6·25}$$

만큼 증대한다. 전지가 공급한 에너지 $V^2\delta C$ 중에서 이의 $\frac{1}{2}V^2\delta C$가 전극간에 축적되고 나머지는 $\frac{1}{2}V^2\delta C$이다.

전극이 움직일 때 힘이 한 일을 δW라고 하면 여기에는 이 나머지 $\frac{1}{2}V^2\delta C$가 사용된다. 따라서

$$\frac{1}{2}V^2\delta C=\delta W \tag{6·26}$$

이 δW는 상기한 바와 같이 전극간에 축적된 에너지의 증가분과 같다. 전극의 단위면적에 작용하는 힘은

$$\begin{aligned} f_x &= \frac{1}{S}\frac{\partial W}{\partial x}=\frac{1}{S}\frac{\partial W}{\partial C}\cdot\frac{\partial C}{\partial x}=\frac{1}{S}\left(\frac{1}{2}V^2\right)\left(-\frac{\epsilon S}{x^2}\right) \\ &= \frac{-\epsilon V^2}{2x^2}=-\frac{\epsilon E^2}{2}=-\frac{\sigma^2}{2\epsilon} \end{aligned} \tag{6·27}$$

여기서 f_x의 방향을 생각해 보자. 전지에서 공급된 에너지 $V^2\delta C$ 중에서 $\frac{1}{2}V^2\delta C$가 전극간의 에너지의 증가, 나머지의 $\frac{1}{2}V^2\delta C$가 전극을 움직이는 에너지로 사용되므로 전극이 움직였을 때 C는 δC만큼 커진 것이 된다. C는 전극간의 거리가 작아질수록 커지므로 결국 이 경우에도 전극간의 거리가 작아지도록 힘이 작용하게 된다.

전하가 일정한 특별한 도체로서 대전도체에 작용하는 힘을 구해본다. 그림 6·3에 있어서 도체의 주위는 유전율 ϵ의 유전체로 채워져 있다고 하고 그 표면의 전계를 $\boldsymbol{E}$, $\boldsymbol{D}$라 하고 도체 표면이 단위면적당 수직한 힘 $\boldsymbol{f}$를 받아서 δl 만큼 이동하였다고 하자.

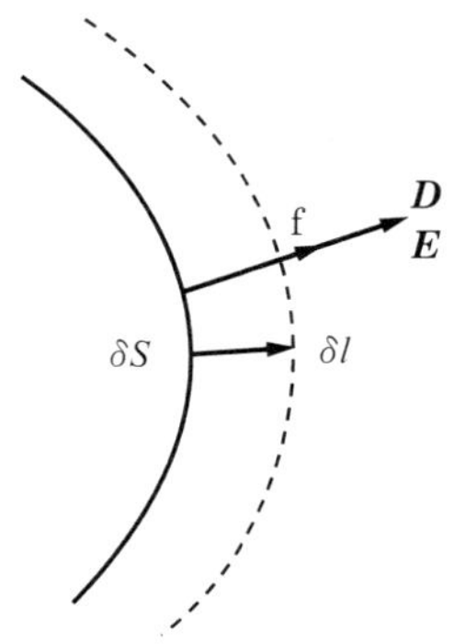

|그림 6·3| 도체표면에 작용하는 힘

전계의 에너지 밀도는 식 (6·18)으로 주어진다. 도체 내의 전계는 0이고 도체가 이동한 부분만큼 전계의 에너지가 감소하고 이것이 힘이 한 일과 같으므로

$$f\,\delta S \delta l = w\,\delta S \delta l = \frac{1}{2} ED\,\delta S \delta l \qquad (6 \cdot 28)$$

$$f = \frac{1}{2} ED \qquad (6 \cdot 29)$$

가 된다.

도체의 표면 전하밀도를 σ라고 하면 표면에서는 $D = \sigma$의 관계가 있으므로, 식 (6·29)는

$$f = \frac{1}{2}\sigma E \ (\sigma\text{는 도체의 표면 전하밀도}) \qquad (6 \cdot 30)$$

이 관계는 이미 그림 2·31에서 구한 것이다.

예제 6-4

정전용량이 각도에 비례하여 변화하고, 최대 정전용량 C_M을 가진 라디오 바리콘을 전압 V로 충전하였을 때 회전자에 작용하는 회전력을 구하여라.

해 각도 θ일 때의 정전용량을 C_θ라고 하면, 콘덴서의 정전용량이 각도에 비례한다는 가정에서

$$C_M : C_\theta = \pi : \theta$$

따라서

$$C_\theta = \frac{\theta}{\pi} C_M$$

또 각도 θ 일 때의 전계의 에너지를 W_θ라고 하면

$$W_\theta = \frac{1}{2}\frac{Q^2}{C_\theta}$$

따라서 θ 방향에 작용하는 힘 F_θ는

$$F_\theta = -\frac{\partial W_\theta}{\partial \theta} = \frac{Q^2}{2}\frac{1}{C_\theta^2}\frac{\partial C_\theta}{\partial \theta} = \frac{C_M V^2}{2\pi}$$

6.4 유전체 경계면에 작용하는 힘

6.4.1 경계면에 대하여 전계가 수직으로 작용하는 경우

그림 6·4에 나타낸 것과 같이 유전율이 각각 ϵ_1, ϵ_2의 두 종류의 유전체가 충분히 넓은 경계평면에 접촉하고, 이 경계면에 수직으로 전계가 작용하며, 또 이 경계면의 단위면적당 $\boldsymbol{F}$의 힘이 그림 6·4와 같이 좌측 방향으로 작용한다고 하자. 지금 이 힘 $\boldsymbol{F}$에 반항하여 경계면을 만큼 우측 방향으로 변위시켰다고 하자.

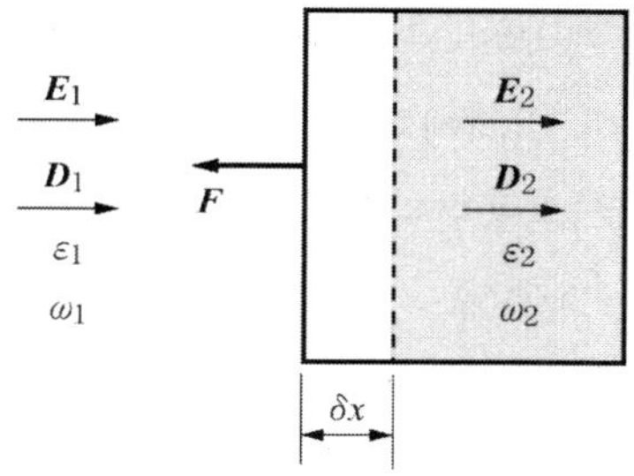

|그림 6·4|

이 때 힘이 한 일은 $-\boldsymbol{F}\cdot\delta\boldsymbol{x} = F\delta x$ ($\boldsymbol{F}$와 $\delta\boldsymbol{x}$는 반대방향)이고, 이 일은 이 계가 보유하는 정전에너지의 증가와 같다. 그러나 이 계가 보유하는 에너지의 증가는 그림 중의 사선을 그은 부분의 체적 중의 에너지 증가량이며 그 크기는 사선 부분의 이동 전의 에너지 밀도를 ω_2, 이동 후의 것을 ω_1라고 하면 경계면의 단위면적당 $(\omega_1 - \omega_2)\delta x$이다.

즉 $F\delta_X = (\omega_1 - \omega_2)\delta x$이다. 여기서 식 (6·18)과 $\boldsymbol{D}_1 = \boldsymbol{D}_2$, $\boldsymbol{D} = \epsilon \boldsymbol{E}$의 관계를 사용하면

$$F = \omega_1 - \omega_2 = \frac{1}{2}\boldsymbol{E}_1 \cdot \boldsymbol{D}_1 - \frac{1}{2}\boldsymbol{E}_2 \cdot \boldsymbol{D}_2$$
$$= \frac{1}{2}(\boldsymbol{E}_1 - \boldsymbol{E}_2) \cdot \boldsymbol{D} = \frac{1}{2}\left(\frac{1}{\epsilon_1} - \frac{1}{\epsilon_2}\right)D^2 \qquad (6 \cdot 31)$$

이 된다.

그러므로 만일 $\epsilon_2 > \epsilon_1$이면 $F > 0$, $\epsilon_2 < \epsilon_1$이면 $F < 0$이 되고 어느 경우에도 유전율이 큰 유전체가 유전율이 작은 유전체 쪽으로 흡인되는 방향으로 힘이 작용한다. 또 경계면을 전계와 수직인 방향으로 변위시키더라도 에너지의 변화가 없으므로 접선 방향의 힘이 존재하지 않는다. 따라서 이 경계면에 작용하는 힘은 $\boldsymbol{F}$뿐이다.

또, 이미 설명한 도체 표면에 작용하는 힘도 전계가 도체 표면에 수직이라는 것으로 구할 수 있다. 지금 유전율 ϵ_2의 유전체를 도체로 바꾸어 놓으면 도체 내에는 전계가 없으므로 $\boldsymbol{E}_2 = 0$이 되어 식 (6·31)은

$$F = \frac{1}{2}\boldsymbol{E}_1 \cdot \boldsymbol{D}_1 = \frac{1}{2\epsilon_1}D^2 = \frac{1}{2\epsilon_1}\sigma^2 \qquad (6 \cdot 32)$$

이 된다.

6.4.2 경계면에 대하여 전계가 평행하게 작용하는 경우

그림 6·5에 나타낸 것과 같이 충분히 넓은 평행 도체판간 d에 유전율이 ϵ_1, ϵ_2의 두 종류의 유전체를 끼우고 그 경계면이 전계에 평행인 경우를 생각한다. 경계면에 수직한 단위면적당의 힘 $\boldsymbol{F}$가 좌측 방향으로 작용한다고 하자. 지금 이 힘에 반항하여 경계면을 우측 방향으로 $\delta\boldsymbol{x}$만큼 변위하였다고 하자. 이 때 힘이 한 일은 경계면의 단위면적당 $-\boldsymbol{F}\delta\boldsymbol{x} = F\delta x$이고, 이것은 이 계가 보유하는 에너지를 증가시킨다. 이것은 앞의 경우와 마찬가지이지만 더욱이 여기서 주의해야 할 일이 있다. 이것은 도체 극판상의 전하밀도의 변화이다.

즉 변위한 부분의 극판상의 전하밀도는 처음에 D_2이었던 것이 변위 후에는 D_1로 변화한다. 따라서 극판의 세로의 길이를 l이라고 하면 전하밀도가 변화하는 극판상의 면적은 $l\delta x$이므로 이 부분에 전지 V에서 공급되는 전기량은 $(D_1 - D_2)l\delta x$이다. 즉 이 계는 경계면이 δx만큼 변위시키면 전지에서 $(D_1 - D_2)l\delta x V$의 에너지를 받게 된다.

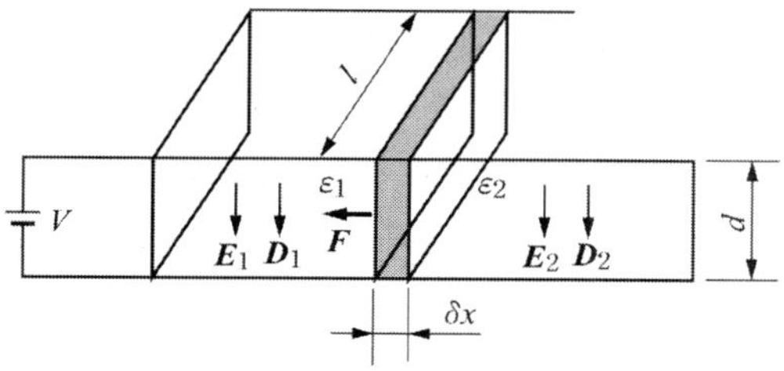

|그림 6·5|

이상의 것을 종합하여 이 계의 보유 에너지의 증가분 $(\omega_1 - \omega_2)l\,d\delta x$는 경계면의 면적이 ld인 것을 고려하여

$$(\omega_1 - \omega_2)ld\delta x = Fl\,d\delta x + (D_1 - D_2)l\delta x\,V \tag{6 · 33}$$

가 된다. 여기서 $|\boldsymbol{E}_1| = |\boldsymbol{E}_2| = |\boldsymbol{E}| = \dfrac{V}{d}$ 및 $\boldsymbol{D} = \epsilon\boldsymbol{E}$를 고려하면

$$F = \frac{1}{2}(\boldsymbol{E}_2\boldsymbol{D}_2 - \boldsymbol{E}_1\boldsymbol{D}_1) = \frac{1}{2}(\epsilon_2 - \epsilon_1)E^2 \tag{6 · 34}$$

이다. 이 경우도 $\epsilon_2 > \epsilon_1$이면 $F > 0$, $\epsilon_2 < \epsilon_1$이면 $F < 0$이며, 항상 유전율이 큰 유전체는 작은 쪽으로 흡인되는 힘을 받는다.

6.4.3 맥스웰의 응력

위에 기술한 두 가지 예의 유전체 경계면에 작용하는 힘은 전술한 패러데이관 내부의 전기적인 응력이 나타난 것이라고 생각하면 된다. 즉 식 (6·31)및 식 (6·34)를 보면 힘 F는 $\dfrac{1}{2}\boldsymbol{E}_1 \cdot \boldsymbol{D}_1$과 $\dfrac{1}{2}\boldsymbol{E}_2 \cdot \boldsymbol{D}_2$의 두 힘의 차로 되어 있으며, 이와 같은 힘은 각각 유전율 $\epsilon_{1,}$ ϵ_2의 유전체 중에 있으며 그림 6·6과 같이 서로 반대 방향으로 작용하고 있다고 생각할 수 있다.

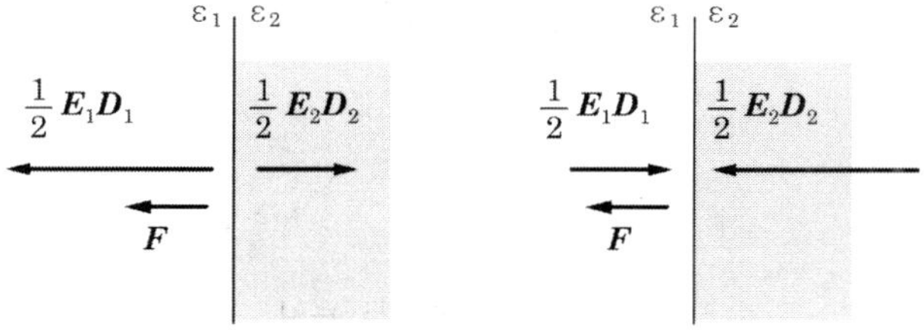

|그림 6·6| 경계면에 작용하는 힘의 분해 ($\varepsilon_2 > \varepsilon_1$)

즉 경계면과 전계가 수직인 경우에는 전계와 평행인 방향으로 장력이 작용하고, 경계면과 전계가 평행인 경우에는 전계와 수직인 방향으로 압력이 작용하게 된다.

이와 같은 장력이나 압력을 패러데이관이 갖는 성질이라고 생각하면 패러데이 관은 그 길이와 방향으로 수축하려고 하고 관지름 방향으로 팽창하려는 성질이 있다. 이것은 전술한 바와 같이 신장된 탄성체가 나타내는 힘과 유사한 성질을 갖는 다는 것을 의미한다.

그리고 두 종류의 유전체의 경계면에 나타나는 힘은 각각의 유전체에 작용하는 두 개의 응력의 차에 기인한다고 생각하면 된다. 물론 $\epsilon_1 = \epsilon_2$, 즉 균일한 유전체 중에 있어서는 응력이 존재하지만 항상 그 장력이나 압력이 평행을 이루어 $\frac{1}{2}\boldsymbol{E} \cdot \boldsymbol{D}$의 크기를 갖는다. 또 균일한 유전체 중에 임의의 단위 면적을 취하고 여기에 임의의 방향으로 전계가 작용하였을 때 그 면의 정측이 이 면에 미치는 응력을 구해 본다.

지금 그 단위면의 법선과 $\theta(0 \leq \theta \leq \pi)$의 각을 이루는 전계 E가 **그림** 6·7과 같이 작용한다고 하자. 우선 전계방향의 장력 $\frac{1}{2}\boldsymbol{E} \cdot \boldsymbol{D}$는 단위면의 전계에 수직한 면에의 투영면적 $|\cos\theta|$에 대하여 작용하는 것이므로 그 크기는 $\frac{1}{2}ED|\cos\theta|$이고, 마찬가지로 전계에 수직한 방향의 압력은 단위면의 $\boldsymbol{n}$과 $\boldsymbol{E}$를 포함하는 면에 직교하고, 또한 $\boldsymbol{E}$를 포함하는 평면에의 투영면적 $|\sin\theta|$에 작용하고, 크기는 $\frac{1}{2}ED|\sin\theta|$이다. 이 두개의 힘의 단위면의 수직방향 성분을 서로 합성하여 이것을 F_n으로 한다.

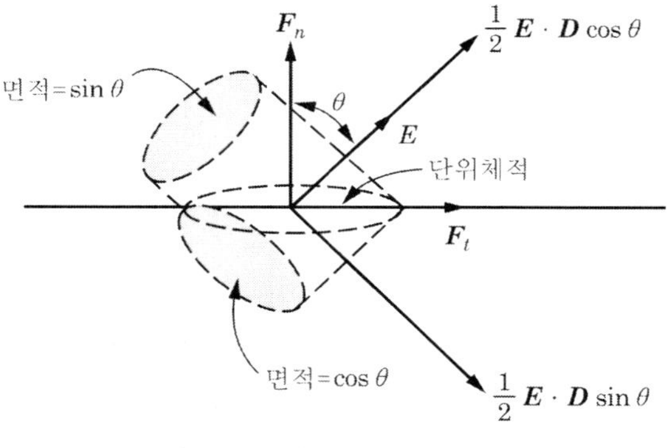

|그림 6·7| 맥스웰 응력

마찬가지로 단위면적의 오른쪽 접선방향 성분을 서로 합성한 것을 F_t라고 하면

$$F_n = \frac{1}{2}ED\cos^2\theta - \frac{1}{2}ED\sin^2\theta = \frac{1}{2}E_nD_n - \frac{1}{2}E_tD_t \qquad (6 \cdot 35)$$

$$F_t = \frac{1}{2}ED\sin\theta\cos\theta + \frac{1}{2}ED\sin\theta\cos\theta = \frac{1}{2}E_tD_n + \frac{1}{2}E_nD_t \qquad (6 \cdot 36)$$

를 얻는다.

여기서 E_n, D_n은 $\boldsymbol{E}$, $\boldsymbol{D}$의 단위면에 대한 수직방향 성분이고, E_t, D_t는 오른쪽 법선방향 성분이다.

이와 같은 유전체 중의 전계에 의한 응력을 **맥스웰**(Maxwell)**응력**이라고 한다.

$$F_n^2 + F_t^2 = \frac{1}{2}\epsilon(E_n^2 + E_t^2)$$

$$= \frac{1}{2}\epsilon E^2 = \frac{1}{2}\mathrm{E}\cdot\mathrm{D}$$

이며, 응력의 절대값은 θ에 관계 없으며 일정하다. 또 특정한 θ에 대한 응력은 **표 6·1**과 같이 된다.

|표 6·1| 맥스웰 응력

θ	응　　력
0°	장력
45°	우향전단력
90°	압력
135°	좌향전단력
180°	장력

제6장 정전계에서의 에너지와 힘의 작용

연 / 습 / 문 / 제

6-1. 유전율이 ε이고, 반지름 a인 유전체구가 세기 E_0의 평등전계 중에 놓여 있다. 이 유전체구가 구의 중심을 통하고 평등전계와 직각인 평면에서 2등분된 것이라면, 전계에 의하여 떨어지는 것을 방지하는 데는 어느 정도의 힘이 필요한가?

답 $F = \dfrac{9\pi a^2 \varepsilon \varepsilon_0^2}{2(\varepsilon + 2\varepsilon_0)} E_0^2$

6-2. 유전율 ε의 유전체가 간격 t의 평행평판 전극간에 채워져 있다. 여기에 전압 V를 가한 후 전원을 떼어 놓고 상측의 전극을 유전체에서 d 만큼 벌려 놓았다. 이 때의 전압을 구하여라.

답 $V\left(1 + \dfrac{\epsilon d}{\epsilon_0 t}\right)$

6-3. 비유전율이 5.4인 액체 중에 면적 100[cm^2]인 도체판 두 매가 1.5[cm]의 간격으로 떨어져 평행으로 놓여 있다. 도체판 사이에 1000[V]의 전위차를 가하면 도체판 사이에 작용하는 힘은 얼마인가?

답 1.06×10^{-3}[N]

6-4. 극간격 d, 면적 S의 평행판 공기 콘덴서를 전압 V로 충전시킨 후 이것을 전원에서 떼어 놓고 비유전율 εr의 액체 유전체로 간격을 채웠다. 이 때 극판에 작용하는 힘을 구하여라.

답 $\dfrac{\epsilon_0 V^2 S}{2\epsilon_r d^2}$

6-5. 진공 중에 전하 Q를 갖는 도체가 있고, 그 주위에 전위 V_1, V_2의 두 개의 전위면 사이에 유전율 ε의 유전체를 채우면 정전에너지는 어느 정도 감소하는가?

답 $\frac{Q}{2}(V_1 - V_2)\frac{(\epsilon - \epsilon_0)}{\epsilon}$

6-6. 면적 S의 구형도체판을 간격 d로 평행하게 놓은 콘덴서의 양극이 전위차 V의 전지에 연결되어 있다. 극판과 같은 모양이고 두께 t, 유전율 ε의 유전체판을 극판 사이에 그것과 평행하게 넣으려는 흡인력을 구하여라.

답 $F = \frac{\epsilon_0 St}{a(d-t)d} \cdot \frac{V^2}{2}$

6-7. 간격 d의 평행판 콘덴서에 일정전압 V가 주어졌다. 극판과 같은 면적의 두께 t, 유전율 ε의 유전체판을 극판간에 평행하게 넣어 놓으면 넣지 않는 경우에 비하여 양 극판의 흡인력은 몇 배가 되는가?

답 $\frac{d^2}{\left\{d - \left(1 - \frac{\epsilon_0}{\epsilon}\right)t\right\}^2}$

제7장

전류

7.1 전류의 정의

지금까지는 전류가 정지하였을 때를 취급하였다. 가령 전위차 V로 충전되어 있는 콘덴서의 면극판을 다른 도체로 연결하면 도체 내는 등전위가 아니고 극판의 전하는 도체 중을 전계에 의하여 이동한다. 또는 공간 중에 놓은 전하는 외부 전계가 있으면 그 방향으로 이동한다. 어떠한 경우에도 전하는 이동하여 나중에는 평형상태가 되고, 정전상태에 달하게 된다. 이와 같은 전하의 이동을 **전류**라고 한다.

전류의 방향은 정전하가 움직이는 방향을 정으로 정하고, 그 크기는 전류의 이동 방향에 직각인 단면을 단위시간에 통과한 전하의 양으로 한다. 따라서 어떤 도체 단면을 이것과 직각 방향으로 Q[C]의 전하가 시간 t [sec]의 사이에 균일하게 계속 흘렀을 때의 전류의 크기 I_0는

$$I_0 = \frac{Q}{t} \tag{7·1}$$

가 되고, 이 단위는 암페어 [A]라고 한다. 그러므로, 1[A]=1[C/sec]이며, 1[A]란 1초간에 1[C]의 비율로 도체 단면을 전하가 이동하였을 때의 전류의 크기이다. 그 단면과 직각으로 이 속을 통하는 전하 Q의 양이 t와 더불어 항상 변화하는 경우의 전류는 미소시간 δt[sec] 사이에 그 단면을 통과한 전하량이 얼마였다는 비율로 취하면 되고, 이 전하를 δQ[C]라고 하면

$$I = \frac{dQ}{dt} \tag{7·2}$$

로 표시된다.

따라서 이 때 전하가 시간에 따라서 변하지 않으면 $I=0$, 시간에 비례하면 식 (7·1)에 나타난 것 같이 I_0(일정)가 된다. 시간 t [sec] 사이에 통과한 전하의 양은 식 (7·2)에서

$$Q=\int_0^t Idt \tag{7 · 3}$$

로 구할 수 있다. 특히 $I=I_0$일 때는 식 (7·1)을 얻게 되는데, I_0의 크기나 방향이 일정한 전류를 **직류**라고 한다.

또 이런 전류는 도전 전류(conduction current), 대류 전류(convection current) 및 변위 전류(displacement current)로 분류할 수도 있다.

7.2 금속의 전기전도

도체 내의 전하에 전계를 가하면 정전하는 그 방향으로 가속되지만, 열진동 중의 원자 격자와 충돌하여 그 때마다 운동량의 일부로 손실되고 또 운동 방향도 변화된다. 임의의 시각 t에 질량 m을 가진 전하 q가 전계 E를 가진 격자간 중을 평균속도 v_d로 이동하고 있을 때 q에 작용하는 힘은 전기력 qE, 이것을 방해하는 힘은 운동량 mv_d에 비례하고, 격자간을 진행하는 전하의 평균 자유시간(mean free time) τ에 반비례한 양 mv_d/τ이므로, 전하의 운동방정식은

$$m\frac{dv_d}{dt}=qE-\frac{mv_d}{\tau} \tag{7 · 4}$$

가 된다. 이것을 풀면

$$\frac{dv_d}{v_d-\mu E}=-\frac{dt}{\tau,} \quad \text{즉 } v_d-\mu E=Ce^{-t/\tau} \ (C\text{는 상수})$$

이다.

전하가 한 격자와 충돌한 직후의 시각을 $t=0$, 이 때의 속도를 0이라 하고, 그 후 전하는 전계 E에서 다시 가속된다고 하면 윗식에서 $C=-\mu E$가 되고

$$v_d=\mu \boldsymbol{E}(1-e^{-t/\tau}) \tag{7 · 5}$$

가 된다. 그러나 가령 동의 τ의 값은 10－14[sec] 정도의 큰 값이므로 윗식의 우변 제2항은 무시되어

$$v_d = \mu \boldsymbol{E} \tag{7·6}$$

가 성립한다. 여기서

$$\mu = \tau q/m \ [\mathrm{C \cdot sec/kg}] \text{ 또는 } [\mathrm{m^2/V \cdot sec}] \tag{7·7}$$

는 단위전계를 가했을 때의 전하의 이동속도(drift velocity)를 나타내며 **이동도**(moblity) 라고 하는 것이다.

도체 중에서는 q는 전자의 경우 $\mu_e = 10^{-3}[\mathrm{m^2/V \cdot sec}]$의 정도인데 반하여, 반도체 실리콘(Si) 중에서의 전자는 0.048[$\mathrm{m^2/V \cdot sec}$] 또 정공(positive hole)일 때 $\mu_k = 0.125[\mathrm{m^2/V \cdot sec}]$의 정도이다. 식 (7·6)은 전계가 직류일 때는 물론 교류일 때도 그 주파수가 $1/\tau$보다 충분히 적으면 성립한다.

7.3 옴의 법칙과 전기저항

단면적 S를 갖는 물체에 S와 θ 방향으로 전계를 가하고, 그 속의 전하를 속도 $\boldsymbol{v}_d$로 이동시킬 때 물체 중의 한 개의 전하를 q[C], 단위체적 중의 전하의 수를 n이라 하면 길이 δl 중에 포함되는 전하는

$$\delta Q = nqS\cos\theta\,\delta l = nq\boldsymbol{S} \cdot \delta \boldsymbol{l}$$

이 되고, $v_d = dl/dt$를 사용하면 식 (7·2)에서 전류 I는

$$I = nqS\boldsymbol{v}_d$$

또 S와 $\boldsymbol{v}_d$가 같은 방향일 때는

$$I = nqS \cdot v_d = \rho S v_d \tag{7·8}$$

전하밀도는

$$\boldsymbol{i} = nqv_d = \rho \boldsymbol{v}_d [\mathrm{A/m^2}] \tag{7·9}$$

로 표시되며, $\rho = nq[\mathrm{C/m^3}]$는 도체전하밀도이다.

식 (7·6)을 식 (7·8) 또는 식 (7·9)에 대입하면

$$I = \sigma SE \quad \text{또는 } \boldsymbol{i} = \sigma \boldsymbol{E} \tag{7·10}$$

가 된다. 여기서

$$\sigma = \mu n q \left[\frac{1}{\Omega \cdot \mathrm{m}} \right] \tag{7 · 11}$$

는 단위전계에 의하여 단위면적당의 흐르는 전류를 나타내는 양이며 **도전율**(conductivity)이라고 한다.

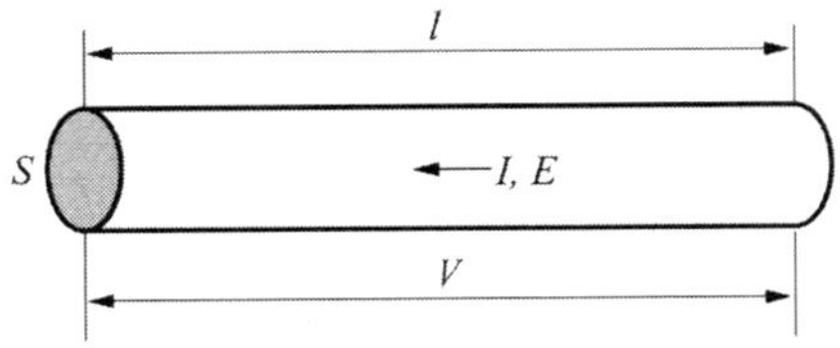

|그림 7·1| 옴의 법칙

그림 7·1과 같이 길이 l, 단면적 S의 도체 내에 정전류 I가 흐르고 있을 때 도체간의 전위차 $V = El$은 식 (7·10)을 사용하면

$$V = RI \tag{7 · 12}$$

여기서,

$$R = \frac{l}{\sigma S} = \rho_e \frac{l}{S} \tag{7 · 13}$$

$$\rho_e = \frac{1}{\sigma} = \frac{S}{l} R [\Omega \cdot \mathrm{m}] \tag{7 · 14}$$

이다. 식 (7·12)에서 도체간의 전위차는 그 속을 흐르는 전류에 비례함을 할 수 있으며, **옴의 법칙**(Ohm's law)이라고 한다. 비례상수 R는 도체에 단위전류가 흐를 때의 도체간의 전압이며 **전기저항**(electric resistance)이라고 하며, 매질이 결정되면 길이에 비례하고 단면적에 반비례한다. 식 (7·12)에서 전위차가 일정하면 저항이 작은 도체일수록 큰 전류가 흐름을 할 수 있다. 저항의 단위는 [V/A]이며, 이것을 ohm[Ω]이라고 한다. 식 (7·14)에서 ρ_e는 단위체적당의 저항을 나타내고 **저항률**(resistivity) 또는 **고유저항**(specific resistance)이라고 하며, 물질 고유의 값을 가지며 그 단위는 [Ω · m]이다. 식 (7·10), (7·14)에서

$$\boldsymbol{E} = \rho_e \boldsymbol{i} \tag{7 · 15}$$

로 변형된 옴의 법칙을 얻을 수 있다.

|표 7·1| 저항률과 저항 온도 계수(20[℃])

물 질		저항률 ρ_e[Ω · m]	저항온도계수 α[1/℃]
은		1.62×10^{-8}	0.0038
동		1.72×10^{-8}	0.0043
금		2.44×10^{-8}	0.0034
Al		2.83×10^{-8}	0.0042
W		5.51×10^{-8}	0.0045
Mo		5.7×10^{-8}	0.0033
Ni		7.8×10^{-8}	0.0060
철		10×10^{-8}	0.0050
백 금		10.5×10^{-8}	0.0030
수 은		94×10^{-8}	0.00089
탄 소		350×10^{-8}	−0.0005
황 동		8.2×10^{-8}	0.002
망가닌(Cu 84%, Mn 12%, Ni 4%)		44×10^{-8}	0.000000
콘스탄탄(Cu 60, Ni 40%)		49×10^{-8}	0.000002
동(Si 4%)		62×10^{-8}	0.0008
니 크 롬		100×10^{-8}	0.0004
물	증류수	10^{5}	
	수돗물	10^{2}	
	해수	0.5	
	식염수 5%	0.15	
	10%	0.05	
희 황 산	5%	4.86×10^{-2}	
	30%	1.37×10^{-2}	
	80%	9.18×10^{-2}	
유 리	소다 석회	$10^{11}\sim10^{12}$	
	연	$10^{11}\sim10^{12}$	
	붕규산	$10^{12}\sim10^{13}$	
운 모		$10^{12}\sim10^{15}$	
자기(장석, 스테아타이트)		$10^{12}\sim10^{13}$	
절 연 용 황 유		$10^{12}\sim10^{13}$	
천 연 고 무		$10^{13}\sim10^{14}$	
황		10^{14}	
염 화 비 닐 수 지		$10^{14}\sim10^{15}$	
4플루오르화에틸렌(데프론)		$10^{16}\sim10^{18}$	

표 7·1은 온도 (20[℃])에 있어서의 여러 가지 물질에 대한 저항률 ρ_e 를 나타내고 있다. 만일 도체 단면적이 균일하지 않을 때에는 한 점에 있어서의 단면적을 S라 하고, 그 점의 길이를 dl 이라 하면 dl 에 대해서는 단면적이 일정하다고 볼 수 있으므로

$$R = \int_l \frac{\rho_e \, dl}{S} \tag{7 · 16}$$

로 하면 된다. 저항의 역수를 **콘덕턴스**(conductance)라고 하며, 이것을 G로 나타내면

$$G = \frac{1}{R} = \sigma \frac{S}{l} = \frac{I}{V} \tag{7 · 17}$$

G의 단위는 [1/Ω] 또는 mho[℧], siemoens [S]이다. 면적S, 길이l을 갖는 물체 중에 미소면적 δS를 취하면 이 영역에서의 전류밀도는 일정하다고 볼 수 있고 그 값을 $\boldsymbol{i}$ 라고 하면 면적 S로 통하는 전류 I는 전계를 $\boldsymbol{E}$라 하고 식 (7·10)을 사용하면

$$I = \int_S \boldsymbol{i} \cdot d\boldsymbol{S} = \int_S \sigma \boldsymbol{E} \cdot d\boldsymbol{S} \tag{7 · 18}$$

예제 7-1

그림 7·2와 같이 길이l, 안쪽 반지름 a, 바깥반지름b를 갖는 동축 원통도체간에 저항률 ρ_e인 매질이 채워져 있을 때 원통도체간의 저항을 구하여라.

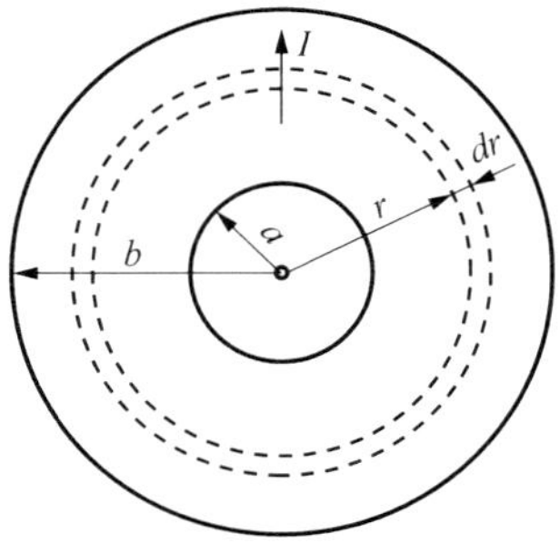

|그림 7·2|

해 매질 중에서 반지름 r 인 원통의 위치에 폭 δr 의 두께를 생각하고, 이 부분의 저항을 δR라고 하면 식 (7·13)에서

$$\delta R = \frac{\rho_e \, \delta r}{2\pi r l}$$

그러므로 양원통간의 전위차를 V, 지름 방향의 전류를 I라고 하면 옴의 법칙에서

$$V=\int_a^b IdR=\frac{I\rho_e}{2\pi I}\int_a^b \frac{dr}{r}=\frac{I\rho_e}{2\pi l}log\frac{b}{a}$$

이것으로 원통간의 전 저항 $R=V/I$는

$$R=\frac{\rho_e}{2\pi l}log\frac{b}{a}[\Omega] \qquad (7\cdot 19)$$

예제 7-2

반지름 1[mm]의 원형도체에 1[A]의 전류가 흐를 때 전자의 이동속도를 계산하여라. 단, 전자수밀도 $N=0.85\times10^{29}[\text{m}^{-3}]$으로 가정한다.

해 원형도체의 단면적S는

$$S=\pi r^2=\pi\times10^{-6}=3.1416\times10^{-6}[\text{m}^2]$$

식 (7·9)에서

$$i=nq\boldsymbol{v}_d=\rho_e\boldsymbol{v}_d[\text{A/m}^2]$$

$$i=\frac{I}{S}=-\neq\boldsymbol{v}_d$$

$$v_d=-\frac{I}{neS}=-\frac{1}{0.85\times10^{29}\times1.602\times10^{-19}\times3.1416\times10^{-6}}$$

$$=-2.34\times10^{-5}[\text{m/sec}]=-23.4[\mu\text{m/sec}]$$

가 된다. 이 부호는 전자의 속도가 전계와 반대 방향인 것을 나타낸다. 이것은 전자의 열운동속도와 비교되지 않을 정도로 작은 것에 주의할 필요가 있다.

7.3.1 저항의 온도변화와 제성질

일반적으로 도체에서 저항은 그 전류에는 거의 무관계하게 일정하고, 온도에 의해서는 별로 변하지 않으므로 임의의 온도 t에 있어서의 고유저항값 ρ_i는 다음 식으로 구할 수 있다.

$$\rho_i=\rho_{t0}\{1+\alpha_{t0}(t-t_0)+\beta(t-t_0)^2+\cdots\cdots\} \qquad (7\cdot 20)$$

α_{t0}, β_{t0}를 온도 t_0에 있어서의 이 재질의 온도계수(temperature coefficient)라고 한다. 보통 β는 α에 비하여 작으므로 무시해도 되며, t_0로서는 20[℃]를 취한다. 따라서 다음 식으로 계산해도 된다.

$$\rho_t = \rho_{20}\{1+\alpha_{20}(t-t_0)\} \tag{7·21}$$

이와 같은 온도에 의한 저항변화의 원인에 대해서는 이미 연구되어 있으며, 여기서 간단히 물성적으로 언급해 보기로 한다.

일반적으로 금속은 원자가 결정을 이루고 규칙적으로 배열해 있으며, 또 실온의 영향을 받아서 원자는 열운동을 하고 있다. 이와 같이 금속내를 전계의 힘을 받아서 자유전자가 움직일 때에는 금속원자와 충돌하면서 진행해 나간다. 2회의 충돌사이에 전자가 진행한 거리의 평균값 l을 평균자유행정(mean free path)이라고 한다. 전계 $\boldsymbol{E}$가 가해졌을 때 전자에 작용하는 힘은 eE이므로 그 질량을 m이라고 하면 받는 가속도는 $\boldsymbol{eE/m}$이고, 따라서 시간 $\boldsymbol{t}$사이에는 $\boldsymbol{eEt/m}$만큼 그 속도가 증가한다. $\boldsymbol{t}=0$에서 충돌하고 $\boldsymbol{t}=\boldsymbol{t}$에서 다음의 충돌을 하기까지 증가하는 속도의 평균값v는 $v=\boldsymbol{Ete}/2\boldsymbol{m}$이다. $\boldsymbol{c}$를 전자의 평균속도라고 하면 $\boldsymbol{t}=\boldsymbol{l/c}$이므로 상기 평균속도는 $v=\frac{1}{2}E(l/c)(e/m)$가 된다.

단위체적내의 자유전자의 수를 $\boldsymbol{n}$이라 하면 다음 관계가 성립한다.

$$i = nev = \frac{1}{2}n\frac{e^2}{m}\frac{l}{c}E \tag{7·22}$$

따라서 식 (7·10)에서 도전율 σ는

$$\sigma = \frac{1}{2}n\frac{e^2}{m}\frac{l}{c} \tag{7·23}$$

이 $\boldsymbol{c}$는 대체적으로 10^6[m/sec]정도인 것을 알 수 있다. 일반적으로 금속에서는 그 원자의 간격은 10^{-8}[cm]정도이고 l은 10^{-6}[cm]정도이다. 만일 원자가 열진동을 하지 않고 결정이 규칙 정연하면 원자에 의하여 이 정도의 평균자유행정을 가진 충돌이 발생한다고 생각할 수 없으며, 이때는 l은 상당히 크게 됨을 알 수 있다. 따라서 산란이 일어날 때는 다음의 두 가지 경우라고 생각할 수 있다.

(i)금속이 불순물을 포함하든가 왜형에 의하여 결정이 불규칙적으로 되어 있다.

(ii) 원자가 열에 의하여 규칙적인 위치를 중심으로 진동하고 있다.

순수한 금속 내에서는 온도가 내려가면 (ii)의 원인의 열진동이 적게 되고 따라서 산란하는 것도 적어서 σ가 커진다고 생각할 수 있다. 또 합금에서는 원자가 한 종류가 아니고 어떤 비율로 혼합한 이외는 결정내에서 원자가 불규칙적으로 배열하므로 (i)의 원인으로 산란이 크게 되고 저항이 크게 된다. 이 경우에는 절대영도에서도 불규칙성이 남으므로 저항이 0이 되지 않는다. 또 이와 같은 결정에서는 산란은 온도에 크게 영향을 받지 않으며 따라서 온도계수가 작은 것이 많다.

절대온도 가까이의 온도에서 조사하면 저항이 낮지만 어느 정도 남는 다. 그러나 어떤 종류의 금속은 특유의 온도에서 급히 저항이 거의 0이 된다. 이것은 1911년 K.Onnes에 의하여 발견된 현상이며 초전도(super conductivity)라고 하는데 뒷 장에서 언급될 것이다.

반도체에서는 그 저항률은 금속과 절연물 중간에 있을 뿐만 아니라 그 저항의 온도계수는 부이고 크다. 온도에 의한 저항율은 다음 식에 따라 변화한다.

$$\rho_t = \rho_0 e^{b/T} \tag{7 · 24}$$

여기서 ρ_0, b는 상수, T는 온도이다.

예제 7-3

동의 저항율은 $20^0 C$에서 1.69×10^{-8}[Ω · m]이며 온도계수는 $\alpha_{20} = 0.0039$이다. 단면의 반지름 1[mm],길이 100[m]의 30[℃]에 있어서의 저항을 구하여라.

해 식 (7·21)에서 30[℃]에 있어서의 저항율을 구하고, 식 (7·13)에서 저항값을 구하면 된다.

$$\rho_{30} = \rho_{20}(1 + 0.0039 \times 10) = 1.756 \times 10^{-6}[\Omega \cdot m]$$

$$R = \rho_{30}\frac{l}{S} = 1.756 \times 10^{-8}\frac{100}{(10^{-3}) \times 3.14} = 0.559[\Omega]$$

7.4 반도체의 전기전도

반도체에서는 고유 반도체와 불순물 반도체(n형, p형)가 있다. 여기서는 이와 같은 반도체에 전계를 주었을 때 어떻게 전류가 흐르는가에 대하여, 그리고 도전율에 대하여 설명하기로 한다.

그림 7·3은 Ge 고유반도체에 n형 불순물을 점차로 증대시킨 경우의 도전율의 변화를 측정한 결과이다. 불순물 함유율이 10^{-9}까지는 $\sigma = 1.2$[℧/m]이며 일정하지만 그 이상이 되면 도전율은 직선적으로 증가하고 있다. 이것은 다음과 같은 사실을 나타내고 있다.

① 상온에서 고유 반도체에는 $N = 10^{20}[\text{m}^{-3}]$ 정도의 전도전자가 있으며, 이것이 도전성을 주고 있다.

② 불순물의 함유량이 10^{-9}(농도 $10^{20}[\text{m}^{-3}]$)을 넘으면 그 효과가 우월하고, 그 후 도전율은 불순물 농도에 비례적으로 증가한다.

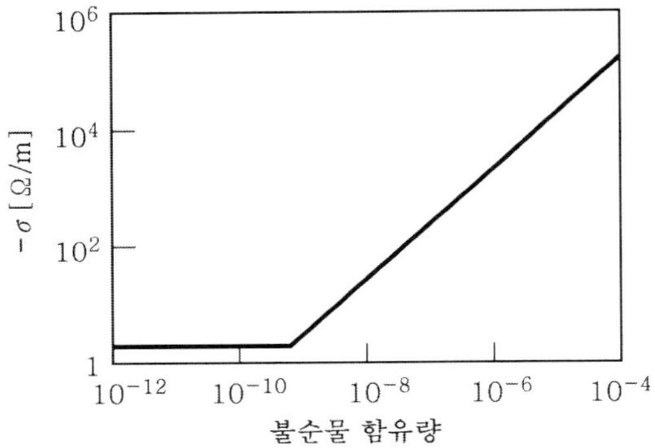

|그림 7·3| 불순물 게르마늄 반도체의 도전율

전도전자에 의한 전류에 대해서는 금속의 경우와 마찬가지로 설명할 수 있다. 반도체에 전계를 가하면 전도전자는 전계와 반대 방향의 힘을 받아서 가속되지만, 특히 정이온과의 충돌에 의하여 에너지를 소실하게 되어 평균적으로 전계에 비례하고, 그 방향과 반대의 이동속도 v_d를 갖게 된다. 이동속도 v_d의 크기 v_d와 전계의 크기 E와의 비는 $\mu_e = v_d / E$이며 식 (7·7)에 의하여

$$\mu_e = \frac{e_\tau}{m} \text{ 또는 } \mu_e = \frac{e}{m\nu} \tag{7 · 25}$$

가 된다. 여기서 ν는 $1/\tau$이며 전자의 1초간의 평균충돌 횟수이며, **충돌주파수**라고 한다. 따라서 전도전자에 의한 전도율 σ_e는

$$\sigma_e = n_e \mu_e e = \frac{n_e e^2}{m\nu} \tag{7 · 26}$$

이 된다. 이것은 식 (7·11)에 식 (7·7)을 대입하고 q를 e로 놓은 것과 일치한다.

다음에 정공에 의한 도전효과에 대해서도 이것과 마찬가지로 생각하여 정공의 이동속도를 μ_h, 도전율을 σ_h라고 하면

$$\sigma_h = n_h e \mu_h \tag{7 · 27}$$

인 관계가 있다. 여기서는 정공의 농도이다.

따라서 양자가 있을 때는

$$\sigma = \sigma_e + \sigma_h = n_e e\mu_e + n_h e\mu_h \qquad (7 \cdot 28)$$

가 된다.

지금까지 설명한 것과 같이 금속, 반도체를 흐르는 전류에서는 전도전자와 정이온 또는 정공과 부이온의 수밀도가 같고 따라서 $\rho = 0$이 되며, 후술하는 바와 같이 div $\boldsymbol{J} = 0$인 조건을 얻을 수 있다. 이와 같은 전류를 **전도전류**라고 한다.

7.5 전해액의 전기전도

순수한 물에 전해액 가령 NaCl을 녹이면 그 일부는 전해를 일으켜 Na^+, Cl^- 등이 정부의 이온이 된다. 이 중에 두 개의 백금 극판을 삽입하여 양자에 전극을 가한다고 하자. 이 전압이 어느 값 V_d[V]보다 작은 사이에는 Cl^-이온은 정의 극판 주위에, Na^+이온은 부의 극판 주위에 집합하여 이른바 전기 2중층을 만들고 그 전류가 흐르지 않는다. 그러나 전압이 V_d를 넘으면 전류가 흐르기 시작하고, 그 후는 전압의 증가에 따라 전류는 증가한다.

이 때 정이온은 전계의 방향으로, 부이온은 전계와 역 방향으로 힘을 받아 가속 되지만 이온끼리 또는 물의 분자나 NaCl의 중성자 등과 충돌하면서 진행하게 된다. 이 때의 상태는 금속 특히 반도체의 경우와 비슷하다.

정이온의 이동속도 v_+[m/sec], 부이온의 이동속도 v_-[m/sec]라고 하면 이것들은 모두 전계$\boldsymbol{E}$[V/m]에 비례하여

$$v_+ = \mu_+ \boldsymbol{E}, \quad v_- = \mu_- \boldsymbol{E} \qquad (7 \cdot 29)$$

의 관계식이 성립한다. 여기서 μ_+, μ_-는 각각 정이온, 부이온의 이동도이다. 정, 부이온의 단위체적 중의 수. 즉, 수밀도를 각각 n_+[m^3], n_-[m^3]이라고 하면 전류밀도는

$$i = n_+ ev_+ - n_- ev_- = \sigma \boldsymbol{E} \qquad (7 \cdot 30)$$

단

$$\sigma = n_+ e\mu_+ - n_- e\mu_- \qquad (7 \cdot 31)$$

로 주어진다.

7.5.1 패러데이의 전기분해의 법칙

전해액에 전류가 흐르면 정의 전극에는 부이온의 원소가, 부의 전극에는 정이온의 원소가 석출한다.

패러데이의 법칙에 의하면 전해액 중을 전류가 흘러, 이로 인하여 석출되는 금속 W[kg]는 통과한 전기량 Q[C]에 비례하므로

$$W = KQ\text{[kg]} \qquad (7 \cdot 32)$$

의 관계가 성립한다. 여기서 비례상수 K는 전기화학당량이라고 하는 상수이며, 1[C]의 전기량의 통과에 의하여 어느 정도의 무게의 금속이 전기분해로 석출되는가를 나타내는 양이다.

물질을 원자량을 m, 원자가를 n이라고 하면 화학당량은 m/n으로 주어지므로 K는

$$K = k\frac{m}{n} \qquad (7 \cdot 33)$$

으로 나타내며 여기서 k는 $m=1$, $n=1$ 즉 수표의 전기화학당량에 해당하고 그 값은 $k = 1.044 \times 10^{-8}$[kg/C]이다. 이것을 식 (7·32)에 대입하면

$$W = 1.044 \times 10^{-8} \times \frac{m}{n} Q\text{[kg]} \qquad (7 \cdot 34)$$

가 되고, I[A]의 전류를 시간 t[sec]만큼 흘렸을 때의 전하는 $Q = It$이므로 이것을 윗식에 대입하여

$$I = \frac{W}{Kt} = 9.65 \times 10^{7} \times \frac{nW}{mt}\text{[A]} \qquad (7 \cdot 35)$$

를 얻게 된다.

표 7·2는 여러 가지 원소의 m, n을 나타내고 Ag을 예로 들면 $m = 107.88$, $n = 1$이므로, 식 (7·35)에 대입하면

$$I = \frac{1}{1.1118 \times 10^{-6}} \frac{W}{t}\text{[A]} \qquad (7 \cdot 36)$$

|표 7·2| 원소의 원자량과 원자가

원소	원자량 m	원자가 n	원소	원자량 m	원자가 n
H^+	1.0078	1	Ag	107.880	1
Na	22.997	1	Sn	118.70	4
Al	26.97	3	Au	197.2	1
K	39.096	1	Hg	200.61	1
Mn	54.93	2	Pb	207.22	2
Fe	55.84	2, 3	O^{2-}	16.000	2
Ni	58.69	2	Cl^-	35.457	1
Cu	63.57	1, 2	Br^-	79.916	1
Zn	65.38	2			

7.6 변위전류

면적 S인 두 개의 극판을 d의 거리에 놓고 그 사이에 유전율 ϵ의 매질을 채우고 극판간에 전압 V의 전원을 연결한다. 전극간의 정전용량을 C, 유전체 중의 전계를 E, 전속밀도를 D, 분극도를 P라고 하면

$$C=\epsilon\frac{S}{d},\quad V=Ed,\quad D=\epsilon E=\epsilon_0 E+P$$

의 관계가 있고, 극판상의 전하 Q는

$$Q=CV=\epsilon SE=SD$$

가 된다. 그러므로 극판상의 전하가 시간에 변화하는 비율 $dQ/dt=I_d$는

$$I_d=\epsilon S\frac{dE}{dt}=S\frac{dD}{dt}=S\left(\epsilon_0\frac{dE}{dt}+\frac{dP}{dt}\right)[\mathrm{A}] \tag{7·37}$$

이며, 이와 같이 정의한 전류 I_d를 **변위전류**(displacement current)라고 한다. 변위전류밀도 $i_d=I_d/S$는 윗식에서 다음과 같이 나타낸다.

$$i_d=\epsilon\frac{dE}{dt}=\frac{dD}{dt}=\epsilon_0\frac{dE}{dt}+\frac{dP}{dt}[\mathrm{A/m^2}] \tag{7·38}$$

만일 전극간의 완전 유전체가 아니고 유전율 ϵ, 도전율 σ를 갖는 매질로 채워져 있을 때 이 매질 속을 식 (7·14)와 (7·15)에 나타낸 것과 같은 도전전류 I_c 또는 도전전류밀도 i_c

$$I_c = \sigma SE, \quad i_c = \sigma E \tag{7·39}$$

도 흐르므로, 이 매질 중의 전전류I는 $I = I_{c+I_d}$ 및 전류밀도 $\boldsymbol{i}$는

$$I = S\left(\sigma E + \epsilon\frac{dE}{dt}\right) \tag{7·40}$$

$$\boldsymbol{i} = \sigma\boldsymbol{E} + \epsilon\frac{d\boldsymbol{E}}{dt} = \sigma\boldsymbol{E} + \epsilon_0\frac{d\boldsymbol{E}}{dt} + \frac{d\boldsymbol{P}}{dt} \tag{7·41}$$

가 된다.

지금$\boldsymbol{E} = \boldsymbol{E}_0 e^{j\omega t}$로 하여 식 (7·31)에 대입하면

$$\boldsymbol{i} = (\sigma + j\omega\epsilon)\boldsymbol{E} = \sigma^*\boldsymbol{E} \tag{7·42}$$

를 얻는다. 여기서

$$\sigma^* = \sigma + j\omega\epsilon = \sigma + j\omega\epsilon_0\epsilon_r \tag{7·43}$$

는 **복소 도전율**(complex conductivity)이라고 한다.

식 (7·32)에서 도전율 σ가 작더라도 각주파수($\omega = 2\pi f$, f : 주파수)가 크면 전전류의 값은 크게 됨을 알 수 있다. 즉 $\sigma/\omega\epsilon \ll 1$이면 유전적 전류, $\sigma/\omega\epsilon \gg 1$이면 도전적 전류가 흘러 ω에 의해서 전전류의 값이 크게 좌우된다.

7.7 유전손실

길이l, 단면적S, 체적 $V(=Sl)$를 갖는 유전체에 전계 $E = E_0 e^{j\omega t}$를 가하면 흐르는 전류는 식 (7·32)에서

$$I = (\sigma + j\omega\epsilon)SE$$

이것을 $\epsilon = \epsilon' - j\epsilon''$(여기서 $\epsilon' = \epsilon_0'\epsilon_r'$, $\epsilon'' = \epsilon_0\epsilon_r''$)에 대입하면

$$I = (\sigma' + j\omega\epsilon')SE = I_{1+j}I_2 \tag{7·44}$$

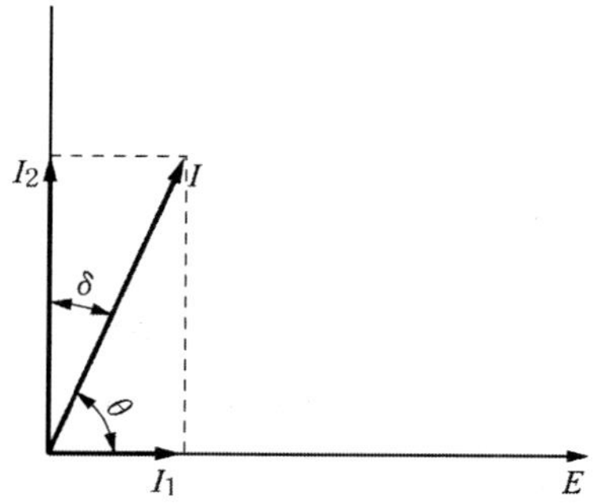

|그림 7·4| 유전손

여기서

$$\sigma' = \sigma + \sigma'', \quad \sigma'' = \omega\epsilon'' \tag{7·45}$$

$$I_1 = \sigma' SE, \quad I_2 = w\epsilon' SE \tag{7·46}$$

로 나타내고, σ'는 **직류도전율**, σ''는 **교류도전율** 또는 **유전적 도전율**(dielectric conductivity)이라고 한다. 식 (7·34)에서 전류 I는 그림 7·4와 같이 $\boldsymbol{E}$의 방향의 도전전류 I_1과 $\boldsymbol{E}$에 직각방향인 변위전류(용량성전류) I_2와의 합성으로 표시되며, I가 I_2와 이루는 각을 δ라고 하면

$$\tan\delta = I_1/I_2 = \sigma'/\omega\epsilon' \tag{7·47}$$

를 얻을 수 있는데, 보통의 유전체에서는 $\sigma'' = \omega\epsilon'' \gg \sigma$의 관계가 있으므로 $\sigma' \simeq \sigma''$, 윗식은

$$\tan\delta = \frac{\epsilon''}{\epsilon}, \quad \epsilon'' = \epsilon' \tan\delta \tag{7·48}$$

가 되고, $\tan\delta$를 **유전정접**(dielectric loss tangent, dielectric dissipation factor)이라고 한다.

유전체에 가해지는 전압은 $V = El$ 이므로 유전체 중에서 소모되는 전력은 식 (7·46), (7·47)에서

$$P = VI_1 = \sigma' E^2 V = w\epsilon' E^2 V \tan\delta \tag{7·49}$$

가 되고, 이것을 **유전손**(dielectric loss)이라고 한다.

7.8 전 류 계

7.8.1 전류연속의 방정식

도체가 3차원적인 크기를 갖고 여기에 전류가 분포되어 있을 때에는 정전계와 마찬가지로 전류의 장을 생각할 수 있어 이것을 **전류계**라 한다. 전류계 중의 전류에 대하여 가상적인 유선을 생각하고, 그림 7·5a에 나타낸 것과 같은 미소면적 δS의 주변을 통하는 유선에 의하여 포위된 관을 생각한다. 이 관내를 흐르는 전전류가 δI이고 그 방향이 면적 δS에 수직이면 이 미소면적 내의 각 점의 전류밀도 i는 다음과 같다.

$$i = \frac{dI}{dS} \tag{7 · 50}$$

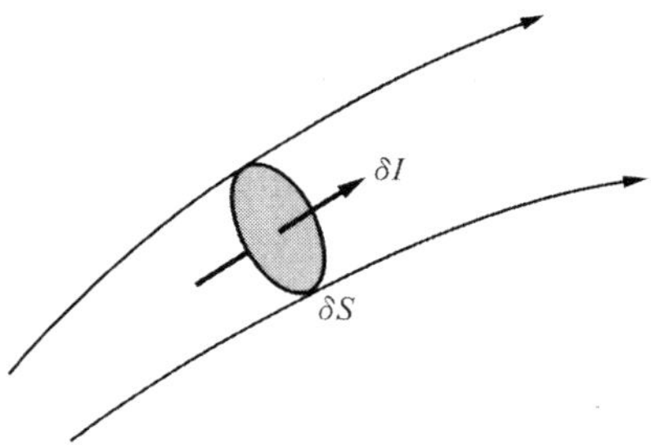

|그림 7·5a| 전류의 유선

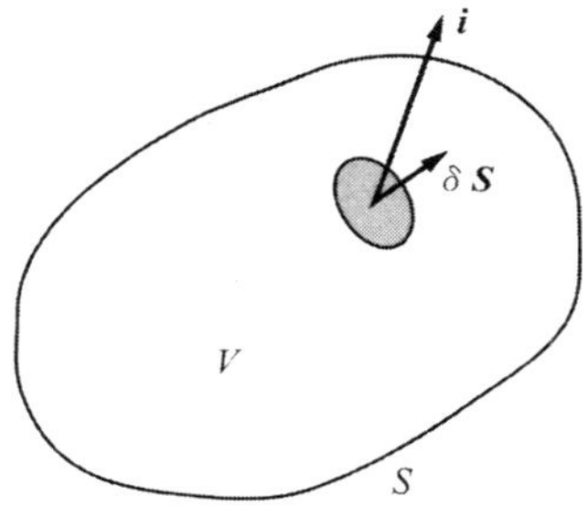

|그림 7·5b| 폐곡선 S에서의 전류 유출

다음에 그림 7·5b과 같이 전류계 중에서 임의의 폐곡면 S로 포위된 체적 V의 영역을 생각한다. 이 폐곡면상의 미소면적 δS를 통하여 이에 수직으로 폐곡면의 내부에서 외부로 흘러나가는 전류 δI는 이 미소면적상의 전류밀도 $\boldsymbol{i}$를 미소면적 벡터를 $\delta\boldsymbol{S}$라고 하면

$$\delta I = \boldsymbol{i} \cdot \delta\boldsymbol{S} \tag{7 · 51}$$

이다. 따라서 영역 V 내에서 외부로 유출하는 전전류 I는 폐곡면 S 전체에 대하여 적분하여

$$I = \int_S \boldsymbol{i} \cdot d\boldsymbol{S} \tag{7 · 52}$$

이다. 한편 전류는 단위시간당의 전하의 이동량으로 정의된다. 따라서 영역 V 내에 전류의 출입이 없는 경우에는 윗식의 I는 단위시간당의 영역 V 내의 전하 Q의 감소량과 같다. 즉

$$-\frac{dQ}{dt}=\int_S \boldsymbol{i}\cdot d\boldsymbol{S} \tag{7·53}$$

가 성립한다. 지금 체적 V 영역 내의 체적 전하밀도를 ρ라 하면

$$Q=\int_V \rho\, dv \tag{7·54}$$

이므로, 이것을 식 (7·53)에 대입하면 다음을 얻는다.

$$\int_S \boldsymbol{i}\cdot d\boldsymbol{S}=-\int_V \frac{\partial\rho}{\partial t}dv \tag{7·55}$$

여기서 식 (2·113)을 사용하면

$$\int_S \boldsymbol{i}\cdot d\boldsymbol{S}=\int_V \mathrm{div}\,\boldsymbol{i}\,dv \tag{7·56}$$

가 되므로, 식 (7·55) 및 식 (7·56)에서

$$\int_V\left(\mathrm{div}\,\boldsymbol{i}+\frac{\partial\rho}{\partial t}\right)dv=0$$

가 된다. 이 식은 임의의 체적 영역 V에 대하여 성립해야 하므로, 좌변의 피적분함수 자체가 0이 되어야 한다. 즉

$$\mathrm{div}\,\boldsymbol{i}=-\frac{\partial\rho}{\partial t} \tag{7·57}$$

가 성립한다. 이것은 전류밀도의 발산이 단위시간당의 전하밀도의 감소와 같다는 것을 나타내며, 이것을 **전하보존의 법칙**이라고 한다. 식 (7·47)을 **전류연속의 방정식**이라고 한다.

식 (7·57)에서 만일 ρ가 시간에 대하여 일정하면

$$\mathrm{div}\,\boldsymbol{i}=0 \tag{7·58}$$

이 된다. 이것은 그 점에 있어서의 전류밀도의 발산을 0, 즉 그 점에 유입하는 전류의 총합은 그 점에서 유출하는 전류의 총합과 같다는 것을 나타내고 있다.

예제 7-3

전계 중에 도체를 놓았을 때 임의의 시각에 있어서의 도체 내의 전하밀도를 구하여라.

해 도전율 σ, 유전율 ϵ의 도체가 전계 E 중에 놓였을 때 정전하는 전계 방향으로, 부전하는 그 반대방향으로 움직여 중앙부의 전하밀도는 0이 된다. 지금 시각 t에 있어서의 도체 속의 전하밀도 ρ를 라고 하면 식 (2·103)이 성립하고

$$\mathrm{div}\boldsymbol{E} = -\frac{\rho}{\epsilon_0}$$

한편 식 (7·10)을 식 (7·47)에 대입하면

$$\sigma\mathrm{div}\boldsymbol{E} + \frac{\partial\rho}{\partial t} = 0 \qquad (7 \cdot 59)$$

이므로, 이것들을 조합하면

$$\frac{d\rho}{\rho} = -\frac{\sigma}{\epsilon_0}dt,$$

그러므로

$$\log\rho = -\frac{\sigma}{\epsilon_0}t + C_1(C_1\text{은 상수})$$

여기에 초기조건 $t=0$에서 $\rho=\rho_0$를 대입하면 $C_1=\log\rho_0$, 그러므로

$$\rho = \rho_0 e^{-\sigma t/\epsilon_0} = \rho_0 e^{-t/\tau}[\mathrm{C/m^3}] \qquad (7 \cdot 60)$$

여기서 $\tau=\epsilon_0/\sigma[\mathrm{sec}]$는 **연속시간**(relaxation time)이라고 하며, $t=\tau$에서 전하밀도는 처음의 값 ρ_0의 $1/e$, 즉 약 37%로 감소한다.

가령 구리의 경우 $\sigma=5.8\times10^7[1/\Omega\cdot\mathrm{m}]$이므로 $\tau=1.5\times10^{-19}[\mathrm{sec}]$가 되고, 완전절연체의 경우 $\sigma=\infty$이므로 즉 전하는 그 물체 위에 그대로 정지하고 있는 것이 된다.

7.8.2 전계와 전위

도체 내의 전계의 분포를 구하려면 그 전위의 방정식을 구하면 된다. 도체 내에서는 전계$\boldsymbol{E}$는 식 (7·61)에서

$$\boldsymbol{i} = \sigma(\boldsymbol{E}_s + \boldsymbol{E}_e) \qquad (7 \cdot 61)$$

이 중에서$\boldsymbol{E}_s$는 정전계의 경우와 마찬가지로$\boldsymbol{E}_s=-\mathrm{grad}V$인 관계가 있다. $\boldsymbol{E}_e$는 전원의 전극의 모양이며 기전력이 주어지면 구할 수 있다. $\boldsymbol{E}_e$를 포함하지 않는 장소, 즉 도체 내만 생각하면 식 (7·58)가 성립한다.

$$\mathrm{div}\boldsymbol{i} = 0$$

식 (7·48)에 식 (7·51)을 넣어$\boldsymbol{E}_s=-\mathrm{grad}V$의 관계를 사용하면

$$\mathrm{div}\boldsymbol{i} = \mathrm{div}\sigma\boldsymbol{E}_s = \sigma\mathrm{div}(-\mathrm{grad}V) = -\sigma\nabla^2V = 0$$

즉

$$\nabla^2 V = 0 \tag{7 · 62}$$

이 되고, 라플라스 방정식을 만족하고 있다.

도체 내에서는 $\boldsymbol{E} = \boldsymbol{E}_s$ 이고, $\boldsymbol{E} = \boldsymbol{E}_s = -\mathrm{grad}\, V$ 이므로 등전위면과 전기력선이 직교하고 있는 것은 정전계의 경우와 마찬가지이다. 단 정전계의 경우와 달라 도체 내에서는 전계가 존재하고, 도체는 등전위면이라고 말할 수 없다.

7.9 기전력

그림 7·6 (a)와 같이 전지 AB에 저항 R를 접속하면 정상전류가 흐른다. 이것은 A가 B보다 고전위라고 하면 도체 중에 전계에 의하여 A에서 나온 전하는 R를 통하여 B에 달한다. 이대로는 B는 A보다 전위가 낮아 전하는 A에 되돌아갈 수 없지만, 전지의 전기화학적인 에너지 또는 기계력 등의 기계적 에너지에 의하여 B에 달한 전하를 다시 A로 되돌리면 재차 이 회로에 따른 전계에 의하여 전하는 RB의 방향으로 움직인다.

순차적으로 이와 같이 하여 전하는 닫혀진 회로를 순환하여 정상전류를 이루게 된다.

이 예의 전지와 같이 전하의 전위를 높게 하는 작용을 하는 것을 기전력(electromotive force, 약하여 emf 또는 electromotance)이라고 한다. 이와 같이 기전력은 전위차를 만드는 역할을 하므로 그 크기는 전위차와 마찬가지로 volt로 표시한다. 전위차나 기전력도 volt로 나타내므로 전위차 및 기전력의 크기를 전압(voltage)이라고 한다.

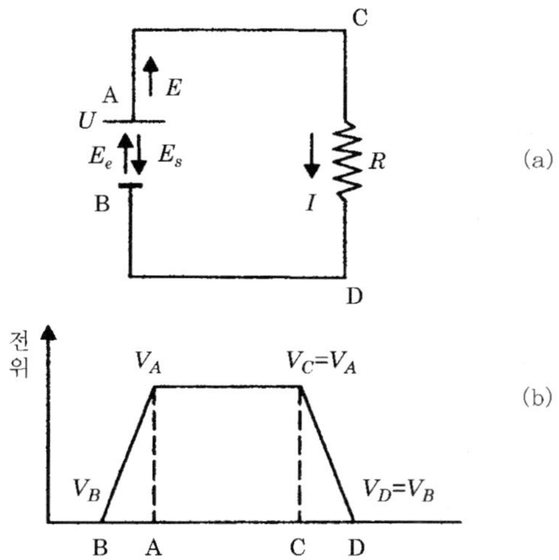

|그림 7·6| 기전력의 동작과 회로각부의 전위분포

그림 7·6 (a)의 각부 전위를 나타내면 그림 7·6 (b)와 같이 된다. 지금 AC, BD간을 저항이 없는 도체라 하고, B점을 영전위라고 하면 B에서 A로 가면 $V_A = U$만큼 전위가 높아진다. 이것은 기전력의 작용이다. AC간은 저항이 없으므로 이 사이에는 전위차가 없고 C점도 의 V_A전위가 된다. CD간에서는 R에 의하여 IR의 전위차가 있다. 즉 V_A로 높아진 전위가 C쪽에서 D쪽으로 향하여 점차로 강하하고, D점에서는(BD사이의 저항이 없으므로) B점의 전위로 떨어지고 있다. 이런 의미에서 저항 R에는 IR만의 전압강하(voltage drop)가 있다고 한다. 기전력으로 만들어진 전위차는 이 전압강하에 의하여 소비된다.

여기서 전지 내의 전계를 생각해 보자.전극 A가 B보다 전위가 높다고 하면, A에서 B의 방향으로 $\boldsymbol{E}_s$인 정전계가 있게 된다. 한편 전지 등에는 B에서 A로 전하를 되돌리는 외부적인 전계 $\boldsymbol{E}_e$가 작용한다고 볼 수 있다. 이 $\boldsymbol{E}_e$는 전지 내에만 있고 외부의 도체에는 없다. 따라서

$$\boldsymbol{E} = \boldsymbol{E}_s + \boldsymbol{E}_e \tag{7·63}$$

라고 놓으면 $\boldsymbol{E}$가 움직이는 전하에 작용하는 전계이다.

$\boldsymbol{E}_s$는 정전적인 전계이므로 식 (2·32), (2·43)에서

$$\oint \mathrm{E_s} \cdot dl = 0 \qquad \boldsymbol{E}_s = -\operatorname{grad} V$$

가 성립된다.

만일 도선이 절단되어, 즉 폐회로의 경우에는 전류가 흐르고 있지 않으므로 전하에 작용하는 전계는 0이 된 것이다.

따라서 식 (7·59)에서

$$\boldsymbol{E} = \boldsymbol{E}_s + \boldsymbol{E}_e = 0 \qquad \boldsymbol{E}_s = -\boldsymbol{E}_e \tag{7·64}$$

이것에서 극판 AB간의 전위차는

$$-\int_B^A \mathrm{E_s} \cdot dl = \int_B^A \mathrm{E_e} \cdot dl = U \tag{7·65}$$

이 U가 기전력이다. 즉 기전력의 크기는 회로가 열었을 때의 전극간의 전위차이다. 회로가 닫혀 있으면 식 (7·10)의 관계가 있으므로

$$\mathrm{i} = \sigma(\boldsymbol{E}_s + \boldsymbol{E}_e) \tag{7·66}$$

이것을 폐회로 위에서 1주적분하면

$$\oint \frac{1}{\sigma}\mathrm{i}\cdot dl = \oint \mathrm{E_s}\cdot dl + \oint \mathrm{E_e}\cdot dl \qquad (7\cdot 37)$$

이 우변 제1항은 $\oint \mathrm{E_s}\cdot dl = 0$의 관계에서 0이다. 또 제2항의$\mathrm{E_e}$도 전지 내에서만 있으므로$\oint \mathrm{E_e}\cdot dl = U$가 된다. 따라서 $I = i\cdot S$인 전류가 흐르고 있다고 하면 식 (7·67)에서

$$U = \int_{ABCD}\frac{\mathrm{i}}{\sigma}\cdot dl + V_e = I\int_{ACDB}\frac{dl}{\sigma S} + V_e = IR + V_e \qquad (7\cdot 68)$$

V_e는 식 (7·67)의 좌변 BA간의 적을 나타낸 항이다.

윗식의 우변의 제1항은 도체내에서의 저항에 의한 전압강하이고, 최후의 항은 전지 내에서의 전압강하에 해당한다. 즉 외부 도체가 접속되어서 전류가 흐르는 경우에는 전지 내에서도 전압강하가 일어나게 된다. 이 상태를 다음과 같이 전지의 극판간에서만 생각해 보자.

식 (7·63)에서 전류가 흐를 때에는 전하에 힘이 작용하고 있으므로 $\boldsymbol{E}$는 영이 아니고 $\boldsymbol{E_e}$와$\boldsymbol{E_s}$는 같지 않으며

$$\int_B^A \mathrm{E}\,.\,dl = \int_B^A \mathrm{E_s}\cdot dl + \int_B^A \mathrm{E_e}\cdot dl = -V_{AB} + U \qquad (7\cdot 69)$$

여기서, $V_{AB} = -\int_B^A \mathrm{E_s}\cdot dl$

이며 극판간의 전위차이고, 이것은 U와 다르다. 이 차$\int_B^A \mathrm{E_s}\cdot dl$이 식 (7·68)의 우변 최후의 항에 해당한다. 이와 같는 전지 내에서의 전압강하는 전지(일반적으로 기전력)내에 저항이 있기 때문이며, 이 저항을 기전력의 내부저항(internal resistance)이라고 한다.

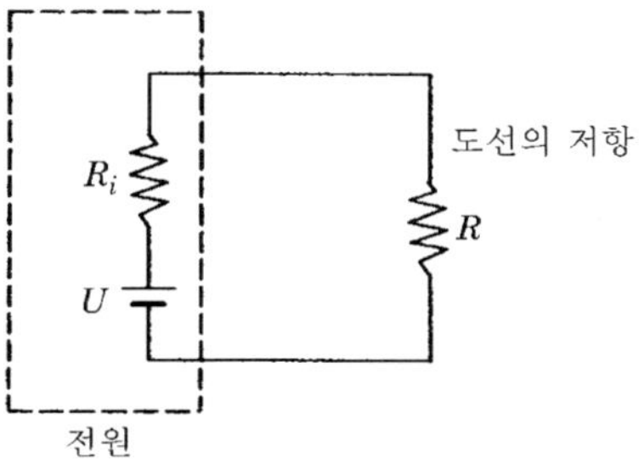

|그림 7·7|

이것을 R_i로 나타내면 식 (7·64)는

$$U = IR + IR_i \quad (7 \cdot 70)$$

가 되고 일반적으로 전지나 발전기 등의 기전력을 공급하는 전원(electric source)은 내부저항 R_i을 가진 기전력으로서 그림 7·7과 같이 나타낼 수 있다. 식 (7·70)은 R중에 R_i도 포함하고 있다고 생각하면

$$U = IR \quad (7 \cdot 71)$$

가 되는데, 이것은 다음과 같이 한다.

$$U + (-IR) = 0 \quad (7 \cdot 72)$$

이렇게 하면 이 식의 $(-IR)$는 마치 U와 마찬가지로 기전력이 그림 7·8와 같이 접속되어 있는 것과 등가이다. 그리고 이 기전력은 전류의 방향과 반대(IR가 전류와 같은 방향)으로 되어 있으므로 저항은 전류의 방향과 역의 기전력을 발생하고 있다고 볼 수 있다. 이런 의미에서 -IR를 저항에 의한 역기전력(counter electromotive force)이라고 한다.

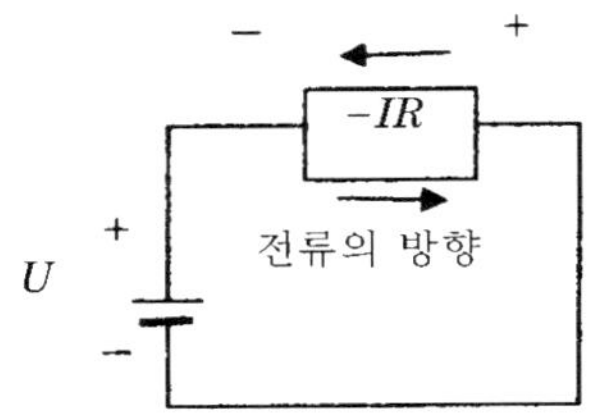

|그림 7·8| 역기전력

예제 7-4

전압110[V], 내부저항 5[Ω]의 전원에 45[Ω]의 저항을 접속하였을 때 흐르는 전류를 구하여라.

해 식 (7·70)에서

$$110 = (R + R_i)I = 50I$$

$$\therefore I = 2.2[A]$$

7.10 주울의 법칙

도체 2점간에 전위차 V[V]을 가하고, 시간 t[sec]사이에 전하 Q[C]를 이동시켜 전류 I[A]를 흘릴 때 그 도체내에 소비되는 단위시간당의 일 P는

$$P = VQ/t = VI \tag{7·73}$$

가 되고, 이 양을 전력(electric power)이라고 한다. 전력의 단위로서 watt[W]를 사용하므로 1[W]=1[J/sec]=1[VA]의 관계가 있다. 따라서 시간 t[sec]사이에 소비되는 일 W는

$$W = Pt = VIt = I^2Rt = \frac{V^2}{R}t \tag{7·74}$$

로 표시되고,이 만큼의 일이 도체 중에서 열에너지로 변하여 손실된다. 열역학에 의하면 1[J]의 일은 0.239≃0.24의 열로 변하므로 식 (7·70)로 나타낸 일은

$$Q = 0.24W = 0.24I^2Rt = 0.24\frac{V^2}{R}t[\text{cal}] \tag{7·75}$$

의 열로 변하게 된다. 이와 같은 모양으로 손실되는 전력 손실을 Joule열이라고 하며, 위에 나타낸 관계를 Joule의 법칙(Joule's law)이라고 한다.

그림 7·2에서의 관계에서 $V = RI$, $I = iS$, $R = \rho_e l/S$, 체적 $v = Sl$을 식 (7·74)에 대입하면 이 체적 중에서 소비되는 에너지는

$$W = Eitv = i^2\rho_e tv = \sigma E^2 tv$$

그러므로 단위체적에서는

$$W = Eit = i^2\rho_e t = \sigma E^2 t \quad [\text{J/m}^3] \tag{7·76}$$

가 된다. 또 임의의 체적에서 소비되는 에너지 W는

$$W = \int_V Eitdv = \rho_e\int_V i^2tdv = \sigma\int_V E^2tdv \tag{7·77}$$

로 표시되며, 전력 P는

$$P = \int_V Eidv = \rho_e\int_V i^2dv = \sigma\int_V E^2tdv \tag{7·78}$$

와 같이 나타낸다.

예제 7-5

그림 7·9과 같이 내부저항 $R_i = 10[\Omega]$을 가진 $U = 10[V]$의 전원에 부하 R를 접속한다. R가 몇 $[\Omega]$일 때 부하에서 소비되는 전력은 최대가 되는가? 또 그 때의 전력은 얼마인가?

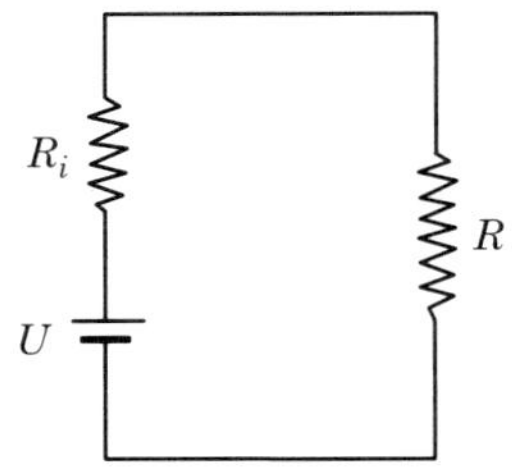

|그림 7·9|

해 식 (7·70)에서 전류 I는

$$I = \frac{U}{R_i + R}$$

R에서 소비되는 전력 W_R는 식 (7·74)에서

$$W_A = RI^2 = R\left(\frac{U}{R_i + R}\right)^2 \qquad (7 \cdot 79)$$

W_R가 최대가 될 때 $\dfrac{dW_R}{dR} = 0$이므로

$$\frac{dW_R}{dR} = U^2 \frac{(R_i + R)^2 - 2R(R_i + R)}{(R_i + R)^4} = 0$$

이것에서

$$R = \pm R_i$$

가 되지만 R, R_i는 어느 것이나 정이므로

$$R = R_i \qquad (7 \cdot 80)$$

즉 $R = 10$일 때 R로 소비되는 전력은 최대이다. 그 때의 전력은 식 (7·79)에서 라 $R = R_i$놓고

$$W_{Rmax} = \frac{U^2}{4R_i} = 2.5[W]$$

식 (7·80)은 부하가 전원의 내부저항과 같을 때에는 부하에서의 소비 전력이 최대가 되는 것을 나타내는 것이며, 잘 사용되는 관계식이다.

7.11 특수현상

7.11.1 접촉전위차

결정내의 전자를 결정 전에 끄집어내는데 필요한 에너지를 논할 때에는 결정 외의 에너지 준위를 나타내기 위하여 진공준위가 사용된다. 진공준위라는 것은 결정으로부터 멀리 떨어진 점에서 정지하고 있는 전자의 에너지준위이다. 에너지 준위도에 있어서의 도전대 밑은 결정중의 자유전자가 얻을 수 있는 최저에너지, 즉 결정 중에서 정지하고 있는 전자의 에너지에 대응한다. 여기서는 이 준위를 전자에너지의 기준으로 선정하여 $E=0$으로 한다.

페르미(Fermi)준위는 금속의 경우에는 $T=0$에서 전자가 점할 수 있는 최고의 에너지 준위이고, $T>0$에서는 전자에 의하여 점하는 확률이 되는 에너지 준위이다. 일함수(work function)는 진공준위와 페르미 준위와의 에너지차로서 정의한다. 따라서 일함수는 페르미준위에 있는 전자를 진공준위로 운반하는데 필요한 에너지를 나타낸다.

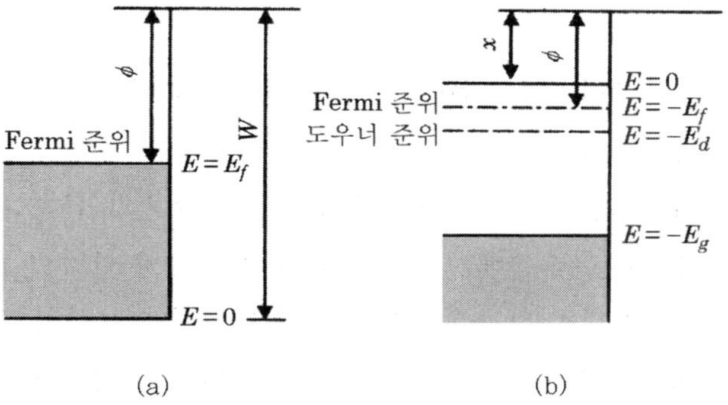

|그림 7·10| 금속 (a) 및 반도체 (b)의 에너지준위도

그림 7·10 (a) 및 (b)에 각각 금속 및 n형 반도체의 에너지 준위를 나타내고 있다. 금속의 경우에는 페르미준위 부근에 많은 허용 에너지 준위가 존재하지만, 반도체의 경우에는 허용된 준위가 존재하지 않는다.

따라서 금속의 경우에는 일함수 ϕ는 $T=0$는 일 때, 결정에서 전자를 끄집어내는데 필요한 최소에너지를 나타내지만, 반도체의 경우에는 $T=0$일 때 결정에서 전자를 끄집어내는 데 필요한 최소 에너지는 ϕ보다 크다. 반도체의 경우는 진공준위와 도전대의 밑과의 에너지차는 전자친화력(electron affinity)이라고 하며, 보통 χ로 나타낸다. χ를 외부일함수(external work function)라고 한다. 이 때의 도전대의 밑과 페르미 준위와의 에너지차 E_f를 내부일함수(internal work function)라고 한다. ϕ는 내부일함수와 외부일함수와의 합과 같다.

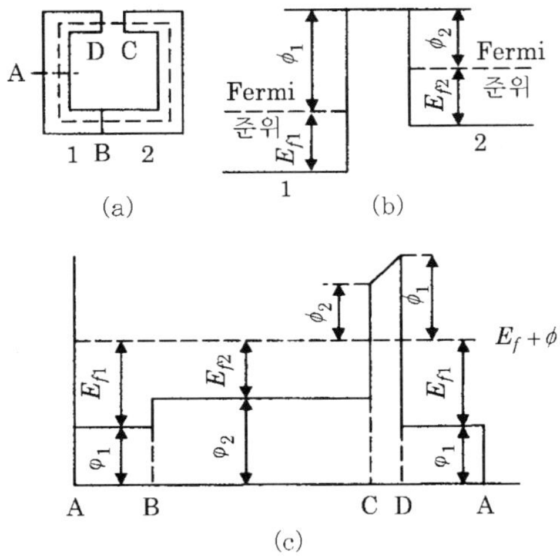

|그림 7·11|

지금 그림 7·11 (a)에 나타낸 바와 같이 두 종류의 서로 다른 금속 1과 2를 접속시킨 경우를 생각한다. 금속 1 및 2의 일함수를 각각 ϕ_1 및 ϕ_2라 하고, 페르미 준위를 각각 E_{f1} 및 E_{f2}라고 한다. 그림 7·11 (b)와 같이 금속 2의 페르미 준위가 금속 1의 것보다 높을 때에는 접촉과 동시에 전자가 금속 2에서 금속 1로 흘로 들어가 양자의 페르미 준위가 같은 높이까지 되어 평형상태에 달한다. 이 평형의 조건은 퍼테셜 에너지의 최소의 조건에 대응하는 것이며, 금속내 전자의 퍼텐셜 에너지를 로 ψ하는 조건식은

$$\psi + E_f = \text{cost},\ \ \psi_1 + E_1 = \psi_2 + E_{f2} \qquad (7 \cdot 81)$$

로 주어진다. 따라서 그림 7·11 (a)의 금속 1중의 점 A에서 점선에 따라서 B를 지나 C, D

를 통하여 재차 A로 돌아가는 경로에 대한 퍼텐셜 에너지의 변화의 모양은 그림 7·11 (c)에 나타낸 것과 같다. C와 D와 사이의 전위차

$$V_C - V_D = (\phi_1 - \phi_2)/\epsilon \qquad (7 \cdot 82)$$

는 접촉전위차(contact potential), 또는 Volta의 전위차라고 한다. 접촉면 B의 양측에는 금속 1쪽에 부, 금속 2쪽에 정의 면전하가 존재하여 전기쌍극자가 형성되고, B에 있어서의 전위차는

$$V_{B1} - V_{B2} = (E_{f1} - E_{f2})/e = -\frac{\psi_1 - \psi_2}{e} \qquad (7 \cdot 83)$$

로 나타내며, 이 전위차를 Galvani의 전위차라고 한다.

제7장 전류

연 / 습 / 문 / 제

7-1. 극좌표의 원점 O 가까이에서 전류밀도가 $I = I_r \cdot \dfrac{5\sin\theta}{r^2}$[A/m^2]으로 표시될 때

i) 반지름 $r = 2$[cm]의 구

ii) $r = 2$[cm], $0 \leqq \theta \leqq \dfrac{\pi}{12}$의 구형부를 통해서 유출하는 전류 I_r를 구하여라.

답 i) 49.4[A] ii) 0.185[A]

7-2. 그림 7·7과 같이 장소에 따라서 굵기가 다른 원형단면의 도체가 있다. 이 도체에는 I[A]의 전류가 흐르고 있다.

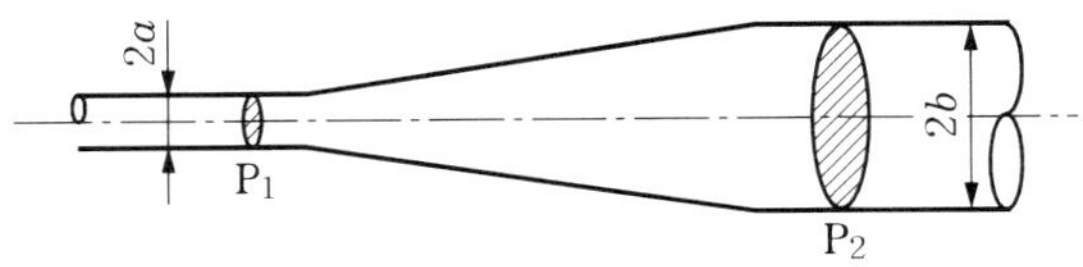

|그림 7·12|

i) P_0과 P_2의 단면을 매초 통과하는 전하의 양은 각각 얼마인가?

ii) P_1과 P_2에 있어서의 전류밀도는 얼마인가?

답 i) 양쪽 모두 I[C]

ii) P_1의 전류밀도$= \dfrac{I}{\pi a^2}$[A/m^2]

P_2의 전류밀도$= \dfrac{I}{\pi b^2}$[A/m^2]

7-3. 그림 7·8과 같은 직방형 구조를 가진 균질한 금속이 있다. A-B면 사이의 저항을 측정하니 R이었다. 이 금속에 있어서의 전자밀도를 구하여라. 단 전자의 전하를 e[C], 이동도를 μ_e[m^2/V·sec]라고 한다.

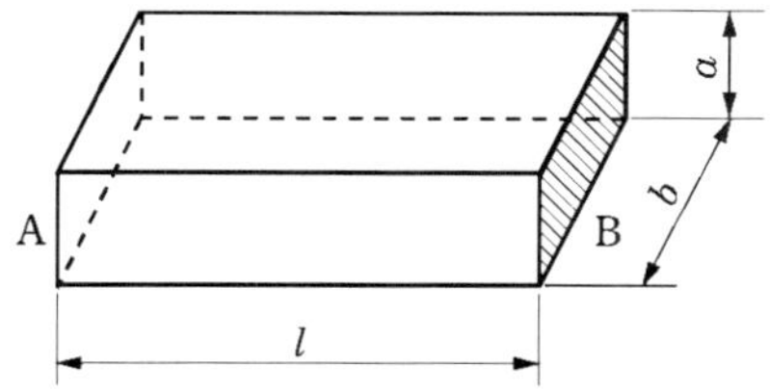

|그림 7·13|

답 $n = \frac{l}{Rab\mu_e}[\mathrm{m}^{-3}]$

7-4. 두께 t의 무한평면판 위에 반지름 a의 원통형전극이 있다. 판의 저항률이 ρ_e이고, 전극에서 흐르는 전류가 I일 때 원통 중심에서 r인 거리의 판 위의 점의 전위를 구하여라. 단, 전극표면의 전위를 V_0라 한다.

답 $V = V_0 - \frac{\rho I}{2\pi t}\log\frac{r}{a}$

7-5. 반지름 a[m], 저항률 ρ_e[Ω · m]의 도체가 공기 중에 놓여 있다. 여기에 I[A]의 전류를 흘릴 때 도체의 온도 상승을 구하여라. 단, 도체의 표면에서 외부로의 열유출은 도체와 외부와의 사이의 온도차에 비례한다고 하고, 이 때의 비례계수(표면 열전도율)를 α[cal/sec · m^{2}deg]라고 한다. 또 열의 일당량을 J[J/cal]로 한다.

답 $\delta T = \frac{\rho_e I^2}{2\pi^2 a^3 \alpha J}$[℃]

7-6. 100℃에서 철과 동의 납에 대한 열전능이 각각 10.5, 3.5[μV/℃]이다. 철과 동의 열전대에서 접합점의 온도를 40[℃]와 160[℃]로 할 때의 열기전력을 구하여라.

답 0.84[mV]

제8장

정자계

8.1 자 석

Volta의 전지가 발명되고 연속전류를 얻게 되어 Oersted가 전류의 자기작용을 발견하기까지는 자기학과 전기학이 서로 관계를 갖는다고는 생각지 않았으며, 다만 정자기학은 정전기학과 상당히 근사한 별개 분야의 것으로 생각해 왔다.

자철광(magnetite)이 철을 끌어당기는 성질이 있다는 발견은 인류가 철을 사용하게 된 후라고 생각되며, 자침이 남북을 가리킨다는 것은 기원전 2000년경이라고 역사서적에 나올 정도이니 자기현상은 옛부터 알려져 있다. Magnet의 이름은 자철광의 산지 Magnesia에서 유래된다고 전해지고 있다.

정자기학은 자석(magnet), 가령 봉자석, 자침, U자형 자석 등이 미치는 자기적 작용을 논한 것이며, 정전기학과 상당히 유사하다. 이들의 자석은 면단에 **자극**(magnetic pole)을 갖고 그 극성은 정반대이며, N극(north pole)은 지구의 북극을 가리키고, S극(south pole)은 지구의 남극을 가리키며, 각각 정부의 **자기**(magnetism)가 자석의 선단부에 존재한다고 믿어 왔다. 동성의 자석은 서로 반발하고(자석의 선단부에 있는 자기 사이의 반발), 이성의 자극은 서로 흡인하는 것도 정전기의 경우와 같으며, 또 자석의 근방에 자기를 띠지 않은 철편을 가져오면 이 철편이 자기적 성질을 띠게 된다. 즉, **자화**(magnetize)하는 것은 정전기에 있어서의 도체의 정전유도와 같으며, 이것을 **자기 유도 현상**(magnetic induction)이라고 한다.

그러나 자기가 전기와 다른 것은 단독으로 가령 정의 자하(magnetic charge : 자기의 양을 자하라고 한다)를 끄집어낼 수 없는 것이며, 자석은 이것을 그림 8·1과 같이 2등분하여도 분할한 곳에 서로 자극이 나타나 각각 정, 부의 양극성을 면단에 갖는 자석이 되어 버린다. 그러므로 자석을 세분한 극한까지를 생각하여 이것을 **자기분자**라고 한다. Ampere는 후술하는 바와 같이 대전입자가 회전하여 자기분자를 만든다고 생각하고 있다.

자침이 남북을 가리키는 것은 지구 자체가 큰 구상의 자석이고 북극 부근에 S극이 있고 남극 부근에 N극이 있기 때문이며 적도 부근에서는 수평으로 유지되는 자침도 지구의 극에 가까와지면 점점 부각을 갖게 되는 이유는 지자기(earth magnet)의 **그림 8·2**와 같은 자력선으로 설명할 수 있다.

Gilbert는 자석으로 구를 만들고 그 면에서 부각 및 방위각을 조사하여, 지구가 일종의 구상자석인 것을 명백히 하였다.

자침은 이와 같이 오늘날에는 나침반(compass)으로서 방향을 나타내는 기구로 이용되고 있다.

정자기학의 이론적인 연구는 역시 Coulomb에서 시작되며, 역자승법칙의 실험적 증명이 이루어져 진전하였다. 정전기는 점전하에 의한 전계이며, 자기쪽은 봉자석의 길이를 짧게 한 극한의 자기쌍극자에 의한 자계의 조합으로 구할 수 있다. 이하 정전계와 상사를 기초로 하여 정자계의 성질을 살펴보기로 한다.

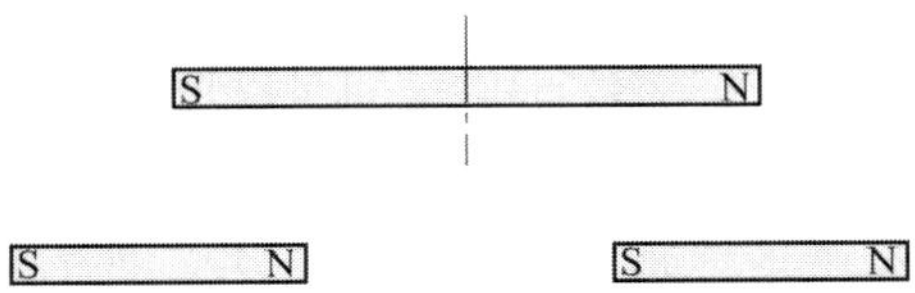

|그림 8·1|

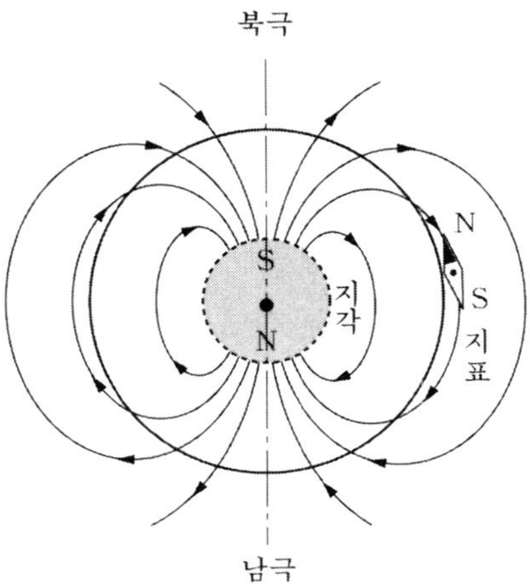

|그림 8·2|

8.2 쿨롱의 법칙

자석간에 작용하는 힘을 양적으로 취급하는데 정전계에서와 같은 쿨롱의 법칙이 그대로 이용된다. 그런데 자석에서는 자극을 분리할 수 없으므로 힘을 측정하기 위한 자석은 매우 가늘고 길어서 한 자석의 양극이 서로 영향을 미치지 않는 경우의 것을 가정하여 생각한다. 이러한 조건을 만족하는 자극을 **점자극**(point pole)이라 한다.

지금 이러한 조건의 두 점자극의 전하를 각각 m_1, m_2 자극간의 거리를 r, 상호간에 작용하는 힘을 $\boldsymbol{F}$라고 하면 MKS 단위계에서 수식적으로 다음과 같이 된다.

$$\boldsymbol{F} = \frac{m_1\, m_2 \boldsymbol{r}}{4\pi\mu_0 r^3}, \quad F = \frac{m_1\, m_2}{4\pi\mu_0 r^2} \tag{8-1}$$

두 개의 점전하 m_1, m_2의 단위는 weber[Wb], 거리 r는 meter[m], 진공 중에는 $1/4\pi\mu_0$이라는 비례상수를 붙여 힘 F는 newton[N]으로 나타낸다. 그리고 μ_0는 진공의 투자율(permeability)이라고 하며, 단위는 henry/meter[H/m]로 나타내며, 수치는 $4\pi\times10^{-7}$, 즉 $\mu_0 = 4\pi\times10^{-7}$[H/m]라는 MKS단위계 특유의 상수이다.

8.3 자계의 세기

자기의 힘이 미치는 공간을 **자계**(magnetic field)라 하며, 자계 중의 1점에 1[Wb]의 정자하를 놓았을 때 이에 작용하는 힘의 크기 및 방향을 그 점에 대한 **자계의 세기**(intensity of magnetic field) 혹은 **자기력**(magnetic force)이라고 하며, 벡터 $\boldsymbol{H}$로 표시한다. 자계 중에서 벡터 $\boldsymbol{H}$의 방향으로 그려진 선을 자력선(line of magnetic force)이라 하며, 선에 수직된 단위면적을 통과하는 자력선의 수, 즉 자력선 밀도가 그 점에 대한 자계 $\boldsymbol{H}$의 크기와 같도록 정의한다.

쿨롱의 법칙을

$$\boldsymbol{F} = m_2 \frac{m_1 \boldsymbol{r}}{4\pi\mu_0 r^3}$$

로 고쳐 쓰고 점전하 m_1이 진공 중에 만드는 자계 내에 점전하 m_2를 놓았을 때 여기에 작용하는 힘이 식 (8·1)과 같다고 생각하여

$$\boldsymbol{H} = \frac{m_1 \boldsymbol{r}}{4\pi\mu_0 r^3} \tag{8·2}$$

를 점전하 m_1이 만드는 자계의 세기라고 하며, m_2에 작용하는 힘 $\boldsymbol{F}$는 다음과 같이 된다.

$$\boldsymbol{F} = m_2 \boldsymbol{H}_1$$

자계의 단위는 ampere turn / meter 또는 ampere / meter이며, 이 책에서는 전자를 취할 것이다.

여러 가지 자하에 의하여 이루어진 합성자계의 세기 $\boldsymbol{H}$로 하였을 때, 여기에 m인 자하를 놓으면 여기에 작용하는 힘은 식 (8·1)의 관계에서

$$\boldsymbol{F} = m\boldsymbol{H} \tag{8·3}$$

가 되고, 그 방향은 $\boldsymbol{H}$의 방향과 일치한다.

그리고 자하 m [Wb]에서 발산되는 자력선은 정전계의 가우스의 정리를 그대로 적용하면

$$\int_s \boldsymbol{H} \cdot d\boldsymbol{S} = \frac{m}{\mu_0} \tag{8·4}$$

으로 주어진다. 여기서 $\boldsymbol{S}$는 자극을 포위하는 폐곡선이며, $\boldsymbol{n}$은 외향법선 벡터이다.

8.4 자위 및 자위차

자계 $\boldsymbol{H}$ 내에 점자하 m'를 놓았을 때, 여기에 작용하는 힘은 식 (8·3)에서

$$\boldsymbol{H} = \frac{\boldsymbol{F}}{m'}$$

가 되어 자계의 세기 $\boldsymbol{H}$는 단위 정자하에 작용하는 힘과 같으며, 자기력의 방향과 일치한다. 지금 m'의 점자하를 자계 $\boldsymbol{H}$에 역방향으로 이것과 θ의 기울기를 이루는 방향으로 거리 δl만큼 움직일 때의 일 dW는

$$dW = -\boldsymbol{F}\delta l = -m'\boldsymbol{H}\delta l$$

그러므로 m'를 점 B에서 A까지 이동시키는데 필요한 일 W는

$$W = -m' \int_B^A \boldsymbol{H} \cdot dl \,[\mathrm{J}] \tag{8·5}$$

이다. 단위 점자하를 자계에 역방향으로 두 점 A, B 사이에 움직일 때의 일을 자위차라고

하며, 이것을 U로 나타내면

$$U=\frac{W}{m'}=-\int_{B}^{A}\boldsymbol{H}\cdot dl=-\int_{B}^{A}H\cos\theta dl[\mathrm{A}] \tag{8·6}$$

가 되고, 자위차의 단위는 전류의 단위 [A]이다. 단 θ는 $\boldsymbol{H}$와 dl이 이루는 각이다.

두 점 사이의 자위차는 전위의 경우와 마찬가지로

$$U=\frac{m}{4\pi\mu_0}\left(\frac{1}{r_1}-\frac{1}{r_2}\right) \tag{8·7}$$

로써 자위차를 구할 수 있다.

$r=r_1$일 때의 U의 값은 A점의 자위 U_A라고 하면 윗식에서

$$U_A=\frac{m}{4\pi\mu_0 r_1} \tag{8·8}$$

마찬가지로 $r=r_2$인 B점의 자위 U_B는

$$U_B=\frac{m}{4\pi\mu_0 r_2} \tag{8·9}$$

이 양식을 식 (8·7)에 대입하면

$$U=U_A-U_B=-\int_{B}^{A}\boldsymbol{H}\cdot dl \tag{8·10}$$

즉 두 점 A, B 간의 자위차는 A점의 자위와 B점의 자위차로서 나타낸다. $\boldsymbol{H}$의 $\boldsymbol{l}$ 방향의 성분을 H_l이라고 하면 식 (8·10)에서

$$H_l=H\cos\theta=\frac{-dU}{dl}[\mathrm{AT/m}] \tag{8·11}$$

가 되지만 U를 x, y, z의 함수로서 $\boldsymbol{H}$를 표시하면

$$\boldsymbol{H}=-\mathrm{grad}U=-\nabla U=-\left(\boldsymbol{i}\frac{\partial U}{\partial x}+\boldsymbol{j}\frac{\partial U}{\partial y}+\boldsymbol{k}\frac{\partial U}{\partial z}\right) \tag{8·12}$$

가 되고, 전계의 경우의 식 (2·35)에 상당하는 식을 얻게 된다.

자계 중에서 같은 자위의 점으로 이루어진 면을 **등자위면**이라고 하며, 자력선과 직교한다. 그런데 자기에는 전기의 도체에 해당한 것이 없으므로 어떤 물체를 자계 중에 놓았을 때 면이 항상 등자위면이 되지 않는다.

예제 8-1

원판상에 자하가 균일하게 분포하고 있을 때 공간에서 원판축상의 이 자하에서 x의 거리에 있는 점의 자위와 자계를 구하여라.

해 그림 8·3과 같은 반지름 a의 원판상에 밀도 σ인 자하가 분포하고 있을 때, 이것에서 x의 거리에 있는 1점 P의 자위 U를 구해 본다.

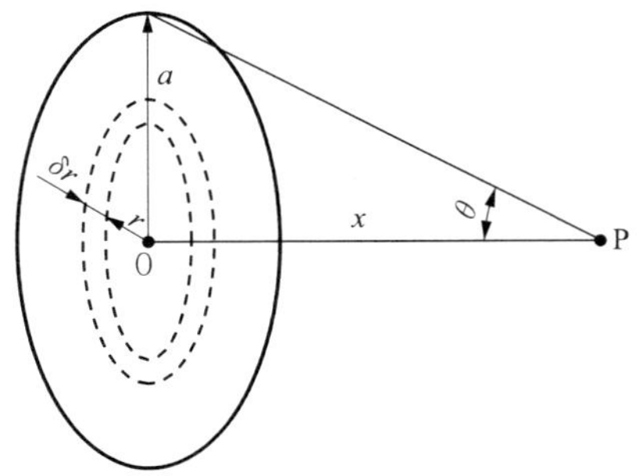

|그림 8·3| 면 위의 자하에 의한 자위

중심 O에서 반지름 $r\,(<a)$의 원판 내에 폭 δr의 원환판을 생각하고, 그 안의 자하에 의하여 생기는 점 P에서의 자위 δU는 식 (8·8)에서

$$\delta U = \frac{2\pi r\,\delta r\,\sigma}{4\pi\mu_0\sqrt{x^2+r^2}}$$

그러므로 원판상의 전자하에 의하여 생기는 자위 U는

$$U = \frac{2\pi\sigma}{4\pi\mu_0}\int_0^a r\frac{dr}{\sqrt{x^2+r^2}} = \frac{\sigma}{2\mu_0}\left[\sqrt{x^2+r^2}\,\right]_0^a$$

그러므로

$$U = \frac{\sigma}{2\mu_0}\left(\sqrt{x^2+a^2}-x\right) \tag{8·13}$$

가 되고, P점의 자계는 식 (8·12)에서

$$H = \frac{\sigma}{2\mu_0}\left(1-\frac{x}{\sqrt{x^2+a^2}}\right) = \frac{\sigma}{2\mu_0}(1-\cos\theta) \tag{8·14}$$

단, θ는 PO와 P에서 원판의 주변부에 그은 선과 이루는 각이다. H를 최대로 하는 x의 값은 0, θ의 값은 $\pi/2$ 즉 원판의 중심부에서 그 값은 다음과 같다.

$$H_m = \frac{\sigma}{2\mu_0} \tag{8·15}$$

8.5 소 자 석(자기쌍극자)

정전계에 있어서의 점전계에 상당하는 것으로서 작은 봉자석을 생각한다. 그러나 이 소봉자석은 실은 하나의 쌍극자이며 그 능률을 $\boldsymbol{M}$이라고 하면, 그림 8·4에 나타낸 것같이 자석의 중심 O에서 r 인 곳에 있는 점 P에 있어서의 자위는

$$U = \frac{1}{4\pi\mu_0}\frac{\boldsymbol{M}\cdot\boldsymbol{r}}{r^3} = \frac{1}{4\pi\mu_0}\frac{M\cos\theta}{r^2} \tag{8·16}$$

로써 표시된다. 여기서 θ는 $\boldsymbol{M}$의 방향과 $\boldsymbol{r}$의 방향과의 사이의 각이다.

따라서 $\boldsymbol{H}$의 $\boldsymbol{r}$ 및 θ 방향의 성분은 U에서 각각

$$\left.\begin{aligned} H_r &= -\frac{\partial U}{\partial r} = \frac{1}{4\pi\mu_0}\frac{2M\cos\theta}{r^3} \\ H_\theta &= -\frac{1}{r}\frac{\partial U}{\partial \theta} = \frac{1}{4\pi\mu_0}\frac{M\sin\theta}{r^3} \end{aligned}\right\} \tag{8·17}$$

로 구할 수 있다.

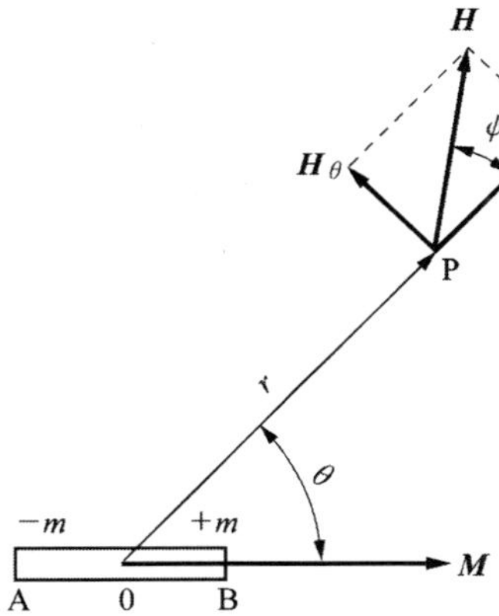

|그림 8·4| 소봉자석에 의한 자계

그리고 $\theta = 0$일 때는 $H_\theta = 0$이 되고, $\theta = \pi/2$일 때는 $H_r = 0$이 되므로

$$H_{\theta=0} = \frac{1}{4\pi\mu_0}\frac{2M}{r^3}, \quad H_{\theta=\frac{\pi}{2}} = \frac{1}{4\pi\mu_0}\frac{M}{r^3} \tag{8·18}$$

이 된다. 이것이 자축의 방향 및 자석의 중심을 통하여 자축에 직각인 방향에 있어서의 자계이다.

다음에 그림 8·4와 같이 임의의 점 P에 있어서의 $\boldsymbol{H}$의 방향과 동경 $\boldsymbol{r}$와의 사이의 각 ψ 라고 하면 P점을 통하여 자력선에 따라서는

$$\frac{r\,d\theta}{dr} = \tan\psi = \frac{H_\theta}{H_r} = \frac{\sin\theta}{2\cos\theta}$$

인 관계가 성립하므로

$$\frac{dr}{r} = \frac{2\cos\theta\,d\theta}{\sin\theta} \tag{8 · 19}$$

가 된다. 이것을 적분하면 다음과 같다.

$$r = C\sin^2\theta \tag{8 · 20}$$

이것이 C를 보조변수로 하는 자력선의 방정식이다.

예제 8-2

능률$\boldsymbol{M}$인 미소봉자석을 자계 $\boldsymbol{H}$의 위치에서 무한원점으로 필요한 일을 계산하여라. $\boldsymbol{M}$과 $\boldsymbol{H}$가 이루는 각을 α로 한다. 자유롭게 회전할 수 있는 봉자석을 무한원까지 가져갈 때의 일은 얼마인가?

해 그림 8·5와 같은 자석의 면단에 자하 $\pm m$이 있다고 하고 자석의 길이를 δl이라고 하자. 이 자석의 무한원에서 이 위치로 운반하는데 필요한 일은 결국 m, $-m$을 무한원에서 운반할 때의 일이다. $-m$을 무한원에서 움직일 때의 일은 $-m$의 점의 자위를 U라고 하면 $-mU$이다. m의 점의 자위를

$$U + \frac{\partial U}{\partial l}\delta l$$

이라고 하면 m을 무한원에서 운반할 때의 일은

$$m\left(U + \frac{\partial U}{\partial l}\delta l\right)$$

이다. 따라서 이 자석을 무한원에서 운반할 때의 W는

$$W = -mU + m\left(U + \frac{\partial U}{\partial l}\delta l\right) = m\frac{\partial U}{\partial l}\delta l$$

그런데 식 (8·10)에서 $\boldsymbol{H}$의 $\boldsymbol{l}$ 방향의 성분을 H_l이라고 하면

$$H_l = H\cos\alpha = -\frac{\partial U}{\partial l}$$

이고, $M = m\delta l$이므로

$$W = -MH_l = -MH\cos\alpha = -\boldsymbol{M}\cdot\boldsymbol{H} \qquad (8 \cdot 21)$$

따라서 반대로 이 자석을 무한원점으로 가져갈 때의 일은 $MH\cos\alpha$ 이다. 자석이 자유롭게 회전할 수ㅋ 있을 때 자석은 $\boldsymbol{H}$에 나란하므로 $\alpha = 0$이고, 이 때의 일은 윗식에서 MH와 같게 됨을 알 수 있다.

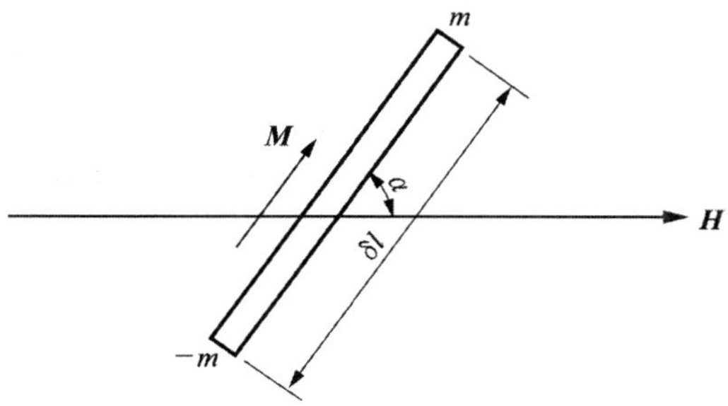

|그림 8·5|

8.6 자계 속의 소봉자석에 작용하는 회전력

그림 8·6과 같이 자계 H 중의 길이 l, 자하 m, 능률 $M(=ml)$인 작은 봉자석이 있다고 하자. NS극에는 자계와 같은 방향과 반대 방향으로 $f = mH$인 힘이 작용하므로, 그림의 예에서는 화살표와 같이 시계방향으로 회전한다. 이 때 회전력(torque) T는

$$T = fl\sin\theta = mlH\sin\theta = MH\sin\theta \qquad (8 \cdot 22)$$

벡터적을 사용하면 식 (8·22)의 회전력 $\boldsymbol{T}$는 그 방향을 고려해 넣으면 다음과 같이 나타낼 수 있다.

$$\boldsymbol{T} = \boldsymbol{M} \times \boldsymbol{H} \qquad (8 \cdot 23)$$

$\boldsymbol{T}$의 방향은 앞에서 기술한 바와 같이 $\boldsymbol{M}$에서 $\boldsymbol{H}$의 방향으로 회전하였을 때 바른 나사의 진행하는 방향이므로 **그림 8·7**의 경우에는 $\boldsymbol{T}$는 지면의 뒤쪽으로 향하고 있다.

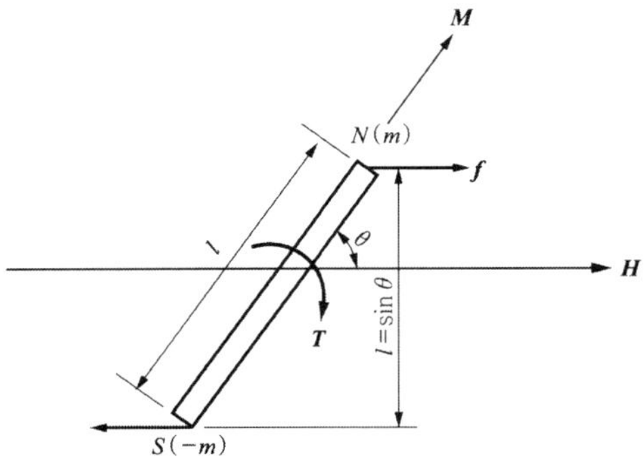

|그림 8·6|

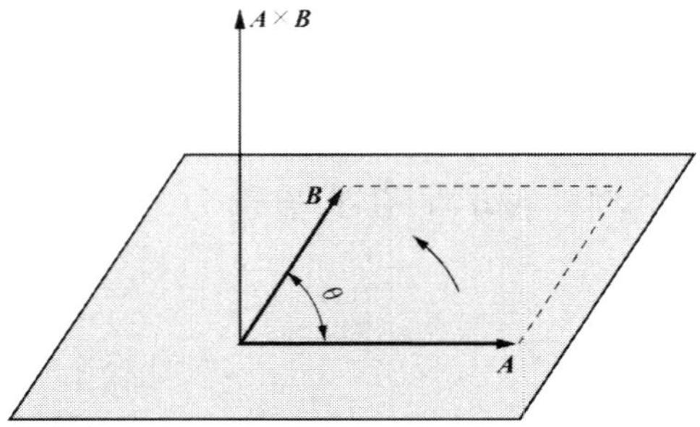

|그림 8·7| 자계 중에 있어서의 회전력

8.7 판 자 석

그림 8·8과 같이 판면에 수직한 방향으로 자화된 얇은 판상의 자석을 **판자석**(magnetic shell) 또는 **자각**이라고 하며, 그 단위면적당의 자기능률을 판자석의 **세기**라고 한다. 그림에서 볼 수 있는 바와 같이 판자석의 상하면의 자하를 단위면적당 각각 $+m, -m$ [Wb/m^2] 판의 두께를 t [m]라고 하면 이 판자석의 세기 M은

$$M = mt \tag{8 · 24}$$

판의 미소면적 δS를 생각하면 그의 자기능률은 $\delta M = M\delta S$, δS에서 r, θ의 위치에 있는 점 P의 자위 δU는 식 (8·16)에서

$$\delta U = \frac{\delta M \cos\theta}{4\pi\mu_0 r^2} = \frac{M\cos\theta\,\delta S}{4\pi\mu_0 r^2}$$

그런데 $\delta S\cos\theta = \delta S' = r^2\delta\omega$의 관계가 있다. 단, $\delta\omega$는 P에서 면적 δS를 보는 입체각이다. 그러므로

$$\frac{\cos\theta\,\delta S}{r^2} = \delta\omega, \text{ 따라서 } \delta U = \frac{M\delta\omega}{4\pi\mu_0}$$

따라서 판자석의 전면적이 S인 자극에서 점 P에 생기는 자위 U는

$$U = \int_S \delta U = \frac{M}{4\pi\mu_o}\int_S \delta\omega = \frac{M\omega}{4\pi\mu_o} \text{ [AT]} \tag{8 · 25}$$

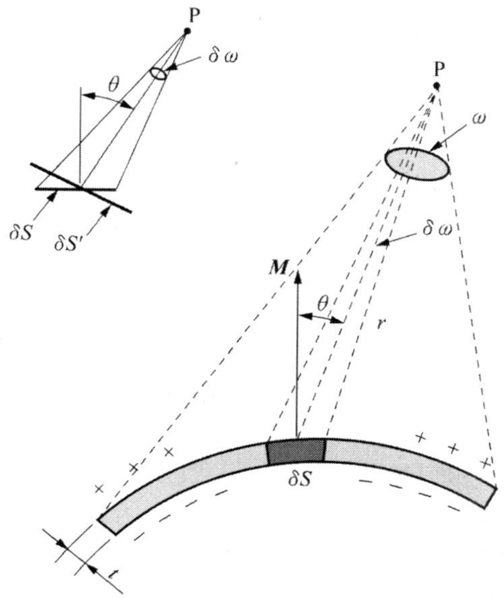

|그림 8·8|

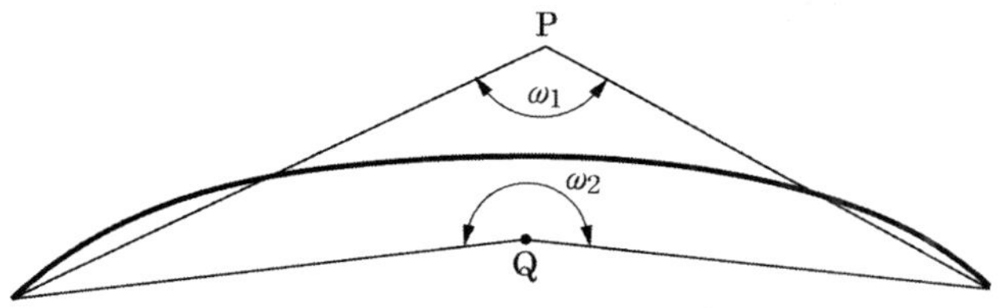

판자석의 앞면과 뒷면에서는
입체각이 4 π 만큼 다르다.

|그림 8·9|

여기서 ω는 점 P에서 판면 전체를 본 입체각이다. 이 때 자위 U는 점 P가 정극측에 있을 때 정으로 하고 부극측에 있을 때 부로 한다.

다음에 판자석 양측의 두 점 P, Q 사이의 자위차를 구해 보자. 점 P에 대하여 이루는 입체각을 ω 에 Q에 대한 입체각을 ω'라고 하면 각 점의 자위는

$$U_P = \frac{M}{4\pi\mu_0}\omega, \quad U_Q = \frac{M}{4\pi\mu_0}(-\omega')$$

가 되므로 자위차는

$$U = U_P - U_Q = \frac{M}{4\pi\mu_o}(\omega + \omega')$$

가 된다. 만일 P와 Q가 판에 무한히 접근하면 $\omega + \omega' \fallingdotseq 2\pi + 2\pi = 4\pi$ 가 되므로

$$U = \frac{M}{\mu_o} \qquad (8 \cdot 26)$$

와 같이 P, Q 두 점간의 자위차가 구해진다.

예제 8-3

그림 8·10과 같이 반지름 a, 두께 t, 자화의 밀도 $m[\mathrm{Wb/m^2}]$인 원형판 자석의 중심축상에서 N극측으로, 중심에서 x 거리의 점자위 및 자계의 세기를 구하라.

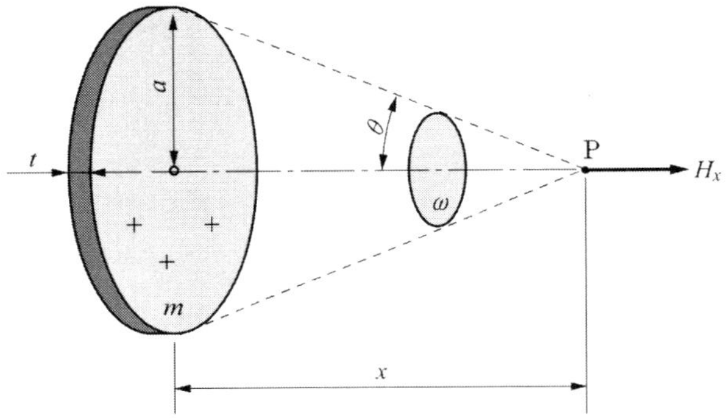

|그림 8·10|

해 점 P의 자위는 식 (8·25)에서

$$U = \frac{mt\omega}{4\pi\mu_o}(M = mt)$$

입체각 ω 와 평면각 θ 사이에는 $\omega = 2\pi(1-\cos\theta)$의 관계가 있으므로 자위는

$$U = \frac{mt\,2\pi(1-\cos\theta)}{4\pi\mu_0} = \frac{mt(1-\cos\theta)}{2\mu_0}, \quad \cos\theta = \frac{x}{\sqrt{x^2+a^2}}$$

자계의 세기는

$$H_x = -\frac{\partial U}{\partial x} = \frac{mta^2}{2\mu_0(a^2+x^2)^{3/2}}$$

8.8 물질의 자화현상

물질을 자계 내에 놓으면 그 면단에 자극이 생긴다. 이 때 이 물질은 자화 되었다고 하며, 이 현상을 **자기유도**(magnetic induction)라고 한다. 이렇게 자화되는 물질을 **자성체**라고 한다.

8.8.1 자화의 근원

전자는 원자 중에서 원자핵 주위의 궤도상을 일정한 속도로 움직이고 있으므로 원자가 갖는 자기능률은 정전하를 가진 원자핵이라는 입자와 이것을 포위하고 운동하는 부전하를 갖는 전자의 회전에 의하여 정해진다. 마치 코일을 흐르는 전류에 의하여 자계가 생기고 이 코일은 자석과 똑같은 작용을 하고 따라서 코일이 자기능률을 갖게 된다. 또 원자핵이 운동하면 극히 작은 자계를 발생하지만, 후술하는 바와 같이 전자의 운동에 의하여 생기는 자기능률은 원자핵에 의한 것의 약 10^3배 정도로 월등히 크므로 원자핵 주위의 전자운동에 의한 자기능률만 생각하면 강자성의 원인을 파악할 수가 있다.

① 원자핵 주위를 전자가 궤도에 따라 운동함으로써 일어나는 자기능률(1회권의 크일 전류가 흘렀을 때 생기는 것과 근사하다)

② 전자 자체가 자전하면서 ①의 궤도 운동을 하지만 이 자전, 즉 스핀에 따른 자기능률이 중요한 역할을 하며, 강자성은 스핀에 의한 자기능률에 의하여 결정된다. 다음에는 이것에 대하여 설명하기로 한다.

그림 8·11은 O점을 중심으로 $+e$ 인 전하를 갖는 원자핵이 있으며 그 주위를 반지름 r 의 궤도 운동을 하고 있는 $-e$ 의 전하를 갖는 전자가 자전하고 있는 것을 나타내고 있다.

즉, 전자는 자전하면서 원자핵의 주위를 궤도 운동을 하고 있다. 따라서, 궤도 운동만으로서 자기능률이 생기고 또 전자는 자신을 중심으로 하여 자전하고 있으므로 그 전하가 분포하고 있는 것의 회전에 따라서 자기능률이 생긴다. 이 자기능률을 비교하면 후자의 전자스핀에 동반하는 자기능률쪽이 크고 그 비는 2배이다.

또 같은 그림에다 스핀의 세차운동과 자계 H 를 가했을 때의 세차운동을 하면서 H 방향으로 기울어지는 모양을 나타내었다.

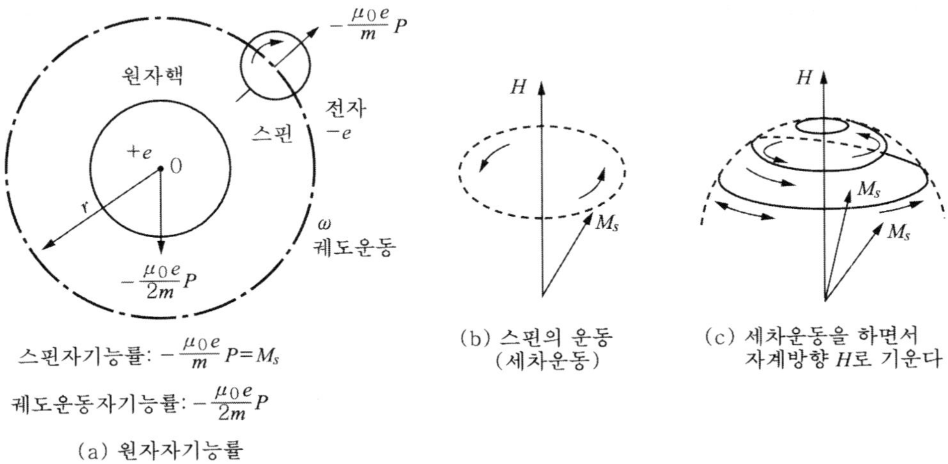

|그림 8·11|

(1) 궤도운동 자기능률

우선 전자의 궤도운동에 대하여 생각해 보기로 한다. 반지름 r의 원운동을 하고 있는 전자의 회전각속도를 ω라 하면 매초 $\omega/2\pi$회의 속도로 회전하므로 이 전자의 회전에 의하여 생기는 전류는 $I = -e\omega/2\pi$ [A]가 된다. I[A]가 단면적 S[m^2]을 포위하는 폐전류는 $M = \mu_o NSI$[Wb·m]와 같은 자기능률을 발생하고 그 값은 $N = 1$로 놓아 $M = \mu_o SI$ [Wb · m]가 되므로 $S = \pi r^2$을 대입하여 이 궤도운동에 따른 자기능률을 구하면

$$M = \mu_o\left(-\frac{e\omega}{2\pi}\right)\pi r^2 = -\frac{1}{2}\mu_o e\omega r^2 \qquad (8 \cdot 27)$$

이 전자의 질량을 m이라고 하고 전자의 각 운동량 P는 $P = m\omega r^2$이므로 식 (8·27)에서 다음 식을 얻게 된다.

$$M = -\frac{\mu_o e}{2m}P \qquad (8 \cdot 28)$$

양자론에 의하면 전자의 궤도운동에 있어서의 각 운동량 P는 $h/2\pi$(h는 Plank의 상수)의 단위로 나타내며 그의 정수 n배, 즉 $P = n(h/2\pi)$가 되고, $M = -n\mu_o eh/4\pi m$가 된다. 단, $n = 1,\ 2,\ 3\cdots$이고 따라서 P는 궤도가 정해지면 일정해진다.

그림 8·11과 같이 생각하면 $n = 1$로 놓고 궤도 운동에 의한 자기능률을 M_B라고 놓으면

$$M_{n=1} = M_B = -\frac{\mu_o eh}{4\pi m} = 1.16 \times 10^{-29}\text{[Wb·m]} \qquad (8 \cdot 29)$$

가 된다.

이 M_B는 자기능률의 최소단위이고, **Bohr 자자**(Bohr's magneton)라고 한다. 일반적으로 궤도 운동에 의한 자기능률은 식 (8·29)의 정수배의 값만 취한다. 후술하는 전자의 스핀에 의한 자기능률도 이 M_B를 단위로 하여 변화한다. 이 M_B는 외부자계의 방향에 대하여 $+\mu_o eh/4\pi m = +1$ Bohr 자자, $-\mu_o eh/4\pi m = -1$ Bohr 자자가 된다.

(2) 스핀 자기능률

앞에서 기술한 궤도 운동 자기능률만으로는 실험적으로 실증할 수 없으므로 궤도 운동 이외에 전자는 다른 각 운동량을 가질 것이라고 생각하여 실증된 것이 스핀 자기능률이다. 즉 전자의 자전에 상당하는 운동(이것을 스핀이라 한다)에 의하여 자기능률이 생긴다고 생각하여 이것을 **스핀 자기능률**(spin magnetic moment)이라 한다.

실험적으로 증명된 계산 결과에 의하면 스핀 자기능률을 M_S라 하고, 스핀 각 운등량을 P라고 하면

$$M_s = -\frac{\mu_o e}{m}P \tag{8·30}$$

이 식을 식 (8·28)과 비교하면 스핀 자기능률은 궤도운동 자기능률의 2배가 된다. 이것을 일반화하여 나타내면 다음 식이 된다.

$$M = -g\frac{\mu_o e}{2m}P \tag{8·31}$$

이 g를 gyro 자기계수(gyromagnetic coeffcient)라고 한다. 궤도운동에 대해서는 $g=1$, 스핀에 대해서는 $g=2$가 된다. 강자성체는 스핀에 대하여 $g=2$나 또는 2에 가까운 값이 실측되고 있다. 따라서 강자성체의 중요한 역할은 $g=2$인 스핀에 의한 자기능률이므로 강자성체의 자성에 상당하는 주체는 스핀 자기능률이라고 생각할 수 있다.

8.8.2 자화의 세기와 자하

자계 내에 있는 자성체 중의 한 점에 미소체적 δv를 취하고 이 미소체적 내의 자구는 자계의 방향으로 회전하여 자화된다. 지금 이 점에서의 자화방향까지 생각하여 그 자기능률을 벡터 $\delta \boldsymbol{M}$이라고 할 때

$$\boldsymbol{J} = \lim_{\delta v \to o}\frac{\delta \boldsymbol{M}}{\delta v} = \frac{d\boldsymbol{M}}{dv} \tag{8·32}$$

으로 나타낸 양을 그 점에 대한 자화의 세기 또는 **자화도**(intensity of magnetization)라 하며 자성체의 자화 정도를 나타낸다. 여기서 자기능률의 방향은 S극에서 N극으로 향하는 것을 정으로 한다. 따라서 자화 세기 $\boldsymbol{J}$도 자화된 자성체 내의 S극에서 N극으로 향하는 벡터이다. 또 미소체적의 자화방향에 대한 단면적을 δS, 여기에 나타난 자하를 δm이라고 하면 자화의 세기의 크기 $\boldsymbol{J}$는

$$\boldsymbol{J}=\lim_{\delta s \to o}\frac{\delta m}{\delta S}=\frac{dm}{dS} \tag{8·33}$$

으로 나타낼 수 있다. 즉 자화의 세기는 그 체적의 단면에 나타나는 자화밀도로 표시할 수 있다.

윗식의 $\boldsymbol{J}$를 사용하면 한 점 P의 자위 U_P는

$$\begin{aligned} U_P &= \frac{1}{4\pi\mu_0}\left\{\int_V \operatorname{div}\left(\frac{\boldsymbol{J}}{r}\right)dv+\int_V \frac{(-\operatorname{div}_z \boldsymbol{J})}{r}dv RIGHT \right. \\ &= \frac{1}{4\pi\mu_0}\left\{\int_S \frac{J_n\,dS}{r}+\int_V \frac{(-\operatorname{div}_z \boldsymbol{J})}{r}dv\,RIGHT \right. \end{aligned} \tag{8·34}$$

여기서 S는 생각하고 있는 물체의 면적, v는 그 체적 J_n은 $\boldsymbol{J}$의 면 S에 수직한 성분이다. 이 식의 우변 제1항은 면에 J_n의 자하밀도가 분포되어 있는 것을, 또 내부에 (−divz J)의 자하밀도가 분포되어 있는 것을 표시하고 있다. 가령 그림 8·12와 같은 원통의 내부가 균일하게 자화되어 있다고 가정하면 식 (8·34)에서 $\operatorname{div}_z \boldsymbol{J}=0$가 되고 J_n은 양끝에서 균일하며, 양끝의 단면적을 S라고 하면 양단에는 자하 J_nS가 나타나게 된다.

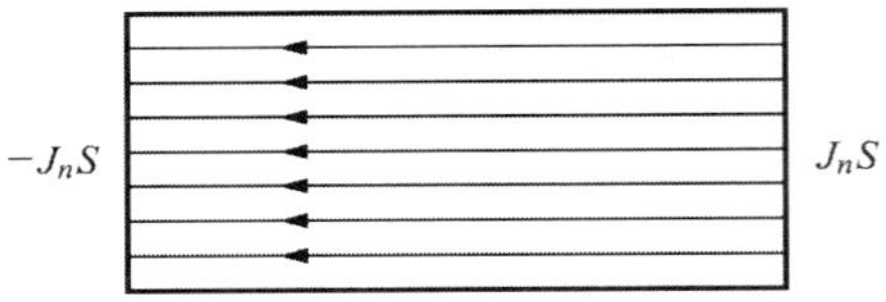

|그림 8·12| 자화에 의하여 면에 나타난 자하

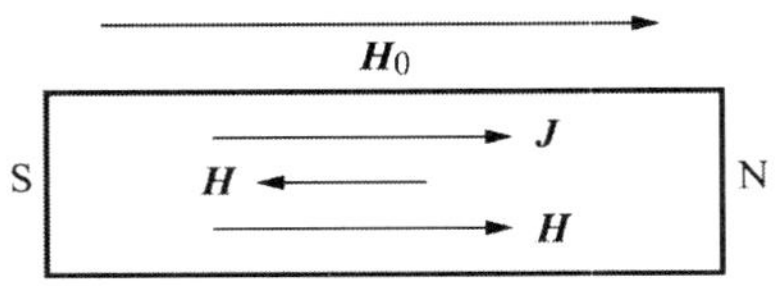

|그림 8·13| 자성체 내의 자속

자화의 세기를 지력선으로 나타낼 때, 이 선을 **자화선**이라고 하며, 이의 밀도는 J의 크기로 취하고 자성체 내를 부자하에서 정자하로 향한다. 따라서 자화선 1개마다 그의 기점, 종점에 각각 부 및 정의 단위자하가 발생한다.

8.8.3 자속밀도 및 자속

유전체의 분극도$\boldsymbol{P}$와 유전체 내의 전계$\boldsymbol{E}$를 조합한$\boldsymbol{D}=\epsilon_0\boldsymbol{E}+\boldsymbol{P}$를 전속밀도로 정함으로써 유전체에서의 전계 분포를 간단히 취급할 수 있었다. 이러한 생각을 자성체에도 적용하여 자성체 내의 자속분포를 쉽게 취급할 수 있다.

즉 진공 중의 평등자계$\boldsymbol{H}_0$ 내에 자성체를 놓으면 자화로 인하여 자화의 세기$\boldsymbol{J}$에 따른 자극 S, N이 면에 유도되어 내부에는 외부자계$\boldsymbol{H}_0$와 이 S, N에 의한 반대 방향의 자계(감자력)$\boldsymbol{H}'$, 그 사이의 합인$\boldsymbol{H}=\boldsymbol{H}_0-\boldsymbol{H}'$의 자계가 작용한다. 따라서 자성체 내부에는 자계$\boldsymbol{H}$에 의한 자력선과 자화의 세기$\boldsymbol{J}$에 의한 자화선이 동시에 존재하게 되며 자성체에 따라 그 값이 달라지게 된다. 그러므로 이것들을 종합하여

$$\boldsymbol{B}=\mu_0\boldsymbol{H}+\boldsymbol{J} \tag{8·35}$$

의 새로운 벡터량을 생각함으로써 전속밀도$\boldsymbol{D}$에서와 같이 자성체의 종류에 관계없이 자계분포를 일률적으로 취급할 수 있다. 이$\boldsymbol{B}$를 **자속밀도**(magnetic flux density) 또는 **자하유도도**(magnetic induction)라 하며, 벡터$\boldsymbol{B}$의 방향으로 그려진 지력선을 **자속선** 또는 **자선**(magnetic line)이라고 한다. 그리고 전계의 전속선과 같이 단위면적을 통과하는 자속선수를 그 점에 대한 자속밀도의 크기$\boldsymbol{B}$와 같도록 정의한다. 따라서 진공 중에서 $\boldsymbol{J}=0$이 되어

$$\boldsymbol{B}=\mu_0\boldsymbol{H} \tag{8·36}$$

가 된다. $\boldsymbol{B}$의 자속선은 자성체를 진공으로 바꾸어 놓았을 때의 자계$\boldsymbol{H}$로 주어지는 자력선수를 μ_0배 한 값이 되며 자속선의 분포 상태는 그 자계의 분포 상태와 같은 모양이다.

자속밀도 B인 점의 임의의 면 S를 지나는 자속선수를 **자속**(magnetic flux)이라고 하며, 이것을 ϕ라고 하면

$$\phi=\int_s \boldsymbol{B}\cdot d\boldsymbol{S} \tag{8·37}$$

로 주어진다.

식 (8·4)와 식 (8·36)를 이용하면 식 (8·37)은

$$\phi=\int_s \boldsymbol{B}\cdot d\boldsymbol{S}=m\,[\mathrm{Wb}] \tag{8·38}$$

이다. 만일 S가 폐곡면일 때는 S면 내의 자화된 자성체에는 반드시 정, 부, 동량의 자하 $+m, -m$이 동시에 존재할 것이므로, 가우스의 정리를 적용하면 이 폐곡면으로 들어가는 자속과 나가는 자속은 항상 똑같이 되어 결국 폐곡면 S를 유출하는 자속은 0이 된다. 즉

$$\int_{s(\text{폐곡면})} \boldsymbol{B} \cdot d\boldsymbol{S} = 0 \tag{8·39}$$

의 관계가 성립한다. 식 (8·38)에 발산정리를 적용하여 S면 내의 전체적 V에 대한 체적적분으로 고쳐쓰면

$$\int_V \mathrm{div}\boldsymbol{B} \cdot dv = 0 \tag{8·40}$$

가 된다. 이 관계는 자성체의 모든 장소에 대하여 항상 성립하므로

$$\mathrm{div}\boldsymbol{B} = 0 \tag{8·41}$$

가 성립한다. $\boldsymbol{B}$는 식 (8·41)의 성질이 있지만 $\boldsymbol{H}$는 자하에서 나와 자하에서 끝난다. 이 모양을 나타내기 위해서 두 단면에만 균일한 자극을 갖는 원통형의 자석을 만드는 $\boldsymbol{H}$와 $\boldsymbol{B}$를 그림으로 나타내면 **그림 8·14**와 같이 되고, $\boldsymbol{H}$는 N극에서 나와 S극에 그치고 있지만 $\boldsymbol{B}$는 나가든가 들어오는 점이 없이 폐곡선으로 되어 있다.

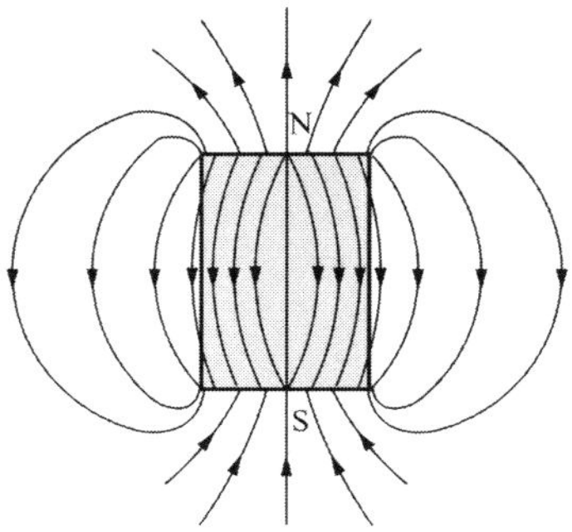

(a) $\boldsymbol{H}$

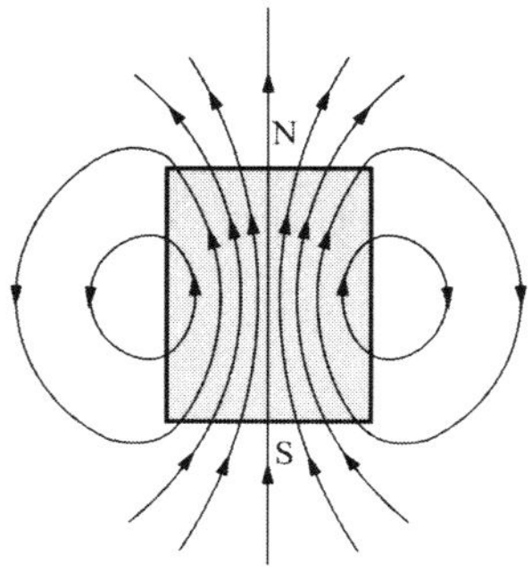

(a) $\boldsymbol{B}$

|그림 8·14| 영구자석의 B와 H

8.8.4 투자율과 자화율

물질 내의 자화는 $\boldsymbol{H}$에 비례한다고 생각하면 다음과 같이 할 수 있다.

$$\boldsymbol{J} = \chi \boldsymbol{H} \tag{8·42}$$

여기서 χ를 **자화율**(magnetic susceptibility)이라고 한다. 식 (8·35)에 식 (8·42)을 대입하면

$$\boldsymbol{B} = \mu_0 \boldsymbol{H} + \chi \boldsymbol{H} = (\mu_0 + \chi)\boldsymbol{H} \tag{8·43}$$

여기서

$$\boldsymbol{B} = \mu \boldsymbol{H} \tag{8·44}$$

라 놓고 μ를 자성체의 **투자율**(permeability)이라고 한다. μ_0와 μ의 비율을 그 자성체의 **비투자율**(relative permeability)이라고 한다. 즉

$$\mu = \mu_0 \mu_r \tag{8·45}$$

식 (8·43) 내지 식 (8·45)에서

$$\left.\begin{aligned} &\mu = \mu_0 + \chi \\ &\chi = \mu - \mu_0 = \mu_0(\mu_r - 1) = \mu_0 \chi_r \\ &\chi_r = \mu_r - 1 \text{ 또는 } \mu_r = 1 + \chi_r \\ &\mu = \mu_0(1 + \chi_r) \end{aligned}\right\} \tag{8·46}$$

가 되고 μ_r가 큰 물질일수록 자화가 크다. χ는 자성체에 단위자계를 주었을 때 생기는 자화를 나타내는 양이며, 자화율 χ_r를 **비자화율**이라고 한다.

표 8·1은 여러 가지 물질에 대한 비자화율 χ_r를 나타낸 것이다. 자성체를 비자화율 또는 비투자율에 의하여 분류하면 다음과 같다.

① **반자성체** : $\boldsymbol{J}$는 $\boldsymbol{H}$에 비례하지만, 이것들은 반대방향이 되고, $\chi_r < 0$, $\mu_r < 1$이다.

② **상자성체**(정자성체) : $\boldsymbol{J}$와 $\boldsymbol{H}$는 비례하지만 이것들은 같은 방향이 되고, $\chi_r > 0$, $\mu_r > 1$이다.

③ **강자성체** : $\boldsymbol{J}$와 $\boldsymbol{H}$는 선형적으로 비례하지 않고 비례계수 이상으로 증가하는 데, 양자는 같은 방향이고, $\chi_r \gg 0$, $\mu_r \gg 1$이다.

|표 8·1| 물질의 비자화율

반자성체	온도[℃]	비자화율 χ_r	상자성체	온도[℃]	비자화율 χ_r
비스무트	18	-16.6×10^{-5}			
그라파이트	20	-9.9×10^{-5}			
다이아몬드	20	-2.2×10^{-5}	산소액체	-219	488×10^{-5}
아세틸렌	20	-7.0×10^{-5}	산소기체	20	0.18×10^{-5}
수은	18	-3.2×10^{-5}	네오디뮴(Nd)	18	300×10^{-5}
은	18	-2.64×10^{-5}	팔라듐 (Pd)	18	82.5×10^{-5}
납	18	-1.7×10^{-5}	백금(Pt)	18	29×10^{-5}
구리	18	-0.96×10^{-5}	알루미늄	18	2.2×10^{-5}
물	20	-0.88×10^{-5}	공기	20	0.037×10^{-5}
아르곤	20	-0.00095×10^{-5}			
수소	20				

8.8.5 자기 감자

(1) 자기 감자력

그림 8·13과 같이 외부자계 중에 H_0의 $\mu_r > 1$의 자성체를 놓으면 자화 J가 생기고 이로 인하여 자성체 단면에 **그림 8·15**와 같은 N극 및 S극이 나타난다.

이 자극은 자성체 내부에 $\boldsymbol{H}_0$와 반대방향의 자계 $\boldsymbol{H}'$를 생기게 하므로 자성체 내부의 자계 $\boldsymbol{H}$는

$$\boldsymbol{H} = \boldsymbol{H}_0 - \boldsymbol{H}' \qquad (8 \cdot 47)$$

가 된다. 이와 같이 잔류자속이 남아 있는 영구자석은 자석의 세기가 감소하게 된다. 이 $\boldsymbol{H}$를 **자기 감자력**(self demagnetizing force)이라고 한다. 이 현상은 상자성의 경우이나, 역자성일 때는 자화의 방향이 반대로 되어 $H = H_0 - H'$가 되지만 여기서는 상자성의 경우만을 취급하기로 한다.

영구자석이 자기 감자 작용으로 점차로 약해지는 것을 방지하기 위하여 가령 **그림 8·15**와 같이 U자형 자석에서는 양극간에 봉상의 철을 연결시킨다. 이렇게 하면 내부에는 자기 감자력이 없어지므로 감자는 일어나지 않는다. 사용할 때는 철편을 제거하면 된다.

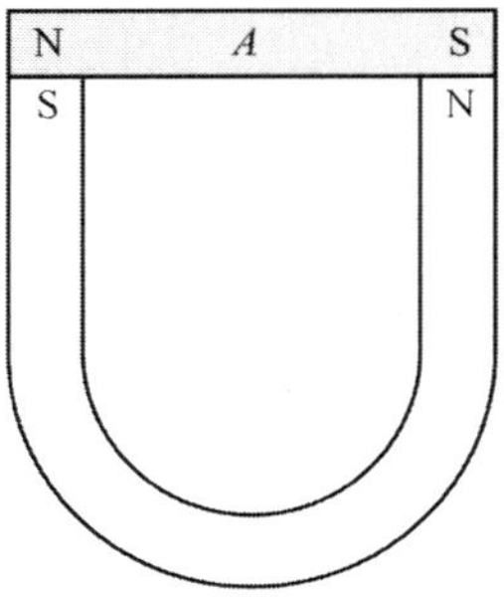

|그림 8·15| 영구자석의 자기 감자 작용 억제

(2) 감 자 율

자기 감자력은 자성체 단면에 나타나는 자극, 즉 자화의 세기 $\boldsymbol{J}$에 비례하며 또 자성체의 형성에 의하여 결정되므로

$$\boldsymbol{H}' = \frac{\gamma}{\mu_0}\boldsymbol{J} \qquad (8 \cdot 48)$$

로 나타낼 수 있다. γ는 단위자화당의 자기 감자력을 나타내는 양이며 **감자율**(demagnetization factor)이라고 한다. 그런데 $\boldsymbol{J}=\chi\boldsymbol{H}$이므로

$$\boldsymbol{H}'=\gamma\frac{\chi}{\mu_0}\boldsymbol{H}=\gamma\chi_r\boldsymbol{H} \tag{8·49}$$

$$\boldsymbol{H}=\boldsymbol{H}_0-\boldsymbol{H}'=\boldsymbol{H}_0-\gamma\chi_r\boldsymbol{H}$$

가 되고

$$\therefore \boldsymbol{H}=\frac{\boldsymbol{H}_0}{1+\gamma\chi_r}=\frac{\boldsymbol{H}_0}{1+\gamma(\mu_r-1)} \tag{8·50}$$

또는

$$\gamma=\frac{1}{\mu_r-1}\left(\frac{\boldsymbol{H}_0}{\boldsymbol{H}}-1\right) \tag{8·51}$$

예제 8-4

$H_0=200$[AT/m]의 평등자계 중에 비투자율 $\mu_r=500$이고 감자율 $\gamma=2.5\times10^3\times\mu_0$의 철봉을 놓았을 때 철봉의 자화율 χ, 자화의 세기 J, 철봉 중의 자계의 세기 H, 자속밀도 B를 구하여라.

해 $\boldsymbol{J}=\chi\boldsymbol{H}$이므로 이 식에 식 (8·50)과 식 (8·46)의 제2식을 대입하면

$$J=\frac{\mu-\mu_0}{1+\gamma(\mu_r-1)}H_0=\frac{\mu_0(500-1)}{1+2.5\times10^3\mu_0(500-1)}\times200=0.05[\text{Wb/m}^2]$$

$$\chi=\mu-\mu_0=4\pi\times10^{-7}\times(500-1)=6.28\times10^{-4}[\text{H/m}]$$

$$H=\frac{J}{\chi}=79.7[\text{AT/m}]$$

$$B=\mu H=4\pi\times10^{-7}\times500\times79.7=0.05[\text{Wb/m}^2]$$

8.9 경계면의 조건

그림 8·16과 같이 투자율 μ_1, μ_2 의 2개의 매질 I, II가 접해져 있을 때의 경계조건을 생각해 보자. 이것은 $\boldsymbol{H},\boldsymbol{B}$ 가 정전계와 같은 정의이므로 정전계와 마찬가지의 방법으로 구할

수가 있다. 식 (8·38)에 의하면 하나의 폐곡면에서 나가는 자속의 총량은 0이다.

그러므로 그림 8·16과 같이 경계면을 사이에 두고 양측에 밑면을 가지며 그 단면적이 δS이고 높이가 충분히 낮은 원통면을 생각하면, 이 면에서 나가는 자속은

$$\int \boldsymbol{B} \cdot dS = 0$$

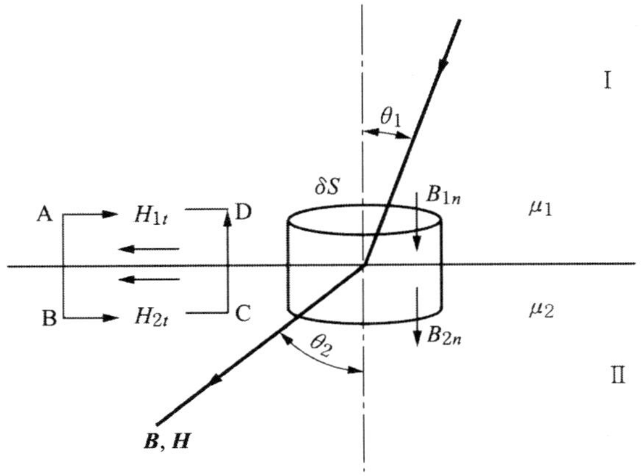

|그림 8·16| 서로 다른 매질간의 경계조건

의 관계에 의하여 0이다. 매질측 I, II 중의 B의 법선방향의 성분은 B_{1n}, B_{2n}이라고 하면 I측의 밑면에서 나가는 자속은 $-B_{1n}\delta S$, II측에서는 $B_{2n}\delta S$이고 높이가 낮으므로 측면에 나가는 자속은 없다고 생각할 수 있으므로, 이 원통의 전면에서 나가는 자속은 $-B_{1n}\delta S + B_{2n}\delta S$이다. 이것은 항상 0이므로

$$B_{1n} = B_{2n} \tag{8 · 52}$$

즉 경계면에서는 $\boldsymbol{B}$의 법선방향의 성분이 같다.

다음에 $\boldsymbol{H}$의 경계조건을 생각하여 보자. 이 경우의 경계면에는 전류가 흐르지 않는다고 하자. 정전계의 경우와 마찬가지로 경계면에 평행 및 수직인 변을 가진 구형 ABCD에 단위자하를 일주 시키는 일은 0이 되어야 한다. AB, CD는 충분히 작다고 하면, 이것에서

$$\int_D^A H_{1t}\, dl = \int_C^B H_{2t}\, dl$$

따라서

$$H_{1t} = H_{2t} \tag{8 · 53}$$

즉 경계면에서는 $\boldsymbol{H}$의 접선방향의 성분이 같다고 할 수 있다. $\boldsymbol{H}$, $\boldsymbol{B}$의 선은 그림 8·17에

나타낸 바와 같이 법선과 θ_1, θ_2의 각을 이루고 있다고 하면

$$\left.\begin{aligned} B_{1n} = B_1 \cos\theta_1, B_{2n} = B_2 \cos\theta_2 \\ H_{1t} = H_1 \sin\theta_1, H_{2t} = H_2 \sin\theta_2 \end{aligned}\right\} \quad (8 \cdot 54)$$

식 (8·52), (8·53), (8·54)에서 다음의 관계를 얻을 수 있다.

$$\frac{\tan\theta_1}{\tan\theta_2} = \frac{\mu_1}{\mu_2} = \frac{\mu_{1r}}{\mu_{2r}} \quad (8 \cdot 55)$$

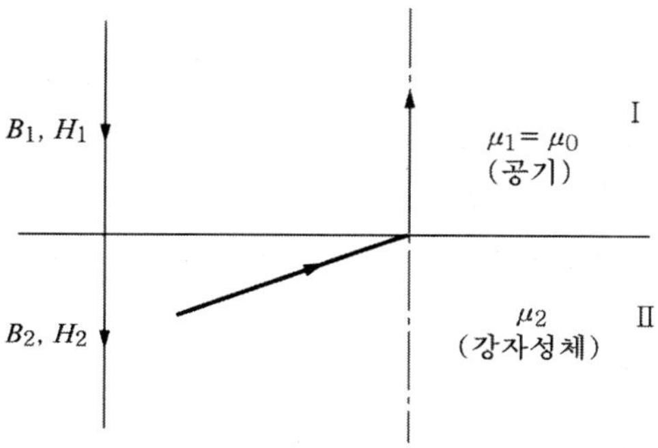

|그림 8·17| 경계에 있어서의 B, H의 굴절의 예

이 특별한 경우로서 B_1의 경계면에 수직으로 들어온다고 하자. 이 때 $H_{1t} = 0$이므로 식 (8·53)에서 $H_{2t} = 0$이고, $\sin\theta_1 = 0$, 즉 $\theta_2 = 0$이고, B_2, H_2도 경계면에 수직이고, 자력선 및 자선은 경계면을 굴절없이 통과한다(그림 8·17).

다음에 수직례로서 매질 II는 강자성체에서 μ_2는 크고 I은 공기에서 $\mu_1 = \mu_0$이라고 하자. II에서 I로 자력선이 통하고 있을 때 II에서 경계면의 법선에 대하여 어떤 각도로 입사한 역선은 I에서 어떻게 굴절하는가를 생각해 보기로 한다.

$\mu_{2r} = 10,000$이고, $\theta_2 = 85$라고 하면

$$\tan\theta_1 = \frac{\tan\theta_2}{10,000} = 11.43 \times 10^{-4}$$

따라서 $\theta_1 \simeq 3.95'$가 되고 μ_{2r}가 크면 경계면에는 거의 평행으로 입사하여도 거의 수직으로 나가는 것을 알 수 있다. 또 다음의 경계조건도 얻을 수 있으며 경계면의 양쪽에서

$$\mu_1 \frac{\partial U_1}{\partial n} = \mu_2 \frac{\partial U_2}{\partial n}, \quad U_1 = U_2 \quad (8 \cdot 56)$$

8.10 자기 에너지

정전계에서는 자계의 세기 $\boldsymbol{E}$, 전속밀도 $\boldsymbol{D}$의 영역에서 단위체적당 $\frac{1}{2}\boldsymbol{E}\cdot\boldsymbol{D}$인 정전에너지가 축적된다. 이와 마찬가지로 자계의 경우에는 자계의 세기 $\boldsymbol{H}$, 자속밀도 $\boldsymbol{B}$의 영역에서 단위체적당 $\frac{1}{2}\boldsymbol{H}\cdot\boldsymbol{B}$인 자계 에너지가 보유된다. 이에 대해서는 후술하겠지만 그 결과만을 사용하여 서술한다.

지금 매질의 투자율을 μ라고 하면 자계의 정전 에너지 밀도는

$$w_m = \frac{1}{2}BH = \frac{1}{2}\mu H^2 = \frac{1}{2\mu}B^2 \tag{8·57}$$

이 된다. 여기서B를 $B+\delta B$로 바꾸었을 때 w_m의 변화 δw_m은 식 (8·57)에서

$$\delta w_m = \frac{B}{\mu}\delta B = H\delta B \tag{8·58}$$

가 된다. 식 (8·57) 및 식 (8·58)는 벡터를 사용하면

$$w_m = \frac{1}{2}\boldsymbol{H}\cdot\boldsymbol{B} = \frac{1}{2\mu}\mu\boldsymbol{H}^2 = \frac{1}{2\mu}\boldsymbol{B}^2 \tag{8·59}$$

$$\delta w_m = \boldsymbol{H}\cdot\delta\boldsymbol{B} \tag{8·60}$$

라고 해도 된다. 따라서 자계가 존재하는 영역V 전체에 축적된 자계의 전에너지 w_m은

$$W_m = \int_V \left\{\int_0^B \mathrm{H}\cdot \mathrm{dB}\right\}dv = \int_V \left\{\int_0^B \frac{\boldsymbol{B}}{\mu}\cdot \boldsymbol{dB}\right\}dv = \frac{1}{2}\int_V \mathrm{H}\cdot \mathrm{B}dv \tag{8·61}$$

로 구해진다.

예제 8-5

그림 8·18과 같이 단면적 S의 봉자석 A, B를 자속밀도 B의 자속이 통하고 있을 때 자석간에 작용하는 힘을 구하여라.

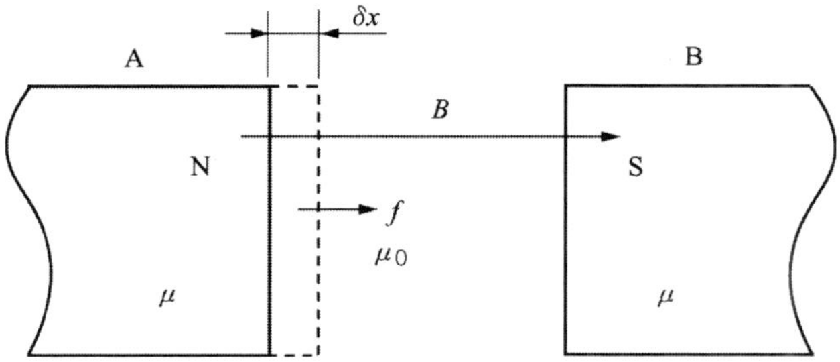

|그림 8·18|

해 자석 A가 단위면적당 f의 힘으로 δx만큼 오른쪽으로 이동하였다고 하면 단위면적에 대한 에너지의 변화는

$$\delta w = \frac{B^2}{2\mu}\delta x - \frac{B^2}{2\mu_0}\delta x \tag{8 · 62}$$

외부로부터의 에너지 공급이 없다고 하면 여기에 상당하는 에너지 감소의 비율이 힘이 되므로(가상변위의 원리에서) 힘 f는

$$f = -\frac{\delta w}{\delta x} = \frac{B^2}{2}\left(\frac{1}{\mu_0} - \frac{1}{\mu}\right)[\text{N/m}^2] \tag{8 · 63}$$

μ가 클 때는 $f \fallingdotseq B^2/2\mu_0$(인력), S면 전체의 힘은 $F = Sf$[N]

예제 8-6

그림 8·19와 같이 공극의 면적 100[cm^2]의 전자석에 자속밀도 B = 5000[gauss]의 자속이 발생하고 있을 때 철편을 흡인하는 힘을 구하여라.

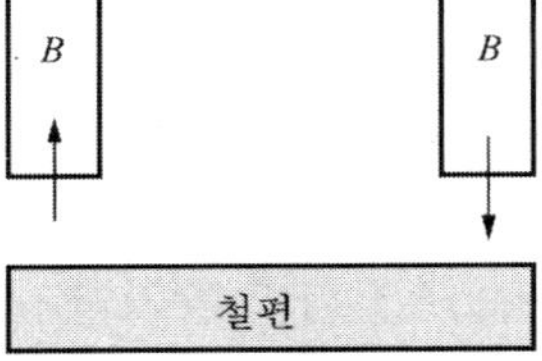

|그림 8·19|

해 공극은 2개가 있으므로 인력은 $F=\dfrac{B^2 S}{2\mu_0}\times 2$, 자속밀도 1[Wb/m^2]는 CGS 단위의 10^4[gauss]에 상당하므로

$$B=\frac{5000}{10^4}=0.5[\mathrm{Wb/m^2}]$$

$$\therefore\ F=\frac{0.5^2\times 100\times 10^{-4}}{4\pi\times 10^{-7}}\fallingdotseq 2000[\mathrm{N}]=\frac{2000}{9.81}\fallingdotseq 200[\mathrm{kg\cdot Wt}]$$

8.11 강자성체

8.11.1 자화곡선

지금까지는 자화의 세기가 자계에 비례하는 경우, 즉 자화의 세기 J, 투자율 μ가 항상 일정하다고 생각한 경우를 취급하였다. 이 관계는 강자성체 이외의 물질에 대해서는 만족하지만, 실제로 중요한 강자성체에서는 자화의 현상이 복잡하여 J와 μ는 상수가 아니다. 지금 전혀 자화되어 있지 않은 철에 자계를 가하여 자화시키면 자화의 세기는 **그림 8·20**과 같이 된다. 이것을 **자화곡선**(magnetization curve)이라고 한다.

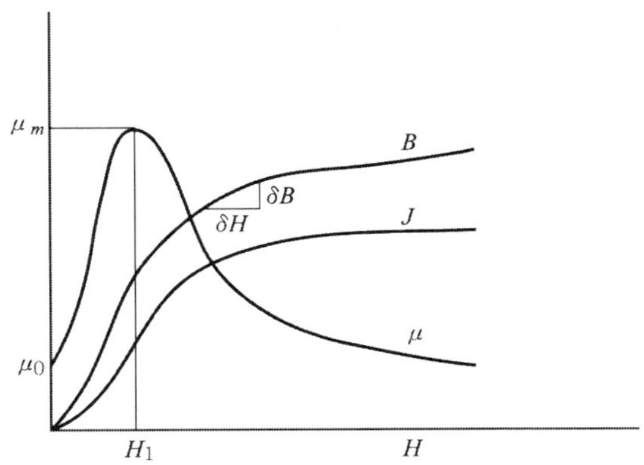

|그림 8·20| 자화곡선

그림에서 자계가 작을 때에는 J는 H에 따라 증가하지만 자계가 크게 됨에 따라 점차로 포화하여 소위 포화특성을 나타낸다. H와 B의 관계를 그린 곡선을 $B-H$곡선이라 말하

며 H가 작은 사이에는 자화곡선과 마찬가지로 직선 관계가 만족하지만 H가 커지면 비선형이 되고 그 특성은

$$H = a_1 B + a_3 B^3 + a_5 B^5 + \ldots\ldots \; (a_1, a_3, a_5, \ldots\ldots \text{ 는 상수}) \qquad (8 \cdot 64)$$

의 모양으로 시된다. H에 대한 $\dfrac{B}{H} = \mu$를 그리면 그림 내의 μ 곡선과 같이 자계 H_1일 때 μ가 최대값 μ_m을 취하고 이것을 **최대투자율**이라고 한다. 이 밖에 μ의 값으로서 $H \to 0$일 때의 μ_0은 **초기투자율**, $\dfrac{dB}{dH} = \mu_i$를 **미분투자율**이라고 한다.

8.11.2 hysteresis loop

소자한 강자성체 중의 자계 H를 다음과 같이 변화하였을 때의 자속밀도 B는 **그림 8·21**과 같이 하나의 루프가 되고 이것을 **hysteresis 환선**(hysteresis loop)이라고 한다. 즉,

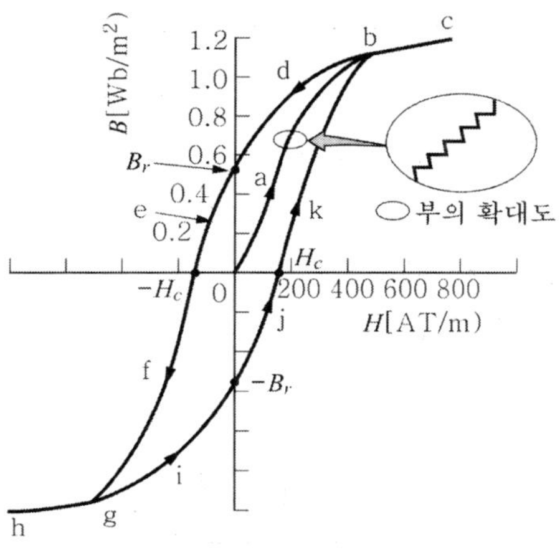

|그림 8·21| 히스테리시스 환선

① H를 증가시킬 때 그 값이 작을 때는 H에 따라 스핀 자기능률은 점차로 H의 방향으로 정렬하므로 B도 증가하고 **그림 8·21**의 $\mathrm{O} \to \mathrm{a} \to \mathrm{b}$와 같이 된다.

② H가 어느 값 이상으로 커지면 강자성체 중의 스핀 자기능률도 H의 방향으로 정렬이 끝나고 자화는 포화하므로 B의 증가율은 작게 되고 $\mathrm{b} \to \mathrm{c}$가 생긴다.

③ 여기서 H를 감하면 B는 전과 반대로 $\mathrm{c} \to \mathrm{b}$의 길을 따르고 H를 0까지 감소시키면 이에 따라 B는 $\mathrm{b} \to \mathrm{d} \to Br$가 된다. 공급자계 H가 0이 되어도 B가 어떤 값 B_r를 나타내는 것은 자기점성 때문에 스핀 자기능률의 일부가 전에 가한 자계의 방향으로

아직 남아 있는 것을 나타내며, 이 값 B_r를 **잔유자계**(residual magnetism)이라고 한다.

④ 더욱 $\boldsymbol{H}$를 감소시키면 $\boldsymbol{B}$는 $B_r \to \text{e} \to -H_c$와 같이 변하고 $H=-H_c$일 때 $\boldsymbol{B}=0$이 된다. 즉 스핀 자기능률의 방향을 처음과 같은 상태(각 스핀 자기능률은 무질서한 방향을 가지며 합성 자기능률은 0이 된다)로 하려면 공급자계와 반대방향으로 자계 H_c를 가하지 않으면 안 된다. 이와 같이 $\boldsymbol{B}=0$에 상당한 자계 H_c를 **보자력**(coercive force)이라고 한다.

⑤ 이로부터 반대방향의 자계를 증가시키면 B는 $-H_c \to \text{f} \to \text{g}$의 변화를 하고 g에서는 강자성체가 전과 똑같이 반대방향으로 자화된다.

⑥ 반대방향의 자계를 감소시키면 B는 $\text{g} \to \text{i} \to B_r$가 되고, $H=0$에서 $-B_r$의 잔류자기가 나타나며 $\boldsymbol{H}$를 정방향으로 가하여 B를 $-B_r \to \text{j} \to H_c$를 로 하면, $H=H_c$에서 스핀 자기능률의 방향이 다시 무질서하게 된다.

⑦ $\boldsymbol{H}$를 더욱 증가시키면 $\boldsymbol{B}$는 $H_c \to \text{k} \to \text{b} \to \text{c}$의 길을 취하고 본래의 상태로 되돌아간다.

이상과 같은 $\boldsymbol{B}$-$\boldsymbol{H}$의 관계는 비가역성을 나타내지만, H가 0에 가까운 작은 범위에서는 대략 직선적으로 변화하고 심한 비가역성을 나타내지 않는다.

영구자석 재료로는 **그림 8·22** ①과 같이 B_r와 H_c가 모두 큰 특성을 가진 강자성체가 적합하고, 또 자심재료로는 **그림 8·22** ②와 같이 H_c가 작고, 또 작은 H의 값에서 꼭 B가 포화의 경향을 나타내는 특성을 가지고 hysterisis loop가 적은 것이 좋다. **그림 8·22** ③은 ferrite의 대표적인 $\boldsymbol{B}$-$\boldsymbol{H}$ 곡선이다.

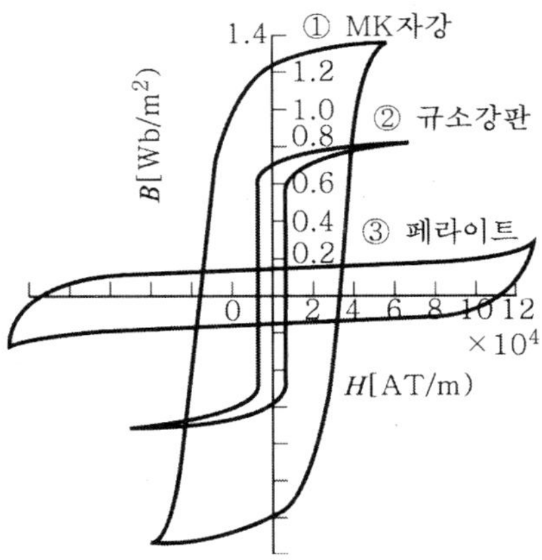

|그림 8·22| **여러 가지 물질의** $B-H$ **곡선**

8.11.3 자 구

합성스핀 자기능률을 가진 원자 또는 분자가 집합하여 강자성체의 물질을 만들려면 원자 또는 분자가 스핀을 갖는 이외에 어떤 영역 중에서 합성스핀이 몇 개 같은 방향으로 배향할 필요가 있다. 이 작은 구역이 자구이다.

그림 8·23에 대하여 설명하면 지금 1개의 자화된 강자성체의 봉[그림 8·23 (a)]을 몇 개로 절단하면 그림 8·23 (b)는 절단 끝에 각각 N, S극이 생기고, 각편도 독립적인 자석이 되며, 또 세분하여도 똑같이 된다. 그 일부의 점 A를 100배율 정도의 현미경으로 보면 왼쪽 또는 오른쪽으로 자화된 영역으로 나누어져 있다.

그리고 전체로서의 오른쪽 방향으로 자화되어 있으면 오른쪽 방향 영역의 체적쪽이 크다. 이와 같이 작은 영역이 자구이다.

그림 8·23 (c)는 이 자구이며 각 자구는 상하좌우로 자화되어 있지만 전체로서 오른쪽 영역의 수가 많다. 또 B의 자구를 확대하여 보면 그림 8·23 (d)와 같이 전체로서 오른쪽 방향으로 자기능률이 정렬되어 있다.

이들 자구는 강자성체 중에서 무질서하게 각 방향을 취하고 있어 전체로 보았을 때의 자기능률은 0이 되고 자성은 외부에 나타나지 않으므로 그림 8·23에 나타낸 $B-H$ 곡선의 O점에 상당한다. 외부에서 자계 H를 가하면 이들의 자구는 $\boldsymbol{H}$의 방향으로 방향을 바꾸고, 그방향의 자기능률을 증가시키므로 a 점에 이동한다. 또 H를 크게 하면 자구는 모든 $\boldsymbol{H}$의 방향으로 정렬, 이 상태가 bc 이다. 일단 이 방향으로 배열해 버린 자구는 H를 적게 감소시켜도 자기적 점성 때문에 여기에 즉응하여 방향을 되돌릴 수가 없으며 $H=0$ 로 하여도 역시 일정한 값만큼 자구는 원래의 배열대로 남고 완전히 자구를 본래의 상태로 되돌리려면 반대방향의 자계를 H_c 만큼 가해야 한다. 이리하여 히스테리시스환선이 완성된다고 생각할 수 있다.

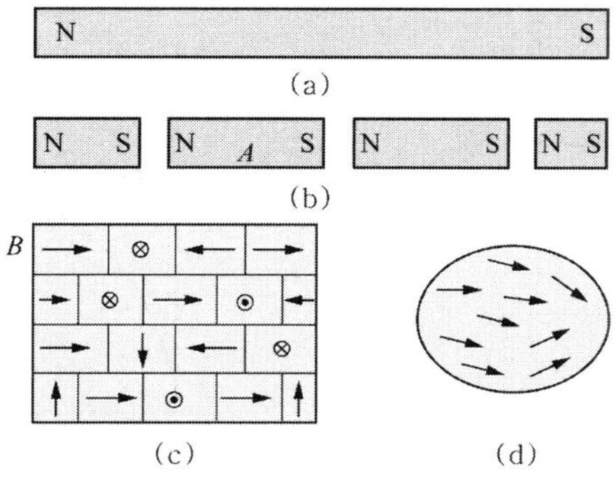

(c) 는 A점의, (d)는 B의 확대

|그림 8·23| 자석과 자구그림 358

8.12 히스테리시스 손실

식 (8·60)을 이용하여 자성체를 자화시키는데 요하는 일을 구해 보자. 그림 8·24와 같이 초기자화곡선에 따라 자성체를 자화한다고 하자. $\boldsymbol{B}$를 $\delta\boldsymbol{B}$만큼 증가시키려면 $\boldsymbol{H}\cdot\delta\boldsymbol{B}$만큼의 일이 필요하다. 이것은 그림과 같이 $\boldsymbol{H}$와 $\delta\boldsymbol{B}$로 포위된 구형의 면적이다. 따라서 $\boldsymbol{H}=0$에서 포화까지 자화할 때는 OACDO의 면적으로 나타내는 일이 필요하게 된다. 따라서 만일 자성체 중에서 에너지의 손실이 없으면 이 면적은 자계의 에너지를 나타내게 된다.

다음에 자계 $\boldsymbol{H}$를 0으로 다시 할 때 히스테리시스가 있으면 그림 8·25와 같이 자화될 때의 에너지를 방출한다. 히스테리시스가 있을 때에는 그림 8·26과 같이 자화될 때에 요하는 에너지는 OACDO이며 자계를 0으로 다시 할 때는 CDE 면적만큼의 에너지가 방출된다.

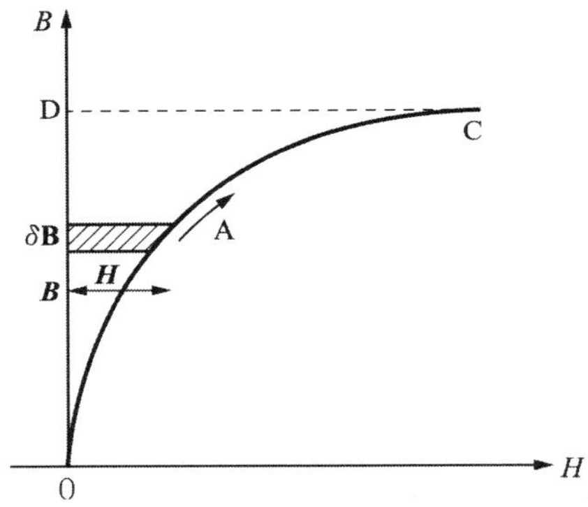

|그림 8·24| 자성체를 자화시킬 때 요하는 일

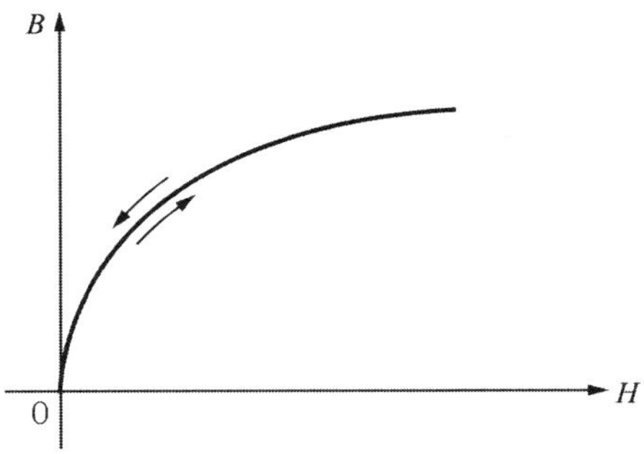

|그림 8·25| 히스테리시스가 없는 자성체에서는 자화에 필요한 에너지는 자계를 0으로 할 때 방출된다.

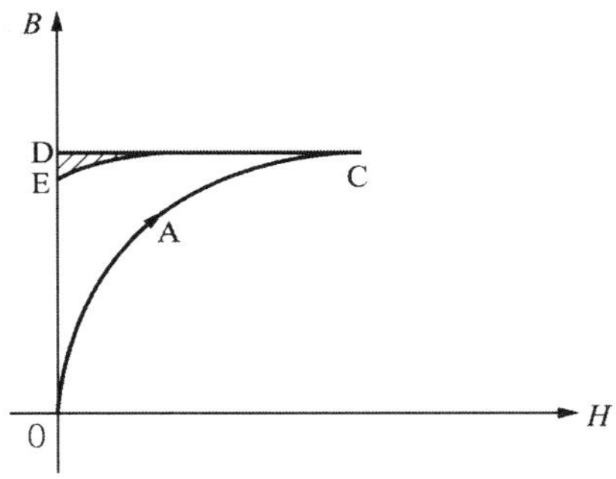

|그림 8·26|

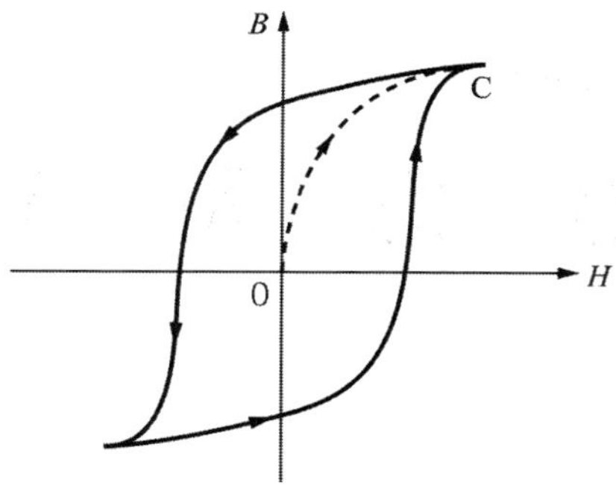

|그림 8·27| 히스테리시스환을 1회 그릴 때는 그 면적에 상당하는 에너지가 열이 된다.

이후 그림 8·27과 같이 히스테리시스환을 1회 그려서 처음의 C점에 되돌아가면 히스테리시스환의 면적만큼 여분의 에너지가 필요로 하게 됨을 알 수 있다.

$$w_h = \oint \boldsymbol{H} \cdot d\boldsymbol{B} = \text{히스테리시스환 내의 면적} \qquad (8 \cdot 65)$$

자계의 에너지는 처음과 동일하므로 히스테리시스의 면적에 상당하는 에너지는 손실된다. 이것은 열이 된다는 것이 확인되어 있다. 변압기 기타의 전기기계에서는 철심을 교류를 사용하는 일이 많고, 1[Hz]에서 w_k만큼의 에너지가 소비되므로 매초 f [Hz]에서는 단위체적당

$$P_h = f w_k [\mathrm{V/m^3}] \qquad (8 \cdot 66)$$

만큼의 에너지가 소모되어 전력이 손실된다. P_h는 히스테리시스 손실이라고 한다. 철을 변압기 기타의 철심으로서 사용할 때는 이 손실이 적을수록 좋으며 규소강(silicon steel : 규소를 3~5 % 포함) 등 여러 가지로 히스테리시스손이 적은 철심재료가 고안되고 있다.

Steinmetz는 여러 가지 전기기기용 자성체를 조사하여 w_k가 그 최대사용 자속밀도의 약 1.6 제곱에 비례한다는 실험식을 얻었다. 즉

$$w_k = \eta B_m^{1.6} [\mathrm{J/m^3}] \qquad (8 \cdot 67)$$

이 실험식이며 η는 전기용 자성체에 비하여 다른 값을 취하고 표 8·2에 이것을 나타내었다. 이 η를 **히스테리시스계수**(hysterisis coefficient)라고 한다. 또 B_m의 지수 1.6은 **스타인메츠 상수**(Steinmet's constant)라고 한다.

|표 8·2| 히스테리시스 상수

재 료	η [J/(Wb/m²)1.6m³]	재 료	η [J/(Wb/m²)1.6m³]
규소강	$2.5 \sim 1.5 \times 10^2$	주철	$28 \sim 40 \times 10^2$
양호한 변압기용 철판	2.8×10^2	니켈	$33 \sim 95 \times 10^2$
다이나모 철강	6.5×10^2	코발트	30×10^2

제8장 정자계

연 / 습 / 문 / 제

8–1. 2개의 봉자석이 그림 8·28과 같이 일직선으로 배열되어 있을 때, 양자석 사이에 작용하는 힘을 구하여라. 단, 자석의 길이 $l_1 = l_2 = 10$[cm], 간격 $d=5$[cm], 자하가 $m_1 = 0.05$[Wb], $m_2 = 0.1$[Wb]이다.

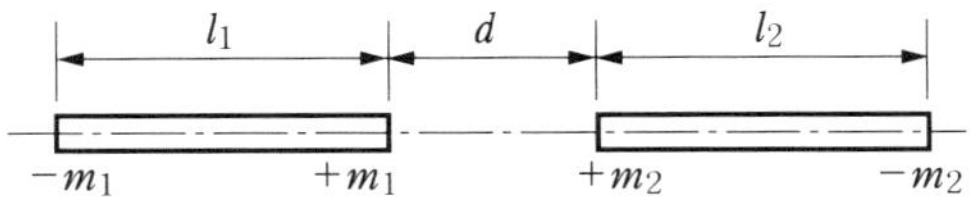

|그림 8·28|

답 10.35×10^4[N]

8–2. 그림 8·29와 같이 길이 l[m], 자하 m[Wb]인 봉자석의 N극에서의 수직선상에서 r[m]인 거리의 점 P의 전계의 세기 및 전계가 수평방향과 이루는 각도θ를 구하여라.

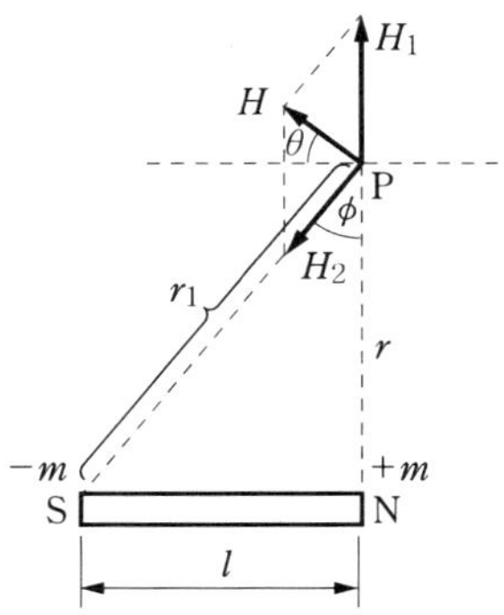

|그림 8·29|

답 $H = \dfrac{m}{4\pi\mu_0 r^2 r_1^2}\sqrt{r^4 + r_1^4 - 2r^3 r_1}$ [AT/m], $\tan\theta = \dfrac{r_1^3}{l r^2}\left\{1 - \left(\dfrac{r}{r_1}\right)^3\right\}$

8−3. 그림 8·30과 같이 자기 능률 $M=10^{-6}$[Wb · m]의 자침을 수직축의 주위에 회전할 수 있도록 수평으로 놓고 이것을 지자기의 수평분력 H_0의 방향에서 $\theta=45°$의 위치로 회전시키는 데 필요한 일을 구하여라. 단, $H_0=24$[AT/m]로 한다.

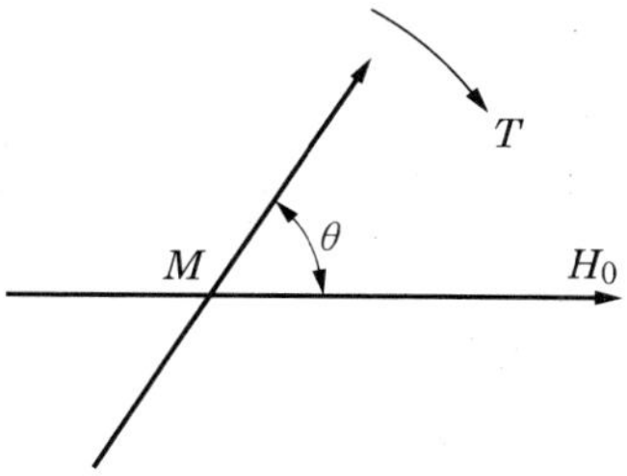

|그림 8·30|

답 $W=7\times10^{-6}$[J]

8−4. 그림 8·31과 같이 실로 수평으로 매단 소자침 N, S가 평등자계 H_0 중에서 1분간에 10회의 진동을 하고 있다. 이 자침의 N극에서 가까운 d의 위치에 상당히 긴 봉자석 A의 S극을 놓았더니 자침의 진동수는 1분간에 32회가 되고, 같은 장소에서 다른 봉자석 B를 놓았더니 1분간에 25회가 되었다. 두 자석의 자하를 비교하여라.

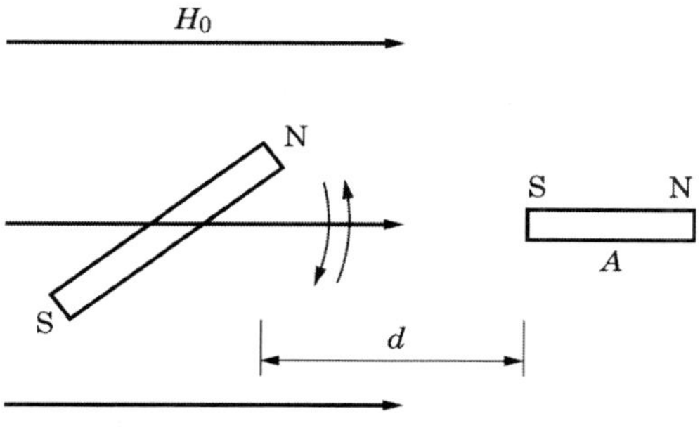

|그림 8·31|

답 1.76

8−5. 그림 8·32와 같이 반지름 a, 두께 t, 자속밀도 m[Wb/m^2]인 원형판자석의 중심 축상에서 N극쪽의 중심에서 x가 되는 거리의 점에서 자위 및 자계의 세기를 구하여라.

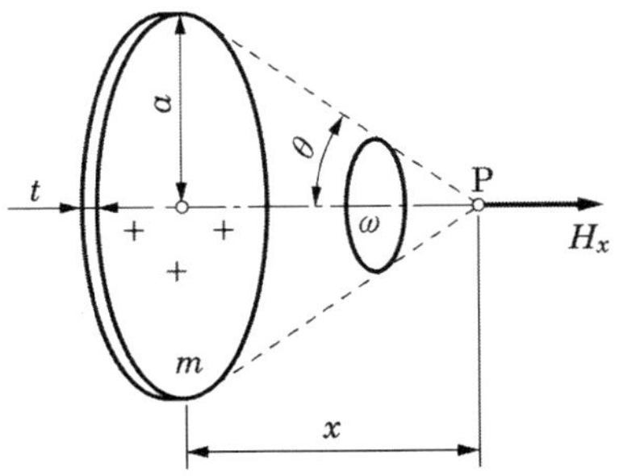

|그림 8·32|

답 $U = \dfrac{mt(1-\cos\theta)}{2\mu_0}$, $\cos\theta = \dfrac{x}{\sqrt{x^2+a^2}}$

$$H_x = \frac{mta^2}{2\mu_0(a^2+x^2)^{3/2}}$$

8−6. 벡터 2i+4j−k와 3i+0j−5k의 벡터 곱을 구하여라.

답 −20i+7j−12k

8−7. 원점에서 점 (2, 2, 5)에 벡터를 긋고 여기에 점 (1, 2, 1)에서 내린 수선을 구하여라.

답 $\left(\frac{2}{3}, \frac{2}{3}, \frac{5}{3}\right)$를 밑으로 한다.

8−8. 구상철심을 코일에 의하여 자화의 세기 J=0.3[Wb/m^2]가 되도록 자화하였다. 철심의 비투자율 $\mu_r = 600$일 때의 자화력 H를 구하여라.

답 H=398[AT/m]

8−9. 길이가 20[cm], 단면적의 반지름이 1[cm]인 원통이 길이의 방향으로 균일하게 자화되어 있다고 하고, 그 자화의 세기는 1[Wb/m^2]라고 할 때 원통의 자기능률을 구하여라.

답 6.28×10^{-5}[Wb·m]

8-10. 그림 8·33과 같이 투자율 의 자성체 중의 자속밀도가 B이다. B에 수직으로 만든 가는 홈 A 및 수평으로 만든 가는 홈 B 중의 자계의 세기를 구하여라.

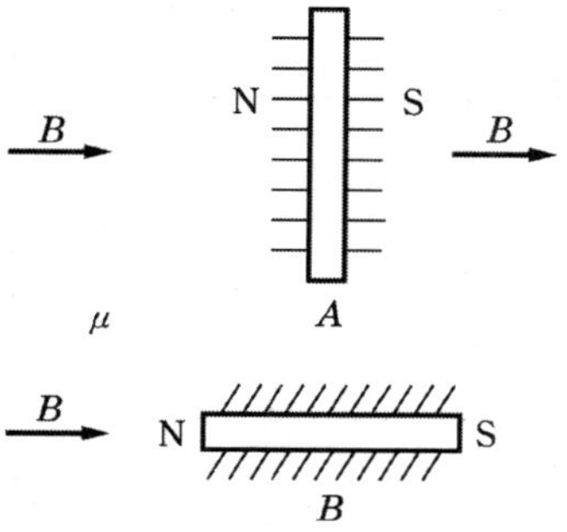

|그림 8·33|

답 A 일 때 $H_0 = \dfrac{B}{\mu_0}$, B 일 때 $H_0 = \dfrac{B}{\mu}$

8-11. 그림 8·34와 같이 자석 N, S 사이에 가로, 세로가 각각 a, b인 철편(투자율 μ)을 놓았을 때 철편에 작용하는 힘을 구하여라. 단, 자계는 그림에서 자석면간에서 수평방향뿐이고, 또 중력 작용은 생각하지 않는다.

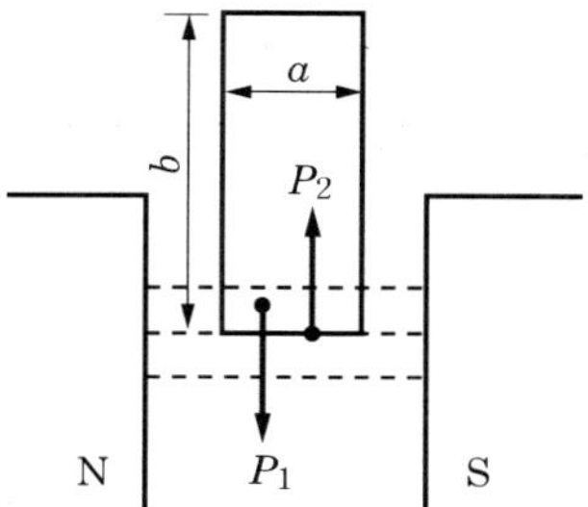

|그림 8·34|

답 $F = \dfrac{H_2}{2}\mu ab$ [N]

8-12. 그림 8·35와 같이 간극의 면적 S=100[cm^2]의 전자석에 자속밀도 B=5000 [gauss]의 자속이 발생하고 있을 때 철편을 흡인하는 힘을 구하여라.

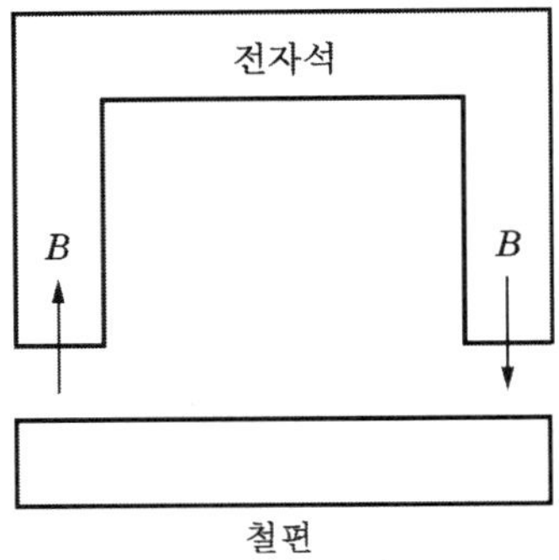

|그림 8·35|

답 $F \fallingdotseq 200$[kg·Wt]

8-13. 그림 8·36 (a)와 같은 자기특성을 가진 영구자성 재료가 있다. 다음 각각의 경우에 대한 자속밀도를 구하여라. 철의 비투자율은 1000이고, 간극에 있어서 자속이 퍼지지 않는다고 생각한다.

ⓐ l=10cm, δ=0　ⓑ l=5cm, δ=0　ⓒ l=10cm, δ=1mm
ⓓ l=5cm, δ=1mm　ⓔ l=10cm, δ=5mm　ⓕ l=5cm, δ=5mm

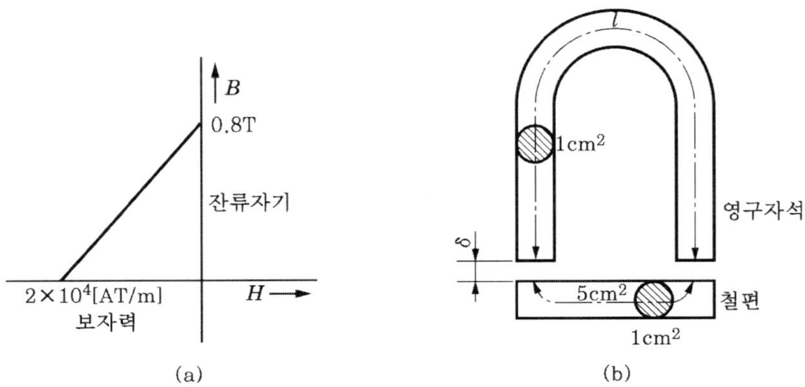

|그림 8·36|

답 ⓐ 0.787[Wb/m^2] ⓑ 0.775[Wb/m^2] ⓒ 0.484[Wb/m^2]
ⓓ 0.347[Wb/m^2] ⓔ 0.191[Wb/m^2] ⓕ 0.108[Wb/m^2]

제9장

전류에 의한 자계

9.1 전류의 자기작용

직선상의 도체에 전류가 흐르면 이 도선을 둘러싼 와상의 자계가 생기는 것이 Oersted에 의하여 발견되었다. 전류가 흐르는 도체에 자침을 가까이 하면 자침은 도체와 평행인 방향이거나 도체에 수직인 방향이 아니라 그 양쪽의 일정한 방향으로 향하게 된다. 즉, 그림 9·1과 같이 도선에 수직한 평면상에 그려진 도체를 중심으로 하는 원의 주위에 한 방향으로 향하게 되며 만약 전류의 방향을 반대로 하면 자침은 반전하게 된다. 또 도체에 가까운 쪽이 자계가 강함을 알 수 있다.

이와 같은 전류의 자기작용의 정량적인 연구는 많은 연구자들에 의하여 이루어져 뒤에서 살펴보게 될 Biot-Svart의 법칙, Ampere의 법칙이 나오게 되었다. 와상의 자계는 자석에 의한 자계는 전혀 없는 것인데 가령 이 와상자계에 점자계, 즉 단위자극을 반대방향으로 이동시키자면 끊임없이 일을 하지 않으면 안 된다. 그리고 그 일주회적분은 정전계의 경우처럼 0이 되지 않고 2회, 3회로 와상자계에 대해 반대방향으로 도체의 주위를 돌면 그 일은 횟수에 비례하여 증가한다. Ampere에 의한 이와 같은 고찰은 뒤에서 설명하게 될 주회적분의 법칙이 생겨나게 되었다.

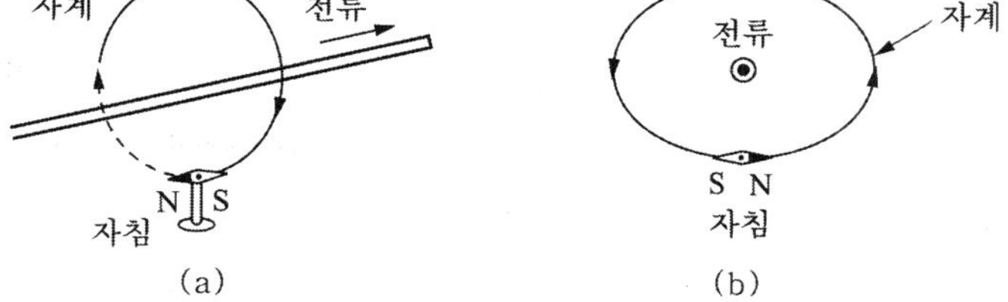

|그림 9·1| 직선상전류 근방의 자계

앙페르는 또 전류를 와상으로, 즉 코일상으로 감으면 그 중심부에 강력한 자계가 생기는 것을 발견하고 오늘날의 전자석(electro magnet)에 대한 기초를 만들었다. 그리고 이 전류가 흐르는 코일이 지구자계의 작용을 받아서 자침과 같이 그 면이 지구의 남북방향을 향하는 것을 실험하고, 이 전자기적인 힘의 연구에서 전류의 미소부분에 의한 자계가 고찰점까지의 거리의 자승에 비례한다는 Biot-Savart의 법칙이 나오게 되었다.

앙페르는 자석의 원자자기능률도 이와 같은 코일의 모양의 전류에 관계한다고 하였다. 이것이 오늘날 자성체의 물질구조연구에 단서를 준 것이다.

전류가 흐르는 코일을 다른 자계에 놓으면 전기적인 힘이 작용하는데, 이것이 오늘날의 전동기원리를 이루고 있다. 이와 같이 하여 지금까지 전기와 자기가 다만 비슷한 계를 형성하고 있는 별개의 것으로 생각되어 왔던 것이 전류가 자계를 만든다는 사실에 의하여 양자사이에 중요한 관계가 있다는 것이 알려지게 되었다.

9.2 등가판자석

작은 루프 모양의 전류에 의한 자계는 외부에서는 작은 자석에 의한 것과 같다는 것을 알았으므로, **그림 9·2 (a)**와 같은 임의의 폐회로전류 I에 의한 자계를 구해 보기로 하자.

그림 9·2 (a)와 같은 회로를 망목상으로 분할하여 각 망목에 I인 폐회로전류가 흐르고 있다고 하자. 이 때 인접한 망목의 전류는 서로 상세하게 된다. 이 모양은 **그림 9·2 (b)**에 나타낸 바와 같다.

그림에서 망목 I과 II에 I인 전류가 흐른다고 하면 서로 인접한 AB의 부분에서는 I부분의 전류와 II부분의 전류는 서로 상쇄되어 전류가 흐르지 않게 된다.

이와 같이 하면 **그림 9·2 (a)**에 임의의 모양의 전류는 이와 같은 망목전류로 나눌 수 있다. 각 망목전류는 소자석으로 나타낼 수 있으므로, 결국 임의의 모양의 망목전류는 소자석을 배열한 것과 등가이다.

소자석을 배열한 것은 판자석이므로 전류에 의한 자계는 판자석으로 바꾸어 생각할 수 있다. 이와 같은 폐회로전류와 등가인 판자석을 **등가판자석**(equivalent magnetic shell)이라고 한다. 이 등가판자석의 면은 어떻게 취하여도 상관없고, 다만 이 면의 주변이 전류회로 c와 일치하면 된다. 그리고 미소전류와 등가인 소자석의 세기가 전류에 비례하므로 이것의 집합인 등가판자석의 세기도 전류에 비례하게 된다.

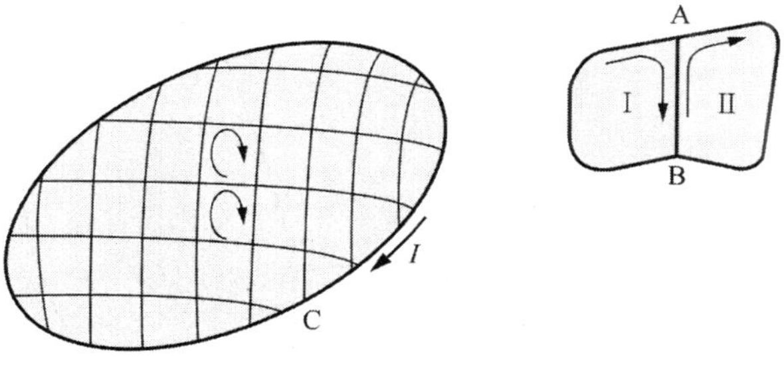

(a) (b)

|그림 9·2|

9.3 Ampere의 주회적분의 법칙

그림 9·3에서 등가판자석에 의한 외부의 한 점 P의 자위는 식 (8·25)에 나타난 바와 같이 점 P가 판자석의 주변을 보는 입체각을 ω 라 하면

$$U_P = \frac{M\omega}{4\pi\mu_0} \qquad (8 \cdot 25)$$

이며, 이 식은 입체각 ω 에 의해서만 결정된다. 따라서 판자석 대신에 그 위치에 그 주변과 같은 모양의 폐회로전류를 가져왔을 때 점 P의 자위도 역시 식 (8·25)와 같이 ω 에 비례한다고 생각할 수 있다.

전류에 의한 자계는 전류에 비례한다고 생각할 수 있으므로 전류에 의한 점 P의 자위는 다음과 같이 놓을 수 있다.

$$U_P = KI\omega \qquad (9 \cdot 1)$$

여기서 K는 비례상수이다. 따라서 등가판자석과 전류에 의한 것과 P점에서 같은 자위를 이룬다고 하면 식 (8·25)와 (9·1)에서

$$\frac{M}{4\pi\mu_0} = KI, \quad M = 4\pi K\mu_0 I \qquad (9 \cdot 2)$$

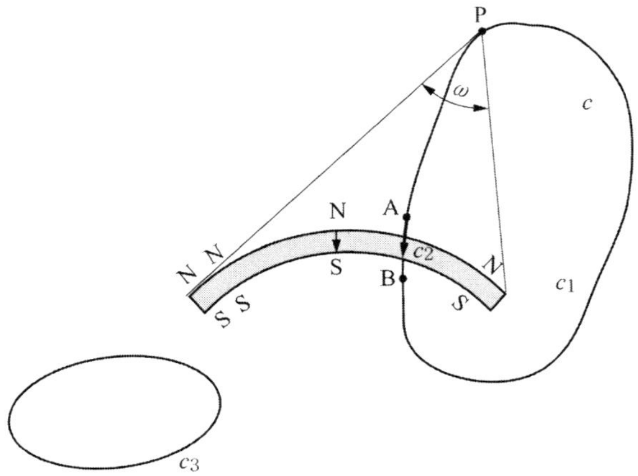

|그림 9·3|

의 관계가 있다. 즉 I가 M과 식 (9·2)의 관계가 있을 때, 판자석과 그것과 같은 주변을 갖는 전류는 등가가 된다. K는 후에 단위계를 취하는 방법에 의하여 결정된다.

그림 9·3은 식 (9·2)에 나타낸 $M=4\pi\mu_0 KI$의 세기를 갖는 판자석이라 하고 판자석을 관통하는 폐곡선 c에 따라서 $\oint_c \boldsymbol{H}\cdot dl$을 구하면, 이것은 정전계나 제8장에서 살펴본 바와 같이 $\oint_c \boldsymbol{H}dl=0$이 된다. 이 적분을 이제 판자석의 안쪽과 바깥쪽 2개 부분으로 나누어 고찰해 보기로 하자.

그림 9·3에서 표면상의 한 점을 A, 그 이면의 한 점을 B라 하고, 또 A에서 바깥쪽을 돌아 B까지의 길을 c_1, B에서 판자석의 속을 통하여 A로 가는 길을 c_2라고 하면

$$\oint_c \boldsymbol{H}\cdot dl=\int_{c_1}\boldsymbol{H}\cdot dl+\int_{c_2}\boldsymbol{H}\cdot dl=0 \qquad (9\cdot 3)$$

$$\int_{c_1}\boldsymbol{H}\cdot dl=-\int_{c_2}\boldsymbol{H}\cdot dl \qquad (9\cdot 4)$$

이 되고, 판자석이 아무리 얇더라도 A에서 바깥쪽을 돌아간 적분과 안쪽의 적분은 같다. 이것은 제8장에서 언급했지만 판자석 내의 AB간에는 판면소 내의 자화에서 그림과 같이 N에서S쪽으로 강한 자계가 반대방향으로 발생하고 있기 때문이다.

$\oint_{c_1}\boldsymbol{H}\cdot dl$은 결국 A, B 양점간의 자위차이다. 8.7에서 기술한 바와 같이 A점과 B점의 입체각은 4π 만큼 상이하며, 그 자위차는 식 (8·35)에서

$$\int_{c_1} \boldsymbol{H} \cdot dl = U_A - U_B = \frac{M}{\mu_0} = 4\pi KI \tag{9·5}$$

전류에 의한 자계일 때는 **그림 9·4**와 같이 AB점 사이에는 자화가 없고 따라서, 자력선이 불연속이 되는 원인이 없으므로 A, B 사이가 짧으면 그 사이의 자계는 바로 바깥쪽의 자계와 거의 같고 자계의 세기는 무한으로 크게 되는 일이 없다.

따라서 AB 간이 충분히 짧으면

$$\int_{C_2} \boldsymbol{H} \cdot dl = 0$$

이라 생각해도 되므로

$$\oint_c \boldsymbol{H} \cdot dl = 4\pi KI \tag{9·6}$$

가 되어 폐곡선에 따른 $\oint \boldsymbol{H} \cdot dl$을 구해도 0이 되지 않는다.

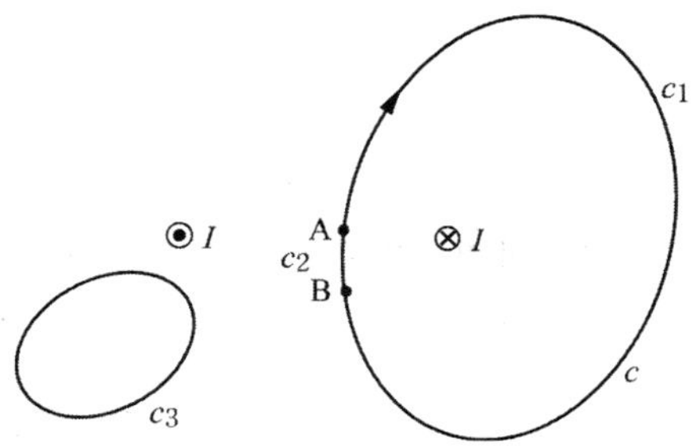

|그림 9·4|

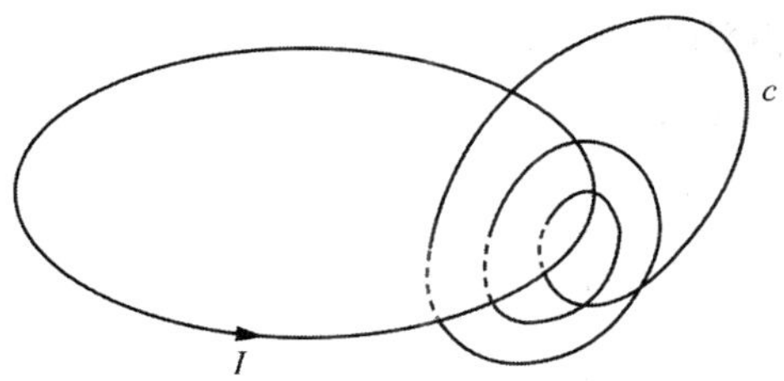

|그림 9·5| n**회의 쇄교**

이것은 정전계나 자석에는 없던 일이다. 그러나 c_3와 같이 적분로가 전류를 관통하지 않을 때는 등가판자석 내의 강한 자계는 생각할 필요가 없으며, 전류와 판자석 어느 경우에도 $\oint \boldsymbol{H} \cdot dl = 0$이다. 즉, 적분로가 등가판자석을 관통하고 있을 때에는 $\oint \boldsymbol{H} \cdot dl$은 **식 (9·6)**과 같이 0이 되지 않고, 관통하지 않을 때는 $\oint \boldsymbol{H} \cdot dl$ 은 0이 된다. **그림 9·5**는 전류와 적분로가 엉켜 있는 것을 볼 수 있는데, 이 때 양자는 쇄교(interlink)하고 있다고 한다. 이 그림에서는 전류와 적분로는 n 회 쇄교하고 있다.

전류와 폐곡선이 쇄교하고 있을 때 폐곡선을 2회 돌아 적분하면 **식 (9·6)**은 $2 \times 4\pi KI$가 된다. 일반적으로 $\boldsymbol{n}$회 돌면 $n \times 4\pi KI$가 된다. n 회 돈다는 것은 적분로가 전류와 n 회 쇄교하는 것과 같다.

반대로 그림 9·6과 같이 전류회로가 n회 감겨져 있고 그 하나하나와 적분로 c가 쇄교하고 있을 때에도 전류와 c는 n회 쇄교하고 있다.

일반적으로 전류와 적분로의 폐곡선이 n회 쇄교하고 있을 때에는 식 (9·6)은 다음과 같은 관계가 있음을 알 수가 있다.

$$\oint \boldsymbol{H} \cdot dl = n4\pi KI \tag{9 · 7}$$

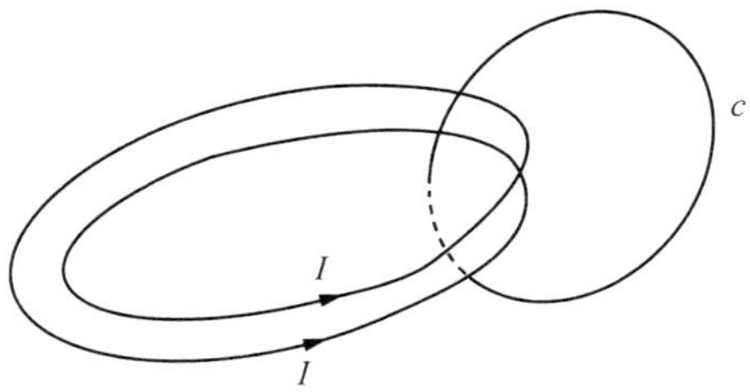

|그림 9·6| n회전의 전류와 쇄교하고 있는 적분로

이 관계를 **Ampere의 주회적분의 법칙**(Ampere's circuital law) 또는 **Ampere의 법칙**(Ampere's law)이라고 한다. 여기서 K를 구해 보자. 제8장에서는 H의 단위로서 ampere 회수/meter(ampere turn per meter) 또는 약하여 [AT/m]를 사용하였지만, 이것은 식 (9·7)에서 나온 것이다. H의 단위가 아직 정해지지 않았다고 하면 $4\pi K = 1$이 되도록 정할 수가 있다. 이렇게 하면 식 (9·7)은

$$\oint \boldsymbol{H} \cdot dl = nI \tag{9 · 8}$$

가 된다. 자계의 세기H의 단위를 표시하면 l, I의 단위는 각각 [m], [A]이므로

자계의 세기의 단위

$$H = \frac{n[\mathrm{A}]}{[\mathrm{m}]} \tag{9 · 9}$$

n은 권수이고, n[A]는 [ampere]×[회수]이므로 ampere 회수(ampere turn : 약하여 [AT])라고 한다. 따라서

$$\text{자계의 세기의 단위}H = \frac{[\mathrm{AT}]}{[\mathrm{m}]} = \frac{[\text{ampere회수}]}{[\text{meter}]} \tag{9 · 10}$$

가 되므로 자계의 단위는 [ampere 회수]/[meter]가 된다. 자위, 자위차는 $\int \boldsymbol{H} \cdot dl$의 형태이므로

$$\frac{[\mathrm{AT}]}{[\mathrm{m}]}\times[\mathrm{m}]=[\mathrm{AT}]$$

가 되고 ampere 회수[AT]이다.

9.4 전류에 의한 자계의 계산

전류에 의한 자계를 구하는 데는

① 등가판자석의 방법

② Ampere의 법칙을 사용하는 방법

③ 뒤에 설명될 Biot-Savart법칙을 사용하는 방법

의 세 가지 방법이 있다. 이 방법 중에서 간단한 모양의 전류회로일 때 가장 편리한 방법인 ①, ②에 대하여 기술해 보기로 한다.

9.4.1 등가판자석에 의한 방법

그림 9·7 (a)와 같이 반지름이 a인 원형의 폐회로에 전류 I가 흐르고 있을 때 중심 O를 통하고 원면에 수직한 축상의 한 점 P에 있어서의 자계를 구해 보자. 그림 9·7 (a)의 전류에 의한 자계는 그림 9·7 (b)와 같이 반지름 a인 원형의 주변을 갖고, $M=\mu_0 I$인 세기의 판자석에 의한 것과 같다.

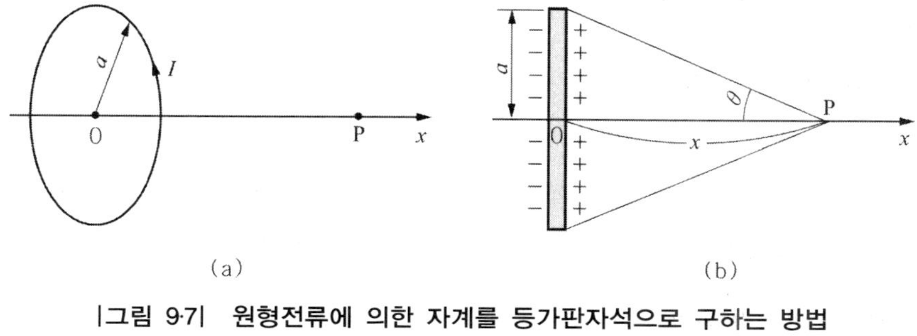

|그림 9·7| 원형전류에 의한 자계를 등가판자석으로 구하는 방법

판자석에 의한 자계를 구하려면 점 P의 자위 U_p를 구하고, $H=-\mathrm{grad}\,U_p$에서 $\boldsymbol{H}$를 구한다. 축을 x방향으로 취하면 원의 중심의 O이다. 점 P가 판자석의 주변을 보는 입체각 ω는 $2\pi(1-\cos\theta)$이므로, 식 (8·25)에서 점 P의 좌표를 x라고 하면

$$U_p = \frac{M\omega}{4\pi\mu_0} = \frac{\mu_0 I 2\pi(1-\cos\theta)}{4\pi\mu_0} = \frac{I(1-\cos\theta)}{2} \tag{9·11}$$

$$= \frac{I}{2}\left(1 - \frac{x}{\sqrt{a^2+x^2}}\right)$$

따라서 x 방향의 자계 H_x는

$$H_x = -\frac{\partial U_p}{\partial x} = \frac{I}{2}\frac{a^2}{(a^2+x^2)^{3/2}}\,[\mathrm{AT/m}] \tag{9·12}$$

식 (9·11)은 y, z 때는 관계하지 않으므로

$$H_y = -\frac{\partial U_p}{\partial y} = 0, \quad H_z = -\frac{\partial U_p}{\partial z} = 0 \tag{9·13}$$

즉 자계는 축방향으로 향하고 있다는 것을 알 수 있다. 특히 원의 중심에서는 $x = 0$이 되므로 그 자계 H_0는

$$H_0 = \frac{I}{2a}\,[\mathrm{AT/m}] \tag{9·14}$$

또 전류가 n권회의 코일로 구성되어 있을 때에는

$$H_0 = \frac{nI}{2a}\,[\mathrm{AT/m}] \tag{9·15}$$

가 된다.

9.4.2 Ampere 법칙에 의한 방법

(1) 무한길이 직선도체에 의한 자계

그림 9·8과 같이 지면의 수직인 무한길이 직선도체에 I[A]의 전류가 흐르고 있을 때 도체에서 r[m] 떨어진 점 P의 자계의 세기 $\boldsymbol{H}$를 구해 보자. 지름 r의 원주상에서는 어디서나 자계의 세기가 일정하므로, 이 원주상를 적분로로 취하면

$$\oint_c \boldsymbol{H}\cdot dl = \oint H dl = 2\pi r H = I$$

가 되고, 따라서

$$H = \frac{I}{2\pi r}\,[\mathrm{AT/m}] \tag{9·16}$$

가 된다. 즉 무한길이 직선도체의 전류에 의한 자계의 크기는 직선전류에서의 거리에 반비례하여 증가한다.

식 (9·16)에서 알 수 있는 바와 같이 1[A]의 직선전류에서 $\frac{1}{2\pi}$[m] 거리에 있는 점의 자계가 1[AT/m]라고도 할 수 있다.

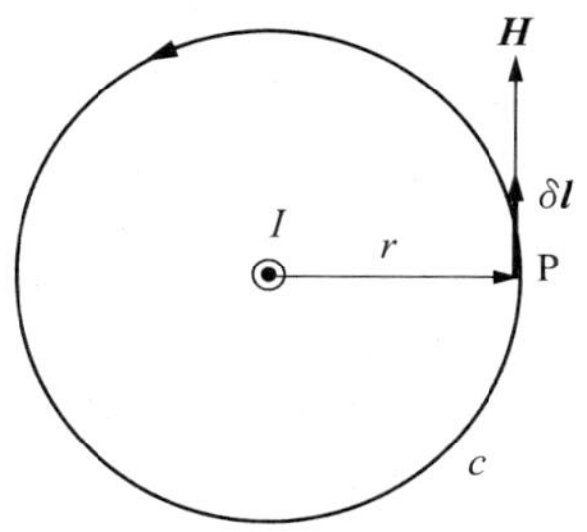

|그림 9·8| 무한길이 직선상의 전류가 만드는 자계

(2) 무한길이 원통상도체에 의한 자계

무한으로 긴 반지름 a [m]인 원통상도체에 전류 I[A]가 흐르고 있을 때의 자계의 세기를 구해 보자. 단 전류는 도체의 중심축에 대하여 대칭이고, 그 전류밀도는 중심에서 거리 r[m]의 함수로 주어진다고 볼 수 있다.

① **원주내부의 전계** : 그림 9·9와 같이 주회적분로를 앞에서 기술한 것과 같이 생각하면 $\oint \boldsymbol{H} \cdot dl$은 이 적분로 내의 전전류이므로 전류밀도를 i [A/m^2]라고 하면

$$2\pi r H = \int_0^r i(r) 2\pi r\, dr$$

가 되고

$$H = \frac{1}{r}\int_0^r i(r) r\, dr \qquad (9 \cdot 17)$$

가 된다. 지금 $i = i_0$[A/m^2](일정)이라고 하면

$$H = \frac{i_0}{r}\left[\frac{1}{2}r^2\right]_0^r = \frac{i_0 r}{2}\,[\text{AT/m}] \qquad (9 \cdot 18)$$

가 되고, 도체를 흐르는 전전류 I는 $\pi a^2 i_0$ 이므로

$$H = \frac{Ir}{2\pi a^2}\,[\text{AT/m}] \qquad (9 \cdot 19)$$

이 된다. 또 전류가 원통의 표면에만 집중하여 흐른다고 생각하면 $r < a$에서는 식 (9·17)의 적분은 0인데, 즉

$$H = 0$$

이 되어 원통 내부에는 자계는 존재하지 않는 것이 된다.

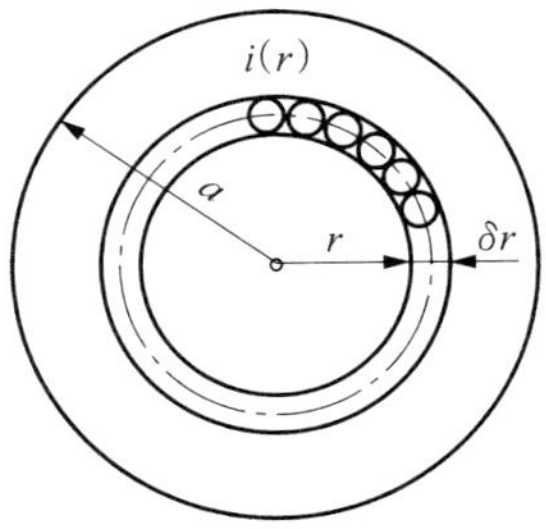

|그림 9·9|

② **원주외부의 자계** : $r = a$, 즉 도체 표면의 자계는

$$H = \frac{1}{a}\int_0^a i(r)rdr = \frac{1}{2\pi a} \times (\text{원주내 전전류})[\text{AT/m}] \qquad (9 \cdot 20)$$

가 된다. $r > a$, 즉 도체 밖의 자계는

$$H = \frac{1}{r}\int_0^a i(r)rdr = \frac{1}{2\pi r} \times (\text{원주내 전전류})[\text{AT/m}] \qquad (9 \cdot 21)$$

이며, 따라서 $r \geq a$인 경우 자계는 원통 내의 전류분포에는 관계없고 전전류의 값에 따라서 결정된다.

(3) 무한솔레노이드에 의한 자계

그림 9·10 (a)와 같이 원통 모양으로 도체를 감는 코일을 솔레노이드(solenoid)라고 한다. 이로 인한 자계를 구하는 것이지만 도선의 간격이 떨어져 있으면 **그림 9·10** (b)와 같은 자속이 생기고 자속의 일부는 끝부분까지 도달하지 않고 도중에서 누설되는 것도 있다. 이와 같은 자속은 **누설자속**(leakage flux)이라고 한다. 일반적으로 누설자속은 어느 정도 반드시 존재하지만 도선을 치밀하게 감든가 또는 속의 원통을 투자율이 높은 철봉을 넣으면 상당히 적게 된다.

이와 같은 경우에는 무한길이 솔레노이드의 내부는 원통의 축에 평행한 자계가 생긴다고 볼 수 있다. 여기서 다루는 것은 도선를 치밀하게 감고 내부는 자계가 축에 평행하게

형성된 경우이다.

그림 9·10 (c)와 같이 축에 평행이고 직각인 변을 갖는 구형 ABCD에 따라서 $\oint \boldsymbol{H} \cdot dl$ 을 구할 수 있다. AB, CD부분의 자계를 $\boldsymbol{H}_1, \boldsymbol{H}_2$ 라고 하면

$$\oint \boldsymbol{H} \cdot dl = \int_{AB} \boldsymbol{H}_1 \cdot dl - \int_{CD} \boldsymbol{H}_2 \cdot dl + \int_{BC} \boldsymbol{H} \cdot dl + \int_{DA} \boldsymbol{H} \cdot dl$$

가 되는데 BC, DA부분의 자계는 로에 직교하고 있으므로

$$\int_{BC} \boldsymbol{H} \cdot dl = \int_{DA} \boldsymbol{H} \cdot dl = 0$$

이다. AB, CD의 길이를 δl 라고 하면 쇄교하고 있는 전류가 없으므로

$$\oint \boldsymbol{H} \cdot dl = H_1 \delta l - H_2 \delta l = 0 \tag{9 · 22}$$

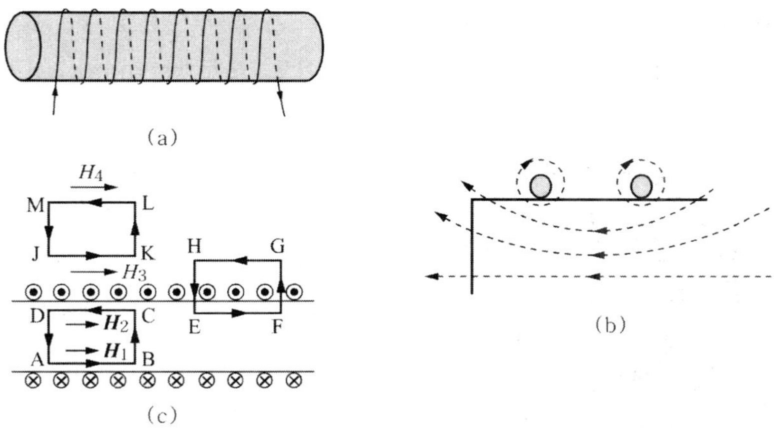

|그림 9·10| 솔레노이드에 의한 자계

따라서

$$H_1 = H_2 \tag{9 · 23}$$

가 된다. 즉 솔레노이드의 내부는 어느 곳이나 자계가 일정하고 축방향을 향하고 있다고 할 수 있다. 다음에 JKLM과 같이 외부에 마찬가지 구형을 가상한다. 위에서 말한 바와 같이 $H_3 = H_4$가 되므로 외부에 있어서도 자계가 일정하다는 것을 알 수 있다. 그런데 무한히 먼 곳에서는 자계는 0이 될 수 있으므로, 결국

$$H_3 = H_4 = 0 \tag{9 · 24}$$

가 되어 이와 같은 솔레노이드의 외부에서는 자계가 없다는 것을 알 수 있다. 도선을 사

이에 끼고 마찬가지로 구형 EFGH에 따라서 $\oint \boldsymbol{H}\cdot dl$을 구하면 외부의 GH부분에는 자계가 없고 FG, EH내부의 부분은 자계와 적분로가 직교하고 있으므로 $\oint \boldsymbol{H}\cdot dl = 0$이고, 그러므로 EF의 부분만 남고

$$\oint \boldsymbol{H}\cdot dl = H\delta l \qquad (9 \cdot 25)$$

이 적분로는 전류와 쇄교하고 있다. 솔레노이드에 도선의 단위길이당 n회 감겨져 있다고 하면, 이 구형과 쇄교하고 있는 전류는 $nI\delta l$이다. 따라서 식 (9·8)과 식 (9·25)에서

$$H\delta l = nI\delta l,\ H = nI[\mathrm{AT/m}] \qquad (9 \cdot 26)$$

가 된다.

(4) 환상솔레노이드내의 자계

그림 9·11과 같이 솔레노이드를 구부려 양끝을 합해 무단으로 한 모양, 즉 도넛(doughnut) 모양의 틀에 감는 코일을 환상솔레노이드, 또는 toroidal coil이라고 한다.

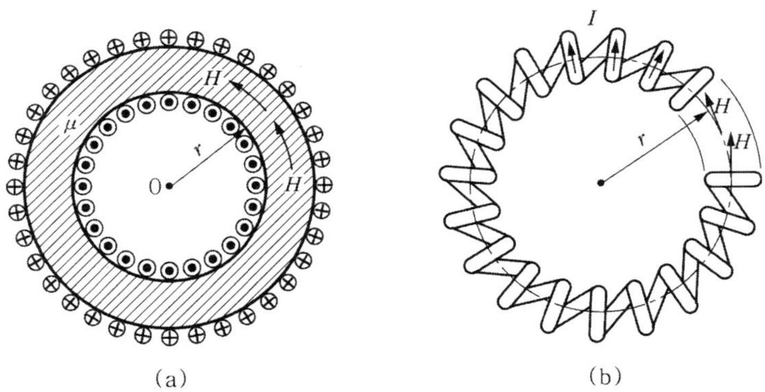

|그림 9·11|

투자율 μ인 자성체에 치밀하게 코일을 $\boldsymbol{N}$회 감고 전류 I를 흘리면 자성체 내의 자계의 세기 H는 원환의 반지름 r에 비례하여 단면이 작아지면 평등자계라고 볼 수 있으므로 Ampere의 주회적분을 반지름 r인 원주를 따라서 하면

$$\oint_c \boldsymbol{H}\cdot dl = 2\pi r \times H = NI$$

여기에서 환상 toroidal coil 내의 자계의 세기 H는

$$H = \frac{NI}{2\pi r}\,[\mathrm{AT/m}] \tag{9·27}$$

가 된다. 즉 toroidal coil 내의 자계의 세기는 투자율 μ에 관계가 없다.

다음에 반지름 r를 적게 택하고 그 원주가 환상 toroidal coil과 쇄교하지 않도록 하면 자계의 세기에 대한 주회적분은 0이 되고, 또 반지름r를 크게 선정하고 그 원주가 환상 toroidal coil과 쇄교하지 않도록 하면 자계의 세기에 대한 주회적분은 0이 되고, 따라서 자계의 세기가 0인 것을 나타낸다. 즉 자계는 toroidal coil의 내부에만 존재한다.

(5) 얇은 평행평판에 흐르는 전류에 의한 자계

그림 9·12와 같이 양평행판의 간격을 d, 폭을 b라 하고 그 두께가 매우 얇다고 하자. 박판은 폭 b가 충분히 크고 **그림 9·12 (b)**와 같이 양측에 무한히 확장되어 있다고 가정하면 이 때는 자계가 양판에 평행하다고 생각된다. 이 자계의 세기는 양판으로부터의 거리에 관계하는 것으로 일단 생각되지만, 무한길이 솔레노이드 내의 자계와 같이 Ampere의 주회적분을 적용함으로써 평등자계가 된다는 것을 알 수 있다.

또 양극판의 바깥쪽에서는 **그림 9·12 (a)**에서 볼 수 있는 바와 같이 펴서 **그림 9·12 (b)**와 같이 무한으로 확대된 극판의 외부에서는 무한길이 솔레노이드의 경우와 같이 0이 되어 버린다.

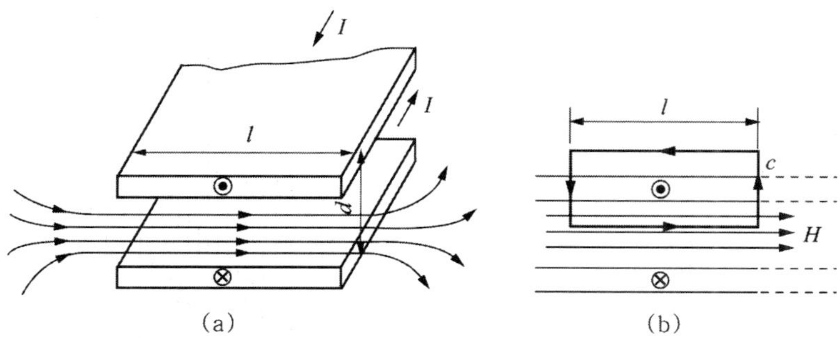

|그림 9·12| 얇은 평행평판 사이의 자계

그림 9·12 (b)에서 자계와 평행인 c인 경로를 취하고 여기에 Ampere의 주회적분을 적용하면 **식 (9·8)**의 좌변은Hl이 되고 우변은 단위길이당의 폭에 흐르는 전류 $i = I/b\,[\mathrm{A/m}]$에 l을 곱한 $il = Il/b$이 되므로 결국

$$H = i = \frac{I}{b}\,[\mathrm{AT/m}] \tag{9·28}$$

가 된다. 후술하는 것과 같이 고주파교류에서는 도체에 흐르는 전류는 표피작용에 의하여 그 표면에 집중하고 그 표면에 가로놓인 자계의 세기와의 사이에는 식 (9·28)과 같은 관계가 있고 그 방향은 서로 직각을 이룬다. 또 자계의 방향은 Ampere의 바른 나사의 법칙에 따른다.

(6) 균일하게 전류가 흐르는 평판내, 외부의 자계

그림 9·13과 같이 두께가 $2a$인 판의 z축 방향에 전류밀도 i [A/m^2]의 전류가 흐르는 경우를 생각하면 y축을 경계로 하여 위쪽 왼쪽은 아래쪽의 자계를 발생한다. 자계의 세기 H가 중심에서의 거리 x에 관계한다고 하고 그림과 같이 경로 c 위에 Ampere의 주회적분을 적용해 보자. 식 (9·8)의 좌변은 $2Hl$이고 우변은 전류밀도 i에 면적 $2xl$을 곱한 $2ixl$이므로, 이것에서

$$H = ix\,[\mathrm{AT/m}] \qquad (9 \cdot 29)$$

가 된다. 즉 자계의 세기 H는 중심부에서는 0이고 x에 비례하여 증대하고 판의 모서리에서는 $x = a$라 하면

$$H_a = H_{(x=a)} = i\,a\,[\mathrm{AT/m}] \qquad (9 \cdot 30)$$

가 된다. 판의 외부에서는 판에 평행한 자계이며 그 세기도 Ampere의 주회적분법칙에 의하여 모서리의 자계 세기 H_a와 같은 값이다.

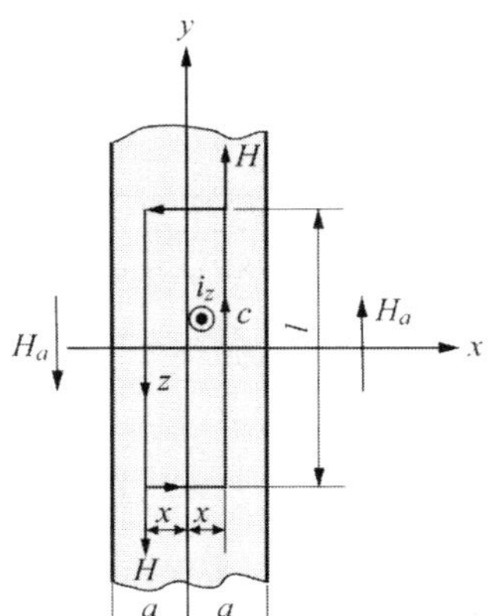

|그림 9·13| 균일한 전류가 흐르는 평판내외부의 자계의 세기

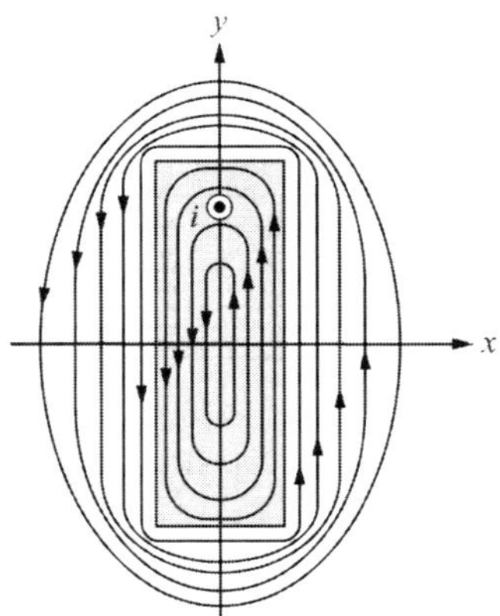

|그림 9·14| 도전판 내외부의 자계의 세기

실제의 판은 **그림 9·14**와 같이 유한한 폭이므로 평행한 자계가 되지도 않고 먼 곳에서는 무한이므로 긴 전선에 의한 자계와 같이 동심원이 된다.

9.5 전류부근에 강자성체가 있을 때의 자계

지금까지는 매질을 진공으로 취급하여 왔다. 여기서 전류 가까이에 강자성체가 있을 때는 자력선은 어떻게 되는지를 생각해 보자. 이미 기술한 바와 같이 매질이 진공이면 닫혀진 자력선이 생긴다. 그러나 가까이에 강자성체가 있으면 전류에 의한 자계 때문에 자성체는 자화되고, **그림 9·15**에 나타낸 바와 같은 자하가 나타나 그 자하가 또 자계를 만든다. 이 모양은 **그림 9·15**로 설명된다.

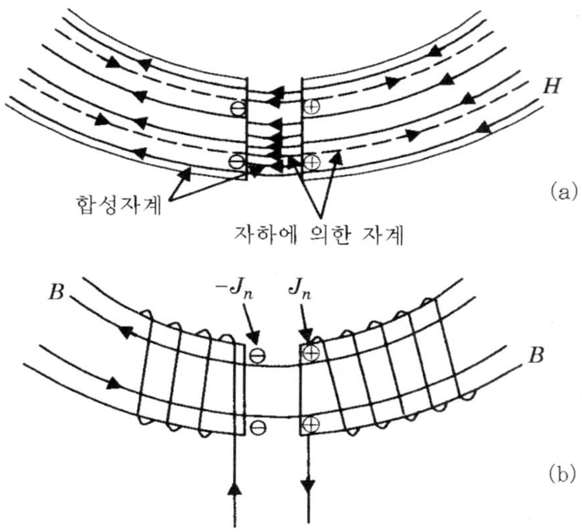

|그림 9·15| 전류 가까이에 강자성체가 있을 때의 자계

이 그림은 **그림 9·11**에 철심이 들어간 것이고 철심에 공극이 있다고 가정하면 전류의 자계에 의하여 철은 자화되어 그림과 같이 공극에 정부의 자하가 생긴다.(철심의 내부에 균일하게 자화되어 있다고 하자). 그러나 이와 같은 자화에 의하여 생긴 자하에서 자속선 B는 출입하는 일이 없다. 이것은 8.8에서 이미 기술하였다. 식 (8·52)에 나타낸 바와 같이 철과 공극의 경계면에서는 B의 법선성분은 같으므로 **그림 9·15 (a)**와 같이 철과 공극을 불문하고 자속선은 연속이다. 한편 새로 생긴 자하 J_n에서 자력선이 나와 $-J_n$에서 끝나므로 공극과 철심에서는 이 자하에 의하여 반대방향의 자계를 발생한다. 이 자계와 전류에 의한 자계를 합한 것이 각부의 자계가 되고 철심 내가 공극보다 자계는 약하다. 따라서 일반적으로 전류 가까이에 자성체가 있으면 자력선을 반드시 폐곡선이 아니다.

$\boldsymbol{H}_C$: 전류가 만드는 자계

$\boldsymbol{H}_J$: 자성체의 분극화에 의하여 생긴 자계

라 하자. $\boldsymbol{H}_C$와 $\boldsymbol{H}_J$는 무관계가 아니며 $\boldsymbol{H}_C$가 변하면 $\boldsymbol{H}_J$는 변한다. $\boldsymbol{H}_J$는 제8장에서 취급한 분극자하에 의한 자계이므로 정전계의 $\boldsymbol{E}$와 마찬가지로 임의의 폐곡선에 대하여

$$\oint \boldsymbol{H}_J \cdot dl = 0 \tag{9·31}$$

한편 $\boldsymbol{H}_C$는 식 (9·8)의 Ampere의 법칙에 따른다.

합성의 자계 $\boldsymbol{H}$는

$$\boldsymbol{H} = \boldsymbol{H}_c + \boldsymbol{H}_J \tag{9·32}$$

이므로, 이것은 임의의 폐곡선 c에 따라서 적분하면

$$\oint \boldsymbol{H} \cdot dl = \oint \boldsymbol{H}_c \cdot dl + \oint \boldsymbol{H}_J \cdot dl = \oint H_c \cdot dl = nI$$

가 되므로, 다음의 관계를 얻게 된다.

$$\oint \boldsymbol{H} \cdot dl = nI \tag{9·33}$$

즉 자성체가 있을 때에는 합성자계를 임의의 폐곡선에 대하여 적분한 값은 그 폐곡선과 쇄교하는 전류의 총합과 같다고 말할 수 있다. $\boldsymbol{B}$쪽은 전류에 의하여 생긴 자하는 분극에 의한 것뿐이므로 제8장의 경우와 마찬가지로 임의의 폐곡면에 대하여

$$\oint_s \boldsymbol{B} \cdot dS = 0 \tag{9·34}$$

또 이것을 div$\boldsymbol{B}$로 고치면

$$\mathrm{div}\boldsymbol{B} = 0 \tag{9·35}$$

이 항상 성립함을 알 수 있다.

예제 9-1

무한길이 직선도체에 전류 $I=40$[A]가 흐르고 있다. 그림 9·16과 같이 도체에 수직거리 $d=2$[m]의 위치에 있고, 도체를 포함하는 평면 내에서 $a\times b=1\times 2[\mathrm{m}^2]$인 구형부분을 관통하는 전자속을 구하여라.

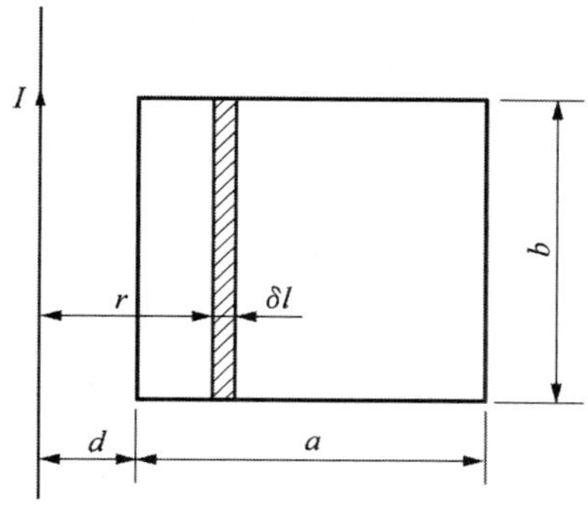

|그림 9·16|

해 r의 거리에 폭 δr의 미소면적 $\delta S=b\delta r$를 생각하자. r의 위치의 자계 H는 식 (9·16)에 의하여 $H=\dfrac{I}{2\pi r}$이다. δS에 있어서의 자계는

$$\delta\phi=\mu_0 H\delta S=\frac{\mu_0 Ib\,\delta r}{2\pi r}$$

구형 전부를 통하는 자속은

$$\phi=\int_d^{d+a}d\phi=\frac{\mu_0 bI}{2\pi}log\frac{d+a}{d}$$

$$\therefore\ \phi=\frac{4\pi\times10^{-7}\times2\times40}{2\pi}log\frac{2+1}{2},\ \log\frac{3}{2}=0.4055$$

$$\therefore\ 6.4\times10^{-6}[\mathrm{Wb}]$$

예제 9-2

그림 9·16과 같은 환상솔레노이드의 단면이 구형 $a\times b$일 때 솔레노이드에 NI의 Ampere횟수가 주어졌을 때 단면을 통하는 자속을 구하여라. 단, 안지름을 c라고 하자.

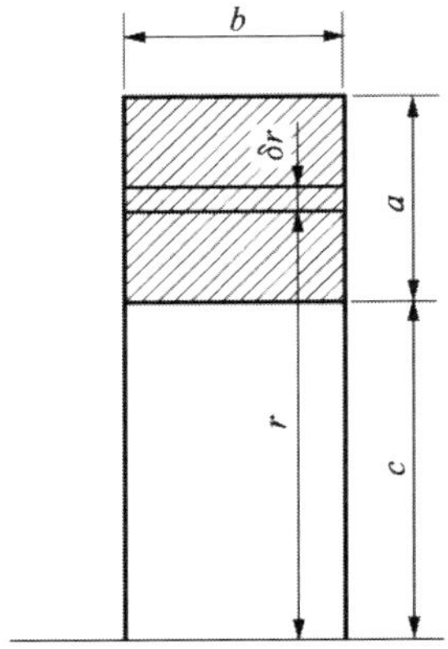

|그림 9·17|

해 중심에서 r의 위치에 높이 δr의 가는 면적 $\delta S = b\delta r$를 생각하자. 이곳의 자계 세기는 식 (9·27)에서 $H = \dfrac{NI}{2\pi r}$이고, δS를 통하는 자속은

$$\delta\phi = \mu H \delta S = \frac{\mu NIb\,\delta r}{2\pi r}$$

단면 전체를 통하는 전자속은

$$\phi = \int_{c}^{c+a} d\phi = \frac{\mu bNI}{2\pi} log \frac{c+a}{c} \,[\mathrm{Wb}]$$

예제 9-3

그림 9·17과 같이 안지름 a, 바깥지름 b인 중공원통도체에 균일한 전류밀도로 원통외부와 내부 및 도체 중의 자계 세기를 구하여라.

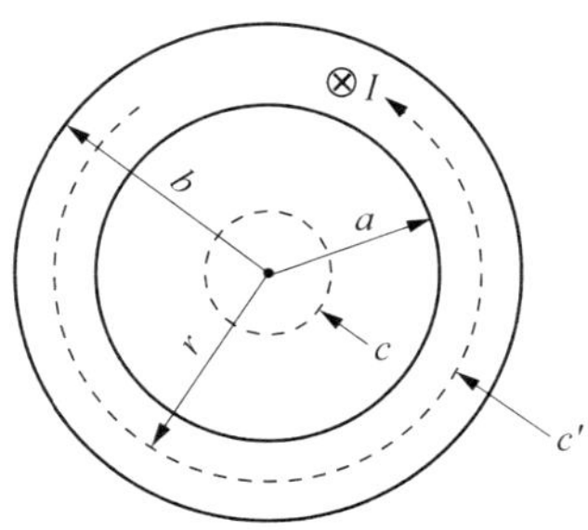

|그림 9·18|

해 도체 외부의 자계는

$$H_{ex} = \frac{I}{2\pi r}[\mathrm{AT/m}]$$

도체 내부에서는 폐곡선 c 중심을 통하는 전류가 없으므로 자계=0이다. 도체 중에 반지름 r의 폐곡선 c'를 생각하면 c'속에 포위되는 전류 I'는

$$I' = \frac{\pi r^2 - \pi a^2}{\pi b^2 - \pi a^2} I$$

그러므로 도체 내의 자계 세기는

$$H_{in} = \frac{I'}{2\pi r} = \frac{I}{2\pi r}\frac{r^2 - a^2}{b^2 - a^2}[\mathrm{AT/m}]$$

9.6 벡터의 회전 및 스토크스 정리

9.6.1 벡터회전

다음부터 식 (9·8)에 주어진 Ampere법칙의 미분형을 구하기 위하여 벡터의 회전(rotation 또는 curl)이라고 부르는 새로운 연산법을 정의하여 둘 필요가 있다.

이것은 상당히 작은 폐곡선에 연한 하나의 벡터적분을 그 폐곡선 내의 면적으로 나눈 값이며, $\boldsymbol{A}$인 벡터의 회전은 폐곡선 δc 중의 면적을 δS라고 하면 다음과 같이 정의된다.

$$\mathrm{rot}\boldsymbol{A} = \lim_{\delta S \to 0} \frac{1}{\delta S} \oint_c \boldsymbol{A} \cdot dl \qquad (9 \cdot 36)$$

그리고 rot$\boldsymbol{A}$인 기호는 rotation$\boldsymbol{A}$라고 하며, 벡터 $\boldsymbol{A}$의 회전이라고 한다. rot$\boldsymbol{A}$ 대신에 curl$\boldsymbol{A}$라고 쓸 수도 있다. 이 식은 다음에 계산해 보기로 한다.

그림 9·19와 같이 yz평면(즉 x축에 수직으로 되어 있다) 내에 y, z축에 평행한 변을 가진 작은 구형$\mathrm{P_1P_2P_3P_4}$를 생각하고, 이 주변에 따라서 $\boldsymbol{A}$를 주적분한다. 그리고 그 결과를 $\mathrm{P_1P_2P_4}$의 주변에 따른 $\boldsymbol{A}$의 적분에 응용한다.

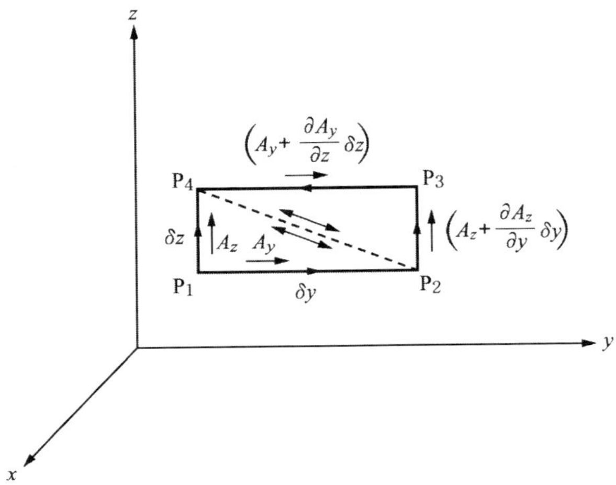

|그림 9·19|

다음에 이와 같은 3각형의 주변적분에 의하여 공간의 임의 폐곡선의 주변적분을 조립하여 본다. 이와 같은 순서로 계산을 진행시켜 우선 구형 $P_1P_2P_3P_4$의 주변적분을 x축에 수직한 면내의 구형이라는 의미에서 $\left(\oint \boldsymbol{A}\cdot dl\right)_x$ 라고 쓰면

$$\left(\oint \boldsymbol{A}\cdot dl\right)_x = \int_{P_1}^{P_2}\boldsymbol{A}\cdot dl + \int_{P_2}^{P_3}\boldsymbol{A}\cdot dl + \int_{P_3}^{P_4}\boldsymbol{A}\cdot dl + \int_{P_4}^{P_1}\boldsymbol{A}\cdot dl \qquad (9\cdot 37)$$

여기서P_1, P_2 사이의 적분은 A의 y축 방향의 성분만 취하면 되므로, 이것을 A_y 라고 하면

$$\int_{P_1}^{P_2}\boldsymbol{A}\cdot dl = A_y\delta y \qquad (9\cdot 38)$$

P_3, P_4 사이에서 $\boldsymbol{A}$의 y축 방향의 성분은 $A_{y+}\frac{\partial A_y}{\partial z}\delta z$ 이므로 적분의 방향이 반대인 것을 고려하면

$$\int_{P_3}^{P_4}\boldsymbol{A}\cdot dl = -\left(A_y + \frac{\partial A_y}{\partial z}\delta z\right)\delta y \qquad (9\cdot 39)$$

마찬가지로

$$\int_{P_4}^{P_1}\boldsymbol{A}\cdot dl = -A_z\delta z \qquad (9\cdot 40)$$

$$\int_{P_2}^{P_3} \boldsymbol{A} \cdot dl = \left(A_z + \frac{\partial A_z}{\partial y}\delta y\right)\delta z \tag{9·41}$$

따라서

$$\int_{P_1}^{P_2} + \int_{P_3}^{P_4} = -\frac{\partial A_y}{\partial z}\delta y \delta z$$

$$\int_{P_2}^{P_3} + \int_{P_3}^{P_1} = \frac{\partial A_z}{\partial y}\delta y \delta z$$

$$\left(\oint \boldsymbol{A} \cdot dl\right)_x = \int_{P_1}^{P_2} \boldsymbol{A} \cdot dl + \int_{P_2}^{P_3} \boldsymbol{A} \cdot dl + \int_{P_3}^{P_4} \boldsymbol{A} \cdot dl + \int_{P_4}^{P_1} \boldsymbol{A} \cdot dl$$

$$= \left(\frac{\partial A_z}{\partial y} - \frac{\partial A_y}{\partial z}\right)\delta y \delta z \tag{9·42}$$

$\delta y \delta z$는 이 구형의 면적이므로 구형이 작으면 $\left(\oint \boldsymbol{A} \cdot dl\right)_x$는 면적에 비례한다고 생각할 수 있으며, 단위면적당

$$\frac{\partial A_z}{\partial y} - \frac{\partial A_y}{\partial z} \tag{9·43}$$

이다. 따라서 3각형 $P_1P_2P_4$의 주변에 대하여 적분하면, 즉 식 (9·43)에 3각형 면적 $\frac{1}{2}\delta y \delta z$를 곱하면

$$\left(\frac{\partial A_z}{\partial y} - \frac{\partial A_y}{\partial z}\right)\frac{\delta y \delta z}{2} \tag{9·44}$$

가 된다.

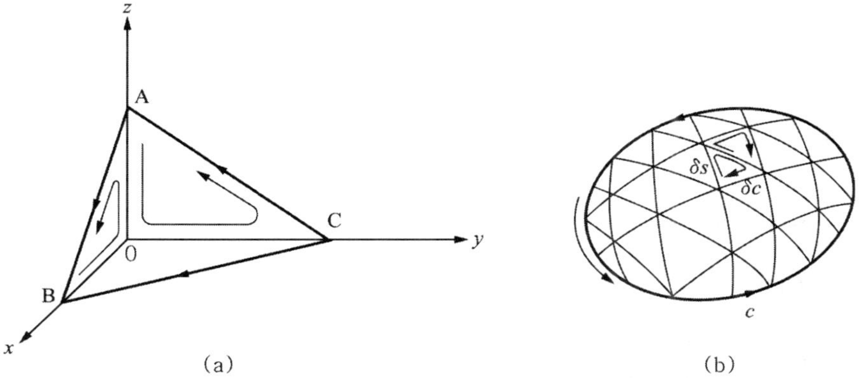

|그림 9·20|

그림 9·20 (a)의 3각형 ABC의 주변을 따라서 하는 적분은 3각형 AOC, BOA, OBC의 주변적분으로 나누어진다. OA, OB, OC부분에서는 인접하는 3각형에서 서로 적분방향이 반대가 되고, 상쇄되어서 ABC의 주변적분만 남기 때문이다.

3각형 AOC의 주변에 대해서는 식 (9·44)를 사용할 수 있다. $\frac{\delta y \delta z}{2}$는 ABC의 면적을 벡터로 나타냈는데, 이의 x축 방향의 성분이므로 이것을 δS_x로 쓰면

$$\oint_{AOC} \boldsymbol{A} \cdot dl = \left(\frac{\partial A_z}{\partial y} - \frac{\partial A_y}{\partial z}\right)\delta S_x \tag{9·45}$$

마찬가지로 3각형 OAB, OBC에서는

$$\oint_{OAB} \boldsymbol{A} \cdot dl = \left(\frac{\partial A_x}{\partial z} - \frac{\partial A_z}{\partial x}\right)\delta S_y \tag{9·46}$$

$$\oint_{OBC} \boldsymbol{A} \cdot dl = \left(\frac{\partial A_y}{\partial x} - \frac{\partial A_x}{\partial y}\right)\delta S_z \tag{9·47}$$

ABC에 대한 적분 $\oint_{ABC} \boldsymbol{A} \cdot dl$은 식 (9·45)~(9·47)의 합이므로

$$\oint_{ABC} \boldsymbol{A} \cdot dl = \left(\frac{\partial A_z}{\partial y} - \frac{\partial A_y}{\partial z}\right)\delta S_x + \left(\frac{\partial A_x}{\partial z} - \frac{\partial A_z}{\partial x}\right)\delta S_y + \left(\frac{\partial A_y}{\partial x} - \frac{\partial A_x}{\partial y}\right)\delta S_z \tag{9·48}$$

여기서 ABC의 면적을 δS라고 하면

$$\delta S = \boldsymbol{i}\,\delta S_x + \boldsymbol{j}\,\delta S_y + \boldsymbol{k}\,\delta S_z \tag{9·49}$$

여기에서 $\oint_{ABC} \boldsymbol{A} \cdot dl$ 은 다음 식으로 나타낸 벡터 $\boldsymbol{R}$와 $\delta \boldsymbol{S}$와의 스칼라적으로 되어 있다는 것을 알 수 있다.

$$\boldsymbol{R} = \boldsymbol{i}\left(\frac{\partial A_z}{\partial y} - \frac{\partial A_y}{\partial z}\right) + \boldsymbol{j}\left(\frac{\partial A_x}{\partial z} - \frac{\partial A_z}{\partial x}\right) + \boldsymbol{k}\left(\frac{\partial A_y}{\partial x} - \frac{\partial A_x}{\partial y}\right) \tag{9·50}$$

$\oint_{ABC} \boldsymbol{A} \cdot dl$을 $\oint \boldsymbol{A} \cdot dl$이라고 쓰면

$$\oint \boldsymbol{A} \cdot dl = \boldsymbol{R} \cdot \delta \boldsymbol{S} \tag{9·51}$$

따라서 식 (9·36)에서

$$\mathrm{rot}\boldsymbol{A} = \lim_{\delta S \to 0} \frac{1}{\delta S} \oint \boldsymbol{A} \cdot dl = \boldsymbol{R} \tag{9·52}$$

가, 되고 rot$\boldsymbol{A}$로서 다음 관계를 얻게 된다.

$$\text{rot}\boldsymbol{A}=\boldsymbol{i}\left(\frac{\partial A_z}{\partial y}-\frac{\partial A_y}{\partial z}\right)+\boldsymbol{j}\left(\frac{\partial A_x}{\partial z}-\frac{\partial A_z}{\partial x}\right)+\boldsymbol{k}\left(\frac{\partial A_y}{\partial x}-\frac{\partial A_x}{\partial y}\right) \tag{9·53}$$

연산자∇를 사용하면

$$\text{rot}\boldsymbol{A}=\nabla\times\boldsymbol{A} \tag{9·54}$$

가 된다.

또 식 (9·53)을 다음과 같이 행렬식으로 나타낼 수 있다.

$$\text{rot}\boldsymbol{A}=\begin{vmatrix}\boldsymbol{i} & \boldsymbol{j} & \boldsymbol{k}\\ \dfrac{\partial}{\partial x} & \dfrac{\partial}{\partial y} & \dfrac{\partial}{\partial z}\\ A_x & A_y & A_z\end{vmatrix} \tag{9·55}$$

9.6.2 스토크스의 정리

공간의 임의의 폐곡선에 대한 적분은 **그림 9·19 (b)**와 같이 삼각형으로 나누면 **그림 9·2**와 마찬가지이므로 이 2개의 소 3각형의 주변적분을 모두 합하면 된다. **그림 9·19**에서 하나의 소 3각형의 면적을 δS라고 하면 이 3각형의 주변 δc에 따른 적분은 **식 (9·52)**에서

$$\oint_{\delta_c}\boldsymbol{A}\cdot dl=\text{rot}\boldsymbol{A}\cdot d\boldsymbol{S} \tag{9·56}$$

따라서 공간의 임의의 폐곡선에 대한 주변적분은 **그림 9·19 (b)**에서

$$\oint_c\boldsymbol{A}\cdot dl=\oint_S\text{rot}\boldsymbol{A}\cdot d\boldsymbol{S} \tag{9·57}$$

S는 c 내의 면적이다. 이 식은 다음과 같은 사실을 나타낸다. $\boldsymbol{A}$를 하나의 폐곡선에 대하여 주변적분한다는 것은 rot$\boldsymbol{A}$를 그 속의 면적에 대하여 적분하는 것과 같다. 이것은 선적분을 면적분으로 고치는 중요한 공식이다. 식 (9·57)의 관계를 **스토크스의 정리**(Stokes' theorem)라 한다.

9.6.3 보존적인 장과 회전

스토크스의 정리를 이용함으로써 전계나 자계의 성질을 간단한 식으로 표시할 수 있다. 이 정리를 이미 아는 결과에 대하여 검토함으로써 회전(rotation)에 대한 물리적인 의미를 살펴보기로 하자.

정전계에서 전위는 2점의 위치만으로 결정되고 전하를 운반하는 경로에는 관계가 없었

다. 즉 정전계는 보존적인 성질이 있다. 그러므로 전계에 대한 선적분에 대해서는 항상

$$\oint_c \boldsymbol{E} \cdot dl = 0$$

의 관계가 성립하는데, 이것을 스토크스의 정리로부터 면적적분으로 고치면

$$\oint_S \mathrm{rot}\boldsymbol{E} \cdot d\boldsymbol{S} = 0$$

가 얻어진다. 이 결과는 전계 내의 폐곡선 c 및 이것을 주변으로 하는 면 S의 모양 여하에 관계없이 항상 성립할 것이므로

$$\mathrm{rot}\boldsymbol{E} = 0 \qquad (9 \cdot 58)$$

이 되어야 한다. 즉 계가 보존적이라는 것은 계를 결정하는 벡터의 회전이 없다는 것을 의미한다. 예로써 전계의 벡터를 나타내는 전기력선은 정전하에서 부전하로 향할 뿐 회전하지는 않는다는 것을 의미한다. 이에 대하여 자계에서는 폐곡선을 따르는 정적분이 Ampere의 주회적분 법칙에서 살펴본 바와 같이 항상 0이 되지 않는다. 따라서 자계의 회전은 항상 0이 아니다. 이와 같이 계를 결정하는 지력선이 그 자신이 폐곡선을 이루는 경우에는 식 (9·58)과 같은 성질은 없다. 그러므로 회전이 0이 아닌 계를 와류가 있는 계(rotational field)라고 하며, 이에 대하여 보존적인 장을 와류가 없는 계(irrotational field)라고도 한다.

9.7 분포전류에 의한 자계

전류가 공간적으로 넓게 분포되어 있지 않을 때에는 전류를 선상으로 보아도 된다. 그러나 전류가 공간적인 분포일 때에는 전류와 자계의 기본적인 관계식에서 출발할 필요가 있다.

앞에서 기술한 주회적분의 법칙에 따르면 임의의 일주적분로 c에 논하여 자계를 선적분하였을 때의 값은 이 적분로에 의하여 포위된 면 S를 정방향(적분로가 도는 방향과 전류가 흐르는 방향이 오른나사의 관계를 갖는 방향)으로 통과하는 전전류와 같다. 전류가 분포하여 흐르는 영역을 생각한다. 이 영역 내에 임의의 곡면 S를 취하고 이 곡면상에 면소 δS 부분의 전류밀도를 i 라고 한다.

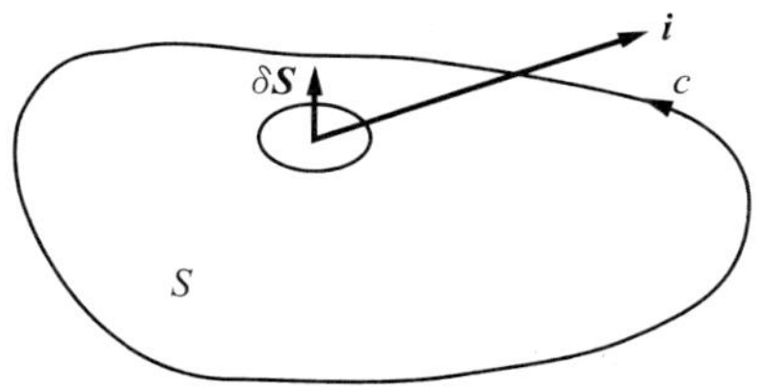

|그림 9·21| 분포전류에 의한 자계

이 면소 δS를 통과하는 전류는 그림 9·21과 같이 $i \cdot \delta S$이므로 곡면 S를 통과하는 전전류 I는

$$I = \oint_S i \cdot d\boldsymbol{S} \tag{9 · 59}$$

가 된다.

한편 식 (9·59)의 좌변은 주회적분의 법칙에서 선적분으로 고치면

$$I = \oint_c \boldsymbol{H} \cdot dl$$

이다. 여기서 c는 곡면 S를 포위하므로 적분로이고, dl은 이 곡선상의 선소벡터이다. 그러므로 스토크스의 정리를 이용하면

$$\oint_c \boldsymbol{H} \cdot dl = \int_S \mathrm{rot}\boldsymbol{H} \cdot d\boldsymbol{S} \tag{9 · 60}$$

가 된다. 이것은 식 (9·59)와 같으므로 다음 관계가 성립한다.

$$\int_S \mathrm{rot}\boldsymbol{H} \cdot d\boldsymbol{S} = \int_S i \cdot d\boldsymbol{S} \tag{9 · 61}$$

식 (9·61)은 임의의 면 S에 대해서 항상 성립하므로

$$\mathrm{rot}\boldsymbol{H} = i \tag{9 · 62}$$

를 얻는다. 이것은 일반적인 분포전류와 자계분포의 관계를 나타내는 식인데, Ampere의 주회적분법칙의 미분형이다. 특별한 경우로서 $i = 0$이라고 하면 다음과 같이 된다.

$$\mathrm{rot}\boldsymbol{H} = 0 \tag{9 · 63}$$

따라서 이 조건 아래서는 자계가 보존적이 되므로 자위를 구할 수 있다.

9.8 벡터 퍼텐셜

9.8.1 정 의

전계에서는 검전하에 작용하는 힘에 의하여 정해지는 것은 E였지만 자계에서는 전류회로에 작용하는 힘 또는 검전코일에 흐르는 전하량에 의하여 정해지는 것은 $\boldsymbol{B}$이다. 그리고 정전계 $\boldsymbol{E}$는 회전을 갖지 않는 벡터계이며

$$\mathrm{rot}\boldsymbol{E}=0$$

인 특성을 갖고 있다. 이에 대하여 자계의 $\boldsymbol{B}$는 원천을 갖지 않는 벡터계이며

$$\mathrm{div}\boldsymbol{B}=0 \qquad (9\cdot64)$$

인 특성을 갖는다. 이미 제2장에서 설명한 바와 같이 일반적으로 회전을 갖지 않는 벡터계는 scalar potential를 가지며 이의 부경도로 나타낸다.

즉 정전계 $\boldsymbol{E}$에 대하여

$$\mathrm{rot}\boldsymbol{E}=0,\ \boldsymbol{E}=-\mathrm{grad}\boldsymbol{V}$$

인 관계가 성립한다. 그리고 정전계를 구하는 문제는 전위 V를 구하는 문제가 되며, 이것은

$$\nabla^2 V=-\frac{\rho}{\epsilon} \quad \text{또는} \quad \nabla^2 V=0$$

인 푸와송의 식, 또는 라플라스의 식의 해를 구하는 것에 귀착한다는 것은 이미 기술한 바와 같다. 즉 공간전하분포 ρ의 공간에 있어서 임의의 점에서의 전위는 위의 식을 풀어

$$V=\frac{1}{4\pi\epsilon}\int_{v}\frac{\rho}{r}dv \qquad (9\cdot65)$$

의 형식으로 주어짐을 알 수 있다. 여기서 r는 전하 ρdv의 원천점에서 전하를 생각한 고찰점까지의 거리이다. v는 ρ가 분포되어 있는 전공간에 대하여 적분한다는 것을 의미한다. 이 개념을 이용하여 전류에 의한 자계를 구하는 방법에 대하여 생각해 보기로 하자.

일반적으로 원천을 갖지 않는 벡터계는 다른 벡터계의 회전으로 표시할 수 있다. 가령 자계의 벡터 $\boldsymbol{B}$는 식 (9·71)에 의하여 원천을 갖지 않으므로 임의의 벡터 $\boldsymbol{A}$에 대하여

$$\nabla\cdot\nabla\times\boldsymbol{A}=0$$

가 된다.

증명 : $\nabla\cdot\nabla\times\boldsymbol{A}=T$라 하면 T는 스칼라가 되어야 한다. 왜냐하면 $\nabla\times\boldsymbol{A}$는 벡터이며 여기에 divergence를 취함으로써 발산을 나타내기 때문이다.

윗식 양변에 dv를 곱하고 적분을 시행하면

$$\int_{vol} (\nabla \cdot \nabla \times \boldsymbol{A}) dv = \int_{vol} T \cdot dv$$

좌측에 발산의 정리를 적용하면

$$\int \nabla \cdot (\nabla \times \boldsymbol{A}) dv = \int \nabla \times \boldsymbol{A} \cdot dS = \int_{vol} T dv$$

$$\oint (\nabla \times \boldsymbol{A}) \cdot dS = \int_{vol} T dv$$

좌측은 체적 v에 대하여 벡터A의 회전의 면적 적분을 의미한다.

Stokes의 정리는 폐회로에 둘러싸인 open surface에 대한 벡터 $\boldsymbol{A}$의 회전의 면적적분을 의미한다.

우리가 커다란 봉지를 고려할 때 봉지의 표면을 open surface라고 한다면 봉지의 물을 점차 줄임으로써 폐곡면에 가까워지고 그 면적을 둘러싼 폐로는 점점 작아져 폐곡면에서 path는 결국 0이 된다. 즉,

$$\oint_{vol} T dv = \oint_{s} (\nabla \times \boldsymbol{A}) \cdot dS = \int A \cdot dl$$

이 되는데 폐곡면에 대해 Stokes의 정리를 적용하면

$$\int_{vol} T dv = 0$$

가 되는 것을 알 수 있다.

$$\therefore \; T dv = 0$$

$$T = 0$$

$$\nabla \cdot (\nabla \times \boldsymbol{A}) = 0$$

$\nabla \times \boldsymbol{H} = J$를 고려하면

$$\nabla \cdot (\nabla \times \boldsymbol{H}) = 0 = \nabla \cdot J = 0$$

$$\therefore \; \nabla \cdot J = 0$$

전류의 연속방정식을 쉽게 얻을 수 있다.

$$\boldsymbol{B} = \text{rot} \boldsymbol{A} \tag{9 · 66}$$

로 나타낼 수 있다. 왜냐하면 임의의 벡터 $\boldsymbol{A}$에 div·rot의 연산을 행하면 그 결과는 항상 0이 되어 div$\boldsymbol{B}$= 0의 관계를 만족하기 때문이다. 이와 같은 경우의 벡터 $\boldsymbol{A}$를 자속밀도 $\boldsymbol{B}$

의 벡터 퍼텐셜(vertor potential)이라고 한다. 따라서 자속밀도 $\boldsymbol{B}$를 구하는 문제는 결국 벡터 퍼텐셜 $\boldsymbol{A}$를 구하는 문제로 귀착시킬 수가 있다.

9.8.2 벡터 퍼텐셜의 일의성

이미 제2장에서 기술한 바와 같이 V가 전계 $\boldsymbol{E}$의 전위라고 하면 $V' = V + C$(C는 상수)도 같은 전계의 전위가 되므로 전위의 값은 일반적으로 정해지지 않는다. 이것과 마찬가지로 $\boldsymbol{A}$를 자계 $\boldsymbol{B}$의 벡터 퍼텐셜이라 하고 φ를 임의의 스칼라함수로 하면

$$\mathrm{rot}\cdot\mathrm{grad}\varphi = 0$$

이것이 항상 성립하므로

$$\boldsymbol{A}' = \boldsymbol{A} + \mathrm{grad}\varphi \tag{9 · 67}$$

도 같은 자계 $\boldsymbol{B}$의 벡터 퍼텐셜이 된다. 따라서 벡터 퍼텐셜의 값은 일반적으로 정해지지 않는다. 이것을 일반적으로 정하려면 벡터 퍼텐셜은

$$\mathrm{div}\boldsymbol{A} = 0 \tag{9 · 68}$$

인 조건을 만족하면 된다.

이와 같이 벡터 퍼텐셜은 원천을 갖지 않는 벡터량이라고 하면 그 값은 일반적으로 정해진다. 즉 $\mathrm{div}\boldsymbol{A}' = \mathrm{div}\boldsymbol{A} = 0$이라는 조건에서

$$\mathrm{div}\cdot\mathrm{grad}\varphi = \nabla^2\varphi = 0$$

가 되고, 이것을 풀어 ϕ를 정하면 벡터 퍼텐셜은 일반적으로 정해진다.

9.8.3 공간전류분포일 때의 벡터 퍼텐셜

전류에 의한 자계의 기본 관계인

$$\mathrm{rot}\boldsymbol{H} = i, \quad \boldsymbol{B} = \mu\boldsymbol{H}$$

이 식에서

$$i = \mathrm{rot}\boldsymbol{H} = \mathrm{rot}\left(\frac{\boldsymbol{B}}{\mu}\right) = \mathrm{rot}\left(\frac{1}{\mu}\mathrm{rot}\boldsymbol{A}\right) \tag{9 · 69}$$

$$= \frac{1}{\mu}\mathrm{rot}\cdot\mathrm{rot}\boldsymbol{A} + \left[\mathrm{grad}\left(\frac{1}{\mu}\right)\cdot\mathrm{rot}\boldsymbol{A}\right]$$

이다. 그런데 μ는 장소에 따라 변하지 않고 또 $\boldsymbol{H}$에도 무관계하면, 즉

$\mu =$ 일정

이라고 하면 $\mathrm{grad}\left(\frac{1}{\mu}\right) = 0$이다.

$$\mathrm{rot}\cdot\mathrm{rot}\boldsymbol{A} = \mathrm{grad}\cdot\mathrm{div}\boldsymbol{A} - \nabla^2\boldsymbol{A}$$

여기서 $\boldsymbol{A}$는 위에서 기술한 바와 같이 일의성이 있으므로

$$\mathrm{div}\boldsymbol{A} = 0$$

의 조건을 적용함으므로써 윗식은 $-\nabla^2\boldsymbol{A}$만 남게 된다. 그러므로 식 (9·69)는

$$\nabla^2\boldsymbol{A} = -\mu\boldsymbol{i} \qquad (9 \cdot 70)$$

와 같이 된다.

이 식을 벡터 푸와송 미분방정식이라고 한다. 식 (9·70)은 $\boldsymbol{A}$, $\boldsymbol{i}$를 직각좌표축 방향의 성분으로 나누면

$$\left.\begin{aligned} \nabla^2 A_x &= -\mu i_x \\ \nabla^2 A_y &= -\mu i_y \\ \nabla^2 A_z &= -\mu i_z \end{aligned}\right\} \qquad (9 \cdot 71)$$

가 되며, 이들 식의 해는 전계의 전위에 대한 식 (9·65)에서 주어진 것과 같은 방법을 적용함으로써

$$\left.\begin{aligned} A_x &= \frac{\mu}{4\pi}\int \frac{i_x}{r}dv \\ A_y &= \frac{\mu}{4\pi}\int \frac{i_y}{r}dv \\ A_z &= \frac{\mu}{4\pi}\int \frac{i_z}{r}dv \end{aligned}\right\} \qquad (9 \cdot 72)$$

여기서 r는 dv에서 $\boldsymbol{A}$를 구하는 고찰점까지의 거리이고 v의 적분한계는 분포전류 $\boldsymbol{i}$가 있는 전공간을 취해야 한다. 그리고 식 (9·72)를 벡터로 나타내면

$$\boldsymbol{A} = \boldsymbol{i}A_x + \boldsymbol{j}A_y + \boldsymbol{k}A_z = \frac{\mu}{4\pi}\int_V \frac{\boldsymbol{i}}{r}dv \qquad (9 \cdot 73)$$

가 된다. 이것이 전류에서 벡터 퍼텐셜을 구하는 공식이다.

이와 같이 $\mu =$ 일정의 공간에 있어서 전류밀도 $\boldsymbol{i}$의 공간 분포에 대한 벡터 퍼텐셜 $\boldsymbol{A}$가 결정되면

$$\mathrm{rot}\boldsymbol{A} = \boldsymbol{B} = \mu\boldsymbol{H} \qquad (9 \cdot 74)$$

의 관계에 의하여 전계분포에 관한 $\boldsymbol{B}$ 및 $\boldsymbol{H}$를 구할 수 있다.

9.8.4 선상전류에 의한 벡터 퍼텐셜

특별한 경우로서 전류가 가는 선상에서 I인 전류가 흐른다고 하면 **그림 9·21**과 같이 그 일부분의 체적 δv는 δl을 전류방향의 길이의 미소부분, δS를 전류에 수직한 단면적이라고 하면 $\delta l \delta S$이므로 $i\delta v = i\delta S\delta l = \boldsymbol{I}\delta l$ 이다.

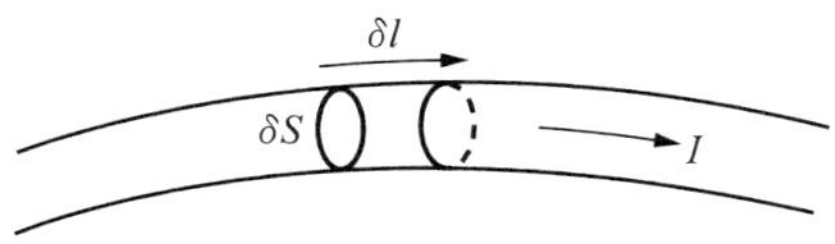

|그림 9·22|

따라서

$$\boldsymbol{A}= \frac{\mu}{4\pi}\int \frac{I}{r}dl \tag{9 · 75}$$

이 된다. 벡터 퍼텐셜의 단위는 식 (9·36)과 $\boldsymbol{B}=\mathrm{rot}A$의 관계에서 쉽게 알 수 있다. 회전은 식 (9·36)에 의하면 길이 [m]를 곱하고 면적 [m^2]으로 나누는 것이 되므로 [m^{-1}]의 차원이다. $\boldsymbol{B}$는 [Wb/m^2]이므로 A는 [Wb/m]이다.

9.8.5 Biot-Savart의 법칙

선상전류에 의한 임의점 P의 벡터 퍼텐셜 $\boldsymbol{A}$는 식 (9·75)로 주어지므로 그 점의 전류밀도 $\boldsymbol{B}$는

$$\boldsymbol{B}= \mathrm{rot}\boldsymbol{A}= \mathrm{rot}\left(\frac{\mu I}{4\pi}\oint_c \frac{dl}{r}\right)$$

가 되며, μ= 일정이면

$$\boldsymbol{B}= \left(\frac{\mu I}{4\pi}\oint_c \mathrm{rot}\frac{dl}{r}\right)$$

가 된다. 그런데

$$\mathrm{rot}\left(\frac{dl}{r}\right)= \frac{1}{r}\mathrm{rot}(dl) + \mathrm{grad}\left(\frac{1}{r}\right)\times dl$$

이며, rot의 벡터연산은 $\boldsymbol{A}$에 대한 것이므로 점 P에서의 x, y, z 에 대한 미분이고, $\boldsymbol{dl}$에 대해서는 아무런 관계가 없다. 따라서

$$\mathrm{rot}(dl) = 0$$

이 되며, 또

$$\mathrm{grad}\left(\frac{1}{r}\right) = -\boldsymbol{r}/r^3$$

이므로

$$\boldsymbol{B} = \frac{\mu I}{4\pi}\oint_c \frac{d\boldsymbol{l}\times\boldsymbol{r}}{r^3} \quad (9 \cdot 76)$$

가 된다. 따라서 전류 I에 의한 임의의 점 P의 자계는

$$\boldsymbol{H} = \frac{I}{4\pi}\oint_c \frac{d\boldsymbol{l}\times\boldsymbol{r}}{r^3} \quad (9 \cdot 77)$$

로 나타낼 수 있다. 여기서 $\boldsymbol{r}$는 $d\boldsymbol{l}$에서 점 P에 이르는 동경벡터이다. 이것은 선상전류회로 전체에 의한 점 P의 자계인데, 이것을 Biot와 Savart는 회로의 미소부분 δl에 의한 자계 $\delta\boldsymbol{H}$를 회로 전체에 걸쳐서 합성한 것과 같다고 하였다. 즉 전류 I가 흐르는 도선의 미소부분 δl에 의한 자계 $\delta\boldsymbol{H}$는

$$\delta\boldsymbol{H} = \frac{I}{4\pi}\cdot\frac{\delta\boldsymbol{l}\times\boldsymbol{r}}{r^3} \quad (9 \cdot 78)$$

로 주어진다. 이것을 **Biot-Savart의 법칙**이라고 한다. 지금 δl과 $\boldsymbol{r}$ 사이의 각을 θ라고 하면 자계의 크기는

$$\delta\boldsymbol{H} = \frac{I}{4\pi}\cdot\frac{\delta l\sin\theta}{r^2} \quad (9 \cdot 79)$$

가 되며, 그 방향에 관해서는 δl, r, δH가 우수계를 형성한다.

예제 9-4

등가판자석을 이용하여 Biot-Savart의 법칙을 유도하여라.

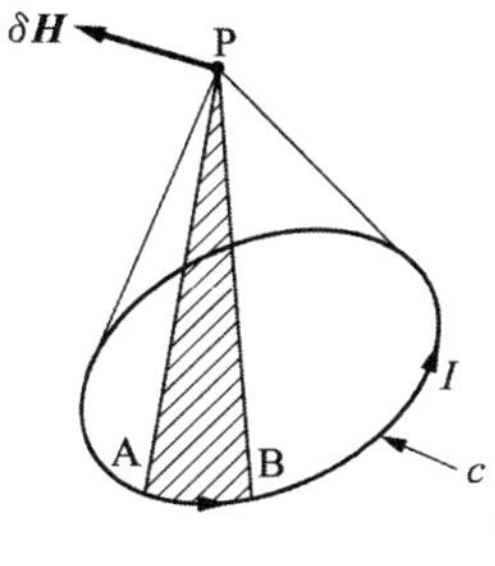

|그림 9·23| 점 P를 정점으로 하는 추면 판자석의 분해

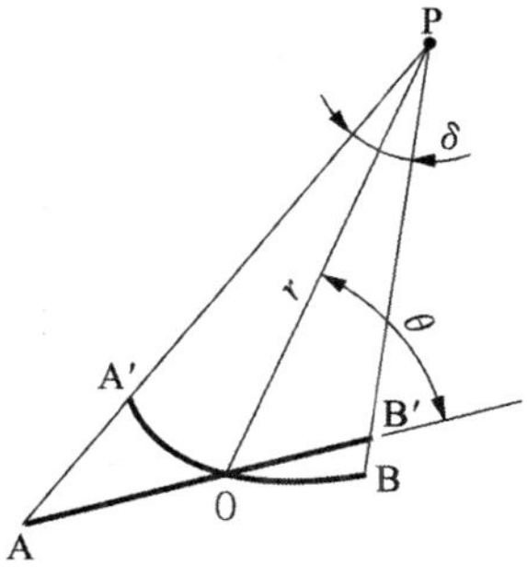

|그림 9·24| 미소판자석

해 그림 9·23과 같이 전류 I의 폐회로 c중 미소부분 AB에 의한 임의 점 P의 자계를 구하기로 한다. P를 정점으로 c를 둘레로 하는 추면을 전류회로 c에 대한 등가판자석이라고 하면 이것을 미소길이 $AB=\delta l$에 대한 면 PAB와 같은 미소한 판자석의 집합으로 생각할 수 있다.

그림 9·24는 이 미소판자석을 확대한 것인데, ABP는 미소하므로 평면으로 생각할 수 있다. 지금 P를 중심으로 하고 AB의 중심점 O를 통하는 원호가 PA, PB와 만나는 점을 각각 A′, B′라고 하면 AB는 미소하므로 PAB에 의한 자계는 PA′B′에 의한 자계와 같다고 생각할 수 있다.

그런데 반지름 r의 원형전류 I에 의한 그 중심의 자계는 식 (9·14)에서 $\dfrac{I}{2r}$이며 PA′ B′ 는 이 원형판자석의 일부가 되므로 점 P의 면에 수직한 자계 δH는 $\dfrac{I}{2r}$를 중심각에 비례하여 분배한 값으로 주어진다. 따라서 $PO=r$, $\angle ABP=\delta$라고 하면

$$\delta H=\frac{\delta}{2\pi}\frac{I}{2r}$$

가 된다. 그런데

$$\delta=\frac{A'B'}{r}=\frac{AB\sin\theta}{r}=\frac{\sin\theta\cdot\delta l}{r}$$

이므로

$$\delta H=\frac{1}{4\pi}\cdot\frac{I\delta l\sin\theta}{r^2}$$

가 되며, 식 (9·79)의 식과 일치한다.

예제 9-5

그림 9·25와 같이 z축상의 유한길이 직선도체에 전류 I가 흐르고 있을 때 x축상에 있는 점 P의 벡터 퍼텐셜을 구하여라.

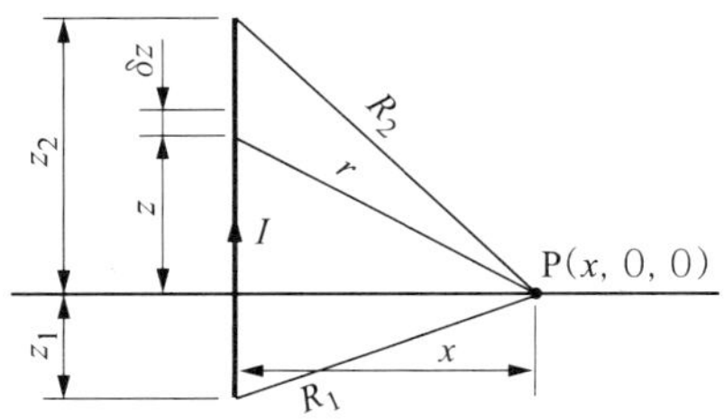

|그림 9·25| 유한길이 직선도체

해 단면적이 δS이고, 길이가 δl의 선상전류 I에 의하여 생기는 벡터 퍼텐셜은 식 (9·75)에서

$$\boldsymbol{A}=\frac{\mu_0}{4\pi}\int\frac{I}{r}dl$$

이 된다. 지금 전류는 z축의 정방향성분뿐이므로 점 P의 벡터 퍼텐셜은 z방향 성분만 갖게 되므로

$$\boldsymbol{A}=\boldsymbol{k}\frac{\mu_0}{4\pi}\int_{-z_1}^{z_2}\frac{I}{r}dz=\boldsymbol{k}\frac{\mu_0 I}{4\pi}\int_{-z_1}^{z_2}\frac{1}{\sqrt{x^2+z^2}}dz$$

$$=\boldsymbol{k}\frac{\mu_0}{4\pi}\{\log(z_2+R_2)-\log(-z_1+R_1)\} \tag{9·80}$$

여기서

$$R_1=\sqrt{x^2+z_1^2},\ R_2=\sqrt{x^2+z_2^2},\ -z_1+R_1=\frac{R_1^2-z_1^2}{R_1+z_1}=\frac{x^2}{R_1+z_1}$$

이므로

$$\boldsymbol{A}=\boldsymbol{k}\frac{\mu_0 I}{4\pi}log\frac{(z_1+R_1)(z_2+R_2)}{x^2} \tag{9·81}$$

가 된다. 여기서 점 P의 자속밀도 $\boldsymbol{B}$는 $\boldsymbol{B}=\mathrm{rot}\boldsymbol{A}$가 되므로

$$\boldsymbol{B}=-\boldsymbol{j}\frac{\mu_0 I}{4\pi}\frac{\partial}{\partial x}\left\{\log(z_2+\sqrt{x^2+z_2^2})-\log(-z_1+\sqrt{x^2+z_1^2})\right\}$$

$$=-\boldsymbol{j}\frac{\mu_0 I}{4\pi}\left\{\frac{x}{R_2(z_2+R_2)}-\frac{x}{R_1(R_1-z_1)}\right\}$$

$$=-\boldsymbol{j}\frac{\mu_0 I}{4\pi}x\frac{-R_1z_1-R_2z_2+R_1^2-R_2^2}{R_1R_2(-z_1+R_1)(z_2+R_2)}$$

$$=-\boldsymbol{j}\frac{\mu_0 I}{4\pi}x\frac{-R_1z_1-R_2z_2+z_1^2-z_2^2}{R_1R_2(-z_1+R_1)(z_2+R_2)}$$

$$=-\boldsymbol{j}\frac{\mu_0 I}{4\pi}\frac{x^2z_1(-z_1+R_1)+z_2(z_2+R_2)}{xR_1R_2(-z_1+R_1)(z_2+R_2)}$$

$$=\boldsymbol{j}\frac{\mu_0 I}{4\pi}\frac{z_1(-z_1+R_1)(R_2^2-z_2^2)+z_2(z_2+R_2)(R_1^2-z_1^2)}{xR_1R_2(-z_1+R_1)(z_2+R_2)}$$

$$=\boldsymbol{j}\frac{\mu_0 I}{4\pi}\frac{z_1(R_2-z_2)+z_2(R_1+z_1)}{x\,R_1R_2}$$

$$=\boldsymbol{j}\frac{\mu_0 I}{4\pi}\frac{R_1z_2+R_2z_1}{x\,R_1R_2} \tag{9·82}$$

이 된다. 즉

$$\boldsymbol{H}= \boldsymbol{j}\frac{I}{4\pi x}\frac{R_1 z_2 + R_2 z_1}{R_1 R_2}[\mathrm{AT/m}] \qquad (9 \cdot 83)$$

을 얻는다. 만일 도선이 무한길이라면 식 (9·83)을 다음과 같이 변형하고

$$\boldsymbol{H}= \boldsymbol{j}\frac{I}{4\pi x}\left(\frac{z_2}{\sqrt{x^2+z_2^2}}+\frac{z_1}{\sqrt{x^2+z_1^2}}\right)$$

$$= \boldsymbol{j}\frac{I}{4\pi x}\left\{\frac{1}{\sqrt{1+\left(\frac{x}{z_2}\right)^2}}+\frac{1}{\sqrt{1+\left(\frac{x}{z_1}\right)^2}}\right\}$$

여기서 $z_1,\ z_2 \to \infty$라 놓으면

$$\boldsymbol{H}= \boldsymbol{j}\frac{I}{2\pi x}[\mathrm{AT/m}] \qquad (9 \cdot 84)$$

가 된다. 이것은 식 (9·16)과 일치한다.

예제 9-6

z축상으로 뻗은 무한길이 도체에 전류 I가 흐를 때 점 $\mathrm{P}(x, y,\ 0)$의 자계를 벡터 퍼텐셜을 사용하여 구하여라.

해 벡터 퍼텐셜의 정의에 의하면 $\boldsymbol{A}= \boldsymbol{k}\frac{\mu_0 I}{4\pi}\int_{z=-\infty}^{z=\infty}\frac{I}{r}dz$이지만, 이 적분은 수렴하지 않는다. **예제 9-5**의 해에서 $z_1 \gg x$ 및 $z_2 \gg x$이므로 $(z_1+R_1)(z_2+R_2)=4z_1 z_2$는 일정하다. 그러므로 식 (9·81)의 결과에서 점 P의 벡터 퍼텐셜은

$$\boldsymbol{A}= \boldsymbol{k}\frac{\mu_0 I}{4\pi}log\frac{4z_1 z_2}{x^2+y^2} \qquad (9 \cdot 85)$$

인 것을 알 수 있다.

$$\boldsymbol{B}= \left(\boldsymbol{i}\frac{\partial}{\partial x}+\boldsymbol{j}\frac{\partial}{\partial y}+\boldsymbol{k}\frac{\partial}{\partial z}\right)\times \boldsymbol{k}\frac{\mu_0 I}{4\pi}log\frac{4z_1 z_2}{x^2+y^2}$$

$$= \boldsymbol{i}\frac{\mu_0 I}{4\pi}\frac{\partial}{\partial y}log\frac{4z_1 z_2}{x^2+y^2} - \boldsymbol{j}\frac{\mu_0 I}{4\pi}\frac{\partial}{\partial x}log\frac{4z_1 z_2}{x^2+y^2}$$

$$= -\boldsymbol{i}\frac{\mu_0 Iy}{2\pi(x^2+y^2)}+\boldsymbol{j}\frac{\mu_0 Ix}{2\pi(x^2+y^2)} \qquad (9 \cdot 86)$$

$$\therefore\ \boldsymbol{H} = -\boldsymbol{i}\frac{Iy}{2\pi(x^2+y^2)} + \boldsymbol{j}\frac{Ix}{2\pi(x^2+y^2)}\ [\mathrm{AT/m}] \tag{9·87}$$

만일 $y = 0$이면 식 (9·84)와 같으며

$$\boldsymbol{H} = \boldsymbol{j}\frac{I}{2\pi x}\ [\mathrm{AT/m}]$$

가 된다.

예제 9-7

그림 9·26과 같이 구형폐회로에 흐르는 전류 I에 의한 x, y 평면 내의 임의의 점 P의 자계를 구하여라.

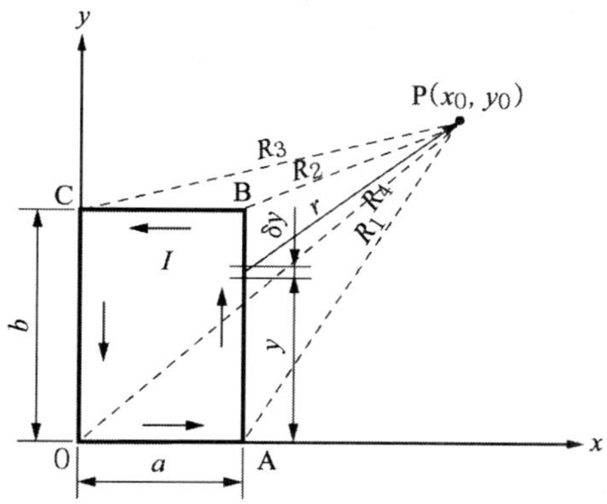

|그림 9·26| 구형폐회로

해 각 변에 의한 자계는 식 (9·83)에서 구하면 다음과 같다.

$$\left.\begin{aligned} H_{AB} &= -k\frac{I}{4\pi(x_0-a)}\left(\frac{y_0}{R_1} - \frac{y_0-b}{R_2}\right) \\ H_{BC} &= -k\frac{I}{4\pi(y_0-b)}\left(-\frac{x_0-a}{R_2} + \frac{x_0}{R_3}\right) \\ H_{CO} &= k\frac{I}{4\pi x_0}\left(-\frac{y_0-b}{R_3} + \frac{y_0}{R_4}\right) \\ H_{OA} &= k\frac{I}{4\pi y_0}\left(\frac{x_0}{R_4} - \frac{x_0-a}{R_1}\right) \end{aligned}\right\} \tag{9·88}$$

따라서 합성자계 H는 이것들을 합하면 다음과 같이 된다.

$$H = k\frac{I}{4\pi}\left\{\frac{R_1}{(x_0-a)y_0}+\frac{R_2}{(x_0-a)(y_0-b)}\frac{R_3}{x_0(y_0-b)}+\frac{R_4}{x_0y_0}\right\}[\text{AT/m}] \tag{9·89}$$

예제 9-8

임의의 곡선 c와 쇄교하는 자속수는

$$\phi = \int_C \boldsymbol{A}\cdot dl$$

가 되는 것을 유도하여라. 여기서 $\boldsymbol{A}$는 벡터 퍼텐셜, dl은 곡선 c의 미소길이이다.

해 c를 주변으로 하는 곡면을 S라고 하면

$$\phi = \int_S \boldsymbol{B}\cdot d\boldsymbol{S}$$

그런데 $\boldsymbol{B}=\text{rot}\boldsymbol{A}$이므로

$$\phi = \int_S (\text{rot}\boldsymbol{A})\cdot d\boldsymbol{S}$$

Stokes의 정리에 의하여 윗식은

$$\phi = \oint_C \boldsymbol{A}\cdot dl \tag{9·90}$$

9.9 Biot-Savart 법칙에 의한 자계의 계산방법

9.9.1 직선전류에 의한 자계

그림 9·26 (a)와 같이 직선상도체 UW가 투자율 μ를 가진 매질 중에 있고 그 도선 중에 전류 I가 흐를 때 도선에서 a의 거리에 있는 한 점 P에 있어서의 자계를 구해 보자.

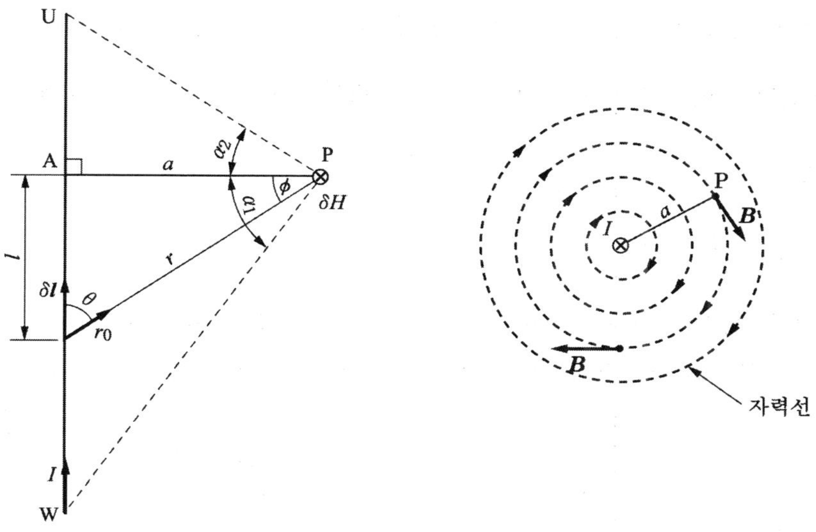

(a) 직선도선의 전류 (b) 자력선

|그림 9·27| 직선전류에 의한 자계

지금 전류 I가 흐르고 있는 방향에 길이 δl의 미소길이의 도선을 취하고 δl에서 거리 r이고 이것과 θ의 방향에 있는 한 점 P의 자계 H는 식 (9·77)에서

$$H = \frac{I}{4\pi}\int\frac{\sin\theta}{r^2}dl[\mathrm{AT/m}]$$

P에서 UW에 수선 PA를 내리고 A와 δl과의 거리를 l, PA와 P $-\delta l$을 연결하는 선과 이루는 각을 ϕ라고 하면

$$\sin\theta = \cos\phi = a/r, \quad l = a\tan\phi$$

또 도선의 하단 W, 상단 U를 P와 연결하는 선이 PA와 이루는 각을 각각 α_1, α_2라고 하면 윗식은

$$H = \frac{I}{4\pi a}\int_{\alpha_1}^{\alpha_2}\cos\phi\, d\psi[\mathrm{AT/m}]$$

$$\therefore\ H = \frac{I}{4\pi a}(\sin\alpha_2 - \sin\alpha_1) = \frac{B}{\mu}[\mathrm{AT/m}] \tag{9·91}$$

가 된다. 자계 $\boldsymbol{H}$는 지면에 직각이며 표면에서 뒷면으로 향하는 방향이다.

그림 9·27 (a)와 같이 P가 UW의 중간에 있을 때에는 $\alpha_1 < 0$, $\alpha_2 > 0$이므로 $\sin\alpha_2 > 0$, $\sin\alpha_1 < 0$이 되어 식 (9·91)의 우변에 제 1항, 제 2항이 모두 정이 된다. 그러나 **그림 9·28**

(a)와 같을 때는 $\alpha_1 > 0$, $\alpha_2 > 0$, 같은 **그림 9·27** (b)일 때는 $\alpha_1 < 0, \alpha_2 < 0$가 된다.

특히 도선이 무한길이일 때 이것에서 a의 거리에 있는 자계는 식 (9·91)에서 $\alpha_1 = -\dfrac{\pi}{2}$, $\alpha_2 = \dfrac{\pi}{2}$라고 놓으면

$$H = \frac{I}{2\pi a} = \frac{1}{\mu} B [\mathrm{AT/m}] \tag{9 · 92}$$

를 얻게 되며, 도선에 직각인 단면의 자력선 분포는 **그림 9·26** (b)에 나타낸 바와 같이 원형이 되고 도선으로부터 거리 a가 크게 될수록 밀도가 작아짐을 알 수 있다.

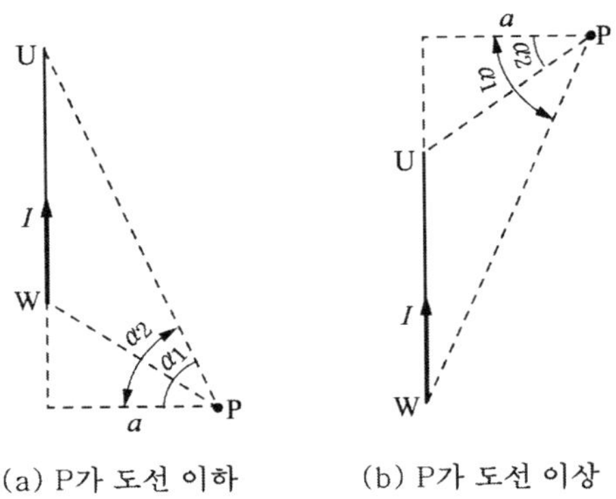

|그림 9·28| 도선의 위쪽 및 아리쪽 점의 자계

9.9.2 원전류에 의한 자계

그림 9·28과 같이 반지름 a의 원형코일을 직각좌표의 yz면에 일치시켜, 코일의 중심을 원점 O에 코일의 축을 x축으로 택한다. 코일에 전류 I를 흘렸을 때 x축상에서 코일의 중심부터 x의 거리에 있는 한 점 P의 자계 H를 구해 보자.

코일 위의 임의의 위치에 전류방향과 일치시켜 선소 δl을 취하고 δl을 흐르는 전류에 의하여 생긴 P점의 자계 δH_P는 δl과 P와의 거리 r에 수직이다. δH_P를 x축방향의 성분 δH_1과 x축에 수직한 방향의 성분 δH_2로 나누면 δH_2는 O에 대하여 δl과 대칭인 위치에 있는 같은 길이의 선소 $\delta l'$의 전류에 기인하는 자계 $\delta H_P'$의 x축에 수직인 방향의 성분 $\delta H_2'$와 상쇄하고 δH_1만 남게 된다. r축과 dl이 이루는 각은 $\theta = \dfrac{\pi}{2}$이므로 $\delta H_P = I\delta l / 4\pi r^2$이 된다. 따라서 원전류에 기인하는 점 P의 자계 H는

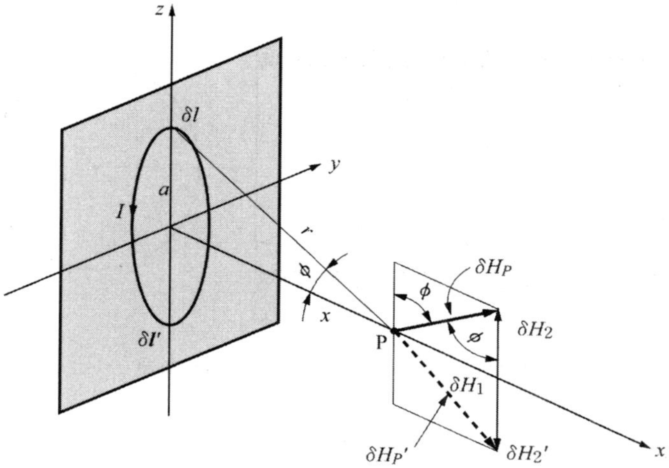

|그림 9·29| 원전류에 의한 자계

$$H = \int dH_1 = \frac{I\sin\phi}{4\pi r^2}\int_0^{2\pi a} dl$$

$$\therefore\ H = \frac{Ia\sin\phi}{2r^2} = \frac{a^2}{2(a^2+x^2)^{3/2}} I [\mathrm{AT/m}] \qquad (9 \cdot 93)$$

가 되며 $\boldsymbol{H}$의 방향은 x축과 일치한다. 원형코일이 N회권수이면 윗식에서

$$H = \frac{a^2 NI}{2(a^2+x^2)^{3/2}} [\mathrm{AT/m}] \qquad (9 \cdot 94)$$

가 되어 윗식의 I를 NI로 바꾸어 놓은 모양이다. 지금 $a^2 \ll x^2$이라 하고 원형코일의 단면적을 $S(=\pi a^2)$라고 하면 윗식은 다음과 같이 나타낼 수 있다.

$$H = \frac{a^2 NI}{2x^3} = \frac{SNI}{2\pi x^3} [\mathrm{AT/m}] \qquad (9 \cdot 95)$$

코일 중심자계 H_0및 자속밀도 B_0는 식 (9·94)에서 $x=0$이라고 놓으면 다음과 같이 된다.

$$H_0 = \frac{NI}{2a} = \frac{1}{\mu} B_0 [\mathrm{AT/m}] \qquad (9 \cdot 96)$$

9.9.3 솔레노이드에 의한 자계

원통상 절연물의 표면에 권선을 감아서 만든 코일을 **솔레노이드**라고 한다. 그림 9·29와 같이 길이가 l, 반지름이 a, 전권횟수 N의 솔레노이드권선에 전류 I가 흐를 때 이 축상의 한 점 P에 있어서의 자계를 구해 보자.

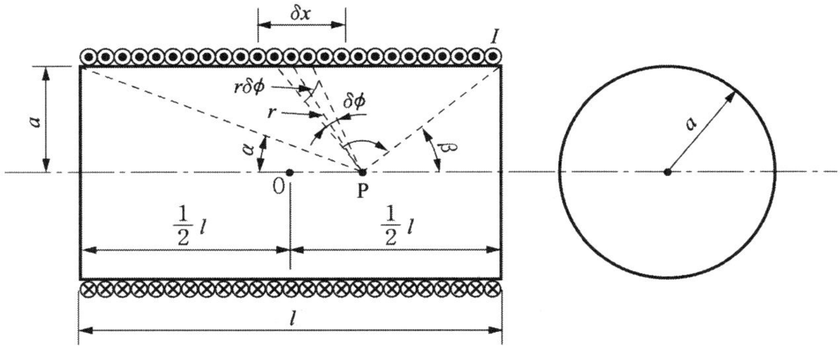

|그림 9·30| 솔레노이드에 의한 자계

솔레노이드권선상 길이 δx의 전류에서 P에 생기는 자계를 δH, P에서 δx까지의 거리를 r, r가 코일축과 이루는 각을 ϕ라고 하면 단위길이당의 권횟수는 N/l, 길이 δx에 대한 권횟수는$(N/l)\delta x$ 이므로 식 (9·93)에서 δH는

$$\delta H = \frac{Ia\sin\phi}{2r^2}\cdot\frac{N\delta x}{l}$$

로 나타낼 수 있다. 한편

$$r\delta\phi = \delta x\sin\phi,\ \sin\phi = \frac{a}{r}$$

이므로 P와 코일의 양단을 연결하는 직선이 코일축과 이루는 각을 각각 α, β솔레노이드 안쪽의 매질의 투자율을 μ라고 하면 P점의 자계 H는

$$H = \int_{\alpha}^{\beta}\frac{Ia\sin\phi}{2r^2 l}\frac{Nr\,d\phi}{\sin\phi} = \frac{NI}{2l}\int_{\alpha}^{\beta}\sin\phi\,d\phi$$

$$\therefore\ H = \frac{NI}{2l}(\cos\alpha - \cos\beta) = \frac{1}{2}nI(\cos\alpha - \cos\beta) \qquad (9\cdot 97)$$

가 되며, $n = N/l$은 솔레노이드 단위길이당의 권횟수이다. 특별한 경우로써 솔레노이드 중심부의 자계는

$$\cos\alpha = \frac{\left(\frac{l}{2}\right)}{\sqrt{a^2 + \left(\frac{l}{2}\right)^2}} = \frac{1}{\sqrt{1 + \left(\frac{2a}{l}\right)^2}} = -\cos(\pi - \alpha)$$

의 관계를 윗식에 대입하면

$$H = \frac{NI}{l}cos\alpha = \frac{nI}{\sqrt{1 + (2a/l)^2}}\,[\mathrm{AT/m}] \qquad (9\cdot 98)$$

가 된다. 더구나 그림 9·30 (a)와 같이 길이가 지름에 비하여 상당히 큰 솔레노이드에서는 $l^2 \gg 4a^2$ 라고 하면

① 중심부 O부근에서

$$\cos\alpha = -\cos\beta = 1$$

$$\therefore\ H = \frac{NI}{l} = nI[\mathrm{AT/m}] \tag{9 · 99}$$

② 우단 P_1의 자계는 식 (9·97)에서

$$\alpha = 0,\ \beta = \frac{\pi}{2}$$

일 때

$$H = \frac{1}{2}\frac{NI}{l} = \frac{1}{2}nI[\mathrm{AT/m}]$$

즉, 중심부 자계의 반이다.

③ 코일의 우단에서 바깥쪽에 x의 거리에 있는 점 P_2에서는 식 (9·97)에서 $\alpha = 0$이라고 놓으면

$$H = \frac{NI}{2l}(1-\cos\beta) = \frac{1}{2}nI\left(1 - \frac{x}{\sqrt{a^2+x^2}}\right)[\mathrm{AT/m}] \tag{9 · 100}$$

가 된다. 이상 ①, ②에서 $l^2 \gg 4a^2$의 솔레노이드의 축방향에 대한 자계분포는 그림 9·31 (b)와 같다.

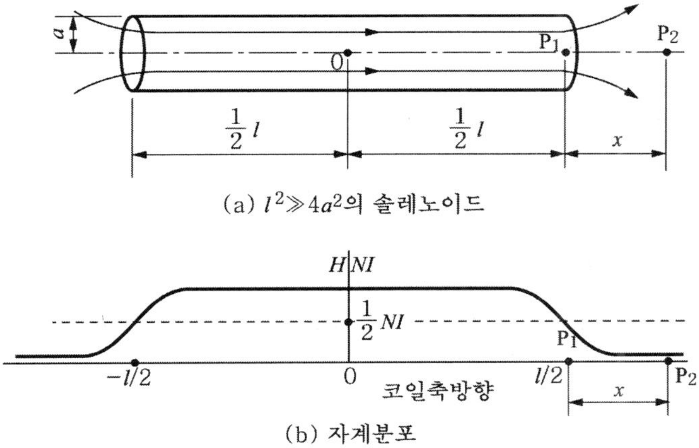

|그림 9·31| 지름에 비하여 길이가 큰 솔레노이드

9.9.4 나선상도선

도선이 반지름 a 인 원통상에 나선상으로 감겨져 있을 때, 그 위의 한점 Q의 자표는 **그림 9·32**에 나타낸 바와 같이 좌표축을 정하고, PR가 x 축과 이루는 각을 θ 라고 하면

$$x = a\cos\theta,\ y = a\sin\theta, z = a\theta\tan\delta$$

이다.

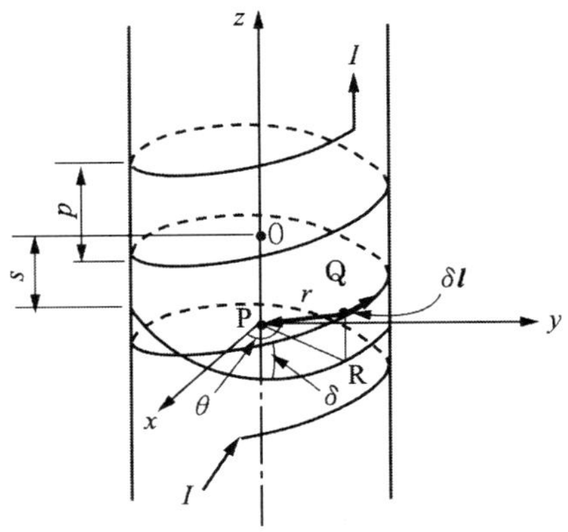

|그림 9·32| 나선도선 내의 전류

그리고 θ 가 2π 씩 변할 때는 z는 $P = 2\pi a\tan\delta$ 씩 변한다. 권횟수 N인 나선부분에 의한 자계를 구해 보자. 나선의 축위의 한점 P(이것을 좌표원점으로 한다)의 자계의 z 성분은 식 (9·78)에 의하여

$$H_z = \frac{I}{4\pi}\int\frac{[dl \cdot r]z}{r^3} = \frac{I}{4\pi}\int\frac{r_y\,dl_x - r_x\,dl_y}{r^3}$$

이다. 그런데

$$r = \sqrt{x^2 + y^2 + z^2} = a\sqrt{1 + \theta^2\tan^2\delta}$$

$$r_x = -a\cos\theta,\ r_y = -a\sin\theta,\ r_z = -a\theta\tan\delta$$

$$dl_x = -a\sin\theta\,d\theta,\ dl_y = a\cos\theta\,d\theta,\ dl_x = a\tan\delta\,d\theta$$

이므로, 이것들을 위의 적분식에 대입하여 나선 양단의 θ_1에서 θ_2까지 적분하면

$$H_z = \frac{I}{4\pi a}\int_{\theta_1}^{\theta_2}\frac{d\theta}{\sqrt{(1+\theta^2\tan^2\delta)^3}}$$

가 된다.

지금 솔레노이드의 중심 O에서 점 P까지의 거리를 s 라고 하면

$$\theta_1 = -N\frac{\pi + s}{a\tan\delta},\ \theta_2 = N\frac{\pi + s}{a\tan\delta}$$

이므로

$$H_z = \frac{I}{4\pi a\tan\delta}\left[\frac{N\pi a\tan\delta + s}{\sqrt{a^2 + (N\pi a\tan\delta + s)^2}} + \frac{N\pi a\tan\delta - s}{\sqrt{a^2 + (N\pi a\tan\delta - s)^2}}\right] \tag{9 · 101}$$

가 된다.

그런데 솔레노이드의 길이는 $l = Np = 2N\pi a\tan\delta$ 이며, s 대신에$(x - l/2)$을 사용하면 이 식은

$$H_z = \frac{NI}{2l}\left[\frac{x}{\sqrt{a^2 + x^2}} + \frac{l - x}{\sqrt{a^2 + (l - x)^2}}\right]$$

이다. 그런데 $\delta \neq 0$일 때는 H_x, $H_y \neq 0$이 되고 이들의 값은 각각

$$H_x = \frac{I}{4\pi}\int\frac{r_z\,dl_y - r_y\,dl_z}{r^3} = \frac{I}{4\pi a}\int_{\theta_1}^{\theta_2}\frac{a^2\tan\delta(\sin\theta - \theta\cos\theta)}{\sqrt{(1 + \theta^2\tan^2\delta)^2}}d\theta$$

$$H_y = \frac{I}{4\pi}\int\frac{r_x\,dl_z - r_z\,dl_x}{r^3} = \frac{I}{4\pi a}\int_{\theta_1}^{\theta_2}\frac{-a^2\tan\delta(\cos\theta - \theta\sin\theta)}{\sqrt{(1 + \theta^2\tan^2\delta)^2}}d\theta$$

가 된다. 즉 H_x, $H_y \neq 0$이며 자력선은 나선상이 된다.

예제 9-9

그림 9·33와 같이 길이가 l, 반지름이a인 원통위에 다층장으로 N회전의 코일을 두께 $a_2 - a_1$로 감고 전류 I가 흐를 때 솔레노이드 내의 한 점P 에 있어서의 자계를 구하여라.

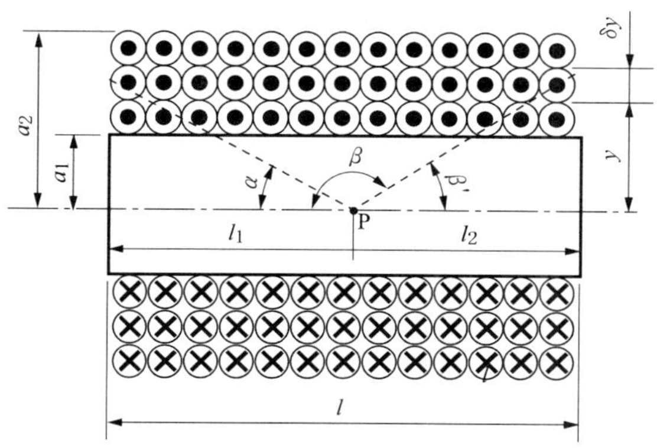

|그림 9·33| 환상솔레노이드

해 전전류NI가 면적 $l(a_2-a_1)$을 통하여 흐르므로 단위면적을 통하여 흐르는 전류는 $NI/l(a_2-a_1)$가 된다. 따라서 길이l, 축 δy의 권선단면을 통해서 흐르는 전류는

$$\frac{NI}{l(a_2-a_1)}l\,\delta y=\frac{NI\delta y}{a_2-a_1}$$

이 때문에 생기는 솔레노이드축 위의 한 점P의 자계 δH는 식 (9·97)의 NI를 $NI\delta y/(a_2-a_1)$라 놓고

$$\delta H=\frac{1}{2l}\frac{NI\delta y}{(a_2-a_1)}(\cos\alpha-\cos\beta)=\frac{1}{2l}\frac{NI\delta y}{(a_2-a_1)}(\cos\alpha+\cos\beta')$$

단 $\beta'=\pi-\beta$이다. 따라서 솔레노이드의 전권횟수의 전류에 의하여 생기는 점P의 자계는

$$H=\frac{NI}{2l(a_2-a_1)}\int_{a_1}^{a_2}\left\{\frac{l_1}{\sqrt{y^2+l_1^2}}dy+\frac{l_2}{\sqrt{y^2+l_2^2}}dy\right\}$$

$$=\frac{NI}{2l(a_2-a_1)}[l_1\log(y+\sqrt{(y^2+{l_1}^2})+l_2\log(y+\sqrt{y^2+{l_2}^2})]_{a_1}^{a_2}$$

$$\therefore\ H=\frac{NI}{2l(a_2-a_1)}\left\{l_1\log\frac{a_2+\sqrt{{a_2}^2+{l_1}^2}}{a_1+\sqrt{{a_1}^2+{l_1}^2}}+l_2\log\frac{a_2+\sqrt{{a_2}^2+{l_1}^2}}{a_1+\sqrt{{a_1}^2+{l_2}^2}}\right\}$$

(9 · 102)

가 되고, 여기서 μ는 솔레노이드 내에 충만된 매질의 투자율이다. 솔레노이드 중심부의 자계를 $l_1=l_2=\frac{l}{2}$이라고 하면

$$H=\frac{NI}{2(a_2-a_1)}log\frac{a_2+\sqrt{{a_2}^2+\left(\frac{l}{2}\right)^2}}{a_1+\sqrt{{a_1}^2+\left(\frac{l}{2}\right)^2}}\,[\mathrm{AT/m}] \qquad (9\cdot103)$$

과 같이 구할 수 있다.

9.10 자기회로

9.10.1 자기회로와 전기회로

도체 내부의 전류분포 상태와 자성체 내부의 자속분포 상태와는 극히 밀접한 근사점이 있다. 즉 전류밀도$\boldsymbol{i}$는

$$\left.\begin{aligned} & i=\sigma \boldsymbol{E} \\ & \operatorname{div} \boldsymbol{i}=0 \\ & I=\int_S \boldsymbol{i} \cdot d\boldsymbol{S} \end{aligned}\right\} \qquad (9 \cdot 104)$$

로 표시되는 특성을 가지고 있는데, 전류의 유선은 폐곡선이 되어 있다. 이에 대응하여 자속분포에 관한 자속밀도 $\boldsymbol{B}$는

$$\left.\begin{aligned} & \boldsymbol{B}=\mu \boldsymbol{H} \\ & \operatorname{div} \boldsymbol{B}=0 \\ & \phi=\int_S \boldsymbol{B} \cdot d\boldsymbol{S} \end{aligned}\right\} \qquad (9 \cdot 105)$$

로 표시되는 특성이 있고 자속선도 폐곡선이다. 그리고 자속의 통로를 **자기회로**(magnetic circuit)라고 하며 이상의 상이관계에서 전기회로의 여러 가지 법칙은 자기회로에 그대로 적용할 수 있다.

즉 두 회로에서의 대응관계를 들면 다음과 같다.

자기회로		전기회로	
자 속	ϕ[Wb]	전 류	I[A]
자 계	H[AT/m]	전 계	E[V/m]
기자력	ζ[AT]	기전력	U[V]
자속밀도	B[Wb/m^2]	전류밀도	i[A/m^2]
투자율	μ[H/m]	도전율	σ[℧/m]
자기저항	$\mathcal{R}$[AT/Wb]	자기저항	R[Ω]

9.10.2 기자력, 자위차, 자기저항

지금 그림 9·34의 자기회로 중의 두 점A, B에서 자기회로에 대한 자계의 세기$\boldsymbol{H}$의 선

적분을 취하면 다음과 같다.

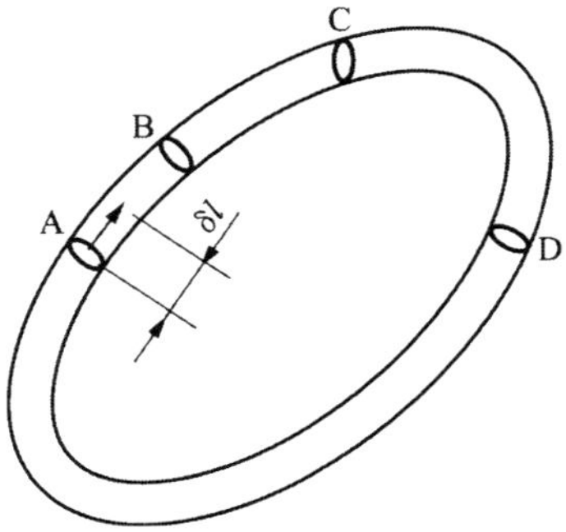

|그림 9·34| 자기회로

$$\int_A^B \boldsymbol{H} \cdot dl = -\int_B^A \boldsymbol{H} \cdot dl = \zeta_{AB} \quad (9 \cdot 106)$$

윗식은 전기회로의 두 점간의 자위차를 나타내는 식

$$\int_A^B \boldsymbol{E} \cdot dl = -\int_B^A \boldsymbol{E} \cdot dl = V_{AB} \quad (9 \cdot 107)$$

와 같은 형식이다.

전기회로에서는 V_{AB}를 전위차라고 부르지만 자기회로에서는 **자위차**라고 한다. 더구나 A-D간의 자위차를 구하면 다음과 같이 된다.

$$\zeta_{AD} = \zeta_{AB} + \zeta_{BC} + \zeta_{CD} = \int_A^B \boldsymbol{H} \cdot dl + \int_B^C \boldsymbol{H} \cdot dl + \int_C^D \boldsymbol{H} \cdot dl \quad (9 \cdot 108)$$

또한 자기회로를 일주하면 $\oint \boldsymbol{H} \cdot dl$이 되지만 Ampere의 주회적분의 법칙에서 이 자기회로와 쇄교하는 전전류 ΣI (Ampere 횟수)와 같다. 즉

$$\oint \boldsymbol{H} \cdot dl = \Sigma I$$

이다. 이것을 전기회로에 대응시키면(즉 Kirchhoff의 제2법칙에 대응시키면), ΣI가 기전력의 총합과 대응된다. 따라서 이 자로와 쇄교하는 Ampere의 횟수가 기자력이 된다. 또 자위차나 기자력의 단위는 ampere turn[AT]이다. 특별한 경우로서 자로의 δl 부분의 투자율을 μ, 단면적을 S라 하고 그 단면적 중의 자계의 세기 $\boldsymbol{H}$의 크기가 모두 같다고 하면 I 단면을 통과하는 자계 ϕ는

$$\phi = BS = \mu HS \quad (9 \cdot 109)$$

가 된다. 만일 자로에 따라서 φ가 불변이라고 하면, 식 (9·106)은 다음과 같이 된다.

$$\zeta_{AB} = \phi \int_A^B \frac{dl}{\mu S} \qquad (9 \cdot 110)$$

윗식에서

$$\Re_{AB} = \int_A^B \frac{dl}{\mu S} \qquad (9 \cdot 111)$$

이 된다. 이것을 A-B간의 자기저항이라고 한다. 자기저항의 단위는 $[H^{-}]$이고 이것은 [AT/Wb]와 같다. 자기회로 전체에 대해서 식 (9·111)은

$$\Re = \oint \frac{dl}{\mu S} \qquad (9 \cdot 112)$$

가 된다. 특히 회로의 단면적, 투자율이 어느 곳에서나 일정할 때는 자로의 전길이를 l 이라고 하면

$$\Re = \frac{l}{\mu S} \qquad (9 \cdot 113)$$

이 된다. 자기저항의 역수를 **퍼미언스**(permeance)라 한다. 퍼미언스의 단위는 henry[H]라고 하는데 이것은 [Wb/AT]과 같다.

그림 9·35와 같이 길이 l, 단면적 S인 철심에 권횟수 N의 코일이 감겨 있는 경우에 철심의 투자율 μ가 일정하다고 하면, 이 철심의 자기저항는 식 (9·113)과 같으므로 철심을 통과하는 자속 ϕ는 다음 식으로 주어진다.

$$\phi = \frac{\zeta}{\Re} = \frac{NI}{l/\mu S} = \frac{\mu S\ NI}{l} \qquad (9 \cdot 114)$$

여기서, I는 코일에 흐르는 전류의 세기이다.

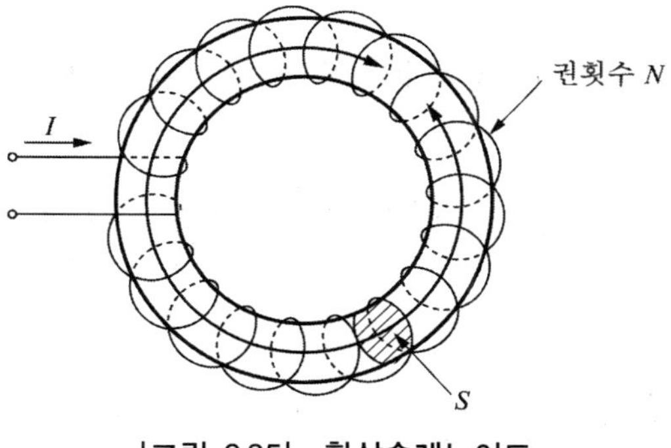

|그림 9·35| 환상솔레노이드

9.10.3 전기회로와 자기회로의 차이

간단한 자기회로의 예를 제시해 보기로 한다. 그림 9·36과 같이 평균자로의 길이 $l=\pi d$, 단면적 $S=at$, 투자율 μ(일정)의 철심에 N권횟수의 코일이 감겨져 있고 그 코일의 전류가 I인 경우를 생각해 보자.

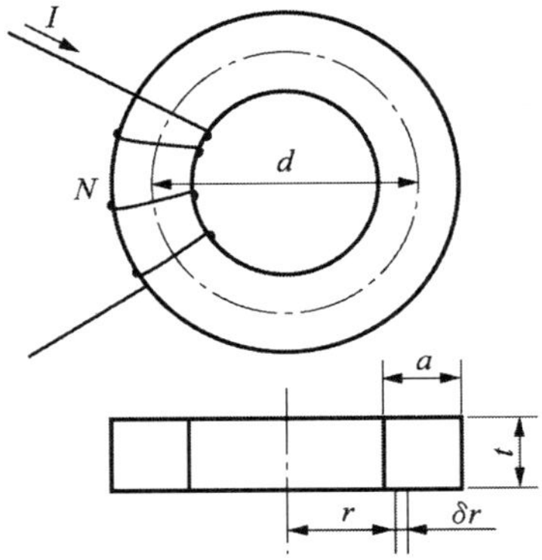

|그림 9·36| 환상자기회로

이 자기회로의 자기저항 $\Re$는 $\Re=\pi d/\mu at$ 또는 기자력 ζ는 $\zeta=NI$이므로 철심 내의 자속 ϕ는 다음과 같이 된다.

$$\phi=\frac{\zeta}{\Re}=\frac{NI}{l/\mu s}=\frac{\mu at}{\pi d}NI \tag{9 · 115}$$

한편 다른 방법으로 자속을 구해 보자. 그림 중의 r점의 자계의 세기 $\boldsymbol{H}(r)$는 주회적분에 의하여

$$H(r)=\frac{NI}{2\pi r}$$

가 되고, 철심 중의 자계는 거리 r의 함수가 된다. 여기에서 자속 ϕ를 구하면 다음과 같이 된다.

$$\phi=\mu t\int_{(d-a)/2}^{(d+a)/2}H(r)dr=\frac{\mu tNI}{2\pi}\int_{(d-a)/2}^{(d+a)/2}\frac{1}{r}dr=\frac{\mu tNI}{2\pi}log\frac{d+a}{d-a} \tag{9 · 116}$$

식 (9·116)에서 $d\gg a$라고 하면

$$\phi=\frac{\mu t\,NI}{2\pi}log\left(\frac{1+2a}{d-a}\right)\fallingdotseq\frac{\mu t\,NI}{2\pi}\left(1+\frac{2a}{d}\right)=\frac{\mu at}{\pi d}NI \tag{9 · 117}$$

가 되고 식 (9·115)를 얻게 된다. 이것은 자기회로 중의 임의의 단면 내의 자계가 균일하다

고 생각할 때 가령 자기회로의 길이에 비례하여 단면의 각 부분의 치수가 작을 경우에는 식 (9·114)와 같은 자기저항을 사용하여 자속과 기자력의 관계를 구할 수 있다는 것을 의미한다.

일반적으로 전기회로의 경우에는 회로의 길이에 비하여 단면의 각부의 치수가 작으므로 선장도체로서의 전기저항을 사용하여 정확하게 전압과 전류의 관계를 계산할 수가 있다. 그러나 자기회로의 경우에는 단면적이 크므로 평균자로의 길이를 사용하여 구한 자속저항은 전기저항만큼 정밀한 것이 아니다. 자기저항을 정밀하게 구하려면 식 (9·112)을 사용하여 계산하면 된다. 그러나 실제적으로는 평균자로의 길이로 구한 자기저항이 충분할 때가 많다. 더구나 전기저항과 자기저항 사이에는 다음과 같이 차이가 있다.

(1) 도체의 도전율 σ는 10^{8}[℧/m] 정도이고 공기는 거의 0인데 자성체의 투자율 μ는 10^{-2}[H/m] 정도이고 공기는 약 10^{-6}[H/m]이다.

이 결과 전기회로에서는 도체의 도전율이 공기 중에 비하여 상당히 크고 도체 중에서의 전류의 누설을 무시 할 수 있다. 이에 대해 자기회로에서는 주위 공간에서의 투자율의 비가 전기회로에 있어서의 투전율의 비만큼 크지 않으므로 자속이 자기회로 뿐만 아니라 주위의 공기도 통할 수가 있다. 이 공간을 통하는 자속을 **누설자속**이라고 한다. 이 누설자속은 자기회로와 권수의 관계에 의하여 변하므로 일반적으로 계산으로 구할 수가 없다.

가령 그림 9·37에 나타낸 것과 같은 철심에서도 그림 9·37 (a)와 같이 권선을 균일하게 감을 경우와 그림 9·37 (b)와 같이 부분적으로 감을 경우에는 누설자속이 그림 9·37 (b) 쪽이 더 크다.

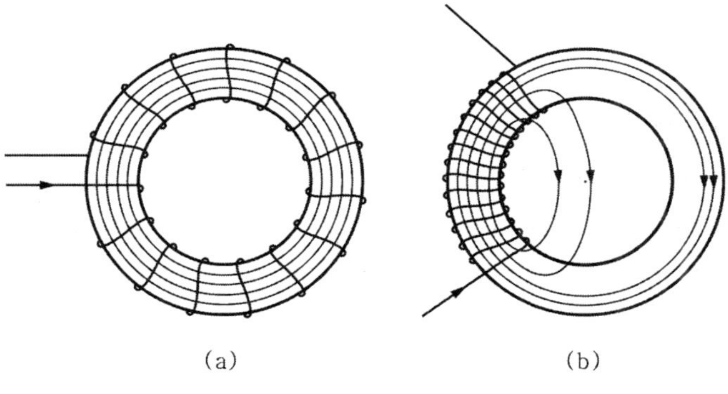

(a) (b)

|그림 9·37| 누설자속

(2) 자기회로의 투자율 μ는 일정하지 않다.

자기회로의 자기저항을 구하는 경우에는 투자율 μ가 일정하다고 생각하였다. 그러나 실제의 자기회로를 구성하는 강자성체는 포화현상이 있으므로 자계의 세기 H와 자속밀 B와의 사이는 직선적이 아니다. 따라서 투자율 μ는 일정하지 않으며 자계 H에 의하여 달라진다. 이 결과 자기저항은 기전력의 값에 의존하지만 실용적으로는 $B-H$의 곡선이 원점을 통하는 직선으로 보고 근사적 자기저항을 정의한다.

9.11 복합자기회로

전기회로와 마찬가지로 자기회로도 옴의 법칙이 성립하므로, 자기회로에 대해서도 키르히호프의 법칙이 성립한다.

(1) 자기회로에 있어서의 키르히호프의 법칙

① 자기회로의 결합점에서는, 각 자로에서 자속의 대수합은 0이다.

$$\Sigma \phi_n = 0 \qquad (9 \cdot 118)$$

② 하나의 닫혀진 자기회로에서는 각부의 자기저항과 자속과의 곱의 결합은 그 자기회로에 있는 기자력의 총합과 같다.

$$\Sigma \varphi_m \mathfrak{R}_m = \Sigma \zeta_\lambda = \Sigma N_\lambda I_\lambda \qquad (9 \cdot 119)$$

(2) 직렬 및 병렬접속

키르히호프의 법칙이 성립하면 전기회로와 마찬가지로 자기회로의 직렬 및 병렬회로의 계산을 할 수가 있다. 지금 자기저항 $\mathfrak{R}_1$, $\mathfrak{R}_2$, $\mathfrak{R}_3$, …, $\mathfrak{R}m$의 자기회로가 있을 때, 이 직렬 및 병렬저항은 다음과 같이 된다. 직렬자기회로의 합성저항 $\mathfrak{R}0$은

$$\mathfrak{R}_0 = \mathfrak{R}_1 + \mathfrak{R}_2 + \mathfrak{R}_3 + \cdots + \mathfrak{R}_m \qquad (9 \cdot 120)$$

병렬자기회로의 합성저항 $\mathfrak{R}_0$은 다음과 같이 주어진다.

$$\frac{1}{\mathfrak{R}_0} = \frac{1}{R_1} + \frac{1}{\mathfrak{R}_2} + \frac{1}{\mathfrak{R}_3} + \cdots \frac{1}{R_m} \qquad (9 \cdot 121)$$

9.12 공극이 있는 자기회로

그림 9·38와 같이 단면적 S, 투자율 μ, 평균길이 l_1, 권횟수 N의 환상철심에 l_2의 공극이 있을 때를 생각하여 보자. 철부분의 자기저항 $\Re_1$은

$$\Re_1 = \frac{l_1}{\mu S}$$

이 되므로, 합성자기저항 $\Re_0$은 다음과 같이 된다.

$$\begin{aligned}\Re_0 &= \Re_1 + \Re_2 = \frac{l_1}{\mu S} + \frac{l_2}{\mu_0 S} \\ &= \frac{l_1}{\mu S}\left(1 + \frac{l_2}{l_1}\frac{\mu}{\mu_0}\right) = \frac{l_1}{\mu S}\left(1 + \frac{l_2}{l_1}\mu_r\right) \qquad (9 \cdot 122)\end{aligned}$$

자속 φ는 다음과 같이 된다.

$$\phi = \frac{NI}{\dfrac{l_1}{\mu S}\left(1 + \dfrac{l_2}{l_1}\mu_r\right)} \qquad (9 \cdot 123)$$

공극이 없는 경우의 자기저항 $\Re$는

$$\Re = \frac{l_1}{\mu S}\left(1 + \frac{l_2}{l_1}\right) \qquad (9 \cdot 124)$$

가 되므로, 공극이 있을 때와 없을 때를 비교하면 식 (9·122)과 식 (9·124)의 비를 구하면

$$\frac{\Re_0}{\Re} = \frac{1 + \mu_r l_2/l_1}{1 + l_2/l_1} \qquad (9 \cdot 125)$$

가 된다. 철의 μ_r는 10^3 정도이므로 작은 공극 l_2에 의하여 자기저항이 현저하게 증대함을 알 수 있다. 또 각 부분의 자계의 세기를 생각하면 철심 중에서

$$H_1 = \frac{\phi}{\mu S} = \frac{NI}{l_1(1 + \mu_r l_2/l_1)} \qquad (9 \cdot 126)$$

공극 중에서는

$$H_2 = \frac{\phi}{\mu_0 S} = \frac{\mu_r \ NI}{l_1(1 + \mu_r l_2/l_1)} \qquad (9 \cdot 127)$$

가 된다. 또 각 부분에서 소비되는 기자력은 각부의 자계의 세기에 그 자로의 길이를 곱한 것이므로

$$\text{철심 중에서 } \zeta = l_1 H_1 = \frac{NI}{1+\mu_r l_2/l_1} \tag{9·128}$$

$$\text{공극 중에서는 } \zeta = l_2 H_2 = \frac{l_2 \mu_r NI}{l_1(1+\mu_r l_2/l_1)} \tag{9·129}$$

가 된다. 이상에서 μ_r 가 10^3 정도일 때는 기자력의 대부분은 공극 중에서 소비되는 것을 알 수 있다.

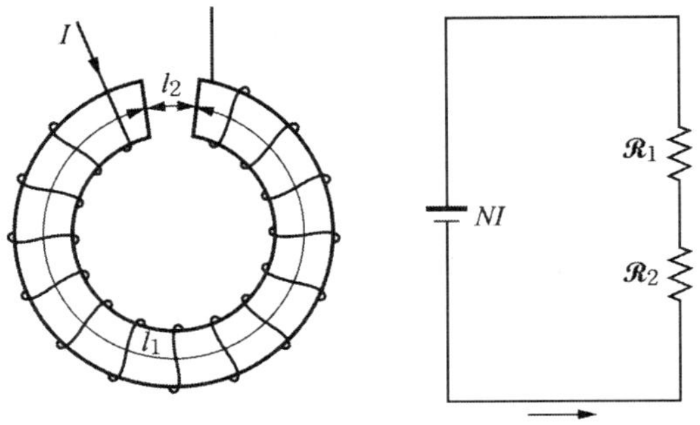

|그림 9·38| 자기저항

9.13 포화상태의 철심을 가진 자기회로

공학상으로는 여러 가지 철심을 사용하는데, 앞에서 말한 바와 같이 투자율 μ로 자기저항을 계산하여 해결하는 경우도 적지 않지만 $B-H$곡선으로 나타낸 포화값 가까이에서 사용하는 경우가 적지 않다. 이 때는 키르히호프의 제2법칙으로 해결하는 것보다 Ampere의 주회적분법칙을 적용하여 푸는 것이 유리하다.

그림 9·39과 같은 자기회로를 예로 들면 다음과 같다. 간소화하기 위하여 자로는 좌우 같은 모양이고, 또한 동일한 전류가 공급된다고 하자.

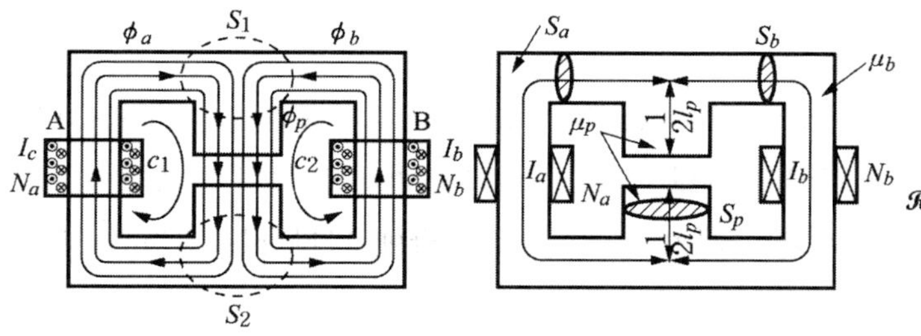

|그림 9·39| 자기 2중층과 같이 ζ=NI의 기자력을 준다

공극부에 필요한 자속 ϕ를 얻으려면 어느 정도의 전류가 필요한지 우선 각 자로의 자속밀도를 구해 보자. 공극부, 즉 중앙자로 및 양쪽의 자로의 자속밀도는 각각

$$B_g = \frac{\phi}{S_g},\quad B_p = \frac{\phi}{S_p},\quad B_a = \frac{\phi}{2S_a},\quad B_b = \frac{\phi}{2S_b}$$

가 된다.

이와 같이 자속 ϕ를 얻게 되면 각 부분의 자속밀도가 정해지고, 그림 9·40과 같은 $B-H$ 곡선에서 각각의 자로의 자계의 세기가 구해진다.

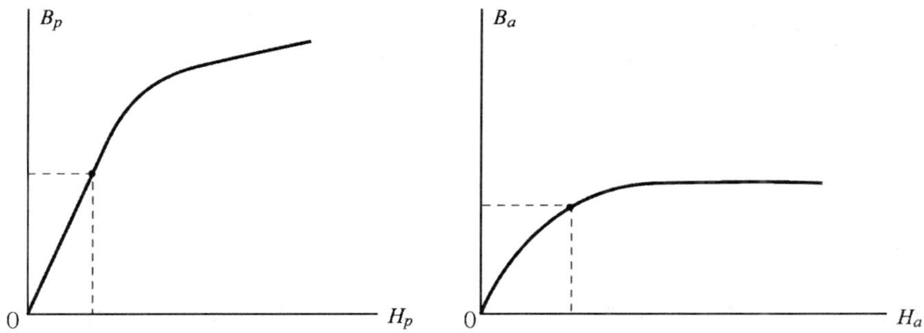

|그림 9·40| 각 자로의 $B-H$곡선

단, 공극부에서는 물론 $H_g = B_g/\mu_0$가 된다. Ampere의 주회적분에 의하여

$$H_a l_a + \frac{1}{2} H_p l_p + \frac{\phi}{\mu_0 S_g} l_g + \frac{1}{2} H_p l_p = I_a N_a = \zeta_a \tag{9 · 130}$$

와 같이 코일에 흐를 전류 I_a를 구할 수 있다. 이 경우에도 전류와 코일의 권횟수의 곱 $I_a N_a$를 기자력이라고 하지만 자기회로로서의 옴의 법칙이나 키르히호프의 제2법칙을 적용할 수 없게 된다.

예제 9-10

자로의 중심길이 $l=600$[mm], 단면적 $S=2000$[mm^2], 비투자율 $\mu_r=1000$의 환상철심에 공극 δ[mm]가 있다. 이 철심에 기자력 $\zeta=500$[AT]을 가했을 때의 자속 ϕ와 δ와의 관계를 구하여라. 또 철심 중의 자화의 세기 및 철심의 양끝에 나타나는 자화의 세기의 식을 유도하여라.

해 자기저항 $\Re=\dfrac{l-\delta}{\mu_0\mu_r S}+\dfrac{\delta}{\mu_0 S}=\dfrac{1}{\mu_0 S}\left\{\dfrac{l}{\mu_r}+\delta\left(1-\dfrac{1}{\mu_r}\right)\right\}$

$$자속\ \phi=\frac{NI}{\Re}=\frac{\mu_0 SNI}{\dfrac{l}{\mu_r}+\delta\times10^{-3}\left(1-\dfrac{1}{\mu_r}\right)}$$

$$=\frac{4\pi\times10^{-7}\times2000\times10^{-6}\times500}{\dfrac{0.6}{1000}+\delta\times10^{-3}\left(1-\dfrac{1}{1000}\right)}=\frac{4\pi\times10^{-4}}{0.6+0.999\delta}\text{[Wb]}$$

$B=\mu_0 H+J$의 식에서

$$자화의\ 세기\ J=B-\mu_0 H=B\left(1-\mu_0\frac{H}{B}\right)=B\left(1-\frac{1}{\mu_r}\right)\fallingdotseq B=\frac{\phi}{S}$$

$$자화의\ 세기\ J\fallingdotseq\frac{4\pi\times10^{-4}}{(0.6+\delta)\times2000\times10^{-6}}=\frac{2.0\pi}{0.6+\delta}\text{[Wb/m}^2\text{]}$$

$$자극의\ 세기\ J\times S=\frac{4\pi}{(0.6+\delta)}\times10^{-4}\text{[Wb]}$$

예제 9-11

그림 9·41의 철심의 중앙각에 $N=2000$의 권횟수의 코일을 감고 코일에 전류 $I=6$[A]가 흐를 때 각 부분의 자속밀도를 구하여라(철심의 비투자율을 $\mu_r=800$으로 한다).

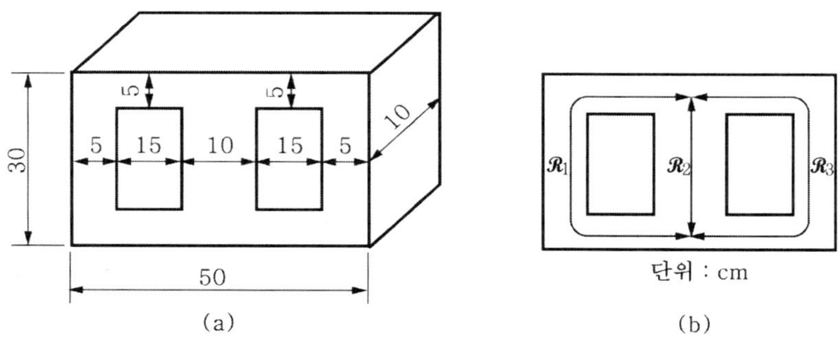

|그림 9·41|

해 그림 9·41 (b)에 나타낸 각부의 자기저항은 $\Re_1$, $\Re_2$, $\Re_3$, 각 부분의 평균자로의 길이를 l_1, l_2, l_3, 단면적을 S_1, S_2, S_3 라고 하면

$$l_1 = (5+15+2.5)\times 2 + (30-5) = 70[\text{cm}] = l_3$$

$$l_2 = 30-5 = 25[\text{cm}],\ S_1 = 5\times 10 = 50[\text{cm}^2] = S_3$$

$$S_2 = 100[\text{cm}^2]$$

$$\Re_1 = \frac{l_1}{\mu S_1} = \frac{70\times 10^{-2}}{\mu \times 50 \times 10^{-4}} = \frac{7\times 10^2}{5\mu} = \Re_3$$

$$\Re_2 = \frac{l_1}{\mu S_2} = \frac{25\times 10^{-2}}{\mu \times 100 \times 10^{-4}} = \frac{10^2}{4\mu}$$

중앙각에서 본 합성저항

$$\Re_m = \Re_2 + \frac{\Re_1}{2}$$

중앙각의 자속은

$$\phi_2 = \frac{NI}{\Re_m}$$

중앙각의 자속밀도는

$$B_2 = \frac{\phi_2}{S_2} = \frac{NI}{\Re_m S_2} = \frac{2000\times 6}{\left(\dfrac{10^2}{4\mu} + \dfrac{7\times 10^2}{5\mu}\times\dfrac{1}{2}\right)}\times 100\times 10^{-4}$$
$$= 12.7[\text{Wb/m}^2]$$

$\Re_1$부분의 자속 ϕ_1은 ϕ_2가 좌우 양 각에 나누어진 것과 같으므로, $\phi_1 = \dfrac{\phi_2}{2}$이며 $\Re_1$ 부분의 자속밀도는

$$B_1 = \frac{\phi_1}{S_1} = \frac{\phi_2}{2S_1} = \frac{B_2 S_2}{2S_1} = \frac{B_2\times 100}{2\times 50} = B_2$$

$\Re_3$부분의 자속밀도는 $B_3 = B_1$, 각 부분의 자속밀도는 모두 같으며 12.7[Wb/m²]이 된다.

예제 9-12

무단 솔레노이드의 중심선의 반지름 $r=30$[mm], 권횟수 $N=1000$, 철심의 비투자율 $\mu_r=800$, 전류 $I=10$[mA]일 때의 중심선상의 자속밀도를 구하여라.

해 중심선 위의 자계는

$$H=\frac{NI}{2\pi r}$$

자속밀도는

$$B=\mu H=\frac{\mu_0\mu_r NI}{2\pi r}=\frac{4\pi\times10^{-7}\times800\times1000\times0.01}{2\pi\times0.03}$$

$$=5.34\times10^{-2}[\mathrm{Wb/m^2}]$$

제9장 전류에 의한 자계

연 / 습 / 문 / 제

9-1. 두 변의 길이가 $2a$, $2b$인 구형의 도체회로에 전류 I가 흐르고 있을 때 중심에 생기는 자계의 세기를 구하여라. 또한 한 변의 길이 l인 정방형의 경우는 어떠한가?

답 $H=\dfrac{I}{\pi}\cdot\dfrac{\sqrt{a^2+b^2}}{ab}$, $H=\dfrac{2\sqrt{2}\,I}{\pi l}$

9-2. 한 변의 길이가 a인 정 6각형 회로에 전류 I가 흐를 때 중심의 자계를 구하여라.

답 $H=\dfrac{\sqrt{3}\,I}{\pi a}$

9-3. 간격 d로 서로 직각으로 가설한 2개의 무한으로 긴 직선도선에 전류 I_1, I_2가 흐르고 있을 때, 양선의 최단거리 위에 I_1에서 거리 r의 점에서의 자계를 구하여라.

답 $H=\dfrac{1}{2\pi}\sqrt{\dfrac{I_1^2}{r^2}+\dfrac{I_2^2}{(d-r)^2}}$, $\theta=\tan^{1}\dfrac{H_1}{H_2}=\tan^{-1}\dfrac{d-r}{r}$

9-4. 무한길이 직선도체에 전류 I가 40[A] 흐르고 있다. 그림 9·42과 같이 도체에서 수직거리 d=2[m]의 위치에 있고, 도체를 포함하는 평면 내에서 $a\times b$=1×2[m^2]인 구형 부분을 통하는 전자속을 구하여라.

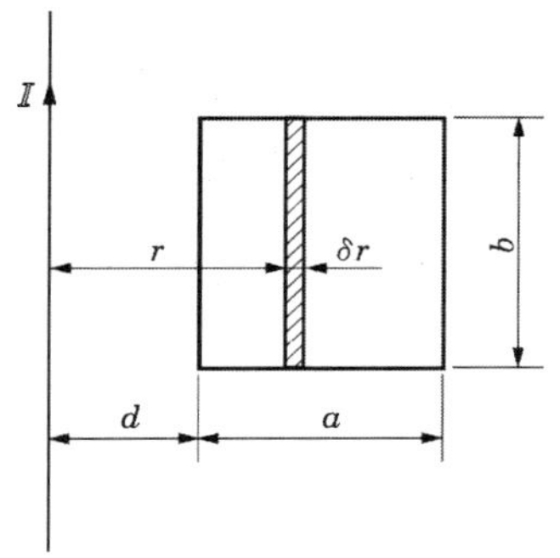

|그림 9·42|

답 $\phi=6.4\times10^{-6}$[Wb]

9-5. 반지름이 a인 무한히 긴 2개의 평행도선에 같은 전류 I가 반대 방향으로 흐르고 있을 때 양선간의 단위 길이의 부분을 통하는 전자속을 구하여라.

답 $\phi = \frac{\mu_0 I}{\pi} log \frac{l-a}{a}$ [Wb]

9-6. 반지름이 a인 반원과 그 중심 O로 향하는 2개의 반직선으로 되어 있는 그림 9·43와 같은 회로에 전류 I가 흐르고 있을 때 반원의 중심 O에서의 자계를 구하여라.

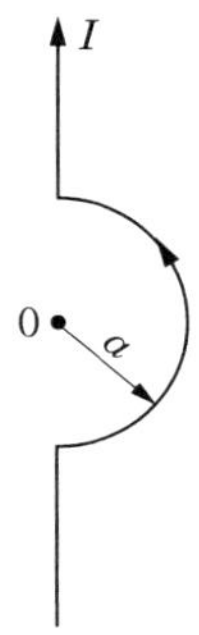

|그림 9·43|

답 $H = \frac{I}{4a}$

9-7. 반지름 a, 권수 N_1의 코일과 반지름 $2a$, 권수 N_2의 코일을 동일 평면 내에서 중심을 일치시켜 놓고 반대 방향에 전류 I를 흘릴 때 중심 부근에 균일한 축상의 자계를 발생기키려면 N_1과 N_2를 어떤 차로하면 되겠는가?

답 $\frac{N_1}{N_2} = 8$

9-8. 그림 9·44과 같이 투자율 μ , 안반지름 a, 바깥반지름 b, 폭 c의 구형 면적의 환상 철심에 권수 N회의 코일을 설치하고, 전류 I가 흐를 때의 전자속을 구하여라. 또 철심의 평균자로 $l' = 2\pi \frac{a+b}{2}$라 하고 구한 자기저항과 적분으로 구한 자기저항을 비교하여라.

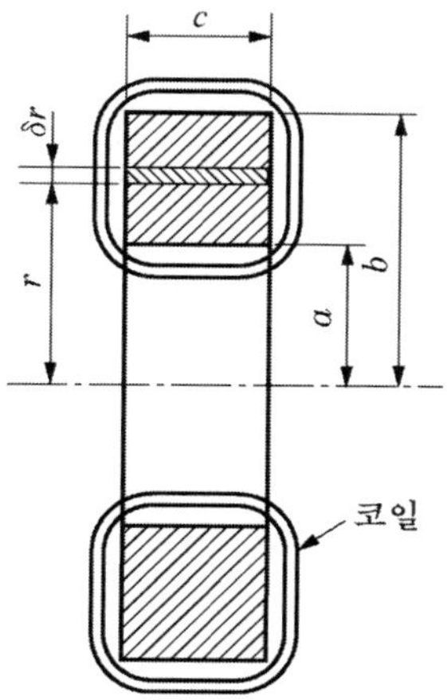

|그림 9·44|

답 $\phi = \dfrac{\mu\, c\, NI}{2\pi} log\dfrac{b}{a}$ [Wb]

철심 전체의 전기저항 $\Re = \dfrac{2\pi}{\mu c \cdot \log\dfrac{a}{b}}$

평균자로를 사용하였을 경우 전기저항 $\Re' = \dfrac{\pi\ (a+b)}{\mu c(b-a)}$

제10장

인덕턴스

10.1 전류에 의한 자계에너지

제8장에서 자계에너지 밀도는 μ가 일정하다면 $\dfrac{\boldsymbol{B}\cdot\boldsymbol{H}}{2}$이며 전류가 있는 자계에너지 밀도는 매질의 장소에 따라 μ가 변하여도 이것이 $\boldsymbol{H}$에 의해 변하지 않으면 이 식을 그대로 이용할 수가 있다. 다음에 자계에너지와 전류와의 관계를 유도해 보기로 한다.

자계의 자기적 에너지 W_m은 $\boldsymbol{B}=\mathrm{rot}\boldsymbol{A}$의 관계에서

$$W_m=\frac{1}{2}\int \boldsymbol{B}\cdot\boldsymbol{H}dv=\frac{1}{2}\int \boldsymbol{H}\cdot\mathrm{rot}\boldsymbol{A}dv \tag{10 · 1}$$

그러므로

$$\mathrm{div}(\boldsymbol{A}\times\boldsymbol{H})=\boldsymbol{H}\cdot\mathrm{rot}\boldsymbol{A}-\boldsymbol{A}\cdot\mathrm{rot}\boldsymbol{H}$$

의 관계가 있으므로, 윗식은

$$W_m=\frac{1}{2}\int \boldsymbol{A}\cdot\mathrm{rot}\boldsymbol{H}dv+\frac{1}{2}\int \mathrm{div}(\boldsymbol{A}\times H)dv \tag{10 · 2}$$

이 식의 우변 제2항은 $\dfrac{1}{2}\displaystyle\int(\boldsymbol{A}\times\boldsymbol{H})d\boldsymbol{S}$라고 고치고 적분하는 공간의 표면을 무한으로 크게 하면 A는 식 (9·75)에서 $\dfrac{1}{r}$, H는 Biot-Savart의 법칙에서 $\dfrac{1}{r^2}$, S는 r^2에 비례하므로 결국 $\dfrac{1}{r}$에 비례하고 $r\to\infty$이면 0이 된다. 제1항은 $\mathrm{rot}\,H=i$이므로 따라서

$$W_m=\frac{1}{2}\int_V \boldsymbol{A}\cdot\boldsymbol{i}dv \tag{10 · 3}$$

가 된다. 이것이 전류가 임의로 분포하고 있을 때의 자계에너지이다. v는 전공간이다. 특히 그림 10·1과 같이 하나의 폐회로 c_1에 I_1인 일정한 전류가 흐르고 있을 때

$$i\,dv = Idl$$

의 관계가 있으므로, 식 (10·3)은

$$W_m = \frac{1}{2} I_1 \oint_{c_1} \boldsymbol{A} \cdot dl \qquad (10 \cdot 4)$$

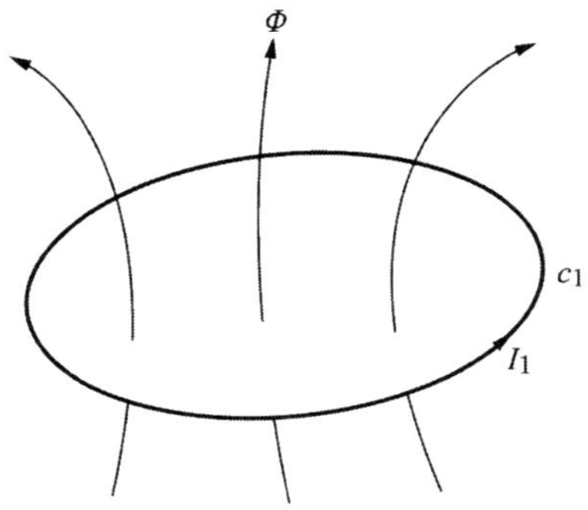

|그림 10·1| 자계의 에너지 W_m은 $W_m = \frac{1}{2} I\Phi$

여기서

$$\oint_{c_1} \boldsymbol{A} \cdot dl = \int \mathrm{rot} \boldsymbol{A} \cdot d\boldsymbol{S} = \int \boldsymbol{B} \cdot d\boldsymbol{S}$$

($\phi_1 = c_1$과 쇄교하고 있는 자속) (10 · 5)

의 관계에서 $\oint_{c_1} \boldsymbol{A} \cdot dl$은 c_1과 쇄교하고 있는 자속을 나타낸다. 즉

$$W_m = \frac{1}{2} I_1 \Phi_1 \qquad (10 \cdot 6)$$

과 같은 중요한 관계를 얻을 수 있다. 만일, c_1이 N권횟수의 도선회로로 구성되어 있다면

$$W_m = \frac{1}{2} N I_1 \Phi_1 \qquad (10 \cdot 7)$$

이 된다. 그림 10·2와 같이 2개의 회로 c_1, c_2가 있을 때 각 회로의 전류는 어떻게 자속과 쇄교하고 있는지 조사해 보자.

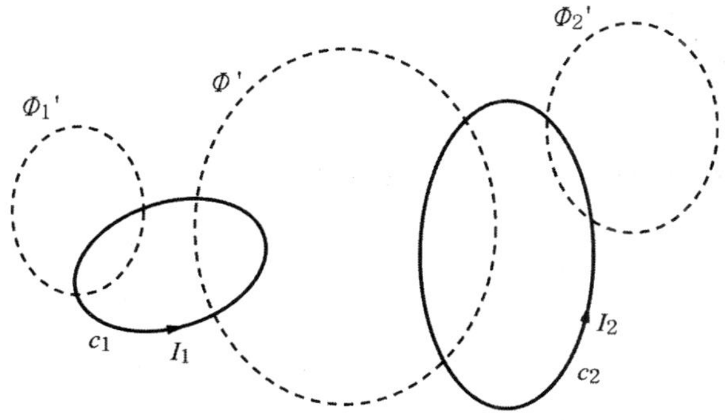

|그림 10·2| I_1, I_2 2개의 폐회로전류가 있을 때의 자기에너지 W_m은 $W_m = \frac{1}{2}(I_1\Phi_1 + I_2\Phi_2)$

c_1의 전류 I_1에 의한 자속 $\Phi_1{}'$는 I_1과 쇄교하고 있다. 또 I_2에 의한 자속 $\Phi_2{}'$는 I_2와 쇄교하고 그 일부 $\Phi_{21}{}'$는 I_1과 쇄교한다. 따라서 I_1과 쇄교하는 자속은 $\Phi_1{}' + \Phi_{21}{}'$, I_2와 쇄교하는 자속은 $\Phi_2{}' + \Phi_{12}{}'$이다. 따라서 전체의 에너지는

$$\frac{1}{2}(\Phi_1{}' + \Phi_{21}{}')I_1 + \frac{1}{2}(\Phi_2{}' + \Phi_{12}{}')I_2 \tag{10 · 8}$$

이다. 여기서

$\Phi_1 = \Phi_1{}' + \Phi_{21}{}' = I_1$ 과 쇄교하는 자속

$\Phi_2 = \Phi_2{}' + \Phi_{12}{}' = I_2$ 와 쇄교하는 자속

이라고 놓으면 에너지는 $\frac{1}{2}(\Phi_1 I_1 + \Phi_2 I_2)$가 된다. 많은 회로가 있을 때에도 마찬가지로

$$W_m = \frac{1}{2}\sum_{i=1}^{n}\Phi_i I_i \tag{10 · 9}$$

를 얻는다. 또 영구자석이 있더라도 그 자화가 자계에 의하여 변하지 않으면 영구자석과 전류는 각각 따로 에너지를 계산하면 된다. 따라서 전류에 의한 자계의 에너지는 전류와 이 회로가 쇄교하는 자속의 곱의 2분의 1과 같게 된다.

10.2 인덕턴스

10.2.1 자기인덕턴스 및 상호인덕턴스

그림 10·2에서 살펴본 바와 같이 자계의 에너지를 구하려면 전류와 쇄교하는 자속을 구해야만 한다. 또 이 자속쇄교수는 다음 장의 전자유도에서도 중요한 역할을 하게 된다. 선상전류 $I_1, I_2, I_3, ...$ 등의 전류계가 가진 에너지는 식 (10·9)에서 구할 수가 있는데, 지금 전류 I_1과 자속쇄교수 Φ_1을 생각해 보면 이것은 I_1 자체에 의한 자속과 $I_2, I_3, \cdots$ 등에 의한 것으로 되어 있다. 그런데 I_1 자체에 의한 자속쇄교수는 I_1에 비례할 것이므로, 그 비례상수를 L_1이라고 하고, 또 $I_2, I_3, \cdots$ 등에 의한 자속쇄교수도 각각 $I_2, I_3, \cdots$ 등에 비례하므로 그 비례상수를 $M_{12}, M_{13}, \cdots, M_{1n}$이라고 하면 다음과 같은 관계가 성립한다.

$$\Phi_1 = L_1 I_1 + M_{12} I_2 + M_{13} I_3 + \ ... \qquad (10 \cdot 10)$$

다음 I_2와의 자속쇄교회수 ϕ_2도 마찬가지로 생각하면

$$\Phi_2 = M_{21} I_1 + L_2 I_2 + M_{23} I_3 + \ ... \qquad (10 \cdot 11)$$

가 된다. $I_3, I_4, \cdots$ 등의 자속쇄교회수도 마찬가지로 생각할 수 있으므로, 전류계 전체에 저장되는 자계에너지는 식 (10·9)에 의하여

$$\begin{aligned} W_m &= \frac{1}{2}(I_1 \Phi_1 + I_2 \Phi_2 + \ ...) \\ &= \frac{1}{2}(L_1 I_1^2 + M_{12} I_1 I_2 + M_{13} I_1 I_3 + M_{14} I_1 I_4 + \ ... \\ &\qquad M_{21} I_2 I_1 + L_2 I_2^2 + M_{23} I_2 I_3 + M_{24} I_2 I_4 + \ ... \\ &\qquad M_{31} I_3 I_1 + M_{32} I_3 I_2 + L_3 {I_3}^2 + M_{34} I_3 I_4 + \ ... \ ) \end{aligned} \qquad (10 \cdot 12)$$

가 된다. 이것들 $L_1, L_2, M_{12}, \cdots$의 계수는 각각 자속쇄교수와 그 자속을 만드는 전류와의 비로서 전류회로의 모양, 크기 등의 기하학적 양 및 회로 주위의 매질 등에 의하여 정해지는 상수인데, L_1을 회로 I_1의 **자기 인덕턴스**(self inductance) 혹은 **자기유도계수**(coefficient of self inductance), M_{12}를 회로 I_1과 I_2와의 **상호인덕턴스**(mutual inductance) 또는 **상호유도계수**(coefficient of mutual inductance)라고 한다.

즉, 한 회로의 인덕턴스는 그 회로에 1[A]의 전류가 흐를때 이 전류가 만드는 자속과 전류와의 자속쇄교수이며, 두 회로간의 상호인덕턴스는 한 회로의 1[A]의 전류에 의한 자속이 다른 회로와 쇄교하는 자속쇄교수라고 정의할 수 있다.

10.2.2 상호인덕턴스에 관한 노이만의 공식

그림 10·3과 같이 c_1, c_2인 2개의 폐회로가 있어 각각 I_1, I_2인 전류가 흐른다고 하자.

I_1에 의한 자속 중에서 c_2와 쇄교하는 것은 벡터 퍼텐셜에서 구해 보자. I_1에 의한 임의의 점의 벡터 퍼텐셜$\boldsymbol{A}_1$은 식 (9·75)에서

$$\boldsymbol{A}_1 = \frac{\mu I}{4\pi}\oint_{c_1}\frac{dl_1}{r} \qquad (10 \cdot 13)$$

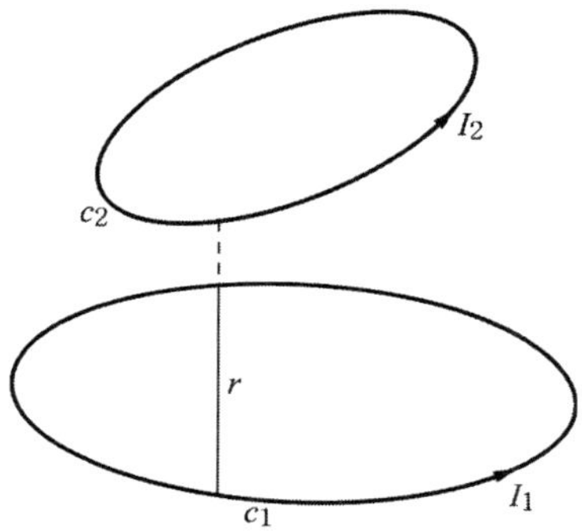

|그림 10·3| 상호인덕턴스의 노이만의 공식을 구하는 방법

I_1에 의하여 c_2와 쇄교하는 자속 Φ_{12}는 식 (9·90)에서 $\oint_{c_2}\boldsymbol{A}_1 \cdot dl_2$이므로

$$\Phi_{12} = \frac{\mu I_1}{4\pi}\oint_{c_2}\oint_{c_1}\frac{dl_1 \cdot dl_2}{r} \qquad (10 \cdot 14)$$

따라서 c_1, c_2 사이의 상호인덕턴스 M_{12}는

$$M_{12} = \frac{\Phi_{12}}{I_1} = \frac{\mu}{4\pi}\oint_{c_2}\oint_{c_1}\frac{dl_1 \cdot dl_2}{r} \qquad (10 \cdot 15)$$

이것은 2개의 회로간의 상호인덕턴스를 구하는 일반공식이며 **노이만의 공식**(Neumann's formula)이라고 한다.

마찬가지로 M_{21}은 식 (10·15)에서 dl_1, dl_2를 바꾸어 놓은 식이므로, 이 식은 dl_1과 dl_2를 바꾸어 놓아도 변하지 않으므로 $M_{21} = M_{12}$가 됨을 알 수 있다.

따라서 일반적으로 다음의 관계가 있다는 것을 알 수 있다.

$$M_{ik} = M_{ki} \qquad (10 \cdot 16)$$

10.2.3 인덕턴스 및 투자율의 단위

인덕턴스는 쇄교자속 [Wb]과 전류 [A]의 비이므로 [Wb/A]이며 이것을 henry[H]라고 한다. 이것에서 투자율의 단위도 구할 수 있다. 비투자율 μ_r는 투자율 μ와 진공의 투자율 μ_0와의 비로서 $\mu_r = \mu/\mu_0$이므로 μ_r는 무명수이다. 노이만의 공식에서 dl, r의 단위는 미터이므로 $\dfrac{dl_1 \cdot dl_2}{r}$의 단위도 미터가 된다. 따라서

$$[\text{henry}] = \mu[\text{meter}] \tag{10 · 17}$$

에서

$$\mu = \frac{[\text{henry}]}{[\text{meter}]} = \frac{[\text{H}]}{[\text{m}]} \tag{10 · 18}$$

가 된다. 이것에서 μ_0의 단위도 [H/m]가 됨을 알 수 있다.

10.2.4 자기인덕턴스의 부호

자기인덕턴스가 L_1, L_2 상호인덕턴스 M_{12}인 두 회로에 각각 전류 I_1, I_2가 흘렀을 때, 이 전류계가 가진 에너지 W_m은 식 (10·12)에 의하여

$$W_m = \frac{1}{2}(L_1 I_1^2 + M_{12} I_1 I_2 + M_{21} I_2 I_1 + L_2 I_2^2)$$

가 되고, 또 식 (10·16)에 의하여

$$M_{12} = M_{21}$$

의 관계가 있으므로

$$W_m = \frac{1}{2}(L_1 I_1^2 + L_2 I_2^2 + 2M_{12} I_1 I_2)$$

가 되며, 이 식을 고쳐 쓰면

$$W_m = \frac{1}{2}\left\{L_1\left(I_1 + \frac{M_{12}}{L_1} I_2\right)^2 + \left(L_2 - \frac{M_{12}^2}{L_1}\right) I_2^2\right\}$$

가 된다. 그런데 여기서 W_m 자체가 부가 되는 일은 있을 수 없다. 왜냐하면 만일 부가 된다면 에너지가 전혀 없는 곳에서 에너지를 얻어낼 수 있다는 뜻이 되기 때문이다. 따라서 I_1, I_2의 값의 여하에도 불구하고 W_m이 부가 되지 않기 위해서는 즉

$$L_1 \geqq 0, \qquad L_2 - \frac{M_{12}^2}{L_1} \geqq 0$$

$$L_1 L_2 - M^2 \geq 0 \text{ 또는 } \begin{bmatrix} L_1 & M_{12} \\ M_{21} & L_2 \end{bmatrix} \geq 0 \tag{10 · 19}$$

의 조건을 만족하여야 한다. 그런데 이 조건을 만족시키기 위해서는 $L_1 L_2 \geqq 0$이 성립하여야 하므로, $L_1 \geqq 0$의 조건으로터 다음 조건도 역시 성립하여야 한다.

$$L_2 \geqq 0$$

즉, 자기인덕턴스는 항상 정이다.

10.2.5 상호인덕턴스의 부호

상호인덕턴스는 전류와 비교하는 자속의 방향에 의하여 정부 어느 쪽의 값을 갖는다. 그림 10·4의 회로 c_1, c_2에 전류 I_1, I_2가 흘렀을 때 각각의 전류에 의하여 회로에 자속 Φ_1, Φ_2를 발생한다. 그림 10·4 (a)와 같은 전류 관계에서는 자속은 서로 합해지고 그림 10·4 (b)의 전류 관계에서는 자속은 상쇄하게 되어 있다. c_1, c_2의 자기인덕턴스를 각각 L_1, L_2라 하고 두 회로의 상호 인덕턴스를 M이라고 하면 c_1, c_2의 자속쇄교수 Φ_1, Φ_2는 그림 10·4 (a)에서

$$\Phi_1 = L_1 I_1 + M I_2 \tag{10 · 20}$$

$$\Phi_2 = M I_1 + L_2 I_2$$

그림 10·4 (b)에서는

$$\Phi_1 = L_1 I_1 - M I_2 \;,\; \Phi_2 = -M I_1 + L_2 I_2 \tag{10 · 21}$$

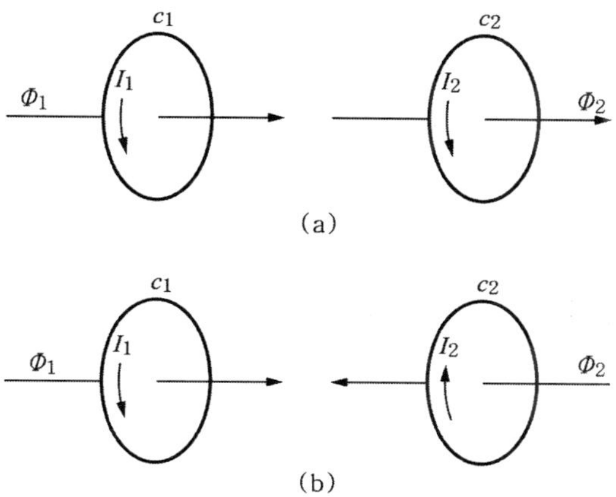

|그림 10·4| 상호인덕턴스의 정부

가 된다. 즉 상호인덕턴스는 **그림** 10·4 (a)에서는 정, **그림** 10·4 (b)에서는 부가 된다.

이상의 결론에서 살펴본 바와 같이 상호인덕턴스의 값은 회로의 기하학적 관계에 의해 정해지고, 그 정부는 회로 c_1, c_2에 흐르는 전류의 상호 방향에 의하여 정해진다.

10.2.6 자기인덕턴스와 상호인덕턴스와의 관계

그림 10·5의 환상자로에 N_1, N_2의 권선을 감은 회로 c_1, c_2의 각 인덕턴스의 관계를 조사해 보자. 지금 ϕ_1, ϕ_2를 c_1, c_2회로 자체의 전류가 만드는 자속, ϕ_{12}를 c_1의 전류가 만드는 자속 중에서 c_2회로에 쇄교하는 자속, ϕ_{21}을 c_2의 전류가 만드는 자속 중에서 회로 c_1에 쇄교하는 자속이라고 하면 인덕턴스의 정의에 의하여

$$\left.\begin{aligned} L_1 I_1 = N_1 \phi_1, M_{21} I_1 = N_2 \phi_{21} \\ L_2 I_2 = N_2 \phi_2, M_{12} I_2 = N_1 \phi_{12} \end{aligned}\right\} \qquad (10 \cdot 22)$$

가 된다. 자로의 투자율이 커서 누설자속이 없다고 하면 ϕ_1의 모두가 c_2에 쇄교하고 ϕ_2의 전부가 c_1과 쇄교하므로 $\phi_1 = \phi_{12}, \phi_2 = \phi_{21}$이 되고, 식 (10·22)에서

$$L_1 L_2 = M_{12} M_{21}$$

가 된다. 상호인덕턴스 사이에는 $M_{12} = M_{21} = M$이므로 $M = \sqrt{L_1 L_2}$가 된다.

일반적으로 자로와 공간의 투자율의 비는 전기회로와 공간의 도전율의 비만큼 크지 않으므로 회로 c_1의 발생자속의 모두가 c_2와 쇄교하지 않고 일부분은 공간에 자로를 형성한다. 마찬가지로 회로 c_2의 발생자속도 회로 c_1과 쇄교하지 않는 자속을 포함하게 된다. 이와 같은 자속을 **누설자속**(leakage flux)이라고 한다. 이 누설자속 때문에 $\phi_1 > \phi_{21}$, $\phi_2 > \phi_{12}$이므로 식 (10·22)에서

$$L_1 L_2 > M^2$$

가 된다. 또

$$k = \frac{M}{\sqrt{L_1 L_2}} \qquad (10 \cdot 23)$$

로 주어지는 k를 **결합계수**(coupling factor)라고 한다.

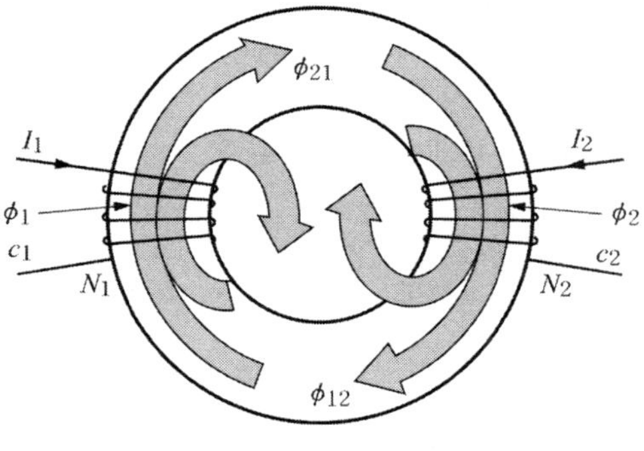

|그림 10·5| 누설자속

10.3 인덕턴스 계산법

인덕턴스는 전기공학 분야에서 상당히 많이 사용되는 양이며, 경우에 따라서 여러 가지 계산법이 있다. 여기에서는 그 방법에 따라서 예를 들어보기로 한다.

10.3.1 쇄교자속을 사용하는 방법

쇄교자속을 구하여 인덕턴스를 얻는 방법인데, 가령 무한, 유한길이 및 무단 솔레노이드(solenoid)의 자기인덕턴스를 구할 수가 있다.

(1) 무한길이 솔레노이드

그림 10·6과 같이 반지름 a[m]의 무한길이 솔레노이드의 단위길이당의 자기인덕턴스를 구해 보자.

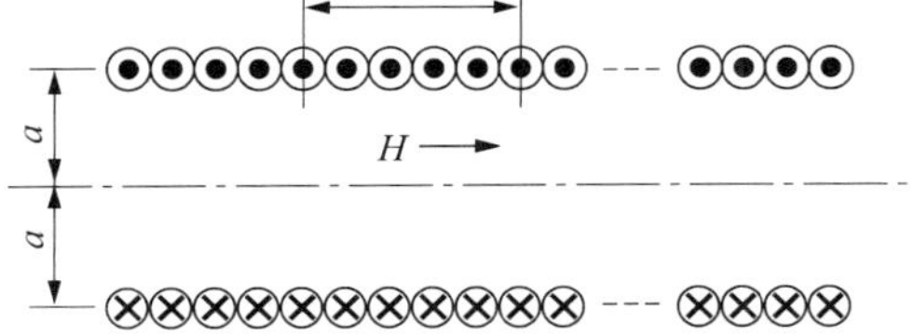

|그림 10·6| 무한길이의 솔레노이드

지금 단위길이당의 권횟수 n의 솔레노이드 코일에 전류 I[A]가 흐르면 내부의 자계 H는

$$H = nI[\mathrm{AT/m}]$$

가 되므로, 내부의 자속밀도B는 다음과 같이 된다.

$$B = \mu H = \mu In[\mathrm{Wb/m^2}]$$

솔레노이드의 단면적은 $S = \pi a^2$이므로 솔레노이드 내부의 전자속 ϕ는

$$\phi = SB = \mu In\pi a^2[\mathrm{Wb}]$$

이 된다. 길이 1[m] 사이에 있는 권횟수는 n이므로 1[m] 간의 자속쇄교수는

$$\Phi = n\phi = \mu In^2\pi a^2[\mathrm{Wb}]$$

가 되고, 단위길이당의 자기인덕턴스는 이 자속쇄교수를 전류 I로 나누면 얻을 수 있다. 즉

$$l = \mu n^2\pi a^2[\mathrm{H/m}] \tag{10 · 24}$$

또 무한길이 솔레노이드의 길이 l [m]의 길이 부분의 자기인덕턴스는 식 (10·24)의 l배가 되고 또 이 구간의 전권횟수는 $N = nl$이므로

$$L = \frac{\mu\pi a^2 N^2}{l}[\mathrm{H}] \tag{10 · 25}$$

가 된다. 솔레노이드가 큰 투자율 μ의 재질에 감겨져 있고 따라서 누설자속을 무시할 수 있을 때에는 윗식으로 구할 수 있지만 일반적으로 다음과 같이 하여야 한다.

(2) 유한길이 솔레노이드

그림 10·7에 나타난 바와 같이 전 길이 l의 솔레노이드 코일의 자기 인덕턴스는 내부의 자계가 불평형 되므로 $H = nI$보다 약해지고 무한길이 솔레노이드 코일의 길이 l의 부분의 인덕턴스보다 작으므로 식 (10·25)는 다음과 같이 되어야 한다.

$$L = K\frac{\pi\mu a^2 N^2}{l} = K\pi\mu n^2 a^2 l[\mathrm{H}] \tag{10 · 26}$$

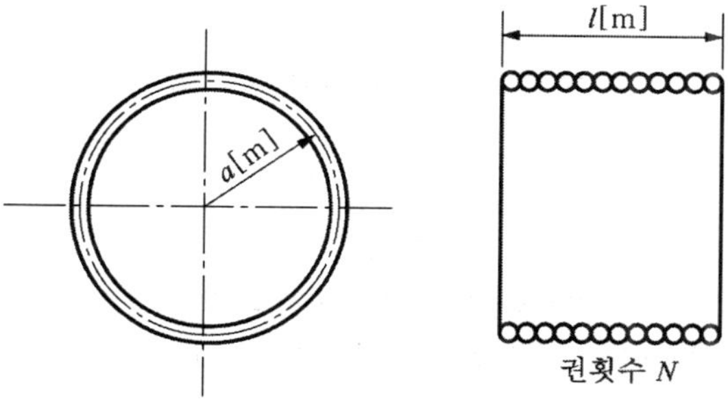

|그림 10·7| 유한길이 솔레노이드

여기서 K는 장강계수라고 하는데, $2a/l$의 함수로서 그림 10·8에서 구할 수 있다. 또 $l>0.8a$이면 근사식으로서 다음과 같은 식이 편리하다.

$$L=\frac{\pi\mu a^2 N^2}{l+0.9a} \tag{10 · 27}$$

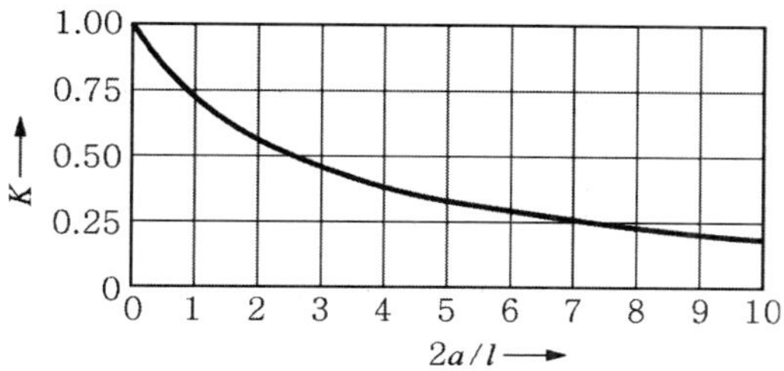

|그림 10·8| 장강계수

(3) 무한 솔레노이드 내에 있는 원형의 코일

그림 10·9에서 코일 I의 전류 I[A]에 의한 자계는 $H=nI$이므로 코일 2(권횟수N_2, 반지름 b[m])와의 자속쇄교수 Φ_{12}는

$$\Phi_{12}=N_2(\pi b^2)\mu H\cos\theta=\mu\pi b^2 nN_2 I\cos\theta\times 10^{-7}$$

가 되므로

$$M_{12}=\mu\pi b^2 nN_2\cos\theta=4\pi^2\mu_r b^2 n N_2\cos\theta\times 10^{-7}[\mathrm{H}] \tag{10 · 28}$$

가 된다. 이러한 장치에 있어서 각도θ를 변화 시키면 M_{12}는 정현파장으로 변화한다. 그리고 $M_{21}=M_{12}$의 관계가 성립하므로 코일 2에 단위전류를 흘렸을 때의 쇄교수도 역시 식 (10·28)로 주어진다.

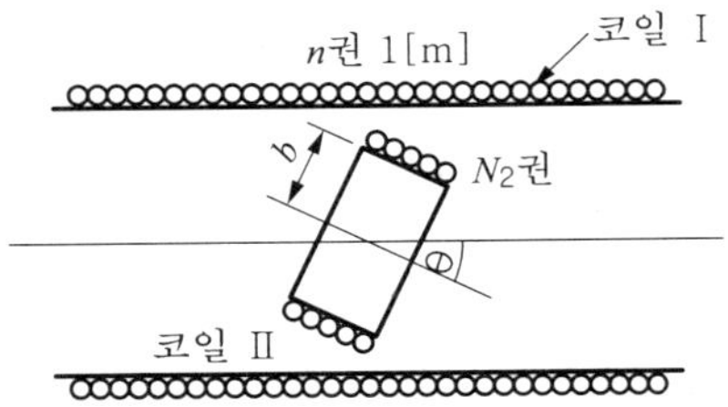

|그림 10·9| 무한길이 솔레노이드안에 있는 원형코일

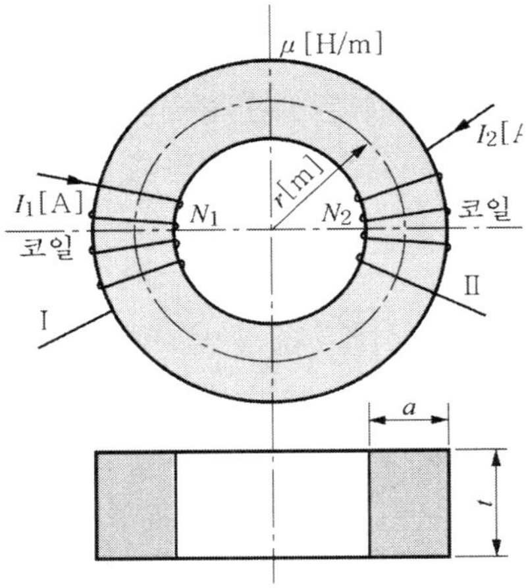

|그림 10·10|

(4) 무한 솔레노이드

그림 10·10에 나타낸 바와 같이 평균반지름 r [m]이고, 투자율 μ [H/m]의 toroidal의 철심에 권횟수가 각각 N_1, N_2 두 종류의 권선을 감은 경우의 각 권선의 인덕턴스와 양권선간의 상호인덕턴스를 구해 보자. 이 자로의 자기저항은 누설자속이 없으면 다음과 같이 된다.

$$\Re = \frac{l}{\mu S}[\mathrm{H}^{-1}]$$

여기서 $l = 2\pi r$[m], $S = at$[m^2]이다. 지금 코일 I에 전류 I_1[A]로 흘리면 철심 중의 자속 ϕ_1은 다음과 같이 된다.

$$\phi_1 = \frac{N_1 I_1}{\Re}[\mathrm{Wb}]$$

이 자속의 N_1, N_2의 쇄교수는 각각 다음과 같이 된다.

$$\begin{aligned}&\text{전류 } I_1\text{에 의하여 생기는 자속의 코일 I과의 쇄교수} = N_1^2 I_1/\Re \\ &\text{전류 } I_1\text{에 의하여 생기는 자속의 코일 II과의 쇄교수} = N_1 N_2 I_1/\Re\end{aligned} \qquad (10 \cdot 29)$$

따라서 자기 인덕턴스 L_1, 상호인덕턴스 M_{21}는 정의에서 다음과 같이 된다.

$$L_1 = \frac{N_1^2}{\Re} = \frac{\mu S N_1^2}{l}[\mathrm{H}]$$

$$M_{21} = \frac{N_1 N_2}{\Re} = \frac{\mu S N_1 N_2}{l}[\mathrm{H}] \qquad (10 \cdot 30)$$

다음에 코일 II에 따로 전류I_2를 흘렸을 때 코일의 자속쇄교수는

$$\begin{aligned}&\text{전류} I_2\text{에 의하여 생긴 자속의 코일 II와의 쇄교수} = N_2^2 I_2/\Re \\ &\text{전류} I_2\text{에 의하여 생긴 자속의 코일 I과의 쇄교수} = N_1 N_2 I_2/\Re\end{aligned} \qquad (10 \cdot 31)$$

따라서 코일 II의 인덕턴스 L_2, 상호인덕턴스 M_{21}은 다음과 같이 된다. 여기서는 포화가 없는 자기회로를 취급하고 있으므로 $M_{12} = M_{21}$이 되고, 누설자속이 전혀 없다고 계산하고 있으므로 결합계수 $k=1$이 되고, $M^2 = L_1 L_2$가 성립한다.

이상의 계산은 자기회로를 이용한 근사계산이지만 정확한 계산을 하려면 식 (9·117)을 사용하여 자속을 구해야 한다.

10.3.2 에너지를 사용하는 방법

식 (10·12)에 의하면 자기인덕턴스 L의 코일에 I인 전류가 흐르고 있을 때 그 자계에너지는 $\frac{1}{2}LI^2$이다. 따라서

$$\frac{1}{2}LI^2 = \int_V \frac{\mu}{2} H^2 dv \qquad (10 \cdot 32)$$

이다. 이 관계를 사용하여 자기인덕턴스를 구할 수가 있다.

(1) 원주상도체

단면이 원형인 도체에 전류가 평등하게 흐르고 있다고 하면 자속은 그림 10·11과 같이 발생한다. 자속은 도체 내에 생기고 도체 밖의 것은 전전류와 쇄교하고 있지만 도체 내의 것은 일부와 쇄교한다. 가령 반지름 r인 원형의 것은 이 원형의 내부를 통하는 전류하고

만 쇄교한다.

자기인덕턴스 중에서 도체전류와 도체 외의 자속과의 쇄교에 의한 것을 **외부인덕턴스**(external inductance), 도체 내의 자속에 의한 것을 **내부인덕턴스**(internal inductance)라고 한다.

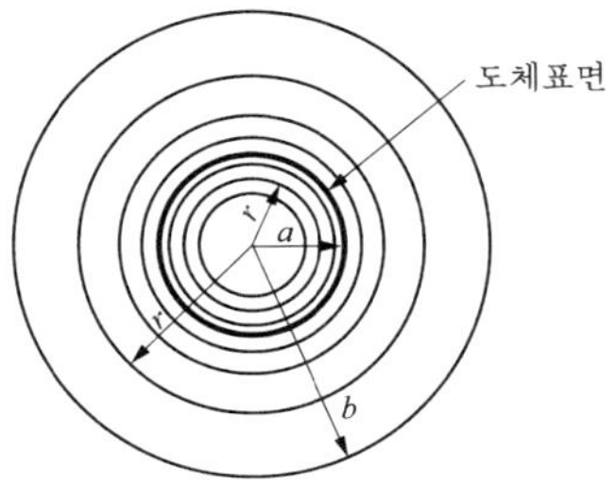

|그림 10·11| 원주상도체에 전류를 흐르게 하였을 때의 자속

① **외부인덕턴스** : 외부인덕턴스 L_{ex}는 쇄교자속의 방법에 따라서 쉽게 구할 수가 있다. 즉 도체 밖에서는 식 (9·21)에서

$$H = \frac{I}{2\pi r}$$

도체 단면의 반지름을 a라고 하면 도체 $a \sim b\,(b > a)$ 외의 사이에 있는 자속은

$$\int_S \boldsymbol{B} \cdot dS = \int_a^b \mu \frac{I}{2\pi r} dr = \frac{\mu I}{2\pi} log \frac{b}{a} \qquad (10 \cdot 33)$$

따라서

$$L_{ex} = \frac{1}{I} \int_S \boldsymbol{B} dS = \frac{\mu}{2\pi} log \frac{b}{a} \, [\mathrm{H/m}] \qquad (10 \cdot 34)$$

도체에 전류가 흐르고 있을 때는 그것은 회로의 일부가 되어 있어 전부의 인덕턴스를 구하려면 다른 부분의 인덕턴스도 구해야 한다. 이 중에서 지금 고찰하고 있는 도체에 의한 것은 식 (10·33)에 나타낸 바와 같다.

② **내부인덕턴스** : 내부인덕턴스 L_{in}은 식 (10·32)의 관계를 사용하여 구할 수 있다. 도체 내부의 중심에서 r인 거리에 있는 점에 있어서의 자계는 식 (9·19)에서

$$H = \frac{Ir}{2\pi a^2} \, [\mathrm{AT/m}]$$

이다. 따라서 도체의 투자율 μ_c라고 하면

$$\frac{1}{2}L_{in}I^2 = \int_0^a \frac{\mu_c}{2}\left(\frac{Ir}{2\pi a^2}\right)^2 2\pi r\,dr = \frac{\mu_c I^2}{16\pi} \qquad (10 \cdot 35)$$

여기서

$$L_{in} = \frac{\mu_c}{8\pi}[\mathrm{H/m}] \qquad (10 \cdot 36)$$

원주도체의 전인덕턴스 L은 L_{ex}와 L_{in}의 합이며 다음과 같이 된다.

$$L = L_{ex} + L_{in} = \frac{\mu}{2\pi}log\frac{b}{a} + \frac{\mu_c}{8\pi}[\mathrm{H/m}] \qquad (10 \cdot 37)$$

(2) 동축케이블

그림 10·12와 같이 내부도체의 반지름이 a, 외부도체의 안지름, 바깥지름을 각각 b, c라고 하는 동축케이블의 자기인덕턴스를 구해 보자. 내부 도체의 전류를 I, 외부도체에는 반대방향인 전류 I가 흐른다고 하고, 투자율은 어느 부분에서나 μ_c라고 하자.

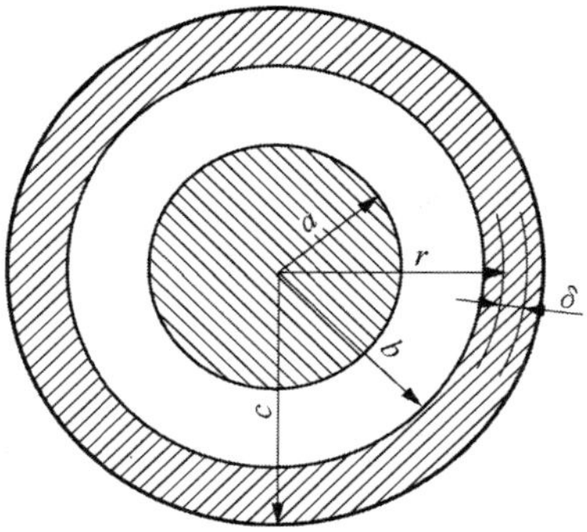

|그림 10·12| 동축케이블의 단면

케이블의 외부에서는 내부도체의 전류는 크기가 같고, 반대방향이므로 자속은 0이다. 또 외부도체의 전류는 b보다 안쪽에서는 자속을 만들지 않는다. 따라서 이 케이블의 자기인덕턴스는

① 내부도체의 내부인덕턴스 L_1 : 식 (10·36)에서 $L_1 = \frac{\mu_c}{8\pi}[\mathrm{H/m}]$

② 내부도체전류에 의한 자속 중에서 $a \sim b$ 사이의 것에 의한 자기인덕턴스 L_2 : 식 (10·34)에서

$$L_2 = \frac{\mu}{2\pi} log \frac{b}{a} [\mathrm{H/m}]$$

③ **외부도체($b \sim c$ 사이)의 내부인덕턴스 L_3** : 외부도체 중의 반지름 r 인 부분의 자계 H_r는 이것과 쇄교하는 전류가 내부도체의 I, 외부도체의 r에서 안쪽의 전류는 $-I \times (r^2-b^2)/(c^2-b^2)$이므로 Ampere의 법칙에서

$$2\pi r H = I - I\frac{r^2-b^2}{c^2-b^2} = \frac{c^2-r^2}{c^2-b^2} I$$

가 된다. 따라서 r와 $r+\delta r$ 사이의 단위길이 부분의 에너지는

$$\frac{1}{2}\mu_c H^2 \delta v = \frac{1}{2}\mu_c H^2 2\pi r \delta r$$

이므로, 에너지는 이것을 b에서 c까지 적분하여 구할 수 있다. 그러므로

$$\frac{1}{2} L_3 I^2 = I^2 \frac{\mu_c}{4\pi} \int_b^c \left(\frac{c^2-r^2}{c^2-b^2} \right)^2 \frac{dr}{r}$$

$$= I^2 \frac{\mu_c}{4\pi} \frac{1}{c^2-b^2} \left(\frac{c^4}{c^2-b^2} log \frac{c}{b} - \frac{3c^2-b^2}{4} \right) \tag{10 · 38}$$

여기서

$$L_3 = \frac{\mu_c}{2\pi(c^2-b^2)} \left(\frac{c^4}{c^2-b^2} log \frac{c}{b} - \frac{3c^2-b^2}{4} \right) \tag{10 · 39}$$

동축케이블의 단위길이당의 인덕턴스 L은

$$L = L_1 + L_2 + L_3 = \frac{1}{4\pi} \left[2\mu \log \frac{b}{a} + \mu_c \left\{ \frac{2c^4}{(c^2-b^2)} log \frac{c}{b} - \frac{(3c^2-b^2)}{2(c^2-b^2)} + \frac{1}{2} \right\} \right] [\mathrm{H/m}] \tag{10 · 40}$$

가 된다.

(3) 평행왕복도체

그림 10·13과 같이 반지름이 a인 원형단면의 평행도체의 한쪽에 I, 다른 쪽에 $-I$의 전류를 흐르게 하여 왕복회로를 만들고 있을 때 그 자기인덕턴스를 구할 수 있다. 도체 1의 전류에 의한 자속은 ① 도체 1 속에 있는 것, ② 두 도체 사이에 있는 것을 생각할 수 있다. ③ 이외에 두 도체를 포위하는 것을 생각할 수 있지만 두 도체의 정부전류는 상쇄하여 쇄교자속이 되지 않는다. ④ 도체 1의 전류에 의한 자속 중에서 도체 2의 전류의 일부

와 쇄교하는 것도 있지만, 근사적으로 2의 전류는 중심에 집중되어 있다고 가정한다. 이 근사법을 사용하면 1에서 나오는 자속은 d보다 안쪽은 모두 1의 전류와 쇄교하고, 이것보다 바깥쪽은 쇄교하지 않게 된다. 도체 2에 대해서도 마찬가지이다. 도체 1의 전류에 의한 인덕턴스는 단위길이당 식 (10·37)로 주어진다. 도체 2도 마찬가지이다. 따라서 왕복도체의 단위길이당의 인덕턴스는 식 (10·37)의 2배이며

$$L = 2\left(\frac{\mu}{2\pi} log\frac{d}{a} + \frac{\mu_c}{8\pi}\right)[\text{H/m}] \qquad (10 \cdot 41)$$

가 된다.

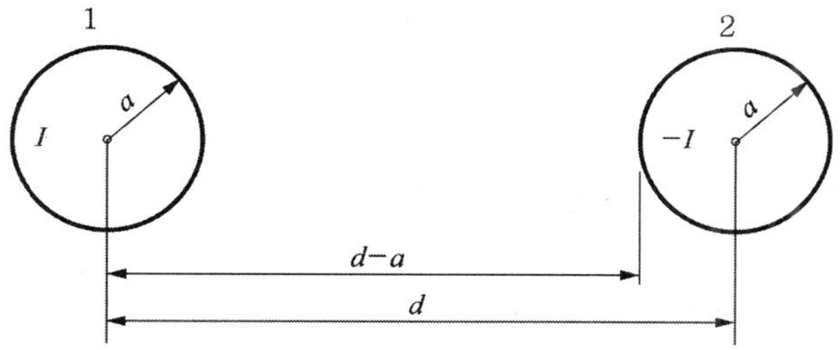

|그림 10·13| 두 개의 평행도체로 되어 있는 왕복회로

10.3.3 노이만의 공식을 사용하는 방법

상호 인덕턴스를 구하려면 노이만의 공식을 사용하는 것이 편리한 경우가 많다.

(1) 두 개의 평행도체간의 상호인덕턴스

그림 10·14와 같이 길이가 l, 간격이 d인 2개의 평행도체간의 상호인덕턴스를 노이만의 공식인 식 (10·15)를 사용하여 구해 보자. 두 도체 위의 왼쪽 끝에서 x_1, x_2의 거리에 있는 미소부분을 $\delta x_1, \delta x_2$라 하면, 그 사이의 거리 r는 $\sqrt{(x_2 - x_1)^2 + d^2}$ 이다. 따라서 상호인덕턴스는

$$M = \frac{\mu}{4\pi}\int_{x_2=0}^{l}\int_{x_1=0}^{l}\frac{dx_2\, dx_1}{\sqrt{(x_2 - x_1)^2 + d^2}}$$

로 계산된다. 이 적분을 구하는데 있어, 먼저 dx_1에 대하여 적분하면

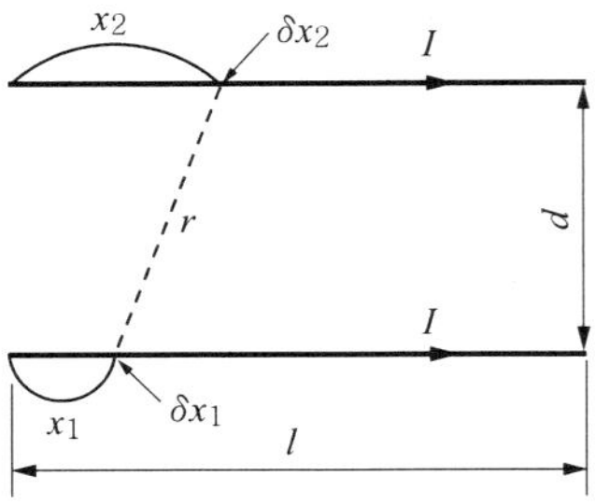

|그림 10·14|

$$\int_{x_{1=0}}^{l} \frac{dx_1}{\sqrt{d^2+(x_2-x_1)^2}} = \Big| -\log\Big\{(x_2-x_1)^2+\sqrt{(x_2-x_1)^2+d^2}\Big\}\Big|_0^l$$
$$= \log\{x_2-x_1\} - \log\Big\{(x_2-l)+\sqrt{(x_2-l)^2+d^2}\Big\}$$

이 된다. 다음에 이것을 dx_2에 대하여 적분하면

$$\int_{x_{2=0}}^{l} \log\Big\{x_2+\sqrt{x_2^2+d^2}\Big\}dx_2 = \Big| x_2\log\Big\{x_2+\sqrt{x_2^2+d^2}\Big\} - \sqrt{x_2^2+d^2}\Big|_0^l$$
$$= l\log(l+\sqrt{l^2+d^2}) - \sqrt{l^2+d^2}+d$$
$$-\int_{x_{2=0}}^{l} \log\Big\{(x_2-l)+\sqrt{(x_2-l)^2+d^2}\Big\}dx_2$$
$$= -\Big|(x_2-l)\log\Big\{(x_2-l)+\sqrt{(x_2-l)^2+d^2}\Big\} - \sqrt{(x_2-l)^2+d^2}\Big|_0^l$$
$$= -l\log(-l+\sqrt{l^2+d^2}) - \sqrt{l^2+d^2}+d$$

$$\therefore\ M = \frac{\mu}{4\pi}\left\{l\log\frac{\sqrt{l^2+d^2}+l}{\sqrt{l^2+d^2}-l} - 2\sqrt{l^{2n}+d^2}+2d\right\}$$
$$= \frac{\mu}{4\pi}\left\{l\log\frac{(\sqrt{l^2+d^2}+l)^2}{d^2} - 2l\sqrt{1+\left(\frac{d}{l}\right)^2}+2d\right\}$$
$$= \frac{\mu l}{2\pi}\left\{\log\frac{\sqrt{l^2+d^2}+l}{d} - \sqrt{1+\left(\frac{d}{l}\right)^2}\ \frac{+d}{l}\right\}[\mathrm{H}] \qquad (10\cdot 42)$$

만일 $l \gg d$ 이면

$$M = \frac{\mu l}{2\pi}\left\{\log\frac{2l}{d}-1\right\} \fallingdotseq \frac{\mu l}{2\pi}log\frac{2l}{d}\,[\mathrm{H}] \qquad (10\cdot 43)$$

10.4 인덕턴스의 직렬접속

그림 10·15와 같이 자기인덕턴스 L_1[H], L_2[H]의 2개의 코일의 상호인덕턴스가 M[H]이 되도록 배치되어 있다. 지금 그림 10·15 (a)와 같이 접속하고 전류 I[A]를 흘려 각 코일의 자속쇄교수가 서로 합해지는 경우에는 회로의 자기에너지 W_1은 식 (10·12)에서

$$W_1 = \frac{1}{2}(L_1 + L_2 + 2M)I^2 [\mathrm{J}]$$

이 되므로, 직렬합성 인덕턴스를 L이라고 하면 $W_1 = \frac{1}{2}LI^2[\mathrm{J}]$이 되므로 등가인덕턴스 L은

$$L = L_1 + L_2 + 2M[\mathrm{H}] \qquad (10 \cdot 44)$$

이 된다. 또 그림 10·15 (b)와 같이 접속을 반대로 하면 회로의 자기에너지 W_2는

$$W_2 = \frac{1}{2}(L_1 + L_2 - 2M)I^2 [\mathrm{J}]$$

이 되므로, 등가인덕턴스 L은

$$L = L_1 + L_2 - 2M[\mathrm{H}] \qquad (10 \cdot 45)$$

가 된다. 어느 경우나 합성인덕턴스 L은 각 자기인덕턴스 L_1, L_2을 합한 것뿐만 아니라 접속의 방법에 의하여 $L > L_1 + L_2$ 또는 $L < L_1 + L_2$가 된다.

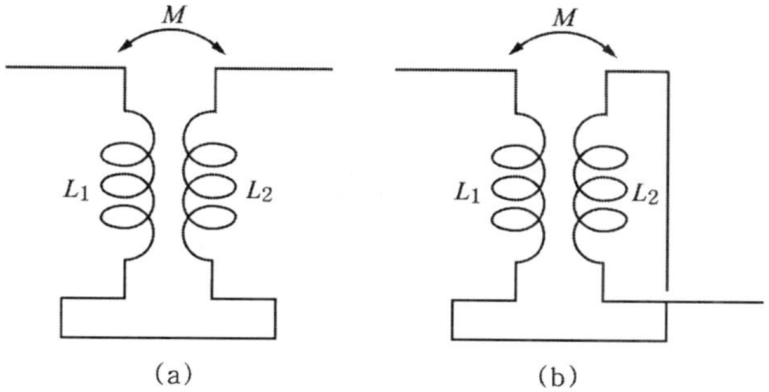

|그림 10·15| 인덕턴스의 직렬

예제 10-1

단면적 $S\,[\mathrm{m}^2]$, 평균자로의 길이 l[m]의 환상철심(비투자율μ_r)에 권횟수 N_1의 1차 코일 및 권횟수 N_2의 2차 코일을 감았을 때의 각 코일의 자기인덕턴스 및 두 코일 간의 상호인덕턴스를 구하여라. 단 누설자속이 없다고 하자.

해 1차 코일에 전류 I를 흐르게 하면 기자력은 $\zeta = NI$, $R = \dfrac{l}{\mu s}$ 자계의 세기는 $H = \dfrac{\zeta}{l}$,

자속은 $\phi = \mu_0 \mu_r HS$, $\mu_0 = 4 \times 10^{-7}$, NI와의 쇄교자속은 $\Phi_1 = N_1 \phi = \mu_0\, \mu_r \dfrac{N_1 I}{l} N_1 S$

그러므로 1차 코일의 자기인덕턴스는

$$L_1 = \frac{\Phi_1}{I} = \frac{4\pi \mu_r\, S N_1^2}{l} \times 10^{-7}[\mathrm{H}] \qquad (10 \cdot 46)$$

마찬가지로, 2차 코일의 자기인덕턴스

$$L_2 = \frac{4\pi \mu_r\, S N_2^2}{l} \times 10^{-7}[\mathrm{H}] \qquad (10 \cdot 47)$$

1차 코일에 생기는 자속 ϕ와 2차 코일과의 쇄교자속은 $\Phi_{12} = N_2 \phi$

$$\text{상호 인덕턴스 } M = \frac{\Phi_{12}}{I} = \frac{4\pi \mu_r\, S N_1 N_2}{l} \times 10^{-7}[\mathrm{H}] \qquad (10 \cdot 48)$$

예제 10-2

그림 10·16과 같이 안지름 $a\,[\mathrm{m}]$, 바깥지름이 $b\,[\mathrm{m}]$, 두께가 $c\,[\mathrm{m}]$, 비투자율이 μ_r인 구형단면의 철심에 권횟수 N의 코일을 감았을 때의 자기인덕턴스를 구하여라.

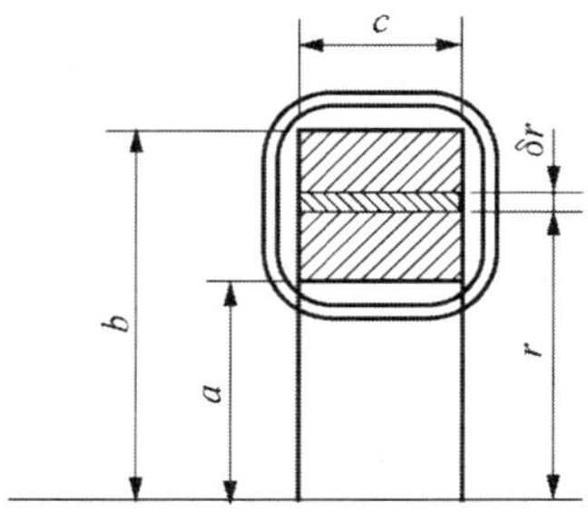

|그림 10·16|

해 반지름 r 의 위치에 폭 δr 인 면적을 생각하면 코일의 전류가 I일 때 r 인 위치에서의 자계는

$$H = \frac{NI}{2\pi r}$$

구형단면을 통하는 전자속은 $\phi = \int_a^b \mu_0 \mu_r \, Hcdr = \frac{\mu_0 \mu_r \, NIc}{2\pi} log \frac{b}{a}$

쇄교자속은 $\Phi = N\phi$

자기인덕턴스는 $L = \frac{\Phi}{I} = \frac{\mu_0 \mu_r \, cN^2}{2\pi} log \frac{b}{a}$ [H] (10 · 49)

예제 10-3

그림 10·17과 같이 직선도체와 한 변이 a 인 정3각형의 회로가 같은 평면상에 있을 경우의 상호인덕턴스를 구하여라.

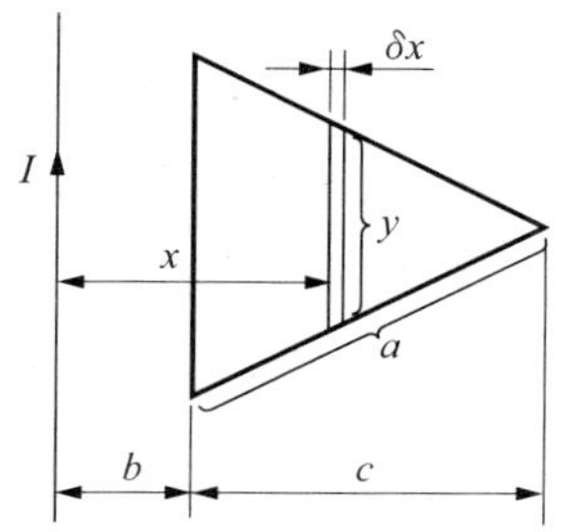

|그림 10·17|

해 직선도체에 전류 I가 흐르고 있다고 하면 3각형 중의 x 가 되는 위치의 길이는 y 이고 폭 δx 의 미소면적과 쇄교하는 자속은

$$\delta \phi = \frac{\mu I y}{2\pi x} \delta x$$

그런데 상이 상사관계에서

$$\frac{y}{a} = \frac{b+c-x}{c} \quad \text{그러므로} \quad y = \frac{(b+c-x)a}{c}$$

3각형과 쇄교하는 전자속은

$$\phi = \int_b^{b+c} d\phi = \frac{\mu I a}{2\pi c}\int_b^{b+c}\left(\frac{b+c}{x}-1\right)dx$$

$$= \frac{\mu I a}{2\pi c}\left\{(b+c)\log\left(\frac{1+c}{b}\right)-c\right\}$$

$$c = \frac{\sqrt{3}}{2}a$$

$$M = \frac{\phi}{I} = \frac{\mu}{\sqrt{3}\,\pi}\left\{(b+c)\log\left(\frac{1+c}{b}\right)-c\right\} \tag{10 · 50}$$

10.5 기하학적 평균거리

10.5.1 정 의

노이만의 공식 $M_{ij} = \frac{\mu}{4\pi}\oint_i\oint_j \frac{dl_i \cdot dl_j}{r}$ 는 선상회로에 대하여 구한 것이다. 그러나 실제의 도선은 굵기가 있어 그 속을 전류가 흐르고 있는데, 만일 도체 내에서 전류가 균일하게 흘러 전류밀도가 도체의 단면 내에서 균등할 때는 그림 10·18에 나타낸 바와 같이 도선 내의 전류는 단면적이 δS인 무수한 유선전류의 집합으로 성립되어 있다고 생각해도 된다. 도선 i와 도선 j와의 사이의 상호인덕턴스는 각 유선전류 사이의 상호인덕턴스의 합성이라고 생각하여

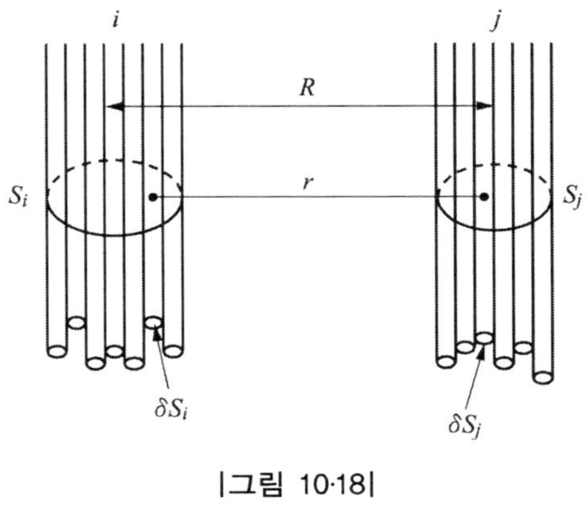

|그림 10·18|

$$M_{ij} = \frac{\mu}{4\pi} \frac{1}{S_i S_j} \int dS_i \int dS_j \oint_i \oint_j \frac{(dl_i \cdot dl_j)}{r} \tag{10 · 51}$$

로 나타낼 수 있다. 단, 유선의 주위물질은 도선도 포함하여 전부 그 투자율이 μ 라고 가정하자. 그런데 2개의 유선 δS_i 와 δS_j 사이의 상호인덕턴스는

$$dM_{ij} = \frac{\mu}{4\pi} \oint_i \oint_j \frac{(dl_i \cdot dl_j)}{r} = \frac{\mu l}{2\pi}\left(\log\frac{2l}{r} - 1\right)$$

이다. 여기서는 δS_i 와 δS_j 사이의 거리이다. 그리고 이 r 는 각 유선에 의하여 변화한다는 것을 생각하고 윗식을 식 (10·51)에 대입하면

$$M_{ij} = \frac{\mu l}{2\pi}\left\{\log 2l - \frac{1}{S_i S_j}\int_{S_i}\int_{S_j} \log r \cdot dS_i\, dS_j - 1\right\} \tag{10 · 52}$$

인 관계를 얻게 된다. 다음에 1평면상에 있는 2개의 면적 S_i 와 S_j 를 생각하고 각각의 면적소인 δS_i 와 δS_j 사이의 거리를 r 이라고 하면, 이 r 는 δS_i 및 δS_j 의 위치에 의하여 여러 가지 값을 가지는데, 이들의 평균값인 R는 다음 식과 같이 정의된다. 즉

$$\log R = \frac{1}{S_i S_j}\int_{S_i}\int_{S_j} \log r \cdot dS_i\, dS_j \tag{10 · 53}$$

라 놓고, 이 R를 1평면상에 있는 2개의 면적 S_i 와 S_j 사이의 기하학적 평균거리(geometric mean distance)라 하며 보통 G.M.D.로 표시한다. 이 R를 사용하면 식 (10·52)는

$$M_{ij} = \frac{\mu l}{2\pi}\left(\log\frac{2l}{R} - 1\right) \tag{10 · 54}$$

이 된다. S_i 와 S_j 가 겹쳐진 경우에는 R는 도체의 단면적 자체의 G.M.D.가 된다. 즉 도체의 단면 내의 많은 미소면적간의 거리의 대수적 평균값이 단면 자체의 G.M.D.이다. 그리고 이 때의 상호인덕턴스 M_{ij} 는 자기 인덕턴스 L_{ii} 가 되므로

$$L_{ii} = \frac{\mu l}{2\pi}\left(\log\frac{2l}{R} - 1\right) \tag{10 · 55}$$

이다.

그리고 이 식의 우변은 똑같은 모양이지만 그 식 중의 R의 의미는 전혀 다르다. 즉 식 (10·54)의 R는 2개의 도체에 있어 이들에 각각 직각인 1평면상에 있어서의 단면적 사이의 G.M.D.인데 반하여, 식 (10·55)의 R는 1개의 도체에 있어 이의 직각인 단면적 자체의 G.M.D.를 나타낸 것이다. 도체의 단면적의 G.M.D.만 알면 인덕턴스의 값은 위의 두 식에서 쉽게 구할 수 있지만, 그 G.M.D.의 계산에는 다음의 정리가 매우 유효하다.

10.5.2 정 리

한 평면상에 있는 여러 면적 $A, B, C, \ldots$와 이것들과 같은 평면상에 있는 다른 하나의 면적 N과의 사이의G.M.D.를 각각 R_A, R_B, R_C, ... 라고 하면 면적 $(A+B+C+\ldots)$와 N 사이의 G.M.D.의 R는

$$(A+B+C+\ldots)\log R = A\log R_A + B\log R_B + C\log R_C + \ldots \qquad (10\cdot56)$$

인 식으로 주어진다.

〈증명〉 G.M.D.를 정의한 식 (10·53)에 의하여

$$N\cdot A\cdot \log R_A = \int\int \log r\cdot dA\cdot dN$$

$$N\cdot B\cdot \log R_B = \int\int \log r\cdot dB\cdot dN$$

그러므로

$$N(A\log R_A + B\log R_B + \cdots) = \int\int \log r\cdot(dA+dB+\ldots)\,dN$$
$$= (A+B+\ldots)\,N\log R$$

이 되기 때문에, 식 (10·56)의 관계가 얻어진다.

10.5.3 간단한 모양의 G.M.D

(1) 원주와 한 점 사이의 G.M.D

그림 10·19과 같이 Q점이 반지름 a인 원주상을 움직일 때 PQ $=r$인 거리의 평균값을 구하려는 G.M.D.의 R이다.

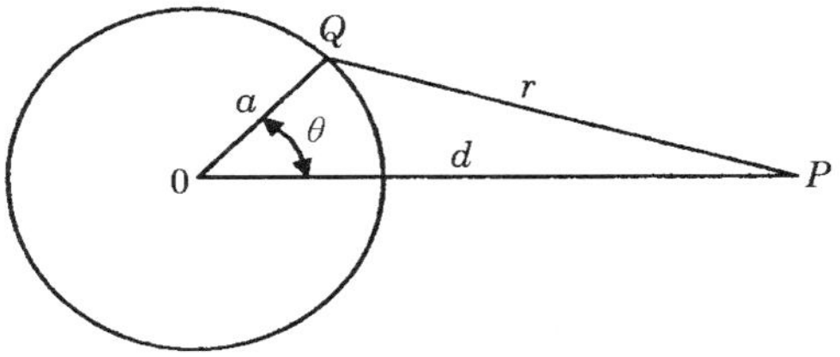

|그림 10·19| 한 점과 원주 k이의 G.M.D.

그리고 이때는

$$S_i = 2\pi a,\ dS_i = ad\theta$$

$$S_j = 1,\ dS_j = 1$$

점에 대해서는 $S = dS = 1$로 한다.

$$r = \sqrt{a^2 + d^2 - 2ad\cos\theta}$$

이므로

$$\log R = \frac{1}{2\pi a}\int_0^{2\pi} \log\sqrt{a^2 + d^2 - 2ad\cos\theta} \cdot ad\theta$$

$d > a$이면

$$\log R = \frac{1}{2\pi a}\int_0^{2\pi}\left\{\frac{1}{2}log d^2\left(1 - \frac{2a}{d}cos\theta + \frac{a^2}{d^2}\right)\right\} \cdot ad\theta$$

$$= \frac{1}{2\pi a}\int_0^{2\pi}\left\{\log d + \frac{1}{2}log\left(1 - \frac{a}{d}e^{j\theta}\right)\left(1 - \frac{a^2}{d^2}\right)\right\} \cdot ad\theta$$

단, $2\cos\theta = e^{j\theta} + e^{-j\theta}$

$$= \frac{1}{2\pi a}\int_0^{2\pi}\left\{\log d - \left(\frac{a}{d}cos\theta + \frac{1}{2}\frac{a^2}{d^2}cos2\theta + \cdots\cdots\right)\right\} \cdot ad\theta$$

단, $\log(1 - x)$의 전개를 사용 (10 · 57)

$$= \frac{1}{2\pi a}\int_0^{2\pi} \log d \cdot ad\theta$$

$$= \frac{1}{2\pi}\int_0^{2\pi} \log d \cdot d\theta = \log d$$

$$\therefore\ R = d \tag{10 · 58}$$

그러므로 점이 원외에 있을 경우에는 G.M.D.는 점과 원 중심과의 거리와 같다.

$d < a$이면

$$\log R = \frac{1}{2\pi a}\int_0^{2\pi}\left\{\frac{1}{2}log a^2\left(1 - \frac{2d}{a}cos\theta + \frac{d^2}{a^2}\right)\right\} \cdot ad\theta$$

$$= \frac{1}{2\pi a}\int_0^{2\pi}\left\{\log a - \left(\frac{d}{a}cos\theta + \frac{1}{2}\frac{d^2}{a^2}cos2\theta + \cdots\cdots\right)\right\} \cdot ad\theta$$

$$= \frac{1}{2\pi a}\int_0^{2\pi} \log a \cdot a d\theta = \log a \qquad (10 \cdot 59)$$

$$\therefore \ R = a \qquad (10 \cdot 60)$$

즉 점이 원내에 있을 때는 G.M.D.는 원의 반지름과 같다.

(2) 원주 자체의 G.M.D.

하나의 원주 위의 2개의 선소 dl, dl' 사이의 거리를 r라고 하면 G.M.D.의 R는 식 (10·59)에 의하여

$$2\pi a \cdot 2\pi a \cdot \log R = \int\int \log r \cdot dl \cdot dl'$$

로 구한다. 우선 dl'를 고정시켜 놓고 dl에 대하여 적분하면 윗식에서 r는 한 점과 원주사이의 G.M.D.즉 a를 사용하면 된다. 따라서

$$(2\pi a)^2 \log R = 2\pi a \cdot \log a \int_{2\pi a} dl' = (2\pi a)^2 \log a$$

그러므로

$$R = a \qquad (10 \cdot 61)$$

가 된다. 따라서 원주 자체의 G.M.D.는 그 반지름과 같다.

(3) 한 점과 원륜사이의 G.M.D.

그림 10·20와 같이 한 점이 원륜의 외측, 내측 및 원륜 위에 있는 경우로 나누어 생각한다.

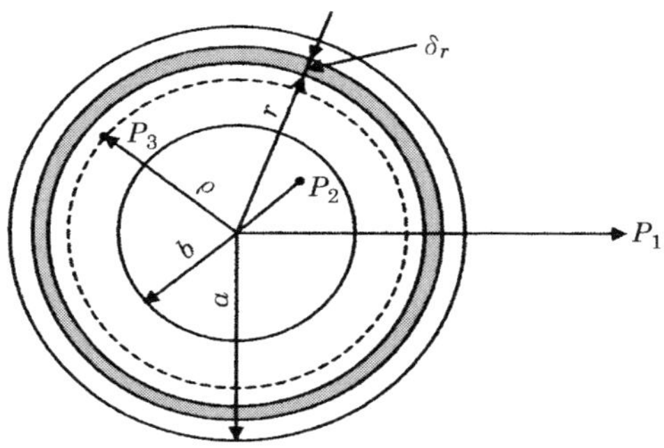

|그림 10·20| 원륜과 한점 사이의 G.M.D.

① **점P_1이 원륜의 외측에 있을 때** : 원륜은 무수한 동심원륜으로 구성되어 있다고 생각하면P_1점과 각 원륜 사이의 G.M.D.는 d와 같으므로 결국 외측의 점에 대해서는

$$R = d \tag{10 · 62}$$

② **점P_2가 원륜 내에 있을 때** : 하나의 윤과 P_2와의 사이의 G.M.D.는 식 (10·61)에 의하여 그 반지름 r와 같으므로 지금 원륜의 안지름을 b, 바깥지름을 a라고 하면 식 (10·59)의 정리에서

$$\sum A = \pi(a^2 - b^2),\ \ A = 2\pi r dr$$

$N=1$, $dN=1$이라고 하면

$$\pi(a^2 - b^2)\ \log R = \int_b^a 2\pi r \log r \cdot dr = \frac{\pi}{2}\int_b^a \log r^2 \cdot d(r^2)$$

$$= \frac{\pi}{2}|r^2 \log r^2 - r^2|_b^a$$

그러므로

$$\log R = \frac{a^2 \log a - b^2 \log b}{a^2 - b^2} - \frac{1}{2} \tag{10 · 63}$$

③ **점P_3가 원륜상에 있을 때** :P_3를 통하는 원으로 원륜을 두개로 구분할 때는 내원륜과 P_3사이의 G.M.D.는 $OP_3 = \rho$이다. 또 외원륜과 P_3사이의 G.M.D.는 식 (10·63)로 주어지므로 구하려는 G.M.D.를 R라고 하면 식 (10·59)의 정리에서

$$\pi(a^2 - b^2)\ \log R = \pi(a^2 - b^2)\left(\frac{a^2 \log a - \rho^2 \log \rho}{a^2 - \rho^2} - \frac{1}{2}\right)$$

$$+ \pi(\rho^2 - b^2)\log \rho$$

그러므로

$$\log R = \frac{a^2 \log a - b^2 \log \rho}{a^2 - b^2} - \frac{1}{2}\frac{a^2 - \rho^2}{a^2 - b^2} \tag{10 · 64}$$

(4) 한 점과 원형면적 사이의 G.M.D.

i) P점이 원외에 있으면 구하려는 G.M.D.는 P점과 원의 중심과의 거리와 같다.

ii) P점이 원 안에 있으면 $OP = \rho$를 반지름으로 하는 원주에 의하여 원의 면적을 2로

구분한다.

그리고 P점과 반지름 ρ인 원의 면적과의 사이의 G.M.D.는 ρ와 같고 또 P점과 안반지름ρ, 바깥반지름 a인 원륜 사이의 G.M.D.를 ρ'라고 하면 식 (10·59)의 정리에 의하여

$$\pi a^2 \log R = \pi \rho^2 \log \rho + \pi (a^2 - \rho^2) \log \rho'$$

이다. 그리고 이 ρ'의 값으로 식 (10·63)의 R를 사용하면 구하려는 G.M.D.는

$$\log R = \log a + \frac{1}{2}\left(\frac{\rho}{a}\right)^2 - \frac{1}{2} \qquad (10 \cdot 65)$$

의 결과가 얻어진다.

(5) 원형면적 자체의 G.M.D.

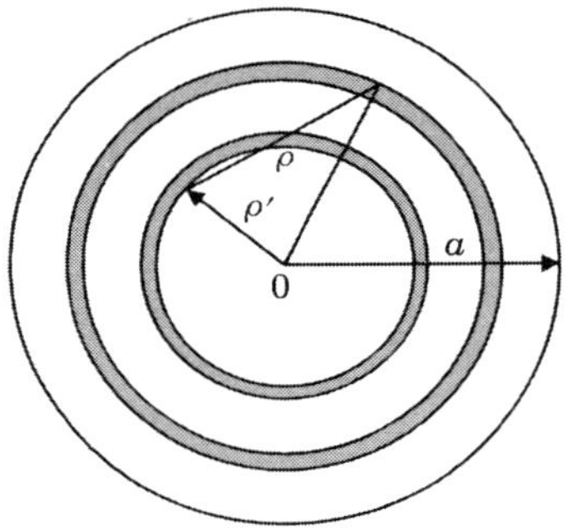

|그림 10·21| 원형면적 자체의 G.M.D.

원형면적은 그림 10·21에 나타낸 바와 같이 무수한 동심원륜으로 되어 있다고 하면 G.M.D.의 R는

$$\pi a^2 \cdot \pi a^2 \cdot \log R = \int_s \int_{s'} \log r \cdot dS \cdot dS'$$

$$= \int_{\rho'}^{a} 2\pi\rho' d\rho' \int_{\rho=0}^{a} \log r \cdot 2\pi\rho \cdot d\rho$$

로 구할 수 있다. 우선 ρ를 고정시켜 놓고 ρ'에 대하여 적분하면 r의 값으로써 식 (10·65)의 R의 값을 사용하면 되므로, 위의 적분은

$$(\pi a^2) \log R = \int_0^a \left(\log a + \frac{1}{2}\frac{\rho^2}{a^2} - \frac{1}{2}\right) 2\pi\rho d\rho \int_0^a 2\pi\rho' d\rho'$$

$$= (\pi a)^2\left(\log a - \frac{1}{2}\right)|a^2|_0^a + \frac{\pi^2}{4}|\rho^4|_0^a$$

$$= (\pi a)^2\left(\log a - \frac{1}{4}\right)$$

이 된다. 따라서

$$\log R = \log a - \frac{1}{4}$$

또는

$$R = ae^{-\frac{1}{4}} = 0.7788a \qquad (10 \cdot 66)$$

가 된다. 즉 원 안의 모든 점 사이의 거리의 평균은 반지름의 0.7788배와 같다.

(6) 원륜자체의 G.M.D.

구하려는 G.M.D.의 R는 식 (10·59)의 정리에 의하여

$$\pi(a^2 - b^2)\ \log R = \int_b^a 2\pi\rho \cdot d\rho \cdot \log\rho$$

로 구해진다. 즉, 이 ρ로써 식 (10·64)의 R의 값을 대입하여 적분하면

$$\log R = \log a - \frac{b^4}{(a^2 - b^2)^2} log\frac{a}{b} + \frac{1}{4}\frac{3b^2 - a^2}{a^2 - b^2} \qquad (10 \cdot 67)$$

이 된다. 이 식에서 $b = 0$라고 하면 식 (10·66)과 같이 된다.

10.6 전선의 인덕턴스

10.6.1 전선의 자기 및 상호인덕턴스

① 그림 10·22와 같이 반지름이 a, 길이가 b인 직선상의 전선이 진공(공기) 중에 있을 때의 자기인덕턴스를 구한다.

② 전선과 비자성체로 주위의 매질과 같은 투자율을 가지고 전류가 균일하게 흐른다고

하면, 이 경우의 단면적의 G.M.D., R는 $0.7788a(\log R = \log a - \frac{1}{4})$와 같으므로 이 값을 식 (10·55)의 R에 대입하여

$$L = \frac{\mu_0 l}{2\pi}\left(\log\frac{2l}{a} + \frac{1}{4} - 1\right) = \frac{\mu_0 l}{2\pi}\left(\log\frac{2l}{a} - \frac{3}{4}\right)$$
$$= 2l\left(\log\frac{2l}{a} - \frac{3}{4}\right)\times 10^{-7}[\mathrm{H}] \qquad (10 \cdot 68)$$

의 관계식이 얻어진다.

여기서 전류가 고주파교류일 때는 표피효과 때문에 전선의 표면에만 균일한 밀도로 흐르는 경우에는 식 (10·55)의 R에 원주 자체의 G.M.D.를 a에 대입하면

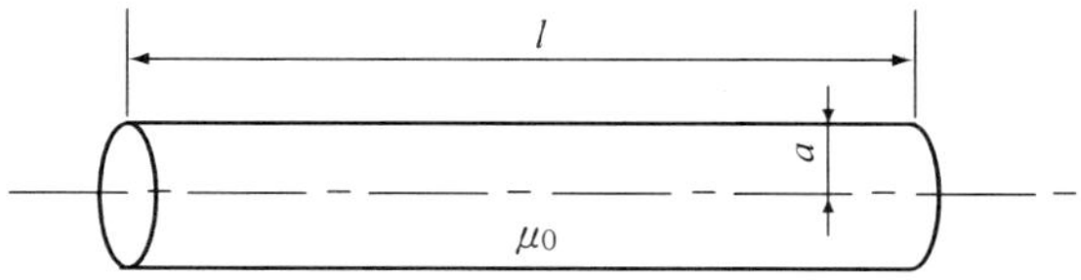

|그림 10·22| 전선의 자기인덕턴스

$$L = \frac{\mu_0 l}{2\pi}\left(\log\frac{2l}{a} - 1\right) = 2l\left(\log\frac{2l}{a} - 1\right)\times 10^{-7}[\mathrm{H}] \qquad (10 \cdot 69)$$

의 관계식이 얻어진다.

10.6.2 대지상의 가공선인덕턴스

(1) 가공선이 한 줄인 경우

그림 10·23과 같이 반지름 a[m]인 전선 P가 h[m]의 높이로 대지면에 평행하게 가설되어 교류가 흐르는 경우 대지를 완전도체라고 하면 이미 기술한 바와 같이 대지 내에는 자속이 존재하지 않으므로 대지표면에서의 자속의 수직성분은 없다. 따라서 대지가 없을 때에 비하여 자속분포는 영상법을 이용하여 구할 수가 있다. 전선 P의 대지표면 OO′에 대한 영상P′를 생각하여 대지 대신 이 영상이 있다고 하면 OO′면의 점M에서 자계가 대지표면에 평행해지므로 자속의 대지표면에서의 수직성분은 없어져 위에서 말한 경계조건을 만족하게 된다.

다시 말하면 전선에 전류(교류)가 흐르면 전자유도 작용에 의하여 대지에도 전류가 흐른다. 이 대지전류가 만드는 자계는 영상이 만드는 자계와 동일하게 되고 좌우보다 위에

있는 자계의 분포는 대지 대신에 영상이 있다고 해도 좋다.

그러므로 자계분포는 두 줄의 도선이 있는 경우와 똑같으며 인덕턴스도 구할 수가 있게 된다. 자속은 대지보다 위에는 존재하지만 대지 중에는 존재하지 않는다는 점에 유의할 필요가 있다.

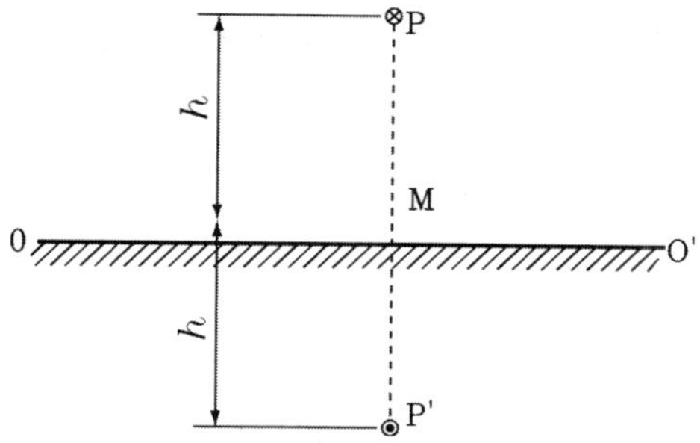

|그림 10·23| 대지상에 가설된 한 줄의 전선

그림의 경우 전선의 인덕턴스는 다음과 같이 구할 수가 있다. 먼저 대지 대신에 영상이 있다고 하고 전공간을 공기라고 생각한다. 각도체간의 자기 및 상호인덕턴스를 이용하면 단위 길이에 대한 P, P′의 자기인덕턴스는

$$L_1 = \frac{\mu_0}{2\pi}\left(\log\frac{1}{a} + \frac{1}{4}\right)[\mathrm{H/m}]$$

이며P, P′간의 상호인덕턴스는

$$M = \frac{\mu_0}{2\pi} log\frac{1}{2h}[\mathrm{H/m}]$$

이 된다.P 와P′가 하나의 회로를 형성한다고 하면, 단위 길이에 대한 자기인덕턴스는 다음과 같이 된다.

$$2L_1 - 2M = \frac{2\mu_0}{2\pi}\left(\log\frac{1}{a} + \frac{1}{4} - \log\frac{1}{2h}\right)[\mathrm{H/m}]$$

이상은 모든 공간이 공기라고 생각하고 있다. 즉OO′보다 밑에는 자계가 있다고 가정하였지만 대지 중에는 자계가 없다. 그러므로 실제의 자속쇄교수는 2분의 1이 된다. 따라서 인덕턴스도 2분의 1이 되며 전선단위길이의 인덕턴스 L은

$$L = L_1 - M = \frac{\mu_0}{2\pi}\left(\log\frac{2h}{a} + \frac{1}{4}\right) = 2\left(\log\frac{2h}{a} + \frac{1}{4}\right)\times 10^{-7}[\mathrm{H/m}] \qquad (10 \cdot 70)$$

여기서 괄호 내의 4분의 1의 뜻은 도체 내의 전류분포가 균일하다고 본 결과이다. 그러

므로 뒤에서 설명할 표피효과가 심하여 전류가 표면에만 분포되었다며 자기 인덕턴스는

$$L = \frac{\mu_0}{2\pi} log \frac{2h}{a} = 2\log \frac{2h}{a} \times 10^{-7} [\mathrm{H/m}] \tag{10 · 71}$$

(2) 가공선이 두 줄인 경우의 상호인덕턴스

그림 10·24과 같이 대지 위 h_1, h_2의 높이에 거리 d로 가설된 두 줄의 전선 P_1, P_2간의 인덕턴스를 구한다. 먼저 대지간에 대한 영상 $\mathrm{P}_1', \mathrm{P}_2'$로 놓고 전공간이 공기라고 하자. P_1, P_2 사이 또는 $\mathrm{P}_1', \mathrm{P}_2'$ 사이의 상호인덕턴스 M_{12}는

$$M_{12} = \frac{\mu_0}{2\pi} log \frac{1}{r_{P_1 P_2}}$$

이 된다. 또 P_1, P_2 사이 또는 $\mathrm{P}_1', \mathrm{P}_2'$ 사이의 상호인던턴스 M_{21}'는

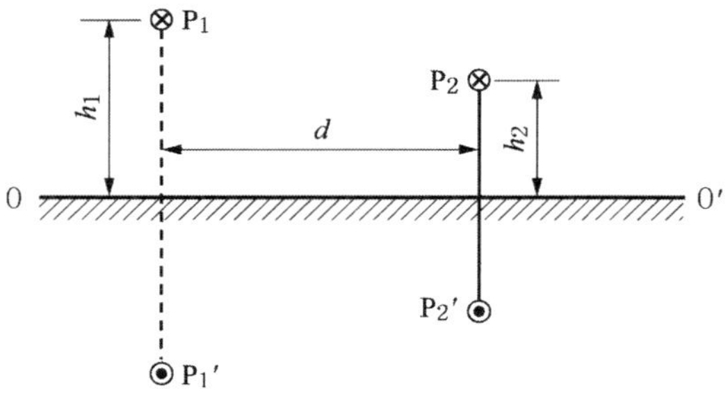

|그림 10·24| 대지상에 가설한 두 개의 전선

$$M_{21}' = \frac{\mu_0}{2\pi} log \frac{1}{r_{\mathrm{P}_1' \mathrm{P}_2'}}$$

이 된다. 여기서 $r_{\mathrm{P}_1 \mathrm{P}_2}$는 $\mathrm{P}_1 \mathrm{P}_2$ 사이의 거리이고, $r_{\mathrm{P}_1' \mathrm{P}_2}$는$\mathrm{P}_1' \mathrm{P}_2$ 사이의 거리이다. 따라서 $\mathrm{P}_1 \mathrm{P}_2$, $\mathrm{P}_1' \mathrm{P}_2'$이 각각 한 회로를 만들고 있을 때의 양회로간의 상호인덕턴스는

$$2M_{12} - 2M_{21}' = \frac{2\mu_0}{2\pi} \left(\log \frac{1}{r_{\mathrm{P}_1 \mathrm{P}_2}} - \log \frac{1}{r_{\mathrm{P}_1' \mathrm{P}_2}} \right)$$

이 되고, 실제의 자속쇄교수는 대지를 제외하여야 하므로 이것의 2분의 1을 취하면 P_1, P_2간의 단위길이에 대한 인덕턴스 M은 다음과 같이 된다.

$$M=\frac{\mu_0}{2\pi}log\frac{r_{P_1'P_2}}{r_{P_1P_2}}=\frac{\mu_0}{2\pi}log\frac{\sqrt{d^2+(h_1+h_2)^2}}{\sqrt{d^2+(h_1-h_2)^2}}$$

$$=\frac{\mu_0}{4\pi}log\frac{d^2+(h_1+h_2)^2}{d^2+(h_1-h_2)^2}$$

$$=\log\frac{d^2+(h_1+h_2)^2}{d^2+(h_1-h_2)^2}\times 10^{-7}[\mathrm{H/m}] \qquad (10\cdot72)$$

(3) 대지저항의 영향

이상의 계산에서 대지를 완전도체로 생각했다. 그러나 실제의 대지는 그와 같이 좋은 도체가 아니므로 대지 내부에도 약간의 자속이 존재한다. 따라서 자속쇄교수는 위의 계산값보다 커진다. 그러나 자기인덕턴스는 도체 부근의 자속의 영향은 크나 대지의 영향은 그다지 받지 않으므로 이에 따른 오차는 비교적 작다. 이에 반하여 상호인덕턴스는 대지의 도전율의 영향이 크므로 실제의 상호인덕턴스는 식 (10·72)보다 훨씬 커진다.

제10장 인덕턴스

연 / 습 / 문 / 제

10-1. 자기 인덕턴스 $L_1=4$[mH], $L_2=9$[mH]의 2개의 코일을 자속이 같은 방향으로 생기도록 직렬로 접속하였을 때의 합성 자기 인덕턴스는 $L=19$[mH]였다고 하면 상호 인덕턴스 M 및 결합계수 k는 얼마인가?

답 $M=3$[mH], $k=0.5$

10-2. 원형단면의 비자성재료에 균일하게 감은 전체 권수 $N_1=1000$의 환상 솔레노이드가 있는데, 그 자기 인덕턴스는 $L_1=1$[mH]이다. 그 위에 권수 $N_2=1200$의 코일이 감겨져 있으며 두 코일의 면적은 같다고 하여 N1과 N2의 두 코일의 자기 인덕턴스 L_2 및 상호 인덕턴스 M을 구하여라.

답 $L_2=1.44$[mH], $M=1.2$[mH]

10-3. 단면적 3[cm^2], 자로의 길이 30[cm], 코일의 권수 3000회의 무단솔레노이드가 있다. 다음 경우의 자기 인덕턴스를 구하여라.

i) 공심인 경우

ii) 비투자율 1000인 경우

답 i) 11.3[mH] ii) 11.3[H]

10-4. 그림 10·25와 같이 공극을 가진 철심에 코일이 감겨져 있다. 다음 여러 가지 량들을 구하여라.

i) 자속밀도

ii) 코일의 인덕턴스

iii) 철심 및 공극에 저축되는 에너지

iv) 공극에 면한 철심면에 작용하는 힘

v) 스위치 S를 열었을 때 저항 R에 발생하는 열량

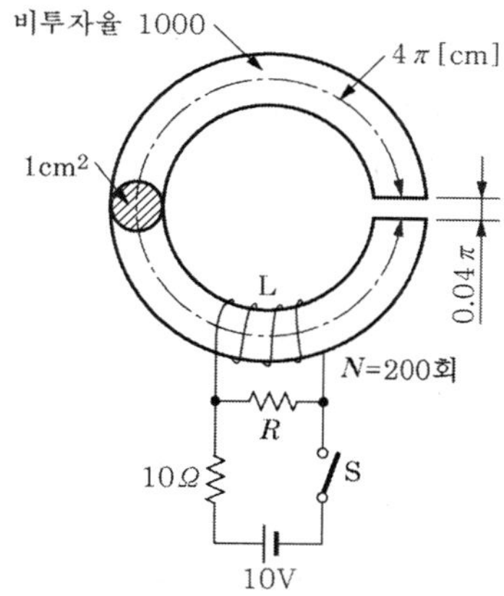

|그림 10·25|

답 i) 1[Wb/m²] ii) 20[mH] iii) W_i=5[mJ], W_g=5[mJ] iv) 39.8[N] v) 0.00239[cal]

10−5. 바깥지름 20[mm]의 비자성체의 원주에 바깥지름 1.2[mm]의 피복동선을 25회 밀접하게 감은 코일의 저항과 자기 인덕턴스를 구하여라. 단 동선의 피복두께는 0.05[mm], 저항률은 1.80×10^{-8}[Ω · m]이다.

답 3.15×10^{-2}, 0.701×10^{-5}[H]

10−6. 지름 29.5[mm]의 원주형 비자성체 보빙에 바깥지름 0.5[mm]의 동선을 사용하여 그림 10·26과 같은 2개의 코일 L_1, L_2를 감았다. L_1은 권수가 20회, 길이는 10[mm]이고, L_2는 권수가 10회, 길이는 5[mm]이고, L_1과 L_2와는 간격이 5[mm]이다. L_1와 L_2 및 상호 인덕턴스 M_{12}를 구하여라.

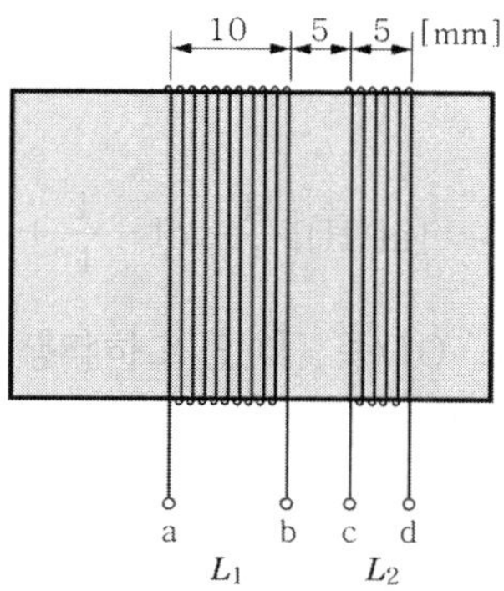

|그림 10·26|

답 $L_1=1.52\times10^{-5}$[H], $L_2=0.569\times10^{-5}$[H], $M_{12}=0.235\times10^{-5}$[H]

10-7. 그림 10·27와 같이 권수 N의 환상 솔레노이드가 있다. 중간에서 tap3을 내었을 때 1-3간의 권수 N_{13}과 2-3간의 권수 N_{23}과의 사이의 상호 인덕턴스를 최대로 하기 위한 tap을 어떤 위치에 설치하면 되겠는가?

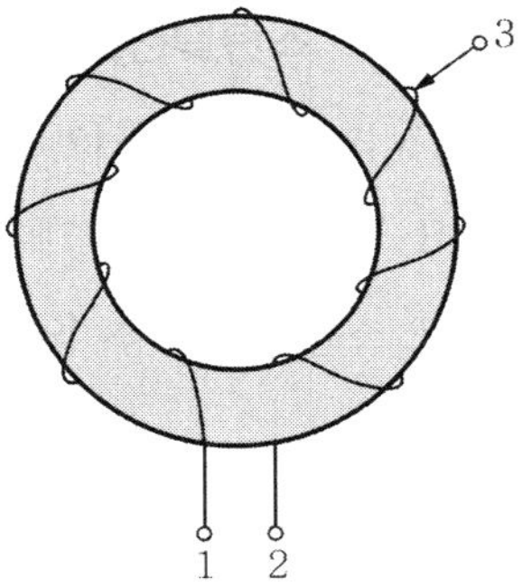

|그림 10·27|

답 권수 N의 중앙에서 tap3을 내면 된다.

제11장

전자유도와 자계 내의 전류에 작용하는 힘

11.1 전자유도

11.1.1 자속변화와 기전력의 발생

지금까지는 정상자계에 대하여 기술하여 왔지만, 이 장에서는 시간적으로 변화하는 자계에 대하여 생각해 보기로 한다.

그림 11·1의 회로 A에 일정한 전류가 흐른다면 전류에 의하여 생긴 자속의 분포는 그림과 같이 되고, 그 일부분은 회로 B와 쇄교한다. 이 일정 전류에 의한 자속은 시간적으로 변화하지 않는다. 이와 같은 경우에는 회로 B에 자속이 쇄교하고 있더라도 회로의 검류계 G는 움직이지 않는다. 즉 회로 B에는 기전력이 발생하지 않는다.

다음에 회로 A의 스위치 S를 열면 회로 A의 의한 자속은 없어지지만, 이 때 회로 B의 검류계가 순간적으로 움직인다. 즉 회로 B에 기전력이 생겼다는 것을 뜻한다.

다시 스위치 S를 닫으면 검류계는 S를 열었을 경우와 반대로 움직인다.

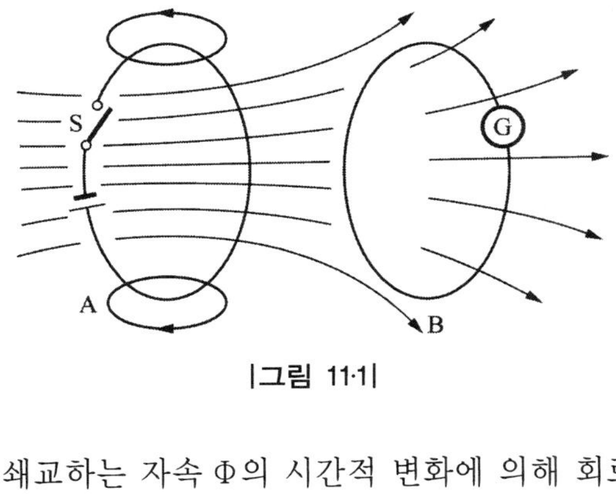

|그림 11·1|

이 실험은 회로 B와 쇄교하는 자속 Φ의 시간적 변화에 의해 회로 B에 기전력이 발생하는 것을 의미하고, 그 기전력의 방향은 자속이 증가하는 경우와 감소하는 경우가 다르다

는 것을 나타내고 있다. 회로 B와의 자속쇄교수 $\Phi(\phi \times N$, N은 회로의 권횟수)의 변화는 회로 A의 스위치 S의 개폐 이외에 회로 A에 일정 전류를 흘리고 A, B 양회로를 상대적으로 운동시킨 경우에도 생긴다. 따라서 이 때에도 회로 B에 기전력이 생긴다. 또 이 현상은 회로 B와 쇄교하고 있는 자속의 시간적 변화가 원인이 되므로 회로 A대신에 회로 A의 위에 자석을 놓고 이 자석과 회로 B를 상대적으로 운동시켜도 회로 B에 기전력이 생긴다. 또 회로 A의 스위치 S의 개폐에 의하여 회로 A자체에도 자속변화에 의한 기전력이 생긴다. 이와 같이 하나의 회로와 쇄교하는 자속의 시간적 변화에 의하여 기전력을 유기하는 현상을 전자유도라고 한다. 뉴턴(Newton)의 관성의 법칙과 같은 현상이 전기회로에서도 이와 같이 일어나므로 전자관성이라고도 한다.

11.1.2 전자유도에 관한 법칙

전자유도에 의하여 회로에 발생하는 기전력에 관해서는 다음과 같은 법칙이 있다.

(1) 렌츠의 법칙

전자유도에 의하여 생기는 기전력은 자속변화를 방해하는 방향의 전류를 생기게 하는 방향을 갖는다. 이것을 **렌츠의 법칙**(Lenz's law)이라고 한다. 그림 11·2 (a)와 같이 코일 c에 쇄교하는 자속쇄교수 Φ가 증가하였을 때 전자유도에 의하여 c에 유도되는 기전력 U의 방향을 생각하면 Φ의 증가를 방해한다는 것은 Φ'의 방향의 자속쇄교수를 증가시키는 것과 같다. Φ'를 발생시키는 전류 i는 암페어의 오른손법칙에 의하여 화살표 방향을 취해야 하므로 i를 흘리기 위한 기전력 U는 화살표 방향이 된다. Φ를 감소시키면 U는 반대방향이 된다.

그림 11·2 (b)와 같이 자석 NS를 오른쪽으로 움직여 줄 경우의 유기기전력 U는 자속쇄교수 Φ가 감소하므로 Φ가 증가하는 방향, 즉 화살표 방향을 취한다.

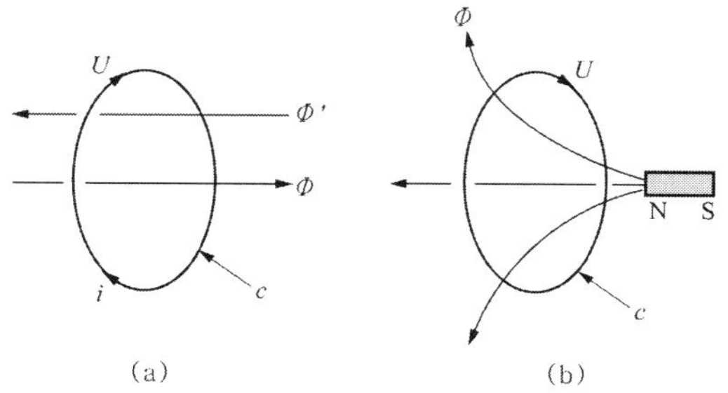

|그림 11·2| 렌츠의 법칙

(2) 패러데이와 노이만의 법칙

회로 c와 쇄교하는 자속쇄교수 Φ [Wb]가 변화하는 경우, 회로에는 자속쇄교수의 감소의 비율과 같은 기전력 U가 발생한다.

$$U = -d\frac{\Phi}{dt}\,[\mathrm{V}] \tag{11 · 1}$$

이것을 **패러데이법칙**(Faraday's law)또는 **노이만의 법칙**(Neumann's law)이라고 한다. 이 식의 부부호는 감소를 의미한다. **그림** 11·3에서 자속쇄교수 Φ가 감소하면 렌츠의 법칙에 의하여 이것을 방해하는 기전력 U는 Φ가 증가하는 방향으로, 즉 화살표 방향으로 생긴다. 그림에서 Φ를 감소시킬 때 U는 처음의 Φ에 대하여 Ampere의 오른손 법칙에 의한 방향을 취한다. 회로를 전계의 식으로 나타내면 다음과 같이 된다.

$$U = \oint \boldsymbol{E} dl = -d\frac{\Phi}{dt}\,[\mathrm{V}] \tag{11 · 2}$$

기전력의 단위는 자속쇄교수가 매초 1[Wb]의 비율로 변화할 때 발생하는 기전력을 단위로 하여 1[V]라고 정의 할 수 있다.

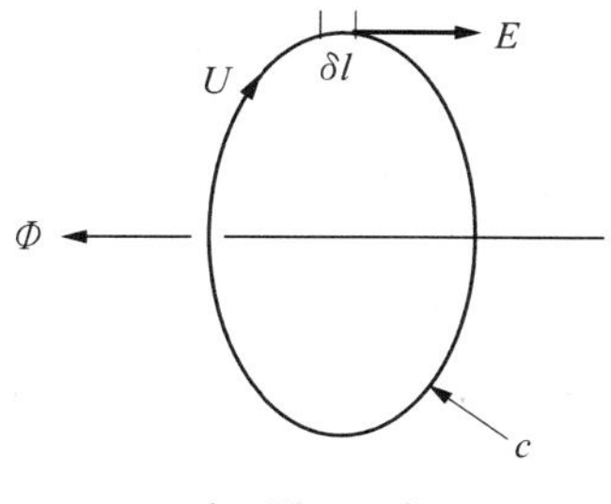

|그림 11·3|

예제 11-1

$\phi = \phi_m \sin\omega t$[Wb]인 정현파상으로 변화하는 자속이 권횟수 n인 코일과 쇄교할 때의 유기기전력을 구하여라.

해 자속쇄교수 $\Phi = n\phi$

유기기전력 $U = -\dfrac{d\Phi}{dt} = -n\Phi_m\,\omega\cos\omega t$ [V]

$\omega n\phi_m = V_m$이라고 하면,

$$U = -V_m\cos\omega t = V_m\sin\left(\omega t - \frac{\pi}{2}\right)[\mathrm{V}]$$

U는 ϕ보다 $\frac{\pi}{2}$만큼 위상이 늦는다. 주파수 $f\,(=\omega/2\pi)$ 또는 권횟수 n이 크면 같은 ϕ_m에서도 U가 증가한다.

11.2 자기 및 상호 유도 현상과 인덕턴스의 성질

코일의 자기인덕턴스를 L이라 하고 여기에 흐르는 전류를 I라고 하면, 전류에 의한 자속 중에서 코일과 쇄교하는 것은 LI이다. 따라서 전류가 변화하고 있다고 하면 코일에 유도되는 기전력 U는 식 (11·1)에서

$$U = -L\frac{dI}{dt}$$

가 된다. 이와 같이 코일의 전류의 변화에 의하여 그 코일에 기전력을 유기하는 현상을 **자기유도작용**(self inductance)이라고 한다.

11.2.1 L–R 직렬회로의 과도현상

그림 11·4에서 전압 U를 갖는 전원을 폐전로에 인가하여 전류를 흘리는 경우를 생각하자. 충분한 시간이 경과하면 회로의 저항 R로 U를 나눈 U/R의 정상전류가 흐르고 자속 ϕ도 0인 처음의 상태에서 점차로 증가하여 정상전류 U/R에 대한 값 LU/R에 달하고 그 자기에너지는 $\frac{1}{2}L\frac{U^2}{R^2}$이 된다. 그러나 회로를 닫을 때에는 자속 ϕ는 0이고 $\phi = LI$인 관계에서 회로를 닫을 때의 전류는 마땅히 0이 되어야 한다. 이것은 회로를 닫았을 때 $(LdI/dt)_{t=0}$의 역기전력이 전원의 기전력 U와 상쇄하여 전류를 0으로 하고 있기 때문이다.

즉, 회로를 닫았을 때의 전류는 0이고 전류 증가의 비율 $(LdI/dt)_{t=0}$이 회로를 닫았을 때에 $U/L\left(U/L = -\frac{dI}{dt}\right)$이다. 전류는 회로를 닫을 때부터 잠시 동안 직선적으로 증가하게 되지만 전류가 흐르기 시작하면 폐전로 c의 저항 R에 의한 전압 강하에 의하여 전원의 기전력 U는 외견상 감소하므로 자기유도기전력 ϵ도 감소하게 되어 전류의 증가가 감해지므로 전류는 직선적인 증가를 유지할 수 없게된다. 시간의 경과와 더불어 점차 **그림 11·5**와 같은 곡선이 되어, 나중에는 U/R의 정상 전류가 된다.

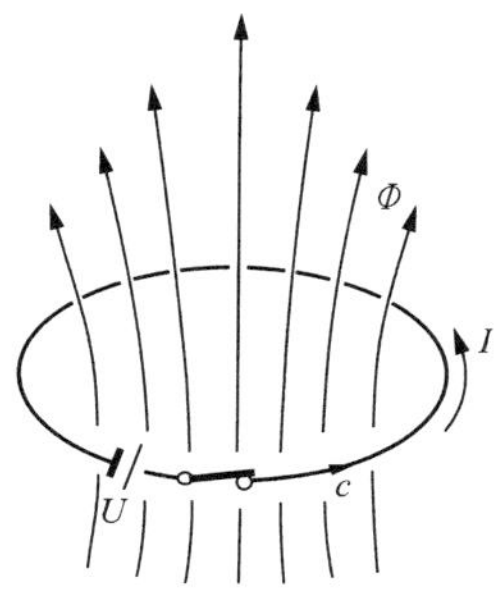

|그림 11·4|

Kirchhoff의 제2법칙에 의하여 U와 ϵ을 합한 것이 RI와 같으며,

$$U+\epsilon = U - L\frac{dI}{dt} = RI$$

여기서,

$$L\frac{dI}{dt} + RI = U[\mathrm{V}] \qquad (11\cdot 3)$$

가 전류I를 푸는 미분방정식이다. 이 미분방정식은 상수를 계수로 하는 1계의 선형미분방정식인데, I는 우변을 0으로 놓은 식의 해와 이 식을 만족하는 특별한 해, 가령 $t \to \infty$인 경우의 해 U/R와의 합으로 표시된다.

우변을 0으로 한 해는 미정계수 $\boldsymbol{A}$를 붙여 $Ae^{-\frac{R}{L}t}$가 되므로 형식적으로

$$I = \frac{U}{R} + Ae^{-\frac{R}{L}t}[\mathrm{A}]$$

가 된다. 미정계수 A는 $t=0$일 때 $I=0$이므로 $-U/R$가 되며, 결국 전류I는

$$I = \frac{U}{R}\left(1-e^{-\frac{R}{L}t}\right)[\mathrm{A}] \qquad (11\cdot 4)$$

가 되어 **그림 11·5**와 같이 지수함수적으로 증대하여 간다. 자속 ϕ는 I에 L을 곱하여

$$\phi = LI = \frac{LU}{R}\left(1-e^{-\frac{R}{L}t}\right)[\mathrm{Wb}] \qquad (11\cdot 5)$$

와 같이 역시 지수함수적으로 증대하여 간다. 이와 같이 I와 Φ가 시간적으로 변동하여 충분한 시간이 경과한 후에 정상 상태에 도달하기까지의 현상을 **과도현상**이라고 한다.

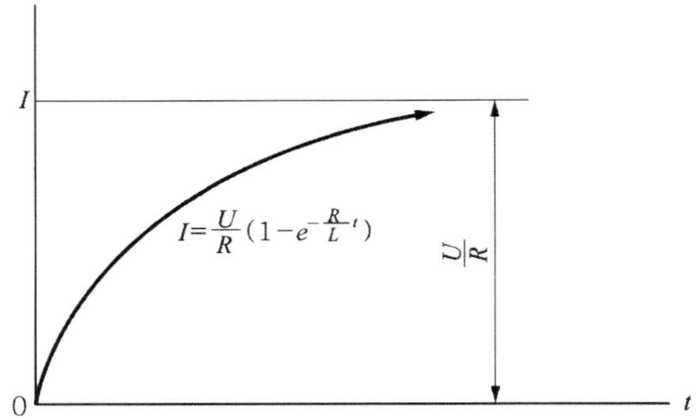

|그림 11·5| 자기유도 때문에 전류 I는 곧 U/R에 달하지 않고 지수함수적으로 상승

L/R의 값이 클수록 과도현상이 길어지므로 L/R을 **시정수**(time constant)라고 한다. 시정수의 단위는 [henry/ohm]=second로 나타낸다.

11.2.2 전자유도와 자기에너지 변동과의 관계

지금까지는 코일 c_1에만 전원을 접속한 경우로 취급하였지만 코일 c_1에 전압 U_1의 전원을, 코일 c_2에 전압 U_2의 전원을 접속한 경우를 생각해 보자. 각각 I_1, I_2의 전류가 흐른다고 하면 각각의 코일에는 전자유도에 의하여 유도기전력

$$\frac{d\Phi_1}{dt}=-L_1\frac{dI_1}{dt}-M_{12}\frac{dI_2}{dt},\quad \frac{d\Phi_2}{dt}=-L_2\frac{dI_2}{dt}-M_{12}\frac{dI_1}{dt}\,[\mathrm{V}]$$

이 생기고, 각각의 전기회로에서 Kirchhoff의 제2법칙에 의하여 회로방정식

$$U_1+\left(-L_1\frac{dI_1}{dt}-M_{12}\frac{dI_2}{dt}\right)=R_1I_1$$

또는

$$U_1-R_1I_1=L_1\frac{dI_1}{dt}+M_{12}\frac{dI_2}{dt}$$

$$U_2-R_2I_2=L_2\frac{dI_2}{dt}+M_{12}\frac{dI_1}{dt}\,[\mathrm{V}] \qquad (11\cdot 6)$$

이 성립한다. 각각의 식에 전류 I_1, I_2를 곱한 것

$$U_1I_1-R_1I_1^2=I_1\left(L_1\frac{dI_1}{dt}+M_{12}\frac{dI_2}{dt}\right)$$

$$U_2I_2 - R_2I_2^2 = I_2\left(L_2\frac{dI_2}{dt} + M_{12}\frac{dI_1}{dt}\right)[\mathrm{W}] \tag{11·7}$$

을 각 변끼리 합치면

$$U_1I_1 + U_2I_2 - (R_1{I_1}^2 + R_2{I_2}^2) = \frac{d}{dt}\left(\frac{1}{2}L_1{I_1}^2 + \frac{1}{2}L_2{I_2}^2 + M_{12}I_1I_2\right)$$
$$= \frac{dW}{dt}[\mathrm{W}] \tag{11·8}$$

가 된다. 이 식의 좌변은 전원이 방출하는 전력에서 전기저항에 소비되는 열손실 전력을 뺀 것이며, 우변은 자기에너지 W의 변화이므로

$$dW = \{U_1I_1 + U_2I_2 - (R_1I_1^2 + R_2I_2^2)\}dt[\mathrm{J}] \tag{11·9}$$

와 같이 고쳐쓰면 양 코일이 보유하는 자기에너지 W의 증가는 전원이 공급한다는 관계를 나타낸 식이다. 이것은 전자유도에 의하여 생긴 유도기전력이 $U = -\dfrac{d\Phi}{dt}$인 것을 증명하는 것이다.

11.3 쇄교자속의 시간적 변화

한 폐회로 c에 기전력 U가 유기되는 것은 그 회로의 자속쇄교수 Φ가 시간적으르 변화하는 경우이며, 이것은 다음의 세가지로 분류할 수가 있다.

11.3.1 폐회로 c는 정지하고 있지만 자속밀도 B가 변화하는 경우

그림 11·6과 같이 고정된 폐회로 c를 경계로 하는 임의의 곡면 S를 생각하고 이 곡면상의 미소면소 $\delta\boldsymbol{S}$를 취한다.

이 곳에서의 자속밀도를 $\boldsymbol{B}$라고 하면 폐회로 c와 쇄교하는 자속 φ는 회로의 권수 $N=1$이면 자속쇄교수Φ와 같으며

$$\phi = \int_S \boldsymbol{B} \cdot d\boldsymbol{S} = \Phi$$

로 주어진다. $\mathrm{div}\boldsymbol{B} = 0$의 성질에서 이 ϕ는 곡면 S를 취하는 방법에는 관계가 없으더 일정값이다. 따라서 만일 임의로 고정되어 있는 곡면 S를 생각하고 S면상의 자속밀도 $\boldsymbol{B}$가 시

간 t와 함께 변화한다면 폐회로 c에 유기되는 기전력 U_1은 S가 고정되어 있고 $d\phi = d\Phi$이므로

$$U_1 = -\frac{d\Phi}{dt} = -\frac{d}{dt}\int_S \boldsymbol{B}\cdot d\boldsymbol{S} = -\int_S \frac{\partial \boldsymbol{B}}{\partial t}\cdot d\boldsymbol{S} \qquad (11 \cdot 10)$$

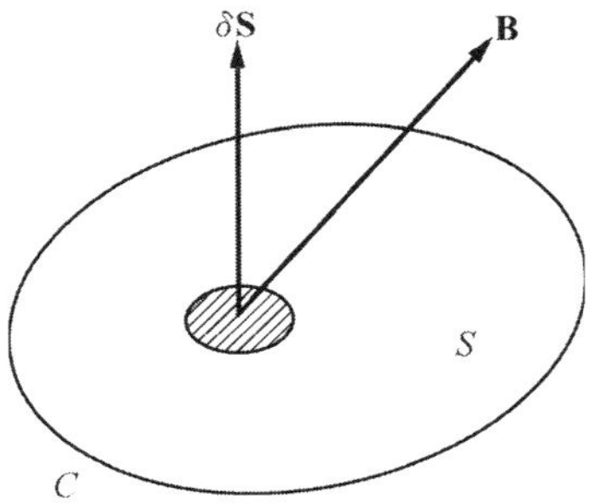

|그림 11·6| 자속밀도가 변화하는 경우

11.3.2 자속밀도 B는 변하지 않지만 폐회로 c의 모양 및 위치가 변하는 경우

폐회로 c 상의 임의의 선소 δl (그 방향은 쇄교자속 ϕ가 정이 되도록 취한다)은 그림 11·7과 같이 속도 v로 시간 δl 사이에 $v\delta t$의 변화를 한다고 하자.

이 때 $v\delta t \times \delta l$의 미소면소를 그 면소 벡터의 방향(이 때는 밖에서 안쪽으로)으로 관통하는 자속 $\delta\phi$는 그 부분의 자속밀도를 $\boldsymbol{B}$라고 하면

$$\delta\phi = \boldsymbol{B}\cdot(v \times \delta \boldsymbol{l})\delta t$$

이다. 지금 폐회로 c에 이 $\delta\phi$를 1주회적분하면 이 때의 자속수 $\delta\Phi$는

$$\delta\Phi = \delta t \oint_c \boldsymbol{B}\cdot(v \times dl) = \delta t \oint (\boldsymbol{B} \times v)\cdot dl$$

이 되고 폐회로 c가 c'까지 변화하는 사이에 그린 면적은 밖에서 안으로 들어온 자속의 총수가 된다. 다시 말하면 이 $\delta\phi$는 $N=1$의 폐회로 c가 c'까지 이동하였기 때문에 증가한 자속쇄교수 $\delta\phi$와 같다. 따라서 $\delta t \to 0$의 극한을 생각하면 폐회로 c가 변화할 때 생기는 기전력 U_2는

$$U_2 = -\lim_{\delta t \to 0}\frac{\delta\phi}{\delta t} = -\oint (\boldsymbol{B} \times v)\cdot dl$$

로 주어진다. Stockes의 정리를 사용하면 윗식은 c를 경계로 하는 임의의 곡면 S에 대

하여 다음과 같이 된다.

$$U_2 = -\oint_S \{\mathrm{rot}(\boldsymbol{B}\times \boldsymbol{v})\}\cdot d\boldsymbol{S} \tag{11 · 11}$$

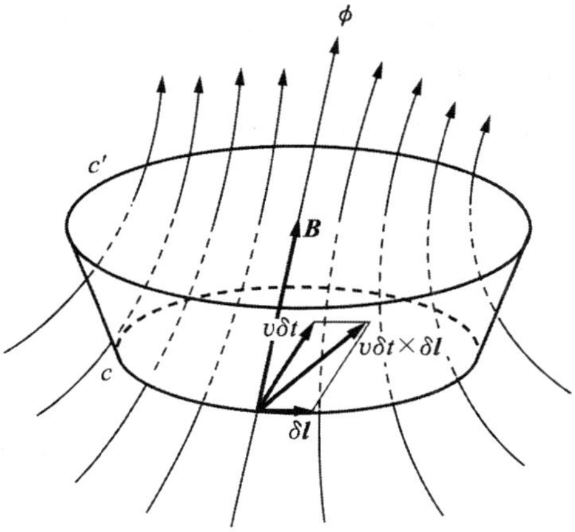

|그림 11·7|

11.3.3 폐회로 c가 변화하고 또 자속밀도 B도 변화하는 경우

식 (11·10)과 식 (11·11)의 두 경우를 합하면 다음과 같이 된다.

$$U = U_1 + U_2 = -\oint_S \left\{\frac{\partial \boldsymbol{B}}{\partial t} + \mathrm{rot}\,(\boldsymbol{B}\times \boldsymbol{v})\right\}\cdot d\boldsymbol{S} \tag{11 · 12}$$

식 (11·12)의 우변 제1항은 자속의 시간적 변화에 기인하는 것이며 이 항에 의한 발생기전력을 **변압기기전력**이라고 한다. 제2항은 회로가 자계 중을 이동할 때 생기는 항이며, 이 항에 의해 생기는 기전력을 **속도기전력**이라고 한다. 변압기 기전력에 대해서는 이미 설명한 것이며 시간적으로 자속이 변화하지 않을 때의 속도기전력에 대하여 고찰해본다. 이 때 $\frac{\partial \boldsymbol{B}}{\partial t} = 0$이므로

$$\oint_S \{\mathrm{rot}(\boldsymbol{B}\times \boldsymbol{v})\}\, d\boldsymbol{S} = \oint_C (\boldsymbol{B}\times \boldsymbol{v})\cdot dl$$

를 고려하고, 회로 c상의 한 점에서 단위길이에 생기는 기전력을 $\boldsymbol{E}$라고 하면 $U = \oint_C \boldsymbol{E}\cdot dl$이므로 식 (11·12)는 다음과 같이 된다.

$$\oint_C \boldsymbol{E}\cdot dl = -\oint_C (\boldsymbol{B}\times \boldsymbol{v})\cdot dl \tag{11 · 13}$$

즉, 회로 c 가 정자계 중을 속도 $\boldsymbol{v}$ 로 이동할 때 이 c 위의 한 점에 생기는 단위길이의 기전력 $\boldsymbol{E}$ 는

$$\boldsymbol{E} = -(\boldsymbol{B} \times \boldsymbol{v}) = (\boldsymbol{v} \times \boldsymbol{B}) \tag{11·14}$$

이다. 이 때 $\boldsymbol{E}$ 의 단위는 [V/m]인 것에 유의하면, 이것은 c 상의 한 점에 생기는 전계와 같다. 식 (11·14)는 운동의 방향과 발생기전력의 방향의 관계를 나타내고 있다. 식 (11·13)은 회로 전체에 유도되는 기전력이지만 도체의 미소길이 δl 에서는

$$\delta U = (\boldsymbol{v} \times B) \cdot \delta l = \boldsymbol{E} \cdot dl \tag{11·15}$$

의 기전력이 유도된다. 만일 $\boldsymbol{E}$ 와 dl 이 같은 방향, 즉 v 와 $\boldsymbol{B}$ 가 다 같이 도체에 대하여 수직이면

$$\delta U = |\boldsymbol{v} \times \boldsymbol{B}| \delta l = E \delta l$$

이 된다. 두 벡터 $\boldsymbol{v}$ 와 $\boldsymbol{B}$ 가 만드는 각을 θ 라 하고, 또 v, $\boldsymbol{B}$ 에 수직되는 길이 l 의 직선도체에 유도되는 기전력은

$$U = vBl \sin\theta \,[\mathrm{V}] \tag{11·16}$$

가 된다. v 와 $\boldsymbol{B}$ 가 서로 수직이면

$$U = vBl \,[\mathrm{V}] \tag{11·17}$$

의 기전력이 유도된다.

11.3.4 플레밍의 오른손법칙

기전력 $\boldsymbol{U}$, 속도 v, 자속밀도 $\boldsymbol{B}$ 가 서로 수직인 경우, 이들의 방향관계를 오른손을 이용하여 편리하게 나타낼 수 있다. 즉 오른손의 엄지손가락, 첫째손가락 및 가운뎃손가락을 서로 직각이 되도록 하면 식 (11·14)에 의하여

엄지손가락 : 도체의 운동방향($\boldsymbol{v}$ 의 방향)

둘째손가락 : 자속의 방향($\boldsymbol{B}$ 의 방향)

가운뎃손가락 : 기전력의 방향($\boldsymbol{U}$ 의 방향)

의 관계가 있다. 이것을 **플레밍의 오른손법칙**(Fleming's right hand law)이라고 한다 [그림 11·8 참조].

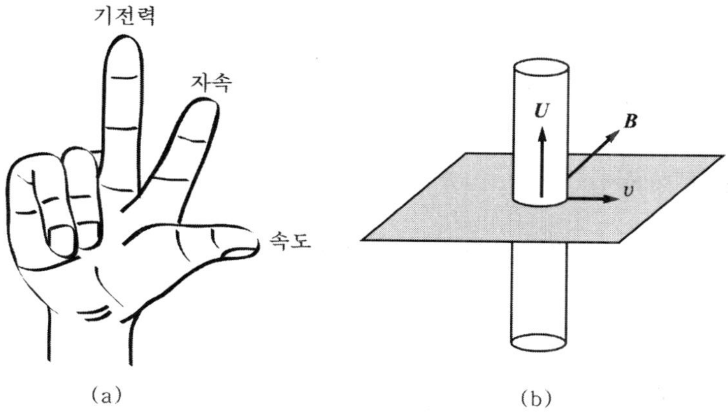

|그림 11·8| 플레밍의 오른손법칙

예제 11-2

지자기의 수직분력이 27.9[AT/m]인 지점에서 5[m]의 금속봉을 수평으로 놓고 180[km/hr]의 속도로 움직일 때의 기전력을 구하여라.

해 식 (11·17)을 사용하여 $v = 180 \times 10^3/3600 = 50[\mathrm{m/sec}]$를 대입하면

$$e = Blv = \mu_0 Hlv = 4\pi \times 10^{-7} \times 27.9 \times 5 \times 50 = 8.77 \times 10^{-3}[\mathrm{V}]$$

예제 11-3

그림 11·9와 같이 폭 l, 길이 x 의 구형도선이 있는데, 한 변을 움직여 x 를 변화시킬 수 있다. 자속밀도 $\boldsymbol{B}$는 구형면에 수직이고 $B = B_m \cos\omega t$ 이면 이 변을 v 인 속도로 움직일 때 구형회로에 유기되는 기전력을 구하여라.

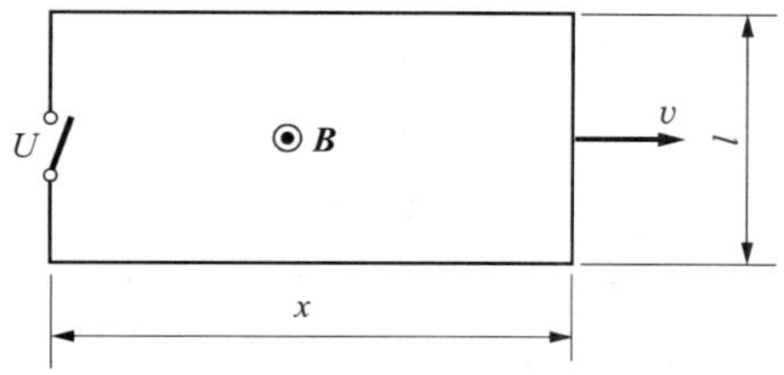

|그림 11·9|

해 식 (11·12)를 이용한다.

첫째 항에서, $-\int_S \frac{\partial \boldsymbol{B}}{\partial t} \cdot d\boldsymbol{S} = \omega x l B_m \sin\omega t$ (11 · 18)

둘째 항에서, $-\int_S \mathrm{rot}(\boldsymbol{B} \times v) \cdot d\boldsymbol{S} = \int_S \mathrm{rot}(v \times \boldsymbol{B}) \cdot d\boldsymbol{S}$

$$\oint_C (v \times \boldsymbol{B}) \cdot dl = vBl = vl B_m \cos\omega t$$

따라서 유기기전력 U는

$$U = \oint (v \times \boldsymbol{B}) \cdot dl - \int \frac{\partial \boldsymbol{B}}{\partial t} \cdot d\boldsymbol{S} = vl B_m \cos\omega t + \omega x l B_m \sin\omega t$$

$$= B_m l \sqrt{v^2 + (\omega x)^2}\, sin(\omega t + \varphi) \qquad (11 \cdot 19)$$

여기서

$$\varphi = \tan^{-1}\left(\frac{v}{\omega x}\right) \qquad (11 \cdot 20)$$

11.4 단 극 유 도

축방향에 대칭적으로 자화되어 있는 원주형 자석이 있다. 그림 11·10에 나타낸 바와 같이 철선으로 축상의 한 점 B와 원주면상의 한 점 C를 연결하고 B와 C에서 철선으로 접속하여 움직이게 하고 자석을 그 축의 주위에 회전시킬 때에는 철선에 전류가 흐른다는 것은 패러데이가 발견한 현상으로서, 이것을 **단극유도**(unipolar induction)라고 한다.

이 현상에는 자석의 한 극만 필요하고, 다른 쪽은 이용하지 않으므로 **단극**이라고 한다. 자석을 회전시키는 대신에 이것을 고정하여 놓고 철선을 회전시켜도 같은 현상이 발생한다. 또 철선을 전지로 연결하고 여기에 전류를 흘리면 자석이나 철선이 회전한다. 이 현상을 응용하여 직류발전기 또는 직류전동기를 만들 수가 있다. 이 자석은 그 축 방향으로 대칭적으로 자화되어 있어 자속선은 그 축에 관하여 대칭적으로 분포되어 있으므로, 회로를 관통하는 자속은 자석의 회전에 의하여 변화하지 않고 따라서 유도 현상이 일어나지 않을 것이라고 생각되지만, 실제로는 이 경우에 회로의 일부가 자속을 절단하여 움직이고 있으므로 운동유도현상이 일어나고 있다.

지금 어떤 시각에 있어서의 회로를 ABCA라고 하면, 이것에서 자석이 θ만큼 회전한 후에 이 회로는 BCC'AB의 위치에 이동하지만, 실제로는 전류가 흐르는 길은 여전히 ABCA이므로 회로의 일부분 AC'가 AC의 위치에 이동한 것이 된다.

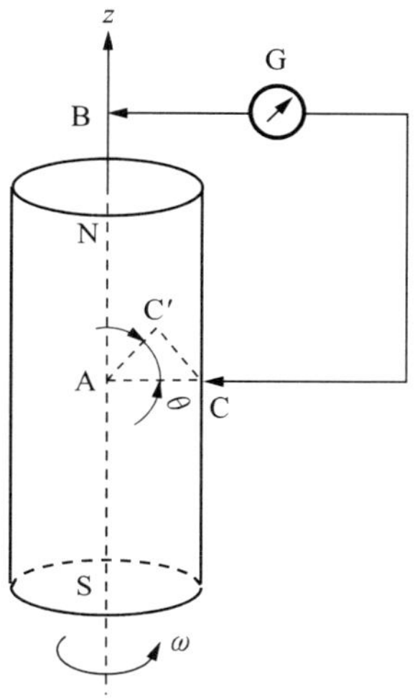

|그림 11·10| 단극전자유도

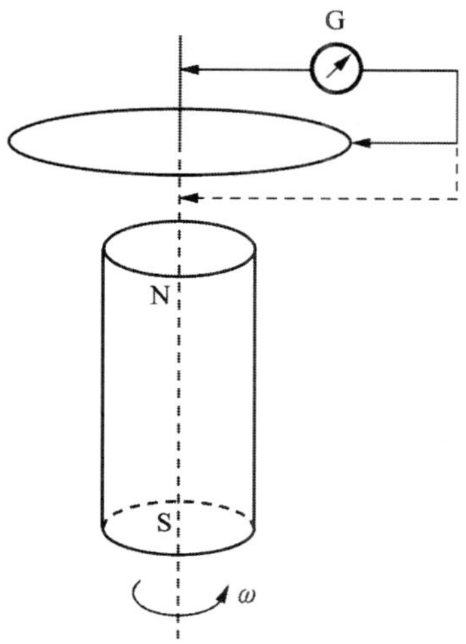

|그림 11·11| 패러데이 원판의 실험

페러데이는 그림 11·11과 같이 자석위에 동축원판을 회로의 한 끝은 원판의 주변에 접촉 이동하도록 하여 여러 가지 경우에 대하여 실험하였다.

그 결과에 의하면

① 원판만 회전할 때는 전류가 흐른다.

② 원판, 자석을 모두 회전시켜도 역시 전류가 흐른다.

③ ②의 경우에서 원판과 자석의 회전방향을 반대로 하여도 전류가 흐르고, 또 그 방향 및 크기는 자석의 회전방향에는 관계없다.

④ 철선의 양단이 회로축상(점선으로 나타낸 위치)에 있을 때는 전류는 흐르지 않는다.

⑤ 원판 및 철선이 모두 정지하여 있고 자석만 회전하여도 전류는 흐르지 않는다.

이상의 결과에서 고찰하면 전류회로의 일부분이 다른 부분에 대하여 상호 운동을 할 때만 전류가 유도된다.

이와 같이 단극유도는 운동전자유도의 일종이므로, 그 유도기전력은 식 (11·13)의 적분에 의하여 구할 수 있다. 그런데 회로의 다른 정지 부분에서는 $v=0$이므로, 이 적분은 AC부분에서만 구하면 된다.

그림 11·12에서와 같이 A에서 AC상의 임의의 점에 도달하는 동경벡터를 $\boldsymbol{r}$라고 하면 $d\boldsymbol{r}=d\boldsymbol{l}$이고, 또 $\boldsymbol{r}$와$(\boldsymbol{v}\times\boldsymbol{B})$가 같은 방향이므로$(\boldsymbol{v}\times\boldsymbol{B})\,d\boldsymbol{r}=VB_z\,dr$이다. 그러므로 지금

회전속도를 ω 라고 하면 $(\boldsymbol{v}\times\boldsymbol{B})\,dl=\omega B_z\,rdr$ 가 되므로 자석의 반지름을 a라고 하면 유도기전력은

$$U=\omega\int_0^a B_z\,rdr=\frac{\omega}{2\pi}\int_0^a B_z\,2\pi r\,dr \tag{11·21}$$

로 주어진다. 그런데 우변의 적분은 자석의 A점에 있어서의 단면적을 관통하는 자속과 같으므로, 이것을 Φ_A 라고 하면

$$U=\frac{\omega}{2\pi}\Phi_A \tag{11·22}$$

가 된다. 또 회로의 저항을 R라고 하면 유도전류는

$$I=\frac{U}{R}=\frac{\omega}{2\pi}\frac{\Phi_A}{R} \tag{11·23}$$

가 된다.

이 결과는 실험과 대체로 잘 일치한다. 여기서 Φ_A는 회로가 움직이고 있는 부분을 반지름으로 하는 원을 관통하는 자속을 나타낸다. 따라서 자석위에 원판을 놓을 때에는 그 원판을 관통하는 자속이 Φ_A 이다.

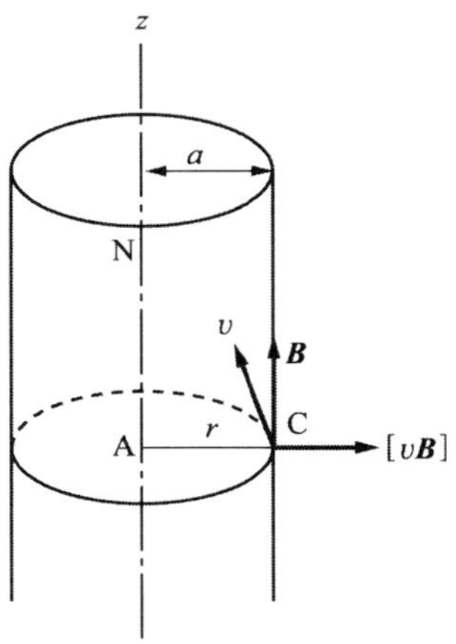

|그림 11·12| 단극유도 기전력의 계산

11.5 자기에너지의 총괄

11.5.1 자계에너지

이미 앞서 자계의 에너지 밀도는 $\int_0^B \boldsymbol{H} \cdot d\boldsymbol{B}$로 표시되었으며, 특히 μ와 H에 관계없으면 이것이 $\boldsymbol{B} \cdot \boldsymbol{H}/2$가 된다고 하였다. 이것을 전류에 의한 자계에 대하여 생각해 보자.

단면적 S, 길이 l인 임의의 재질(hysteresis가 없다고 한다)의 봉을 구부려서 원륜상으로 하고 그 위에 단위 길이마다 n회의 비로 균일하게 도선을 감는다. 도체저항을 R라 한다. 여기서 V[V]의 전지를 접속하고 I인 전류가 흐른다고 하면 δt 시간에 전지가 한 일은 $VI\delta t$ 이다. 이 때 자속밀도 $\boldsymbol{B}$가 $\delta\boldsymbol{B}$만큼 변화하였다고 하면 페러데이의 법칙에서

$$IR = V - \frac{d\Phi}{dt}$$

$$IR = V - Sl n \frac{d\boldsymbol{B}}{dt} \tag{11 · 24}$$

자계 H는 제8장에서 구한 것과 같이, $H = nI$ 이므로 단위시간에 전지가 한 일은

$$VI = I^2R + ISln\delta\boldsymbol{B} = I^2R + Sl\boldsymbol{H} \cdot d\boldsymbol{B} \tag{11 · 25}$$

이 식에서 I^2R는 저항에서 손실되는 열에너지이다. VI는 전지가 한 일이며 이 일은 열에너지 이외에 $Sl\boldsymbol{H} \cdot d\boldsymbol{B}$인 에너지로 바뀌어졌으며 이것이 자계의 에너지가 되어 있는 것이다. Sl은 원륜의 체적이므로 단위체적당 $\boldsymbol{H} \cdot d\boldsymbol{B}$이며, 자속밀도가 $\boldsymbol{B}$인 상태에서의 자계의 밀도 w_m은

$$w_m = \int_0^B \boldsymbol{H} \cdot d\boldsymbol{B} \tag{11 · 26}$$

가 되고, 전자계의 에너지 W_m은

$$W_m = \int dv \int_0^B \boldsymbol{H} \cdot d\boldsymbol{B} \tag{11 · 26'}$$

로 표시된다.

만일 μ와 $\boldsymbol{H}$에 관계하지 않으면 식 (11·26)는 $\boldsymbol{H} \cdot \boldsymbol{B}/2, \boldsymbol{B}^2/2\mu$로 나타낼 수 있다는 것은 이미 증명하였다. 그러나 $\boldsymbol{H} \cdot \boldsymbol{B}/2$가 영구자석만에 의한 자계일 때는 에너지 밀도를 나타내지 않는 다는 것을 논하기로 한다.

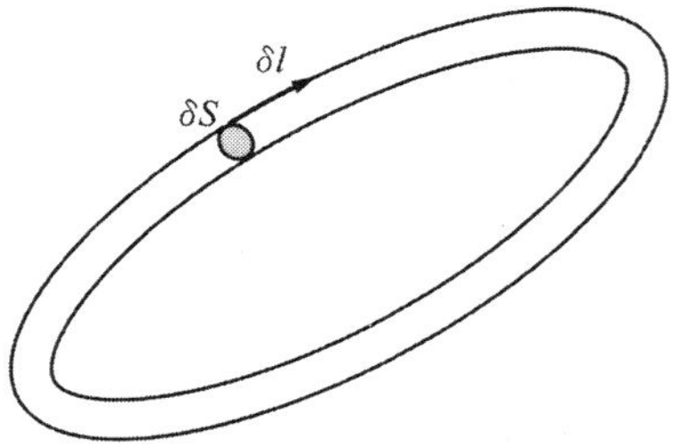

|그림 11·13| 자선으로 되어 있는 관

그림 11·13과 같이 자계 중에 자력선으로 생긴 관을 취하면, div$\boldsymbol{B}=0$이므로 폐관이다. 1개의 관의 수직한 단면적을 δS라고 하면 $B\delta S$는 관 중을 통하고 있는 자속이며 일정하다. 자위를 U라 하고 관의 길이를 l이라 하면 $H=-\partial U/\partial l$이다. 따라서 1개의 관에 대해서는

$$\oint HB\,dSdl=(BdS)\oint Hdl=-(BdS)\oint\frac{\partial U}{\partial l}dl \tag{11·27}$$

그런데 관은 닫혀져 있으므로, 폐곡선에 따른 적분은

$$\oint\frac{\partial U}{\partial l}dl=0 \tag{11·28}$$

이 된다.

그런데 윗식은

$$\oint HB\,dSdl=\int\boldsymbol{H}\cdot\boldsymbol{B}dv=0 \tag{11·29}$$

이 되어 $\boldsymbol{H}\cdot\boldsymbol{B}/2$가 자계의 에너지 밀도를 나타내고 있지 않다는 것을 알 수 있다. 본서에서 취급하는 대부분의 항에서는 전자석의 경우 μ를 일정하다고 생각하고 $\boldsymbol{H}\cdot\boldsymbol{B}/2$를 자계의 에너지 밀도로 취급한다.

11.5.2 자계 중에 있는 전류의 위치에너지

외부자계 $\boldsymbol{B}$ 중에 하나의 폐회로전류가 있다고 하자. 자계 중에 있는 전류는 힘을 받는다. 그 결과 그림 11·14의 c_1의 위치에 있는 전류회로가 δx 만큼 변위하여 c_2의 위치에 왔다고 하고 쇄교자속이 Φ_1에서 Φ_2로 변화하였다고 하면 $\Phi_2-\Phi_1=\delta\Phi$ 만큼 변화한 것이 된다. 이 때 전류회로의 위치에너지는 어떻게 변화하는 가를 생각해 보자. 단 이와 같은 변화의 도중에 전류 I는 항상 일정하게 유지되고 있다고 생각한다.

이렇게 되면 이 위치에너지는 전류회로를 등가판자석으로 바꾸어 놓고 이것을 현재 위치까지 운반하는데 필요한 일과 같다. 이것은 앞에서 설명한 것과 같이 자기능률$\boldsymbol{M}$의 미소봉자석을 자계$\boldsymbol{H}_0$의 점에서 무한 원점까지 운반할 때의 일은$\boldsymbol{M}\cdot\boldsymbol{H}_0$이고, 따라서$\boldsymbol{H}_0$ 중에 있는$\boldsymbol{M}$의 위치의 에너지는$-\boldsymbol{H}_0\cdot\boldsymbol{M}$이 되는 것을 이용한다. 위에 언급한 회로의 전류 I를 일정하게 유지한 대로 현재의 위치에 가져오는 일 W_p는$\boldsymbol{M}=\mu I\delta S$라 놓고 이것을 회로의 면적으로 적분하여

$$W_p=-\int\mu I\boldsymbol{H}_0\,dS=-I\Phi_0 \tag{11·30}$$

Φ_0은 외부자계에 의한 자속 중에서 c_1과 쇄교하는 것이다. 이 결과는 **그림 11·14**에 나타낸 바와 같은데, 전류를 불변이라고 하고 c_1이 받는 힘을 F_x라고 하면F_x에 의하여 δx만큼 이동하는데 요하는 기계적 에너지 δW_F는 위치에너지의 감소와 같고

$$F_x=-\frac{\partial W_p}{\partial x}=I\frac{\partial\Phi_0}{\partial x} \tag{11·31}$$

이 운동에 의하여 쇄교자속이 $\delta\Phi$ 만큼 변화하므로, 이 사이의 시간을 δt 라고 하면

$$U=-\frac{\partial\Phi_0}{\delta t} \tag{11·32}$$

만큼의 기전력이 유기된다. 이렇게 되면 전류는 변하지 않게 되므로 I를 일정하게 유지하려면 반대방향의 기전력U'(외부에서 가한 것)가 식 (11·32)의 $\partial\Phi_0/\partial t$ 를 보상해야한다. 따라서 U'에서 공급되는 에너지는

$$U'I\delta t=I\delta\Phi_0 \tag{11·33}$$

가 되고, 식 (11·31)로 나타낸 기계적 에너지의 변화는

$$F_x\,\delta x=I\delta\Phi_0 \tag{11·34}$$

와 같이 되는 것을 볼 수 있다. 즉 기계적 에너지는 전류를 일정하게 하기 위하여 인가한 기전력에 의하여 공급되고 있으며, 회로에 한 일은 총합이 0이 된다.

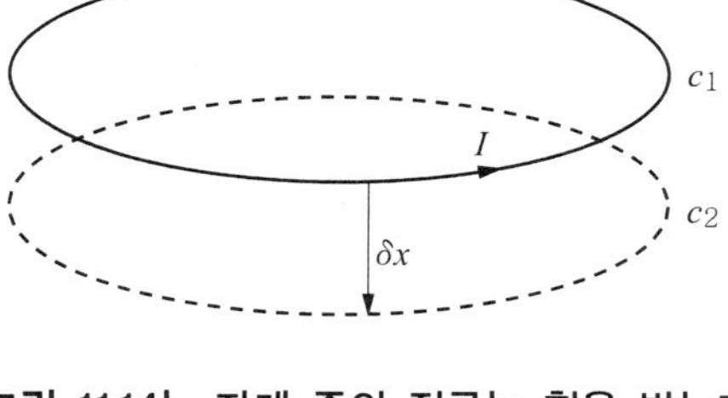

|그림 11·14| 자계 중의 전류는 힘을 받는다

11.5.3 전자유도와 에너지의 관계

저항R, 자기인덕턴스 L의 한 회로가 자계B_0 내에 있으며, 여기에 전지 또는 기계력 등에 의한 기전력U를 가하고 전류 I가 흐른다고 하면 시간 δt 사이에는 열에너지로서 $RI^2\delta t$, 자계에너지로서$\left(\delta\frac{1}{2}LI^2\right)$이 증가한다. 또 힘 F_x를 받아서 $F_x\,\delta_x$만큼의 일을 하였다고 한다. 이 3개의 에너지의 변화는U에서 공급되어 $UI\delta t$와 같게 되므로

$$\delta t\,UI = RI^2\delta t + F_x\,\delta x + \delta\left(\frac{1}{2}LI^2\right) \tag{11·35}$$

회로는 변형되지 않는다고 하면L은 일정하므로

$$F_x\,dx = \delta t\left(UI - RI^2 - LI\frac{dI}{dt}\right) \tag{11·36}$$

그런데 식 (11·34)를 이용하면 F_x을 구할 수 있으므로 $F_x\,dx = Id\Phi$

$$\frac{\partial\Phi_0}{\partial x}\delta x = \frac{d\Phi_0}{dt}\cdot\delta t$$

를 사용하면

$$\delta t\,I\left\{U - RI - \frac{d}{dt}(LI + \Phi_0)\right\} = 0 \tag{11·37}$$

$$LI + \Phi_0 = \Phi \tag{11·38}$$

라고 놓으면, Φ는 회로와 쇄교하는 총자속이므로

$$U - \frac{d\Phi}{dt} = RI \tag{11·39}$$

를 얻는다. 이것은 회로에는 $-d\Phi/dt$인 유기기전력이 생긴다는 것을 나타낸 것인데, 패러데이의 전자기유도법칙 중의 하나이다. 즉 에너지의 관점에서 생각하여 같은 법칙의 하나를 유도할 수가 있다.

11.5.4 2개의 전류회로일 때의 위치에너지와 자기에너지

그림 11·15와 같이 2개의 전류회로가 있을 때를 생각해 보자. 회로 c_1과 c_2의 전류I_2에 의한 자속과의 쇄교수를 Φ_{10}, I_1에 의한 것을 Φ_{20}이라 하면 I_1, I_2의 위치에너지 W_{12}, W_{21}은 식 (11·30)과 마찬가지로 하면

$$W_{12} = -I_1\Phi_{10} = -M_{12}I_1I_2 \tag{11·40}$$

$$W_{21} = -I_2\Phi_{20} = -M_{21}I_1I_2 \tag{11·41}$$

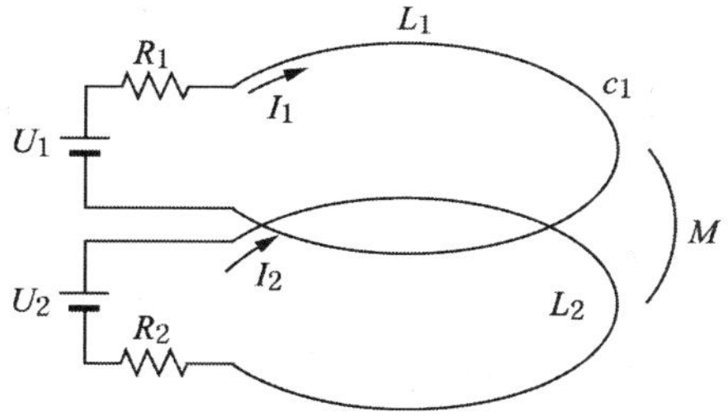

|그림 11·15| 일정한 전류 I1, I2가 흐르고 있는 2개의 전류회로

이것을 식 (11·31)과 같이 x 로 미분하면 각 회로에 작용하는 힘이 되지만, 작용과 반작용이 같으므로

$$W_{12} = W_{21} = W_p, \quad M_{12} = M_{21} = M \tag{11·42}$$

따라서 상호의 위치에너지 W_p 는

$$W_p = -\frac{1}{2}(I_1\Phi_{10} + I_2\Phi_{20}) = -MI_1I_2 \tag{11·43}$$

이 W_p 에 대하여 잠깐 고찰해 보기로 한다. I_1에 의한 자속에 의하여 I_2는 힘을 받아 움직였다고 하면, 위치에너지는 δW_p 만큼 감소한다. 이 때 I_2의 쇄교자속이 변화하므로 기전력을 유기한다. 이 기전력을 보상하기 위하여 전원 U_2에서 에너지 δW_e [δW_p와 같다]가 공급되어 그림 11·15의 아래 회로에 나타낸 것같이 c_2의 회로에서는 에너지의 변화는 없지만, 이 때 c_1의 회로에도 기전력을 유기한다. 이것을 보상하여 I_1을 일정하게 유지하기 위하여 U_1이 공급하는 에너지는 c_2가 고정하고, c_1이 반대로 움직였을 때의 에너지와 같은 것이며, δW_e 이다. 그러므로 전류를 일정하게 유지할 때는 전전류의 변화 $\delta W_m{}'$는

$$\delta W_m{}' = \delta W_e = -\delta W_p \tag{11·44}$$

이것을 적분하여 식 (11·43)에서

$$W_m{}' = \frac{1}{2}(I_1\Phi_{10} + I_2\Phi_{20}) = MI_1I_2 \tag{11·45}$$

많은 전류가 있을 때에는

$$W_m{}' = \frac{1}{2}\sum_{i=1}^{n} I_i \Phi_{i0} \qquad (11 \cdot 46)$$

가 된다. Φ_{io}은 I_i 이외의 전류에 의한 자속의 I_i와의 쇄교수이다. 이것이 몇 개의 폐회로 전류를 최초의 무한원점에서 현재의 위치로 이동시키는데 필요한 일의 양이다. 다시 2개의 회로로 바꾸면 식 (11·45)에 각 전류회로 자체의 자계에너지 $\frac{1}{2}L_1 I_1{}^2, \frac{1}{2}L_2 I_2{}^2$을 합한

$$\begin{aligned} W_m &= \frac{1}{2}L_1 I_1{}^2 + M I_1 I_2 + \frac{1}{2}L_2 I_2{}^2 \\ &= \frac{1}{2}(L_1 I_1 + M I_2) I_1 + \frac{1}{2}(L_2 I_2 + M I_1) I_2 \\ &= \frac{1}{2}(I_1 \Phi_1 + I_2 \Phi_2) \qquad (11 \cdot 47) \end{aligned}$$

가 전자계의 에너지이며, 이것이 제10장에서 구한 관계이다. 여기서 Φ_1, Φ_2는 각각 I_1, I_2와의 자속쇄교수이다.

이상에서 자계에 있어 위치에너지와 자계에너지의 관계를 이해할 수가 있다.

11.6 전류에 작용하는 힘

11.6.1 외부자계 중에 있는 전류에 작용하는 힘

식 (11·31)를 더 계산해 보자. 지금 그림 11·16과 같이 외부자계 $\boldsymbol{B}$ 중에 c인 폐회로가 있어 전류I가 흐르고 있을 때는 여기에 힘 F_x가 작용한다. 이것은 식 (11·31)에 따르면

$$F_x = I\frac{\partial \Phi_0}{\partial x} \qquad (11 \cdot 48)$$

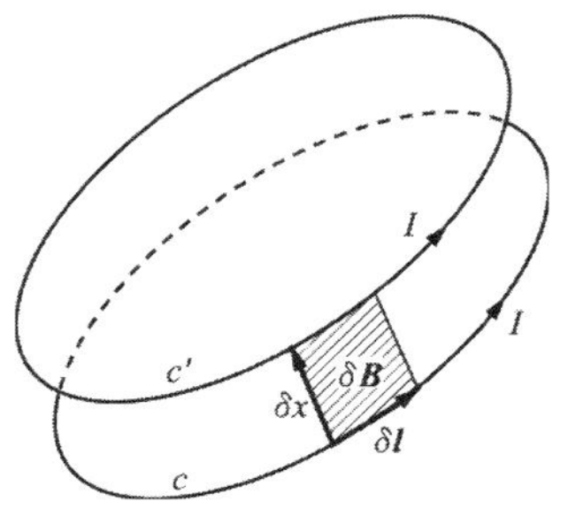

|그림 11·16|

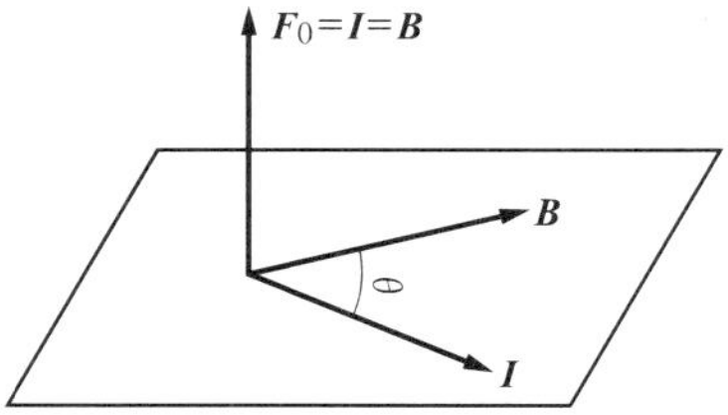

|그림 11·17| 전류 단위길이에 작용하는 힘

그리하여 c가 c'까지 움직였다고 하면 움직인 사이에 증가한 자속 cc'로 이루어진 원통의 옆면으로 들어오게 된다. 따라서 $\delta\Phi_0$를 구하려면 이 원통의 옆면에서 들어오는 자속을 구하면 된다. 이것은 다음과 같이 된다.

$$\delta\Phi_0 = \oint_c \boldsymbol{B} \cdot (d\boldsymbol{x} \times dl) = \oint_c (dl \times \boldsymbol{B}) \cdot d\boldsymbol{x} \tag{11·49}$$

따라서 식 (11·31)는 F의 x 방향의 성분을 F_x라고 하면

$$F_x = I\frac{d\Phi_0}{dx} = I\frac{d\boldsymbol{x}}{dx}\oint (dl \times \boldsymbol{B}) \tag{11·50}$$

이 식에서 $d\boldsymbol{x}/dx$는 x 방향의 단위 벡터이므로 c에는 $I\oint(dl \times \boldsymbol{B})$인 힘이 작용하고, 그 x 방향의 성분은 윗식과 같이 된다. 따라서

$$\boldsymbol{F} = I\oint_c (dl \times \boldsymbol{B}) = \oint_c (Idl \times \boldsymbol{B}) = \mu_o I\oint_c (dl \times \boldsymbol{H}) \tag{11·51}$$

11.6.2 단위길이의 전류에 작용하는 힘

식 (11·51)은 회로의 주변의 길이에 대하여 적분한 것이므로 전류의 미소부분 δl에 작용하는 힘 $\delta\boldsymbol{F}$는

$$\delta\boldsymbol{F} = (I\delta l) \times \boldsymbol{B} \tag{11·52}$$

라고 생각할 수 있다. 그러므로 전류를 그 방향까지 생각하여 벡터$\boldsymbol{I}$로 나타내면 진공 중에 있어서 단위길이의 전류에 대한 힘 $\boldsymbol{F}_0$는

$$I(dl \times \boldsymbol{B})/\delta l = (\boldsymbol{I} \times \boldsymbol{B})\delta l/\delta l = \boldsymbol{I} \times \boldsymbol{B}$$

가 되므로

$$\boldsymbol{F}_0 = \boldsymbol{I} \times \boldsymbol{B} \tag{11·53}$$

이다[그림 11·17 참조]. $\boldsymbol{F}_0$의 크기는

$$F_0 = IB\sin\theta = \mu_o IH\sin\theta \,[\mathrm{N/m}] \tag{11·54}$$

로 계산된다. 즉 전류에 대한 자계의 수직 성분만이 전류에 작용하는 힘을 정해 준다. 특별한 경우로서 평등전계 $\boldsymbol{H}$[AT/m] 중에 길이 l[m]의 직선전류도체가 있을 때 이에 작용하는 힘은

$$F = Bll\sin\theta = \mu_0 Hll\sin\theta[\mathrm{N}] \tag{11·55}$$

로 주어지며, 만일 전류와 자계가 수직이면 다음과 같이 된다.

$$F = Bll = \mu_0 Hll[\mathrm{N}] \tag{11·55'}$$

11.6.3 플레밍의 왼손법칙

전류와 자계간에 작용하는 힘은 전류와 자계의 양자에 대하여 수직이고 또한 전류 자계 및 힘의 세 방향은 우수계를 형성한다. 이 관계를 알기 쉽게 한 것이 **플레밍의 왼손 법칙**(Fleming's left hand law)이다.

즉 그림 11·18과 같이 왼손의 엄지손가락, 둘째손가락 및 가운뎃손가락을 서로 직각이 되도록 폈을 때, 다음과 같은 관계가 있다. 가운뎃손가락을 전류, 둘째손가락을 자계의 방향으로 취하면 엄지손가락이 힘의 방향을 가리킨다.

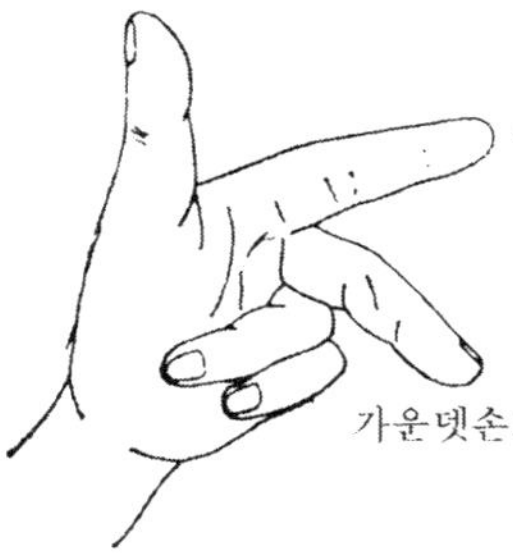

|그림 11·18| 플레밍의 왼손법칙

11.6.4 자계 내의 운동전하에 작용하는 힘

자계 내에 있는 전류에 작용하는 힘은 전류의 원인인 전하의 흐름에 대한 모든 경우에 대하여도 항상 적용된다. 지금 점전하 q가 시간 δt 사이에 δl의 변위를 하였다고 하자. 이때 전하은 δl의 구간에서 $q/\delta t$의 크기의 전류를 흘린 것이 된다. 즉 전하의 속도를 $v = \delta l/\delta t$라고 하면, 이 선소전류 $I\delta l$은

$$I\delta l = \frac{q}{\delta t}\delta l = qv \tag{11·56}$$

이다.

한편 자계 내의 선소전류 $I\delta l$은 식 (11·52)와 같은 힘을 받게 되므로, 운동하는 하전입자

q가 받는 힘 $\boldsymbol{F}$는 다음과 같이 된다.

$$\boldsymbol{F} = q(\boldsymbol{v} \times \boldsymbol{B}) \qquad (11 \cdot 57)$$

그림 11·19에서와 같이 전하 q가 자계 $\boldsymbol{B}$ [Wb/m2]를 갖는 공간에서 $\boldsymbol{H}$와 ϕ의 방향으로 속도 $\boldsymbol{v}$로 운동하고 있을 때 전하에는 다음과 같은 크기의 자기력이 작용하고

$$F = qvB\sin\varphi \text{[N]} \qquad (11 \cdot 57')$$

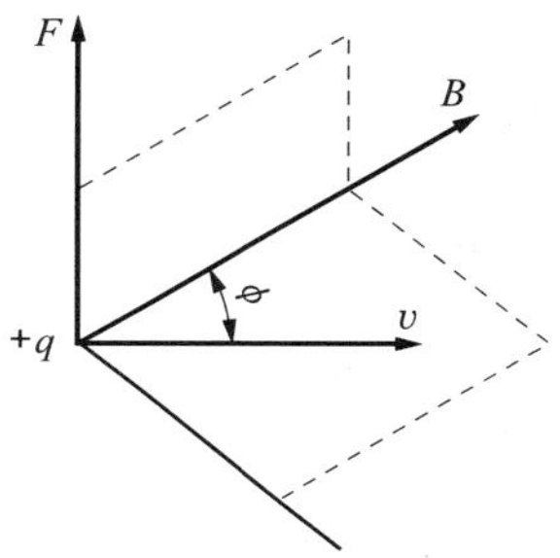

|그림 11·19| 자계 중의 운동전하에 작용하는 자기력

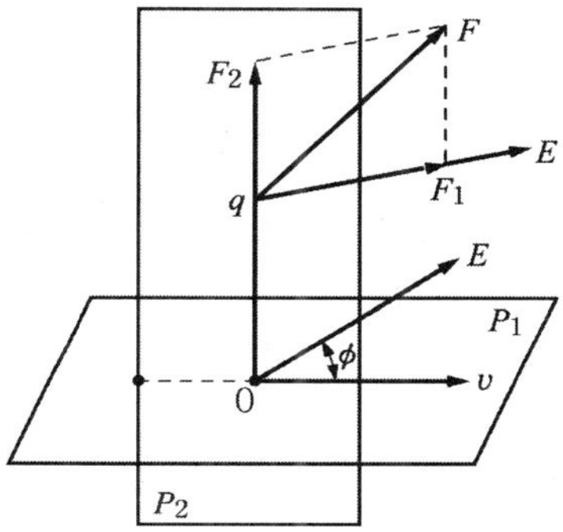

|그림 11·20| 전자계 중의 운동전하에 작용하는 전자력

그 방향은 $\boldsymbol{B}$와 v를 포함하는 평면에 직각이 되고 v에서 $\boldsymbol{B}$로 오른쪽 나사를 돌려 줄 때 그 나사가 진행하는 방향이다.

$$\boldsymbol{F} = qv \times \boldsymbol{B} \text{[N]} \qquad (11 \cdot 58)$$

전자와 같이 부전하($q = -e$)가 위에서 기술한 경우와 반대방향으로 v의 속도르 움직일 때에는 $-e$가 $\boldsymbol{B}$ 내를 $-\boldsymbol{v}$의 속도로 움직이는 것이 되므로 자기력의 방향은 식 (11·58)과 일치한다. 이와 같은 자기 내의 전하는 운동방향과 직각 방향의 힘이 작용하여 전하의 궤도는 원형으로 굽혀진다. 또 그림 11·20과 같이 전하 q가 전계$\boldsymbol{E}$와 자계$\boldsymbol{H}$(또는 자속밀도 $\boldsymbol{B}$)를 갖는 공간에서$\boldsymbol{H}$와 ϕ의 방향으로 속도$\boldsymbol{v}$로 운동하고 있을 때, 전하는 전기력 $\boldsymbol{F}_e = q\boldsymbol{E}$와 식 (11·58)으로 나타낸 자기력 $\boldsymbol{F}_m = qv \times \boldsymbol{B}$와의 합인 전기력

$$\boldsymbol{F} = q(\boldsymbol{E} + \boldsymbol{v} \times \boldsymbol{B}) = q(\boldsymbol{E} + \mu_0 \boldsymbol{v} \times \boldsymbol{H}) \qquad (11 \cdot 59)$$

를 받는데, 이것을 **로렌츠의 힘**(Lorentz force)이라고 한다.

Braun관이나 자전관(magnetron) 등은 전자계 중에서의 전자의 이와 같은 특성을 이용한 것이다.

예제 11-4

그림 11·21 (a)와 같이 N권횟수의 구형코일에 전류 I를 흘리고, 이것을 자속밀도 $\boldsymbol{B}$를 갖는 자계 중에 놓았을 때 코일에 작용하는 회전력을 구하여라.

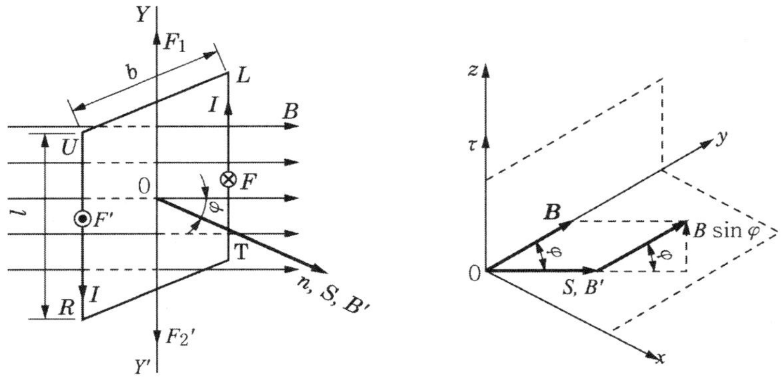

(a) 구형코일 (b) 벡터

|그림 11·21| 자계 중의 구형전류에 작용하는 전기력

해 코일 LURT에서 변의 길이를 l [m], 폭을 b [m], 면적을 $S(=lb)$ [m^2], 코일의 법선 $\boldsymbol{n}$이 B[Wb/m^2]와 이루는 각을 ϕ라고 하면, 변 LU에는 플레밍의 왼손법칙에 의하여 자기력

$$F_1 = bIB\sin\left(\frac{\pi}{2} - \varphi\right) = bIB\cos\varphi$$

가 위쪽으로, 변 RT에는 힘 $\boldsymbol{F}_1'(=-\boldsymbol{F}_1)$가 밑으로 작용하므로 코일에는 아래 위로 신장하는 인장력을 받아 회전력에는 기여하지 않는다. 그러나 변 TL에는 지면과 직각이 되게 뒤쪽으로 힘 $F = BIl$가, UR에는 앞쪽으로 힘 $\boldsymbol{F}'(=-\boldsymbol{F})$가 작용하고, 이것이 우력이 되므로 코일을 중심축 YY'의 주위에 회전시킨다. 1회권의 코일에 대한 회전력 T_1은 식 (11·52)를 사용하면,

$$T_1 = Fb\cos\left(\frac{\phi}{2} - \varphi\right) = lIBb\sin\varphi = ISB\sin\varphi \tag{11 · 60}$$

따라서 N회권의 코일에 대한 회전력 T는

$$T = NISB\sin\varphi \text{ 또는 } T = NIS \times \boldsymbol{B}$$

가 된다. 벡터량 $\boldsymbol{S}$의 크기는 면적 S와 같고, 그 방향은 코일면의 법선 $\boldsymbol{n}$의 방향과 일치하므로 그림 11·21 (b)와 같이 $\boldsymbol{S}$와 B를 포함하는 면에서 $\boldsymbol{S}$에서 B로 회전하였을 때 T는 나사가 진행하는 방향으로 향하고, 그 단위는 [Wb·A] 또는 [N·m]이다. 식

(11·60)에서 코일의 회전력이 최대가 되는 방향은 $\varphi = \frac{\phi}{2}$, 즉 코일면이 자속과 평행하게 되었을 때, 즉 최소 0이 되는 방향은 $\varphi = 0$인데, 즉 코일이 자속과 직각이 된 경우라고 생각할 수 있다. S의 방향은 코일의 전류에 의하여 생기는 자계의 자속밀도 $\boldsymbol{B}'$와 같은 방향이므로, T는 $\boldsymbol{B}' \times \boldsymbol{B}$에 비례하고 $\boldsymbol{B}'$와 $\boldsymbol{B}$가 직각일 때 최대이고, 평행일 때 최소가 된다. 이것으로 회전력 T는 $\boldsymbol{B}'$를 $\boldsymbol{B}$의 방향으로 일치시키도록 작용한다는 것을 알 수 있다.

11.6.5 전류 상호간에 작용하는 힘

자계 중에 놓은 전류에 힘이 작용하게 되므로 전류 상호간에도 한쪽의 자계에 의하여 다른 쪽에 힘이 작용하는 방식으로 힘이 미치게 됨을 알 수 있다. 전류 I_2의 미소 부분 δl_2가 만드는 자계 $\delta\boldsymbol{B}$는 Biot-Savart의 법칙을 사용하여

$$\delta\boldsymbol{B} = \frac{\mu}{4\pi}\frac{I_2(\delta l_2 \times \boldsymbol{r})}{r^3} \qquad (11 \cdot 61)$$

여기서 $\boldsymbol{r}$는 δl_2에서 I_1의 미소 부분 δl_1에 도달하는 거리이다. 따라서 δl_1의 미소 부분의 전류에 작용하는 힘 $\delta\boldsymbol{F}$는 식 (11·53)에서

$$\delta\boldsymbol{F} = \frac{\mu}{4\pi} I_1 I_2 \frac{\delta l_1 \times (\delta l_2 \times \boldsymbol{r})}{r^3} \qquad (11 \cdot 62)$$

인 관계에서 그림 11·22와 같이 c_1, c_2 두 전류회로에 작용하는 힘은

$$\boldsymbol{F} = \frac{\mu}{4\pi} I_1 I_2 \int_{c_1}\int_{c_2} \frac{dl_1 \times (dl_2 \times \boldsymbol{r})}{r^3} \qquad (11 \cdot 63)$$

다음에 q_1, q_2의 하전입자가 각각 v_1, v_2의 속도로 운동하고 있을 때, 이 두 입자 사이에 작용하는 힘을 구해 본다. 우선 점전하 q_1이 δl의 변위를 하고 있는 사이에 점전하 q_2가 있는 거리 r인 곳에 만드는 자계는 Biot-Savart의 법칙에 식 (11·56)를 대입하면 다음과 같이 된다.

$$\boldsymbol{B} = \frac{\mu q_1}{4\pi r^3}(\boldsymbol{v}_1 \times \boldsymbol{r}) \qquad (11 \cdot 64)$$

이 자계에 의하여 q_2가 힘을 받게 되므로 식 (11·57)에서

$$\boldsymbol{F}_2 = q_2(\boldsymbol{v}_2 \times \boldsymbol{B}) \qquad (11 \cdot 65)$$

가 되고, 여기에 식 (11·64)를 대입하면

$$\boldsymbol{F}_2 = \frac{\mu_0 q_1 q_2}{4\pi r^3} \boldsymbol{r} \times \boldsymbol{v}_1 \times \boldsymbol{v}_2 \tag{11 · 65'}$$

가 된다.

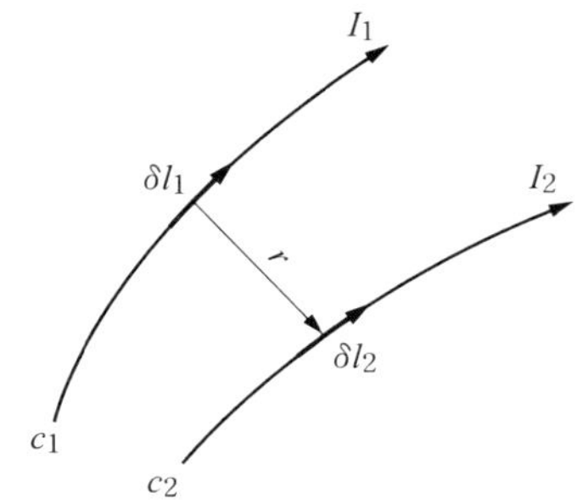

|그림 11·22| 전류 상호간에 작용하는 힘

예제 11-5

긴 2개의 평행도체 Ⓐ, Ⓑ가 그림 11·23 (a)와 같이 공간에서 거리 a로 떨어져 있고, 각 도체 내를 같은 방향으로 각각 I_1, I_2의 전류가 흐르고 있을 때 길이 l의 도체 사이에 작용하는 힘을 구하여라.

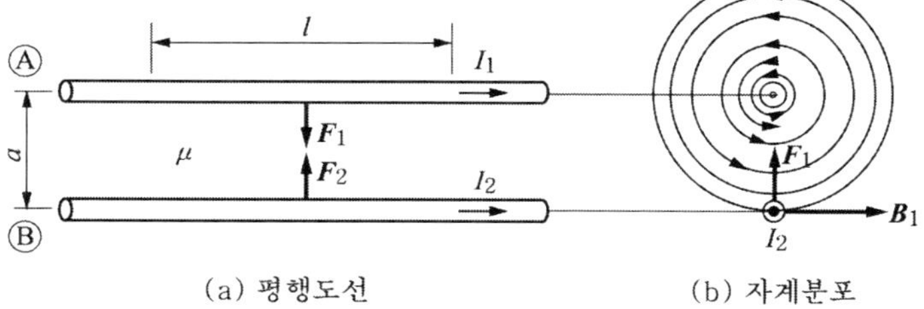

|그림 11·23|

해 그림 11·23 (b)와 같이 I_1에 의하여 도체 Ⓐ의 주위에 생기는 자계의 자속밀도가 도체 Ⓑ의 위치에서 B_1이라고 하면 B_1은 Biot-Savart의 법칙에 의하여 $B_1 = \mu_0 I_1 / 2\pi a$가 되고 Ⓑ에 작용하는 힘 $\boldsymbol{F}_2$는 플레밍의 왼손법칙에 의하여 크기는

$$F_2 = l I_2 B_1 = \frac{\mu_0 l}{2\pi a} I_1 I_2 [\mathrm{N}] \tag{11 · 66}$$

방향은 도체 Ⓐ에 흡인되는 방향이다. 마찬가지로 도체 Ⓐ에 작용하는 자기력 $\boldsymbol{F}_1$은 $\boldsymbol{F}_1 = -\boldsymbol{F}_2$이며 도선 Ⓑ에 흡인되는 방향이 된다. 만일 I_1이 I_2와 반대방향으로 흐른다면 F2는 부가 되고 도체 Ⓐ와 Ⓑ 사이에 반발력이 작용하게 된다. 식 (11·66)에서

$I_1 = I_2 = I$, $l = 1$[m]이면 Ⓐ, Ⓑ 사이의 힘이 $F_2 = \mu_0/2\pi = 2\times10^{-7}$[N]이라고 하면 $I = 1$[A]가 되어 단위전류를 결정할 수 있다. 즉 무한길이 직선도체를 1[m]의 간격으로 공간에 놓고 각 도선에 같은 크기의 정상전류를 같은 방향으로 흘렸을 때 이들 도체간에 작용하는 흡인력이 도선길이 1[m]마다 2×10^{-7}[N]일 때의 전류를 1[A]로 정한다.

11.7 Hall 효과와 Pinch 효과

11.7.1 Hall 효과

그림 11·24 (a)와 같이 직방체형상 물질의 체심을 직각좌표의 원점 O에, 각 변에 평행인 방향을 각각 x, y, z축으로 정한다. 이 물체의 z축 방향에 자계를 가하여 자속밀도 $\boldsymbol{B}$를 공급함과 동시에 $-x$축 방향에도 전류 I가 흐르면 그 물질 속에 있는 정전하 $+q$는 $-x$방향으로 자계 중을 이동하게 되는데, 이 이동속도를 $\boldsymbol{v}$라고 하면 식 (11·57)에 의하여 $+q$는 자기력 $\boldsymbol{F} = qv\times\boldsymbol{B} = j\,qvB$를 y축 방향으로 받아 이 방향으로 이동, 물질의 zx면의 $+y$측에는 정전하가 증가하고 마찬가지로 $-y$측에는 부전하가 증가한다. 그 결과 y축 방향에 전위차 V_H가 발생하는데 이와 같은 현상을 **홀효과**(Hall effect)라고 한다. 홀전압에 의한 $-y$ 방향의 정전계 $\boldsymbol{E}$에 의하여 $+q$는 전기력 $\boldsymbol{F} = q\boldsymbol{E} = \boldsymbol{F} = q\boldsymbol{E} = -\mathrm{j}\,qE$를 $-y$ 방향으로 받고, 이것이 자기력 $\boldsymbol{F}$와 평형될 때까지 전하가 zx면의 양측면에 축적되므로 $qE = qvB$의 관계가 성립하고

$$E = vB\,[\mathrm{V/m}] \tag{11·67}$$

가 된다.

지금 물질의 단위체적 중에 있는 전하의 수를 n, 그 물체의 x, y, z 방향의 길이를 각각 l, a, b라고 하면 물질 중의 전부하는 $nqlab$, 전류는 $I = d(nqlab)/dt = nqabv$, 따라서 전류밀도는 $i = I/ab = nqv$가 된다. 이 v를 식 (11·67)에 대입하면

$$E = \frac{Bi}{nq} = R_H Bi\,[\mathrm{V/m}] \tag{11·68}$$

여기서

$$R_H = \frac{1}{nq}\,[\mathrm{m^3/C}] \tag{11·69}$$

을 **Hall계수**라고 한다. 한편 $E = V_H/a$이므로 이것을 식 (11·68)에 대입하면

$$V_H = R_H Bia = \frac{R_H}{b} IB[\text{V}] \tag{11 · 70}$$

을 얻는다. 윗식에서 홀전압은 처음의 전류와 자속밀도에 비례하고 두께에 반비례하며, 또 홀계수의 대소에 좌우되는 것을 알 수 있다.

홀전압을 얻기 위한 처음의 전류 I는 $-x$ 방향으로 전계 E_x를 가하여 공급하고 후에 홀효과에 의하여 $-y$ 방향으로 홀전계 E_y가 발생하므로 이 물질 중에서 합성전계는 $\boldsymbol{E}_r = (\boldsymbol{i}E_x + \boldsymbol{j}E_y)$로 구할 수 있다. E_r와 E_x가 이루는 각을 α라고 하면

$$\tan\alpha = \frac{E_r}{E_x}$$

가 되고 α를 **홀각**(Hall angle)이라고 한다.

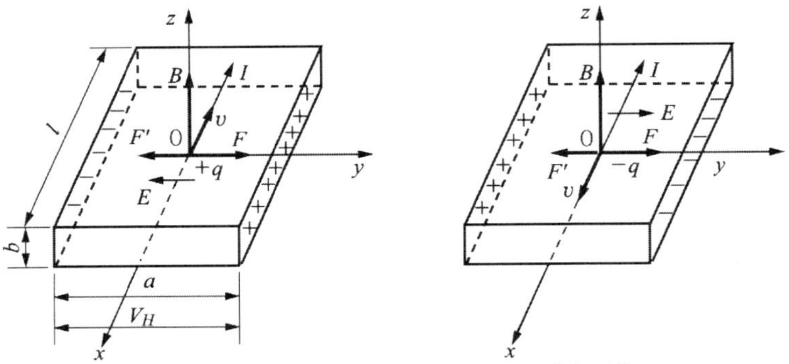

|그림 11·24| 홀효과

그림 11·24 (b)와 같이 부의 전하 $-q$를 가진 물질의 z 방향에 $\boldsymbol{B}$를 가하고 $-x$ 방향에 I가 흐르면 $-q$는 $+y$ 방향에 자기력 $\boldsymbol{F}$를 받고 홀전압 또는 홀전계가 **그림 11·24 (a)**와 반대방향($+y$ 방향)으로 생기게 된다. 또 **그림 11·24 (a)**와 같이 정전하가 과잉으로 있을 때를 p형, **그림 11·24 (b)**와 같이 부전하가 과잉으로 있을 때를 n형반도체라고 한다. 도체의 경우에는 **식 (11·69)**가 성립하지만 반도체일 때는 결정이 열진동을 하고 이로 인하여 하전입자가 산란한다. 이 때 R_H는 다음과 같은 값을 갖게 된다.

$$R_H = \frac{3\pi}{8}\frac{1}{nq}[\text{m}^3/\text{C}] \tag{11 · 71}$$

홀효과는 나타나는 전위차의 부호에 의하여 전류가 정공에 의한 것인지 전자에 기인하는 것인지를 판정할 수 있으므로, 반도체 기타의 연구에 큰 역할을 하게 된다. Bi, Ge, Si, In, Sb 등의 많은 재료가 연구되어 그 직접적인 용도도 많다.

11.7.2 Pinch 효과

도체에 전류가 흐르면 도체의 내부에는 전자력에 의한 힘이 작용한다. 그림 11·25와 같은 원형단면에 지면과 수직으로 균일한 전류밀도로 전류가 흐르고 있다고 하자. 도체의 중심에서 r의 점에 생기는 자계는 중심에서 반지름 r의 원형단면 내의 전전류에만 기인한다. 전류밀도를 i라고 하면 자계의 세기 H_r는 주회적분의 법칙에서

$$H_r = \frac{\pi r^2 i}{2\pi r} = \frac{ri}{2} \tag{11 · 72}$$

가 된다. 그 방향은 반지름 r의 원에 접하는 방향이며, 자계와 전류는 직교하게 된다.

도체가 비자성체인 경우에는 자속밀도는 대략 자계의 μ_0배라고 생각해도 좋지만, 중심에서 반지름 r의 부분에 있는 도체의 단위체적당에 작용하는 전자력은 도체의 중심으로 향하고, 그 크기 f_r는

$$f_r = \frac{i\,(r\,\delta\theta\,\delta r)B}{(r\,\delta\theta\,\delta r)} = \frac{\mu_0 i^2}{2} r \tag{11 · 73}$$

가 된다. 만일 전류 통로의 모양을 자유로이 변화할 수 있는 경우에는 식 (11·73)으로 주어진 힘을 받아서 도체는 그 단면적을 점차로 수축한다. 단면이 상당히 작아지면 전류는 거의 흐르지 않게 된다.

이와 같은 상태가 되면 다시 도체 단면은 처음 상태로 복귀하게 된다. 그리고 이후에는 이 동작을 반복하게 된다. 또 이와 같은 전류가 흐르는 액체 등이 수축하는 현상을 **Pinch 효과**라고 한다. 아크(arc)전류에 이 현상을 이용하면 고온의 아크가 중심부에 집중하므로 매우 높은 온도를 얻을 수 있다.

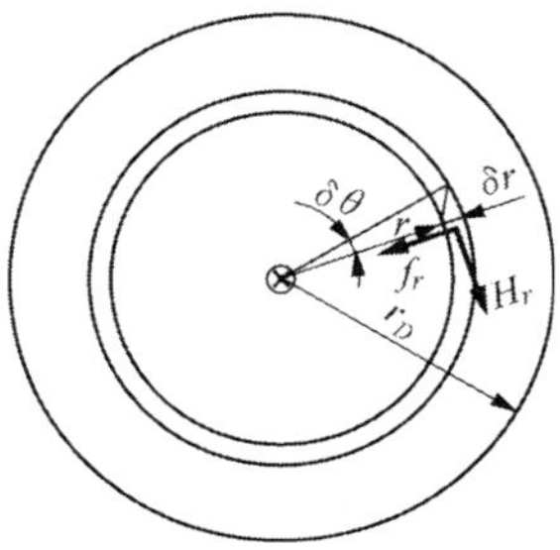

|그림 11·25| Pinch 효과

11.8 공간적으로 분포되어 있는 도체 내의 전자유도

지금까지는 선상도체에 대하여 취급하였으나 여기서는 도체가 공간적으로 분포되어 있는 경우에 대하여 생각해 보기로 한다.

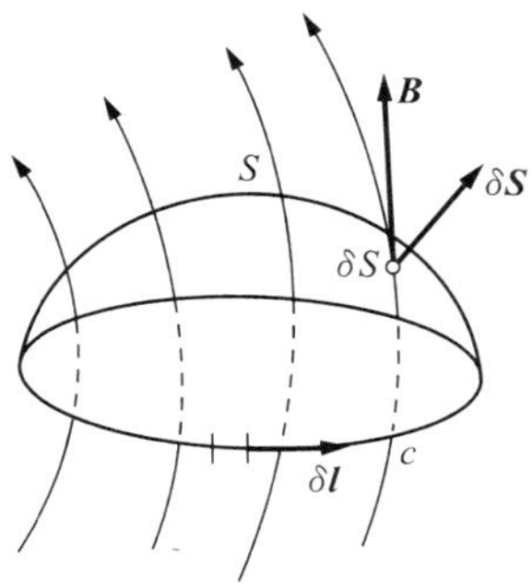

|그림 11·26| 회로와 쇄교하는 자속

지금 전자유도에 의하여 생긴 자계를 $\boldsymbol{E}$라 하면, 그림 11·26에서 볼 수 있는 바와 같이 한 폐곡선 c에 대하여 이것과 쇄교하는 자속수를 Φ라고 하면, 전자유도에 의한 기자력 U는

$$U = -\frac{d\phi}{dt} = \oint_c \boldsymbol{E} \cdot dl \qquad (11 \cdot 74)$$

의 식이 성립한다. 여기서 $\boldsymbol{B}$를 자속밀도, c를 주변으로 하는 임의의 면을 S, $\boldsymbol{B}$의 S면에 대한 법선성분을 B_n이라고 할 때 법선방향과 c에 따르는 적분의 방향이 오른손법칙을 따른다고 하면

$$\Phi = \int_s B_n \, dS = \int_s \boldsymbol{B} \cdot d\boldsymbol{S}$$

가 된다. 따라서

$$\oint_c \boldsymbol{E} \cdot dl = -\frac{d}{dt} \int_s \boldsymbol{B} \cdot d\boldsymbol{S}$$

가 된다. 이 식의 오른쪽에 Stokes의 정리를 적용하면 c를 주변으로 하는 면 S상의 면적적분으로 고치면

$$\oint_s \boldsymbol{E} \cdot dl = \int_s \mathrm{rot} \boldsymbol{E} \cdot d\boldsymbol{S}$$

의 관계가 있으므로

$$\int_s \mathrm{rot}\boldsymbol{E}\cdot d\boldsymbol{S} = -\frac{d}{dt}\int_s \boldsymbol{B}\cdot d\boldsymbol{S}$$

가 된다. 지금 물체의 운동을 생각하지 않기로 하면

$$\frac{d}{dt}\int_s \boldsymbol{B}\cdot d\boldsymbol{S} = \int_s \frac{\partial \boldsymbol{B}}{\partial t}\cdot d\boldsymbol{S}$$

가 되며, 따라서

$$\int_s \left(\mathrm{rot}\boldsymbol{E} + \frac{\partial \boldsymbol{B}}{\partial t}\right)\cdot d\boldsymbol{S} = 0 \qquad (11\cdot 75)$$

이 된다. 이 관계식은 S 면의 모양 여하에 관계없이 성립할 것이므로, 공간의 모든 점에 대하여

$$\mathrm{rot}\boldsymbol{E} + \frac{\partial \boldsymbol{B}}{\partial t} = 0 \quad \text{또는} \quad \mathrm{rot}\boldsymbol{E} = -\frac{\partial \boldsymbol{B}}{\partial t} \qquad (11\cdot 76)$$

의 관계가 성립한다. 이것이 전자유도에 의하여 생긴 전계의 자속변화를 결부시킨 관계식이다.

자속밀도 $\boldsymbol{B}$의 벡터 퍼텐셜 $\boldsymbol{A}$가 주어졌을 때는

$$\mathrm{rot}\boldsymbol{E} = -\frac{\partial}{\partial t}\mathrm{rot}\boldsymbol{A} = -\mathrm{rot}\frac{\partial \boldsymbol{A}}{\partial t}$$

로부터

$$\boldsymbol{E} = -\frac{\partial \boldsymbol{A}}{\partial t} + \mathrm{grad}\phi \qquad (11\cdot 77)$$

가 얻어진다. 여기서 ϕ는 임의의 스칼라 함수이다. 즉 자속분포가 주어졌어도 전계분포는 유일하게 정해지지 않고 $\mathrm{grad}\phi$만큼 달라질 수가 있다. 다시 말하면 경계조건에 따라서 전계 분포는 여러 가지 모양이 된다.

유의할 점은 식 (11·76)을 계산한 기초가 되었던 식 (11·74)에서 적분로 c를 도체 속에 취하였지만, 이 관계는 모든 전계는 모든 전계나 자계의 공간 내의 임의의 장소에서도 성립하는 관계식이다.

11.9 와전류

도체가 자계 중을 움직이든가 도체 내를 통하고 있는 자계가 변화하게 되면 도체 내에 유도기전력이 발생하고, 여기에 기인하는 전류가 자속의 주위를 원상이 되어 흐르게 된다. 이것을 **와전류**(eddy current)라고 한다. 도체는 일반적으로 저항을 갖고 있으므로 이 속을 와전류가 흐르면 Joule 열을 발생하고 전력 손실을 가져온다. 이것을 **와전류손실**이라고 한다.

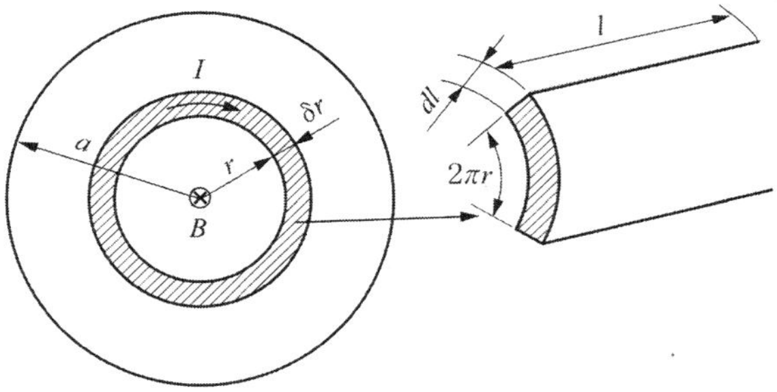

|그림 11·27| 원주의 와전류 손실

그림 11·27에서와 같이 반지름 a, 길이l, 체적 $V(=\pi a^2 l)$, 저항률 ρ_e를 갖는 원주의 원주축 방향에 자속밀도$B = B_m \sin\omega t$ 의 자계를 가했을 때 반지름 $r\,(< a)$의 단면적을 관통하는 자속 Φ는 $\Phi = \pi r^2 B_m \sin\omega t$ (여기서$\omega = 2\pi f$)이고, 이것으로 말미암아 유도되는 원주 방향의 기전력은

$$U = -d\Phi/dt = -\pi r^2 \omega B_m \cos\omega t$$

이다. 지금 반지름 r의 위치에 두께 dr의 원통을 생각하면, 이 원주에 따라서 흐르는 와전류 dI에 대한 저항은

$$dR = \rho_e \cdot 2\pi r / l\, dr$$

$$\therefore\ dI = \frac{U}{dR} = -\frac{\omega l B_m \cos\omega t}{2}\rho_e\, r dr$$

따라서 전 와전류 I는

$$I = \int_0^a dI = -\frac{\omega a^2 l B_m}{4}\rho_e \cos\omega t$$

이 전류의 실효값 I_e는

$$I_e = \omega a^2 l B_m / 4\sqrt{2}\, \rho_e [\mathrm{A}] \tag{11 · 78}$$

로 표시된다. 두께 dr의 원통 중에서 손실되는 전력 dP는

$$dP = (dI)^2 dR = \frac{\pi}{2\rho_e} \omega^2 l B_m^2 \cos^2 \omega t \cdot r^3 dr$$

그러므로 전손실 전력 P는

$$P = \int_0^a dp = \frac{\pi}{8\rho_e} \omega^2 a^4 l B_m^2 \cos^2 \omega t$$

가 되고 반주기에 대한 평균전력 P는 다음과 같이 구할 수가 있다.

$$P_m = \frac{1}{\pi/\omega} \int_0^{\pi/\omega} P dt = \frac{\omega^3 a^2 B_m^2 V}{16\pi\rho_e} \int_0^{\pi/\omega} (1 + \cos 2\omega t)\, dt$$

$$\therefore\ P_m = \frac{(\omega a B_m)^2}{16\rho_e} V = \frac{(\pi f a B_m)^2}{4\rho_e} V [\mathrm{W}] \tag{11 · 79}$$

이와 같이 손실 전력이 크므로 변압기 등의 교류로 사용하는 철심에서는 이것을 가능한 한 적게 되도록 해야 한다. 그렇기 때문에 얇은 철판을 서로 절연하여 철심을 조립하여 사용한다. 이와 같은 것을 **성층철심**(laminated core)이라고 한다.

주파수가 높아지면 더욱 과전류가 크게 되므로 철을 미분상으로 하고 이것을 절연성의 접착제로 굳혀 와전류를 적게 하도록 하고 있다. 이와 같은 철심을 **압분철심**(dust core)이라고 한다.

제11장 전자유도와 자계내의 전류에 작용하는 힘

연 / 습 / 문 / 제

11-1. 25[A/m]의 평등전계 중에 이것과 직각으로 반지름 50[cm], 권회수 40의 원형코일이 있다. 이 코일을 매분 3000 회전시킬 때 발생하는 기전력을 구하여라.

답 $0.31\sin 314t$[V]

11-2. 길이 a, b의 구형도체가 그림 11·28과 같이 x 축상을 속도 v로 움직이고 있다. 다음의 경우에 대해 도체에 유기되는 기전력을 구하여라.

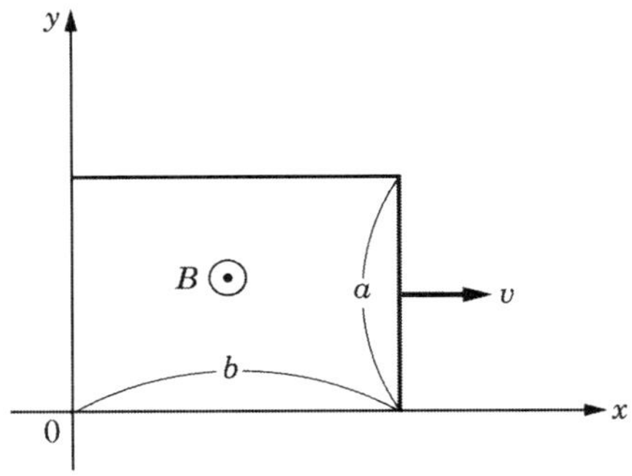

|그림 11·28|

i) $B=B_0$에서 xy면에 직각
ii) $B=B_m\cos wt$이고 xy면에 직각
iii) $B=B_m\cos wt\,(\mathbf{i}\ \sin\theta+\mathbf{j}0+\mathbf{k}\cos\theta)$

답 i) 0
ii) $abwB_m\sin wt$[V]
iii) $abwB_m\cos\theta\sin wt$[V]

11-3. 그림 11·29와 같이 길이 a, b의 구형장 도체의 한 변을 그림과 같이 반지름 r의 반원이 되게 하고 이 변을 그 위치에서 w로 회전시켰을 때 다음 경우에 유기하는 기전력

을 구하여라.

i) $\boldsymbol{B}=\boldsymbol{B}_0$

ii) $\boldsymbol{B}=\boldsymbol{B}_m\cos \boldsymbol{w}_0 t$

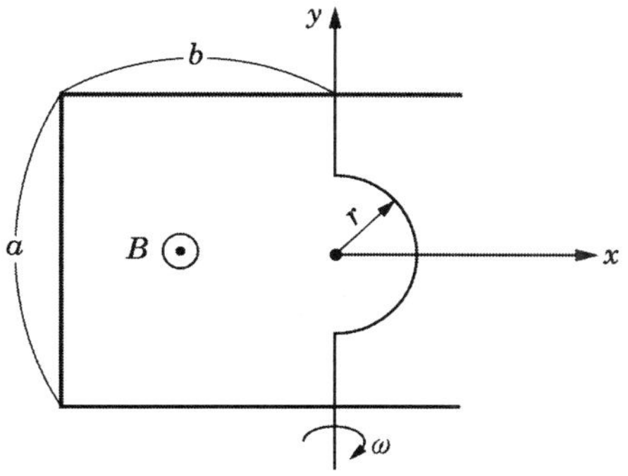

|그림 11·29|

답 i) $\dfrac{\pi r^2 \omega B_0}{2} sinwt$ [V]

ii) $abB_m w_0 \sin w_0 t + \dfrac{\pi r^2 B_m}{4}\{(w_0+w)\sin(w_0+w)t+(w_0-w)\sin(w_0-w)t\}$[V]

11-4. 단면적 500[mm^2]의 철심에 50[Hz]의 정현파교번자속이 통하고 있다. 자속밀도의 최대값을 1.0[Wb/m^2]라고 할 때 이 철심에 코일을 감아서 최대값 14[kV]의 교번기전력을 얻고 싶다. 필요한 권회수를 구하여라.

답 $N=8.91\times 10^4$

11-5. 길이 l=3.14[cm], 단면적 S=10[cm2]의 공심코일에 전류 I_0=0.1[A]를 흘리고 이것을 차단하였더니 코일에 접속된 저항 R=100[Ω]의 충격검류계에 $q=4\times10^{-6}$[C]의 전기량이 흘렀다. 코일의 권회수를 구하여라.

답 N=1000

11-6. 단위길이당의 권회수 n, 반지름 a의 긴 코일에 전류 I가 흐를 때 코일이 수축하려고 하는 힘을 구하여라.

답 $F=\dfrac{1}{2}\mu_0 \pi a^2 n^2 I^2$

제12장

전자계

12.1 전자계에 관한 기본식

유전율 ϵ [F/m], 투자율 μ [H/m], 도전율 σ [℧/m]를 가진 매질 중의 전속밀도를 $\boldsymbol{D}$[C/m^2], 전계를 $\boldsymbol{E}$[V/m], 자속밀도를 $\boldsymbol{B}$[Wb/m^2], 자계를 $\boldsymbol{H}$[AT/m], 도전 전류밀도를 i[A/m^2]라 하고, 이들 중의 벡터들은 위치(x, y, z)와 시간t의 함수라 하면 식 (7·41)과 식 (9·62) 및 식 (11·76)에 의하여

$$\mathrm{rot\,H} = \nabla \times \mathrm{H} = \sigma \mathrm{E} + \epsilon \frac{\partial \mathrm{E}}{\partial \mathrm{t}} \qquad (12 \cdot 1)$$

$$\mathrm{rot\,E} = \nabla \times \mathrm{E} = -\frac{\partial \mathrm{B}}{\partial \mathrm{t}} \qquad (12 \cdot 2)$$

의 관계로 주어지는데 이를 맥스웰의 **기초전자방정식**이라고 한다. 또 식 (7·47)과 식 (8·49) 및 식 (5·8)에 의하여

$$\mathrm{div}\boldsymbol{D} = \rho \qquad (12 \cdot 3)$$

$$\mathrm{div}\boldsymbol{B} = 0 \qquad (12 \cdot 4)$$

$$\mathrm{div\,I} = -\frac{\partial \rho}{\partial \mathrm{t}} \qquad (12 \cdot 5)$$

여기서 ρ [C/m^3]는 전하밀도이다. 식 (5·12), (8·44) 및 (7·10)에서

$$\boldsymbol{D} = \epsilon \boldsymbol{E} \qquad (12 \cdot 6)$$

$$\boldsymbol{B} = \mu \boldsymbol{H} \qquad (12 \cdot 7)$$

$$\boldsymbol{i} = \sigma \boldsymbol{E} \qquad (12 \cdot 8)$$

12.2 전자파

매질상수의 ϵ, μ, σ가 어느 곳에서나 일정하고 또 전하를 포함하지 않는 공간을 **자유공간**(free space)이라고 한다. 이와 같은 공간의 유전체 매질 중에는 전하가 없으므로 식 (12·3)은

$$\mathrm{div}\,\boldsymbol{D}=0 \;\; \text{또는} \; \mathrm{div}\,\boldsymbol{E}=0 \tag{12 · 9}$$

$$\frac{\partial E_x}{\partial x}+\frac{\partial E_y}{\partial y}+\frac{\partial E_z}{\partial z}=0 \tag{12 · 9′}$$

식 (12·1)을 t로 미분하고, 식 (12·2)의 $\dfrac{\partial \boldsymbol{H}}{\partial t}$를 대입하면

$$-\frac{1}{\mu}\mathrm{rot{\cdot}rot}\boldsymbol{E}=\sigma\frac{\partial E}{\partial t}+\epsilon\frac{\partial^2 E}{\partial t^2} \tag{12 · 10}$$

벡터 공식 $\mathrm{rot\,rot}\,E=\mathrm{grad\,div}\boldsymbol{E}-\nabla^2\boldsymbol{E}$에 식 (12·9)를 대입하면

$$\mathrm{rot{\cdot}rot}\,E=\nabla^2\boldsymbol{E} \tag{12 · 11}$$

식 (12·10)과 (12·11)에서

$$\nabla^2\boldsymbol{E}=\epsilon\mu\left(\frac{\partial^2\boldsymbol{E}}{\partial t^2}\right)+\sigma\mu\frac{\partial E}{\partial t} \tag{12 · 12}$$

$$\frac{\partial^2\boldsymbol{E}}{\partial x^2}+\frac{\partial^2\boldsymbol{E}}{\partial y^2}+\frac{\partial^2\boldsymbol{E}}{\partial z^2}=\epsilon\mu\frac{\partial^2\boldsymbol{E}}{\partial t^2}+\sigma\mu\frac{\partial\boldsymbol{E}}{\partial t} \tag{12 · 12′}$$

마찬가지로

$$\nabla^2\boldsymbol{H}=\epsilon\mu\left(\frac{\partial^2\boldsymbol{H}}{\partial t^2}\right)+\sigma\mu\frac{\partial H}{\partial t} \tag{12 · 13}$$

$$\frac{\partial^2\boldsymbol{H}}{\partial x^2}+\frac{\partial^2\boldsymbol{H}}{\partial y^2}+\frac{\partial^2\boldsymbol{H}}{\partial z^2}=\epsilon\mu\frac{\partial^2\boldsymbol{H}}{\partial t^2}+\sigma\mu\frac{\partial\boldsymbol{H}}{\partial t} \tag{12 · 13′}$$

가 된다.

이들 양 방정식을 **전자파동방정식**이라고 하며, 이것을 풀면 전자파(electromagnetic wave)를 구할 수 있다. $\boldsymbol{E}$가 정현파이면 $\boldsymbol{E}=\boldsymbol{E}_s e^{j\omega t}$의 모양으로 나타낼 수 있으므로

$$\frac{\partial\boldsymbol{E}}{\partial t}=j\omega\boldsymbol{E}_s e^{j\omega t}=j\omega\boldsymbol{E},\quad \frac{\partial^2\boldsymbol{E}}{\partial t^2}=-\omega^2\boldsymbol{E}_s e^{j\omega t}=-\omega^2\boldsymbol{E}$$

가 되고, 이것을 식 (12·12)에 대입하면

$$\nabla^2 \boldsymbol{E} + k^2 \boldsymbol{E} = 0 \tag{12·14}$$

마찬가지로

$$\nabla^2 \boldsymbol{H} + k^2 \boldsymbol{H} = 0 \tag{12·15}$$

여기서

$$k^2 = \omega^2 \epsilon \mu - j\omega\sigma\mu \tag{12·16}$$

또

$$\boldsymbol{E} = \boldsymbol{E}_0 e^{j(\omega t - \kappa x)} [\mathrm{V/m}] \tag{12·17}$$

라고 놓으면, 이것은 x방향으로 전파되는 전파를 나타내며 식 (12·14)를 만족한다. 지금

$$k = \beta - j\alpha = -j\gamma, \ \ r = \alpha + j\beta \ [\mathrm{m}^{-1}] \tag{12·18}$$

라고 놓으면 식 (12·17)을

$$\boldsymbol{E} = \boldsymbol{E}_0 e^{-kx} e^{j\omega t} = \boldsymbol{E}_0 e^{-\alpha x} e^{j(\omega t - \beta x)} \tag{12·18′}$$

라고 고쳐 쓸 수 있다. γ는 전파의 전파(傳播)에, α는 감쇠에, 또 β는 위상에 관계하므로 각각 전파상수, 감쇠상수 및 위상상수라고 한다. 식 (12·18)에서 k^2을 취하고 식 (12·16)의 우변과 비교하면

$$\beta^2 - \alpha^2 = \omega^2 \epsilon \mu, \ \ 2\alpha\beta = \omega\sigma\mu$$

가 되므로, 이 식에서 α, β를 구하면

$$\left.\begin{aligned} \alpha &= \omega \sqrt{\frac{\epsilon\mu}{2}} \sqrt{\sqrt{1 + \left(\frac{\sigma}{\omega\epsilon}\right)^2} - 1} \ \ [\mathrm{m}^{-1}] \\ \beta &= \omega \sqrt{\frac{\epsilon\mu}{2}} \sqrt{\sqrt{1 + \left(\frac{\sigma}{\omega\epsilon}\right)^2} + 1} \ \ [\mathrm{m}^{-1}] \end{aligned}\right\} \tag{12·19}$$

공기 중에서는 $\sigma \simeq 0$이 되므로 2항정리를 사용하여

$$\alpha \simeq \frac{\sigma}{2}\sqrt{\frac{\mu}{\epsilon}} \simeq 0$$

$$\beta \simeq \omega\sqrt{\epsilon\mu}\left\{1 + \frac{1}{8}\left(\frac{\sigma}{\omega\epsilon}\right)^2\right\} \simeq \omega\sqrt{\epsilon\mu} \ \ [\mathrm{m}^{-1}] \tag{12·20}$$

로 나타낼 수 있다.

12.2.1 평면파

전계 또는 전자계가 한 평면 내에서 진동하고 그 크기가 한쪽 방향에 의하여 결정되는 경우를 **평면파**라 한다. 본절에서는 절연매질($\sigma = 0$) 내의 정면파와 도전매질($\sigma \neq 0$) 내의 평면파에 대하여 고찰해 보기로 한다.

(1) 절연매질 중의 평면파

지금 $\boldsymbol{E}, \boldsymbol{H}$는 모두 x에만 관계하고 y, z에 관계없는 정현파라고 하면 식 (12·14)에서

$$\frac{\partial^2 E}{\partial x^2} + k^2 \boldsymbol{E} = 0 \tag{12 · 21}$$

이 해는 식 (12·17)에서

$$\boldsymbol{E} = \boldsymbol{E}_0 \sin(\omega t - kx)\,[\mathrm{V/m}] \tag{12 · 22}$$

여기서,

$$\frac{\partial \boldsymbol{E}}{\partial x} = -k\boldsymbol{E}_0 \cos(\omega t - kx)$$

$$\frac{\partial \boldsymbol{E}}{\partial t} = \omega \boldsymbol{E}_0 \cos(\omega t - kx)$$

그러므로 전파속도(위상속도라고도 한다)

$$v_p = \frac{\partial x}{\partial t} = -\frac{\partial \boldsymbol{E}/\partial t}{\partial \boldsymbol{E}/\partial x}$$

식 (12·16)을 대입하고 매질 중의 전파의 파장을 $\lambda\,[\mathrm{m}]$, 사용 주파수를 $f\,[\mathrm{Hz}]$라고 하면 다음 식을 얻게 된다.

$$v_p = f\lambda = \frac{\omega}{k} = \frac{1}{\sqrt{\mu(\epsilon - j\sigma/\omega)}}\,[\mathrm{m/sec}] \tag{12 · 23}$$

완전 유전체, 즉 진공 중에서의 속도 v_{op}는 파장을 λ_0라 하고 $\sigma = 0$, $\epsilon = \epsilon_0$, $\mu = \mu_0$를 사용하면

$$v_{op} = f\lambda_0 = \frac{1}{\sqrt{\epsilon_0 \mu_0}} = 3 \times 10^8 = c\,[\mathrm{m/sec}] \tag{12 · 24}$$

가 되어 광속도 c와 일치한다. 또 공기와 같은 유전체 중의 속도 v_p는 파장을 $\lambda[\mathrm{m}]$, $\sigma = 0$이라 하고 식 (12·23)과 식 (12·24)를 이용하면

$$\left.\begin{aligned} &v_p = f\lambda = 1/\sqrt{\epsilon\mu} = \omega/\beta = 2\pi f/\beta \text{ [m/sec]} \\ &\beta = 2\pi/\lambda \text{ [m}^{-1}\text{]} \end{aligned}\right\} \qquad (12 \cdot 25)$$

가 성립한다. 유전체의 비유전율을 ϵ_r, 비투자율을 μ_r라 하고 식 (12·25)의 제1식을 식 (12·24)로 나누면

$$v_p = c/\sqrt{\epsilon_r \mu_r} \text{ [m/sec]} \qquad (12 \cdot 26)$$

$$\lambda = \lambda_0/\sqrt{\epsilon_r \mu_r} \text{ [m]} \qquad (12 \cdot 27)$$

즉, 유전체 중에 있어서의 전파의 속도 및 파장은 진공 중의 그것의 $1/\sqrt{\epsilon_r \mu_r}$로 저하된다. x방향으로 전파하는 평면파의 전계$\boldsymbol{E}$나 파계$\boldsymbol{H}$도 yz면에 있으므로, 이들의 x성분을 0이라 하고

$$E_x = 0 \qquad (12 \cdot 28)$$

$$H_x = 0 \qquad (12 \cdot 29)$$

이들의 y, z성분을 각각 E_y, E_z, H_y, H_x라고 하면, 식 (12·1)에서

$$[\text{rot}\, H]_x = \frac{\partial H_z}{\partial y} - \frac{\partial H_y}{\partial z} = \sigma E_x + \epsilon \frac{\partial E_x}{\partial t}$$

$$[\text{rot}\, H]_y = \frac{\partial H_x}{\partial z} - \frac{\partial H_z}{\partial x} = \sigma E_y + \epsilon \frac{\partial E_y}{\partial t}$$

$$[\text{rot}\, H]_z = \frac{\partial H_y}{\partial x} - \frac{\partial H_x}{\partial y} = \sigma E_z + \epsilon \frac{\partial E_z}{\partial t}$$

여기에 식 (12·28)과 식 (12·29)를 대입하고$\boldsymbol{E}, \boldsymbol{H}$가 y, z에 무관한 것을 사용하면

$$-\frac{\partial H_z}{\partial x} = \sigma E_y + \epsilon \frac{\partial E_y}{\partial t}, \quad \frac{\partial H_y}{\partial x} = \sigma E_z + \epsilon \frac{\partial E_z}{\partial t} \qquad (12 \cdot 30)$$

가 된다.

지금 x방향으로 진행하는 전파만 생각하면 식 (12·17)과 마찬가지로

$$E_y = E_{y1} e^{j(\omega t - kx)}, \quad E_x = E_{z1} e^{j(\omega t - kx)}$$

라 놓고, 먼저 이 제1식을 식 (12·30)의 제1식에 대입하면

$$-\frac{\partial H_z}{\partial x} = (\sigma + j\omega\epsilon) E_{y1} e^{j(\omega t - kx)}$$

이 양변을 x로 적분하여 식 (12·16)을 사용하면

$$H_z = \frac{k}{\omega\mu} E_y = \sqrt{\frac{\omega\epsilon - j\sigma}{\omega\mu}} E_y \ \text{[AT/m]} \qquad (12 \cdot 31)$$

마찬가지로 E_z를 식 (12·30)의 제2식에 대입하여 H_y를 구하면

$$H_y = -\frac{k}{\omega\mu} E_z = -\sqrt{\frac{\omega\epsilon - j\sigma}{\omega\mu}} E_z \ \text{[AT/m]} \qquad (12 \cdot 32)$$

여기서 $\sigma \simeq 0$이라 놓으면

$$k = \omega\sqrt{\epsilon\mu} = \beta = 2\pi\lambda \qquad (12 \cdot 33)$$

가 되고, 식 (12·31)과 식 (12·32)를 각각

$$H_z = \sqrt{\frac{\epsilon}{\mu}} E_y , \ H_y = -\sqrt{\frac{\epsilon}{\mu}} E_z \qquad (12 \cdot 34)$$

가 된다. 이상에서 $\boldsymbol{E}, \boldsymbol{H}$는 각각

$$\boldsymbol{E} = jE_y + kE_z , \ \boldsymbol{H} = jH_y + kH_z$$

로 나타낼 수 있으며 양쪽 모두 그림 12·1과 같이 yz면상에 있는 벡터량이다. $\boldsymbol{E}$와 $\boldsymbol{H}$가 이루는 각을 θ라 하고 윗식과 식 (12·34)를 사용하면

$$EH\cos\theta = \boldsymbol{E}\cdot\boldsymbol{H} = E_y H_y + E_z H_z = 0$$

$$\therefore \ \theta = \frac{\pi}{2} \qquad (12 \cdot 35)$$

가 되어 $\boldsymbol{E}$와 $\boldsymbol{H}$는 직각이고, 또 이들 각각은 진행 방향과 직각으로 진동하고 있음을 알 수 있다. 즉 전파의 전파 속도를 v라고 하면 $v, \boldsymbol{E}, \boldsymbol{H}$는 서로 직각이고 $\boldsymbol{E}$에서 $\boldsymbol{H}$로 바른 나사를 회전하면 그 나사가 진행하는 방향이 v의 방향과 일치한다.

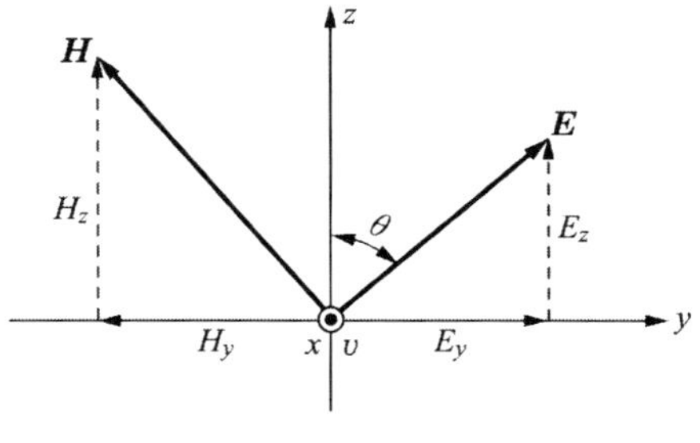

|그림 12·1|

또한 간단한 경우로서 $E_y = 0$이라고 하면 식 (12·34) 제1식에서 $H_z = 0$이 되고 E_z와 H_y만 남게 된다. 지금 E_z를 정현파

$$E_z = E_{zm}\sin(\omega t - \beta x)$$

라고 하면 H_y는

$$H_y = H_{ym}\sin(\omega t - \beta x) = \sqrt{\frac{\epsilon}{\mu}}E_{zm}\sin(\omega t - \beta x + \pi)$$

와 같이 나타낼 수 있다. 그러므로 그 최대가 되는 E_{zm}의 $\sqrt{\epsilon/\mu}$ 배, 또 위상은 E_z보다 π 만큼 진행되고 있으며 E_z, H_y는 그림 12·2와 같은 모양의 파가 된다. 이상은 $\alpha=0$, $\sigma=0$인 경우의 전자파 전파를 취급하였지만 일반적인 매질에서는 $\alpha\neq 0$, $\sigma\neq 0$이므로 전자파의 진행에 따라(x가 증가함에 따라) 전자파의 진폭이 감쇠하여 동시에 $\boldsymbol{E}$와 $\boldsymbol{H}$ 사이의 위상차도 증대하게 된다.

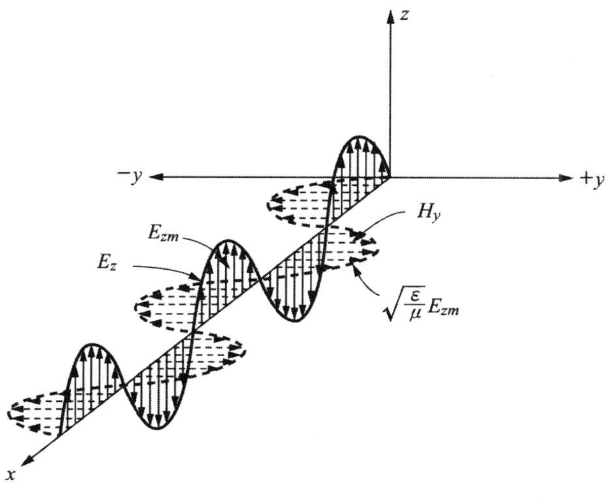

|그림 12·2| 평면파의 형태

$\boldsymbol{E}$와 $\boldsymbol{H}$의 크기의 관계는 식 (12·31)과 식 (12·32)에서

$$\boldsymbol{H} = \sqrt{{H_y}^2 + {H_z}^2} = \sqrt{{E_y}^2 + {E_z}^2}\sqrt{\frac{\omega\epsilon - j\sigma}{\omega\mu}} = E\sqrt{\frac{\omega\epsilon - j\sigma}{\omega\sigma}}$$

에 의하여 E와 H의 비는

$$\eta = \frac{E}{H} = \sqrt{\frac{\omega\mu}{\omega\epsilon - j\sigma}} \simeq \sqrt{\frac{\mu}{\epsilon}}\left\{1 - \frac{3}{8}\left(\frac{\sigma}{\omega\epsilon}\right)^2 + j\frac{\sigma}{2\omega\epsilon}\right\}[\Omega] \qquad (12 \cdot 36)$$

로 나타내는데, 이것을 **매질의 특성 임피던스**(intrinsic impedance of medium)라 한다. $\sigma=0$인 경우에는

$$\eta_0 = \sqrt{\frac{\mu}{\epsilon}} = 120\pi\sqrt{\frac{\mu_r}{\epsilon_r}} \simeq 376.7\sqrt{\frac{\mu_r}{\epsilon_r}}\,[\Omega] \qquad (12 \cdot 37)$$

가 되고, 진공 중에서는 $\epsilon_r = 1$, $\mu_r = 1$이므로 이 값은 376.7[Ω]이다.

12.2.2 구면파

자계$\boldsymbol{H}$를 자기 벡터 퍼텐셜로 나타내면 식 (9·66)에서

$$\boldsymbol{B} = \boldsymbol{H} = \mathrm{rot}\mathrm{A} \qquad (12 \cdot 38)$$

이다. 또 전계$\boldsymbol{E}$는 정전계$\boldsymbol{E}_s$ 와 시간적인 변화에 기인하는 전계$\boldsymbol{E}_t$ 와의 합으로 나타내며 $\boldsymbol{E}_s$는

$$\boldsymbol{E}_s = -\,\mathrm{grad}\,V$$

$\boldsymbol{E}_t$는 식 (12·38)을 식 (12·2)에 대입하여

$$\boldsymbol{E}_t = -\frac{\partial A}{\partial t}$$

이므로

$$\boldsymbol{E} = -\left(\mathrm{grad}\,V + \frac{\partial A}{\partial t}\right)[\mathrm{V/m}] \qquad (12 \cdot 39)$$

가 된다. 식 (12·38)과 식 (12·39)를 식 (12·1)에 대입하면

$$\mathrm{rot}\cdot\mathrm{rot}\boldsymbol{A} = -\,\sigma\mu\left(\mathrm{grad}\,V + \frac{\partial \boldsymbol{A}}{\partial t}\right) - \epsilon\mu\left(\frac{\partial\mathrm{grad}\,V}{\partial t} + \frac{\partial^2 \boldsymbol{A}}{\partial t^2}\right)$$

부록의 벡터식을 이용하면

$$\mathrm{grad}(\mathrm{div}\boldsymbol{A}) - \nabla^2\boldsymbol{A} = -\left(\sigma\mu\,\mathrm{grad}\,V + \epsilon\mu\frac{\partial\mathrm{grad}\,V}{\partial t}\right) - \left(\sigma\mu\frac{\partial A}{\partial t} + \epsilon\mu\frac{\partial^2\boldsymbol{A}}{\partial t^2}\right)$$

양변을 비교하면

$$\mathrm{div}\boldsymbol{A} = -\left(\sigma\mu\,V + \epsilon\mu\frac{\partial V}{\partial t}\right) \qquad (12 \cdot 40)$$

$$\nabla^2\boldsymbol{A} = \sigma\mu\frac{\partial A}{\partial t} + \epsilon\mu\frac{\partial^2\boldsymbol{A}}{\partial t^2} \qquad (12 \cdot 41)$$

가 동시에 성립하여야 한다. 이 중에서 식 (12·41)은 식 (12·13)과 같은 모양이며 A가 정현

파로 변화한다면 식 (12·15)와 같은 모양의 다음 식을 만족한다.

$$DEL^2\boldsymbol{A}+k^2\boldsymbol{A}=0 \tag{12 · 42}$$

지금 $\boldsymbol{A}$가 z방향의 성분 A_z만을 갖는다고 하면

$$A_x=A_y=0 \tag{12 · 43}$$

가 되고 식 (12·42)를 그림 12·3과 같이 극좌표로 나타내면, 식 (2·163)의 모양으로 나타낼 수 있지만 여기서 A_z가 z축의 주위에 대칭이라고 하면 ϕ에 무관계하고 $\partial A_z/\partial\phi=0$이다.

또 r 에만 관계된다고 생각하면 θ에는 무관하며 $\partial A_z/\partial\phi=0$이라고 놓을 수 있으며 식 (12·42)는

$$\frac{1}{r}\left(r\frac{\partial^2 A_z}{\partial r^2}+2\frac{\partial A_z}{\partial r}+k^2 rA_z\right)=0$$

$$\therefore\ \frac{\partial^2(rA_z)}{\partial r^2}+k^2(rA_z)=0 \tag{12 · 44}$$

으로 변형된다. 이 해를 정현파로 나타내면

$$rA_z=Ke^{j(\omega t-k\gamma)}$$

가 되며, 여기서 K는 전자계가 만드는 전원부의 세기에 의하여 결정되는 상수이다. 이후 유전체 중의 전파의 전파(傳播)를 취급하면 $\sigma=0$이고 식 (12·33)이 성립하므로 윗식은 다음과 같이 나타낼 수 있다.

$$A_z=(K/r)e^{j(\omega t-\beta r)}\ [\text{Wb/m}] \tag{12 · 45}$$

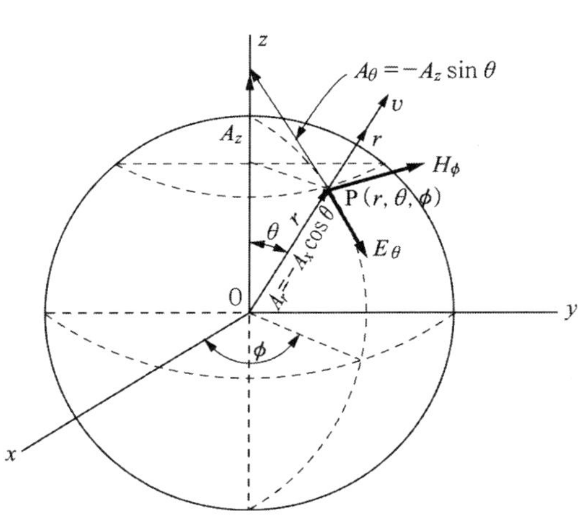

|그림 12·3| 구면파

그림 12·3에서 $r^2 = x^2 + y^2 + z^2$이므로

$$\frac{\partial r}{\partial x} = \frac{x}{r} = \sin\theta\cos\phi$$

$$\frac{\partial r}{\partial y} = \frac{y}{r} = \sin\theta\sin\phi$$

$$\frac{\partial r}{\partial z} = \frac{z}{r} = \cos\theta$$

식 (12·40)에서 $\sigma \simeq 0$이라 하고, 식 (12·43)과 윗식을 사용하면

$$\begin{aligned}\mathrm{div}\boldsymbol{A} &= \frac{\partial A_x}{\partial x} + \frac{\partial A_y}{\partial y} + \frac{\partial A_z}{\partial z} = \frac{\partial A_z}{\partial z} = \frac{\partial A_z}{\partial r}\frac{\partial \gamma}{\partial z} \\ &= \frac{\partial A_z}{\partial r} cos\theta \simeq -\epsilon\mu\frac{\partial V}{\partial t}\end{aligned}$$

여기에 식 (12·45)를 대입하면

$$K\left(\frac{1}{r^2} + j\frac{\beta}{r}\right)e^{j(\omega t - \beta r)}\cos\theta = \epsilon\mu\frac{\partial V}{\partial t}$$

가 되고, 양변을 t로 적분하면 다음 식을 얻게 된다.

$$V = \left(\frac{1}{r} - j\frac{1}{\beta r^2}\right)\frac{\omega K}{\beta} cos\theta\, e^{j(\omega t - \beta r)} \text{ [V]} \qquad (12 \cdot 46)$$

자기 벡터 퍼텐셜 A_z를 **그림** 12·3과 같이 r, θ, ϕ방향으로 나누고 이들의 값을 각각 A_r, A_θ, A_ϕ라고 하면 A_z는 (r, z)면 내에서

$$A_r = A_z\cos\theta,\ A_\theta = -A_z\sin\theta,\ A_\phi = 0 \qquad (12 \cdot 47)$$

이것과 식 (12·45)를 사용하여

$$\frac{\partial A_r}{\partial t} = \frac{\partial A_z}{\partial t} cos\theta = j\omega\frac{K}{r} cos\theta\, e^{j(\omega t - \beta r)}$$

$$\frac{\partial A_\theta}{\partial t} = -\frac{\partial A_z}{\partial t} sin\theta = -j\omega\frac{K}{r} sin\theta\, e^{j(\omega t - \beta r)}$$

마찬가지로 식 (12·39)로 나타낸 E의 r, θ, ϕ 성분을 각각 E_r, E_θ, E_ϕ라 하고 여기에 식 (12·46)을 사용하고 윗식과 식 (12·46)을 대입하면

$$E_r = -\left(\frac{\partial V}{\partial r} + \frac{\partial A_r}{\partial t}\right),\ E_\theta = -\left(\frac{1}{r}\frac{\partial V}{\partial \theta} + \frac{\partial A_\theta}{\partial t}\right),$$

$$E_\phi = -\left(\frac{1}{r\sin\theta}\frac{\partial V}{\partial\phi} + \frac{\partial A_\phi}{\partial t}\right)$$

가 되고, 이것에서 다음 식을 구할 수가 있다.

$$E_r = \frac{2\omega K}{\beta}\left(\frac{1}{r^2} - j\frac{1}{\beta r^3}\right)\cos\theta\, e^{j(\omega t - \beta r)}\ [\mathrm{V/m}] \qquad (12 \cdot 48)$$

$$E_\theta = \omega K\left(j\frac{1}{r} + \frac{1}{\beta r^2} - j\frac{1}{\beta^2 r^3}\right)\sin\theta\, e^{j(\omega t - \beta r)}\ [\mathrm{V/m}] \qquad (12 \cdot 49)$$

$$E_\phi = 0 \qquad (12 \cdot 50)$$

자계는 식 (12·38)을 x, y, z의 각 성분 모양으로 다음과 같이 고쳐 쓰고

$$\mu H_x = \frac{\partial \boldsymbol{A}_z}{\partial y} - \frac{\partial \boldsymbol{A}_y}{\partial z},\ \mu H_y = \frac{\partial A_x}{\partial z} - \frac{\partial A_z}{\partial x},\ \mu H_z = \frac{\partial A_y}{\partial x} - \frac{\partial A_x}{\partial y}$$

여기에 식 (12·43)을 넣으면

$$H_x = \frac{1}{\mu}\frac{\partial A_z}{\partial y},\ H_y = -\frac{1}{\mu}\frac{\partial A_z}{\partial x},\ H_z = 0 \qquad (12 \cdot 51)$$

가 된다.

자계$\boldsymbol{H}$와 직각좌표성분 H_x, H_y, H_z와 극좌표성분 H_r, H_θ, H_ϕ 사이의 관계는 그림 12·4를 참조하면, 그림 (a)에서 $H_1 = H_x\cos\phi + H_y\sin\phi$이므로

$$H_r = H_1\sin\theta + H_z\cos\theta = H_x\sin\theta\cos\phi + H_y\sin\theta\sin\phi + H_z\cos\theta$$

그림 (b)에서 $H_2 = H_x\cos\phi + H_y\sin\phi = H_1$ 이므로

$$H_\theta = H_2\cos\theta - H_z\sin\theta = H_x\cos\theta\cos\phi + H_y\cos\theta\sin\phi - H_z\sin\theta$$

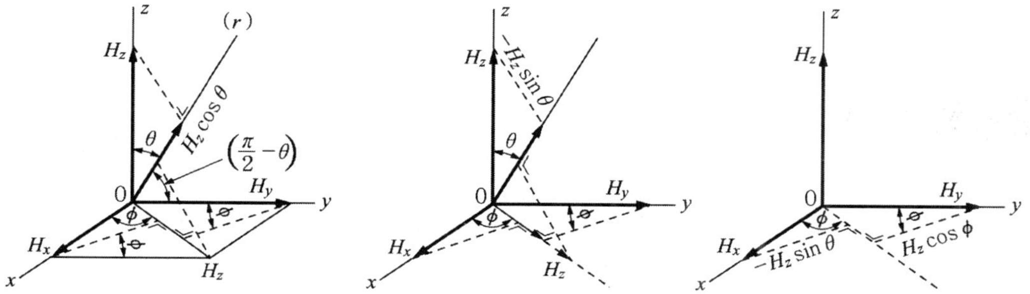

(a) H_r 성분 (b) H_θ 성분 (c) H_ϕ 성분

|그림 12·4| 직각좌표의 각 성분과 극좌표의 각 성분 사이의 관계

그림 (c)에서 $H_\phi = -H_x \sin\phi + H_y \cos\phi$

각각에 식 (12·51)을 대입하면

$$H_r = 0, \ H_\theta = 0 \tag{12·52}$$

$$\mu H_\phi = -\frac{\partial A_z}{\partial y} sin\phi - \frac{\partial A_z}{\partial x} cos\phi = -\frac{\partial A_z}{\partial r}\frac{\partial r}{\partial y} sin\phi - \frac{\partial A_z}{\partial r}\frac{\partial r}{\partial x} cos\phi$$
$$= -\frac{\partial A_z}{\partial r}(\sin\theta \sin^2\phi + \sin\theta \cos^2\phi) = -\frac{\partial A_z}{\partial r} sin\theta$$

이것과 식 (12·45)를 사용하면 다음 식을 얻을 수 있다.

$$H_\phi = \frac{K}{\mu}\left(j\frac{\beta}{r} + \frac{1}{r^2}\right)\sin\theta\, e^{j(\omega t - \beta r)} \ \text{[A/m]} \tag{12·53}$$

전파원에서 먼 곳의 전자계는 식 (12·48), (12·49), (12·50), (12·52), (12·53) 등에서 $\frac{1}{r^2}$ 이상의 항을 생략하면

$$E_r = 0, E_\theta = j\frac{\omega K}{r} sin\theta\, e^{j(\omega t - \beta r)}, \ E_\phi = 0 \tag{12·54}$$

$$\left.\begin{aligned} & H_r = 0, \ H_\theta = 0 \\ & H_\phi = j\frac{\beta K}{\mu r} sin\theta\, e^{j(\omega t - \beta r)} = \sqrt{\frac{\epsilon}{\mu}}\, E_\theta \end{aligned}\right\} \tag{12·55}$$

와 같이 나타낼 수 있다. 위의 양식에서 $\boldsymbol{E}$는 E_θ, $\boldsymbol{H}$는 H_ϕ만이 되고, 또 전자파의 진행 방향은 $\boldsymbol{r}$의 방향이므로 이 경우에는 **그림 12·3**에 나타낸 것과 같이 평면파의 경우와 마찬가지로 $\boldsymbol{E}, \boldsymbol{H}, \boldsymbol{r}$ (또는 v)가 서로 직각이 되고 $\boldsymbol{E}$에서 $\boldsymbol{H}$로 바른 나사를 회전하였을 때 전자파는 그 바른 나사의 진행 방향으로 전파한다.

12.3 편파

그림 12·5와 같이 진공 중을 지면의 뒤쪽에서 앞쪽으로 향하는 방향(z방향)으로 진행하고 있는 평면파 $E_x\, e^{j(\omega t - \beta z)}$를 생각해 보자. 이 파의 전계를 x방향으로 하면 자계는 이것에 직각이고 y방향으로 향하고 파는 z축 방향으로 진행하고, 진행에 따라서 전계의 방향이 변하는 일이 없다. 이와 같이 파의 전계의 방향이 항상 정한 방향일 때 이 파를 **직선편**

파(linearly polarized wave)라고 한다. 따라서 **그림** 12·5(a)인 경우는 **수평편파**(horizontally polarized wave)이며, **그림** 12·5(b)의 경우는 **수직편파**(vertically polarized wave)라고 한다. 실제로는 이와 같이 간단한 경우뿐만 아니고 같은 방향으로 진행하는 여러 가지 평면파의 조합으로 나타낼 수 있다. z축 방향으로 진행하는 두 파를 생각해 보자. 두 파의 주파수는 같지만 그 위상, 진폭, 계의 벡터 방향이 서로 다르다고 하면 양자를 합성한 파의 전계$\boldsymbol{E}$의 벡터는 시간이 경과함에 따라서 z축을 중심으로 하여 회전하고 그 궤적은 **그림** 12·5(c)와 같이 타원을 그리게 된다. 이와 같은 파를 **타원편파**(elliptically polarized wave)라고 한다.

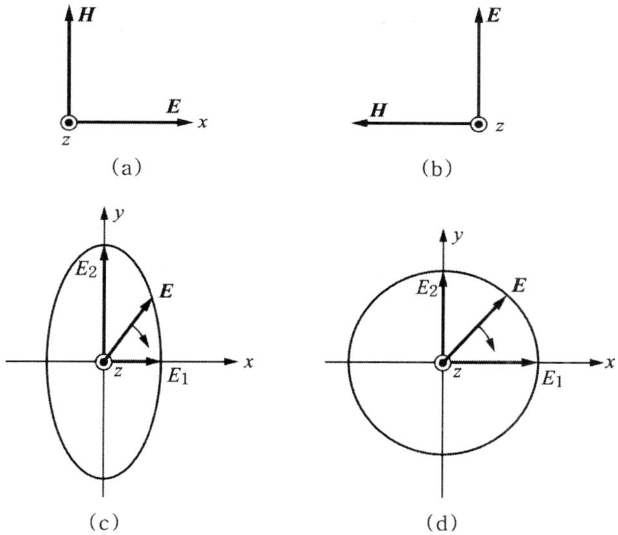

|그림 12·5|

지금 두 파의$\boldsymbol{E}$를 각각 x, y 성분으로 나누고 그 x 성분, y 성분을 합성한 것이 다음 식으로 표시된다고 하자.

$$E_x = E_1 \cos(\omega t - \beta z) \qquad (12 \cdot 56)$$

$$E_y = E_2 \cos(\omega t - \beta z + \psi) \qquad (12 \cdot 57)$$

임의의 면을 $z = 0$이라고 하면 윗식은

$$E_x = E_1 \cos\omega t \qquad (12 \cdot 58)$$

$$E_y = E_2 \cos(\omega t + \psi) \qquad (12 \cdot 59)$$

이 두 식에서 ωt를 소거하면

$$E_y = E_2(\cos\omega t\cos\psi - \sin\psi\sin\omega t)$$
$$= E_2\left(\frac{E_x}{E_1}cos\psi - \sqrt{1-\left(\frac{E_x}{E_1}\right)^2}\,sin\psi\right) \qquad (12 \cdot 60)$$

이 식을 정리하면

$$aE_x{}^2 - bE_x E_y + cE_y{}^2 = 1 \qquad (12 \cdot 61)$$

단,

$$a = \frac{1}{E_1{}^2\sin^2\psi},\quad b = \frac{2\cos\psi}{E_1 E_2\sin^2\psi},\quad c = \frac{1}{E_2{}^2\sin^2\psi}$$

식 (12·61)은 타원을 나타내고 있으므로 전계의 합성벡터 $\boldsymbol{E}=\boldsymbol{i}E_x+\boldsymbol{j}E_y$의 선단은 z축에 수직한 면 내에서 타원을 그리는 것을 알 수 있다. 특히 $E_1 = E_2$이고 $\psi=\pm\frac{\pi}{2}$이면 식 (12·61)은

$$E_x{}^2 + E_y{}^2 = E_1{}^2 \qquad (12 \cdot 62)$$

가 되고 $\boldsymbol{E}$의 벡터 궤적은 원이 된다. 이와 같은 파를 **원편파**(circular polarized wave)라고 한다. 그림 12·5 (d)는 이 모양을 나타내고 있다.

벡터$\boldsymbol{E}$가 x축과 이루는 각을 α라고 하면

$$E_x = E_1\cos\omega t,\ E_y = E_1\cos\left(\omega t \pm \frac{\pi}{2}\right) = \mp E_1\sin\omega t$$

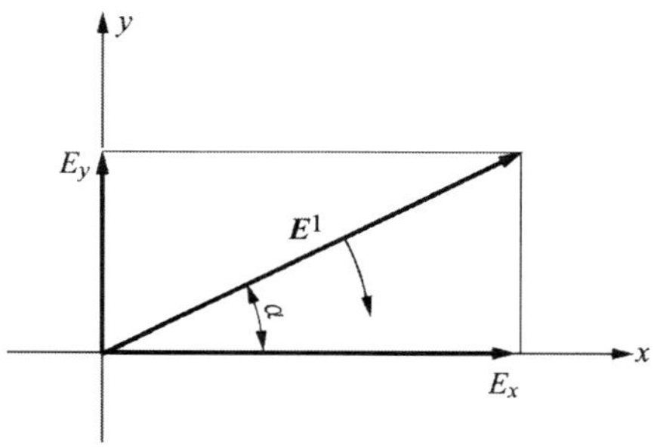

|그림 12·6| 원편파에 있어서의 E 의 회전

이므로, 그림 12·6과 같이

$$\alpha = \tan^{-1}\frac{E_y}{E_x} = \tan^{-1}\left(\frac{E_1\sin\omega t}{\mp E_1\cos\omega t}\right) = \mp\,\omega t \qquad (12 \cdot 63)$$

가 되어 $\boldsymbol{E}$는 $\psi = \frac{\pi}{2}$일 때는 z축의 정방향으로 향하여, 반시계 방향으로 ω의 일정 각속도로 회전하고, $\psi = -\frac{\pi}{2}$일 때는 시계 방향으로 회전하고 있음을 알 수 있다.

$E_1 = E_2$이고, $\psi = 0$이면 직선편파가 된다.

12.4 경계조건

전자파가 유전체, 도체표면 등에서 어떻게 반사, 굴절되는가를 취급하려면 먼저 그 경계면에서 성립하는 경계 조건을 명백하게 할 필요가 있다. 상이한 매질의 경계면에서 정전계, 정자계에 대한 $\boldsymbol{E}, \boldsymbol{D}, \boldsymbol{H}, \boldsymbol{B}$의 경계 조건을 구했지만, 이것들이 시간적으로 변화하고 있을 때의 경계 조건을 구하면 된다. 이것은 맥스웰의 전자방정식에서 구할 수 있다.

그림 12·7에 나타낸 것같이 양매질 1, 2에 걸쳐 있는 짧은 원통을 취하고, 이 면에 의하여 포함되는 체적 전체에서 B의 발산에 발산정리를 적용하면 div$\boldsymbol{B}$= 0이 되므로

$$\int_s \boldsymbol{B}\cdot d\boldsymbol{S} = \int_{s_1} \boldsymbol{B}\cdot d\boldsymbol{S}_1 + \int_{s_2} \boldsymbol{B}\cdot d\boldsymbol{S}_2 + \int_{s_3} \boldsymbol{B}\cdot d\boldsymbol{S}_3 = 0 \qquad (12 \cdot 64)$$

$\boldsymbol{B}$가 유한하면 $h \to 0$이라 할 때 제3항은 0이 되고, 정자계의 경우와 마찬가지로

$$B_{1n} = B_{2n} \qquad (12 \cdot 65)$$

을 얻게 된다. 다음에 맥스웰 방정식에서 rotE + (∂B/∂t) = 0이므로 이것을 **그림 12·8**의 구형폐통로에 포함되는 면 전체에 대하여 적분하면

$$\int_s \mathrm{rot}\boldsymbol{E}\cdot d\boldsymbol{S} = -\int_s \frac{\partial \boldsymbol{B}}{\partial t}\cdot d\boldsymbol{S} \qquad (12 \cdot 66)$$

이 좌변의 식을 Stokes의 정리를 사용하여 선적분으로 바꾸면

$$lE_1t - lE_2t + h_1E_{1n} + h_2E_{2n} - h_1E'_{1n} - h_2E_2{}'_n = -\int_s \frac{\partial \boldsymbol{B}}{\partial t}\cdot d\boldsymbol{S} \qquad (12 \cdot 67)$$

여기서 h_1, $h_2 \to 0$이라 하면 좌변의 3, 4, 5, 6항은 0이 되고 또 $\partial\boldsymbol{B}/\partial t$를 유한으로 하면 우변은 0이 되므로

$$E_1t = E_2t \qquad (12 \cdot 68)$$

$\boldsymbol{Dn}$에 대해서는 $\mathrm{div}\,\mathrm{D} = \rho$를 **그림 12·7**의 체적 전체에 대해 적분하면

$$\int_v \mathrm{div}\,\mathrm{D}\,\mathrm{dv} = \int_v \rho\,\mathrm{dv}$$

여기에 발산정리를 적용하여 $h \to 0$하는 경우 σ_e를 경계면상의 면전하밀도라고 하면

$$(D_{1n} - D_{2n})S_1 = \sigma_e S_2 \qquad (12 \cdot 69)$$

가 된다.

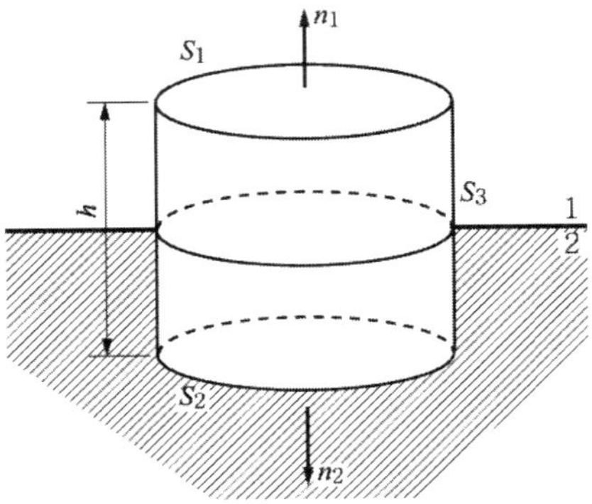

|그림 12·7| 2개의 매질에 걸쳐 있는 단원통

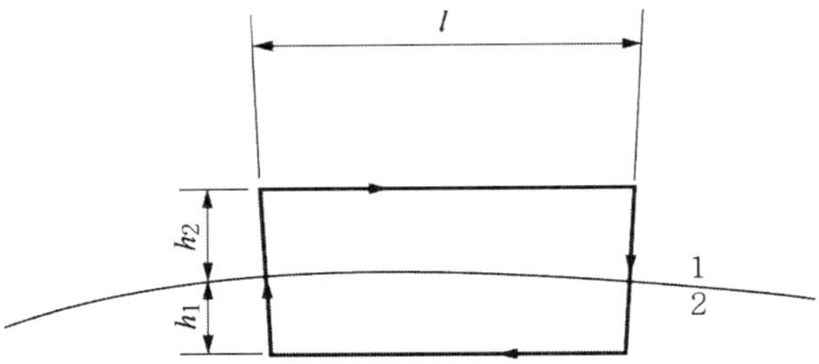

|그림 12·8| 2개의 매질에 걸쳐 있는 구형 루프

일반적으로 σ_e는 0이 되지 않지만, 전하의 보존성을 나타내는 $\mathrm{div}\boldsymbol{J} = -\left(\frac{\partial \rho}{\partial t}\right)$인 관계를 **그림 12·7**의 원통 전체에 대하여 적분하고 $h \to 0$이라고 하면

$$J_{1n} - J_{2n} = -\frac{\partial \sigma_e}{\partial t} \qquad (12 \cdot 70)$$

을 얻게 된다. 여기서 면전하밀도 σ_e가 정현파 진동, 즉 $e^{j\omega t}$로 변하면 식 (12·70)의 우변은 $-j\omega\sigma_e$가 되고, 또 $\boldsymbol{D} = \epsilon E, \boldsymbol{J} = \sigma E$이므로 식 (12·69)와 식 (12·70)은

$$\epsilon_1 E_{1n} - \epsilon_2 E_{2n} = \sigma_e \qquad (12 \cdot 71)$$

$$\sigma_1 E_{1n} - \sigma_2 E_{2n} = - j\omega\sigma_e \qquad (12 \cdot 72)$$

다음의 몇 가지 경우에 대하여 생각해 보자. 식 (12·71)과 식 (12·72)에서 $\sigma_e = 0$일 때는

$$\frac{\epsilon_1}{\sigma_1} = \frac{\epsilon_2}{\sigma_2} \qquad (12 \cdot 73)$$

가 되고, 또 바꾸어 말하면 양매질이 이와 같은 관계가 있을 때, 즉 $\sigma_1 = \sigma_2 = 0$ 또는 $\sigma_1 = \sigma_2 = \infty$일 때는 $\sigma_e = 0$이 된다. 이 때 $\sigma_1 = \sigma_2 = \infty$일 때는 과히 중요하지 않지만 $\sigma_1 = \sigma_2 = 0$은 완전한 절연매질을 의미하므로 중요하다.

$\sigma_e \neq 0$일 때는 식 (12·71)과 식 (12·72)에서 σ_e를 소거하여

$$\left(\epsilon_1 + \frac{\sigma_1}{j\omega}\right)E_{1n} - \left(\epsilon_2 + \frac{\sigma_2}{j\omega}\right)E_{2n} = 0 \qquad (12 \cdot 74)$$

또는 이것을 $\omega^2 \mu_1 \mu_2$배 하면

$$\mu_1 \gamma_1{}^2 E_{1n} - \mu_1 \gamma_2{}^2 E_{2n} = 0 \qquad (12 \cdot 75)$$

가 된다. 단 여기서 γ는 전파상수, 즉

$$\gamma^2 = - \omega^2 \epsilon\mu + j\omega\sigma\mu \qquad (12 \cdot 76)$$

이다. 다음에 한쪽 매질의 도전율, 가령 $\sigma_2 = \infty$일 때는 식 (12·71)과 식 (12·72)에서 $E_{2n} = 0$, $E_{1n} = \sigma_e / \epsilon_1$가 된다. 자계 $\boldsymbol{H}$의 접선성분에 대한 경계 조건은 $\mathrm{rot}\boldsymbol{H} = \mathrm{j} + \frac{\partial D}{\partial t}$를 그림 12·8의 폐통로에 포함된 영역에 대하여 적분함으로써 얻을 수 있다. 즉

$$H_1 t - H_2 t = j_{s\perp} \qquad (12 \cdot 77)$$

여기서 $j_{s\perp}$는 $\boldsymbol{H}$성분 방향에 수직한 표면전하밀도이며, 무한히 얇은 층 중의 유한한 크기의 전류를 나타낸다. 따라서 $\sigma = \infty$가 아니면 이것은 0이다. 따라서 유한한 도전율에 대해서는

$$H_{1t} = H_{2t} \qquad (12 \cdot 78)$$

$\sigma_2 = \infty$일 때는 이미 $E_{2n} = 0$가 되는 것을 구하였지만, $\mathrm{rot}\boldsymbol{H}_2 - \frac{\partial D}{\partial t} = \boldsymbol{J}_2$를 매질 2에 적용하고, 시간극수를 $e^{j\omega t}$라고 하면

$$\boldsymbol{E}_2 = \frac{1}{\sigma_2 + j\,\omega\,\epsilon_2}\mathrm{rotH}_2 \qquad (12 \cdot 79)$$

가 되므로, $\boldsymbol{H}_2$ =유한, $\sigma_2 = \infty$일 때는 $\boldsymbol{E}_2 = 0$이 된다. 마찬가지로

$$\boldsymbol{H}_2 = \frac{1}{j\,\omega\,\mu_2}\mathrm{rot}\mathrm{E}_2 \tag{12 · 80}$$

가 되므로, 이 때$\boldsymbol{H}_2$도 0이 된다. 그리고 $\boldsymbol{H}_2 = 0$이면 한쪽의 매질의 도전율이 ∞일 때는 $\boldsymbol{H}_t$의 경계 조건은

$$1H_{1t} = j_{s\perp} \tag{12 · 81}$$

이상에서 얻은 각종 경계조건을 도전율 σ에 대한 일람표의 모양으로는 **표** 12·1에 나타낸 것과 같다.

|표 12·1|

σ	E_t	D_n	H_t	B_n
$\sigma_1 = \sigma_2 = 0$	$E_{1t} = E_{2t}$	$D_{1n} = D_{2n}$	$H_{1t} = H_{2t}$	$B_{1n} = B_{2n}$
$\sigma_2 = \infty$	$E_{2t} = 0$	$D_{2n} = 0$	$H_{2t} = 0$	$B_{2n} = 0$
	$E_{1t} = 0$	$D_{1n} = \sigma_s$	$H_{1t} = j_{s\perp}$	$B_{1n} = 0$
$\sigma_1, \sigma_2 \neq \infty$ 0	$E_{1t} = E_{2t}$	$\left(\epsilon_1 + \frac{\sigma_1}{j\omega}\right)E_{1n} = \left(\epsilon_2 + \frac{\sigma_2}{j\omega}\right)E_{2n}$	$H_{1t} = H_{2t}$	$B_{1n} = B_{2n}$

12.5 전자계에너지와 포인팅 벡터

전계 중에서 이에 반하여 전하가 움직이게 되면 전하 그 자체는 아무런 변화를 하지 않지만 위치에너지가 증가하고, 또 전계 중에 전하를 놓으면 전계가 가지는 에너지에 의해 전하는 그 방향으로 움직이게 된다. 매질의 유전율을 ϵ, 투자율을 μ라고 하면 전계 $\boldsymbol{E}$, 자계 $\boldsymbol{H}$의 단위체적당의 매질 중에 저축되는 정전에너지 w_e와 자기에너지 w_k는 각각 식 (6·18)과 식 (8·59) 등으로 주어지므로, 단위체적 중의 전자계에너지 w는 이들의 합이며

$$w = \frac{1}{2}(\epsilon \boldsymbol{E}^2 + \mu \boldsymbol{H}^2) = \frac{1}{2}(\epsilon \boldsymbol{E}\cdot\boldsymbol{E} + \mu \boldsymbol{H}\cdot\boldsymbol{H})\ [\mathrm{J/m^3}] \tag{12 · 82}$$

가 된다.

$\boldsymbol{E}$와 $\boldsymbol{H}$는 직각이고 전자계는 이들 어느 것과도 직각으로 전파하므로 단면적 $S\,[\mathrm{m}^2]$를 통하여 전자파가 δx의 거리만큼 진행했을 때, 이만큼의 체적에 축적되는 전자계에너지 $\delta W = w\,S\delta x$가 된다. 그러므로 이 단면적을 통하는 전자계에너지의 시간적 변화, 즉 전자

계의 전력은

$$\frac{dW}{dt}=\frac{1}{2}(\epsilon \boldsymbol{E}^2+\mu \boldsymbol{H}^2)S\frac{dx}{dt}\ [\mathrm{W}]$$

가 된다. 이 에너지의 전파속도를 v라고 하면 $v=dx/dt$가 되므로 단위 시간에 단위면적을 통과하는 전자계에너지, 즉 단위면적당의 전력 $P=\left(\frac{1}{S}\right)dW/dt$는

$$\boldsymbol{P}=\frac{1}{2}(\epsilon \boldsymbol{E}^2+\mu \boldsymbol{H}^2)v\ [\mathrm{W/m^2}] \qquad (12\cdot83)$$

로 나타낼 수 있다. 간소화하기 위하여 $\boldsymbol{E}$는 E_y, $\boldsymbol{H}$는 H_z뿐이라면 $\boldsymbol{P}$는 P_x만이 되고, 이 값은 식 (12·34)의 제1식, 식 (12·25)의 제1식을 식 (12·83)에 대입하여

$$P_x=\epsilon {E_y}^2 v=\sqrt{\frac{\epsilon}{\mu}}{E_y}^2=E_y H_z\ [\mathrm{W/m^2}] \qquad (12\cdot84)$$

가 된다. 이것으로 $\boldsymbol{E}$, $\boldsymbol{H}$, $\boldsymbol{P}$가 서로 직각이 되는 것을 알 수 있다. 식 (12·84)에서 $E_y=E_m\cos(\omega t-\beta x)$라고 놓으면

$$P_x=\sqrt{\frac{\epsilon}{\mu}}{E_m}^2\cos^2(\omega t-\beta x)$$

로 표시되며 이것의 1주기에 대한 평균값 $\overline{P}_x$는

$$\overline{P}_x=\frac{1}{2\pi}\int_0^{2\pi}P_x d(\omega t)=\frac{{E_m}^2}{4\pi}\sqrt{\frac{\epsilon}{\mu}}\int_0^{2\pi}\{1+\cos 2(\omega t-\beta x)\}d(\omega t)$$

$$\therefore\ \overline{P}_x=\frac{1}{2}\sqrt{\frac{\epsilon}{\mu}}{E_m}^2\ [\mathrm{W/m^2}] \qquad (12\cdot85)$$

과 전계의 진폭의 2승에 비례한다. 다음에 매질 내에 저축되어 있던 전자계에너지의 시간에 대한 변화는 식 (12·82)를 t로 미분하면 얻을 수 있지만, 그 에너지를 외부에 방출하는 입장에서 보면 한 번 축적되었던 에너지는 시간과 더불어 감소하므로, 여기에 부부호(負符號)를 붙여

$$-\frac{\partial w}{\partial t}=\epsilon \boldsymbol{E}\cdot\frac{\partial \boldsymbol{E}}{\partial t}+\mu \boldsymbol{H}\cdot\frac{\partial \boldsymbol{H}}{\partial t}$$

윗식에 식 (12·1)과 식 (12·2)를 대입하고 식 (12·8)을 이용하면

$$-\frac{\partial w}{\partial t}=\boldsymbol{E}\cdot(\mathrm{rot}\boldsymbol{H}-\sigma \boldsymbol{E})-\boldsymbol{H}\cdot(\mathrm{rot}\boldsymbol{E})$$

$$=\boldsymbol{E}\cdot(\mathrm{rot}\boldsymbol{H})-\boldsymbol{H}\cdot(\mathrm{rot}\boldsymbol{E})\boldsymbol{E}\cdot \boldsymbol{i}$$

여기에 부록의 벡터 공식을 적용하면

$$\frac{\partial w}{\partial t} - \mathrm{div}(\boldsymbol{E} \times \boldsymbol{H}) - \boldsymbol{E} \cdot \boldsymbol{i} = 0 \ [\mathrm{W/m^3}] \qquad (12 \cdot 86)$$

이것을 체적 V에 대하여 적분하면

$$\int_V \frac{\partial w}{\partial t} dv - \int_V \boldsymbol{E i}\, dv = \int_V \mathrm{div}(\mathrm{E} \times \mathrm{H})\, \mathrm{dv}$$

V를 포함하는 표면적을 S라 하고 우변에 발산의 정리를 적용하면

$$\int_V \frac{\partial w}{\partial t} dv - \int_V \boldsymbol{E i}\, dv = \int_S (\boldsymbol{E} \times \boldsymbol{H}) \cdot d\boldsymbol{S} \ [\mathrm{W}]$$

가 된다. 이 좌변 제1항은 외부에서 체적 V 속에 단위시간당 축적된 전자계에너지, 제2항은 체적 V의 매질의 저항분에 단위시간당 소비되는 전기적 에너지를 나타내고 있으므로, 결국 좌변은 V의 체적의 표면 S를 통하고 단위시간에 외부에 유출하는 전자계에너지, 즉 방출전력이다. 이것을 $\boldsymbol{Ps}$라고 하면

$$\boldsymbol{P}_s = \int_s (\boldsymbol{E} \times H) \cdot d\mathrm{S} \ [\mathrm{W}]$$

로 표시되므로, 단위면적을 통하고 여기에 수직하게 나가는 전력$\boldsymbol{P}$는

$$\boldsymbol{P} = \boldsymbol{E} \times \boldsymbol{H} \ [\mathrm{W/m^2}] \qquad (12 \cdot 87)$$

가 되고, $\boldsymbol{P}$를 **포인팅 벡터**(Pointing vector)라고 한다. $\boldsymbol{E}$와 $\boldsymbol{H}$가 이루는 각을 θ라고 하면, 그 크기는

$$P = EH\sin\theta \qquad (12 \cdot 87')$$

방향은 $\boldsymbol{E}$에서 $\boldsymbol{H}$의 바른 나사를 돌렸을 때의 나사가 진행하는 방향과 일치한다. 매질 내에 도전전류가 흐르지 않는다고 하면 $\boldsymbol{i} = 0$이므로 식 (12·86)은

$$\frac{\partial w}{\partial t} - \mathrm{div}\mathrm{P} = 0 \qquad (12 \cdot 88)$$

가 되고, $\boldsymbol{P}$의 x, y, z 성분을 각각 P_x, P_y, P_z라고 하면 다음 식을 얻게 된다.

$$\frac{\partial w}{\partial t} - \left(\frac{\partial P_x}{\partial x} + \frac{\partial P_y}{\partial y} + \frac{\partial P_z}{\partial z} \right) = 0 \qquad (12 \cdot 88')$$

전자파가 x방향으로 전파되는 경우는 윗식에서 $\partial P_y / \partial y = 0$, $\partial P_z / \partial z = 0$이 되어

$$\frac{\partial w}{\partial t} - \frac{\partial P_x}{\partial x} = 0$$

이 양변을 x로 적분하면

$$P_x = x\frac{\partial w}{\partial t}$$

한편 체적 V 중의 전자계에너지는 W이며, $w = W/V$이므로 윗식은

$$P_x = \frac{x}{V}\frac{\partial w}{\partial t} = \frac{1}{S}\frac{\partial W}{\partial t}\ [\mathrm{W/m^2}]$$

로 변형되어, P_x는 단위면적에 이것과 직각으로 단위시간에 방출되는 전자계에너지 또는 단위면적에 이것과 직각으로 방출되는 전력을 나타내고 있음을 알 수 있다.

$$\int_s \boldsymbol{P} \cdot d\boldsymbol{S} = dW/dt\ [\mathrm{W}] \qquad (12 \cdot 89)$$

식 (12·87)과 식 (12·84)를 비교하여도 $\boldsymbol{P}$는 위에서 기술한 것과 같다는 것을 알 수 있다.

예제 12-1

그림 12·9 (a)와 같이 원주상도체에 전류 I가 흐르고 있다. 표면에 밀착한 단위길이의 원통상의 면 S_1 및 그 상하의 단면 S_2, S_3로 포위된 폐곡선에서 흘러나오는 전력을 구하여라. 단 도체의 반지름을 r, 단위길이당의 저항을 R라고 한다.

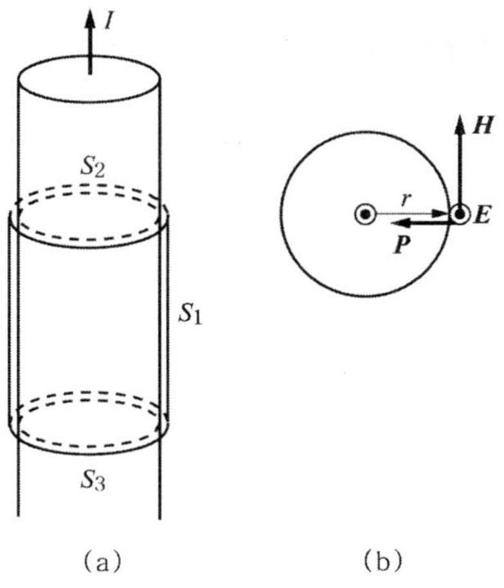

|그림 12·9|

해 포인팅 벡터는 그림 12·9 (b)와 같이 중심으로 향하고 있으므로 S_2, S_3에서는 그 면에 수직한 성분이 없다. S_1 위에서는 $\boldsymbol{P}$의 외향의 방향을 정이라고 하면

$$P = -EH \tag{12 · 90}$$

여기서

$$H = \frac{I}{2\pi r},\ E = IR$$

가 되므로 흘러나가는 전력 P_s는

$$P_s = -\int_{s_1} EHdS = -\int_{s_1} \frac{I^2 R}{2\pi r} dS = -\frac{I_2 R}{2\pi r}\int_{s_1} dS = -I^2 R \tag{12 · 91}$$

가 된다. I^2R는 단위길이당의 저항 R에서의 Joule열이며 $P = -I^2R$가 되어 부호가 붙은 것은 표면에서 전력이 들어오는 것을 나타내고 있다.

단위길이당이 Joule열과 같은 만큼의 에너지가 매초 표면에서 도체로 보급된다.

예제 12-2

전계$\boldsymbol{E} = \boldsymbol{E}_0 e^{j\omega t}$, 자계$\boldsymbol{H} = \boldsymbol{H}_0 e^{j\omega t}$, 여기서$\boldsymbol{E}_0 = E_y + jE_z$, H0$= H_y + jH_z$라고 하면 $P = \frac{1}{2}R_e\left(\boldsymbol{E}_0\boldsymbol{H}_0^*\right) = \frac{1}{2}R_e\left(\boldsymbol{E}_0\boldsymbol{H}_0^*\right) = \frac{1}{2}(E_y H_y + E_z H_z)$이다. 단, $\overline{P}$는 전계의 실수부와 자계의 실수부와의 곱의 평균값이고, $\boldsymbol{H}_0^*$는$\boldsymbol{H}_0$의 공액벡터이다.

해 $\boldsymbol{E}$, $\boldsymbol{H}$는 어느 것이나 x축방향으로 전파하고

$$\begin{aligned}\boldsymbol{E} &= (E_y + jE_z)e^{j\omega t} = Ee^{j(\omega t + \phi_1)} \\ &= E\{\cos(\omega t + \phi_1) + j\sin(\omega t + \phi_1)\}\end{aligned}$$

$$\begin{aligned}\boldsymbol{H} &= (H_y + jH_z)e^{j\omega t} = He^{j(\omega t + \phi_2)} \\ &= H\{\cos(\omega t + \phi_2) + j\sin(\omega t + \phi_2)\}\end{aligned}$$

여기서 $E = \sqrt{E_y{}^2 + E_z{}^2}$, $H = \sqrt{H_y{}^2 + H_z{}^2}$, $\tan\phi_1 = E_z/E_y$, $\tan\phi_2 = E_z/E_y$이다.

그러므로$\boldsymbol{E}$의 실수부와$\boldsymbol{H}$의 실수부의 곱의 평균값은

$$\begin{aligned}\overline{P} &= \frac{1}{\pi/2}\int_0^{\pi/2} EH\cos(\omega t + \phi_1)\cdot\cos(\omega t + \phi_2)\,d(\omega t) \\ &= \frac{EH}{\pi}\left\{\int_0^{\pi/2}\cos(\phi_1 + \phi_2 + 2\omega t)\,d(\omega t) + \cos(\phi_1 - \phi_2)\int_0^{\pi/2} d(\omega t)\right\}\end{aligned}$$

$$= \frac{EH}{\pi}\frac{\pi}{2}cos(\phi_1 - \phi_2) = \frac{1}{2}EH(\cos\phi_1\cos\phi_2 + \sin\phi_1\sin\phi_2)$$

$$= \frac{1}{2}(E_y H_y + E_z H_z)$$

$$\frac{1}{2}R_e(\boldsymbol{E}_0\boldsymbol{H}_0^*) = \frac{1}{2}R_e\{(E_y + jE_z)(H_y - jH_z)\}$$

$$= \frac{1}{2}(E_y H_y + E_z H_z) = \frac{EH}{2}cos(\phi_1 - \phi_2)$$

$$\therefore\ P = \frac{1}{2}R_e(\boldsymbol{E}_0\boldsymbol{H}_0^*) = \frac{1}{2}R_e(\boldsymbol{E}\boldsymbol{H}^*)$$

$$= \frac{1}{2}(E_y H_y + E_z H_z)\ [\mathrm{W/m^2}] \tag{12 · 92}$$

12.6 전자파의 반사와 굴절

전자파는 서로 다른 매질의 경계면에서 일부는 반사(reflection)되고 일부는 투과(transmission)된다. 다음에 이 현상을 설명하기로 한다.

12.6.1 평면파가 완전도체에 수직하게 입사했을 때의 반사

그림 12·10과 같이 완전도체에 평면파가 수직으로 입사한 경우를 취급하자. 파의 시간적 변화는 정현파 모양이라고 하면, 도체 내의 전자파에 취급한 것과 같이 완전도체에서는 표면에서 감쇠하여 내부에는 포인팅 벡터가 없어지므로 에너지는 도체를 통과할 수가 없다.

따라서 입사하여 생긴 파의 에너지를 반사에 의하여 반사파가 본래의 방향으로 가지고 가게 되어 반사가 일어나게 된다. 파의 진행 방향을 z, 도체 표면을 $z=0$, 전계의 방향을 x축 방향으로 취하여 입사파를 $E_{io}e^{j(\omega t - \beta z)}$, 반사파를 $E_{ro}e^{j(\omega t + \beta z)}$라고 하면 자유공간의 전계는

$$E_x = E_{i0}e^{j(\omega t - \beta z)} + E_{r0}e^{j(\omega t + \beta z)} \tag{12 · 93}$$

도체표면 $z=0$에서 E_x는 항상 0이므로

$$E_x = (E_{i0} + E_{r0})e^{j\omega t} = 0,\ E_{r0} = -E_{i0} \tag{12 · 94}$$

이것은 전계가 도체 표면에서 반사하게 되므로, 그 방향이 반대가 되는 것을 나타내고 있다. 따라서

$$E_x = E_{io}(e^{-j\beta z} - e^{-j\beta z})e^{j\omega t} = -2jE_{i0}\sin\beta z \cdot e^{j\omega t} \qquad (12 \cdot 95)$$

가 된다. 이것은 이미 진행파가 아니며 그 진폭이 $-2jE_{i0}\sin\beta z$이며, 이것이 $e^{j\omega t}$로 표시된 것과 같이 시간적으로 정현파상으로 변화하고 있음을 알 수 있다.

이 모양은 **그림 12·10**의 E로 나타내고 있다. 전계는 도체 표면 및 1, 2 등의 점에서는 항상 0이고, 그 사이에서는 진폭이 커져 정상파(standing wave)가 되어 있다.

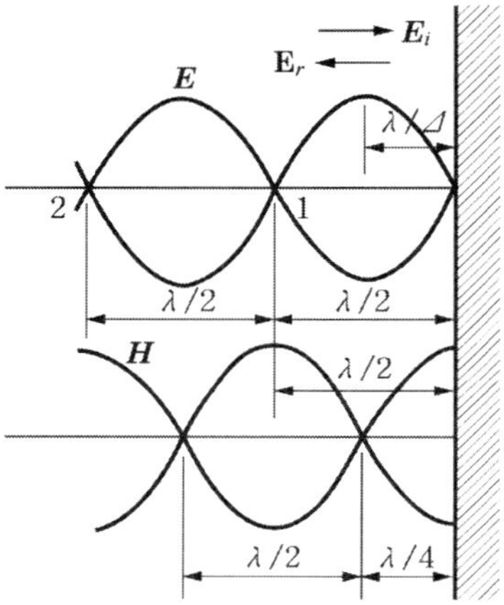

|그림 12·10| 완전도체에 평면파가 수직으로 입사했을 때의 반사

자계는 전계를 공간의 고유 임피던스로 나누어서 구한다. 이 때 z축의 정방향으로 진행하는 입사파에 대해서는 η이므로 반사파에 대해서는 $-\eta$가 되는 것에 유의하여야 한다.

따라서 반사파에 있어서는 $\boldsymbol{E}$나 $\boldsymbol{H}$의 하나가 입사파와 그 방향이 반대로 되어야 한다.

전계는 **식 (12·94)**에서 반사파와 입사파는 반대의 방향이므로 자계의 반사파는 입사파와 같은 방향이어야 한다. 만일 자계도 반대로 하면 포인팅 벡터 $\boldsymbol{E}_i \times \boldsymbol{H}_i$와 $\boldsymbol{E}_r \times \boldsymbol{H}_r$와 같은 z축의 정방향으로 향하고 반사파는 입사파와 같은 방향으로 진행하기 때문이다. 이 모양은 **그림 12·11**에 나타낸 바와 같다. 따라서

$$H_r = \frac{E_{i0}}{\eta}e^{j(\omega t - \beta z)} - \frac{E_{r0}}{\eta}e^{j(\omega t + \beta z)} = \frac{E_{i0}}{\eta}(e^{-j\beta z} + e^{j\beta z})e^{j\omega t}$$

$$= 2\frac{E_{i0}}{\eta}cos\beta z \cdot e^{j\omega t} \qquad (12 \cdot 96)$$

가 되어 정상파가 되어 있음을 알 수 있다. 정상파의 진폭이 항상 0인 점을 **파절**(wave node), 최대의 점을 파복(wave loop)이라고 한다.

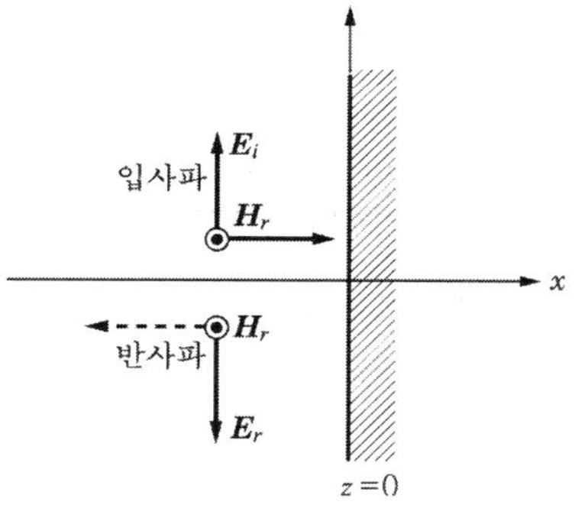

|그림 12·11| 입사파와 반사파의 전계와 자계의 관계

전계에 대하여 파절과 파복의 위치를 구해 보자. 파절은 식 (12·95)에서 $\sin\beta z = 0$인 점이다. 여기에서

$$\beta z = n\pi, \quad z = \frac{n\pi}{\beta} = \frac{n\pi}{\frac{2\pi}{\lambda}} = n\frac{\lambda}{2}$$

(단, 여기서 n은 상수이다) (12 · 97)

가 되어 표면 및 여기서 $\frac{\lambda}{2}$마다 자계가 항상 0점이 생기고 있는 것을 알 수 있다.

자계는 $\cos\beta z = 0$의 점이 파절, $|\cos\beta z| = 1$의 점이 파복이므로 전계의 파복이 자계의 파절전계의 파절이 자계의 파복에 해당한다는 것을 알 수 있다.

12.6.2 평면파가 유전체의 경계면에 수직으로 입사할 때의 반사와 투과

서로 다른 유전체의 경계면에 파가 수직으로 입사할 때 일부는 반사되지만 일부는 투과된다. 여기서는 평면파를 생각하고 E_i, H_i, E_r, H_r, E_t, H_t를 경계면에 있어서의 입사파, 반사파, 투과파의 전계, 자계라고 하면, 이것들은 어느 것이나 그림 12·12에 나타낸 것과 같이 경계면에 평행하게 되어 있다.

여기서 이들의 전계나 자계는 반사나 투과할 때 $\boldsymbol{E}, \boldsymbol{H}$도 각각 위상이 달라질지 모르며 $\boldsymbol{E}$와 $\boldsymbol{H}$ 사이의 위상도 시간적으로 변화할지도 모르지만, 어떠한 경우나 경계면에서 전계 및 자계는 경계면에서 그 접선 성분은 연속이므로

$$\left.\begin{aligned} E_i + E_r &= E_t \\ H_i + H_r &= H_t \end{aligned}\right\} \qquad (12 \cdot 98)$$

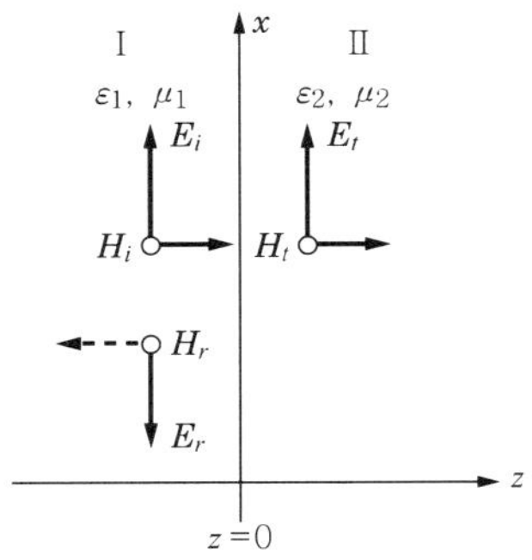

|그림 12·12| 서로 다른 유전체의 경계면에 평면파가 수직으로 입사하였을 때의 반사와 투과

매질 Ⅰ, Ⅱ의 유전율과 투자율을 각각 ϵ_1, ϵ_2, μ_1, μ_2라 하고 그 고유 임피던스를 η_1, η_2라고 하면

$$\frac{E_i}{H_i}=\eta_1,\ \ \frac{E_r}{H_r}=-\eta_1,\ \ \frac{E_t}{H_t}=\eta_2$$

따라서

$$\left.\begin{aligned} E_t &= \frac{2\eta_2}{\eta_1+\eta_2}E_i,\ \ H_t=\frac{2\eta_1}{\eta_1+\eta_2}H_i \\ E_r &= \frac{\eta_2-\eta_1}{\eta_1+\eta_2}E_i,\ \ H_r=\frac{\eta_1-\eta_2}{\eta_1+\eta_2}H_i \end{aligned}\right\} \tag{12 · 99}$$

$$\left(\eta_1=\sqrt{\frac{\mu_1}{\epsilon_1}},\ \eta_2=\sqrt{\frac{\mu_2}{\epsilon_2}}\right)$$

여기서

$$\tau_t=\frac{E_t}{E_i}=\frac{2\eta_2}{\eta_1+\eta_2} \tag{12 · 100}$$

의 τ_t를 **투과계수**(transmission coefficient)라고 한다. 또

$$\rho_t=\frac{E_r}{E_i}=\frac{\eta_2-\eta_1}{\eta_1+\eta_2} \tag{12 · 101}$$

인 ρ_r를 **반사계수**(reflection coefficient)라고 한다. 특별한 경우로서 $\eta_1=\eta_2$이면 $\rho_r=0$가 되고, 매질 Ⅰ에서 들어온 파는 반사됨이 없이 모두 투과하게 된다. 또 $\eta_2=0$(도체)이면 $\rho_r=-1$, $\tau_t=0$가 되고, 투과가 없이 모두 반사되고, 또 $E_r=-E_i$이므로 전계는 반사할 때 반대방향이 됨을 알 수 있다. 이것은 **12. 6. 1**에서 설명한 바와 같다. 또 $\eta_1>\eta_2$

이면 $E_r < 0$, $H_r > 0$이 되는데, 그림 12·12는 이와 같은 경우를 나타내고 있다.

$\eta_1 < \eta_2$이면 $E_r > 0$, $H_r < 0$이 되어 반대가 된다. 특히 양매질 모두가 $\mu_1 = \mu_2 = \mu_0$가 되는 일이 많다. 이 때에는 다음과 같이 된다.

$$\left.\begin{aligned} E_t &= \frac{2\sqrt{\epsilon_1}}{\sqrt{\epsilon_1}+\sqrt{\epsilon_2}},\quad H_t = \frac{2\sqrt{\epsilon_2}}{\sqrt{\epsilon_1}+\sqrt{\epsilon_2}} \\ E_r &= \frac{\sqrt{\epsilon_1}-\sqrt{\epsilon_2}}{\sqrt{\epsilon_1}+\sqrt{\epsilon_2}},\quad H_r = \frac{\sqrt{\epsilon_2}-\sqrt{\epsilon_1}}{\sqrt{\epsilon_1}+\sqrt{\epsilon_2}} \end{aligned}\right\} \qquad (12 \cdot 102)$$

식 (12·102)의 관계는 후술하는 것과 같이 특성 임피던스 η_1, η_2의 선로를 접속하였을 때의 전압, 전류의 반사, 투과의 현상과 근사하므로 그림 12·12를 그림 12·13과 같이 특성 임피던스가 다른 선로로 바꾸어 놓고 취급할 수가 있다. 이와 같은 방법은 현재 잘 이용되고 있다.

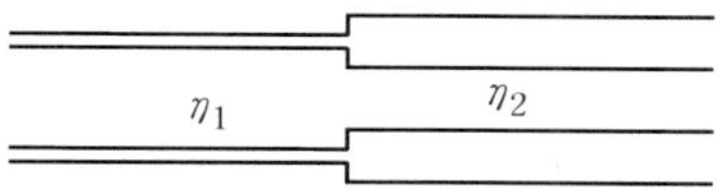

|그림 12·13| 그림 12·12를 나타내는 선로

12.6.3 임의의 방향으로 진행하는 평면파

다음부터 경계면에 경사지게 입사하는 경우의 반사를 논하기 위하여 우선 임의의 방향으로 진행하는 평면파의 식을 구해 보자.

다음에 특히 언급하지 않는 한 경계면을 제거하고는 매질은 균일하다고 하자. z의 정방향으로 진행하는 평면파는 $e^{(j\omega t - rz)}$인 모양으로 표시됨은 이미 설명하였는데, 지금부터 쉽게 임의의 방향으로 진행하는 평면파의 방정식을 구할 수 있다. 임의의 방향의 단위벡터를 $\boldsymbol{n}$이라 하고, 그 방향여현을 l, m, n으로 나타내면

$$\boldsymbol{n} = \boldsymbol{j}l + \boldsymbol{j}m + \boldsymbol{k}n$$

이다.

이 방향을 새로운 좌표계의 z'축을 취하면

$$z' = lx + my + nz \qquad (12 \cdot 103)$$

이므로, z'방향으로 진행하는 평면파는

$$e^{\{j\omega t - r(lx + my + nz)\}} \qquad (12 \cdot 104)$$

로 나타내게 된다.

12.6.4 상이한 매질의 경계면에 있어서의 반사와 굴절

그림 12·14와 같이 2개의 상이한 매질 Ⅰ$(\epsilon_1, \mu_1, \sigma_1)$, Ⅱ$(\epsilon_2, \mu_2, \sigma_2)$의 경계면에 Ⅰ의 쪽에서 일정한 방향으로 평면파가 전파하여 경계면에 닿으면 입사파는 일부가 반사되어서 Ⅰ속을 전파하고, 일부는 투과되어서 매질 Ⅱ속으로 들어간다. 여기서 이 반사 및 굴절의 모양을 조사하고 빛에 대하여 예부터 알려지고 있는 Snell의 법칙(Snell' s law)이 여기서도 성립한다는 것을 지적해 보기로 한다.

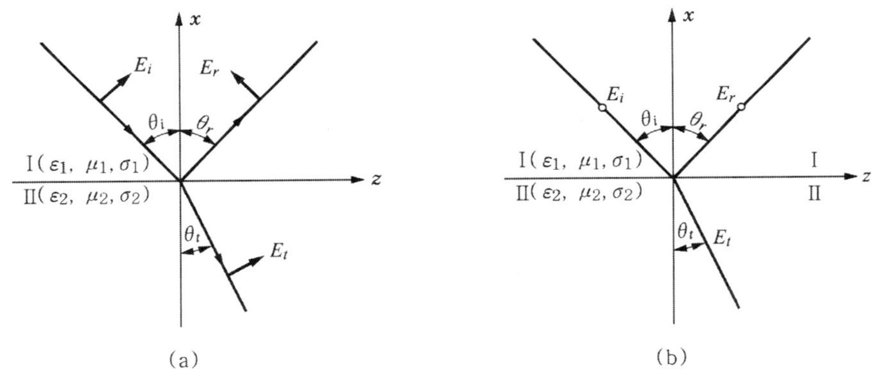

|그림 12·14|

경계면을 $x = 0$의 면으로 취하고 입사파와 반사파, 굴절파의 포인팅 벡터는 xz평면 내에 있다고 하자. 각 파는 이 평면 내에서 생각하면 되므로 입사각(angle of incidence)을 θ_i, 반사각(angle of reflection)을 θ_r, 굴절각(angle of refraction)을 θ_t라고 하면 입사파에 대하여 식 (12·104)의 l, m, n은

$$l = \cos(\pi - \theta) = -\cos\theta, \ \ m = \cos\left(\frac{\pi}{2}\right) = 0, \ \ n = \cos\left(\frac{\pi}{2} - \theta\right) = \sin\theta$$

가 된다. 반사파, 굴절파의 방향도 마찬가지로 생각하면 각 파의 전계는 다음과 같이 나타낼 수 있다.

$$\text{입사파} \quad \dot{E}_i e^{-r_{\mathrm{I}}(-x\cos\theta_i + z\sin\theta_i)} \tag{12 · 105}$$

$$\text{반사파} \quad \dot{E}_r e^{-r_{\mathrm{I}}(x\cos\theta_r + z\sin\theta_r)}$$

$$\text{굴절파} \quad \dot{E}_t e^{-r_{\mathrm{II}}(-x\cos\theta_t + z\sin\theta_t)}$$

단 γ_1, γ_2는 매질 Ⅰ, Ⅱ의 전파상수, $\dot{E}_i$, $\dot{E}_r$, $\dot{E}_t$는 원점에 있어서의 입사파와 반사, 굴절파의 전계이다. 이들의 좌표축 방향의 성분을 E_{ix} 등으로 나타내면 $x=0$의 면에서는 전계의 접선성분이 같아야 하므로

$$\left.\begin{aligned} E_{iy}e^{-\gamma_{\mathrm{I}}(z\sin\theta_i)} + E_{ry}e^{-\gamma_{\mathrm{I}}(z\sin\theta_r)} &= E_{ty}e^{-\gamma_{\mathrm{II}}(z\sin\theta_i)} \\ E_{iz}e^{-\gamma_{\mathrm{I}}(z\sin\theta_i)} + E_{rz}e^{-\gamma_{\mathrm{I}}(z\sin\theta_r)} &= E_{tz}e^{-\gamma_{\mathrm{II}}(z\sin\theta_i)} \end{aligned}\right\} \tag{12 · 106}$$

이것이 z의 값 여하에 불구하고 성립하려면 먼저

$$\gamma_{\mathrm{I}}\sin\theta_i = \gamma_{\mathrm{I}}\sin\theta_r = \gamma_{\mathrm{II}}\sin\theta_t \tag{12 · 107}$$

가 성립해야 한다. 이 식의 좌측의 두 식에서

$$\theta_i = \theta_r \tag{12 · 108}$$

가 되어 입사각과 반사각이 같은 것을 알 수 있다. 따라서 또

$$\frac{\sin\theta_i}{\sin\theta_t} = \frac{\gamma_{\mathrm{II}}}{\gamma_{\mathrm{I}}} \tag{12 · 109}$$

가 된다. 입사각, 굴절각의 정의 비는 입사각에 관계없이 일정하다는 것을 나타내고 있는데, 이 비는 매질 Ⅰ에 대한 매질 Ⅱ의 **상대굴절률**이라고 부른다.

12.6.5 완전도체의 표면에 경사지게 평면파가 입사할 때의 반사

12. 6. 4의 특별한 경우로서 매질 Ⅱ가 완전도체의 경우를 생각해 보자. 파는 평면파라 하고 매질 Ⅰ은 감쇠가 없다고 한다. 이렇게 하면 $\gamma_{\mathrm{I}} = j\beta_{\mathrm{I}}$이 된다. 매질 Ⅱ에는 전자파는 진행할 수 없으므로 굴절파를 생각할 필요가 없다. 이 경우 경계면 및 파의 진행 방향은 그림 12·14의 경우와 같다고 하고, 그림 12·15 (a)와 같이 전계가 xz평면에 평행한 경우와 그림 12·15 (b)와 같이 수직인 두 경우로 나누어 생각해 보자.

그림 12·15 (a)인 경우에는 전계의 $x=0$에 있어서의 접선성분은 0이든가 식 (12·106)에서 $E_{tz}=0$이고, 입사각과 반사각이 같다는 것을 알 수 있으므로

$$E_{rz} = -E_{iz} = E_i\cos\theta \tag{12 · 110}$$

따라서 매질 Ⅰ의 전계의 z성분은

$$E_z(x, z) = E_i \cos\theta \left\{ e^{j\beta_{\mathrm{I}}(-x\cos\theta + z\sin\theta)} - e^{-j\beta_{\mathrm{I}}(x\cos\theta + z\sin\theta)} \right\}$$
$$= \left\{ 2j E_i \cos\theta \sin(\beta_{\mathrm{I}}\, x\cos\theta) \right\} e^{-j\beta_{\mathrm{I}} z \sin\theta}$$

마찬가지로

$$E_x(x, z) = \left\{ 2E_i \sin\theta \cos(\beta_{\mathrm{I}}\; x\cos\theta) \right\} e^{-j\beta_{\mathrm{I}} z \cos\theta} \tag{12·111}$$

자계는 y방향의 성분뿐이므로 $E_i / H_i = \eta_1$라고 하면

$$H_y(x, z) = \left\{ \frac{E_i}{\eta_1} e^{j\beta_{\mathrm{I}} x\cos\theta} + \frac{E_r}{\eta_1} e^{-j\beta_{\mathrm{I}} x\cos\theta} \right\} e^{-j\beta_{\mathrm{I}} z\sin\theta}$$
$$= \left\{ 2\frac{E_i}{\eta_1} cos(\beta_1 x\cos\theta) \right\} e^{-j\beta_{\mathrm{I}} z\sin\theta} \tag{12·112}$$

식 (12·111)과 식 (12·112)의 { } 속은 의미 진행파가 아니고, 수직입사의 경우와 비교하면 알 수 있는 것과 같이 정상파이다. 따라서 이 때 파는 x방향에서는 정상파가 되어 있으며 z방향으로 전행하고 있다는 것을 알 수 있다.

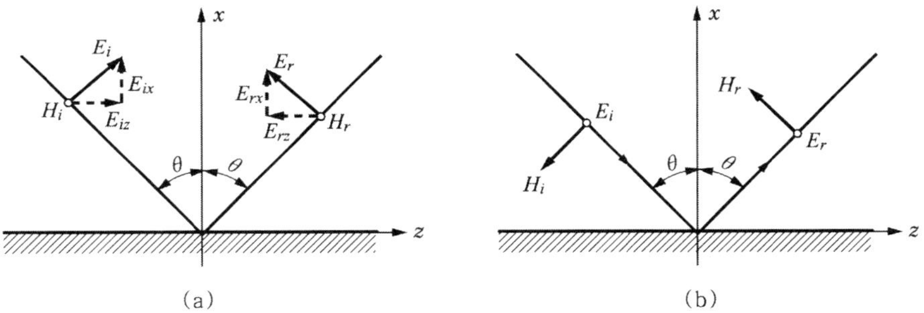

|그림 12·15| 완전도체표면에 평면파가 비스듬히 입사한 경우의 반사

그림 12·15 (b)와 같이 전계가 xz면에 수직인 경우에는 전계는 y방향의 성분뿐이고, 자계는 x, z성분을 가지고 있음을 알 수 있다. 그림 12·15 (a)의 경우와 마찬가지로 하면 역시 x축 방향에는 정상파가 되고, z축 방향으로 진행하고 있음을 알 수 있다.

12.6.6 완전한 유전체간의 경계면에 평면파가 경사지게 입사할 때의 반사와 굴절

이 때에도 역시 식 (12·108)이 성립하고 있으므로 입사각과 반사각은 같다는 것을 알 수 있다. 또 굴절률은 매질 Ⅰ, Ⅱ의 유전율, 투자율을 ϵ_1, ϵ_2, μ_1, μ_2라고 하면

$$\frac{\sin\theta_i}{\sin\theta_t} = \frac{\gamma_{\mathrm{II}}}{\gamma_{\mathrm{I}}} = \sqrt{\frac{\epsilon_2\mu_2}{\epsilon_1\mu_2}} = \frac{v_1}{v_2} \qquad (12 \cdot 113)$$

v_1, v_2는 **12. 2. 1**에서 설명한 속도이다. 일반적으로 거의 대부분의 유전체는 그 투자율은 근사적으로 μ_0와 같으므로

$$\frac{\sin\theta_i}{\sin\theta_t} = \sqrt{\frac{\epsilon_2}{\epsilon_1}} \qquad (12 \cdot 114)$$

로 나타낼 수 있다.

12.6.7 사각입사의 경우의 파장과 속도

균일한 평면파가 유전체 속을 진행하고 도체 표면에 경사지게 입사하는 경우를 고찰해 보자. 그림 12·16과 같이 균일한 평면파가 화살표 $\boldsymbol{i}$의 방향으로 진행하고 있고, 어떤 순간에서 면 1-1′과 2-2′가 같은 위상에 있었다고 하자.

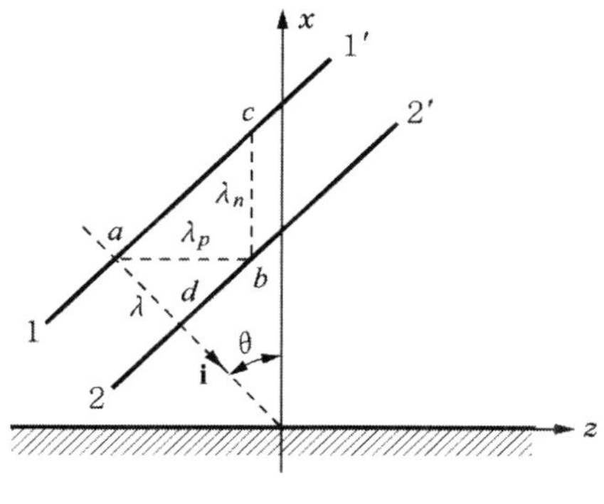

|그림 12·16| 사각입사 때의 파장과 위상각도

이 경우 파장을 정의하려면 파의 진행 방향으로 취한 동위상면 사이의 거리 ad, 즉 λ를 취할 수도 있지만 반사면에 평행으로 취한 ab 사이의 거리 λ_p, 수직으로 취한 cb 사이의 거리를 λ_n을 취할 수도 있다. 따라서 파장을 말할 때는 그 방향도 명시해야 하므로 그림에서 알 수 있는 바와 같이

$$\lambda_n = \frac{\lambda}{\cos\theta}, \ \lambda_p = \frac{\lambda}{\sin\theta} \qquad (12 \cdot 115)$$

만일 방향을 명시하지 않을 때에는 파의 진행 방향으로 취한 파장 λ라고 생각하는 것

이 적당하지만, 후술하는 도파관 내에서는 파가 반사하면서 진행하고 있다고 생각할 수 있는데, 우리들이 쉽게 측정할 수 있는 것은 관의 길이의 방향에 측정한 파장이므로 λ_n, λ_p는 측정되지만 λ는 쉽게 측정할 수는 없다.

이와 같이 λ_n, λ_p 등은 어느 것이나 외견상의 파장이라고 말할 수 있지만 실제상 중요한 양이다. 또 이에 따라 위상속도를 말할 때에도 여러 가지 방법이 있다는 것을 알 수 있다. 파의 진행 방향에서 말하면 1-1′의 면이 δt시간 후에 2-2′의 면까지 진행하였다고 하면 위상속도 v_p는

$$v_p = \frac{\overline{ad}}{\delta t}$$

이지만, 1-1′와 2-2′ 사이의 거리를 x축 방향으로 측정하였다면 $\overline{bc}$가 되고 z축 방향으로 측정하였다고 하면 $\overline{ab}$가 된다. a점이 b점에 달하나, a점이 d점에, c점이 b점에 달하나 어느 것이나 δt 시간이 필요하게 되므로

$$\left.\begin{aligned} x \text{ 방향의 위상속도} &= \frac{\overline{cb}}{\delta t} = \frac{\overline{ad}}{\delta t\cos\theta} = \frac{v_p}{\cos\theta} \\ z \text{ 방향의 위상속도} &= \frac{\overline{ab}}{\delta t} = \frac{v_p}{\sin\theta} \end{aligned}\right\} \qquad (12 \cdot 116)$$

자유공간에서는 $v_p = c$ (광속)이므로, 윗식에서 보면 x, z 방향의 위상속도는 광속보다 빠르게 되지만, 어느 것이나 외견상의 속도로 되어 있다.

12.6.8 군속도

지금까지는 정상 상태의 정현파에 대해서만 생각하였지만 임의의 파형의 시간적 변화는 많은 정현파의 집합으로 표시할 수 있다. 이 때 매질의 위상속도가 모든 주파수 성분에 대하여 같다고 하면 파는 모양을 변경하지 않고 위상속도 v_p의 속도로 전파한다. 그러나 일반적으로 매질 내의 위상속도는 주파수에 의하여 변하므로 각 주파수 성분의 파는 위상속도가 큰 것이 적은 것보다 속히 진행하므로 파는 진행함에 따라 점차로 모양이 변하게 된다.

이와 같은 경우에는 속도의 정의가 곤란하게 되는데, 군속도(group velocity)의 개념을 잘 이용해야 한다.

2개의 주파수가 약간 다른 정현파의 집합

$$E_0 \sin(\omega_0 - \delta\omega)t + E_0 \sin(\omega_0 + \delta\omega)t \qquad (12 \cdot 117)$$

를 생각해 보자. 이 2개의 정현파가 진행할 때 β가 ω에 의하여 변한다고 하고 $\omega_0 - \delta\omega$에 대해서는 $\beta_0 - \delta\beta$, $\omega_0 + \delta\omega$에 대해서는 $\beta_0 + \delta\beta$라고 생각한다. 만일 식 (12·117)이 전계를 나타낸다고 하면 매질 내의 전계 E_x는

$$\begin{aligned} E_x &= E_0 \sin\{(\omega_0 - \delta\omega)t - (\beta_0 - \delta\beta)z\} + E_0 \sin\{(\omega_0 + \delta\omega)t - (\beta_0 + \delta\beta)z\} \\ &= 2E_0 \cos(\delta\omega t - \delta\beta z)\sin(\omega_0 t - \beta_0 z) \end{aligned} \qquad (12 \cdot 118)$$

가 되고, 이 파는 진폭이 $2E_0\cos(\delta\omega t - \delta\beta z)$에 따라 변하고 beat 현상을 나타내는 것을 알 수 있다. 그 모양은 **그림** 12·17에 나타낸 바와 같다.

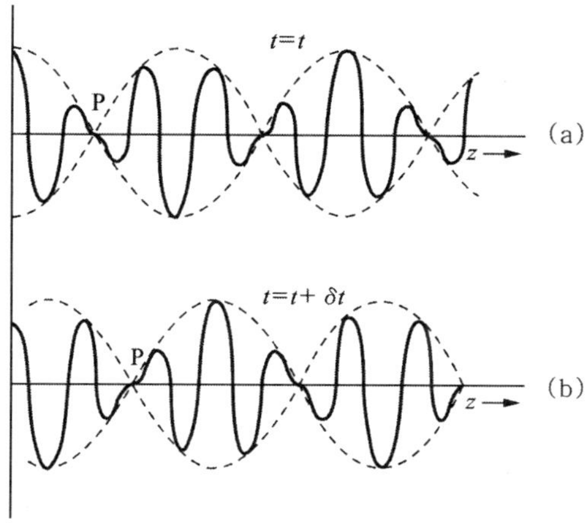

|그림 12·17| 맥놀이와 군속도

즉, 전계는 공간에서는 **그림** (a)와 같이 정현파형의 포락선이 주기적으로 반복되고 있으며, 시간이 경과함에 따라 이 포락선이 **그림** (b)와 같이 진행하고 있음을 알 수 있다. 포락선상의 1점, 가령 점 P는

$$\delta\omega t - \delta\beta z = \text{일정} \qquad (12 \cdot 119)$$

과 같은 속도 v_g로 이동하게 된다. v_g는 윗식에서

$$v_g = \frac{d\omega}{\delta\beta} \qquad (12 \cdot 120)$$

가 됨을 알 수 있다. v_g를 **군속도**라고 한다. $\delta\omega \to 0$의 극한에서는 군속도는

$$v_g = \lim_{\delta\omega \to 0} \frac{\delta\omega}{\delta\beta} = \frac{d\omega}{d\beta} \qquad (12 \cdot 121)$$

군속도와 위상속도의 관계는 식 (12·25)에서

$$v_g = \frac{d(\beta v_p)}{d\beta} = v_p + \beta\frac{dv_p}{d\beta} = v_p - \lambda\frac{dv_p}{d\lambda} \tag{12 · 122}$$

가 된다. 따라서 $dv_p/d\lambda > 0$가 되는 매질에서는

$$v_g < v_p \tag{12 · 123}$$

가 된다. 또 $dv_p/d\lambda < 0$과 같은 매질(도체 등은 이 예이다)에서는

$$v_g > v_p \tag{12 · 124}$$

가 된다. 특히 진공 중에서는

$$v_g = v_p = c \tag{12 · 125}$$

이며, 군속도와 위상속도는 모두 광속과 같게 된다.

12.7 전송선로

12.7.1 선로

그림 12·18 (a), (b)와 같이 선로(transmission line)를 한 점에서 다른 점으로 에너지를 전송할 때에 잘 사용된다. 이 때 취급하고 있는 파장에 비하여 선로의 간격이 충분히 적으면 그림 12·18 (a′), (b′)와 같이 전계와 자계는 선로의 길이의 방향에 수직이고 에너지는 길이의 방향으로 전송된다. 일반적으로 도선간의 간격을 적게 하여 이 상태로 사용하므로 여기서는 이 경우에만 고찰한다.

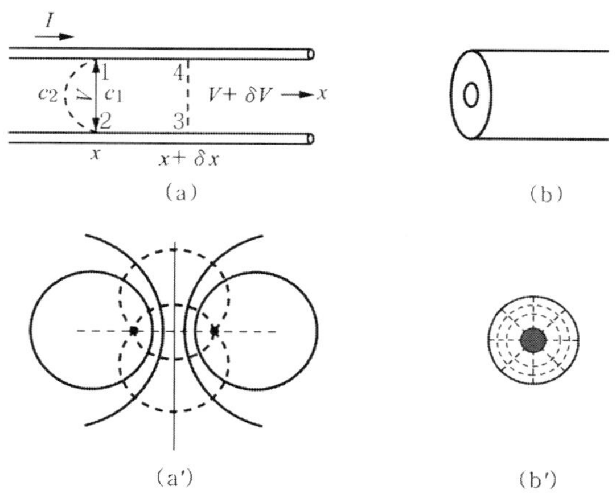

|그림 12·18| 선로

다음 절에서는 다른 경우, 즉 전계, 자계가 파의 진행 방향의 성분을 갖고 있고 에너지를 전송하는 경우를 취급하지만 일반적으로 선로라는 것은 도선간의 간격이 적고 전계, 자계가 진행 방향의 성분을 갖고 있지 않는 것을 말한다.

선로를 균일하다고 하고 **그림** (a)와 같이 1-2-3-4-1의 폐곡선에 대하여 전계$\boldsymbol{E}$의 1 주적분 $\oint \boldsymbol{E}dl$을 구해 보자.

$$\oint \boldsymbol{E}dl + \int_{12} \boldsymbol{E}dl + \int_{23} \boldsymbol{E}dl + \int_{34} \boldsymbol{E}dl + \int_{41} \boldsymbol{E}dl \qquad (12 \cdot 126)$$

이 우변 제2항, 제4항은 도선의 내부 임피던스 E_i에 의한 전압 강하를 나타내고 있다. 도선에 내부 임피던스가 있으면$\boldsymbol{E}$는 x방향의 성분을 갖게 되고 도선의 표면에 수직하지 않게 된다. 여기서는 이것이 충분히 적고$\boldsymbol{E}$는 거의 x방향에 수직이라고 본다.

또 제1항, 제3항은 각각 1-2, 3-4 간의 전압이다. 여기서 전압이라는 말을 대수롭지 않게 사용했지만 지금까지는 전위차, 기전력을 모두 전압이라고 불러 왔다. 그러나 정전계에 있어서의 전위차는 2점 P, Q 간의 $-\int_P^Q \boldsymbol{E}dl$로 주어지며, 이것은 도중의 경로에 관계없이 일정하므로 의미가 있다.

전자계에서 이것을 고찰하려면 **그림 12·18** (a)의 c_1, c_2의 두 경로를 생각해 보자. 1에서 2로 c_1의 길을 통하고, 2에서 1로 c_2의 길을 통하면 $\oint \boldsymbol{E}dl$은 c_1, c_2로 포위된 면적을 관통하는 자속의 변화에 의하여 생기는 기전력과 같은 것이므로 $\int_{c_1} \boldsymbol{E}dl$과$\int_{c_2} \boldsymbol{E}dl$은 양끝 1, 2가 같더라도 똑같지 않다. 따라서 $-\int_1^2 \boldsymbol{E}dl$을 정전계와 같은 전위차라고 생각하는 것은 부적당하다. 그러므로 이후 점 P, Q에 대하여 $V_{PQ} = -\int_Q^P \boldsymbol{E}dl$을 전압이라고 한다. 이 양은 **그림 12·18** (a)에 대하여 말하면 1-2를 도선의 길이 방향에 수직이라고 하고, 이것을 포함하는 도선에 수직한 면 내에서는 전계, 자계가 x방향에 수직이면 c_1, c_2가 어떤 길이라도 이것과 쇄교하는 자속은 없으므로 $-\int_1^2 \boldsymbol{E}dl$은 일정한 값을 갖는다.

따라서 이 면 내에서는 전압 $-\int_1^2 \boldsymbol{E}dl$은 두 도체간의 전위차라고 볼 수가 있다. 전압을 이와 같이 생각하고 이 선로에 관한 전압, 전류를 구해 보자. **식** (12·126)은 Faraday의 법칙에서 폐곡선 1-2-3-4-1과 쇄교하는 자속 Φ의 시간적 변화의 비율과 같으므로

$$\oint \boldsymbol{E} dl = \frac{d\Phi(t)}{dt} \qquad (12 \cdot 127)$$

이후 시간적 변화는 정현파장의 경우만 취급하기로 한다.

12와 34간의 거리를 δx라고 하면 식 (12·126)의 우변 제2항, 제4항은 $2z_i I\delta x$로 표시된다. 또 제1항, 제3항은 12간의 전압과 43간의 전압차이므로 δV이다. 식 (12·127)의 우변은 $-j\omega L_e I\delta x$라고 쓸 수 있으므로

$$\delta V = -(2z_i + j\omega L_e) I\delta x$$

z_i는 내부저항과 내부 임피던스로 성립하므로 윗식의 괄호 내를 $Z = R + j\omega L$로 쓰면

$$\frac{dV}{dx} = -ZI\,[\mathrm{V/m}] \qquad (12 \cdot 128)$$

$$Z = R + j\omega L\ [\Omega\ /\mathrm{m}]$$

이 된다.

Z는 그림 12·18 (a)와 같이 왕복선로 또는 그림 12·18 (b)와 같은 동축선로의 단위 길이마다 직렬 인덕턴스를 나타내고 있음을 알 수 있다.

다음에 그림 12·19와 같이 길이 δx부분의 도체표면과 양측의 단면을 포함하는 폐곡면에 대하여 $\boldsymbol{i} + \partial\boldsymbol{D}/\partial t$를 적분해 보기로 한다. 이것은 어디서나 연속이므로 단면 S_1에서 들어가는 전류 I와 S_2에서 나가는 전류 $I + \delta I$의 차 δI는 도선를 포함하는 측면 S_3에서 나가야 한다.

$\boldsymbol{i}$, $\boldsymbol{D}$의 $\boldsymbol{S}_3$의 미소부분 $\delta\boldsymbol{S}_3$에 수직한 성분을 i_n, D_n으로 나타내면

$$-\delta I = \int_{s_3}\left(i_n + \frac{\partial D_n}{\partial t}\right) dS_3 = \int_{S_3} i dS_3 + \frac{\partial}{\partial t}\int_{S_3} D_n dS_3 \qquad (12 \cdot 129)$$

이 식의 우변 제1항은 유출하는 전도 전류이므로 그림 12·19와 같이 왕복 도체 내에 단위길이당의 콘덕턴스 G로 등가회로를 나타낼 수가 있으며

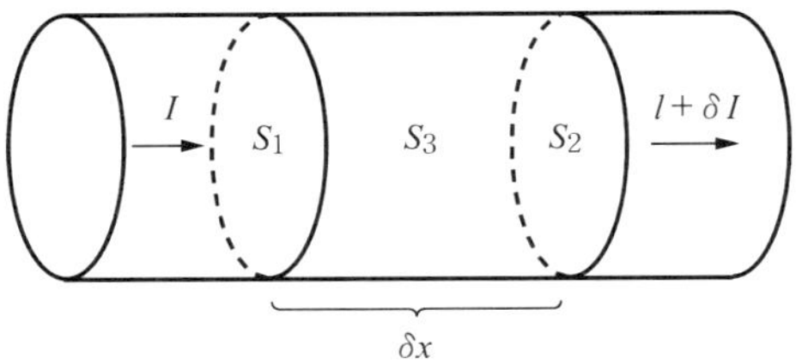

|그림 12·19|

$$\int_{S_3} i_n \, dS_3 = G\delta x\, V$$

로 나타낼 수 있다. 우변 제2항의 $\int_{S_3} D_n \, dS_3$는 $\mathrm{div}\,\mathrm{D} = \rho$에서 도체 내의 단위길이의 도체에 포함되는 전하를 Q라고 하면

$$\frac{\partial}{\partial t}\left(\int_{S_1} + \int_{S_2} + \int_{S_2}\right) = \frac{\partial Q}{\partial t}\delta x$$

가 되지만, 만일 도체 내의 변위전류가 있어도 상당히 적으면 S_1, S_2의 항은 무시할 수 있다고 하면 S_3의 항만이 되고

$$\frac{\partial}{\partial t}\int_{S_3} D_n \, dS_3 = \frac{\partial Q}{\partial t}\delta x$$

그림 12·20과 같이 왕복 도선간에는 단위길이당 C인 등가정전용량이 있다고 하면 $Q = CV(x, t)$이므로 윗식은

$$C\frac{\partial V(x,t)}{\partial t}\delta t = j\omega CV(x)\delta x$$

가 되고, $V(x)$를 V라고 쓰면 식 (12·129)에서

$$\frac{dI}{dx} = -YV, \quad Y = G + j\omega C \qquad (12 \cdot 130)$$

를 얻는다.

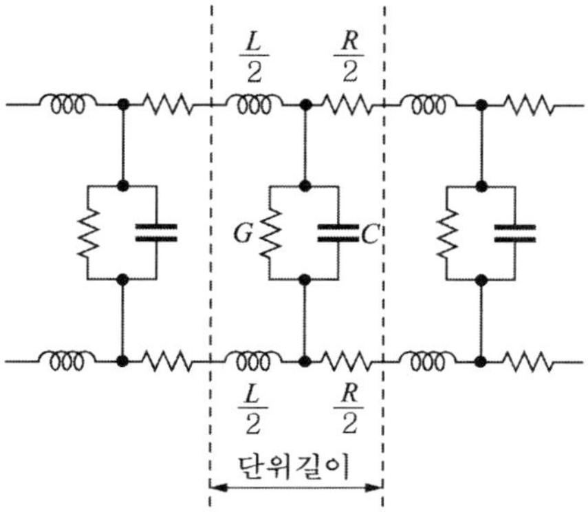

|그림 12·20| 왕복선로의 등가회로

그림 12·20의 L, R는 등가인 직렬 임피던스를 나타내고 있다.

식 (12·128)과 식 (12·130)을 다시 쓰면

$$\frac{dV}{dx} = -ZI$$

$$\frac{dI}{dx} = -YV$$

$$Z = R + j\omega L, \quad Y = G + j\omega C$$

가 된다. 이 두 식을 풀어 V, I를 구하면 도선상의 전압, 전류의 분포를 알 수가 있다. 이 두 식에서 도선에 내부 임피던스에 의한 전압 강하가 없으면 전계는 도선에 직교하고 있으므로 C는 정전계에서 구한 것과 같은 식을 쓸 수 있으며, 또 L도 도체간의 자속에 의한 인덕턴스는 제10장에서 구한 것과 같이 직류로 구한 것과 같은 식을 사용할 수가 있다. G도 마찬가지이다. 그러나 도선의 내부 임피던스를 무시할 수 없으면 전계는 길이 방향의 성분을 가지므로, 이와 같이 하여 구한 값을 사용할 수가 없게 된다.

즉 지금까지의 가정을 종합하면 위의 두 식은 도선의 내부에서는 길이의 직교 방향의 전계가 없고, 도체 밖의 유전체 중에서는 길이 방향의 전계를 무시할 수 있다고 하여 근사적으로 유도한 것이다. 그러나 일반적으로 사용된 도체에서는 도전율이 크므로 변위전류는 무시할 수 있고 또 후술하는 표피효과를 고려하여도 도선의 표면의 임피던스는 유전체의 고유 임피던스에 비하여 충분히 적으므로, 이와 같은 근사법을 사용하여 거의 오차가 없다.

식 (12·128)과 식 (12·130)을 균일한 매질 중의 x방향으로 진행하는 평면파에 비교해 보자. 맥스웰의 전자방정식에서

$$\left.\begin{aligned} \frac{dE_y}{dx} &= -j\omega\mu H_z \\ \frac{dH_z}{dx} &= (\sigma + j\omega\epsilon)E_y \end{aligned}\right\} \qquad (12 \cdot 131)$$

따라서 E_y를 V, H_z를 I, $j\omega\mu$를 $R + j\omega L$, $\sigma + j\omega\epsilon$을 $G + j\omega C$로 바꾸어 놓으면 같은 모양의 관계식인 것을 알 수 있다.

12.7.2 선로상의 전압, 전류와 제성질

식 (12·128)과 식 (12·130)에서 선로가 균일하다면

$$\left.\begin{aligned}&\frac{d^2V}{dx^2}-ZYV=0\\&\frac{d^2I}{dx^2}-ZYI=0\end{aligned}\right\}\qquad(12\cdot132)$$

를 얻는다. 이 방정식을 풀면 V, I의 분포가 결정되며, 윗식에서

$$V=C_1e^{-\sqrt{ZY}x}+C_2e^{-\sqrt{ZY}x}\qquad(12\cdot133)$$

가 된다. C_1, C_2는 상수이며 경계조건에서 구할 수 있다. $x=0$일 때 V의 순간값이 V_0라고 하면

$$V_0=C_1+C_2$$

여기서 V_0는 V_1, V_2인 2개의 전압의 합이라고 보고, 각 전압의 시간적 변화를 정현파장이라고 하면

$$C_1=V_1e^{j\omega t},\ C_2=V_2e^{j\omega t}$$

라고 놓을 수가 있다.

$$V_0=V_1e^{j\omega t}+V_2e^{j\omega t}\ (x=0\text{에서})$$

따라서 식 (11·133)에서

$$V=V_1e^{j\omega t-\sqrt{ZY}x}+V_2e^{j\omega t+\sqrt{ZY}x}\qquad(12\cdot134)$$

여기서

$$\gamma^2=ZY,\ \gamma=\alpha+j\beta$$

라 놓고, 또 식 (12·128)에서 I를 구하면 다음과 같이 된다.

$$\left.\begin{aligned}&V=V_1e^{-\alpha x}e^{j(\omega t-\beta x)}+V_2e^{\alpha x}e^{j(\omega t+\beta x)}\\&I=\frac{1}{\sqrt{Z/Y}}\left\{-V_1e^{-\alpha x}e^{j(\omega t-\beta x)}+V_2e^{\alpha x}e^{j(\omega t+\beta x)}\right\}\end{aligned}\right\}\qquad(12\cdot135)$$

공간 중의 평면파의 경우와 마찬가지로 α는 감쇠상수, β는 위상상수라고 부르며 $e^{j(\omega t-\beta x)}$는 x측, 즉 선로 길이의 정방향, $e^{+j(\omega t+\beta x)}$는 부방향으로 진행하는 파를 나타내고 있다.

부방향으로 진행하는 파에만 주목하면 V와 I의 비는 $\sqrt{Z/Y}$이며 일정함을 알 수 있다. 그러므로

$$\frac{V}{I}=\sqrt{\frac{Z}{Y}}=Z_0\ [\Omega] \qquad (12\cdot136)$$

의 Z_0를 이 선로의 특성 임피던스(characteristic impedance 또는 surge impedance)라고 한다. 그림 12·13에 나타낸 Z_1, Z_2도 이와 같은 의미의 임피던스이며 2개의 특성 임피던스가 다른 선로를 접속시켰을 때의 반사와 투과 등도 이것으로 공간의 전자파와 마찬가지로 취급할 수 있다. 오히려 후자를 선로로 바꾸어 놓고 간소화하는 일이 많다.

$$Z_0=\sqrt{\frac{R+j\omega L}{G+j\omega C}}\ [\Omega] \qquad (12\cdot137)$$

이지만 특히 $\omega L\gg R$, $\omega C\gg G$이면

$$Z_0=\sqrt{\frac{L}{C}}\ [\Omega] \qquad (12\cdot138)$$

이 된다. 또 이 경우 선로를 전파하는 파의 위상속도 v_p는

$$v_p=\frac{\omega}{\beta}=\frac{\omega}{\omega\sqrt{LC}}=\frac{1}{\sqrt{LC}}\ [\text{m/sec}] \qquad (12\cdot139)$$

가 된다.

12.8 전자파의 전파

12.8.1 평행도체판간의 전파

후술하는 전파관에서 가장 중요한 것은 전자파의 전파에서 전계, 자계의 어느 한 쪽이 진행 방향의 성분을 갖고 있는 경우이다. 전계가 진행 방향에 수직으로 되어 있는 파를 **전기적 횡파**(transverse electric wave : 약하여 TE파라고 한다), 자계가 진행 방향에 수직으로 되어 있는 파를 **자기적 횡파**(transverse magnetic wave : 약하여 TM파)라고 하고 또 전계, 자계가 모두 진행 방향에 수직으로 되어 있는 파를 **전자적 횡파**(electromagnetic transverse wave : 약하여 TEM파)라고 한다.

일반적으로 전계나 자계도 진행 방향의 성분(수직 성분도)을 갖고 있지만, 이것은 이것들의 합성이라고 볼 수가 있다. 여기서는 그림 12·21과 같이 두 개의 무한 평행 평면판간의 전자파의 전파를 취급하기로 한다.

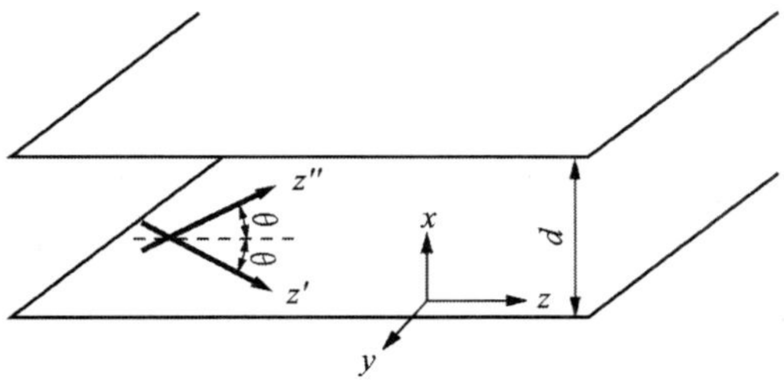

|그림 12·21| 평행평면도체간의 전자파 전파

도체는 x축에 수직이고 파는 z방향으로 진행한다고 하자. 진행파로서 TE파만 취급한다. 그림 12·21과 같이 평행도체판 사이에 z', z''의 2개의 방향으로 진행하는 것을 평면파라 하고 전계가 y방향으로 향한다고 하며, 이것을 적당히 합성하면 경계조건을 만족하고 따라서 이 경우에 적당한 판간의 전자계를 구할 수 있다는 것을 설명하기로 한다.

z'방향으로 진행하는 파는 아래판에 입사하면 반사되어서 z''의 방향으로 진행하게 되고, z'' 방향으로 진행하는 파는 윗판에 입사하면 z'의 방향으로 진행하게 된다.

z', z''방향으로 진행하는 파가 도체면에 도달하여 반사하는 경우의 취급은 이미 사각입사의 항에서 기술하였으므로, 그 결과를 사용하면 z'방향으로 진행하는 파를 입사파, z'' 방향으로 진행하는 파를 반사파로 생각하면 되므로, 그림 12·15 (b)에 의하여 식 (12·111), 식 (12·112)와 마찬가지로 하여

$$E_y = 2jE_i\sin(\beta_1 x\sin\theta)e^{j(-\beta_1 z\cos\theta)}$$

$$H_x = \frac{2jE_i}{\eta}cos\theta\sin(\beta_1 x\sin\theta)e^{j(-\beta_1 z\cos\theta)}$$

$$H_z = \frac{2jE_i}{\eta}sin\theta\cos(\beta_1 x\sin\theta)e^{j(-\beta_1 z\cos\theta)} \qquad (12\cdot140)$$

가 되고 $E_x = E_z = E_y = 0$이다. 이들 식은 이미 기술한 바와 같이 z방향으로 진행하는 파를 나타내고 있지만, 여기서 경계조건을 만족하고 있는지의 여부를 구해 보자.

도체판은 $x=0$, $x=d$라고 하면 여기서 전계의 접선 방향의 성분 및 자계의 수직 성분은 0이 되어야 하지만 $x=0$에서는 윗식으로 만족되어 있다. $x=d$에서 만족되기 위해서는

$$\beta_1\sin\theta = \frac{n\pi}{d}\,(n\text{은 상수}) \qquad (12\cdot141)$$

가 되어야 한다. 판간의 유전체의 투전율을 ϵ, 투자율을 μ라고 하면 판간의 공간에 있어서의 파장은 $\lambda_0 = 2\pi/\beta$, $\beta_1 = \omega\sqrt{\mu\epsilon}$로 표시되므로

$$\sin\theta = \frac{n\lambda_0}{2d} \qquad (12 \cdot 142)$$

이 식을 보면 $\sin\theta$는 1보다 적으므로 판간의 간격이 자유공간의 파장의 2분의 1 이상일 때만 파는 z방향으로 진행하고 있음을 알 수 있다. 도체판간의 반사 모양으로 생각하면 **그림 12·22** (a)의 경우는 θ가 $\pi/2$에 가까운 때이며 θ가 $\pi/2$가 되면 (λ_0가 $2d$와 같게 되었을 때) 파는 판면에 수직으로 도달하여 왕복 운동을 하게 되므로 진행할 수 없음을 알 수 있다.

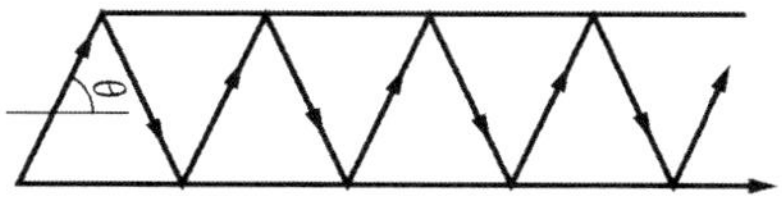

(a)

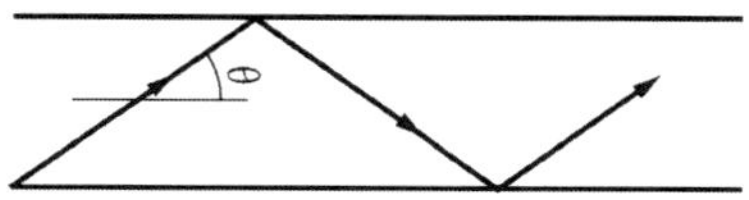

(b)

|그림 12·22| 평행평면도체간의 전자파 반사

그림 12·22 (b)와 같이 $2d$가 λ_0보다 충분히 크게 되면 θ는 0에 가까워지고, θ가 0이 된 극한에서는 다음과 같이 자유공간의 경우와 마찬가지가 된다.

즉, 판간의 중점을 원점으로 취하면 **식** (12·140)에서 $-\sin(\beta_1 x \sin\theta)$과 $\cos(\beta_1 x \sin\theta)$를 바꾸어 놓을 수 있다. d가 무한대가 되면 $\sin\theta = 0$이 되므로

$$E_y = Ee^{j(\omega t - \beta_1 z)}$$

$$H_x = -\frac{E}{\eta}e^{j(\omega t - \beta_1 z)}$$

$$H_z = 0$$

이 되어 자유공간과 동일하게 된다. TM파에서도 마찬가지로 하고 2개의 평면파로 나누어 생각하면 TM파에서는 E_x, H_y가 있고, $E_y = E_z = H_x = H_z = 0$가 되는 z방향으로 진행하는 파, 즉 TEM파도 있는 것을 알 수 있다. 따라서 대상의 2개의 도체판을 평행으로 하여 만든 선로를 TEM파로서 진행하는 경우도 있다.

12.8.2 도파관

전자파가 전파되는 입체회로를 도파관이라고 하는데, 보통 도전율이 큰 금속의 중공관을 사용한다.

(1) 구형도파관

공간을 x축 방향으로 전파하는 전계 $\boldsymbol{E}$와 **자계** 식 (12·18′)의 모양으로 나타내면

$$\boldsymbol{E}=\boldsymbol{E}_0 e^{j\omega t-\gamma x},\quad \boldsymbol{H}=\boldsymbol{H}_0 e^{j\omega t-\gamma x} \qquad (12\cdot 143)$$

이것을 식 (12·1)과 식 (12·2)에 대입하여 $\sigma=0$인 경우를 생각하면

$$\mathrm{rot}\boldsymbol{H}=j\omega\epsilon\boldsymbol{E} \qquad (12\cdot 144)$$

$$\mathrm{rot}\boldsymbol{E}=-j\omega\mu\boldsymbol{H} \qquad (12\cdot 145)$$

이것들의 x, y, z성분은

$$\left.\begin{aligned}[\mathrm{rot}\boldsymbol{H}]_x &= \frac{\partial H_z}{\partial y}-\frac{\partial H_y}{\partial z}=j\omega\epsilon E_x\\ [\mathrm{rot}\boldsymbol{H}]_y &= \frac{\partial H_x}{\partial z}-\frac{\partial H_z}{\partial x}=j\omega\epsilon E_y\\ [\mathrm{rot}\boldsymbol{H}]_z &= \frac{\partial H_y}{\partial x}-\frac{\partial H_x}{\partial y}=j\omega\epsilon E_z\end{aligned}\right\} \qquad (12\cdot 144')$$

$$\left.\begin{aligned}[\mathrm{rot}\boldsymbol{E}]_x &= \frac{\partial E_z}{\partial y}-\frac{\partial E_y}{\partial z}=-j\omega\mu H_x\\ [\mathrm{rot}\boldsymbol{E}]_y &= \frac{\partial E_x}{\partial z}-\frac{\partial E_z}{\partial x}=-j\omega\mu H_y\\ [\mathrm{rot}\boldsymbol{E}]_z &= \frac{\partial E_y}{\partial x}-\frac{\partial E_x}{\partial y}=-j\omega\mu H_z\end{aligned}\right\} \qquad (12\cdot 145')$$

가 된다.

① TE파 : 이미 기술한 것과 같이 yz면 내에 전계$\boldsymbol{E}$가 있을 때, 즉

$$E_x=0 \qquad (12\cdot 146)$$

일 때 TE파라고 하였다. 여기서 첨자 1, 2, 3을 가진 양을 각각 x, y, z의 함수라 하고

$$\left.\begin{aligned} &E_y = E_2 e^{j\omega t - \gamma x},\ E_z = E_3 e^{j\omega t - \gamma x} \cdots\cdots\cdots\cdots\cdots\cdots \text{①} \\ &H_x = H_1 e^{j\omega t - \gamma x},\ H_y = H_2 e^{j\omega t - \gamma x},\ H_z = H_3 e^{j\omega t - \gamma x} \cdots\cdots \text{②} \end{aligned}\right\} \quad (12 \cdot 147)$$

라 놓고 식 (12·146)과 식 (12·147)을 식 (12·144′), (12·145′), (12·9), (12·4)에 대입하면

$$\frac{\partial H_z}{\partial y} - \frac{\partial H_y}{\partial z} = 0,\ \frac{\partial H_x}{\partial z} + \gamma H_z = j\omega\epsilon E_y,\ -\gamma H_y - \frac{\partial H_x}{\partial y} = j\omega\epsilon E_z \quad (12 \cdot 148)$$

$$\frac{\partial E_z}{\partial y} - \frac{\partial E_y}{\partial z} = -j\omega\mu H_x,\ \gamma E_z = -j\omega\mu H_y,\ \gamma E_y = j\omega\mu H_z \quad (12 \cdot 149)$$

$$\frac{\partial E_y}{\partial y} + \frac{\partial E_z}{\partial z} = 0 \quad (12 \cdot 150)$$

$$-\gamma H_x + \frac{\partial H_y}{\partial y} + \frac{\partial H_z}{\partial z} = 0 \quad (12 \cdot 151)$$

을 얻는다. 식 (12·148)의 제2식을 z로 미분한 식에서 제3식을 y로 미분한 식을 빼면

$$\frac{\partial^2 H_x}{\partial y^2} + \frac{\partial^2 H_x}{\partial z^2} + \gamma\left(\frac{\partial H_y}{\partial y} + \frac{\partial H_z}{\partial z}\right) = j\omega\epsilon\left(\frac{\partial E_y}{\partial y} - \frac{\partial E_z}{\partial y}\right)$$

여기에 식 (12·151)과 식 (12·145′)의 제1식을 대입하면

$$\frac{\partial^2 H_x}{\partial y^2} + \frac{\partial^2 H_x}{\partial z^2} = -m^2 H_x \quad (12 \cdot 152)$$

여기서

$$m^2 = \gamma^2 + \omega^2\epsilon\mu = c_1^{\ 2} + c_2^{\ 2} \quad (12 \cdot 153)$$

로 된다.

지금 $f(y)$를 y만의 함수, $g(z)$를 z만의 함수라 하고 식 (12·152)의 해를

$$H_x = f(y)g(z) \quad (12 \cdot 154)$$

라 놓고, 식 (12·152)에 대입하면

$$\frac{1}{f}\frac{\partial^2 f}{\partial y^2} + \frac{1}{g}\frac{\partial^2 g}{\partial z^2} = -(c_1^2 + c_2^2)$$

이것이 성립하려면 c_1, c_2가 y나 z에도 관계없는 상수이고

$$\frac{1}{f}\frac{d^2 f}{dy^2} = -c_1^2,\ \ \frac{1}{g}\frac{d^2 y}{dz^2} = -c_2^2$$

을 동시에 만족해야 한다. 식 (12·154)에 나타낸 해는 A_1, A_2, B_1, B_2를 상수라 하면

$$f = A_1 \cos c_1 y + A_2 \sin c_1 y,\ \ g = B_1 \cos c_2 z + B_2 \sin c_2 z$$

로 나타내므로, 이것들을 식 (12·154)에 대입하여

$$H_x = (A_1 \cos c_1 y + A_2 \sin c_1 y)(B_1 \cos c_2 z + B_2 \sin c_2 z) \qquad (12 \cdot 155)$$

가 된다. 식 (12·148)의 제3식과 식 (12·149)의 제2식에서 H_y를 소거하고 식 (12·155)를 대입하면

$$E_z = \frac{j\omega\mu c_1}{m^2}(-A_1 \sin c_1 y + A_2 \cos c_1 y)(B_1 \cos c_2 z + B_2 \sin c_2 z) \qquad (12 \cdot 156)$$

식 (12·148)의 제3식과 (12·149)의 제3식에서 E_y를 소거하고 식 (12·155)를 대입하면

$$H_z = -\frac{c_2 r}{m^2}(A_1 \cos c_1 y + A_2 \sin c_1 y)(-B_1 \sin c_2 z + B_2 \cos c_2 z) \qquad (12 \cdot 157)$$

이것을 식 (12·149)의 제3식에 대입하면

$$E_y = -j\frac{c_2\omega\mu}{m^2}(A_1 \cos c_1 y + A_2 \sin c_1 y)(-B_1 \sin c_2 z + B_2 \cos c_2 z) \qquad (12 \cdot 158)$$

식 (12·149)의 제2식 E_z에 식 (12·156)를 대입하면

$$H_y = -\frac{c_1\gamma}{m^2}(-A_1 \sin c_1 y + A_2 \cos c_1 y)(B_1 \cos c_2 z + B_2 \sin c_2 z) \qquad (12 \cdot 159)$$

등을 얻을 수 있다. 상수 A_2, B_2, c_1, c_2 등을 결정하기 위하여 도파관의 경계조건을 생각해 보자.

전계는 도체 내에서 0 또는 도체면에 직각이므로 **그림** 12·23과 같은 폭(y축 방향) a, 높이(z축 방향) b를 가지는 구형도파관의 경계조건은

(i) $y = 0$에서는 E_y뿐이며 $E_z = 0$, 이것을 식 (12·156)에 대입하여 $A_2 = 0$

(ii) $z = 0$에서는 E_z뿐이며 $E_y = 0$, 이것을 식 (12·158)에 대입하여 $B_2 = 0$

(iii) $y = a$에서는 E_y뿐이며 $E_z = 0$, 이것과 $A_2 = 0$, $B_2 = 0$을 식 (12·156)에 대입하면

$$\sin c_1 a = 0 \ \ \text{또는}\ \ c_1 = S\pi/a\,(S = 0, 1, 2, \ldots\ldots, n) \qquad (12 \cdot 160)$$

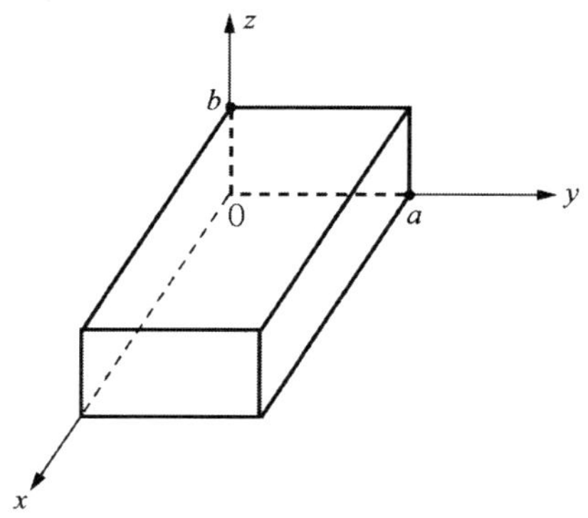

|그림 12·23| 구형도파관

(iv) $z = b$에서는 E_z뿐이며 $E_y = 0$, 이것과 $A_2 = 0$, $B_2 = 0$을 식 (12·158)에 대입하면

$$\sin c_2 b = 0 \text{ 또는 } c_2 = P\pi/b \ (P = 0, 1, 2, \ldots\ldots, n) \tag{12·161}$$

가 된다. 이것을 식 (12·155)에 대입하고 $A_1 B_1 = A$(상수)라고 놓으면

$$H_x = A\cos\left(\frac{S\pi}{a}y\right)\cos\left(\frac{P\pi}{b}z\right) \tag{12·162}$$

를 얻게 되고 식 (12·160)의 c_1, 식 (12·161)의 c_2를 식 (12·153)에 대입하면

$$m = \sqrt{\left(\frac{S\pi}{a}\right)^2 + \left(\frac{P\pi}{b}\right)^2},\ \gamma = \sqrt{\left(\frac{S\pi}{a}\right)^2 + \left(\frac{P\pi}{b}\right)^2 - \omega^2\epsilon\mu} \tag{12·163}$$

그러므로 $(S\pi/a)^2 + (P\pi/b)^2 > \omega^2\epsilon\mu$이면 $\gamma > 0$이 되고, 식 (12·143)에서 $\boldsymbol{E}$, $\boldsymbol{H}$는 x와 더불어 감쇠하지만

$$\left(\frac{S\pi}{a}\right)^2 + \left(\frac{P\pi}{b}\right)^2 < \omega^2\epsilon\mu \tag{12·164}$$

이면

$$\beta = \sqrt{\omega^2\epsilon\mu - \left(\frac{S\pi}{a}\right)^2 - \left(\frac{P\pi}{b}\right)^2}\ [\mathrm{m}^{-1}] \tag{12·165}$$

라고 놓으면

$$\gamma = j\beta\ [\mathrm{m}-1] \tag{12·166}$$

가 되고, 식 (12·143)의 $\boldsymbol{E}$는 $\boldsymbol{E} = \boldsymbol{E}_0 e^{j(\omega t - \beta t)}$로 표시되므로, 도파관 내에서 감쇠가 일어나지 않고 다만 위상만 변할 뿐이다.

식 (12·160)~식 (12·165)에서 $S = 1$, $P = 0$이라고 놓은 전파를 TE_{10}파라고 한다. 이 때 식 (12·160)과 식 (12·160)에서

$$c_1 = \frac{\pi}{a}, \ s_2 = 0$$

이 되고, 도파관 내에서 감쇠가 일어나지 않으려면 $c = 3 \times 10^8$[m/sec]로 하고 식 (12·164)에서

$$f > \frac{v}{2a} \simeq \frac{c}{2a} \text{ 또는 } a > \frac{\lambda}{2} \tag{12 · 167}$$

m과 β는 각각 식 (12·163)과 식 (12·165)에서 다음과 같이 된다.

$$m = \frac{\pi}{a}, \ \beta = \sqrt{\omega^2 \epsilon \mu - \left(\frac{\pi}{a}\right)^2} \tag{12 · 168}$$

$\boldsymbol{H}$의 x성분 H_x는 식 (12·162)에서

$$H_x = A \cos\left(\frac{\pi}{a} y\right) \tag{12 · 169}$$

이상의 결과를 식 (12·159)와 식 (12·157)에 대입하면

$$H_y = j \frac{\beta a}{\pi} A \sin\left(\frac{\pi}{a} y\right), \ H_z = 0 \tag{12 · 170}$$

또 식 (12·146)과 그리고 식 (12·158), (12·156)을 사용하면

$$E_x = 0, \ E_y = 0, \ E_z = -j \frac{\omega \mu a}{\pi} A \sin\left(\frac{\pi}{a} y\right) \tag{12 · 171}$$

를 얻게 된다.

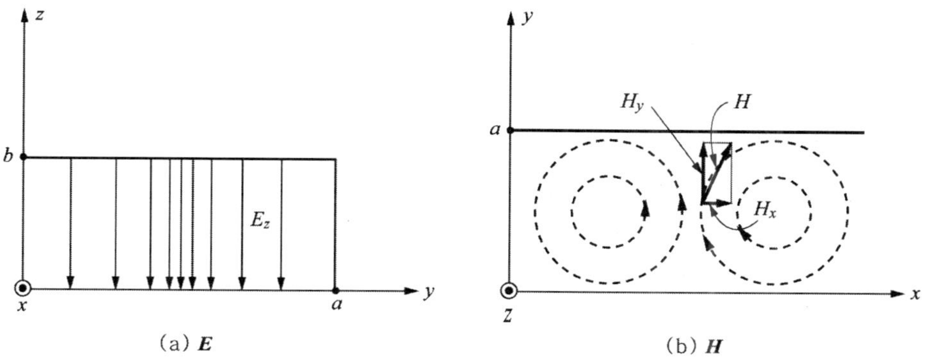

|그림 12·24| TE10의 모양

식 (12·171)에서 $\boldsymbol{E}$의 모양을 그리면 그림 12·24 (a)와 같이, 식 (12·170)에서 $\boldsymbol{H}$의 모양을 그리면 그림 (b)와 같이 되지만, H_x, H_y 두 성분의 관계는 다음과 같이 된다.

$$H_x{}^2 + \left(\frac{H_y}{j\beta a/\pi}\right)^2 = A^2$$

② TM파 : 자계가 yz면 내에 있을 때, 즉

$$H_x = 0 \qquad (12 \cdot 172)$$

일 때, TM파라고 하는 것은 이미 기술한 바와 같다. 여기서 식 (12·147) ②의 제1식 대신에

$$E_x = E_1 e^{j\omega t - \gamma x} \qquad (12 \cdot 173)$$

라 놓고, 나머지는 식 (12·147)을 그대로 사용한다. 식 (12·173)과 같이 놓은 식 (12·147)과 식 (12·172)를 식 (12·144′)와 식 (12·145′)에 대입하면

$$\frac{\partial H_z}{\partial y} - \frac{\partial H_y}{\partial z} = j\omega\epsilon E_x\ ,\ \ \gamma H_z = j\omega\epsilon E_y\ ,\ \ -\gamma H_y = j\omega\epsilon E_z \qquad (12 \cdot 174)$$

$$\frac{\partial E_z}{\partial y} - \frac{\partial E_y}{\partial z} = 0,\ \ \frac{\partial E_x}{\partial z} + \gamma E_z = -j\omega\mu H_y\ ,\ \ \gamma E_y + \frac{\partial E_x}{\partial y} = j\omega\mu H_z \qquad (12 \cdot 175)$$

를 얻게 되며, 또 식 (12·9′)에 식 (12·173)을, 식 (12·4)에 식 (12·172)를 대입하면

$$-\gamma E_x + \frac{\partial E_y}{\partial y} + \frac{\partial E_z}{\partial z} = 0 \qquad (12 \cdot 176)$$

$$\frac{\partial H_y}{\partial y} + \frac{\partial H_z}{\partial z} = 0 \qquad (12 \cdot 177)$$

을 얻게 된다. 식 (12·175)의 제2식을 z로 미분한 식과 식 (12·175)의 제3식을 y로 미분한 식의 합을 취하고, 식 (12·176)과 식 (12·174)의 제1식을 대입하면

$$\frac{\partial^2 E_x}{\partial y^2} + \frac{\partial^2 E_x}{\partial z^2} = -(\gamma^2 + \omega^2\epsilon\mu)E_x = -m^2 E_x \qquad (12 \cdot 178)$$

여기서, $E_x = f(y)g(z)$라고 놓으면

$$\frac{1}{f}\frac{\partial^2 f}{\partial y^2} + \frac{1}{g}\frac{\partial^2 g}{\partial z^2} = -m^2 = -(c_1^2 + c_2^2)$$

$$\therefore\ \frac{1}{f}\frac{d^2 f}{dy^2} = -c_1{}^2,\ \ \frac{1}{g}\frac{d^2 g}{dz^2} = -c_2{}^2$$

이것을 풀어 f, g를 구하고 이것들을 위의 E_x의 식에 대입하면 다음과 같다.

$$E_x = (A_1 \cos c_1 y + A_2 \sin c_1 y)(B_1 \cos c_2 z + B_2 \sin c_2 z) \qquad (12 \cdot 179)$$

식 (12·174)의 제2식과 식 (12·175)의 제3식에서 H_z를 소거하면

$$E_y = -\frac{\gamma}{m^2}\frac{\partial E_x}{\partial y} \tag{12 · 180}$$

이것을 식 (12·174)의 제2식에 대입하면

$$H_z = -j\frac{\omega\epsilon}{m^2}\frac{\partial E_x}{\partial y} \tag{12 · 181}$$

식 (12·175)의 제2식과 식 (12·174)의 제3식에서 H_y를 소거하면

$$E_z = -\frac{\gamma}{m^2}\frac{\partial E_x}{\partial z} \tag{12 · 182}$$

이것을 식 (12·174)의 제3식에 대입하면

$$H_y = j\frac{\omega\epsilon}{m^2}\frac{\partial E_x}{\partial z} \tag{12 · 183}$$

등의 여러 식들을 얻을 수 있다. 여기에 식 (12·179)을 대입하면 H_y, H_z, E_y, E_z 등을 구할 수 있다.

전계는 도체면에 수직이므로 경계조건으로서 i) $y=0$, ii) $z=0$, iii) $y=a$, iv) $z=b$일 때 $E_x=0$인 것을 사용하면 되고, 이것들을 식 (12·179)에 대입하면 각각

i) $A_1=0$, ii) $B_1=0$, iii) $c_1=S\pi/a$, iv) $c_2=P\pi/b$가 된다. 이 결과를 다시 식 (12·179)에 대입하면

$$E_x = A\sin\left(\frac{S\pi}{a}y\right)\sin\left(\frac{P\pi}{b}z\right) \tag{12 · 184}$$

를 얻을 수 있으며, TM_{sp}파의 전계의 x성분을 계산해 낼 수 있다. 식 (12·184)에 $S=1$ $P=0$를 대입하면 $E_x=0$가 되고 이와 같은 TM_{10}파는 존재하지 않는다는 것을 알 수 있다.

$S=1$, $P=1$을 대입하면 TM_{11}을 구할 수 있다. 즉 식 (12·184)와 식 (12·163)에서

$$E_x = A\sin\left(\frac{\pi}{a}y\right)\sin\left(\frac{\pi}{b}z\right) \tag{12 · 185}$$

$$m = \sqrt{\left(\frac{\pi}{a}\right)^2+\left(\frac{\pi}{b}\right)^2},\ \gamma = j\beta = \sqrt{\left(\frac{\pi}{a}\right)^2+\left(\frac{\pi}{b}\right)^2-\omega^2\epsilon\mu} \tag{12 · 186}$$

가 되고, $\omega^2\epsilon\mu > (\pi/a)^2+(\pi/b)^2$일 때 $\boldsymbol{E}$, $\boldsymbol{H}$는 감쇠하지 않는다. 식 (12·25)에서 공간에서는 $\omega^2\epsilon\mu = (\omega/v)^2 = (2\pi/\lambda)^2$이므로 윗식은

$$\frac{\lambda}{2} < \frac{1}{\sqrt{\frac{1}{a^2}+\frac{1}{b^2}}} \qquad (12 \cdot 187)$$

로 변형된다. 이 파장에 대한 주파수를 f 라고 하면 $f = c/\lambda$인 관계가 있으므로, 윗식은 또 다음과 같이 쓸 수 있다.

$$f > \frac{c}{2}\sqrt{\frac{1}{a^2}+\frac{1}{b^2}} \qquad (12 \cdot 188)$$

식 (12·180), (12·182), (12·183), (12·181)에서 식 (12·184)를 대입하면

$$\left.\begin{aligned} E_y &= -\frac{\gamma}{m^2}\frac{\pi}{a}A\cos\left(\frac{\pi}{a}y\right)\sin\left(\frac{\pi}{b}z\right) \\ E_z &= -\frac{\gamma}{m^2}\frac{\pi}{b}A\sin\left(\frac{\pi}{a}y\right)\cos\left(\frac{\pi}{b}z\right) \end{aligned}\right\} \qquad (12 \cdot 189)$$

$$\left.\begin{aligned} H_y &= j\frac{\omega\epsilon}{m^2}\frac{\pi}{b}A\sin\left(\frac{\pi}{a}y\right)\cos\left(\frac{\pi}{b}z\right) \\ H_z &= -j\frac{\omega\epsilon}{m^2}\frac{\pi}{a}A\cos\left(\frac{\pi}{a}y\right)\sin\left(\frac{\pi}{b}z\right) \end{aligned}\right\} \qquad (12 \cdot 190)$$

등을 얻을 수 있다.

③ **공동공진기** : 특정의 주파수에 공진시키게끔 한 중공도체관함을 **공동공진기**(cavity resonator)라고 한다. 지금 구형도파관의 $x = \pm c_0$의 위치에 도체판을 놓은 직방체로 한 직방형공진기를 만들고 TM_{10}파로 공진시킨 경우의 특성을 구해 보자.

(a) 전파 : 공동공진기 내의 한 점 Q로 x방향에 위상상수 β로 전파하는 전파의 z방향 성분을 E_{z1}이라고 하면 E_{z1}은 식 (12·171)의 제3식에서 $A = A_0 e^{-j\beta x}$라 놓고

$$E_{z1} = -j\frac{\omega\mu a}{\pi}A_0 e^{-j\beta x}\sin\left(\frac{\pi}{a}y\right)$$

로 나타낼 수 있다. 이 전파는 공진기 내의 $x = c_0$에서 반사하여 $-x$방향으로 향하고 같은 Q점에 되돌아왔을 때의 전계 E_{z2}는

$$E_{z2} = j\frac{\omega\mu a}{\pi}A_0 e^{-j\beta x}\sin\left(\frac{\pi}{a}y\right)$$

가 된다. 그러므로 Q점에서의 전계의 세기 $E_z = E_{z1} + E_{z2}$는

$$E_z = -j\frac{\omega\mu a}{\pi}A_0(e^{-j\beta x} - e^{j\beta x})\sin\left(\frac{\pi}{a}y\right)$$
$$= -\frac{2\omega\mu a}{\pi}A_0\sin\beta x\sin\left(\frac{\pi}{a}y\right)$$

도체면 $x = \pm c_0$에서는 $E_x = 0$이 되어야 하므로, 이것을 윗식에 대입하면

$$\sin c_0\beta = 0, \ \therefore \beta = q\pi / c_0 (q = 0, 1, 2, \ldots\ldots)$$

가 되고, 특정값 $q = 1$을 E_z의 식에 대입하면

$$E_z = -\frac{2\omega\mu a}{\pi}A_0\sin\left(\frac{\pi}{c_0}x\right)\sin\left(\frac{\pi}{a}y\right) \qquad (12 \cdot 191)$$

그러므로 $x = c_0/2$, $y = a/2$에서 E_z는 최대값 $|E_z| = 2\omega\mu a A_0/\pi$를 취하며 공진상태를 얻게 된다.

(b) 자파 : (i) H_x ; Q점에서 x방향으로 진행하는 자파 H_{x1}은 식 (12·169)에서 $A = A_0 e^{-j\beta x}$라고 놓으면

$$H_{x1} = A_0 e^{-j\beta x}\cos\left(\frac{\pi}{a}y\right)$$

이것이 $x = c_0$에 놓은 도체판에서 반사되어 같은 Q점에 되돌아왔을 때의 자계 H_{x2}는

$$H_{x2} = -A_0 e^{j\beta x}\cos\left(\frac{\pi}{a}y\right)$$

로 나타내므로 Q점에서의 합성자계 $H_x = H_{x1} + H_{x2}$는

$$H_x = -A_0(e^{j\beta x} - e^{-j\beta x})\cos\left(\frac{\pi}{a}y\right) = -j2A_0\sin\beta x\cos\left(\frac{\pi}{a}y\right) \qquad (12 \cdot 192)$$

가 된다. 한편 $x = \pm C_0$에서 $H_x = 0$이 되는 조건을 윗식에 넣으면

$$\beta = q\pi / c_0 (q = 0, 1, 2, \ldots\ldots)$$

가 되고, 특정값 $q = 1$을 사용하면

$$H_x = -j2A_0\sin\left(\frac{\pi}{c_o}x\right)\cos\left(\frac{\pi}{a}y\right)$$

를 얻게 되며 $x = c_0/2$, $y = 0$일 때 $|H_z| = 2A_0$의 진폭으로 공진한다.

(ii) H_y ; Q점에서 x방향으로 진행하는 자파 H_{y1}을 식 (12·170)의 제1식에서

$$H_{y1} = j\frac{\beta a}{\pi}A_0 e^{-j\beta x}\sin\left(\frac{\pi}{a}y\right)$$

이것이 $x = c_0$의 위치에 있는 도체판에 도달하여 반사되어 재차 Q점에 되돌아왔을 때

의 자계 H_{y2}는 진동 방향이 변하지 않으므로

$$H_{y2} = j\frac{\beta a}{\pi}A_0 e^{j\beta x}\sin\left(\frac{\pi}{a}y\right)$$

가 되고 Q점에서의 합성자계 $H_y = H_{y1} + H_{y2}$는

$$H_y = j2\frac{\beta a}{\pi}A_0\cos\beta x\sin\left(\frac{\pi}{a}y\right)$$

여기서 경계 조건($x = \pm c_0$에서 $H_y = 0$)을 사용하고, 전과 마찬가지로 $q = 1$이라고 놓으면

$$H_y = j\frac{2a}{c_0}A_0\cos\left(\frac{\pi}{c_0}x\right)\sin\left(\frac{\pi}{a}y\right) \tag{12 · 193}$$

가 되며 E_z가 최대값이 되는 $x = c_0/2$일 때 $H_y = 0$가 된다. 이 밖에 $\boldsymbol{E}$, $\boldsymbol{H}$의 성분은 식 (12·170), 식 (12·171)과 마찬가지로

$$E_x = 0,\ E_y = 0,\ H_z = 0 \tag{12 · 194}$$

가 된다. 또$\boldsymbol{H}$의 성분에는 어느 것이나 j가 붙지만$\boldsymbol{E}$의 성분에는 붙지 않으므로,$\boldsymbol{H}$의 위상이$\boldsymbol{E}$보다 $\pi/2$ 앞서고 있는 것을 알 수 있다.

(2) 원형도파관

그림 12·25와 같이 반지름 a의 원형도파관 속의 매질의 도전율을 $\sigma \simeq 0$이라 하고 식 (12·1), (12·2), (12·9), (12·4)를 원통좌표($r,\ \phi,\ z$)로 고쳐쓰면

$$\left.\begin{aligned} [\mathrm{rot}\boldsymbol{H}]_r &= \frac{1}{r}\frac{\partial H_z}{\partial\phi} - \frac{\partial H_\phi}{\partial z} = \epsilon\frac{\partial E_r}{\partial t} \\ [\mathrm{rot}\boldsymbol{H}]_\phi &= \frac{\partial H_r}{\partial z} - \frac{\partial H_z}{\partial r} = \epsilon\frac{\partial E_\phi}{\partial t} \\ [\mathrm{rot}\boldsymbol{H}]_z &= \frac{1}{r}\left\{\frac{\partial(rH_\phi)}{\partial r} - \frac{\partial H_r}{\partial\phi}\right\} = \epsilon\frac{\partial E_z}{\partial t} \end{aligned}\right\} \tag{12 · 144'}$$

$$\left.\begin{aligned} [\mathrm{rot}\boldsymbol{E}]_r &= \frac{1}{r}\frac{\partial E_z}{\partial\phi} - \frac{\partial E_\phi}{\partial z} = -\mu\frac{\partial H_r}{\partial t} \\ [\mathrm{rot}\boldsymbol{E}]_\phi &= \frac{\partial E_r}{\partial z} - \frac{\partial E_z}{\partial r} = -\mu\frac{\partial H_\phi}{\partial t} \\ [\mathrm{rot}\boldsymbol{E}]_z &= \frac{1}{r}\left\{\frac{\partial(rE_\phi)}{\partial r} - \frac{\partial E_r}{\partial\phi}\right\} = -\mu\frac{\partial H_z}{\partial t} \end{aligned}\right\} \tag{12 · 145'}$$

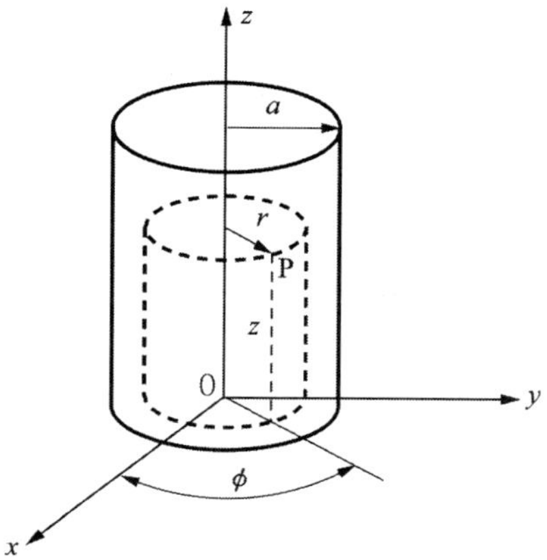

|그림 12·25| 원형도파관

$$\mathrm{div}\boldsymbol{E} = \frac{1}{r}\frac{\partial(rE_r)}{\partial r} + \frac{1}{r}\frac{\partial E_\phi}{\partial \phi} + \frac{\partial E_z}{\partial z} = 0 \tag{12·195}$$

$$\mathrm{div}\boldsymbol{H} = \frac{1}{r}\frac{\partial(rH_r)}{\partial r} + \frac{1}{r}\frac{\partial H_\phi}{\partial \phi} + \frac{\partial H_z}{\partial z} = 0 \tag{12·196}$$

가 된다. 원통축 z방향에 전파하는 TM파를 생각하면

$$H_z = 0 \tag{12·197}$$

또

$$E_r = E_1 e^{-\gamma z} e^{j\omega t},\ E_\phi = E_2 e^{-\gamma z} e^{j\omega t},\ E_z = E_3 e^{-\gamma z} e^{j\omega t}$$

$$H_r = H_1 e^{-\gamma z} e^{j\omega t},\ H_\phi = H_2 e^{-\gamma z} e^{j\omega t}$$

라 놓고, 이것들을 식 (12·194)~식 (12·196)에 대입하면

$$\left.\begin{aligned} &\gamma H_\phi = j\omega\epsilon E_r\ ,\ -\gamma H_r = j\omega\epsilon E_\phi\ , \\ &\frac{1}{\gamma}\left\{\frac{\partial(rH_\phi)}{\partial r} - \frac{\partial H_r}{\partial \phi}\right\} = j\omega\epsilon E_z \end{aligned}\right\} \tag{12·198}$$

$$\left.\begin{aligned} &\frac{1}{r}\frac{\partial E_z}{\partial \phi} + \gamma E_\phi = -j\omega\mu H_r \\ &\gamma E_r + \frac{\partial E_z}{\partial r} = j\omega\mu H_\phi \\ &\frac{\partial(rE_\phi)}{\partial r} - \frac{\partial E_r}{\partial \phi} = 0 \end{aligned}\right\} \tag{12·199}$$

$$\frac{1}{r}\frac{\partial(rE_r)}{\partial r}+\frac{1}{r}\frac{\partial E_\phi}{\partial \phi}-rE_z=0 \qquad (12\cdot200)$$

$$\frac{\partial(rH_r)}{\partial r}+\frac{\partial H_\phi}{\partial \phi}=0 \qquad (12\cdot201)$$

를 얻을 수 있다. 식 (12·198)의 제1식과 식 (12·199)의 제2식에서 H_ϕ를 소거하면

$$E_r=-\frac{\gamma}{m^2}\frac{\partial E_z}{\partial r} \qquad (12\cdot202)$$

여기서

$$m^2=\omega^2\epsilon\mu+\gamma^2,\ \ \gamma=j\beta \qquad (12\cdot203)$$

식 (12·198)의 제2식과 식 (12·199)의 제1식에서 H_r를 소거하면

$$E_\phi=-\frac{\gamma}{m^2 r}\frac{\partial E_z}{\partial \phi} \qquad (12\cdot204)$$

식 (12·202)과 식 (12·204)를 식 (12·200)에 대입하면

$$r^2\frac{\partial^2 E_z}{\partial r^2}+r\frac{\partial E_z}{\partial r}+m^2r^2E_z+\frac{\partial^2 E_z}{\partial \phi^2}=0 \qquad (12\cdot205)$$

이 해를 r만의 함수 R과 ϕ만의 함수 Φ의 곱

$$E_z=R(r)\cdot\Phi(\phi) \qquad (12\cdot206)$$

라 놓고, 윗식에 대입하면

$$\frac{r^2}{R}\frac{\partial^2 R}{\partial r^2}+\frac{r}{R}\frac{\partial R}{\partial r}+m^2r^2=-\frac{1}{\Phi}\frac{\partial^2\Phi}{\partial\phi^2}$$

가 된다. 이 양변을 r나 ϕ에 관계없는 상수 n^2과 같게 놓으면

$$r^2\frac{d^2R}{dr^2}+r\frac{dR}{dr}+(m^2r^2-n^2)R=0,\ \ \frac{1}{\Phi}\frac{d^2\Phi}{d\phi^2}=-n^2 \qquad (12\cdot207)$$

을 얻을 수 있는데, 식 (12·207)의 제2식에서 c_1, c_2를 상수라고 하면

$$\Phi=c_1\cos n\phi+c_2\sin n\phi \qquad (12\cdot208)$$

식 (12·208)의 제1식에서 $mr=n$이라고 놓으면

$$\frac{d^2R}{dx^2}+\frac{1}{x}\frac{dR}{dx}+\left(1-\frac{n^2}{x^2}\right)R=0 \qquad (12\cdot209)$$

로 변형된다. 이 해는 c_3, c_4를 상수라고 하면

$$R = c_3 J_n(x) + c_4 Y_n(x) = c_3 J_n(mr) + c_4 Y_n(mr) \tag{12·210}$$

단, $J_n(x)$, $Y_n(x)$는 각각 n차 제1종 및 제2종 Bessel의 함수(Bessel's function)이다. 그러나 이 경우 $r \to 0$에서 유한값을 가져야 하는데, $J_n(0)$이 여기에 적합하다. $Y_n(0)$은 $-\infty$가 되어 적합치 않으므로 $c_4 = 0$로 하여 우변 제2항을 제거해야 한다.

식 (12·208)와 식 (12·210)을 식 (12·206)에 대입하고 $c_4 = 0$, $c_1 c_3 = A_1$, $c_2 c_3 = B_1$이라고 놓으면

$$E_z = (A_1 \cos n\phi + B_1 \sin \phi) J_n(mr) \tag{12·211}$$

로 표시되며, $n = 0$일 때의 전파를 TM_{10}파라고 부른다. 그러므로 T_{01}파는

$$E_x = A_1 J_0(mr) \tag{12·212}$$

로 주어진다. 그림 12·26은 제1종 및 제2종 Bessel 함수 $J_n(x)$, $Y_n(x)$의 변화를 나타낸 것이다.

경계조건은 $r = a$에서 $E_z = 0$이고, 이것을 식 (12·212)에 대입하면

$$J_0(ma) = 0 \tag{12·213}$$

이것을 만족하는 제n번째의 근은

$$ma = \pi\left\{n - 0.25 + \frac{0.05066}{4n-1} - \frac{0.05304}{(4n-1)^3} + \frac{0.26205}{(4n-1)^5} + \cdots\cdots\right\} \tag{12·214}$$

이므로 첫번째의 근은 $n = 1$로 하여

$$ma = 2.405 \tag{12·215}$$

이 값은 또 그림 12·26에서 $J_0(x)$가 x축과 교차하는 처음의 점으로 구한다.

식 (12·215)을 식 (12·203)에 대입하면

$$\gamma = j\beta\,,\ \beta = \sqrt{\omega^2 \epsilon\mu - (2.405/a)^2} \tag{12·216}$$

그러므로 전파의 전파속도를 v, 파장을 λ라고 하면

$$\omega^2 \epsilon\mu = (\omega/v)^2 = (\omega/c)^2 > (2.405/a)^2$$

$$\therefore\ \omega = 2\pi f = 2\pi c/\lambda > 2.405\, c/a\ \ (c = 3 \times 10^8 [\text{m/sec}])$$

$$\therefore\ \lambda < 2.612\, a \tag{12·217}$$

의 관계를 구할 수 있는데, 이 때에 $\gamma < 0$이 되어서 도파관 내의 전파는 감쇠하지 않는다.

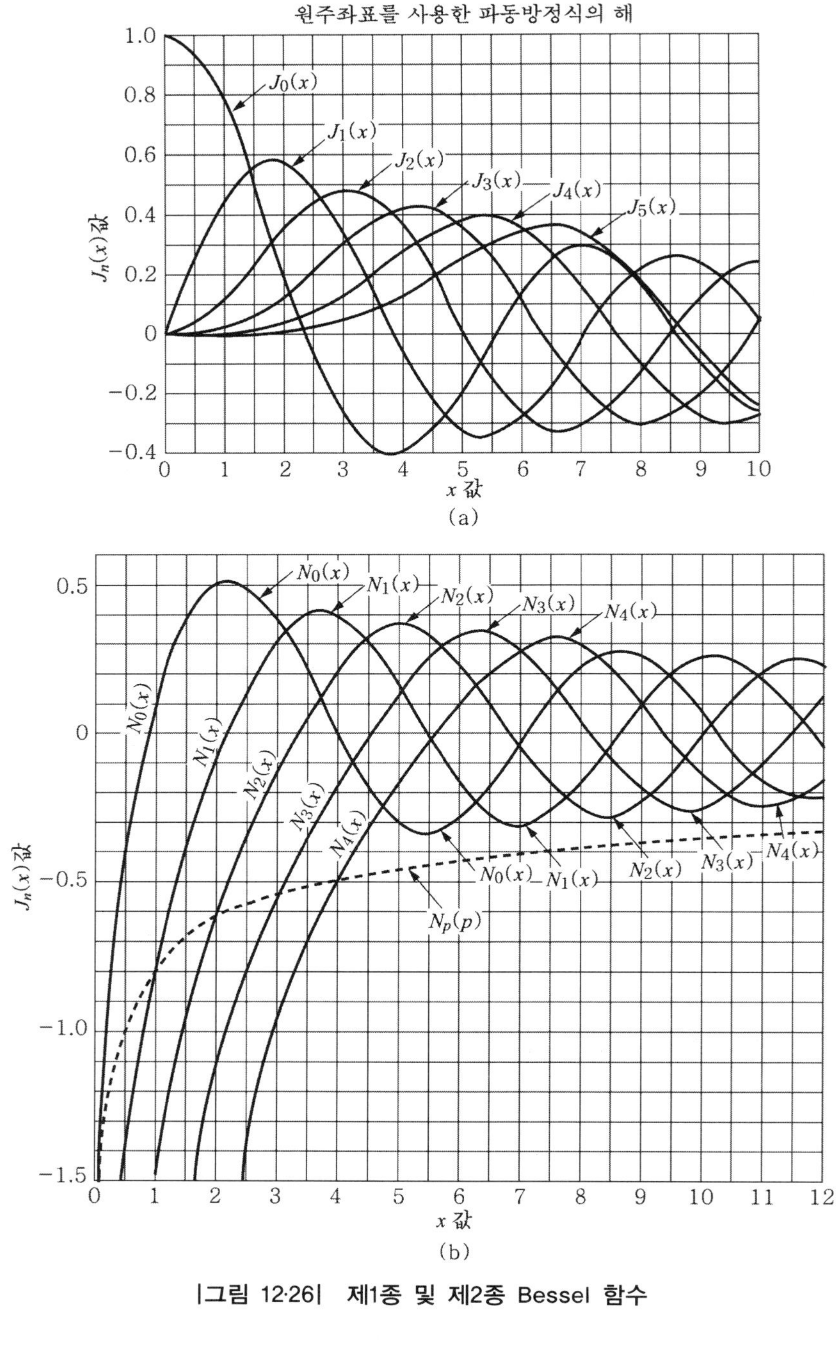

|그림 12·26| 제1종 및 제2종 Bessel 함수

식 (12·215)을 식 (12·212)에 대입하면

$$E_z = A_1 J_0(2.045 r/a)$$

또 식 (12·212)을 식 (12·202)과 식 (12·204)에 대입하고 Bessel 함수의 공식 $-\partial J_0(x)/\partial x = J_1(x)$를 사용하면

$$E_r = \frac{\gamma}{m} A_1 J_1(mr), \; E_\phi = 0 \tag{12 · 218}$$

또 식 (12·218)의 제2식을 식 (12·198)의 제2식에 식 (12·218)를 식 (12·198)의 제1식에 대입하면 다음 식을 얻을 수 있다.

$$H_r = 0, \; H_\phi = j\frac{\omega\epsilon}{m} A_1 J_1(mr) \tag{12 · 219}$$

원형도파관의 원단면 및 축방향단면에 있어서의 E, H의 모양은 그림 12·27 (a), (b)와 같다.

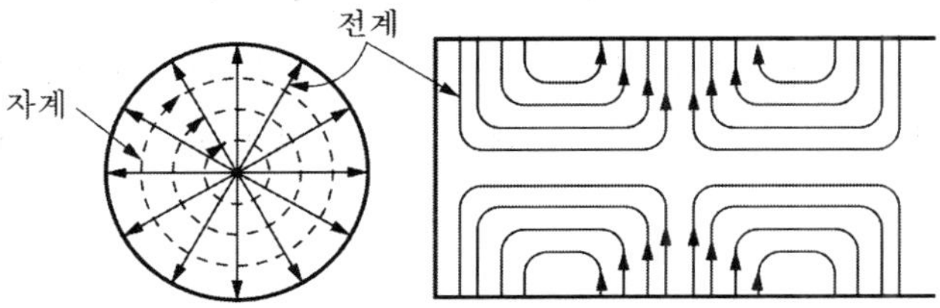

(a) xy면(ϕ 면) (a) rz면

|그림 12·27| 제1종 및 제2종 Bessel 함수

12.9 도체 내의 평면파

도체 내에서는 도전율 σ가 충분히 크고 ϵ이 적으므로 $\sigma \gg \omega\epsilon$라고 생각할 수 있다. 그러므로 식 (12·16)에서 $k^2 = -j\omega\sigma\mu$가 되어 식 (12·14)와 식 (12·15)는 각각 다음과 같이 된다.

$$\nabla^2 \boldsymbol{E} = j\omega\sigma\mu\boldsymbol{E} \tag{12 · 220}$$

$$\nabla^2 \boldsymbol{H} = j\omega\sigma\mu\boldsymbol{H} \tag{12 · 221}$$

또 $\boldsymbol{i} = \sigma\boldsymbol{E}$의 관계에서

$$\nabla^2 \boldsymbol{i} = j\omega\sigma\mu \boldsymbol{i} \tag{12·222}$$

식 (12·222)을 풀면 도체 내의 전류분포를 구할 수 있다. 이것을 다음의 두 가지에 대하여 살펴보자.

12.9.1 평면도체 중의 전류분포와 침투 깊이

그림 12·28과 같이 $z=0$에서 정방향으로 도전율 σ, 투자율 μ의 도체가 있다고 하자. 전류는 x방향으로 흐르고, x, y방향에 균일하다고 하자. 이와 같은 경우에는 그림과 같이 도체 내부로 진행함에 따라 전류밀도 i_x가 감소해 간다.

이 현상은 그림 12·28 (b)와 같이 도체 밖에 높은 주파수의 전원이 있고, 도체 표면에 $\boldsymbol{E}$인 전계가 생기고 있을 때에 대하여 설명하면 다음과 같이 된다. $\boldsymbol{E}$에 의하여 도체에 전류가 흘러 자계를 발생한다.

전류가 높은 주파수로 변화하고 있으면 자계도 변화하고 있으므로 그림과 같이 루프 1-2-3-4-1에는 기전력 E'를 유기하지만, 이 기전력은 E에 역행하는 방향이다. 루프 1-2-3-4-1과 1-2′-3′-4-1에서 뒷쪽이 더 많은 자속과 쇄교하므로 유기되는 기전력은 2′-3′ 쪽이 2-3보다 많다. 그 결과 2′-3′에서는 합성전계 $E+E'$는 적어지고 전류는 내부일수록 적어진다.

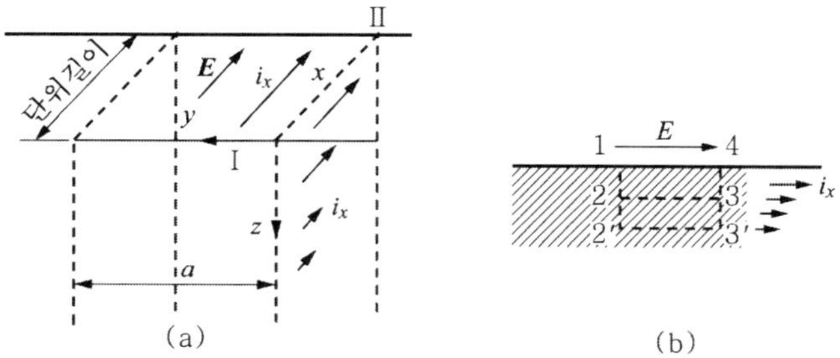

|그림 12·28| 도체 내의 전류분포

이와 같이 높은 주파수에 변화하는 전류가 도체의 표면(전원에 가장 가까운 표면) 가까이에만 집중하는 현상을 **표피효과**(skin effect)라고 한다. 표피작용 때문에 x방향에 흐르는 전류 i_x는 도체 내부로 들어감에 따라 어떻게 변화하는가를 보려면 식 (12·222)을 풀면 된다.

그림 12·27의 경우에는 그 방정식은 다음과 같이 된다.

$$\frac{d^2 i_x}{dz^2} = j\omega\sigma\mu i_x \tag{12·223}$$

여기서

$$\gamma_0{}^2 = j\omega\sigma\mu \tag{12·224}$$

라고 놓으면, 식 (12·223)의 해는

$$i_x = c_1 e^{-\gamma_0 z} + c_2^{\gamma_0 z} \tag{12·225}$$

γ_0는 식 (12·224)에서

$$\gamma_0 = \sqrt{j}\ \sqrt{\omega\sigma\mu}\ \text{(E 의 부호를 취한다)} \tag{12·226}$$

$e^{j\theta} = \cos\theta + j\sin\theta$이므로 $\theta = \frac{\pi}{2}$로 취하면 $e^{j\frac{\pi}{2}} = j$

따라서 $\sqrt{j}$ 는 $\sqrt{j} = e^{j\frac{\pi}{4}} = \cos\frac{\pi}{4} + j\sin\frac{\pi}{4} = \frac{1+j}{\sqrt{2}}$이므로

$$\gamma_0 = \frac{(1+j)\sqrt{\omega\mu\sigma}}{\sqrt{2}} = \frac{1+j}{\delta} \tag{12·227}$$

$$\delta = \frac{1}{\sqrt{\pi f\mu\sigma}}\ [\text{m}] \tag{12·228}$$

따라서 식 (12·225)은

$$i_x = c_1 e^{\frac{z}{\delta}} e^{-j\frac{z}{\delta}} + c_2 e^{\frac{z}{\delta}} e^{j\frac{z}{\delta}}$$

이 식의 우변 제2항은 z가 무한대가 되면 무한대가 되므로 $c_2 = 0$이 되어야 한다. 또 $z = 0$, 즉 도체표면의 전류밀도를 i_0라고 하면 윗식에서 $z = 0$이라 놓으면 $c_1 = i_0$가 되므로

$$i_x = i_0 e^{-\frac{z}{\delta}} e^{-j\frac{z}{\delta}} \tag{12·229}$$

이 식에서 전류밀도 i 는 도체표면에서 지수함수적으로 감소해 감을 알 수 있다. 그 감소하는 방법은 δ가 클수록 작아진다. i_x가 i_0의 $1/e$이 되는 거리를 z_0라고 하면, $e^{\frac{-z_0}{\delta}} = \frac{1}{e}$이 되므로 $z_0 = \delta$가 된다.

즉 표면에서 δ만큼 들어가면 전류밀도는 $1/e$이 된다. δ를 침투의 깊이(depth of penetration)라고 한다.

예제 12-3

동의 도전율을 5.8×10^7[℧/m], 비투자율을 1이라고 할 때 주파수 1[MHz]에서 침투의 깊이는 얼마인가?

해 식 (12·228)에서 $\sigma = 5.8 \times 10^7$, $f = 10^6$, $\mu = 1.257 \times 10^{-6}$을 넣으면 0.0667[mm]가 된다. 100[MHz]에서는 0.00667[mm]가 된다.

12.9.2 내부 임피던스와 외부 임피던스

정수상태의 전기회로에서 설명하는 것과 같이, 두 단자간의 전압 V와 전류 I와의 비

$$Z = \frac{V}{I} \tag{12 · 230}$$

를 임피던스라고 한다. 임피던스에는 저항체와 같은 간단한 것과 안테나와 같은 복잡한 것도 있다. 그림 12·29와 같은 루프상 도체의 예를 생각해 보자. 패러데이의 법칙에서 시간적 변화는 정현파장이라고 하면 다음과 같은 관계가 있다.

$$\int_{123} \boldsymbol{E} dl + \int_{31} \boldsymbol{E} dl = -j\omega\Phi \tag{12 · 231}$$

Φ는 쇄교자속이다. $\int_{123}$은 도선에 따른 통로를 취한 것이고, $\int_{31}$은 단자간에 취한 것이다. 전하를 3에서 1로 이동시키는 기전력은 이것과 대등, 반대 부호가 되어야 한다. 기전력을 $U = \int_{31} \boldsymbol{E} dl$이라고 하면 윗식에서

$$Z_t = \frac{U}{I} = \frac{\int_{123} \boldsymbol{E} dl}{I} + \frac{j\omega\Phi}{I} \tag{12 · 232}$$

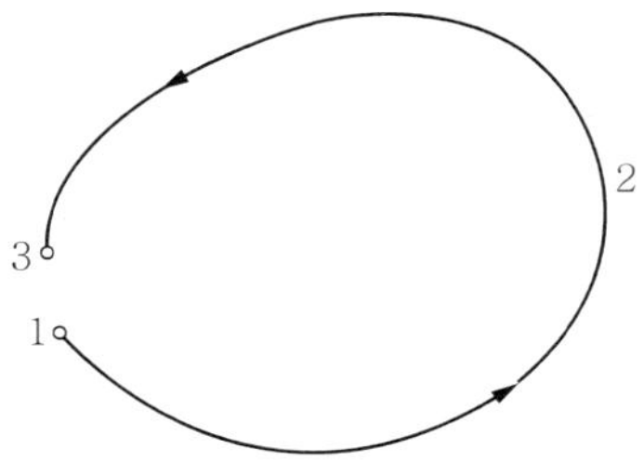

|그림 12·29| 루프상 도선

이것이 루프 도체의 임피던스이다. 우변의 제1항은 도선에 따른 전압과 전류와의 비이다. 이것을 직류의 경우에 대하여 말하면 제2항은 없어지고 제1항은 도선에 의한 전압 강하를 나타내고 있다. 주파수가 높아지면 제2항이 나타나지만, 이것은 도선과 쇄교하는 자속에 의한 항이다.

동시에 제1항도 저항에만 기인하는 것이 아니고 내부 임피던스에 의한 전압강하도 나타나게 된다. 그러므로 제1항을 선의 **내부 임피던스**(internal impedance), 제2항을 선의 **외부 임피던스**(external impedance)라고 한다.

표피효과에 의한 임피던스의 변화는 도체 내부의 전류 분포에 기인하는 것으므로 외부 임피던스는 제외하고 생각해 보자. 이 도체의 단위길이를 취해 보면 전류가 교류일 때는 **그림 12·30**과 같이 표면에 집중하는 경향이 있다. 이것은 원통상도체의 표피작용이며 다음 절에서 설명하기로 한다.

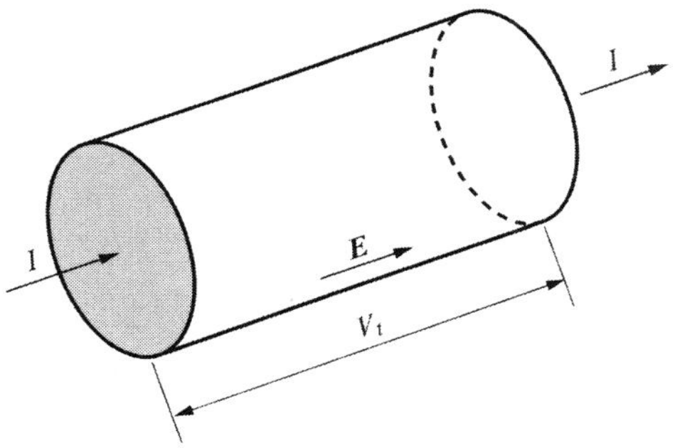

|그림 12·30|

양 단면간의 전압 강하를 V_i라고 하면 이것은 전계 E와 같다. 이와 같은 생각에서 도체표면의 전계 $\boldsymbol{E}$와 도체의 전 전류 $\boldsymbol{I}$와의 비

$$z_i = \frac{E}{I} \tag{12 · 233}$$

를 도체의 단위길이당의 내부 임피던스라고 생각한다. 길이 l의 도체의 내부 임피던스 Z_i를 $\int z_i dl$이라고 놓으면 다음과 같다.

$$Z_i = \int z_i dl = \int \frac{\boldsymbol{E} dl}{I} \tag{12 · 234}$$

그림 12·28 (a)의 경우는 **그림 12·30**의 원주단면의 반지름이 무한대가 된 경우라고 생가할 수 있다. 따라서 단위길이당의 내부 임피던스(**그림 12·28 (a)**의 평면 Ⅰ, Ⅱ로 포위된

도체 덩어리의 내부 임피던스)는 도체 표면의 전계 E를 이 부분의 도체 내의 전류로 나눈 것과 같다.

폭 u의 부분의 전류는 ui_x를 $z=0$에서 ∞까지 적분하여 $\int_0^\infty u i_x dz$가 된다. 따라서 단위길이와 단위폭 사이의 전류 J는 식 (12·229)에서

$$J=\int_0^\infty i_x dz=\int_0^\infty i_0 e^{-(1+j)(z/\delta)}dz=\frac{i_0\delta}{1+j} \qquad (12\cdot 235)$$

가 되고 단위길이와 단위폭의 내부 임피던스는 z_i는

$$z_i=\frac{E}{J}=\frac{E}{\int_o^\infty i_x dz} \qquad (12\cdot 236)$$

도체표면의 전계E와 J와의 관계를 구해야 하는데, E와 표면전류 i_0와는 다음 관계가 있다.

$$E=\frac{i_0}{\sigma} \qquad (12\cdot 237)$$

이것에서

$$z_i=\frac{1}{\sigma}\frac{i_o}{\frac{i_0\delta}{1+j}}=\frac{1+j}{\sigma\delta} \qquad (12\cdot 238)$$

회로이론에서 일반적으로 저항 R와 인덕턴스 L의 직렬 임피던스는 $R+j\omega L$이다. 그러므로 z_i도 이와 같이 R_i와 $j\omega L_i$가 직렬로 되어 있다고 생각하여

$$z_i=R_1+j\omega L_i \qquad (12\cdot 239)$$

라고 놓으면

$$R_i=\frac{1}{\sigma\delta}=\sqrt{\frac{\pi f\mu}{\sigma}} \qquad (12\cdot 240)$$

$$\omega L_i=R_s=\sqrt{\frac{\pi f\mu}{\sigma}} \qquad (12\cdot 241)$$

가 되고, 이와 같은 평면도체에서는 저항분과 리액턴스분과 같으며 z_i는 45°만큼 위상이 뒤짐을 알 수 있다.

예제 12-4

알루미늄의 도전율은 3.72×10^7[℧/m], 투자율은 $4\pi \times 10^{-7}$[H/m]이라고 한다. 10[kHz]에 있어서의 R_i 를 구하여라. 또 10[MHz]가 되면 L_i는 몇 배가 되는가?

해 10[kHz]에서는 R_i는 (12·241)에 대입하여 32.6[μΩ]가 된다. 10[MHz]에서는 1.03[mΩ]이 된다.

L_i는 $\dfrac{1}{\omega}\sqrt{\dfrac{\pi f \mu}{\sigma}} = \dfrac{1}{2\pi}\sqrt{\dfrac{\pi\mu}{\sigma f}}$ 가 되어 $\dfrac{1}{\sqrt{f}}$에 비례하므로 주파수가 10[kHz]에서 10[MHz]로 1000배로 하면 1/31.6배가 되고 주파수가 높아짐에 따라 내부 임피던스가 적게 됨을 알 수 있다.

12.9.3 원주상도체 내의 전류분포

이미 기술한 바와 같이 원주상도체에 교류전류가 흐를 때 전류는 그 표면 쪽으로 집중하는 경향이 있다. 이것은 일반적으로 사용되는 도선에서 흔히 볼 수 있는 현상이며 원주상도체에 있어서의 표피작용이다.

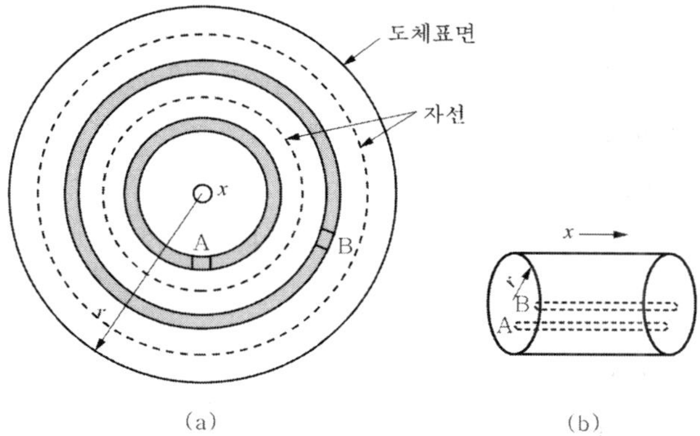

|그림 12·31| 원주상도체의 표피효과

그 이유는 이미 그림 12·28 (b)에 설명한 것과 다른 것이 없다. 즉 그림 12·31 (a)와 같은 원주상도체의 단면의 축에 가까운 부분의 가늘고 긴 전류 A와 표면에 가까운 쪽의 B를 비교하면 전류의 분포가 균일하면 B보다 A 쪽이 많은 자속과 쇄교하고 있으므로 이로 인한 유기기전력은 A 쪽이 B 쪽보다 크다. 그림 12·31 (b)와 같이 2개의 단면간에서는 그 전압 강하는 저항과 인덕턴스에 기인하므로 A 쪽이 전압 강하가 크게 된다. 그러나 도체가

균일하고 하나의 단면에서 들어간 전류는 모두 다른 단면으로 나간다고 하면 전류는 모두 축에 평행하게 흐르고, 축에 수직한 단면은 등전위면이 된다. 따라서 그림 12·31 (b)의 양 단면간은 A, B의 어느 부분에서도 전압강하가 같게 되도록 A의 부분이 B의 부분보다 전류밀도가 적어진다.

도체 내의 전류분포를 조사하려면 식 (12·222)을 원주좌표로 나타내는 것이 편리하다. 단면의 반지름을 r_0, 축에서 단면의 임의의 한 점까지의 거리를 r, 축방향을 x축이라고 하면

$$\frac{d^2 i_x}{dr^2} + \frac{1}{r}\frac{di_x}{dr} = j\omega\mu\sigma i_x \tag{12 · 242}$$

여기서,

$$-j\omega\mu\sigma = T_1{}^2,\quad T_1 = j^{-\frac{1}{2}}\sqrt{\omega\mu\sigma} = j^{-\frac{1}{2}}\sqrt{2\sigma} \tag{12 · 243}$$

라고 하면

$$\frac{d^2 i_x}{dr^2} + \frac{1}{r}\frac{di_x}{dr} = -T_1{}^2 i_x \tag{12 · 244}$$

이 방정식은 0차의 Bessel 미분방장식이며, 그 해는

$$i_x = A J_0(T_1 r) \tag{12 · 245}$$

A는 도체표면의 전류밀도에서 구할 수 있다. 즉 $r = r_0$에서 $i_x = i_0$라고 하면

$$i_0 = A J_0(T_1 r_0) \tag{12 · 246}$$

따라서

$$i_x = \frac{j_0 J_0(T_1 r)}{J_0(T_1 r_0)} \tag{12 · 247}$$

그런데 T_1이 식 (12·243)와 같이 주어지면 $J_0(T_1 r)$는 복소수가 된다. 일반적으로 $J_0\left(j^{-\frac{1}{2}}x\right)$의 실수부를 ber$(x)$, 허수부를 bei$(x)$라고 쓴다.

즉

$$J_o\left(j^{-\frac{1}{2}}x\right) = \mathrm{ber}(x) + j\mathrm{bei}(x)$$

이다. 이렇게 하면 식 (12·247)은

$$\frac{i_x}{i_0} = \frac{\mathrm{ber}\left(\frac{\sqrt{2}\,\mathrm{r}}{\delta}\right) + j\mathrm{bei}\left(\frac{\sqrt{2}\,\mathrm{r}}{\delta}\right)}{\mathrm{ber}\left(\frac{\sqrt{2}\,\mathrm{r}_0}{\delta}\right) + j\mathrm{bei}\left(\frac{\sqrt{2}\,\mathrm{r}_0}{\delta}\right)} \tag{12 · 248}$$

가 된다. ber, bei(x)의 값은 수표에 나타나 있다. 그림 12·32는 지름 1[mm]의 공동선에서 여러 가지 주파수에 대하여 i_x/i_o를 구한 예이다.

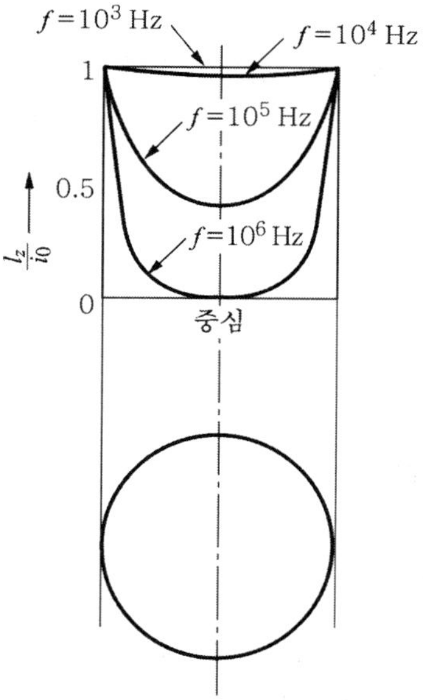

|그림 12·32| 여러 가지 주파수 경우의 원형도체단면의 전류분포

12.9.4 표피효과가 있을 때의 원주상도체의 내부 임피던스

표피효과가 있으면 지금까지 기술한 바와 같이 도체 내의 전류분포가 변하므로 그 내부 임피던스가 어떻게 변화하는가를 살펴보자. 여기에서 주파수는 상당히 높은 경우만을 생각해 보면 된다. 이 때는 침투의 깊이 δ는 상당히 적게 되므로 도체 표면의 만곡은 무시하고 평면상이고 무한의 두께라고 보아도 큰 오차가 없다. 따라서 **12.9.2**에서 말한 것을 그대로 사용할 수 있다. 식 (12·238)의 z_i는 단위길이와 단위폭의 내부 임피던스이므로 원주상도체의 단위길이당의 내부 임피던스 z_i는 그것을 원주 $2\pi r_0$로 나누어

$$z_i = \frac{1+j}{2\pi r_0 \sigma \delta} = \frac{1}{2\pi r_0 \sigma \delta} + j\frac{1}{2\pi r_0 \sigma \delta} \tag{12 · 249}$$

$z_i = R_i + j\omega L_i$라고 놓으면

$$R_i = \omega L_i = \frac{1}{2\pi r_0 \sigma \delta}[\Omega /\mathrm{m}],\ \delta = \frac{1}{\sqrt{\pi f \mu \sigma}}[\mathrm{m}] \tag{12 · 250}$$

이 된다. 주파수가 낮아져서 거의 직류라고 볼 수 있을 때는 제7장, 제9장에서 기술한 것과 같이

$$(R_i)_{dc} = \frac{1}{\pi {r_0}^2 \sigma}\ [\Omega/\mathrm{m}],\ (L_i)_{dc} = \frac{\mu}{8\pi}[\mathrm{H/m}] \tag{12 · 251}$$

이다.

임피던스는 내부 임피던스 외에 외부 임피던스가 있으며 일반적으로 뒤쪽이 상당히 크므로 전 인덕턴스를 생각할 때는 내부 인덕턴스는 간단한 근사라도 큰 오차가 없다.

12.10 전자파의 방사

12.10.1 전기쌍극자 안테나

(1) 헤르츠(Hertz) 안테나

그림 12·33과 같이 거리 l 만큼 떨어진 도체구를 도선으로 연결하고 그 중앙에서 각주파수 ω의 교류전류 i를 흘려 도체구에 전하 $q = Qe^{j\omega t}$를 주어 전자계를 방사하도록 한 것을 헤르츠 안테나 $-a$라고 한다. 도선부의 정전용량을 도체구의 것에 비하여 무시할 수 있을 정도로 적다고 하고, 또 전류의 파장 λ를 l에 비하여 상당히 크다고 생각하면

$$i = dq/dt = j\omega Q e^{j\omega t} = Ie^{j\omega t}$$

여기서 $I = j\omega Q$는 전류의 진폭이며 $Q = -jI/\omega$가 된다.

헤르츠 안테나에서 상당히 먼 곳에 있는 1점 $\mathrm{P}(r,\ \theta,\ \phi)$에서 $+q$, $-q$에 의하여 이루어지는 전위 $v = Ve^{j\omega t}$는 식 (12·17)로 표시되는 위상인자 $e^{-j\beta r}$를 고려하면

$$v = \frac{Q}{4\pi\epsilon_0}\left\{\frac{1}{r_1}e^{j(\omega t - \beta r_1)} - \frac{1}{r_2}e^{j(\omega t - \beta r_2)}\right\}$$
$$= -j\frac{I}{4\pi\epsilon_0\omega}\left\{\frac{1}{r_1}e^{j(\omega t - \beta r_1)} - \frac{1}{r^2}e^{j(\omega t - \beta r_2)}\right\}$$

가 되고, 여기서 식 (12·25)에서 $\beta = \omega/v = 2\pi/\lambda = \omega\sqrt{\epsilon_0\mu_0}$ 이다. 또 $r \gg l$이므로 $r_1 \simeq$

$r-\left(\frac{l}{2}\right)\cos\theta$, $r_2 \simeq r+\left(\frac{l}{2}\right)\cos\theta$, 또 $\lambda \gg l$ 이므로

$$\cos\left\{\left(\frac{\beta l}{2}\right)\cos\theta\right\} \simeq 0,\ \sin\left\{\left(\frac{\beta l}{2}\right)\cos\theta\right\} \simeq \left(\frac{\beta l}{2}\right)\cos\theta$$

등의 관계를 얻을 수 있으며, 이것들을 윗식에 대입하면

$$v = Ve^{j\omega t},\ V = -j\frac{Il\cos\theta}{4\pi\epsilon_0\omega}\left(j\frac{\beta}{r}+\frac{1}{r^2}\right)e^{-j\beta r} \qquad (12\cdot 252)$$

가 된다.

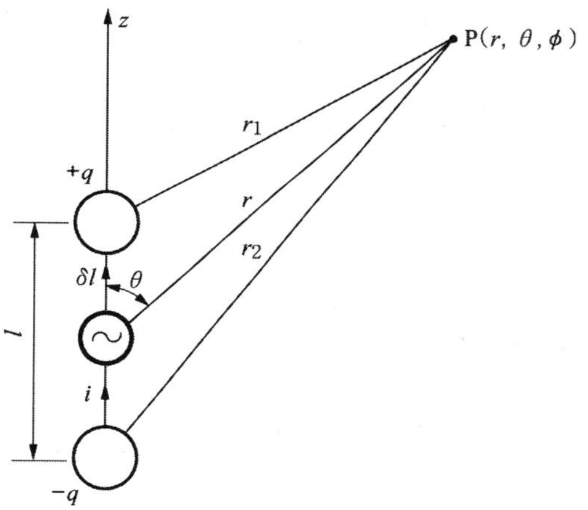

|그림 12·33| 헤르츠 안테나

$$\left.\begin{aligned}(\mathrm{grad}\,V)_r &= \frac{\partial V}{\partial r} = -j\frac{Il\cos\theta}{4\pi\epsilon_0\omega}\left(\frac{\beta^2}{r}-j\frac{2\beta}{r^2}-\frac{2}{r^3}\right)e^{-j\beta r}\\ (\mathrm{grad}\,V)_\theta &= \frac{1}{r}\frac{\partial V}{\partial\theta} = j\frac{Il\sin\theta}{4\pi\epsilon_0\omega}\left(j\frac{\beta}{r^2}+\frac{1}{r^3}\right)e^{-j\beta r}\end{aligned}\right\} \qquad (12\cdot 253)$$

$$(\mathrm{grad}\,V)_\phi = 0$$

전류 $Ie^{j\omega t}$ 에서 r의 거리에 1점 P에 있는 관측자가 그 현상을 의식할 때까지는 $\delta t = r/v$만큼 시간이 경과하고 있고, 그 사이에 위상 $\delta\phi = \omega\delta t = \omega r/v = \beta r$만큼 변화하고 있다. 따라서 P점에서의 전류는

$$[I] = Ie^{j(\omega t - \beta r)} \qquad (12\cdot 254)$$

의 모양으로 나타낼 수 있는데 이것을 **지연전류**(retarded current)라고 한다. 이것을 사용하면 식 (12·252)은

$$v = -j\frac{[I]\ l\cos\theta}{4\pi\epsilon_0\omega}\left(j\frac{\beta}{r}+\frac{1}{r^2}\right) \qquad (12\cdot254')$$

과 같이 간소화된다. 한편 점 P의 자기 벡터 퍼텐셜 $\boldsymbol{A}$는 길이 l에 따라서 z축 방향으로 존재하고, 그 크기는 시간의 함수인 $e^{j\omega t}$를 생략하면

$$A_z = \frac{\mu_0}{4\pi}\int_0^1 \frac{Ie^{-j\beta r}}{r}dl = \frac{\mu_0 Il}{4\pi r}e^{-j\beta r}$$

식 (12·47)을 사용하면

$$A_z = \frac{\mu_0 Il\cos\theta}{4\pi r}e^{-j\beta r},\ A_\theta = -\frac{\mu_0 Il\sin\theta}{4\pi r}e^{-j\beta r},\ A_\phi = 0 \qquad (12\cdot255)$$

자계는 $\boldsymbol{H}=\left(\frac{1}{\mu_0}\right)$rot로 주어지며 rot의 각 성분은

$$(\mathrm{rot}\boldsymbol{A})_r = 0,\ (\mathrm{rot}\boldsymbol{A})_\theta = 0,\ (\mathrm{rot}\boldsymbol{A})_\phi = \frac{\mu_0 Il\sin\theta}{4\pi}\left(j\frac{\beta}{r}+\frac{1}{r^2}\right)e^{-j\beta r}$$

$$\therefore\ H_r = 0,\ H_\theta = 0,\ H_\phi = \frac{Il\sin\theta}{4\pi}\left(j\frac{\beta}{r}+\frac{1}{r^2}\right)e^{-j\beta r} \qquad (12\cdot256)$$

를 얻게 된다. 순간 자기 벡터 퍼텐셜은 $\boldsymbol{a}=\boldsymbol{A}e^{j\omega t}$이므로 점 P에서의 전계 $\boldsymbol{e}$는 식 (12·39)에서

$$\boldsymbol{e} = \boldsymbol{E}e^{j\omega t} = -\left(DELv+\frac{\partial\boldsymbol{a}}{\partial t}\right) = -(DELv + j\omega\boldsymbol{A}e^{-j\omega t})$$

$$\therefore\ \boldsymbol{E} = -(\nabla V + j\omega\boldsymbol{A})$$

여기에 식 (12·253)와 식 (12·255)을 대입하고 $\omega = \beta/\sqrt{\epsilon_0\mu_0}$를 사용하면

$$\left.\begin{aligned} E_r &= \frac{1}{2\pi}\sqrt{\frac{\mu_0}{\epsilon_0}}\,Il\left(\frac{1}{r^2}-j\frac{1}{\beta r^3}\right)\cos\theta\, e^{-j\beta r} \\ E_\theta &= \frac{1}{4\pi}\sqrt{\frac{\mu_0}{\epsilon_0}}\,Il\left(j\frac{\beta}{r}+\frac{1}{r^2}-j\frac{1}{\beta r^3}\right)\sin\theta\, e^{-j\beta r} \end{aligned}\right\} \qquad (12\cdot257)$$

$$E_\phi = 0$$

가 된다. 상당히 먼 곳에서 $\frac{1}{r^2}$, $\frac{1}{r^3}$의 항이 무시될 수 있을 때 전자계는 식 (12·257)과 식 (12·256)에서 다음과 같은 식으로 주어진다.

$$E_r = 0,\ E_\theta = j\sqrt{\frac{\mu_0}{\epsilon_0}}\frac{\beta Il\sin\theta}{4\pi r}e^{-j\beta r} = j\frac{60\pi Il\sin\theta}{\lambda r}e^{-j\beta r},$$

$$E_\phi = 0[\text{V/m}] \tag{12 · 258}$$

$$H_r = 0,\ H_\theta = 0,\ H_\phi = j\frac{\beta Il\sin\theta}{4\pi r}e^{-j\beta r} = j\frac{Il\sin\theta}{2\lambda r}e^{-j\beta r}\ [\text{A/m}] \tag{12 · 259}$$

또 매질의 특성 임피던스는 식 (12·37)에서 다음과 같이 된다.

$$\eta = E_\theta / H_\phi = \sqrt{\mu_0/\epsilon_0} = 120\pi = 376.7[\Omega]$$

또 포인팅 벡터의 실수부의 평균값은 식 (12·92)로 주어지며 여기에 식 (12·258)와 식 (12·260)을 대입하면

$$\overline{P} = \frac{1}{2}R_e(E_\theta H_\phi^*) = \frac{1}{2}R_e\left(j\sqrt{\frac{\mu_0}{\epsilon_0}}\frac{\beta Il\sin\theta}{4\pi r}e^{-j\beta r}\right)$$

$$\left(-j\frac{\beta Il\sin\theta}{4\pi r}e^{j\beta r}\right) = \sqrt{\frac{\mu_0}{\epsilon_0}}\frac{(\beta Il)^2\sin^2\theta}{32\pi^2 r^2}[\text{W/m}^2]$$

와 같이 되므로 반지름 r의 구표면 S를 통하여 방사되는 평균전력 $\boldsymbol{P_{av}}$는 미소 면적 $\delta S = 2\pi r\sin\theta\cdot r\delta\theta$를 사용하여

$$P_{av} = \int_S \overline{P}\,dS = \sqrt{\frac{\mu_0}{\epsilon_0}}\frac{(\beta Il)^2}{16\pi}\int_0^\pi \sin^2\theta\,d\theta = \sqrt{\frac{\mu_0}{\epsilon_0}}\frac{(\beta Il)^2}{12\pi}$$

$$\therefore\ P_{av} = 40\left(\frac{\pi l}{\lambda}\right)^2 I^2 = 80\left(\frac{\pi l}{\lambda}\right)^2 I_e^{\,2}[\text{W}] \tag{12 · 260}$$

여기서 $I_e = \dfrac{I}{\sqrt{2}}$는 전류의 실효값이다. 따라서 방사저항을 R라고 하면 $P_{av} = I_e^{\,2}R$의 관계에서 다음 식을 얻을 수 있다.

$$R = 80\left(\frac{\pi l}{\lambda}\right)^2[\Omega] \tag{12 · 261}$$

(2) 2도선 전기쌍극자 안테나

그림 12·34와 같이 길이가 l인 전기쌍극자 안테나의 도선상에 각주파수 ω, 진폭 I_0의 정현파전류가 왼쪽 절반, 오른쪽 절반에 대하여 각각

$$I = I_0\sin\beta\left(\frac{l}{2}+z\right),\ I = I_0\sin\beta\left(\frac{l}{2}-z\right) \tag{12 · 262}$$

의 모양으로 분포되어 있다고 하자. 안테나의 좌단에서는 $z=-\frac{l}{2}$을 제1식에 대입하여 $I=0$, 우단에서는 $z=\frac{l}{2}$을 제2식에 대입하여 $I=0$이다.

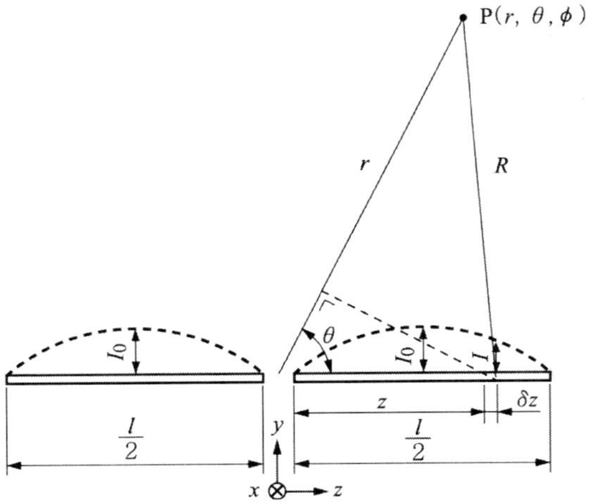

|그림 12·34| 2도선 전기쌍극자 안테나

지금 도선 위의 임의의 선소 dz의 전류 I에 의하여 먼 곳에서 l과 θ방향의 한 점 P(r, θ, φ)에 있어서의 전계는 식 (12·258)에서

$$dE_\theta = j\frac{60\pi I dz \sin\theta}{\lambda R}e^{-j\beta R}$$

가 되고 $R \simeq r - z\cos\theta$이므로

$$dE_\theta \simeq j\frac{60\pi I dz \sin\theta}{\lambda(r - z\cos\theta)}e^{-j\beta(r - z\cos\theta)} = kI\sin\theta\, e^{-j\beta z\cos\theta}dz$$

여기서 $k \simeq j\,60\pi e^{-j\beta r}/\lambda r[\Omega\ /\mathrm{m}^2]$이라고 한다. 따라서 안테나 전부의 전류에 의한 전계는 윗식을 $-\frac{l}{2}$에서 $\frac{l}{2}$까지 적분하고 식 (12·262)에 대입하면

$$E_\theta = I_o k\sin\theta\left\{\int_{-\frac{l}{2}}^{0} e^{j\beta z\cos\theta}\sin\beta\left(\frac{l}{2}+z\right) + \int_{0}^{\frac{1}{2}} e^{j\beta z\cos\theta}\sin\beta\left(\frac{l}{2}-z\right)dz\right\}$$

여기서

$$e^{j\beta z\cos\theta}\sin\beta\left(\frac{l}{2}\pm z\right) = \{\cos(\beta z\cos\theta) + j\sin(\beta z\cos\theta)\}$$

$$\sin\beta\left(\frac{l}{2}\pm z\right)=\frac{1}{2}\left\{\sin\beta\left(\frac{l}{2}\pm z+z\cos\theta\right)+\sin\beta\left(\frac{l}{2}\pm z-z\cos\theta\right)\right.$$

$$\left.-j\cos\beta\left(\frac{l}{2}\pm z+z\cos\theta\right)+j\cos\beta\left(\frac{l}{2}\pm z-z\cos\theta\right)\right\}$$

를 사용하면

$$E_\theta=j\frac{60\,I_0}{r\sin\theta}\left\{\cos\left(\frac{\beta l}{2}cos\theta\right)-\cos\frac{\beta l}{2}\right\}e^{-j\beta r}\ [\text{V/m}] \tag{12 · 263}$$

반파장 안테나에서는 $l=\dfrac{\lambda}{2}$라고 하면

$$E_\theta=j\frac{60\,I_0}{r}\frac{\cos\left\{\left(\frac{\pi}{2}\right)\cos\theta\right\}}{\sin\theta}e^{-j\beta r}=\sqrt{\frac{\mu_0}{\epsilon_0}}H_\phi=120\,\pi H_\phi\ [\text{V/m}] \tag{12 · 264}$$

가 되고 지향성은

$$D=\cos\left(\frac{\pi}{2}cos\theta\right)/\sin\theta \tag{12 · 265}$$

로 결정된다. θ에 따른 D의 변화를 식 (12·265)에서 계산하면 그림 12·35에 나타낸 것과 같이 되고 식 (12·258)로 주어지는 Hertz 안테나의 지향성 $D_h=\sin\theta$보다 약간 예리하다.

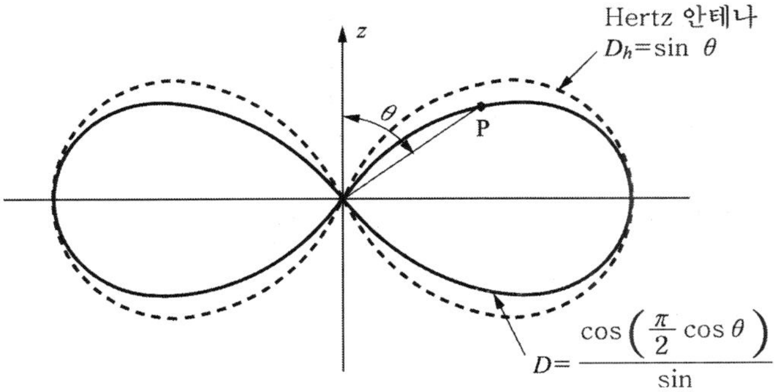

|그림 12·35| 전기쌍극자 안테나의 지향성

포인팅 벡터의 실수부의 평균값은 식 (12·92)를 사용하면

$$\overline{P}=\frac{15I_0^{\ 2}}{\pi r^2}\frac{\cos^2\left\{\left(\frac{\pi}{2}\right)\cos\theta\right\}}{\sin^2\theta}\ [\text{W/m2}] \tag{12 · 266}$$

이다. 전류의 실효값을 $I_e(=I_0/\sqrt{2}\,)$라 하고, $\cos\theta=y$, $\pi(1\pm y)=x$ 등의 변수치환을

하면 실수부의 방사평균전력 P_{av}와 방사저항 R는

$$P_{av}=INT_S\overline{P}\ 2\pi r^2\sin\theta\,d\theta=60I_e^{\ 2}\int_0^{\pi}\frac{\cos^2\left\{\left(\frac{\pi}{2}\right)\cos\theta\right\}}{\sin\theta}d\theta$$

$$=30\,I_e^{\ 2}\int_0^{\pi}\frac{1+\cos(\pi\cos\theta)}{\sin\theta}d\theta$$

$$=30\,I_e^{\ 2}\int_{-1}^{1}\frac{1-\cos\pi y}{1-y^2}dy$$

$$=15\,I_e^{\ 2}\int_{-1}^{1}\left(\frac{1}{1+y}+\frac{1}{1-y}\right)(1+\cos\pi y)\,dy$$

$$=15\,I_e^{\ 2}\left\{\int_{-1}^{1}\left(\frac{1-\cos\pi(1+y)}{1+y}dy+\int_{-1}^{1}\left(\frac{1-\cos\pi(1-y)}{1-y}dy\right\}\right.\right.$$

$$=30\,I_e^{\ 2}\int_0^{2\pi}\frac{1-\cos x}{x}dx=30\,I_e^{\ 2}\,C(2\pi)$$

$$=30\,I_e^{\ 2}\left\{\frac{(2\pi)^2}{2\cdot 2!}-\frac{(2\pi)^4}{4\cdot 4!}+\ldots\ldots\right\}=73.13I_e^{\ 2}=RI_e^{\ 2}\ [\mathrm{W}]$$

$\therefore\ R=73.13[\Omega]$

마찬가지로 허수부의 평균전력을 계산하면 방사리액턴스는 $X=30\,Si(2\pi)=42.55[\Omega]$를 얻게 되고 안테나의 방사임피던스는 $Z=R+jX=73.13+j42.55[\Omega]$가 된다.

위에서 인용한 함수에 대하여 설명하면 다음과 같다.

$$C(x)=\gamma+\log x-Ci(x),\quad Ci(x)=-\int_x^{\infty}\frac{\cos x}{x}dx$$

$$=\gamma+\log x-\frac{x^2}{2\cdot 2!}+\frac{x^4}{4\cdot 4!}+\ldots\ldots\text{(여현적분 : cosine integral)}$$

$$Si(x)=\int_0^x\frac{\sin x}{x}dx=\frac{\pi}{2}-\int_x^{\infty}\frac{\sin x}{x}dx$$

$$=x-\frac{x^3}{3\cdot 3!}+\frac{x^5}{5\cdot 5!}+\ldots\ldots\text{(정현적분 : sine integral)}$$

$C(2\pi)\simeq 2.438,\ Si(2\pi)\simeq 1.418,\ Ci(2\pi)\simeq -0.023,$

$\gamma=0.57721$(Euler 상수)

12.10.2 루프 안테나

그림 12·36과 같이 x방향의 길이가 a, y방향의 길이가 b를 가진 장방형의 루프 안테나가 x방향으로 진행하는 평면파전자계 중에 놓았을 때 전계는 y성분 E_y, 자계는 z성분 H_z만이라고 하면

$$E_y = E_0 e^{j(\omega t - \beta x)}, \quad H_y = H_0 e^{j(\omega t - \beta x)}$$

로 나타내며 공간 중에는 c를 광속이라고 하면

$$\beta = \omega / c = \omega \sqrt{\epsilon_0 \mu_0} = 2\pi/\lambda, \quad H_0 = \sqrt{\epsilon_0/\mu_0}\, E_0$$

이다. (x, y, z)좌표의 원점 O를 루프의 중심에 취하고 미소폭 δx를 가진 구형을 생각하면 루프면 S와 직각으로 관통하는 전자속 Φ는

$$\Phi = \int_s \mu_0 H_z b\, dx = \sqrt{\epsilon_0 \mu_0}\, E_0 b \int_{-\frac{a}{2}}^{\frac{a}{2}} e^{j(\omega t - \beta x)} dx = j\frac{2E_0 b}{\omega}(e^{-j\beta a/2} - 1)e^{j\omega t}$$

가 되고 이 자속에 의한 코일의 유도기전력 $v = -d\Phi/dt$는

$$v = -2bE_0\left\{\left(1 - \cos\frac{\beta a}{2}\right) + j\sin\frac{\beta a}{2}\right\} e^{j\omega t} \text{ [V]}$$

이 기전력의 진폭을 V_0, 전계의 실효값을 $E = E_0/\sqrt{2}$ 라고 하면 다음 식이 성립한다.

$$V_0 = 2bE_0\sqrt{\left(1 - \cos\frac{\beta a}{2}\right)^2 + \sin^2\frac{\beta a}{2}}$$

$$\therefore \; V_0 = 4bE\sqrt{1 - \cos\frac{\pi a}{\lambda}} \tag{12 · 267}$$

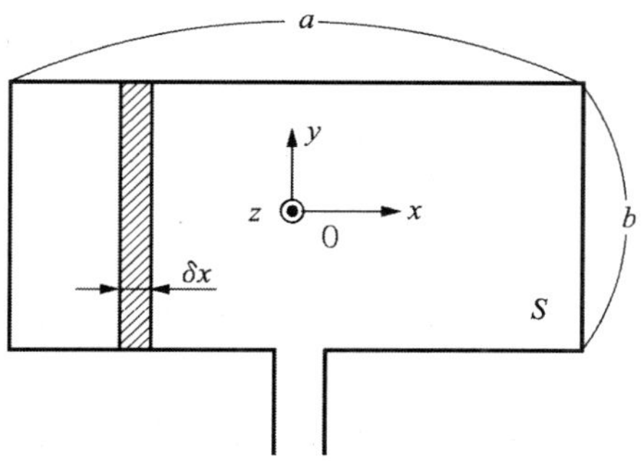

|그림 12·36| 루프 안테나

제12장 전자계

연 / 습 / 문 / 제

12-1. $\epsilon_s = 2.75$의 실리콘유 중에서 전자파의 속도를 구하여라.

답 1.81×10^8[m/sec]

12-2. $\epsilon_s = 80$, $\mu_s = 1$, $\rho = 0.5\Omega$ m의 액체가 있다. $f = 1$MHz일 때 전자파의 속도를 구하여라.

답 3.55×10^7[m/sec]

12-3. 전계 $E = \sqrt{2}\, E_e \sin\omega\left(t - \frac{x}{c}\right)$[V/m], 즉 실효값 E_e의 평면전자파가 있다. 자계의 실효값을 구하여라. 또 포인팅 벡터의 실효값을 구하여라. 단 진공이라고 한다.

답 $2.65 \times 10^{-3} E_e$ [A/m], $2.65 \times 10^{-3} E_e{}^2$ [W/m^2]

12-4. 진공 중에서 점 A로부터 출력 50[kW]의 전자파가 방사하고, 이것이 구면파로서 전파할 때 점 A에서 100[km] 떨어진 점 B에 있어서의 포인팅 벡터를 구하여라. 또 점 B에 있어서의 전계와 자계 크기의 실효값을 구하여라.

답 3.98×10^{-7}[Wb/m^2], 1.06×10^{-2}[V/m], 3.16×10^{-5}[A/m]

12-5. 앞의 문제에서 점 A로부터 100[m] 떨어진 점 C에 있어서의 전계와 자계 세기의 실효값을 구하여라.

답 0.398[Wb/m^2], 10.6[V/m], 3.16×10^{-2}[A/m]

12-6. 전구에 공급되는 전력이 전부 방사로서 발사된다고 하면 100[W]의 전구에서 1[m] 떨어진 점에서 전계의 세기와 자계 세기의 실효값을 구하여라.

답 E_e=54.8[V/m], H_e=0.145[AT/m]

12-7. 동의 도전율은 $5.8\times107[\mho/m]$이고, 투자율이 μ_0일 때 진공 중의 파장은 각각 1[km], 1[m], 1[cm], 10^3[Å]인 전자파에 대한 표피효과의 깊이[$1/e$로 감쇠하는 깊이]를 구하여라. 단, 1[Å]$= 10^{10}$[m]이다.

답 1.21×10^{-4}[m], 3.82×10^{-6}[m], 3.82×10^{-7}[m], 1.21×10^{-9}[m]

12-8. 10[MHz]의 전파가 공기 중에서 수중으로 진행할 때의 굴절율을 구하여라. 단, 공기와 물의 비유전율은 각각 1, 80, 도전율은 $0.1\times10^{-3}[\mho/m]$이다.

답 $8.94-j0.10$

12-9. 그림 12·37과 같이 두 개의 선로의 특성임피던스를 구하여라. 단, 선로의 저항 및 선로간의 콘덕턴스는 무시한다.

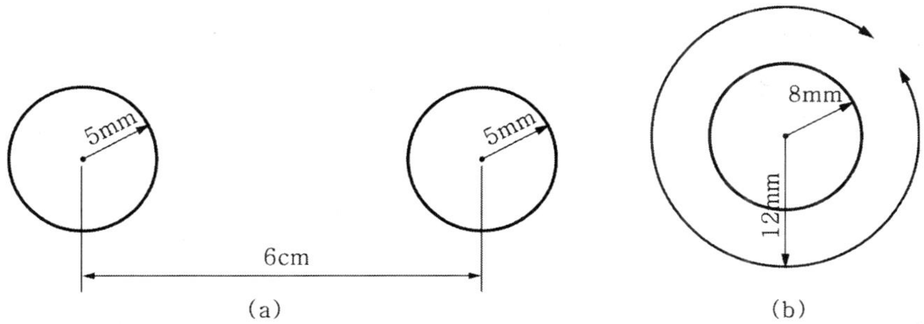

|그림 12·37|

답 313[Ω/m], 24.3[Ω/m]

12-10. 직류전자계에 대한 포인팅 벡터의 법칙은 $\boldsymbol{P}=\boldsymbol{E}\times\boldsymbol{H}$로 나타낼 수 있다. 단위길이당의 저항이 R인 원주도체에 직류 I가 흐를 때 도체표면의 단위길이에서 유입하는 전력을 구하여라.

답 RI^2

12-11. 매질상수가 ϵ_0, μ_0인 제1매질에서 매질상수가 ϵ, μ_0인 제2매질로 경계평면에 수직으로 평면파가 입사할 때의 반사계수 Γ 및 투과계수 T를 구하여라.

$$\text{답}\ \Gamma = \frac{1-\sqrt{\dfrac{\epsilon}{\epsilon_0}}}{1+\sqrt{\dfrac{\epsilon}{\epsilon_0}}},\quad T = \frac{2}{1+\sqrt{\dfrac{\epsilon}{\epsilon_0}}}$$

12-12. 앞의 문제에서 입사전력과 투과전력과의 비를 구하여라.

$$\text{답}\ \frac{\left(1+\sqrt{\dfrac{\epsilon}{\epsilon_0}}\right)^2}{4\sqrt{\dfrac{\epsilon}{\epsilon_0}}}$$

12-13. 길이가 l인 짧은 도선에 $I_0 e^{j\omega t}$로 표시되는 전류가 흐르고 있다. 이것이 자유공간에 놓여져 있을 때 전류에서 거리 r인 점의 전계를 구하여라. 단, 전류와 r방향이 이루는 각을 θ로 한다.

$$\text{답}\ E_\theta = \frac{j\omega\mu_0 I_0 l}{4\pi r} sin\theta \cdot e^{-j\beta r}\,[\text{v/m}]$$

12-14. 두 변의 길이 i 20[cm], j 10[cm]의 구형루프 안테나를 공간에서 실효값 j 200[μV/cm], 주파수 200[MHz]의 전계중심에 놓았을 때 i) 이 안테나에 유도되는 전압의 진폭, ii) 안테나의 유도전압을 최대로 하기 위한 x축 방향의 루프의 길이와 그 전압의 최대값을 구하여라.

답 i) 2.35[mV] ii) 1.5[m], 11.3[mV]

12-15. 반지름 a의 원형도선 루프가 파장 $\lambda(\gg a)$의 전자계에 있으며 전계의 진폭은 E이다. 루프에 유도되는 기전력의 진폭이 최대가 되는 루프의 방향과 그 값 V를 구하여라.

답 루프면이 자계와 수직일 때 최고이고 $V = 2\pi^2 a^2 E/\lambda$

부록

부록 1. 제량의 상수

$\varepsilon_0 = 8.854 \times 10^{-12} \fallingdotseq \frac{1}{36\pi} \times 10^{-9}$	farad/meter
$4\pi\varepsilon_0 = \frac{1}{9} \times 10^{-9}$	farad/meter
$\frac{1}{\varepsilon_0} = 1.129 \times 10^{11}$	meter/farad
$\mu_0 = 4\pi \times 10^{-7} = 1.257 \times 10^{-6}$	henry/meter
$c_0 = 1/\sqrt{\mu_0 \varepsilon_0} = 2.998 \times 10^8 \fallingdotseq 3 \times 10^8$	meter/sec
$\sqrt{\mu_0/\varepsilon_0} = 376.7$	ohm
$\frac{1}{2\pi}\sqrt{\frac{\mu_o}{\varepsilon_0}} = 59.95 \fallingdotseq 60$	mho
전자의 전하 : $e = 1.60207 \times 10^{-19}$	ohm
전자의 질량 : $m = 9.1085 \times 10^{-28}$	coulomb
전자의 비전하 : $e/m = 1.75888 \times 10^{11}$	gram
중력의 가속도 : $g = 9.80665$	coulomb/gram
빙점의 절대온도 : $T_0 = 273.16°$ K	meter/sec^2

	수치	평방근	역수	상용대수	자연대수
π	3.14159	1.77245	0.31831	0.49715	1.14473
2π	6.28319	2.50663	0.15915	0.79818	1.83788
$\pi/2$	1.57080	1.25331	0.63662	0.19612	0.45158
π^2	9.86960	3.14159	0.10132	0.99430	2.28946
$1/\pi$	0.31831	0.56419	3.14159	−0.49715	−1.14473
e	2.71828	1.64872	0.36788	0.43429	1

부록 2. 수학공식

(1) 3각함수 및 쌍곡선함수 공식

① 3각함수

$$\sin(A\pm B)=\sin A\cos B\pm\cos A\sin B,\quad \tan(A\pm B)=\frac{\tan A\pm\tan B}{1\mp\tan A\tan B},$$

$$\cos(A\pm B)=\cos A\cos B\mp\sin A\sin B,\quad \cot(A\pm B)=\frac{\cot A\cot B\mp 1}{\cot B\pm\cot A},$$

$$\sin 2A=2\sin A\cos A,$$

$$\cos 2A=\cos^2 A-\sin^2 A=1-2\sin^2 A=2\cos^2 A-1,$$

$$\sin A+\sin B=2\sin\frac{A+B}{2}cos\frac{A-B}{2},\quad \tan A\pm\tan B=\frac{\sin(A\pm B)}{\cos A\cos B},$$

$$\sin A-\sin B=2\cos\frac{A+B}{2}sin\frac{A-B}{2},$$

$$\cos A+\cos B=2\cos\frac{A+B}{2}cos\frac{A-B}{2},\quad \tan A\pm\cot B=\pm\frac{\cos(A\mp B)}{\cos A\sin B},$$

$$\cos A-\cos B=-2\sin\frac{A+B}{2}sin\frac{A-B}{2},\quad \cot A\pm\cot B=\pm\frac{\sin(A+B)}{\sin A\sin B},$$

$$\sin A\sin B=-\frac{1}{2}[\cos(A+B)-\cos(A-B)],$$

$$\sin A\cos B=\frac{1}{2}[\sin(A+B)+\sin(A-B)],$$

$$\cos A\sin B=\frac{1}{2}[\sin(A+B)-\sin(A-B)],$$

$$\cos A\cos B=\frac{1}{2}[\cos(A+B)+\cos(A-B)]$$

$$a\cos A+b\sin A$$
$$=\sqrt{a^2+b^2}\,sin[A+\arctan(a/b)]$$
$$=\sqrt{a^2+b^2}\,cos[A-\arctan(b/a)]$$

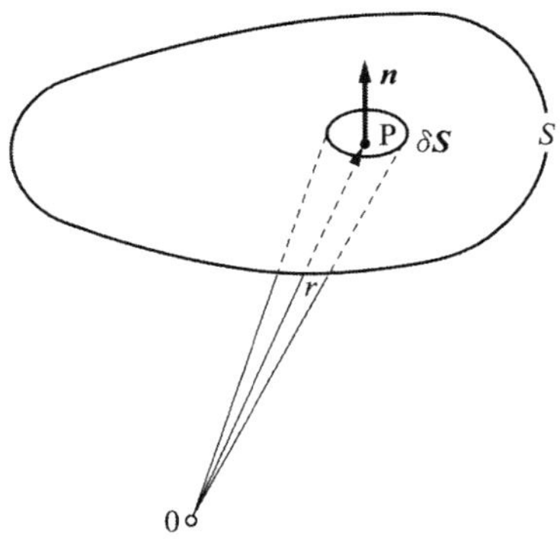

|부도 1|

② 입체각

$$\omega=2\pi(1-\cos\theta)$$
$$=\int_S\frac{\cos(r,n)}{r^2}dS=\int_S\frac{\boldsymbol{r}\cdot\boldsymbol{n}}{r^3}dS=\int_S\frac{\boldsymbol{r}\cdot d\boldsymbol{S}}{\boldsymbol{r}^3}=-\int_S\boldsymbol{n}\cdot\nabla\frac{1}{r}dS$$

③ 쌍곡선함수

$$\sinh x = \frac{e^{x} - e^{-x}}{2},\quad \sinh jx = j\frac{e^{jx} - e^{-jx}}{2j} = j\sin x,$$

$$\cosh x = \frac{e^{x} + e^{-x}}{2},\quad \cosh jx = j\frac{e^{jx} + e^{-jx}}{2j} = \cos x,$$

$$\tanh x = \frac{e^{x} - e^{-x}}{e^{x} + e^{-x}},\quad \tanh jx = \frac{e^{jx} - e^{-jx}}{e^{jx} + e^{-jx}} = j\tan x$$

$$\cosh^2 x - \sinh^2 x = 1,\quad 1 - \tanh^2 x = \mathrm{sech}^2 x,\quad \coth^2 x - 1 = \mathrm{cosech}^2 \mathrm{x}$$

$$e \pm x = \cosh x \pm \sin x = \frac{\cosh(x/2) \pm \sinh(x/2)}{\cosh(x/2) \mp \sinh(x/2)}$$

$$\sinh(x \pm y) = \sinh x \cosh y \pm \cosh x \sinh y,$$

$$\cosh(x \pm y) = \cosh x \cosh y \pm \sinh x \sinh y$$

$$A\cosh x + B\sinh x = \begin{cases} \sqrt{A^2 - B^2}\cosh[x + \mathrm{arctanh}(B/A)] & (|B| \le A) \\ \sqrt{B^2 - A^2}\sinh[x + \mathrm{arctanh}(A/B)] & (|A| \leqq B) \end{cases}$$

(2) 미분적분공식

$f(x) = \int g(x)dx$	$f'(x) = g(x)$
x_k	kx^{k-1}
$\log\|x\|$	$\frac{1}{x}$
$x(\log x - 1)$	$\log x$
e^x	e^x
a^x	$a^x \log a$
$\sin x$	$\cos x$
$\cos x$	$-\sin x$
$\tan x$	$\sec^2 x$
$\cot x$	$-\mathrm{cosec}^2 x$
$\sec x$	$\sec x \tan x$
$\mathrm{cosec} x$	$-\mathrm{cosec} x \cot x$
$\arcsin x$	$\frac{\pm 1}{\sqrt{1-x^2}}$
$\arccos x$	$\frac{\mp 1}{\sqrt{1-x^2}}$
$\arctan x$	$\frac{1}{1+x^2}$
$\mathrm{arccot\,x}$	$\frac{-1}{1+x^2}$

$f(x)=\int g(x)dx$	$f'(x)=g(x)$
$\mathrm{arcsec}x$	$\dfrac{\pm 1}{x\sqrt{x^2-1}}$
$\mathrm{arccosec}x$	$\dfrac{\mp 1}{x\sqrt{x^2-1}}$
$\sinh x$	$\cosh x$
$\cosh x$	$\sinh x$
$\tanh x$	$\mathrm{sech}^2 x$
$\coth x$	$-\mathrm{cosech}^2 x$
$\mathrm{sech}x$	$-\mathrm{sech}x\ \tanh x$
$\mathrm{cosech}x$	$-\mathrm{cosech}x\ \tanh x$
$\mathrm{arcsinh}x=\log\left(x+\sqrt{x^2+1}\right)$	$\dfrac{1}{\sqrt{x^2+1}}$
$\mathrm{arccosh}x=\log\left(x+\sqrt{x^2-1}\right)$	$\dfrac{1}{\sqrt{x^2-1}}$
$\begin{matrix}\mathrm{arctanh}x\\ \mathrm{arccoth}x\end{matrix}=\dfrac{1}{2}log\left\lvert\dfrac{1+x}{1-x}\right\rvert$	$\dfrac{1}{1-x^2}$
$\mathrm{arcsech}x$	$\dfrac{-1}{x\sqrt{1-x^2}}$
$\mathrm{arccosec}x$	$\dfrac{-1}{\lvert x\rvert\sqrt{1+x^2}}$
$-\log\lvert\cos x\rvert$	$\tan x$
$\log\lvert\sin x\rvert$	$\cot x$
$\log\tan\left\lvert\left(\dfrac{\pi}{4}+\dfrac{x}{2}\right)\right\rvert$	$\sec x$
$\log\left\lvert\tan\dfrac{x}{2}\right\rvert$	$\mathrm{cosec}x$
$x\,\mathrm{arcsin}x+\sqrt{1-x^2}$	$\mathrm{arcsin}x$
$x\,\mathrm{arctan}x-\dfrac{1}{2}log(1+x^2)$	$\mathrm{arctan}x$
$x\,\mathrm{arcsec}x-\log\lvert x+\sqrt{x^2-1}\rvert$	$\mathrm{arcsec}x$
$\dfrac{1}{\sqrt{c}}arctan\dfrac{x}{\sqrt{c}}\quad(c>0)$ $\dfrac{1}{2\sqrt{\lvert c\rvert}}log\left\lvert\dfrac{x-\sqrt{\lvert c\rvert}}{x+\sqrt{\lvert c\rvert}}\right\rvert\ (c>0)$	$\dfrac{1}{x^2+c}$
$\dfrac{1}{2}\left(x\sqrt{x^2+c}+c\log\lvert x+\sqrt{x^2+c}\rvert\right)$	$\sqrt{x^2+c}$
$\dfrac{1}{2}\left(x\sqrt{a^2-x^2}+a^2\mathrm{arcsin}\dfrac{x}{a}\right)$	$\sqrt{a^2-x^2}$
$\mathrm{arccos}x=\dfrac{\pi}{2}-\mathrm{arcsin}x,\ \ \mathrm{arccot}\,x=\dfrac{\pi}{2}-\mathrm{arctan}x,\ \ \mathrm{arccosec}\,x=\dfrac{\pi}{2}-\mathrm{arcsec}x$	

$f(x)=\int g(x)dx$	$f'(x)=g(x)$
$\left.\begin{array}{ll}\frac{1}{\sqrt{b^2-a^2}}log\frac{a\tan\frac{x}{2}+b-\sqrt{b^2-a^2}}{a\tan\frac{x}{2}+b+\sqrt{b^2-a^2}} & (b^2>a^2) \\ \frac{2}{\sqrt{a^2-b^2}}arctan\frac{a\tan\frac{x}{2}+b}{\sqrt{a^2-b^2}} & (b^2<a^2)\end{array}\right\}$	$\frac{1}{a+b\sin x}$
$\left.\begin{array}{ll}\frac{1}{\sqrt{b^2-a^2}}log\left\|\frac{b+a\cos x+\sqrt{b^2-a^2}\sin x}{a+b\cos x}\right\| & (b>a^2) \\ \frac{2}{\sqrt{a^2-b^2}}arctan\frac{\sqrt{a^2-b^2}\,tan\frac{x}{2}}{a+b} & (b^2<a^2)\end{array}\right\}$	$\frac{1}{a+b\cos x}$

(3) 벡터 공식

$\boldsymbol{A}\cdot\boldsymbol{B}=\boldsymbol{B}\cdot A=AB\cos\theta=A_xB_x+A_yB_y+A_zB_z$ (θ는$\boldsymbol{A},\boldsymbol{B}$가 이루는 각)

$\boldsymbol{A}\times\boldsymbol{B}=-\boldsymbol{B}\times\boldsymbol{A}=\begin{vmatrix} i & j & k \\ A_x & A_y & A_z \\ B_x & B_y & B_z \end{vmatrix}$로써 크기는 $AB\sin\theta$

$(A,B,C)=A\times B\cdot C=B\times C\cdot A=C\times A\cdot B=-(B,A,C)=A,B,C$로 형성된 평행육면체의 체적

$$A\times(B\times C)=(A\cdot C)B-(A\cdot B)C$$

$$(A\times B)\cdot(C\times D)=A\cdot B\times(C\times D)=A\cdot[(B\cdot D)C-(B\cdot C)D]$$
$$=(A\cdot C)(B\cdot D)-(A\cdot D)(B\cdot C)$$

$$(A\times B)\times(C\times D)=(A\times B\cdot D)C-(A\times B\cdot C)D$$

$$\nabla\phi=\boldsymbol{i}\frac{\partial\phi}{\partial x}+\boldsymbol{j}\frac{\partial\phi}{\partial y}+\boldsymbol{k}\frac{\partial\phi}{\partial z}$$

$$\nabla\cdot\boldsymbol{A}=\frac{\partial A_x}{\partial x}+\frac{\partial A_y}{\partial y}+\frac{\partial A_z}{\partial z}$$

$$\nabla\times A=\boldsymbol{i}\left(\frac{\partial A_z}{\partial y}-\frac{\partial A_y}{\partial z}\right)+\boldsymbol{j}\left(\frac{\partial A_x}{\partial z}-\frac{\partial A_z}{\partial x}\right)+\boldsymbol{k}\left(\frac{\partial A_y}{\partial x}-\frac{\partial A_x}{\partial y}\right)$$
$$=\begin{vmatrix} \boldsymbol{i} & \boldsymbol{j} & \boldsymbol{k} \\ \frac{\partial}{\partial x} & \frac{\partial}{\partial y} & \frac{\partial}{\partial z} \\ A_x & A_y & A_z \end{vmatrix}$$

$$\nabla(\phi\Psi)=\phi\nabla\Psi+\Psi\nabla\phi$$

$$\nabla\cdot(\phi\boldsymbol{A})=\boldsymbol{A}\cdot\nabla\phi+\phi\nabla\cdot\boldsymbol{A}$$

$$\nabla\times(\phi \boldsymbol{A}) = \nabla\phi\times\boldsymbol{A}+\phi\nabla\times\boldsymbol{A}$$

$$\nabla(\boldsymbol{A}\cdot\boldsymbol{B}) = (\boldsymbol{A}\cdot\nabla)\boldsymbol{B}+(\boldsymbol{B}\cdot\nabla)\boldsymbol{A}+\boldsymbol{A}\times(\nabla\times\boldsymbol{B})+\boldsymbol{B}\times(\nabla\times\boldsymbol{A})$$

$$\nabla\cdot(\boldsymbol{A}\times\boldsymbol{B}) = \boldsymbol{B}\cdot\nabla\times\boldsymbol{A}-\boldsymbol{A}\cdot\nabla\times\boldsymbol{B}$$

$$\nabla\times(\boldsymbol{A}\times\boldsymbol{B}) = \boldsymbol{A}\nabla\cdot\boldsymbol{B}-\boldsymbol{B}\nabla\cdot\boldsymbol{A}+(\boldsymbol{B}\cdot\nabla)\boldsymbol{A}-(\boldsymbol{A}\cdot\nabla)\boldsymbol{B}$$

$$\nabla\times\nabla\times\boldsymbol{A} = \nabla\nabla\cdot\boldsymbol{A}-\nabla^2\boldsymbol{A}$$

$$\nabla\times\nabla\phi = 0$$

$$\nabla\cdot\nabla\times\boldsymbol{A} = 0$$

$$\int_V \nabla\phi dv = \oint_S \phi \boldsymbol{n} dS$$

$$\int_V \nabla\cdot\boldsymbol{A} dv = \oint_S \boldsymbol{A}\cdot dS \text{ (Gauss 정리)}$$

$$\int_V \nabla\times\boldsymbol{A} dv = \oint_S \boldsymbol{n}\times\boldsymbol{A} dS$$

윗식에서 S는 하나의 폐곡선, V는 그것에 의하여 포위되는 체적, $\boldsymbol{n}$은 S의 외향법선 단위벡터이다.

$$\int_S \boldsymbol{n}\times\nabla\phi dS = \oint_C \phi dl,\quad \int_S \nabla\times\boldsymbol{A}\cdot\boldsymbol{n} dS = \oint_C \boldsymbol{A}\cdot dl \text{ (Stokes 정리)}$$

윗식에서 C는 하나의 폐곡선, S는 그것을 주변으로 하는 면, $\boldsymbol{n}$은 S면의 법선방향의 단위벡터이다. $\boldsymbol{n}$의 방향과 C의 방향은 바른나사의 관계가 있다.

(4) 곡선좌표계에 있어서의 제공식

① 원주좌표

$$(\nabla\phi)_r = \frac{\partial\phi}{\partial r},\quad (\nabla\phi)_\theta = \frac{1}{r}\frac{\partial\phi}{\partial\theta},\quad (\nabla\phi)_z = \frac{\partial\phi}{\partial z},$$

$$\nabla\cdot\boldsymbol{A} = \frac{1}{r}\frac{\partial}{\partial r}(rA_r)+\frac{1}{r}\frac{\partial A_\theta}{\partial\theta}+\frac{\partial A_z}{\partial z},$$

$$\nabla^2\phi = \frac{1}{r}\frac{\partial}{\partial r}\left(r\frac{\partial\phi}{\partial r}\right)+\frac{1}{r^2}\frac{\partial^2\phi}{\partial\theta^2}+\frac{\partial^2\phi}{\partial z^2}$$

$$= \frac{\partial^2\phi}{\partial r^2}+\frac{1}{r}\frac{\partial\phi}{\partial r}+\frac{1}{r^2}\frac{\partial^2\phi}{\partial\theta^2}+\frac{\partial^2\phi}{\partial z^2},$$

$$(\nabla\times\boldsymbol{A})_r = \frac{1}{r}\frac{\partial A_r}{\partial\theta}-\frac{\partial A_\theta}{\partial z},$$

$$(\nabla\times\boldsymbol{A})_\theta = \frac{\partial A_r}{\partial z}-\frac{\partial A_z}{\partial r},$$

$$(\nabla\times\boldsymbol{A})_z = \frac{1}{r}\left[\frac{\partial}{\partial r}(rA_\theta)-\frac{\partial A_r}{\partial\theta}\right]$$

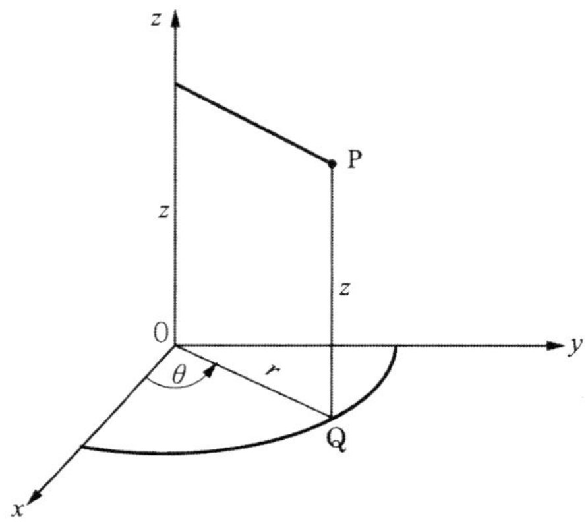

|부도 2|

② 극(구)좌표

$$(\nabla \phi)_r = \frac{\partial \phi}{\partial r},\ (\nabla \phi)_\theta = \frac{1}{r}\frac{\partial \phi}{\partial \theta},$$

$$(\nabla \phi)_\varphi = \frac{1}{r\sin\vartheta}\frac{\partial \phi}{\partial \varphi},$$

$$\nabla \cdot \boldsymbol{A} = \frac{1}{r^2}\frac{\partial}{\partial r}(r^2 A_r) + \frac{1}{r\sin\vartheta}\frac{\partial}{\partial \vartheta}(\sin\vartheta \boldsymbol{A}_\vartheta) + \frac{1}{r\sin\vartheta}\frac{\partial \boldsymbol{A}_\varphi}{\partial \varphi}$$

$$\nabla^2\phi = \frac{1}{r^2}\frac{\partial}{\partial r}\left(r^2\frac{\partial \phi}{\partial r}\right) + \frac{1}{r^2\sin\vartheta}\frac{\partial}{\partial \vartheta}\left(\sin\vartheta\frac{\partial \phi}{\partial \vartheta}\right) + \frac{1}{r^2\sin^2\vartheta}\frac{\partial^2\phi}{\partial \varphi^2}$$

$$= \frac{\partial^2\phi}{\partial r^2} + \frac{2}{r}\frac{\partial \phi}{\partial r} + \frac{1}{r^2}\left(\frac{\partial^2\phi}{\partial \vartheta^2} + \cot\vartheta\frac{\partial \phi}{\partial \vartheta} + \frac{1}{\sin^2\vartheta}\frac{\partial^2\phi}{\partial \varphi^2}\right),$$

$$(\nabla \times \boldsymbol{A})_r = \frac{1}{r\sin\vartheta}\left[\frac{\partial}{\partial \vartheta}(\sin\vartheta A_\varphi) - \frac{\partial A_\vartheta}{\partial \varphi}\right],$$

$$(\nabla \times \boldsymbol{A})_\vartheta = \frac{1}{r\sin\vartheta}\frac{\partial A_r}{\partial \varphi} - \frac{1}{r}\frac{\partial}{\partial r}(rA_\varphi),$$

$$(\nabla \times \boldsymbol{A})_\varphi = \frac{1}{r}\left[\frac{\partial}{\partial r}(rA_\vartheta) - \frac{\partial A_r}{\partial \vartheta}\right]$$

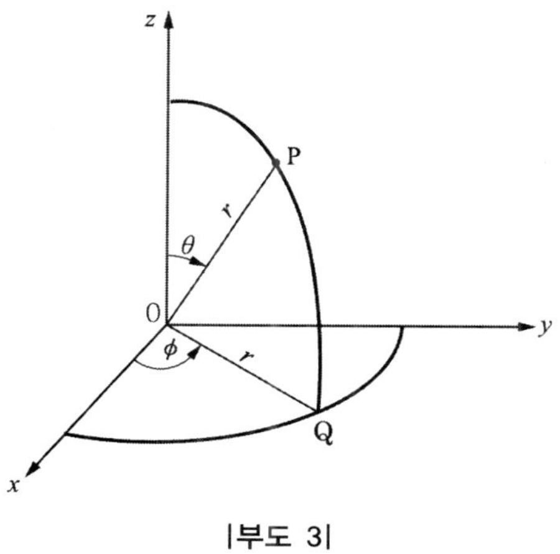

|부도 3|

찾 / 아 / 보 / 기